国家社会科学基金重大招标项目
教育部哲学社会科学研究后期资助重大项目

灾害社会风险治理系统工程

Disaster Social Risk Governance System Engineering

徐玖平　著

科学出版社
北京

内 容 简 介

灾害社会风险呈现"一生成、三状态、一演化"的系统特征,是一个集冲突、失序、失稳于一体的开放复杂系统,其治理是一项集应对、处置、管控于一体的复杂系统工程。当前各类灾害事件高发、频发、突发,灾害社会风险治理的理论研究和实践探索显得尤为重要。本书在剖析灾害社会属性的基础上,从社会冲突、社会失序、社会失稳三状态探析灾害社会风险的生成、演化机理及防范、化解方法,创建了灾害社会风险的系统理论及应对决策体系,为风险治理提供了决策指导和政策启示。

本书体系完整、逻辑严谨、案例丰富、内容翔实,可供相关专业本科生、研究生、教师阅读,可为政府在应急管理领域决策、制定政策提供参考;一般应急管理领域的研究者也能从中获得启迪。

图书在版编目(CIP)数据

灾害社会风险治理系统工程/徐玖平著. —北京:科学出版社,2019.12
ISBN 978-7-03-063694-2

Ⅰ. ①灾… Ⅱ. ①徐… Ⅲ. ①灾害管理-社会管理-风险管理-系统工程 Ⅳ. ①X4 ②C916

中国版本图书馆 CIP 数据核字(2019)第 283441 号

责任编辑:马 跃 李 嘉/责任校对:贾娜娜
责任印制:张 伟/封面设计:无极书装

科 学 出 版 社 出版
北京东黄城根北街 16 号
邮政编码:100717
http://www.sciencep.com

北京虎彩文化传播有限公司印刷
科学出版社发行 各地新华书店经销
*

2019 年 12 月第 一 版 开本:720×1000 B5
2021 年 3 月第二次印刷 印张:31 1/4
字数:624 000
定价:398.00 元
(如有印装质量问题,我社负责调换)

作 者 简 介

徐玖平，1962年9月生，清华大学理学博士、四川大学理学博士，现任四川大学校长助理、商学院院长、教授、博士生导师，教授级高级咨询师。国际系统与控制科学院院士，蒙古国家科学院外籍院士，摩尔多瓦国家科学院荣誉院士；国家"万人计划"哲学社会科学领军人才，国家杰出青年科学基金获得者，教育部长江学者特聘教授，全国文化名家暨"四个一批"人才，新世纪百千万人才工程国家级人选，享受国务院政府特殊津贴专家。先后担任国际管理科学与工程管理学会理事长，《国际管理科学与工程管理》英文杂志主编；中国系统工程学会副理事长，中国优选法统筹法与经济数学研究会副理事长，中国管理科学与工程学会副理事长；四川省系统工程学会理事长，四川省工业与应用数学学会理事长。

主持国家社会科学基金重大招标项目、国家科技支撑计划项目专题等科研项目70余项。获国际运筹学进展奖2项、中国青年科技奖1项。以第一完成人身份，获得教育部自然科学一等奖1项、科技进步一等奖2项，四川省科技进步一等奖1项，中国发明协会发明创业成果一等奖1项，四川省哲学社会科学一等奖6项。以第一/通信作者，发表论文700余篇，SSCI/SCI/EI收录130/260/200余篇；以第一著者，在Springer、Taylor & Francis、Wiley、Elsevier、Cambridge University Press、科学出版社等，出版著作36部。以第一发明人，获授权发明专利7项、软件著作权7件，受理发明专利22项。

讲授不同类别课程70余门，编著的《管理经济学》《管理运筹学》著作被评列为普通高等教育"十一五"国家级规划教材、国家精品教材；培养管理科学、企业管理等专业的博士、硕士370余名。2002年获教育部高校青年教师奖，2015年获宝钢优秀教师特等奖提名奖。以第一完成人，2013年、2017年分别获四川省优秀教学成果一等奖，2018年获高等教育国家级教学成果二等奖。

序

灾害始终都是人类社会摆脱不了的噩梦、挥之不去的阴影。更深远地讲，人类历史就是一部不断被灾害侵袭、不懈与灾害抗争的历史。21世纪以来，地震、洪水、飓风等各种自然灾害频繁侵袭人类社会，各类由人类社会经济活动所造成的社会灾害、技术灾害也在不断增多，其不仅造成人类生存环境的剧烈改变，也导致人类生命财产的严重损失，进一步触发新的社会风险，或催化原有积压的社会风险。灾害加快人类进入"全球风险社会"时代的步伐。灾害社会风险治理是风险社会下人类普遍面临的重大挑战和实现可持续发展的重要途径。

一、选题意义

灾害是自然发生或人为产生的对人类生命财产及其生存环境资源造成危害性后果的各种自然和社会现象的总称。社会风险是一种导致社会冲突、危及社会稳定和社会秩序的可能性，更直接地说，社会风险意味着爆发社会危机的可能性。灾害社会风险作为一种不和谐因素，发生在社会的各个领域，包括生命安全风险、财产损失风险、环境破坏风险、社会失序风险、心理失衡风险等多个方面，受主观因素和客观因素的双重影响，诱发次生灾害，推动风险升级，导致社会动荡，甚至引发公共危机。探明灾害社会风险生成及演化机理，对于提高社会风险防范能力、降低社会损失具有重要的意义。针对灾害社会风险生成及演化机理的特征、结构和内涵展开研究，目的是提高灾害社会风险应对决策的科学性、合理性、针对性和可操作性，体现在学术价值、应用价值和社会价值三个方面。

（一）学术价值

了解灾害社会风险，把握其社会属性，综合分析风险社会背景下灾害可能导致的社会风险，建立灾害社会风险演化及应对的集成框架，认识灾害社会风险生成及其演化机理，探索风险应对的政策及措施，对于提高社会风险防范能力、降低社会损失具有重要意义。学术价值主要体现在丰富理论、探索本质、创新决策、扩展领域四个方面。

（1）丰富我国灾害社会风险理论。目前，我国处于灾害多发期，本书以灾害类型为切入点，对其引发的社会冲突激化、社会秩序破坏、社会稳定失衡到社会危机的演化机理进行研究，建立一套完善的演化机理理论体系，从而对我国灾害社会风险进行全面的理论诠释。

（2）探索灾害社会属性相关本质。学者普遍认为灾害具有双重属性，既有自然属性又有社会属性。但是目前对其社会属性的研究较少，且不成体系。在现代社会条件下，自然灾害中的人为因素越来越突出，即表现出越来越明显的社会属性。

（3）创新灾害社会风险应对决策。灾害社会风险的演化过程非常复杂，对它的全面考察是一个系统的实践活动。鉴于此，在过去纯粹自然或者客观世界量化法基础上，提出灾害因素社会感知方法，即将灾害作为非常规要素加入正常社会运作当中，建立灾害风险类别识别、程度评估、过程控制、动态优化的方法。

（4）扩展灾害社会风险研究领域。通过引入灾害社会风险概念，搭建灾害与社会风险之间的桥梁，促成学科交叉融合、研究领域拓展。另外，在灾害社会风险研究中，精通灾害技术的人可能不熟悉社会科学理论，精通社会风险的人可能不擅长灾害机理研究。以社会风险为立题点，通过社会科学成功地解决自然科学中不断发生的通常研究中文理不相通的问题。通过学科融合，拓展跨学科的灾害社会风险防控研究新领域。

（二）应用价值

从灾害风险、社会属性与应对决策的角度，对灾害社会风险进行系统分析和深入研究，有助于我们正确识别、科学评估、准确预测灾害可能带来的社会风险，从而更好地进行风险政策分析，系统设计灾害风险应对的路线图，做出合理应对决策，阻止社会风险转化为社会危机，使得社会发展成果稳定增长，全民可以共享社会发展成果。应用价值主要体现在提高应对风险决策强度、提升政府风险管理效率和提供灾害社会风险研究范例三个方面。

（1）创建理论体系，提高应对风险决策强度。过去对于灾害与风险的研究，大多是关于灾害的工程风险或灾害对人口、经济等社会具体领域的影响，没有上升到社会风险层面，呈零星状且沿着各自的研究脉络延伸，其社会风险应对决策指导性不强。厘清各社会风险系统理论论述及相互关系，运用这些理论解释社会风险系统结构，系统考察社会风险演化的主要模式，创建一套系统的灾害社会风险的基础理论，对灾害社会风险应对决策具有重要的理论指导价值。

（2）探讨演化机理，提升政府风险管理效率。灾害引发的社会风险演化过程中会产生海量、异构、实时数据，具有极强的不确定性。研究和掌握灾害社会风险的纵向链式发展、横向网状扩展、立体纵横发展演化机理，对于有关部门及时准确地获取灾害社会风险的前兆信息、预测风险扩散的影响范围和延续时间、提高灾害社会风险防控的有效性具有重要意义。

（3）着眼应对决策，提供灾害社会风险研究范例。基于适合我国国情的灾害社会风险应对决策的指导思想，确定应对决策的实践理念和实施原则。提出增强灾害社会风险应对效力的基本思路，结合"冲突激化、秩序破坏、稳定失衡"的风险演化机理研究，运用综合集成理论与系统工程方法提出富有针对性、时效性、操作性的综合应对决策，为应对灾害社会风险提供新思路。

（三）社会价值

我国正处于社会转型期和灾害多发期，转型期的社会矛盾与频繁发生的灾害相互影响、叠加，为灾害社会风险的形成孕育了条件。灾害易激起各个领域积压的社会矛盾，引起社会冲突激化、社会秩序破坏、社会稳定失衡。灾害社会风险一旦转化为社会危机，会对我国经济发展、社会建设造成巨大冲击，严重影响我国的社会主义现代化进程和富强、民主、文明、和谐社会主义国家的建设。因此，灾害社会风险治理研究，是关系我国社会稳定和谐的重大课题。

（1）应对社会风险的客观要求。我国工业化高速发展、众多高能耗高污染产业破坏了生态环境，加之转型期的社会矛盾与频繁发生的灾害相互影响、叠加，为灾害社会风险的形成孕育了条件，面对如此严重的局面，灾害社会风险的应对决策成为一项亟待解决的问题，以构建灾害社会风险的基础理论研究为起点，在研究灾害社会风险演化机理的基础上，提出以科学合理有效地应对为目的的系统研究，对于应对当前高发、频发、突发的各类灾害事件具有重大意义。

（2）实现社会转型的必然需要。我国正处于社会转型期，转型是改革开放以来我国现代化建设的基本过程，其目的是在转型中实现科学发展，在发展中实现平稳转型，在经济健康持续发展中保持社会的和谐稳定。但是，我国内部社会风险的潜在蓄积、国际政治生态环境的复杂多变和境外各类反华势力的煽动渗透，对社会主义建设事业构成巨大的隐患，给我国社会的和谐稳定带来了严峻的挑战。在社会转型期的社会矛盾与频繁发生的灾害的叠加下，将灾害社会风险治理作为拟解决的关键问题，研究灾害社会风险的演化机理及系统治理，对于我国顺利实现转型具有重要意义。

（3）维持社会稳定的坚实保障。首先，灾害带来的不仅是直接的生命财产损失，还会引起灾后腐败现象、群体性心理恐慌等一系列衍生社会风险，这些衍生社会风险会破坏正常社会秩序，严重干扰灾后重建进程。其次，次生损失往往比初发事件的损失还要高，因此对灾害社会风险进行系统而全面的分析研究，制定灾害社会风险应对政策，对于实现和维护灾后社会稳定发展具有现实的指导价值和社会意义。

二、系 统 理 论

灾害是一个包含诸多因素的集成系统，灾害系统是由人类活动参与、人与自然统一的复合生态系统。以往对于灾害与风险的研究大多是局部零散、单一学科、缺少交叉的，没有上升到社会风险层面，没有形成清晰的理论脉络，影响对灾害社会风险的有效治理。基于历史唯物灾害观，针对各类灾害高发频发、社会风险愈发凸显的现实问题，解析灾害的自然和社会双重属性，从社会属性视角分析灾害乃人与自然关系异化的本质。把握灾害社会风险的系统结构、逻辑框架，建构灾害社会风险的系统理论，探究风险演化机理。

（一）概念内涵

美国灾害社会科学研究的先行者 Enrico Quarantelli 曾说："只有在我们澄清和获得关于灾害概念最基本的共识后，方可继续灾害的特征及其结果等方面的研究。"为此，从灾害的本质界定出发，本书提出灾害的自然和社会双重属性。从灾害的社会属性衍生提出灾害的社会风险，进而讨论灾害社会风险治理。

1. 灾害属性

灾害是指人类的灾害，没有人类无从谈及灾害。灾害在本质上体现了人与自然的关系，是人类社会系统与自然系统相互作用的过程，具有自然和社会双重属性。只有当自然界的变异对人类社会造成不可承受的损失之时，才称为灾害。地震、飓风、干旱、洪涝、海啸等我们避之不及的"灾难"，如果发生在荒无人烟的沙漠或海岛，就不称其为灾害。灾害是对社会的常规破坏，首先带来的是死亡和损失，其次造成社会的失序和经济的中断。

灾害的社会属性表现得十分广泛。灾害会干扰经济活动、影响物质资料生产、改变经济管理方式，对人口分布、产业配置、社会组织、文化艺术等方方面面造成影响。同样程度的自然变异发生在不同历史时期、不同国家或地区，对社会造成的冲击可能不同。例如，2010年的海地7.0级地震，造成20余万人死亡，政府瘫痪、国家陷入危机；2013年的芦山地震，造成不到200人死亡，政府和社会协同救灾，并未造成大的社会冲击。

人类社会不断演进发展。一方面，科技进步可能抑制自然变异，避免形成灾害，如山体加固减少泥石流灾害；另一方面，人类活动可能加剧自然变异，恶化形成灾害，如工业碳排放加剧全球气候变化。在现代社会条件下，人类的活动地域不断扩大、征服自然的手段不断升级，自然灾害中的人为因素越来越突出，表现出越来越明显的社会属性。

2. 社会风险

灾害是一个具有时空特征的事件，是一种"动态社会结果"，会对人类社会系统造成潜在威胁和实质损害。灾害社会风险是灾害对社会产生损害的不确定性，这种损害包括社会资源的流失、社会结构的破坏及社会秩序的混乱等。由于灾害是自然环境与社会环境作用的结果，灾害发生原因具有社会性质，灾害的社会风险就是人为制造的不确定性。

从风险社会理论的范式来看，灾害是人类自身制造出来的风险。Ulrich Beck定义当代社会为"风险社会"，其重要特征就是"风险"不再是可计算的风险，而是具有大量不可计算的威胁。他认为人类社会经历了三种不同的风险形态，第一种为前工业社会的风险，如地震风险、洪涝风险、海啸风险等自然力量；第二种为工业社会早期的风险，如贫富分化、安全事故、劳资矛盾等社会问题；第三种为现代风险，如生态恶化、环境污染、基因异变等科技进步带来的损失可能性。其中，科技灾害是现代社会的产物。

灾害引发社会风险并不是一个从前工业社会到工业社会早期再到现代社会的遵循单向发展路径的过程，而是由自然演变、人类活动、社会运行及其相互作用下动态变化、循环往复的复杂过程。灾害引发社会风险的因素是多元的，既有自然变异导致的社会风险，也有在经济发展、社会变革、技术革新的过程中潜藏的社会风险。灾害社会风险是灾害与日趋复杂的人类社会矛盾叠加，进而引起社会冲突激化、社会秩序破坏、社会稳定失衡后转化为社会危机的可能性。

3. 风险治理

人类活动被视为造成灾害、形成灾害社会风险的重要原因。那么，灾害发生不但是极端事件的作用，而且是人类社会脆弱性的结果。灾害社会风险可以通过人类的风险治理行为来抵御和削减，包括防灾、救灾制度的制定和实施。针对灾害的双重属性，可以衍生出两种灾害风险治理模式：针对自然属性，通过兴建防灾减灾设施防控灾害，如修建防洪堤等；针对社会属性，协调人与自然的关系，减少社会的脆弱性，提升社会对于灾害的韧性。

各种灾害社会风险往往不是孤立出现的，而是相互交织形成一个风险综合体。如果防范不及、应对不力，就会传导、叠加、演变，从量变到质变，小的风险发展成大的风险，局部风险发展成系统风险，危及社会稳定、国家安全。对灾害社会风险的治理，一是要政府治理与社会共治协同，要在保证政府不缺位、不错位、不越位的前提下，发挥市场、企业、公众社会、组织的积极作用，实现灾害社会风险的群防群治、共治善治。二是单灾种治理与多灾种共治协同，地震等重大灾害往往可能引发火灾、洪水、疫情等次生灾害，对其风险治理要做好系统谋划、综合应对和跨区域协同治理。三是应急应对与防灾减灾协同，对灾害社会风险的治理要树立全生命周期的系统治理思维，防灾胜于应急、减灾胜于应对，推进灾害治理体系和治理能力现代化建设。

（二）理论框架

以系统科学为基础，协同灾害学、管理学、社会学、传播学和信息技术，用系统工程的分析方法，梳理灾害社会风险的系统特征，构建灾害社会风险的理论体系。宏观把握灾害社会风险的系统结构及其逻辑框架，分析灾害社会风险演化的三种模式，研究风险演化的复杂性特征，厘清社会风险生成并演化为社会危机的路径，建构灾害社会风险系统理论框架，如图 0-1 所示。

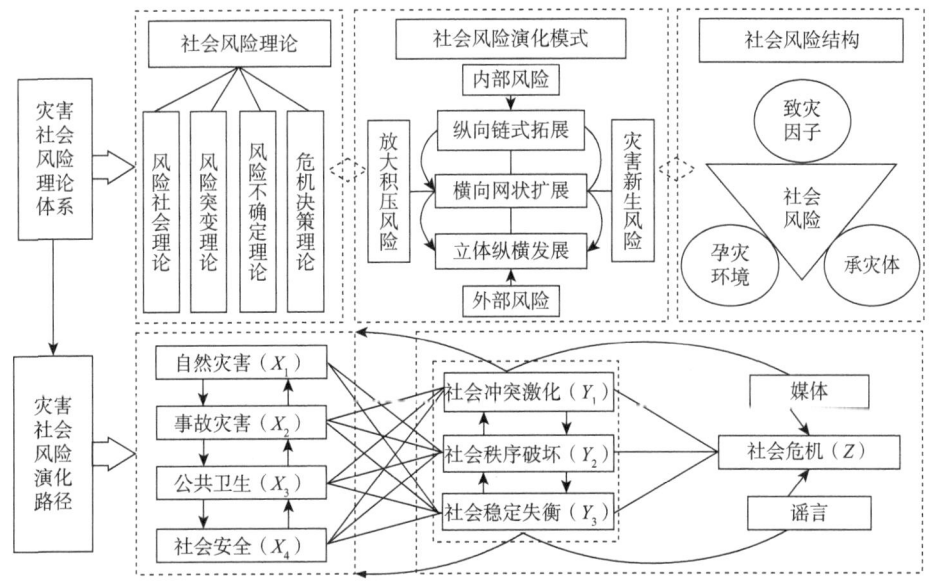

图 0-1 灾害社会风险系统理论框架

1. 灾害社会风险理论体系

从社会风险理论、社会风险演化模式、社会风险结构三方面，探究灾害社会风险的本征机理，建构灾害社会风险理论体系。其中，社会风险理论主要涉及四个理论：风险社会理论是理论前提和时空背景，风险突变理论研究状态改变的现象规律和作用机制，风险不确定理论界定了风险的本质内涵，危机决策理论侧重风险防范的方法模型。社会风险演化模式，从时间序列、空间分布和时空交错三个方面，探索灾害社会风险演化的纵向链式拓展、横向网状扩展、立体纵横发展三种典型模式，放大积压风险或催生新的风险。社会风险结构从致灾因子、孕灾环境、承灾体的结构关联和交互作用，探讨引起社会冲突激化、社会秩序破坏、社会稳定失衡的作用机理，以及从社会风险陷入社会危机的可能性。

2. 灾害社会风险演化路径

自然灾害（X_1）、事故灾害（X_2）、公共卫生（X_3）、社会安全（X_4）四类突发灾害事件单独作用或相互交叠，可能引发社会冲突激化（Y_1）、社会秩序破坏（Y_2）和社会稳定失衡（Y_3）三种社会风险状态，在媒体和谣言的舆情激化下，风险放大可能导致社会危机（Z）。通过对社会风险生成的多源路径、社会风险向社会危机的演化路径、社会风险多路径复杂演化过程的探析，构建灾害社会风险演化路径系统。在此基础上，厘清社会风险生成并演化为社会危机的多维路径，辨明该路径系统的复杂性特征，系统地建构灾害社会风险演化机理的基础理论。

（1）灾害社会风险生成的多源路径，函数关系表达如下：

$$F(X) = [F_1(X), F_2(X), F_3(X)]$$
$$= [F_1(X_1, X_2, X_3, X_4), F_2(X_1, X_2, X_3, X_4), F_3(X_1, X_2, X_3, X_4)]。$$

内容包括：①灾害自身构成的复杂性；②整体灾害的多样类别和个别灾害的复杂构成；③社会风险的多领域性和多表现性与多样化灾害类型的对接，从而阐释灾害社会风险的生成和演化路径。

（2）社会风险向社会危机的演化，函数关系表达如下：

$$H(Y) = H(Y_1, Y_2, Y_3)。$$

内容包括：①社会风险与社会危机的区别和联系；②社会风险向社会危机演化过程中的矛盾动力；③社会风险的临界点及其向社会危机突变的触发；④社会冲突、社会失序、社会失稳三者独立或交互作用向社会危机的演化。

（3）社会风险演化全程多路径复杂演化，函数关系表达如下：

$$Z(Y) = Z[F(X)]$$
$$= Z[F_1(X_1, X_2, X_3, X_4), F_2(X_1, X_2, X_3, X_4), F_3(X_1, X_2, X_3, X_4)]。$$

内容包括：①单灾害—单风险—危机的单一路径演化；②单灾害—多风险—危机的复杂路径演化；③多灾害—单风险—危机的复杂路径演化；④多灾害—多风险—危机的复杂路径演化。

（三）演化机理

从灾害社会风险"一生成、三状态、一演化"的系统特征剖析演化路径，研究灾害社会风险这一开放复杂系统的演变过程。从社会冲突、社会失序、社会失稳三状态出发，以"弱均衡、次协调、亚稳定"为中间态，对"社会冲突激化、社会秩序破坏、社会稳定失衡"的三种社会风险表现形式进行微观分析，深入探析灾害社会风险的生成、传导、激化和危机转化机理，把握其特性及传播路径，构建灾害社会风险演化机理的系统理论及应对决策体系。

1. 社会冲突

按照灾害引发社会冲突"生成—激化—突变—转化"的思路，综合运用灾害学、社会学、管理学、心理学、传播学、系统科学等多学科及其交叉前沿理论，探明社会冲突演化机理。采用田野调查法，对灾害引发社会冲突激化的触发方式、传导路径及其传播速度进行深入研究。采用定量法、定性法等方法，对社会冲突激化导致风险突变的各类要素的属性和价值做出具体的量化分析。采用建模法和系统动力学模拟仿真，对社会冲突激化导致社会危机进行测度分析，探讨其影响因素，建立社会冲突激化导致社会危机的测度模型。

以"弱均衡"为中间态，分析灾害引发社会冲突的动因、触发机制，以及社会冲突激化的交互机理，明晰社会冲突激化的演绎路径；从空间和时间两个维度，探析社会冲突激化的典型传导路径和传播速度，探明内在规律；研究社会冲突激化导致风险突变的基本特征、发生机制和作用机制，探明风险突变的触发模式和作用机理；归纳社会冲突激化导致社会危机的影响因素，设计指标体系，建立测度模型，对社会危机爆发的阈值做敏感性分析。探明由社会冲突触发、传导、传播，到社会冲突完全激化，直至社会危机全过程的演化机理，如图0-2所示。

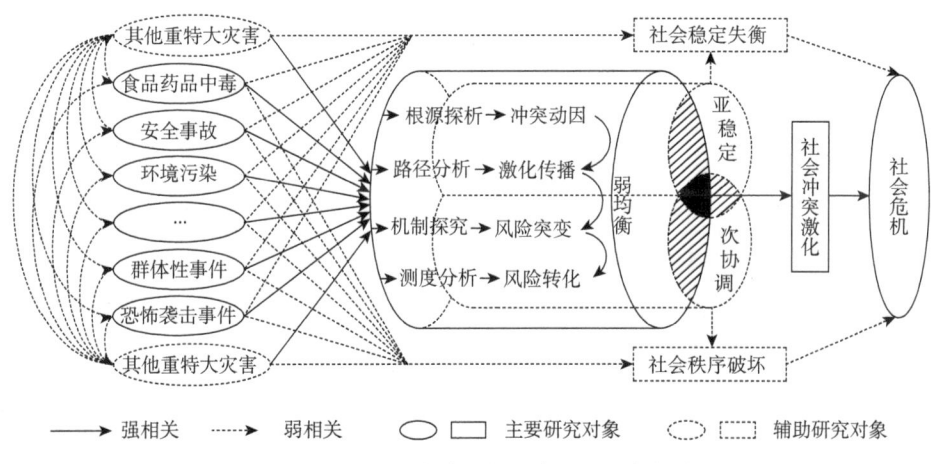

图0-2　灾害社会冲突激化演化机理内容关系图

2. 社会失序

按照灾害—社会秩序破坏—社会危机的发生演化原理，在对灾害社会风险的生成、传导、激化和危机转化机理剖析的基础上，识别社会失序临界状态与破坏突变，为提出社会风险的应对决策奠定理论基础。通过剖析灾害对社会秩序的冲击、扩展、结构演变和破坏叠加效应，研究探明灾害社会秩序破坏演化机理。运用系统动力学仿真，分析社会秩序破坏系统各要素性质及其相互关系，建立社会秩序破坏路径仿真模型，据此进行定量分析，从而探明社会失序直至社会危机的演化过程。运用相关性分析方法，对各推动力与社会失序的相关性进行评价，分析其相关性大小，识别失序因子，找出失序主推动力。

以"次协调"为中间态，通过对社会失序的失序因子识别、主推动力探析和环境脆弱性分析，辨析灾害对社会秩序冲击的致灾因子和孕灾环境；研究社会秩序破坏的网状扩展方式，建立秩序破坏的突变路径分析模型和社会无序触发模型；分析秩序破坏的网状节点本征结构、互动效应，探明社会秩序破坏的网络结构演变机理；分析失序行动者的利益目标和行为导向，研究发现由其引发的社会秩序破坏演化叠加效应。探明社会秩序从失范、失序、无序，到社会秩序全面破坏，直至社会危机全过程的演化机理，如图 0-3 所示。

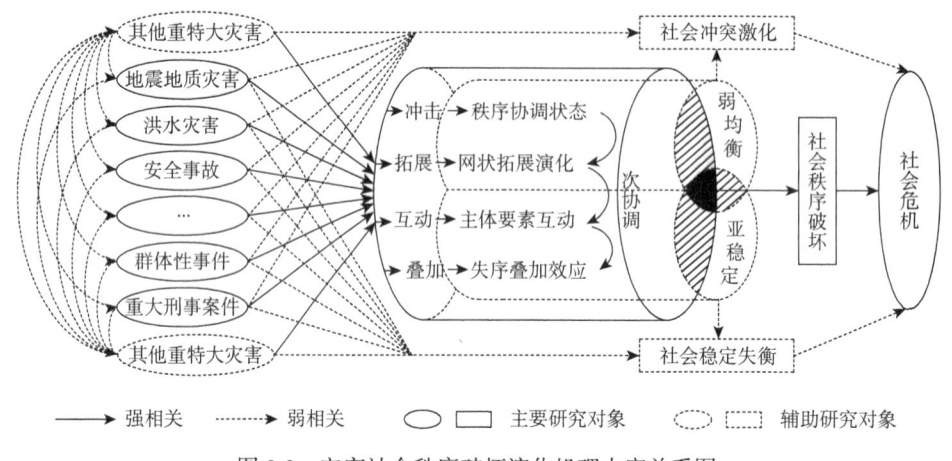

图 0-3　灾害社会秩序破坏演化机理内容关系图

3. 社会失稳

遵循灾害社会风险阶段演化特征规律，按灾害直接或间接威胁社会稳定直至社会危机爆发的演化阶段，提出"生成—传导—激发—转化"的社会稳定失衡路径。从灾害社会稳定失衡演化视角，研究灾害社会风险对社会运行、经济失调、组织运行和社区发展的作用机理。通过一系列描述社会关系结构的测评量表及对调研社会群体的态度量表的采集，对某社会群体在较长时间里进行连续调查，了解和掌握动态全面的资料，从而研究社会结构等发展变化的全过程，弄清其结构特征及其演化机理。运用系统动力学仿真，通过一系列对问题原因的动态假设，建立因果关系模型，确立与各变量密切相关的微分方程组模型，实现对灾害社会稳定的计算机仿真。

以"亚稳定"为中间态，研究灾害对社会稳定的冲击形式、作用特征和破坏规律，探究灾害对社会结构动态平衡状态产生冲击的特征机理；以社会稳态为对象，研究其在灾害影响下维持动态稳定的作用机理、社会结构、功能的自我调节规律和演化路径，探明社会结构抵御灾害的特征规律；研究灾害强度超过社会稳态阈值情境下，社会结构失稳及其功能失调的耦合激化机理和社会稳定背离动态平衡直至危机的转化机理，探明社会稳定从受到冲击、逐步失调、彻底动摇，到社会稳定彻底失衡，直至社会危机全过程的演化机理，如图 0-4 所示。

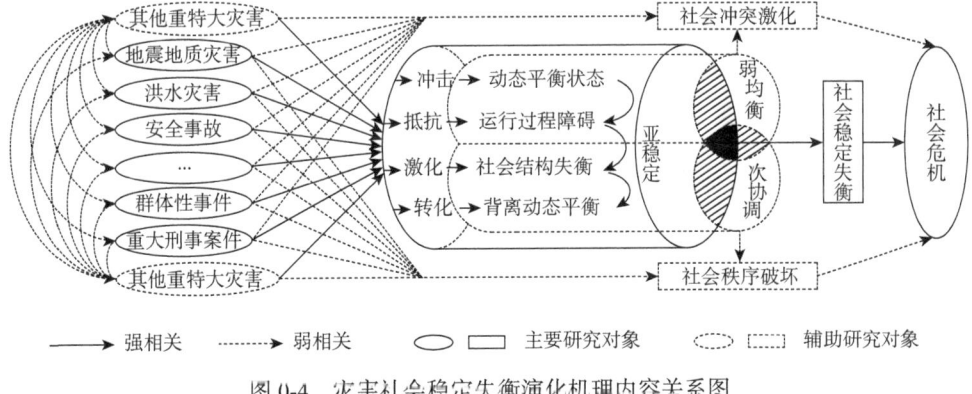

图 0-4 灾害社会稳定失衡演化机理内容关系图

三、治理工程

第三届世界减灾大会通过的《2015-2030年仙台减灾框架》拟定四个优先事项，其中有三个关注灾害风险治理：一是了解灾害风险，二是加强灾害风险治理以管理灾害风险，三是投资灾害风险消减以提高灾害韧性。Ulrich Beck 在《风险社会》一书中指出，现代社会是一座文明的火山。现代风险是一种潜在的、不易察觉的风险，是一种系统性破坏的文明风险。灾害社会风险治理是灾害风险治理的重要方面，是避免文明崩溃、促进文明进步的重要工作。

（一）治理内容

灾害社会风险治理的内容，主要包括社会冲突风险治理、社会失序风险治理和社会失稳风险治理，三者相辅相成、不可分割。

1. 社会冲突风险

社会冲突作为人类社会的一种社会现象，普遍存在于人们的社会生活之中。灾害社会冲突，是指在灾害特殊情境下，不同利益群体因救灾物资分配不公、干部挪用救灾款项等社会利益的差异和对立而产生的对抗行为，它由"均衡—弱均衡—失衡"演进。在演进过程中，不同的发展阶段具有各自相应的形成要素和特点规律，在深入系统地分析社会冲突演化机理的基础上，提出社会冲突风险的应对之策。

灾害可以造成新的社会冲突，或激发原有的社会矛盾从而引发冲突。地震、泥石流等某些自然灾害难以预测、无法回避，但如何应对灾害带来的社会冲突可以选择。为了维护社会稳定、促进社会和谐，真正实现社会善治，通过对社会冲突的生成机理、表现形式、结构功能的深入探究，系统剖析灾害社会冲突发生的深层原因，辩证地看待社会冲突，尽量发挥其正功能，尽力抑制其负功能，进而将对立方的矛盾冲突变为促进社会合作、推动社会和谐的动力。

2. 社会失序风险

转型社会是一种极易出现失序状态的社会。灾害影响社会的正常运行，对生命、财产、自然环境、社会关系等造成威胁、冲击和损害，使社会经历"协调—次协调—失调"的演替过程，陷入一种社会失序状态。灾害情境下的社会失序风险主要包括个体层面的失序风险、社会关系层面的失序风险和制度层面的失序风险。需要在探明社会失序演化机理的基础上，控制社会失序状态，避免爆发社会危机。

对灾害可能造成的社会失序类型、情境、原因、社会要素进行识别，分析社会秩序暴露特征，制定社会失序风险清单，对社会失序的波及面、可能性、严重程度进行定性分析、有效度量和综合评估，准确评估灾害造成的社会失序风险。对风险发生的概率、危害程度进行全面考虑，采取适当的方法，及早识别、评估风险，从而制定出有针对性的风险管理策略，防范和减少灾害给社会带来的巨大损失。

3. 社会失稳风险

社会稳定既是重要的社会议题，也是重大的政治议题。灾害特殊情境下，当人们面临失去亲人的悲痛、失去家园的无助时，加之物资短缺、供求失衡、市场混乱等引起的社会冲突、社会失序，灾害社会风险因素会在较短的时间内累积，形成"稳定—亚稳定—失稳"的连锁反应，社会运行在稳定与失序之间来回动荡，处于一种紊乱状态。如果控制不及时，进入非制度化失控状态，可能迅速转化为社会危机。因此，应在探明灾害社会稳定失衡演化机理的基础上，管控社会稳定风险。

社会稳定风险管控有内部调控和外部合作两条路径。内部调控是指政府落实责任、科学评估，对灾害可能蕴含的社会稳定风险因素进行分析、评估、预测，从源头和过程做好综治维稳工作，切实提升以应急防范力为核心的风险管理成效。外部合作是指政府积极引导社会力量参与、群策群力、群防群治，调解纠纷、化解危机，预防和限制影响社会稳定的活动，切实提升以政府公信力为核心的风险管理成效。

（二）治理方略

联合国全球治理委员会（Commission on Global Governance）列出了治理的四个特征：治理是一个过程，治理过程的基础是协调，治理涉及公共部门和私人部门，治理是持续的互动。十九大报告提及"治理"一词有40多处，多次强调"社会治理""治理体系""治理能力""治理格局"[①]。灾害社会风险治理应在系统思考基础上，做好过程控制和主体协同，并加强技术支撑。

1. 系统思考

灾害社会风险的产生是一个复杂的交互过程，致灾因子、孕灾环境和承灾体之间相互作用、相互影响，形成一个具有一定结构、功能和特征的复杂体，逐步将灾害的影响扩大到社会系统，演变为社会冲突、社会失序和社会失稳，甚至陷入社会危机。这可能是一个循序渐进的过程，也可能是一个突变跳跃的过程。灾害社会风险治理的任务，是防范社会风险生成，阻断社会风险向社会冲突、社会失序和社会失稳演化的路径，以遏制进一步向社会危机转化。

灾害诱发的冲突、失序、失稳等各种社会风险，往往不是孤立出现的，而是相互交织、相互作用，形成一个风险综合体。如果防范不及、应对不力，就会传导、叠加、演变、升级，使小的风险发展成大的风险，局部风险发展成系统风险。灾害社会风险治理，要研究风险孕育、发生、蔓延、跃迁的演化机理，既聚焦重点又统揽全局，把握风险规律、防范风险演化、化解风险影响，探索建立跨地区、跨部门、跨行业的综合性灾害社会风险治理体系。

2. 过程控制

灾害社会风险治理是一个动态变化和持续发展的过程。从动态过程来看，根据事件发展、灾害周期、研究重点等进行不同的阶段划分，如"事前—事中—事后"三阶段、"预防—准备—响应—恢复"四阶段、"征兆—显现—持续—减缓—解除"五阶段，均是以时间序列为依据，开展全过程分析和控制。具体来看，灾害社会风险治理通过接警预判、预案启动、指挥协调、信息发布、应急决策、媒体管理、危机公关、调查评估等内容，减轻和消除突发灾害事件对社会的影响与冲击。

从持续发展来看，各种灾害高发、频发、多发，且灾害的传导性、耦合性及不确定性日益凸显，要求社会风险治理与时俱进，随着经济社会的发展、灾害形势的变化、防灾减灾模式的变革、人们防灾减灾意识的增强与能力的提升，因时

[①] http://www.gov.cn/zhuanti/2017-10/27/content_5234876.htm。

制宜、因地制宜、因人制宜，持续不断地发展，以适应防灾减灾的现实客观需求。此外，要做好动态过程与静态系统的协调匹配、共同进化。其中，应急制度、组织机构、管理人员等静态系统为风险治理动态过程的运行提供了基础和保障。

3. 主体协同

灾害社会风险治理是一个多方参与、共同治理的过程，需要建立政府主导、多方配合、全社会参与的工作格局，动员、引导社会力量积极参与。治理是多方联动、民主协商的公共行为，风险治理多主体平等合作、对话、沟通、疏导等方式，促使各主体之间相互让步、达成共识、形成合力。其中，政府公共部门需要发挥主导、协调作用，调和各主体间的分歧和矛盾，促进多元主体相互沟通、密切配合、协同应对风险。

在传统应急管理模式下，政府公共部门是应急工作的主体，政府往往大包大揽，社会参与明显不足。风险治理能最大限度地将利益相关者纳入治理范畴，治理主体不仅包括政府公共部门，也包括私人组织、社会团体和公民个人。在灾害社会风险治理中，应在政府、企业、学校、医院、社区、非政府组织（non-governmental organizations，NGO）、非营利组织（non-profit organization，NPO）、志愿者之间构筑起共同治理风险的网络联系和信任关系，建立起信息交流、资源共享的平台，共同应对未来各种灾害可能引发的社会风险。

4. 技术支撑

科技是一把双刃剑，既制造了风险，也可用于治理风险。以信息技术为代表的科技革命成果，不仅更新了人们认识世界的思维方法，也为灾害社会风险治理提供了新途径、新方法、新手段。通过信息平台建设，完善合成研判、合成侦查、合成防范等集约化运行模式，打破信息孤岛，实现数据共享，打造前后衔接、左右协调、上下联动，部门联动无缝隙、信息传递无延迟、数据应用无死角的综合治理体系，有效实现上下级之间的快速指挥和横向部门间的高效沟通，这是治理格局与应急机制的创新进步。

大数据技术的日趋成熟，为基于多维度、多层次、多群体、多因素的海量异构数据分析提供了可能。根据过去发生的灾害社会风险来分析把握现在、预测未来成为可能，也为破解传统灾害社会风险治理的事后型、粗放式难题提供了契机。在大数据背景下，有效、精准、协同的灾害社会风险治理，覆盖风险的辨识、预警、分析、评估和决策等全过程、多阶段，为提升政府应急管理能力、推进治理体系现代化提供了有利条件。

（三）治理路径

基于系统思考、过程控制、主体协同、技术支撑的治理方略，从风险辨识、风险分析、风险度量、风险应对和风险监控五个环节，对灾害可能引起的社会冲突激化、社会秩序破坏、社会稳定失衡进行系统治理，降低灾害风险，维护社会和谐、有序、稳定。

1. 风险辨识

对灾害社会风险的科学认知、清晰分类、准确定位是开展有效治理行动的前提。基于对风险的科学认知、判断和评价，对灾害可能造成的社会失序类型、情境、原因、社会要素进行识别，建立和完善风险特征库及分析识别模型，制定灾害引发社会冲突、失序、失稳风险清单。风险是灾害衍生的，灾害社会风险既有实在的、明面的、可计算的、可预测的风险，也有暗藏的、潜在的、未来难以确定的风险。借助于大数据技术的挖掘、分析、预判功能，对海量数据进行综合分析，辨识社会风险属性，探究风险演化规律，甄别潜在社会风险，既防"黑天鹅"，也防"灰犀牛"，对各类风险苗头不能掉以轻心、置若罔闻，从源头上防止决策不当引发灾后重大社会风险的可能。

2. 风险分析

灾害社会风险具有隐蔽性、扩散性、诱发性、衍生性、复杂性等特征，灾害社会风险呈现"一生成、三状态、一演化"的系统特征。由于灾害社会风险的许多表象、表现、表征错综复杂，在交互作用中表现出风险放大、风险削减、风险过滤、风险叠加等特征，只有做出科学的剥离与归类，才能从源头上做具象的分析和研究。抓住灾害社会风险演化过程中呈现的弱均衡、次协调、亚稳定的特征，对"社会冲突激化、社会秩序破坏、社会稳定失衡"的三种社会风险状态进行微观分析，并从这三个维度对灾害社会风险的纵向链式拓展、横向网状扩展、立体纵横发展进行综合系统研究，探究灾害社会风险和治理举措之间复杂的互构共变关系，找到风险生成演化的症结所在，才能采取针对性的策略与可操作的措施。

3. 风险度量

风险度量是对风险进行定量分析，获得量化结论，支撑科学决策的关键。在风险辨识和分析的基础上，对风险清单内各种风险发生的概率、损失的程度进行有效度量，准确评估冲突激化、秩序破坏、稳定失衡，从而制定有针对性的风险应对策略，减少灾害可能给社会带来的巨大冲击。基于对风险的定量评估，需要判断灾害事件是否具有可控性,包括是否会引发较大的社会冲突、社会失序和社会失稳事件,是否会给灾区社会的整体和谐、有序、稳定造成较大冲击,是否有能够应对可能出现的社会冲突、社会失序、社会失稳问题的应急预案等。因此,灾害社会风险度量,不仅需要有厚实专业知识与精熟专业技术的风险计量专家,还需要精熟风险知识和社会事务的管理学家、社会学家等的通力合作。

4. 风险应对

风险应对是指辨识确定了灾害可能引发的社会风险,并在分析风险类型及其风险交互演化、度量风险概率及其风险影响程度的基础上,考虑决策主体和承灾体对风险的承受能力,制定回避、承受、降低、分担风险等风险防控措施。灾害社会风险的高度复杂性和广泛影响性,以及众多的决策主体和承灾体来自不同的社会群体,他们的社会地位、经济利益和政治诉求也呈现出多元化的特征,因此风险应对的决策与行动,应由决策主体和承灾体共同参与,将各参与主体的多元性优势融入灾害社会治理中。灾害风险不仅是挑战,也是机遇。按可规避性、可转移性、可缓解性、可接受性的判断准则,从风险中寻找、发现成功的机会,冷静应对、果断处理、转危为安,获得提升。

5. 风险监控

风险治理必须有贯穿风险预防、准备、响应、恢复全过程的监控制度加以约束,才能更好地提高工作效率、削减灾害风险。一方面,建立及时透明的信息公开机制。灾害很可怕,但信息不透明、谣言满天飞造成的恐慌更能摧毁人的意志,导致整个社会的混乱。确保信息公开的及时、准确和全面,不仅有利于稳定民心、疏导焦虑情绪,也有利于矫正视听、提高治理成效。政府的权威信息传播得越早、越多、越准确,就越有利于维持社会稳定、维护政府威信。另一方面,建立严格规范的权力监督机制。实行执法责任制、过错追究制和行政赔偿制,规范政府的风险治理行为,对一些违法乱纪、损害人民利益的干部坚决查处,做到有权必有责、用权受监督、侵权要赔偿,尊重公民权利,维护政府信誉。

四、篇章结构

本书有 9 章,可分为理论基础、演化机理、典型案例和政策应对四个部分,本书篇章框架结构图如图 0-5 所示。在构筑灾害社会风险理论的基础上,从整体上提出灾害风险生成及防范,并从社会冲突、社会失序、社会失稳三个维度探析灾害社会风险的演化机理，提出相应化解、管理、治理举措，进而用典型案例进行综合分析，以及构建政策应对体系。

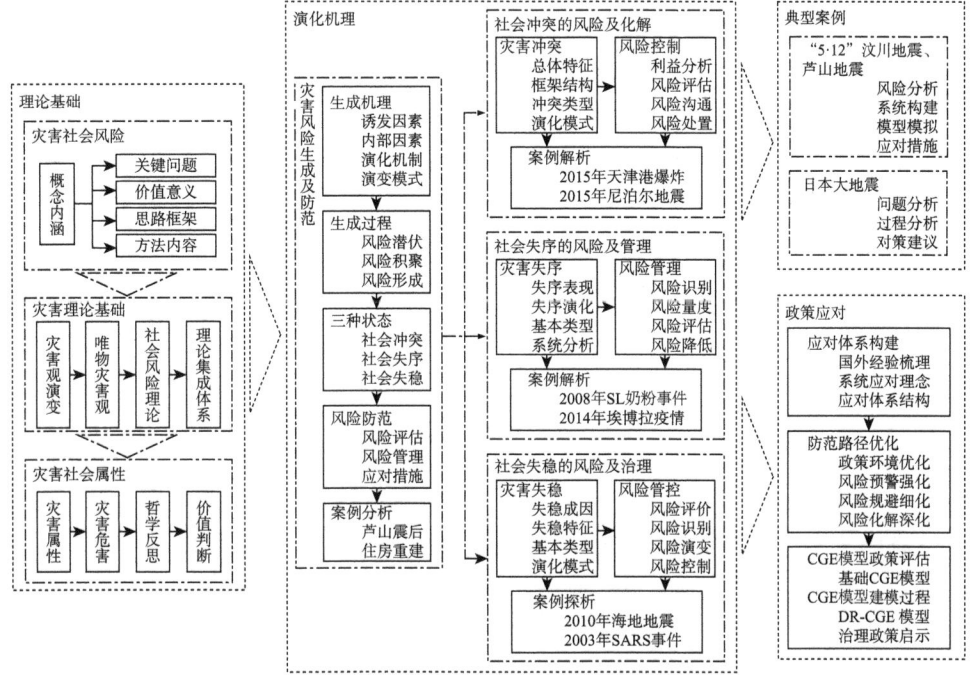

图 0-5　本书篇章框架结构图

1. 理论基础

理论基础包含引论、灾害理论基础和灾害社会属性 3 章，构成灾害社会风险治理系统工程的理论基础。界定灾害社会风险的概念内涵，系统提出其关键问题、价值意义、思路框架和方法内容；在梳理灾害观演变，解析唯物灾害观的基础上，建立灾害社会风险理论，构筑理论集成体系；提出社会属性是灾害发生的本质属性，从灾害属性、灾害危害、哲学反思和价值判断等多个角度剖析灾害的社会属性。通过这 3 章的梳理、论述、解读，可对灾害社会风险形成整体、全面的认识。

2. 演化机理

演化机理包含灾害风险生成及防范、社会冲突的风险及化解、社会失序的风险及管理、社会失稳的风险及治理四章，构成灾害社会风险治理系统工程的主体内容。整体上，从诱发因素、内部因素、演化机制、演变模式四个方面阐述风险生成机理，从风险潜伏、风险积聚、风险形成三个阶段论述风险生成过程，从社会冲突、社会失序、社会失稳三种状态解析灾害到社会风险的演化过程，从风险评估、风险管理、应对措施三个方面阐明风险防范的主要内容，以芦山震后住房重建为案例解析风险生成及防范实践。具体来看，社会冲突、社会失序和社会失稳的论述结构保持一致。首先，分别从基本概念、总体特征、框架结构、冲突类型、演化模式，基本含义、失序表现、失序演化、基本类型、系统分析，失稳成因、失稳表现、失稳特征、基本类型、演化模式等方面，解析灾害冲突、灾害失序、灾害失稳的演化机理；其次，分别运用风险识别、风险评估、风险量度、风险沟通、风险处置、风险控制等手段，对三种状态进行风险治理。最后，分别以2015年天津港爆炸、2015年尼泊尔地震，2008年SL奶粉事件、2014年埃博拉疫情，2010年海地地震、2003年SARS（severe acute respiratory syndrome，重症急性呼吸综合征）事件对社会冲突、社会失序、社会失稳的演化机理和风险治理进行案例解析。

3. 典型案例

通常情况下，在一次大的灾害事件暴发并持续影响的过程中，灾区会交替出现或同时存在社会冲突、社会失序和社会失稳的情况，其风险演化机理较为复杂，难以从理论上做分析，故选择典型案例进行综合分析。由于地震等重大自然灾害较为常见，对灾区会产生系统性破坏，很容易在局部地区形成社会冲突、社会失序和社会失稳，故选择2008年"5·12"汶川地震、2013年芦山地震及2011年日本大地震，分析灾害事件中社会冲突、社会失序、社会失稳的风险演化机理及应对举措，总结经验教训，为重大自然灾害社会风险治理提供借鉴。

4. 政策应对

基于对灾害社会风险系统应对理念、应对体系结构及国外经验的梳理，构建灾害社会风险应对体系；从政策环境优化、风险预警强化、风险规避细化、风险化解深化四个方面，优化灾害社会风险的防范路径。基于对可计算一般均衡（computable general equilibrium，CGE）模型的模型思想、体系结构、建模过程的解析，结合"冲突激化、秩序破坏、稳定失衡"的风险演化机理，运用综合集成理论与系统工程方法，构建灾害风险应对的可计算一般均衡（disaster risk-computable general equilibrium，DR-CGE）模型，为灾害社会风险的政策评价与修订提供一些借鉴和启示。

徐玖平
于川大诚懿楼
2019年10月

目　　录

序 i
　一、选题意义 i
　二、系统理论 iv
　三、治理工程 xi
　四、篇章结构 xvi

第一章　引论 3
　一、灾害概述 3
　二、灾害社会风险概述 14
　三、灾害社会风险分析 28
　四、关键词系统性分析 41

第二章　灾害理论基础 67
　一、灾害观演变 67
　二、唯物灾害观 77
　三、社会风险理论 86
　四、理论集成体系 98

第三章　灾害社会属性 111
　一、灾害属性 111
　二、灾害危害 124
　三、哲学反思 127
　四、价值判断 131

第四章 灾害风险生成及防范 ... 137
- 一、生成机理 ... 137
- 二、生成过程 ... 145
- 三、三种状态 ... 155
- 四、风险防范 ... 162
- 五、案例分析 ... 169

第五章 社会冲突的风险及化解 ... 179
- 一、理论概述 ... 179
- 二、灾害冲突 ... 191
- 三、风险管控 ... 208
- 四、案例解析 ... 218

第六章 社会失序的风险及管理 ... 233
- 一、理论概述 ... 233
- 二、灾害失序 ... 250
- 三、风险管控 ... 264
- 四、案例解析 ... 281

第七章 社会失稳的风险及治理 ... 301
- 一、理论概述 ... 301
- 二、灾害失稳 ... 313
- 三、风险管控 ... 332
- 四、案例解析 ... 339

第八章 经典案例 ... 355
- 一、"5·12"汶川地震、芦山地震 ... 355
- 二、日本大地震 ... 374

第九章 风险应对政策分析 ... 393
- 一、应对政策及其管理综述 ... 393
- 二、社会风险应对体系构建 ... 407
- 三、社会风险防范路径优化 ... 418
- 四、CGE模型的评估及政策启示 ... 425

参考文献 ·· 445

跋 ··· 466

 一、理论创新 ·· 466

 二、应用创新 ·· 468

 三、实践创新 ·· 469

人类历史上各个时期的各种社会形态从一定意义上说都是一种风险社会,因为所有有主体意识的生命都能够意识到死亡的危险。

——〔德〕乌尔里希·贝克

第一章 引 论

地球演化至今，进入风险社会。全球范围内，灾害频繁暴发。从席卷东南亚的印度洋海啸、肆虐美国的卡特里娜飓风、诱发核危机的日本大地震、福岛核泄漏事件，到中国的"5·12"汶川地震、南方持续性低温雨雪冰冻、舟曲特大泥石流、天津港爆炸、SARS事件、SL奶粉事件等，不仅给人类造成了巨大的损失，也埋下了社会风险的隐患，阻碍社会的发展和文明的进步。因此，人类有必要客观、系统、科学地认识这些灾害的产生、发展及其引发的社会风险，从而最大程度降低其可能造成的损失。对灾害的社会风险演化进行系统分析和深入研究，有利于了解灾害社会风险，把握灾害社会风险的演化规律。建立科学的评估体系以精准预测灾害可能带来的社会风险，提前采取预防措施，阻止社会风险转化为社会危机，降低人员伤亡和财产损失，有利于巩固社会发展的稳定性。

一、灾害概述

灾害是一种客观实在，是自然界里的一种客观表象。灾害是一个相对概念，它是相对人而言的，是针对人类生存而定义的。自从有了人类，灾害的定义也由此而生。灾害是指人类的灾害。在人类漫长的历史长河中，人在不同的历史时期，对灾害的认识与理解不尽相同，人对灾害的认识相差悬殊。

（一）灾害含义

就灾害一词而言，相关学者给出了各自不同的定义：灾害社会学者认为灾害是一种社会性事件；自然科学家认为灾害是自然要素在其运动过程中发生的变异；灾害学者认为灾害是自然和社会原因造成的妨碍人的生存与发展的灾难；灾害保障学者认为灾害是各种造成生命财产损失的自然现象和人类行为；人为灾害学者认为灾害是人失去控制违背灾害规律而造成的祸事……灾害不表示程度，通常指局部，可以扩张和发展，最终演变成灾难。例如，蝗虫虫害的现象在生物界广泛存在，当蝗虫大量繁殖、大面积传播并毁损农作物造成饥荒的时候，即成为蝗灾。传染病的大面积传播和流行、计算机病毒的大面积传播即可酿成灾难。然而，灾害这一应用极为广泛的概念尚未有科学的统一的定义。中国大百科全书出版社出版的《不列颠百科全书》及《辞海》都没有对灾害一词有任何阐述。《现代汉语词典》（第7版）中对灾害一词的解释如下：自然现象和人类行为对人和动植物以及生存环境造成的一定规模的祸害，如旱、涝、虫、雹、地震、海啸、火山爆发、战争、瘟疫等。可见人们对灾害的认识大都只局限在对灾害现象的描述上，没有深入研究灾害的产生和发展过程，缺少灾害相关的风险研究。

研究表明，灾害的词义源自灾。灾，一是灾害，起因于自然和人为两种因素，它是一种祸害，指祸事和灾难；二是个人遭遇的不幸。这是传统意义上的灾的概念。灾的含义随着人类社会的发展与进步逐渐包含新的内容。人类发展到今天，灾害的定义发生了巨大变化。灾害的内在联系和基本属性衍生出一些新的特点。由此，本书认为灾害是指相对人类而危及人类生存，由人为和自然原因生成的多类型高危趋势的一种人与自然极端的对立冲突[1]。灾害定义的内涵：它首先是针对人类而设立的概念，如果没有人类则无从谈及灾害，这是灾害定义的前提。灾害生成起因，一是自然界自然变故所致；二是人认识自然和改造自然非规则行为所致，有时灾害生成是人与自然共同作用所致，这是从内在联系上进行界定。灾害的危害对人类生存构成威胁，毁灭资源财富，危及人的生存环境及生命，这是灾害的内在本质。灾害是一个动态概念，其灾害类型繁多，人类面对的灾害不是单一的，而是多重的，有自然灾害、人为灾害，还有人作用于自然而引发的人为自然混合型灾害。灾害的破坏威力渐趋上升，随着人类活动能力的增强，人为引发的灾害随之增加，其破坏威力令人难以想象，其严重程度有的对人类构成毁灭性威胁，这是灾害的显著特点。灾害的引发集中体现在人与自然的对立和冲突上，人和自然作为两种客观实在，当人与自然表现出极端的不和谐时，终会暴发灾害，这是不可回避的客观现实。灾害本身是一种客观实在，它伴随着人类生产、生活和社会活动不断向前推进。灾害的活动表现具有自身的规定性，呈现出内在的一般规律性，而人类具有掌握灾害规律特点的能力，由此可言，灾害是可以被认识的，是能够被人类掌握并加以预防和有效"处置"的。这本身就是灾害自身在客观世界中内在本质的规定性。

（二）灾害分类

自人类产生之后，自然界永恒的运动变化，一方面为人类生存繁衍创造了必要条件,另一方面由于异常变异破坏了人类生存的适宜环境,这种破坏就是灾害。灾害在漫长的历史演进中以各种各样的方式危及人类生存与发展,形成了繁杂的灾害系统与类别,每一类灾害中的每种灾害都以不同破坏方式对人类构成威胁。灾害学者把灾害划分为若干不同种类,其划分标准和方法不尽相同。在这里,本书将灾害作为哲学追问对象,根据研究目的的需要,将灾害分为以下几类[2]。

从灾害生成的原因区分,灾害基本上分为自然灾害、人为灾害和人为自然灾害三大类,如图1-1所示。

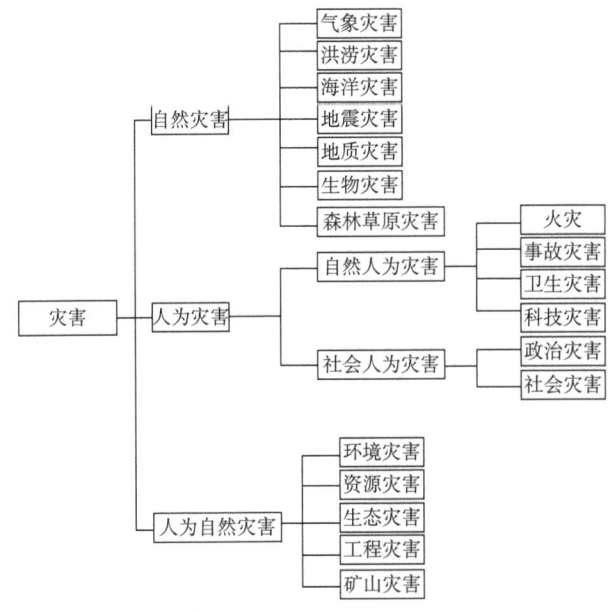

图1-1 从灾害生成的原因区分灾害类别

如图 1-1 所示,第一大类是自然灾害,它是指自然变异而引发的对人类生存造成破坏的灾害。根据自然灾害的成因确立,我国常见的自然灾害分为气象灾害、洪涝灾害、海洋灾害、地震灾害、地质灾害、生物灾害和森林草原灾害七类。气象灾害指因气象异常而发生的灾害,气象灾害对人类生存构成巨大威胁,包括干旱、暴雨、台风、低温冷害、风灾、雹灾、雪灾、雾灾和沙尘暴九种灾害,其中干旱灾害对人类危害最大,其波及面积广、持续时间长,对农林牧业生产和生态环境造成重大破坏。洪涝灾害是暴雨或冰雪融化等原因引起的灾害,包括洪水和涝灾两种灾害,其中洪水灾害包含降雨洪水、融水性洪水和工程失事洪水,这种灾害对人类破坏性很大。海洋灾害指海洋自然环境发生异常性激变而导致海上或海岸带发生的自然灾害,包括风暴潮、海啸、海浪、海冰和赤潮五种灾害,其中最为普遍和严重的是风暴潮灾害。地震灾害是指大地突然发生的震动,地震分为天然地震和人工地震两种，其中天然地震包括火山地震、构造地震、陷落地震和陨石冲击地震等，人工地震完全是人为制造或引起的大地震动（为人为自然灾害），地震是造成大量人员伤亡、破坏性最大的灾害。地质灾害是指地质动力作用和地面、地质自然环境恶化而导致岩土体位移引起的灾害，包括崩塌、滑坡、泥石流、地面塌陷、地面沉降、地裂缝、水土流失、土地沙漠化、土地盐渍化和海水入侵十种灾害，其中土地沙漠化灾害和水土流失灾害最为严重，这两种灾害造成土地资源锐减，直接影响人类可持续发展。生物灾害指农林牧区病、虫、鼠等有害生物在一定环境下暴发流行所造成的灾害，包括病害、虫害、鼠害和草害四种，生物灾害不仅对农林牧造成破坏，还对生态环境造成严重破坏。森林草原灾害是指在一定气象条件下人为用火或雷击、自燃等引起的灾害，分为森林火灾和草原火灾两种，此类灾害除烧毁林木草原资源外，更重要的是对生态环境造成严重破坏，进一步引起水土流失和土地沙漠化等灾害（人为森林草原火灾为人为自然灾害）。

第二大类是人为灾害，是指人为社会原因造成的灾害，包括自然人为灾害和社会人为灾害两类灾害。自然人为灾害指当人在利用和改造自然时失去控制所引起的灾害，主要分为火灾、事故灾害、卫生灾害、科技灾害四种灾害。火灾是指在时间和空间失去控制的燃烧，分为森林火灾、建筑火灾、易燃易爆火灾、城市火灾、农村火灾等。事故灾害指人为造成的各类事故，分为交通事故、空难、海难、矿难、工程事故和爆炸等。卫生灾害指医疗卫生因素引起的事故，分为职业病、传染病、食物中毒、农药食品、抗生素错误使用等。科技灾害指人类非理性科学技术应用所引起的灾害，分为核技术灾害、生物技术灾害、网络技术灾害、航天技术灾害等。社会人为灾害指完全由人类自行引起的灾害或灾难，主要包括政治灾害和社会灾害两种。政治灾害指人类为了实现某一政治主张而采取的一种暴力手段，分为战争、暴乱、动乱、劫机等。社会灾害指人为社会因素引起灾害事故，如劣质工程倒塌、危险品泄漏、城市公共事故、人口灾难、疾病多发、社会不良恶习、假产品、假药品灾害等。

第三大类是人为自然灾害，是指在一定的自然环境背景下人类非正确的社会活动而引起的灾害。这类灾害分为环境灾害、资源灾害、生态灾害、工程灾害和矿山灾害五类。环境灾害指人类利用环境资源和应用物理、化学、生物技术不当而污染环境所引起的危害人类生存的灾害，如赤潮、酸雨、大气污染、水土流失、土地沙漠化、沙尘暴等灾害，这类灾害对人类生存构成潜在威胁。资源灾害指人类开发占有资源不当而引起的灾害，包括资源开发灾害和资源开发引起的关联灾害，资源开发灾害指不可再生资源的人为破坏与浪费，资源开发引起的关联灾害包括地面沉降、地面塌陷、地裂缝、海水入侵等灾害，这类灾害直接破坏自然资源，对人类可持续生存构成威胁。生态灾害指人改变了自然生态环境引起的灾害，如农林牧的病害、虫害、鼠害和生物多样性破坏灾害。工程灾害指人类生产活动引起的灾害，如滑坡、塌方、崩塌、泥石流等灾害。矿山灾害指人类开采矿山资源时引起的灾害，如岩爆、突水、突泥、瓦斯爆炸、冒顶、矿井塌陷等灾害。

根据灾害波及的范围划分，灾害可分为全球灾害、区域灾害和局域灾害。环境灾害、沙漠化灾害和地震灾害等是全球灾害；水土流失、干旱等灾害为区域灾害；某个单体灾害如滑坡为局域灾害。由此可见，灾害通常没有区域界限，灾害对全球构成威胁。

按照灾害危害程度划分，灾害分为毁灭性灾害、破坏性灾害和伤亡性灾害。例如，核战争给人类带来的是毁灭性灾害，环境灾害是缓慢的毁灭性灾害。破坏性灾害指对资源财产造成的损失灾害。伤亡性灾害是指造成人员重大伤亡的灾害。

根据灾害的相关性特点，灾害可分为连带型灾害、并发型灾害、渐变型灾害和突发型灾害。旱灾引起蝗灾，毁林开荒引起水土流失，又引起水旱灾害，这种类型的灾害叫连带型灾害。风灾引起沙尘暴，暴雨引起洪涝灾害，台风引起风暴潮，这类灾害是并发型灾害。渐变型灾害是一种以缓慢方式对人类造成破坏的灾害，如环境灾害。突发型灾害指突然发生的灾害，如建筑物倒塌、地震等。

（三）灾害成因

灾害在本质上体现了人与自然的关系，其形成条件包括自然力的作用及其对人类造成的破坏性后果。既然灾害具有自然属性与社会属性，那么灾害的成因也就不可能全部归于自然也不能全部归于人类社会，而是兼而有之。其差别在于灾害成因中自然成因抑或人为成因占主导地位[3]。

1. 自然成因

经过数十亿年的演化，自然生态系统中的每一个组成部分都有其独特的作用并具有一个相对的量值。物质与能量的变动通常在这个值域范围内，一旦超过这个值域范围，就有可能导致自然生态系统的部分失稳甚至全球性改变，使系统不能正常运行并发挥功能，导致灾害发生。

物质是能量的载体，物质和能量的异常聚散表现在时空分布的不平衡上。例如，地应力的聚集超过岩层构造承受力发生地震灾害；降水过度聚集超过江河湖泊行洪能力，造成水灾；高海拔地区过度低温超过生物耐寒能力造成冻害；松散物和水以适当比例在适当坡度的沟谷聚集，下滑力超过摩擦力形成泥石流和水土流失灾害。

物质和能量的聚散通常需要一定诱发因素使能量释放或转化形成灾害。火山聚集巨大能量但需要突破火山口或地震诱发能量快速释放才形成火山喷发并造成灾害；陡峭山谷中的松散堆积物稳定时并没有危害，但当适当比例水浸润以后达到流动条件时才发生泥石流灾害。物质和能量异常聚散和释放转化源于自然生态系统中物质和能量的不均匀分布，包括空间和时间的不均匀分布。以洪涝干旱灾害为例，中国大部分地区位于季风气候区，年平均降水 650 毫米左右，年降水总量约 6 万亿立方米，但是时间、空间分布极为不均，空间上大体由东南沿海向西北内陆递减，并且受到地形等次级因素影响，时间上夏秋多冬春少、年际变化大、降水集中于 7 月。降水时空分布不均匀造成中国水旱灾害频发。表现就是南方夏秋季节多发暴雨洪涝灾害，进一步引发泥石流、滑坡、水土流失等衍生灾害；而北方内陆大面积常年缺水，土地沙化、土地盐碱化、沙尘暴等灾害频繁。

无论是自然灾害还是人为灾害，其中都必然有自然成因，这是由灾害的自然属性决定的。自然生态系统作为一个整体，具有协同性、自组织性、混沌性等特点，自然成因的灾害总体来讲是在自然规律支配下自发产生的，表现出一定必然性。纯粹的自然灾害很少，人类几乎不可能干预这类灾害。

总而言之，灾害的自然成因主要包括天体运动、圈层活动及地理因素，这些成因先于人类出现并延续至今，未来仍将继续存在。

2. 人为成因

自从人类文明开始，人类发挥主观能动性作用于自然界，开发自然，从自然获得资源，但在工业革命以前，灾害成因以自然成因为主，故灾害的说法历史久远、根深蒂固[4]。工业革命以来，人类对自然的改造能力空前提高，自然界深深打上了人类活动的烙印。除了地震、火灾、海啸等几乎不受人类影响的灾害，绝大多数自然灾害、人为灾害及人为自然灾害都不同程度地与人类经济社会活动有关。然而，自然界有自身运行的内在规律，人类的活动既有符合规律的建设性，也有违背自然规律的破坏性，由于人对自然规律认识不全面且具有盲目性，经常是破坏大于建设，对自然的影响呈现负面效应。人类影响全球环境变化导致一系列灾害发生，产生新的灾害类型并呈灾害链式、群式发展，影响最为显著的是全球气候变化，全球气候变化引起一系列深刻的全球变化，逐渐影响和改变全球面貌，世界海平面上升危及人类最繁荣的沿海地带，极端天气发生频率增高、强度加大，逐渐改变生物分布和土地覆盖状况，这些深刻变化会带来什么后果依然未知。

物质不能被创造，也不能被消灭。物质不在了，只是因为它的存在形式转变了。人类在飞速发展经济的同时，从自然界挪用了大量的资源，而这些资源被加以利用，转化成了各种不同的产品。在此过程中，排放了大量的垃圾和废物，这些垃圾和废物不会消失，只会增加地球的废物库，造成资源浪费。同时，工业生产过程中，释放了大量的化学物质，这些化学物质有的对人体和自然有害，它们进入了生态循环，改变了原有的循环平衡状态，而人和其他生物是否能适应这种变化，也是不得而知的。追究人类与自然矛盾的根源，包括生产力水平、政治制度、人口数量、人口素质、道德水平等原因。但从根本上来看，生产关系是灾害人为成因的核心。资本主义生产方式是导致灾害的社会生产关系，资本主义生产方式展现人类贪婪本性，自身利益最大化而非社会效益环境利益最大化，为了追逐自身利益最大化，违背自然界的内在和固有规律，无限制地掠夺自然资源，工厂向环境排放大量未处理的有害物质，大量种植对生物圈长期影响仍不清楚的转基因作物，大量使用农药、化肥、激素破坏土壤、大气、水体。不考虑消费能力的过度生产，造成经济危机周期性出现，给人类经济社会带来巨大动荡，部分人群的过度消费浪费资源、增加环境负担、加剧社会分化失衡。全球化发展将每个国家都纳入全球生产体系，资源的开发、产品的生产制造消费遍及全球[5]。

地球资源的掠夺性开采已经达到空前程度，不同发展水平国家产业分工，生态环境破坏转移，对劳动者的剥削已经跨越国界，成为国与国之间存在的、不可忽视的现实，资源枯竭引发国家之间和国内不同地区、群体之间的冲突已经显现，为争夺有限资源势必引发战争灾难，产业转移所带来的生态破坏短期看是转移到产业转移承接地，最终来看会通过全球环境变化影响到全世界，而往往全球灾害的承担者与致灾者并不重合，全人类都绑在了同一辆战车上，面对的依然是未知的未来。资本主义生产方式是短视的，危及人类的持续发展。表现出来即人类对自然认识水平有限且受功利主义思想影响、对自然价值的偏见导致科学技术的非理性应用[6]。资本主义生产方式的逐利本性，倡导的个体利益最大化放纵了人类的贪婪欲望，不可能理性运用科学技术，适度生产和消费也不可能实现，也不可能顾及代内公平和代际公平，对自然的损坏不可避免，更大强度、更高频率、更广范围、更长影响时间的全球性灾害暴发，将危及人类的持续发展[7]。同时，政治因素、宗教文化、人口素质、道德伦理等也是灾害的人为成因。首先，人口膨胀，全球人口从50亿人到60亿人和从60亿人到70亿人之间仅用12年时间，人口的增长意味着需要更多的生存资料，即需要从自然获取更多资源。地球资源是有限的，而人口却持续增长，生活水平要求也在提高，这种不对称需求必然导致人类对自然资源的进一步掠夺，进而导致环境的退化，灾害随之增加，形成人口—资源—环境—灾害的恶性循环[8]。其次，人的素质，包括文化水平、伦理道德水平等方面，文化水平决定着对自然规律的认识及科学技术的掌握与应用能力，而伦理道德水平关系到科学技术的理性应用并影响到生活方式、对自然的态度。群体的行为也深受政治影响，错误的政策导向易引起群体错误，造成全国性或区域性灾害[9]。

3. 综合成因

环境灾害一般是指人类使用自然资源及应用物理、化学等科学技术的不当行为从而引发的环境破坏的灾害。环境灾害一般包括酸雨、水污染、沙漠化等自然灾害，对人类的生存发展构成了严重的潜在威胁。资源灾害是指人类在开发和使用资源过程中的不当行为引发的灾害，一般包括资源开发直接引发的灾害和由资源开发间接引发的灾害，如地面沉降、海水倒灌、地裂缝、海水入侵等。生态灾害主要是指人类社会实践活动引起的灾害，包括农林牧的病害、虫害、鼠害及生物多样性等灾害。工程灾害指人类的工程建设及运营过程中人类的不合理开发引发的灾害，如滑坡、塌方、泥石流等。矿山灾害是指人类开采矿产资源时引起的灾害，如瓦斯爆炸、冒顶、矿井塌陷等灾害。2005年2月14日15时，辽宁省阜新矿业（集团）有限责任公司孙家湾煤矿海州立井发生一起特别重大的瓦斯爆炸事故，造成214人死亡，30人受伤，直接经济损失4 968.9万元[10]。

除了自然灾害之外，还有人类不合理开发引起的其他灾害。在工业革命的初始时期，在人类对工业科学技术还不娴熟的情况下，城市灾害主要集中于化学爆炸、火灾、空气污染、水污染、传染病等灾害。人类的社会实践活动不当，过度挖掘使用自然资源，砍伐森林，毁林造田，对人类生存的生态环境造成了毁灭性的灾难。从某刻开始，酸雨成了城市的常客，城市上空烟雾缭绕。随着工业化进程的加速及相关部门的发展，由此带来的灾害趋于频繁，灾害损失和伤亡不断加重。

人为引发的灾害也需要自然条件作为灾害生成的环境，故灾害经常表现为自然变异与人为活动的共同作用。地球表面各圈层都有各自的分布状态和自身遵循的运行规律，人类经济社会活动也遵循一定的发展规律[11]。例如，水土流失，首先是降水在时间和空间的聚集；自然土质的疏松；一定的地形坡度；短时间在某地区降雨量大；若遇到地区内植被的人为破坏、地形破坏，在此条件下就可能形成水土流失。由此可以看出，灾害成因有自然成因也有人为成因。2012年7月21日至22日8时，北京及其周边地区遭遇61年来最强暴雨及洪涝灾害。截至8月6日，北京已有79人因此次暴雨死亡，房屋倒塌10 660间，160.2万人受灾，经济损失116.4亿元[12]。

灾害综合成因与人为成因的主要区别在于人为成因与自然成因在成灾原因中所占比例，人为成因比例大于自然成因的灾害归类为人为灾害，相反归为自然灾害，若两者比例相近，归为人为自然灾害。当然，这只是技术上的分类，灾害是相对人而言的，故所有灾害都离不开人的因素，人类要么是致灾因子要么是承灾体，故而在灾害研究中应淡化自然灾害而提倡普遍使用灾害，不过多追究是自然灾害还是人为灾害抑或人为自然灾害。在分析灾害的成因时，尽量综合考虑自然和人为成因，做到科学合理[13]。

（四）灾害概况

1. 中国灾害概况

中国是世界上自然灾害最严重、自然灾害种类最多的国家之一，复杂的自然地理环境决定了中国自然灾害的严重性与多发性。2008年以来，中国发生了系列重大自然灾害，如"5·12"汶川地震、青海地震、舟曲泥石流等，其引发的次生灾害的危害性也日益加重，防灾、抗灾、减灾面临的形势越来越严峻。这些灾害事件及由此引发的社会风险都是严重影响国家安全的事件。灾害种类多、分布广、频率高的现实状况加重了社会的风险性，也给中国政府的应急管理工作提出了更高要求。在各界的共同努力下，中国在提高防灾减灾能力方面取得了明显进步。但在大数据时代背景下，在新媒体的舆论聚光灯下，灾害事件极易刺激公众情绪、瞬间点燃社会舆情。若研判不准、处置不力、疏导不好，灾害事件与社会舆情交互叠加，演化为次生舆情灾害，可能诱发公共危机，甚至危及社会稳定。因此，政府在防范灾害社会风险的工作中还有很大的提升空间。

对灾害及其引发的社会风险的相关研究已引起国内外学者的广泛关注，成为国际社会的共同研究主题。以增强自然灾害社会风险防范能力，减轻灾害对社会经济发展和人民生命财产安全的危害为目的，深入分析研究灾害社会风险的生成、应对过程所存在的问题及其成因，重点提出灾害社会风险的应对防范对策。

灾害指自然发生或人为产生的对人类生命财产及其生存环境资源造成危害性后果的各种自然和社会现象的总称。灾害的成因一般包含自然因素和社会因素[14]。自然因素包含：大气和水圈在演化过程中所出现的大区域或局部区域失去平衡的运动；与人类关系最密切的生物链失去平衡的发展或破坏；岩石圈在运动过程中出现的大规模突然断裂；等等。上述情况都会给人类带来水灾、虫灾、旱灾、地震等自然灾害。社会因素则包括：人类因素对森林、草原和植被过度砍伐和破坏等，造成的土地荒漠；人类活动对地球表面环境的污染，导致物种灭绝；人口暴长；等等。按照国务院《特别重大、重大突发公共事件分级标准》对于灾害类的规定和定义，灾害总体上是指影响人群面广、波及地理范围大、人员伤亡数量多、经济财产损失严重的自然或人为灾害。具体量化标准如下：造成30人以上死亡，或5 000万元以上经济损失的灾害称为特别重大灾害；10人以上、30人以下死亡，或1 000万元以上、5 000万元以下经济损失或对社会、经济及群众生产生活造成严重影响的灾害称为重大灾害。按类别可以分为气象灾害、洪涝灾害、海洋灾害、地震灾害、地质灾害、生物灾害、森林草原灾害等自然灾害；安全事故、环境污染和生态破坏等事故灾害；公共卫生事件、动物疫情等公共卫生类灾害；群体性事件、涉外突发事件、金融突发事件、影响市场稳定事件、恐怖袭击事件、重大刑事案件等社会安全类灾害[15]。

2. 全球灾害概况

纵观全球灾害和事故频发，像中国的"5·12"汶川地震（2008.5.12）、台湾地区风灾（2009.8.8）、云南曲靖铬渣污染事件（2012.5.24）、四川什邡群体事件（2012.7.1），以及日本海啸（2011.3.11）都给人类社会带来了重大生命和财产损失，各种灾难引发的社会风险严重影响到了科学发展的成果和社会的和谐与稳定。比利时灾害研究中心主任萨皮尔（Sapir）曾表示，在21世纪的第一个十年期间，各类自然灾害事件频繁发生，全球各地都造成了重大的人员和财产损失。在1990~1999年，全世界平均每年发生258起自然灾害事件，所造成的死亡人数约为4.3万人；而在2000~2009年，全球共发生了3 852起国家范围内的自然灾害事件，造成超过78万人死亡，近20亿人受到影响，所导致的经济损失约为9 600亿美元。其间，各国不断加强防灾、减灾工作，但相关数字不降反升，年均灾害及致死人数分别增长到了385起和7.8万人。其中，亚洲依然是遭受自然灾害打击最严重的地区，其死伤人数占到全球总数的85%。此外，以地震为首的地质灾害则对人类生命安全构成的威胁最大[16]。

紧急灾难数据库（Emergency Events Database，EM-DAT）作为国际上最为重要的免费灾害数据资源之一，在国际灾害管理与研究界得到广泛应用[6]。EM-DAT在报告 Annual Disaster Statistical Review 2017中显示，2017年，全球共有335起报道的灾害事件，共有9 697人死亡，9 600万人受到影响，3 340亿美元的经济损失。2007~2017年各大洲因灾害导致的死亡人数占全球比例如图1-2所示，2007~2017年各大洲受灾害影响人数占全球比例如图1-3所示，2007~2017年各大洲灾害造成的经济损失占全球比例如图1-4所示。从图1-4中可以看出，2007~2016年，亚洲是受灾害影响最严重的地区，灾害导致死亡的人数占全球的58.00%，受灾害影响的人数占全球的69.50%。然而，美洲报告的经济损失最高，2017年在美洲发生的93场灾害共造成了占全球88.00%的经济损失。报告显示，中国、美国、印度是世界上受灾最严重的三个国家，三个国家全年分别发生了25起、20起、15起灾害。

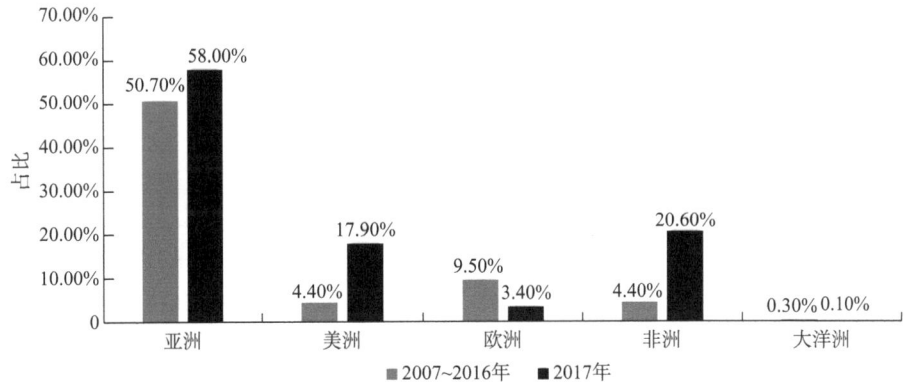

图1-2 2007~2017年各大洲因灾害导致的死亡人数占全球比例

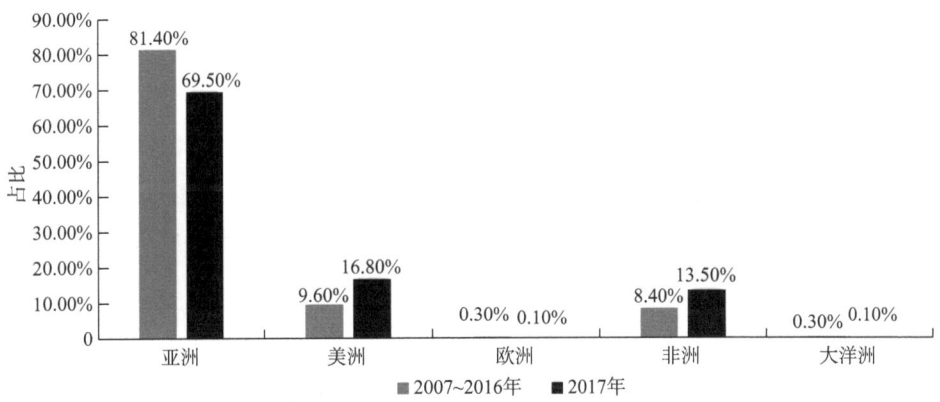

图1-3 2007~2017年各大洲受灾害影响人数占全球比例

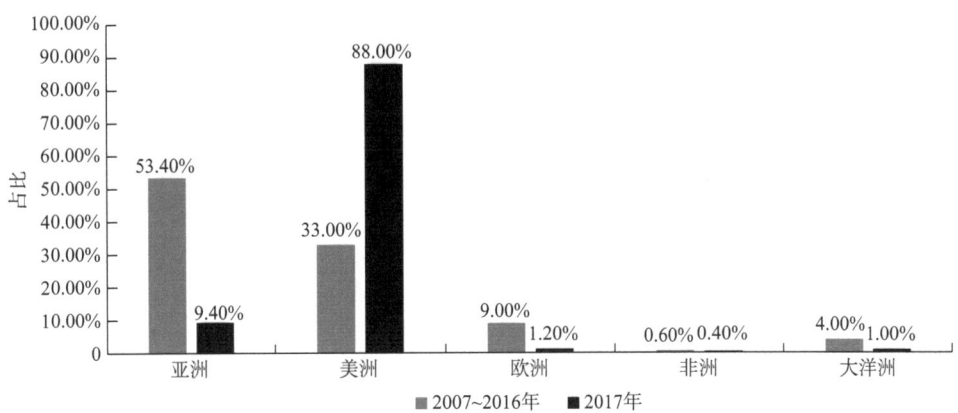

图1-4 2007~2017年各大洲灾害造成的经济损失占全球比例

二、灾害社会风险概述

随着全球气候、环境的变化，灾害频频威胁人类社会，不仅直接造成人员伤亡和财产损失，还会诱发社会风险，影响社会发展。处在转型期的中国社会敏感性强，容易在重大灾害的刺激下爆发出负面情绪，从而滋生社会风险，因而更加需要加强灾害风险及其社会属性下风险生成和风险政策分析及应对决策的研究。灾害风险包括生命安全风险、环境破坏风险、心理失衡风险、社会冲突风险、社会失序风险、社会失稳风险等多个方面，正确识别、科学评估、准确预测灾害所带来的社会风险，从而更好地进行风险政策分析，做出应对决策，阻止社会风险转化为社会危机，对于提高社会灾害防范能力、减少人员伤亡和财产损失有重大意义。

（一）灾害风险

1. 灾害风险内涵

风险意识是伴随着人类的产生而产生的。中国古代早期社会，百姓就已经通过占星术、预言、龟卦等方法简单而质朴地表达对未来生活不确定性的担忧。而在西方，"诺亚方舟"等古希腊神话表达了人们关于未来可能发生的灾难的忧虑。风险产生于人类社会的实践活动，并且存在于人类社会发展的各个阶段，只是产生原因、表现方式和社会效应不同而已[17]。

风险包含着不确定性和损失性[18]。随着人类文明的发展和科学技术的进步，风险的不确定性逐渐显现，从不确定性的角度来理解，现代社会的风险就是人为制造的不确定性。除此之外，研究风险的另一视角是损失性，损失性把风险看成一种损失类型。起初的风险属于自然风险，也就是"外在风险"，而随着时间的推移，风险的内涵才逐步扩展，将"人为风险"也包含其中，从而表现为社会风险。

社会风险作为现代社会的产物，具有自反性和内生性两个主要特征。在经济转型与社会结构转型的过程中，社会风险得以产生和发展，并且更具特色，显示出自身的复杂性。一方面，快速发展的经济系统和平稳有序的政治体系使社会整体发展保持较为良好的态势；另一方面，当前各种社会问题和矛盾凸显出来，很多矛盾还呈现出持续升级的态势，导致社会风险不断地累积[19]，并表现出以下几种特点。

1）损失性

在风险的不确定性和损失性这两种属性中,损失性是更为根本的属性,唯有损失性才能揭示风险中"险"的内涵,没有损失性,就没有风险[20]。一方面,风险中的不确定性主要指损失的不确定性,准确地说,风险的本质应当是指损失的不确定性。首先,风险是否发生具有不确定性;其次,风险发生的时间具有不确定性;最后,风险产生的结果是不确定的,即损失程度具有不确定性。另一方面,风险具有客观性,是独立于人的意识不以人的意志为转移的客观存在。因为无论是自然界的物质运动,还是社会的发展规律都是由事物的内部因素所决定的,因此人们只能在一定的时间和空间内改变风险存在和发生的条件,降低风险发生的频率和损失程度。

2）可测性

通过长时间、大量地观察会发现,风险往往呈现出明显的规律性。根据以往资料,利用数理统计和概率论的方法可测算风险事件发生的概率及损失程度,并且可构造出损失分布的模型,成为风险估测的基础[21]。例如,在人寿保险中,根据精算原理,利用对各年龄段人群的长期观察得到的大量死亡记录,可以测算各个年龄段的人的死亡率,进而由死亡率计算出人寿保险的保险费率。此外,风险是发展变化的。在人类社会快速发展的同时,风险也随之发展。特别是当代高新科学技术的应用和发展,使风险发展的特性更为突出。因此现代社会的风险会因时间、空间因素的不断变化而不断发展变化。

3）普遍性

自从人类出现后就面临着各种各样的风险,如自然灾害、疾病、伤残、死亡、战争等,可以说人类历史就是与各种风险相伴的历史。如今,随着人类科学技术的创新和发展、社会的进步、生产力的革新、人类的自然进化,新的风险应运而生,并且这些风险事件造成了比以往更大的损害。

社会风险是对社会产生损害的不确定性,这种损害包括社会资源的流失、社会心理的失衡、社会结构的破坏、社会价值的损害及社会秩序的混乱等[22]。社会风险划分的类别很多,在精算学、保险学、经济学甚至心理学等领域,对风险的细分有助于通过研究具体险种的发作规律,从而为个体提供可操作的应对措施。总的来说,人类社会经历了三种不同的风险形态:①前工业社会的风险,主要来自不可抗的自然力量,如火山风险、地震灾害、洪涝灾害等;②工业社会早期的风险,即在资本原始积累过程中形成的贫富分化、安全事故、生产矛盾等可能性;③现代风险,主要包括生态环境恶化、环境破坏和污染、生物基因异变、核灾难威胁等风险,是伴随现代科技进步而来的损失可能性。风险的产生会受到各方面因素的影响。在灾害后,各种社会冲突与社会矛盾掺杂在一起,损害社会主体利益,如果没有及时解决,冲突会不断加深,受灾人员也会更多,行为方式也更加激烈。

2. 灾害风险特征

灾害引发社会风险并不是一个简单的遵循单向发展路径的过程,而是由多因素相互作用甚至循环往复的复杂过程。在自然演变、人类活动、社会运行及其相互影响的共同作用下动态变化的过程中,灾害社会风险形成了自身的发展特点[23]。

1)发生的随机性

风险本身就意味着未来的随机性。灾害可能引起社会风险,但是这种结果不是必然的,而是一种可能性,其发生具有一定的概率,可以采取措施将结果控制在不发生的范围之内。例如,在地震过后,可能导致社会治安的急剧恶化,趁灾盗窃、强抢财物、欺凌弱小等行为剧增;可能引发疫病的流行,短期内流行病暴发,并且迅速蔓延,造成新的灾害甚至是灾难;可能引发市场的无序和失控,造成物资短缺、物价暴涨等现象;可能造成民众心理失衡,面对灾害造成的亲属逝世、身体残缺、财物毁灭等突如其来的损失,以及面临无处安身的窘状,悲痛、恐慌、茫然、失落、绝望的情绪会充斥在灾民心中。如果不能迅速及时地采取有效措施应对,自然灾害的损失就不仅限于灾害本身的直接损失,而会导致其他次生危机的爆发,后果不堪设想。但是如果及时投入力量,科学引导,则可以控制住风险,阻止其演化成现实的危机和灾难。

2)发展的动态性

风险系统要素由致灾因子、孕灾环境、承灾体构成,而这三个要素处于动态变化中。灾害暴发以后,其风险走向也是一个伴随风险要素变化而变化的过程。

首先,风险系统的动态性。灾害风险系统具有一定的时空特性。灾害一般在特定的时间区间内发生,具有一定的周期性,而且在某些区域暴发的可能性还较高。例如,洪涝灾害主要集中在夏季,也就是北半球的雨季,其所引发的社会风险主要存在于洪涝灾害过后的一定时间区间内,过了这段时间,社会风险便渐渐减弱乃至消失。此外,风险具有时间的动态性。部分年份,南方涝灾,北方旱灾,而有些年份却相反。洪涝引发的社会风险在不同地域的转移,具有空间的动态性。

其次,承灾能力的动态性。伴随着承灾体能力的提升社会风险也会呈现出动态变化。当承灾体能力较低时,灾害所引发的社会风险具有强大的潜在破坏力。但是随着对风险演化规律认识的提高,风险监测、预报、应对能力及抑制风险扩散、升级的能力的提升,防护技术的改进和防护工程的加固,人类面对灾难的自救能力和心理调适能力的提高,等等,社会风险的演化也会发生一系列变化。

3）过程的复杂性

从生成过程来看，灾害造成巨大的人员伤亡和财产损失，当人的生存受到严重威胁时，就会增加爆发社会冲突的可能性，也就是说，灾害的暴发还潜藏着巨大的社会风险，危及社会的稳定和人们的生命财产安全。在这个过程中，如果处理方法不当，社会风险就可能逐步升级，积少成多，当其积累到一定的程度时，突破临界点，就会失去控制而爆发，从而产生社会危机[24]。因此，灾害社会风险系统演化的过程十分复杂。

灾害的致灾因子本身具有复杂性，人类对其属性的探索和认识还不够深入。社会风险演化受到多种因素的干扰。例如，物理、生物、化学作用等自然力量及政治、经济、文化、心理等社会力量都会作用于社会风险演化，多种不规则的力量将社会风险向多个角度牵引，使得其演化的规律和方向难以被准确地把握。人类的活动在一定的时间内具有分散性、无序性的特点，尤其是灾难之后，沉浸在痛苦和绝望中的人们，其异常的行为对社会风险的演化也会造成难以预测的影响。

4）后果的严重性

灾害的属性决定了其本身会造成严重的损失，如损害人类生命安全、财产安全，破坏生态环境，或是导致生存条件的剧变。除此之外，灾害还提升了其他灾害发生的概率，增加了损失，因而它的风险后果具有严重性。以地震为例，地震直接造成了巨大的生命财产损失，其引发的海啸、火灾、水灾、放射性污染、疫情、山体滑坡、泥石流等灾害可能持续时间更长、危害更大。

例如，1923年日本的关东大地震，实际上直接由地震造成的伤亡人数不算多，但是地震引发了大规模的火灾，在熊熊烈火中，3万多人被剥夺了生命。又如，重大自然灾害之后往往伴随着瘟疫的暴发，其社会风险严重性足以突显。2004年，印度洋海啸过后，由于受灾地区地处热带，气温较高，浮尸被海水浸泡逐渐腐烂，对水和食品的安全卫生构成了很大的威胁，如果不及时地开展清理工作、采取防疫措施，疟疾、痢疾、呼吸道疾病等就会肆虐，对这个人口稠密的地区来说，则会引发毁灭性的灾难。

随着人类对社会生活和自然干预的范围与深度的扩大，人为风险超过自然风险成为风险结构的主导内容。灾害的社会学研究也因此成为当前灾害研究中一个成果颇丰的领域。2003年，在比利时首都布鲁塞尔召开了第一届世界风险大会，讨论了灾害与风险科学研究的前沿问题，建立起了灾害与风险研究的桥梁。有学者研究了风险、灾害、危机连续统一与应对体系，提出危机的真正原因在于风险，灾害只是风险转化为危机的"导火索"，从而将风险、灾害与危机紧密联系起来。灾害对社会造成冲击主要表现为以下三方面[25]。

（1）灾害与日趋复杂的人类社会矛盾叠加，面对突如其来的自然灾害，人类几乎没有历史遭遇的经验，其影响具有极大的不确定性。

（2）随着社会不断向前发展，灾害的负效应极有可能会被放大，灾害管理难度增加，很多社会问题也更加难以处理。

（3）灾害在对社会系统造成冲击时，往往产生多重因素在同一时空内的叠加效应，这不仅增加了危机的严重性和影响，也可能在各种因素之间造成互动作用，提升风险演化的复杂程度和处置难度。

3. 灾害风险类型

灾害往往给人类生命、财产及其所处的环境带来巨大的损失，但是应对灾害并不止于对灾害本身的抗击，需要有更长远的眼光，警惕其所造成的社会风险。灾害类型众多，不同类型的灾害可能导致不同的风险。因此，灾害风险可以从灾害特点和损失特点两方面来分类。

1）按灾害特点分类

灾害类型众多，主要包括自然灾害、事故灾害、公共卫生、社会安全等，不同类型灾害含义有所不同，其引发的社会风险也各有特点。

自然灾害类社会风险是指自然灾害导致社会损失的不确定性，自然灾害是地球表层孕灾环境、致灾因子和承灾体综合作用的产物，是在一定的自然环境背景下产生的并且超出人类社会控制和承受能力而形成危害人类社会的事件[26]。其主要种类包括：①地质灾害，如地震、火山、山体滑坡等；②气象灾害，如干旱、洪灾等；③生物灾害，如虫害、鼠害、草害及病害等；④环境灾害，如大气污染、水污染等。

在人类文明发展历史中，自然灾害是危及社会治安和稳定的重要因素。在历史上，每当暴发重大自然灾害时，就会暴发大面积的次生灾害，如饥荒、疾病等，灾民往往为了生存铤而走险，更有甚者会选择揭竿而起，打破原有社会秩序，导致整个社会陷入瘫痪状态。如今，自然灾害造成的物质损失和社会风险仍然不容忽视，灾害过后通常伴随民众心理恐慌、社会秩序失控，损害正常的社会制度。近年来，由于全球气候变暖的影响，加之环境污染加重，各国自然灾害频繁发生，严重地危害了各国民众的生命财产安全。

事故灾害类社会风险是指由事故灾害导致的社会损失的不确定性，其通常分为矿山事故、交通事故、建筑事故、火灾、职业健康危害事故、危险化学品事故等多种类别[27]。

事故灾害的背后往往潜伏着巨大的社会风险。一方面，事故灾害的主体与人们日常生活息息相关，灾难一旦发生，很容易引发社会冲突和社会失序；另一方面，事故灾害会导致社会资本流失。如果灾难事故发生过于频繁，会降低人们对于相关机构的信任和认同度，甚至危及公共权力的合法性。

公共卫生类社会风险是指由公共卫生导致的社会损失的不确定性，公共卫生事件主要指可能造成社会公众健康严重损害的重大传染病疫情、群体不明原因疾病、重大食物和职业中毒及其他严重影响公众健康的事情[28]。

一方面，公共卫生类社会风险事件涉及范围广、影响范围大[29]，会长时间地危害人们的身心健康，使民众的心灵受到创伤，留下心理阴影；另一方面，突发公共卫生事件关系到社会中不同群体的错综复杂的利益，具备很强的敏感性和关联性，如果处理方式不当，会损害各个群体的利益，甚至导致社会冲突，危害社会秩序、治安、稳定。随着全球化进程不断加快，公共卫生类的社会风险因素不仅可能关系某国的稳定发展，甚至可能祸及其他国家乃至全世界，给全人类的稳定发展带来隐患，影响政治、经济等各个方面。

社会安全类社会风险是指社会安全导致社会损失的不确定性。社会安全事件主要包括群体性事件、恐怖事件、重大刑事案件等。主要有几种类型：①有关城市问题的群体性事件，主要是指城市中失业、拖欠工资、再就业、城市管理、社会治安等问题而引发的突发性事件；②涉外及涉及民族问题的群体性事件，主要是指各民族相互交往过程中文化差异、利益关系、社会习俗等方面原因引起的误会、摩擦和冲突，并由此引发的涉及民族问题的群体性事件；③涉及宗教问题的突发社会安全事件，主要是宗教信仰、宗教管理等问题引发的群体性事件；④影响较大的刑事案件导致的社会风险[30]。社会安全类社会风险严重威胁着人民群众的人身和财产安全。

2）按损失特点分类

灾害造成的损失众多，主要可以分为生命安全损失、财产损失、环境破坏损失、社会稳定性损失、心理失衡损失等方面，不同损失导致的社会风险也有所不同。

第一，生命安全损失风险。灾害具有衍生性的特点，可能会造成次生灾害，再一次威胁人的生命安全。例如，地震过后岩层结构发生了扭曲，再次发生地震，或者引发崩塌、滑坡、地陷等灾害，成为严重的安全隐患，给生命安全带来威胁。又如，洪灾过后，受灾地区容易暴发流行性疾病，一旦疫情暴发，将会夺走人的生命或者造成健康损失。

第二，财产损失风险。灾害具有扩散性，人们的实体财物在灾害中遭到了破坏，如房屋倒塌、道路损毁、田地破坏、牲畜死亡等。还应当注意的是，财产损失不光是灾害当中直接丧失的那一部分。举例来说，灾害之后如果市场发生了波动，物价得不到有效控制，引发通货膨胀，人们所拥有的货币的实际购买力下降，也是一种财产损失。如果引发了金融市场的大动荡，财富可能蒸发，后果更加不堪设想。

第三，环境破坏损失风险。环境的破坏是多方面的，重灾过后，自然环境、生态环境、社会环境都有可能发生异化,不仅影响当时的生活,还可能对政治、经济、文化等的发展造成持续性的影响。

2011年3月11日,日本东北部海域发生9.0级强地震,导致福岛核电站发生核泄漏事故,相对于地震的直接损失而言,其造成的长远影响难以预计[31]。泄漏的放射性物质污染了海水,海水的流动将污染扩散至其他海域,流言的传播造成了中国等邻国民众的恐慌并引发了抢盐风波。虽然这一风波已经平息,但是核泄漏对环境的影响并没有终止,土壤环境、海洋生态环境、周边社会环境等发生异化,种种影响还会持续很久。

第四,社会稳定性损失风险。灾害过后,社会正常的运行秩序被破坏。当人们面临死亡的威胁、失去生存所需的物质条件、沉浸在失去亲人的悲痛中时,当通信受到干扰和阻隔、交通被切断、求助无路时,当市场运营失去了规范、物资短缺、供求失衡时,当政府机构瘫痪、管理无法正常进行时,就可能出现社会动荡。在生存的压力下,人们可能突破法律、道德、传统习俗的约束,做出违背常态的事情。有些人甚至趁危作乱。经济诈骗、抢劫财物、拐卖人口、囤积居奇发危难财、群体性暴力冲突等,这些都可能成为自然灾害埋下的社会失序风险。

第五,心理失衡损失风险。灾后心理失衡表现在许多方面,自身肢体残缺,亲人失踪伤亡,住所瞬间毁灭,财物损失惨重,加之目睹周邻惨痛状态,心理上难免发生变化。具有相似状况的人群中极容易产生共鸣,悲恸、失落、茫然、无助、绝望、怨恨、焦虑、恐惧、抑郁的情绪极度容易相互传染,这对灾后恢复重建是不利的。有些人在遭受重大打击之后,会留下心理阴影,甚至性情大变,在未来的生活中可能性格孤僻、情绪低落、失眠、做噩梦、脾气暴躁、产生强迫行为等,这就需要进行心理疏导。

(二)社会风险

风险一词由来已久,一种说法认为"风险"这个概念来自航海捕鱼行业[32]。出海捕鱼时经常会遇到大风,从而遭受巨浪的袭击,或者容易发生触礁、沉船等后果,因此人们将风与险联系在一起,将出海捕鱼遇到危险的可能性称为风险。随着人类活动的不断拓展和复杂化,风险一词的意义逐渐演化,被赋予更为深刻的含义,并且在社会学、政治学、经济学、统计学、保险学等各领域都得到了广泛的应用。但是,从根本上来看,风险最核心的含义依然包含着损失性和不确定性两大基本属性。

1. 社会风险含义

社会风险一般包括"社会"和"风险"两个方面。众所周知，社会有广义与狭义之分，其中广义社会是一个包括政治、文化、经济等子系统的巨型复杂系统，指的是相对于自然界而言的人类社会。狭义社会是相对于个体和家庭而言的人类生活共同体，一般是与政治、文化、经济等相并列的系统。相应地，社会风险也有广义和狭义之分。广义的社会风险是指自然灾害、政治因素、经济因素、技术因素及社会因素等方面的原因而引发社会失序或社会动荡的可能性。狭义的社会风险指社会领域中可能导致社会冲突和社会不稳定的各种可能性，其本质是损失的不确定性。简言之，社会风险就是社会危机爆发的可能性。

社会风险是对社会产生损害的不确定性，这种损害包括社会心理的失衡、社会资源的流失、社会价值的破坏、社会结构的打破及社会秩序的混乱等。Ulrich Beck 认为，人类社会经历了三种不同的风险形态，第一种为前工业社会的风险，主要来自不可抗的自然力量，如地震风险、洪涝风险、海啸风险等；第二种为工业社会早期的风险，即在资本原始积累过程中形成的两极分化、安全事故、劳资矛盾等可能性；第三种为现代风险，主要包括生态恶化、环境污染、基因异变、核威胁等风险，是伴随现代科技进步而来的损失可能性[33]。可见，引发社会风险的因素是多元的，既有自然灾害导致的社会风险，也有在经济发展、社会变革、技术革新的过程中潜藏的社会风险。

随着人类实践活动深入自然界的各个角落，自然灾害暴发的频率越来越高，造成的损失也越来越大，由自然灾害造成的社会风险也越来越多。自然灾害社会风险指的是自然灾害系统自身演化而导致未来社会损失的不确定性。自然灾害系统由孕灾环境子系统、承灾体子系统和致灾因子子系统组成，自然灾害社会风险是自然灾害系统演化的结果，是自然灾害的孕育[34]。自然灾害社会风险并不等同于前工业社会时期所面临的由纯自然力量带来社会损失的可能性。随着科学技术的进步和人类改造自然的能力的增强，自然灾害社会风险的生成和演化及社会损失的发生，越来越多地受到人类活动的影响，带上了一定的人为色彩。例如，人类过多地排放二氧化碳，导致大气结构的变化，造成温室效应，引起气候的异常，致使洪涝、干旱、冰冻、暴雪等气象灾害更为频繁且强度更大。一些大型工程的建设改变了地质结构，为地震及滑坡、泥石流、崩塌等地质灾害埋下了祸根。大量富含营养物质的生产、生活废水排入海洋，造成海水富营养化，改变了海洋生态环境，造成赤潮等海洋灾害。这些灾害可能造成人畜伤亡、农作物绝收、交通通信中断、水产养殖损失等后果，进而影响社会经济的正常发展，引起社会失衡。

当自然灾害达到一定的程度，成为灾害时，其将引发社会风险，即自然灾害的社会风险。自然灾害不但本身会引发社会风险，极有可能造成人类生存环境剧烈的改变，给人类生命财产造成严重损失，而且能够间接地产生社会风险，造成次生的突发事件，推动社会风险的升级，导致规模更大的社会失序和社会动荡，甚至引发公共危机。

因此，社会风险就是一种导致社会冲突，危及社会稳定和社会秩序，直至社会危机的可能性。灾害社会风险是由其形成社会冲突、社会秩序破坏、社会稳定失衡后转化为社会危机的可能性。由于灾害的破坏性大、影响面广，一方面它可以导致新的社会矛盾和不和谐因素的产生，另一方面极易激起各个领域积压的社会矛盾，引起社会冲突激化、社会秩序破坏、社会稳定失衡。因此，灾害社会风险一旦转化为社会危机，会对中国经济发展、社会建设造成重大损失，严重影响中国的社会主义现代化进程和富强、民主、文明、和谐社会主义国家的建设。

2. 灾害社会风险

灾害本身可以导致新的社会风险，也会催化原有积压的社会风险。2008 年"5·12"汶川地震之后导致了民众建筑物质量追责的社会问题与补助救济款和重建房屋的分配纠纷，而原有的腐败现象和干群矛盾也会因为灾害的冲击而加剧突显，最后激化为社会危机和冲突爆发，威胁到地方政府的稳定及灾后重建的顺利进行。据历史记载，中国的自然灾害导致的饥荒等变故往往成为导火索，加上官逼民反等社会潜在矛盾，刺激引发了原有积压的社会风险，出现了秦末陈胜吴广、东汉张角、隋末李密翟让、唐末黄巢、宋代宋江钟相、元末刘福通、清代洪秀全等人的起事。在西方，由重大社会事件激发原有社会矛盾引起的著名的扎克雷起义、闵采尔起义和普加乔夫起义，也导致了整个欧洲的社会危机。2010 年海地发生的 7.0 级地震还使得国家政权一时处于瘫痪状态。

中国正处于社会转型期和灾害多发期，民政部、国家减灾委员会办公室发布的 2013 年全国自然灾害基本情况显示，经核定，2015 年，各类自然灾害共造成全国 18 620.3 万人次受灾，819 人死亡，148 人失踪，644.4 万人次紧急转移安置，181.7 万人次需紧急生活救助；24.8 万间房屋倒塌，250.5 万间房屋不同程度损坏；农作物受灾面积 21 769 800 公顷，其中绝收 2 232 700 公顷；直接经济损失 2 704.1 亿元。而放眼全球，*Annual Disaster Statistical Review* 2013 的报告显示[35]，在 2013 年，在全球灾害发生次数排名中中国排名第一，具体如图 1-5 所示。根据 EM-DAT 的灾害分类标准，灾害可分为 climatological（气候）、geophysical（地质）、hydrological（水文）、meteorological（气象）四类。其中，中国在 hydrological、meteorological 这两项上灾害发生次数较多，分别达到了 13 件和 17 件。挖掘上述数据与图示内容及背后的信息，一方面，在社会转型过程中产生了大量的社会问题，主要表现在利益主体多元化矛盾、群体分化的贫富差距扩大、部分政府干部腐败引发的民怨、下岗失业等弱势群体问题、庞大流动人口的城市低融入性、人口与资源矛盾等，这些社会问题的深层原因主要是利益分配不均和权力监督缺乏[36]。另一方面，中国处于地质运动活跃期的环太平洋-喜马拉雅地震带上，地震地质灾害多发，加之工业化高速发展，高能耗高污染产业众多，二氧化碳排放量大，温室效应导致的气候灾害也日渐增多[37]。转型期的社会矛盾与频繁发生的灾害相互影响、叠加，为灾害社会风险的形成孕育了条件。

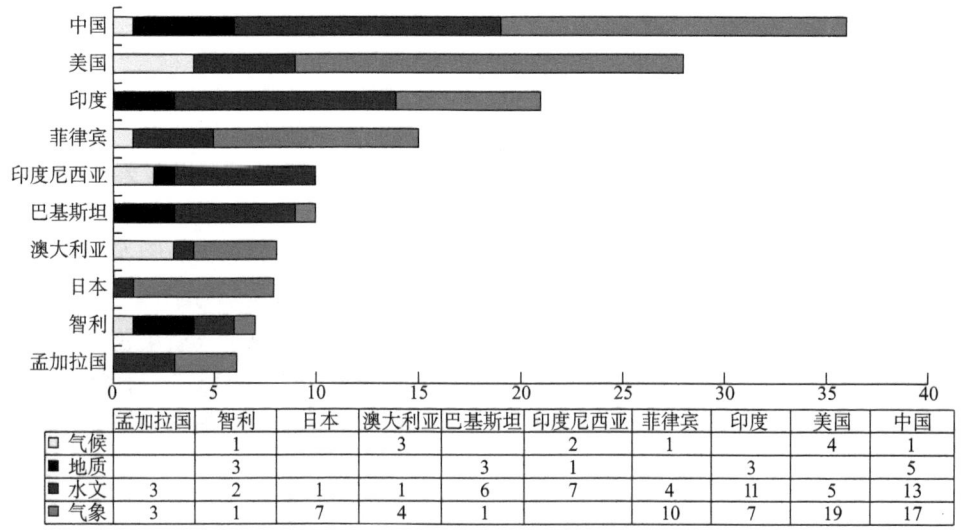

图 1-5　2013 年灾害发生数排名前十的国家

（三）研究现状

国内外各种灾害引发的社会风险严重影响到了科学发展的成果与社会的和谐与稳定。因此人们对各种灾害风险的关注日益强烈，研究成果也日渐增多，但很少有人关注灾害所引发的后续社会风险，对灾害引发的社会风险的原因、发展演变逻辑和路径、特殊性及此类社会风险的防御、应急应对等相关问题更是少有关注。下面分别从国内和国外两方面进行现状分析概述。

1. 国内现状

自古以来，自然灾害一直威胁着社会的稳定与安全。从中国漫长的社会发展历程来看，频繁发生的自然灾害不仅给中国造成了巨大的人员伤亡和财产损失，还对中国的政治、经济、文化等造成了很大的影响。国内分别从自然灾害及其社会影响、社会风险及其演化生成特征和灾害引发社会风险应对决策三方面进行分析。

1）自然灾害及其社会影响

对于自然灾害的研究内容广泛，有着眼于自然灾害本身的，也有着眼于灾害心理的，更有研究自然灾害实质性质的。有学者从自然灾害角度研究中国农民战争，剖析了中国历史上农民战争与中国自然灾害的关系，认为自然灾害给民众造成了沉重的生产生活负担，并深刻影响其思想和行为，是统治动摇甚至王朝灭亡的重要原因[38]。

有学者以民族精神为视角研究灾害心理，认为提高人们的灾害防范意识和应变能力，可以促进民族精神的形成，激发国民战胜灾害、克服危难的信心和勇气[39]。有学者认为自然灾害造成的巨大损失不仅是夺走人的生命、健康、财产，还改变着家庭结构和社会变迁方式，并且带给受灾主体难以磨灭的心理创伤[40]。有学者对灾害群体脆弱性进行了探析，将视域从灾害现象转到社会问题[41]。有学者研究了风险灾害危机连续统与应对体系，提出危机的真正原因在于风险，灾害只是风险转化为危机的"导火索"[42]。有学者应用系统动力学理论分析重大事故孕育、发生、发展和激变的动力学特征[43]。有学者研究了灾后民营企业重建的相关问题[44, 45]。有学者系统分析了灾后的基础教育重建问题[46]。有学者研究了 NGO 与政府合作的综合集成模式[47]。有学者对如何进行灾后的经济、社会、生态统筹恢复重建进行了详细的分析[48]。

此外，大量研究以灾害缓解、灾害预防为视角，对个人、企业、政府、社会媒体等在灾害应对中扮演的角色进行分析。有学者在分析自然灾害的原因、过程和结果时，强调自然灾害的社会性，并主张从社会属性的角度缓解自然灾害对人类的影响[49]。有学者分析了南方冰雪灾害成因，提出必须从灾害风险防范角度，由致灾因子的预报和预警转向区域综合灾害灾情的预报与预警[50]。有学者以实时性止损角度为研究出发点，从灾民在自然灾害发生过程中所遵循的个体心理行为规律着力，详细分析了在灾害应对中个体心理与行为体现出的特征及其影响因素[51]。有学者研究了企业在自然灾害中的行为反应，通过对万科企业股份有限公司在"5·12"汶川地震后的社会反应行为进行考察，构建相关概念模型[52]。有学者将服务型政府理论纳入灾害应对研究，对地震灾害救助中政府角色定位的现状展开了分析，并从机制保证的角度探讨了地震灾害过后政府的角色定位[53]。有学者以日本大地震媒体报道为研究对象，从中获得启示，提出自然灾害的新闻报道中，媒体链具有"功能补偿"作用[54]。

2）社会风险及其演化生成特征

对社会风险的研究已经成为社会研究领域的一个关注热点。风险演化是突发事件的自然演化和人工应急干扰的综合过程，有学者对重大事件的演化规律进行探讨，建立起演变过程的因果关系和系统流图[55]。有学者探讨了重大突发事件的扩散方式，认为扩散具有完整的生命周期，将其分为五个阶段，并分析了各个阶段的特征[56]。有学者以江苏省的经验为例研究社会风险和公共危机,建立起整合式的研究框架和研究路径[57]。有学者从实例调查出发,用演化机理关系图展示公共场所突发事件的扩散过程,并分析公共场所经常发生火灾、爆炸等突发事件的原因和特征[28]。有学者认为机理是事物内在的规律性,突发事件的发生、发展和演化具有一定的共性规律,演化机理分为蔓延机理、转换机理、衍生机理和耦合机理[58]。有学者以转型期的中国社会实际为研究对象,详细探讨诱发社会风险的一系列现象,并具体研究其原因和条件[59]。有学者结合实证和理论研究,探讨了风险传播的社会动力并提出风险放大的治理路径[60]。

有关灾害社会风险演化机理的文献比较缺乏,其中具有代表性的文献如智强等在《系统性风险的演化及启示》中对经济的系统性风险的演化进行了分析,认为经济风险的基础在不断演化[61]。而相关灾害和危机演化的文献较多。例如,有学者对南方冰雪灾害危机的演化过程和特征及诱发机制因素、演化阶段构成、能量传递方式、演化链的风险控制措施进行了全面论述[62]。有学者对城市地震次生灾害演化的因果回路和存量流量进行了分析,建立了系统动力学模型并进行了模型验证及仿真[63]。有学者梳理了风险演化的"灾害链"和"事件链"理论,并提出了内外社会风险叠加的分析框架[64]。有学者研究了网络舆论风险的特征、诱因及其演化的机理[65]。有关内外社会风险叠加下灾害风险演化的研究较少,有学者论述了中国的内部风险主要包括利益主体多元化矛盾、群体分化的贫富差距扩大、部分政府干部腐败引发的民怨、下岗失业等弱势群体隐患、庞大流动人口的城市低融入性、人口与资源矛盾和公共突发事件,分析了各种内部风险的成因及对策[66]。

3) 灾害引发社会风险应对决策

有学者针对当前中国社会面临的现实风险与危机,以健全和完善目前的税收制度为视角,提出了一些在维护社会稳定、应对生态风险与化解经济危机三方面建设和谐社会的有益思考[67]。有学者研究了社会风险管理、社会风险管理组织和应急预案,探讨了社会风险的具体措施与化解途径,特别是适合中国国情的应对模式[68]。有学者以宁波市为例,考察当前中国城市对社会风险的认知状况及存在问题,并从强化社会风险的预警宣传、加强预警的公众参与、注重社会领域的日常预警等方面提出相关对策[69]。有学者提出应在信任的基础上积极构建党群合作,跨区域、跨部门的政府合作,政府和社会组织的合作、社会组织协同合作的社会合作治理格局,是中国有效应对"风险社会"的理性路径选择[70]。有学者提出中国政府的全球风险治理策略应包括三个方面:建立以政府为主体的多中心全球风险治理体系、建立以政府为核心的风险治理全球协商机制、建立以政府为主导的科学发展的社会经济制度[71]。

有学者认为,抵御城市灾害风险需要政府发挥核心作用,并且在实际应用中，政府决策管理模式取得了一定的成效，但是管理分散化、部门联动差、重复建设严重、信息沟通欠佳等构成了政府风险应对的短板[72]。有学者认为政府在巨灾风险管理体系中发挥主导作用，但不应该成为风险的直接承担者，而是担当风险管理决策者和组织者的角色，政府应当调动社会各主体的力量共同应对巨灾风险，并提出从立法、税收、财政等有关方面采取对策[73]。有学者认为中国对目标城市的可能性危机事态的研究不够深入，认识不足，政府管理者难以对危机事件进行科学准确的预测，最终导致政府管理者不能有针对性地提出应对措施，与此同时，政府与公众沟通不畅，产生了信息不对称的问题，加剧了误解和矛盾[74]。有学者认为公共危机的有效治理应当整合政府的主导作用和多元主体的参与，在多重机制下由各应对主体各负其责、协同合作，将个体优势发挥出来形成更强大的合力[75]。有学者提出建立公开透明的危机信息管理机制，提高危机信息管理能力，建立全球性的危机治理模式及提高危机治理能力[76]。

2. 国外现状

国外学者同样加强了灾害的社会影响研究。国外分别从社会风险演化、社会风险主体行为和社会风险管理方法角度进行了分析。

1）社会风险演化

Kenneth 于 1983 年出版了 *Interpretation of Calamity from the Viewpoint of Human Ecology* 一书，改变了长期以来主流灾害研究将灾害与社会背景隔离的现状，从而直接影响了人们对灾害的理解与应对[77]。Blaikie 等在《风险：自然危险源、群体脆弱性与灾害》中提出，飓风、洪水等都是灾害触发事件，而灾害本身源自社会状况、政治经济过程，使灾害时间与现存社会状态相联系，并视其为政治、经济、文化及社会作用的结果和体现，灾害问题被视为一种社会问题[78]。联合国于 1989 年提出对灾害开展综合研究[79]。经济合作与发展组织（Organization for Economic Cooperation and Development，OECD）提出"巨灾"，其内涵是指某一灾害发生后，发生地已无力控制灾害造成的破坏，必须借助外部力量才能进行处理[80]。第一届世界风险大会于 2003 年在比利时首都布鲁塞尔召开，讨论了灾害与风险科学研究的前沿问题，提出把灾害与风险研究紧密联系起来的重要桥梁就是"脆弱性分析"，即分析人类经济、社会和文化系统对灾害的驱动力与抑制机制，以及响应能力。也就是说，灾害研究重视人类行为在区域灾害形成过程中的驱动力机制，而风险研究则重视人类行为在区域风险形成过程中的抑制机制[81]。

关于社会风险演化的研究，Gould 认为风险演化是指通过短时间内的快速变化实现的风险增大，而这些发生快速变化的短暂时期又被一个个很少或者没有变化的漫长时期所分隔[82]。关于社会风险的演化机理，也有学者进行了研究，如 Shrivastava 的工业危机模型描述了危机的诱发来源于组织内部和环境的相互作用[83]。Dombrowsky 在其研究中指出，对于社会而言，突发性公共危机事件直接造成的危害是有限的，但是事件在一定条件下会发生扩散，从而产生连锁反应，这一系列作用共同造成严重的社会危害[84]。

2）社会风险主体行为

2006 年，Reye 和 Jacobs 共同出版《国际灾难心理学手册》（*Handbook of International Disaster Psychology*），共四卷，研究了人们对灾害的心理反应、受灾人群心理健康及如何与受灾者进行沟通等内容。Henderson 认为政府在做出灾害应对决策时，应该充分考虑人口年龄、教育情况、社会经济压力、基础设施等相关因素，并且要重视防灾、抗灾、减灾和善后过程中的资源情况，因为这些要素是灾害风险水平的决定要素[85]。Dilley 和 Mundial 认为，历史数据为风险决策提供了量化的依据，但是其作用是有限的，未来的事件具有不确定性，不能机械地参考经验，绝大多数的风险评估在很大程度上是以过去的事件作为参照，历史数据的获取并不充分，据此来评估灾害风险所得结果难以完整反映现实，从而影响政府决策[86]。Masten 和 Narayan 分析了重大自然灾害、战争、恐怖事件对小孩的影响及其应对行为[87]。

3）社会风险管理方法

美国学者 Williams 和 Heins 提出了确切的风险管理定义，在著作 *Risk Management and Insurance* 中指出：风险管理是通过对风险的识别、衡量和控制而以最小的成本使风险所致损失达到最低程度的管理方法[88]。风险管理作为一门学科发展起来，是从 20 世纪 50 年代的美国开始的，从基本构思到独立理论体系的形成经历了一个不断探索的过程，保险行业的风险管理是早期风险管理的代表，美国也由此成为风险管理的发源地。Burnecki 等研究了 PCS（property claim services）指数的特征、保险索赔的分布[89]。1998 年之后，理论界提出了企业风险管理（enterprise risk management，ERM）理论和全面综合的风险管理（global risk management，GRM）。1999 年，《巴塞尔新资本协议》进一步推动全面风险管理的发展，将全面风险管理的理念贯穿至金融领域。Ermoliev 等分析了巨灾风险管理中的两种处理方法，即实施风险预防措施和建立风险分散机制，如通过购买保险和再保险分散风险，还讨论了处理这类问题的方法并构建了相关模型[90]。

3. 评述及分析

针对国内与国外现状，可以大体看出，对灾害方面研究比较多，但对于其风险的社会属性方面的研究较少，相关社会风险生成机理不够深入，另外，对于其决策需要加强，具体评述及分析意见如下。

（1）对于灾害引发社会问题的研究不充分。国内外的自然灾害社会损失及应对主体行为研究取得了一些进展；但许多研究仍局限于对某一方面现象的分析和对特征、事例的描述，缺乏全面深入的研究，分析自然灾害现象本身的研究较多，针对灾害引起的社会问题的研究较少。

（2）对于灾害社会风险生成及其演化规律的研究不充分。国内外的灾害社会风险生成研究取得了一定成果，并且不断发展，但总体而言，现有的研究大多还停留在浅层的定性研究和描述性研究上，对社会风险的生成与演化内在的演化规律研究较少，缺乏全面的、深入的本质性和规律性的研究。

（3）对于灾害社会风险的政策分析及其应对决策的研究亟待加强。目前国内外学界大多数关于灾害社会风险的应对决策的研究都是分散在危机应急管理和政府决策的一般性探讨当中，即专门的、系统化的研究还比较缺乏，另外也未涉及风险政策分析层面。

当前中国内部社会风险的累积已经对社会主义建设事业构成巨大的隐患，国际世界政治生态环境的不稳定与境外反华势力的频频煽动和渗透使得国家的发展环境复杂化，增加了社会风险的防御、应对和决策的难度，给中国构建社会主义和谐社会带来了严峻的挑战。灾害社会风险生成机理及风险政策分析与应对决策需要建立一个系统的基础理论对灾害社会风险的生成机理进行解释；需要对灾害的社会属性进行分析；需要对各类灾害社会风险的形成过程，社会冲突、秩序破坏、稳定失衡向社会危机演化的路径和模式进行系统研究；需要进行风险的政策分析，提出相应的社会风险应对决策，从而达到对灾害社会风险演化生成及应对的系统理解，提高灾害社会风险应对决策的科学性、学理性、针对性和可操作性。

三、灾害社会风险分析

鉴于文献分析及相关背景，目前对于灾害的研究相对较多，而对于其社会属性的研究相对较少。社会风险预估的滞后性、人群压力渠道的不确定性、风险损失发生的可能性、风险作用的压制性、防御体系的脆弱性、应急处置的不协调性等现实问题叠加和相关科学研究的缺位状态，导致风险应对决策研究和实际应用之间存在着巨大的矛盾，进而影响到人类防御灾害社会风险的能力。因此，对灾害社会风险生成机理及风险政策分析与应对决策的研究关系到中国社会稳定和安危，必须以科学发展观为指导，以灾害学、管理学、社会学、传播学、系统科学、信息技术为学科支撑，形成多学科协同攻关，从灾害社会风险的"一生成、三状态、一演化"系统特征的角度对其进行综合性研究。

（一）关键问题

如何在厘清灾害社会风险生成演化机理的基础上进行风险的政策分析，探寻相应的应对决策是做好社会风险防控工作的重点所在。针对灾害社会风险生成机理和政策风险分析与应对决策，拟解决以下五个问题。

（1）灾害社会风险生成模式路径及灾害社会属性分析。

（2）灾害直接引发社会冲突触发机制和间接刺激路径。

（3）灾害引发社会秩序无序叠加效应及动态演化机理。

（4）灾害促成社会稳定失衡的动因，不确定环境下灾害威胁社会稳定的关键因素，失衡动因对社会风险演化的驱动规律。

（5）应对政策及其管理方面进行系统性的梳理和分析，构建灾害社会风险应对体系。

（二）价值意义

灾害社会风险是一个复合概念，自然灾害、社会风险在各自的领域中都包含了丰富的内容，将二者结合起来研究是十分复杂的，但厘清其基本内涵及社会属性下灾害的风险生成机理及应对决策却可以带来重要的价值。具体从学术价值、应用价值、社会价值三方面阐述研究意义。

1. 学术价值

学术价值体现在丰富理论、探索本质、创新决策、扩展领域等几个方面。

1）丰富中国灾害社会风险理论

目前，中国已经进入高风险社会时期，以灾害类型为切入点，对其引发的社会冲突激化、社会秩序破坏、社会稳定失衡威胁到社会的危机演化机理进行研究，建立一套完善的演化机制理论体系，从而对中国灾害社会风险进行全面理论诠释。

2）探索灾害社会属性相关本质

学者普遍认为灾害具有双重属性，既有自然属性又有社会属性。但是目前对其社会属性的研究较少，且不成体系。在现代社会条件下，自然灾害中的人为因素越来越突出，即表现出越来越明显的社会属性[91]。

3）创新灾害社会风险应对决策

通过应对与政策的互动分析，寻找政策及管理发展规律，结合"冲突激化、秩序破坏、稳定失衡"的风险演化机理研究，运用综合集成理论与系统工程方法，以及基于CGE模型的灾害社会风险评估方法，提出富有针对性、时效性、操作性的综合应对决策。

4）扩展灾害社会风险研究领域

从现实角度来看都认为灾害可能会引发社会风险，但是究竟是否引发、如何引发等相关问题的研究却一直难以形成统一的认识。通过引入社会风险，成功搭建了两者之间的桥梁，将促成与灾害社会风险有关的其他新兴学科融合。另外，在重大灾害社会风险研究中，精通重大灾害技术的人员不懂社会科学，精通社会风险的人才不懂灾害机理研究，将自然科学中不断发生的问题引入社会科学，以社会风险为立题点，成功地解决了通常研究中文理不相通的问题。通过学科融合，拓展跨学科的灾害社会风险防控研究新领域。

2. 应用价值

应用价值主要体现在为灾害社会风险应对决策提供学理支撑、对灾害社会风险防控提供理论指导和为一般社会风险的研究提供范例等几个方面。

1）创建理论体系为灾害社会风险应对决策提供学理支撑

过去对于灾害与风险的研究大多是关于灾害的工程风险和灾害对社会其他社会领域（如人口、经济）的影响，没有上升到社会风险层面，这些相关的理论大都是零星细碎的且沿着各自的研究脉络不断向前发展，这些缺乏系统性的理论使得其社会风险应对决策指导性不强。利用文献法对现有灾害社会风险相关理论进行梳理，厘清各社会风险系统理论论述及相互关系，运用这些理论解释社会风险系统结构，系统考察社会风险生成的主要模式，创建一套系统的灾害社会风险的基础理论，对研究灾害社会风险应对决策具有重要意义。

2）探讨社会风险生成机理对灾害社会风险防控提供理论指导

灾害所引发的社会风险演化过程中会产生海量、异构、实时数据，具有极强的不确定性，对灾害社会风险的纵向链式发展、横向网状伸展、立向高低起伏的演化机理进行系统研究，对于获取社会风险前兆信息、预测风险的扩散范围和延续时间具有重要意义，为有关当局进行社会风险防控提供必要的理论支撑和信息服务。

3）分析社会风险政策并提出应对决策为一般社会风险的研究提供范例

通过应对与政策的互动分析，寻找政策及管理发展规律，并据此制定应对决策的实践理念和原则，提出增强灾害社会风险应对效力的基本思路，结合"冲突激化、秩序破坏、稳定失衡"的风险演化机理研究，运用综合集成理论与系统工程方法提出富有针对性、时效性、操作性的综合应对决策，为一般社会风险的研究提出新思路。

3. 社会价值

社会价值主要体现在应对灾害多发期的必然要求、实现顺利转型的需要和为构建人身安全及和谐社会提供保障等方面。

1）研究灾害社会风险生成应对决策是应对灾害多发期的必然要求

中国工业化高速发展、众多高能耗高污染产业破坏了生态环境，加之中国正处于社会转型期，积聚的社会矛盾与突发的灾害相互影响，为灾害社会风险的形成埋下了隐患。面对如此严重的局面，灾害社会风险的应对决策成为一项亟待解决的问题，以构建灾害社会风险的基础理论研究为起点，在研究灾害社会风险生成机理的基础上，提出科学合理有效的应对决策，对于应对当前灾害多发期具有重大意义。

2）灾害社会风险生成机理及应对决策研究是实现顺利转型的需要

中国正处于社会转型期，转型是改革开放以来中国现代化建设的基本过程，其目的是在转型中实现科学发展，在发展中实现平稳转型，努力推进社会主义和谐社会建设，但是当前中国内部社会风险的累积已经对社会主义建设事业构成了巨大的隐患，国际世界政治生态环境的不稳定与境外反华势力的频频煽动和渗透使得国家的发展环境复杂化，给中国构建社会主义和谐社会带来了严峻的挑战。将灾害社会风险生成决策及应对决策作为拟解决的关键问题立项，研究灾害社会风险的生成机理、构建应对决策体系，对于中国顺利实现转型具有重要意义。

3）有效控制灾害社会风险为构建人身安全及和谐社会提供保障

灾害不仅会直接带来重大的人员伤亡和财产损失，还会间接引发灾后群众恐慌、灾后群众心理障碍、灾后瘟疫等一系列衍生社会风险，导致社会秩序混乱，严重影响灾后重建和灾后群众安抚工作。因此对灾害社会风险进行系统而全面的分析研究，制定社会风险应对政策，对于实现和维护灾后社会稳定发展具有现实的指导价值和社会意义。

（三）框架思路

根据灾害社会风险"一生成（灾害生成社会风险）、三状态（社会冲突激化、社会秩序破坏、社会稳定失衡）、一演化（社会风险演化成社会危机）"的系统特征，按照"总—分—总"思路，构建"理论属性—演化机理—风险政策"的研究框架。

1. 框架

总体框架由理论属性、演化机理、风险政策三个部分构成，将按照"总—分—总"思路进行研究。具体从灾害社会风险理论属性基础和演化系统的研究到探寻演化机理，并据此进行风险政策分析，探索与生成机理相关的社会风险应对决策。整个框架的设计体现了从理论属性基础研究到实践应用的逐步推进，如图1-6所示。

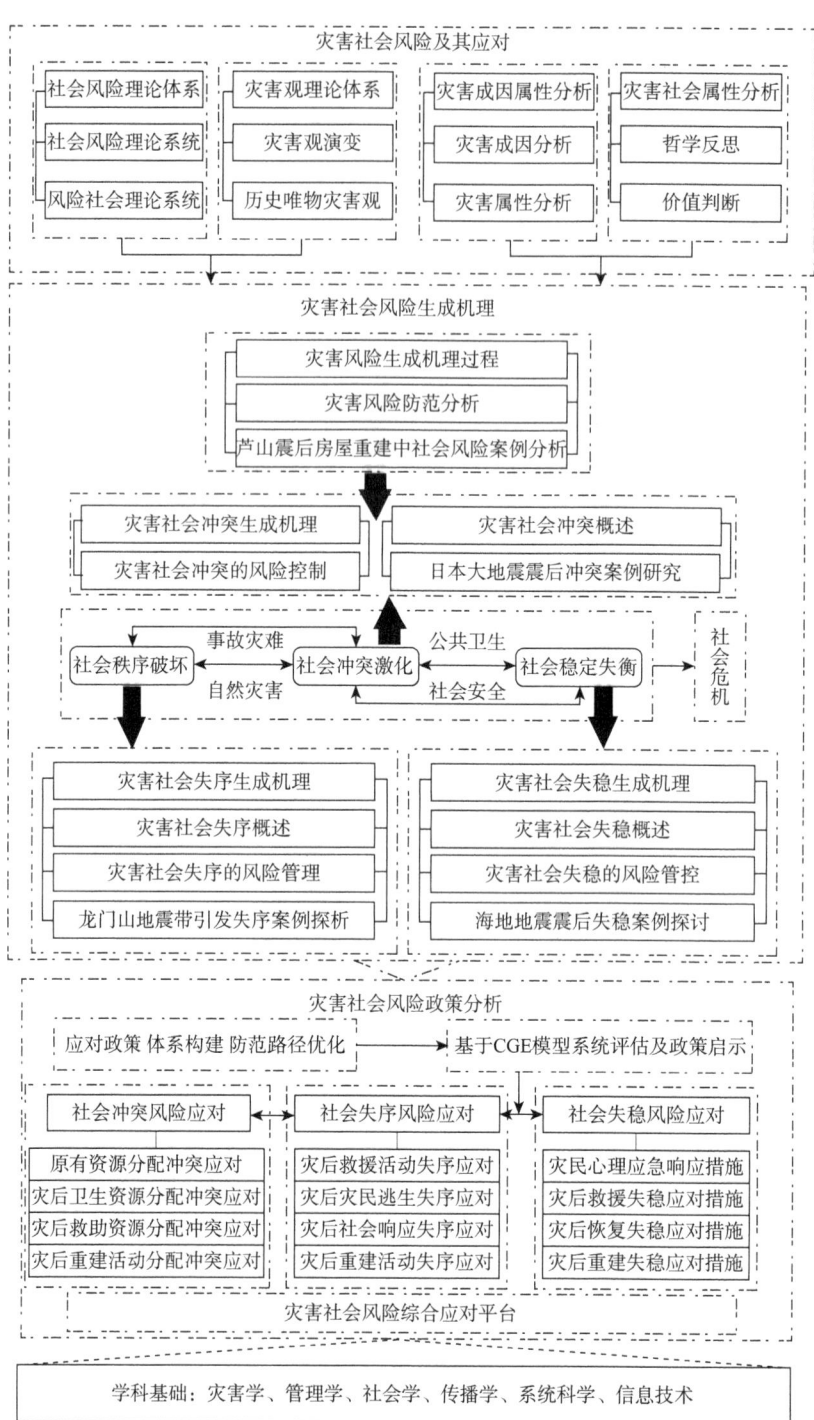

图1-6 总体框架图

1）灾害社会风险系统理论属性研究

通过理论基础与属性分析两部分，包括灾害观演变、马克思灾害观、风险社会，以及对灾害的社会属性进行分析，主要运用与哲学、社会属性相关的理论解释社会风险系统结构，系统考察社会风险生成的主要模式，探索系统理论研究社会风险生成的路径体系。

2）灾害社会风险生成机理

灾害社会风险包括生命安全风险、财产损失风险、环境破坏风险、社会失序风险、心理失衡风险等多个方面，其生成演化受到主观因素和客观因素的双重影响[17]。探索灾害社会风险，把握其生成机理。

3）灾害社会风险演化生成机理研究

结合前两部分的研究，就核心概念生成演化机理开展研究。研究社会冲突激化、社会秩序破坏、社会稳定失衡演化为社会危机的机理。

第一，灾害社会冲突激化演化机理分析。从灾害引发社会冲突激化的根源、社会冲突激化传导路径及传播规律、社会冲突激化的时空结构突变机制和社会冲突激化导致社会危机的测度四个方面展开研究，在此基础上对事件展开案例研究。

第二，灾害社会秩序破坏演化机理分析。针对已有研究的模糊化现状，按照阶段和层次开展研究，搭建综融社会秩序冲击、社会秩序破坏扩展、社会秩序破坏主体要素互动和社会秩序破坏的叠加效应的机理性研究框架体系，最后结合案例进行实证研究。

第三，灾害社会稳定失衡演化机理分析。探寻灾害威胁社会稳定的关键因素和社会风险失衡的生成机理，厘清与社会稳定相关的社会风险源的内部规律，分析社会结构的动态平衡特征及社会稳定在受到灾害冲击后的失衡演化机理，在此基础上结合相关案例开展研究。通过对社会风险系统理论的梳理及从三个维度对灾害社会风险的研究，全面探索灾害社会风险的综合性生成演化机理体系，为进一步应对决策层面防控灾害社会风险指明方向。在理论基础和生成机理的阐释的基础上，针对灾害社会风险应对决策展开研究。

4）灾害社会风险政策分析

在社会风险演化机理理论研究基础上，围绕灾害社会风险"一生成、三状态、一演化"的全过程，对其应对政策及其管理进行系统性的梳理和分析。提出适合灾害社会风险应对决策的指导思想，并据此制定应对决策的实践理念和原则，通过应对与政策的互动分析，寻找政策及管理发展规律，结合"冲突激化、秩序破坏、稳定失衡"的风险演化机理研究，运用综合集成理论与系统工程方法，以及基于 CGE 模型的灾害社会风险评估方法，提出富有针对性、实效性、操作性的综合应对决策。

2. 思路

以灾害社会风险防控问题为导向，针对灾害社会风险生成机理及风险政策分析应对决策的复杂过程，将研究内容划分为灾害社会风险系统基础理论和社会属性研究、灾害社会风险生成机理研究、灾害社会冲突激化演化机理研究、灾害社会秩序破坏演化机理研究、灾害社会稳定失衡演化机理研究和灾害社会风险政策分析。

灾害社会风险具有隐蔽性、扩散性、诱发性、衍生性、复杂性、系统性。基于灾害社会风险的这些特点，沿着灾害社会风险演化的"一生成、三状态、一演化"的系统特征进行深入研究，如图 1-7 所示。

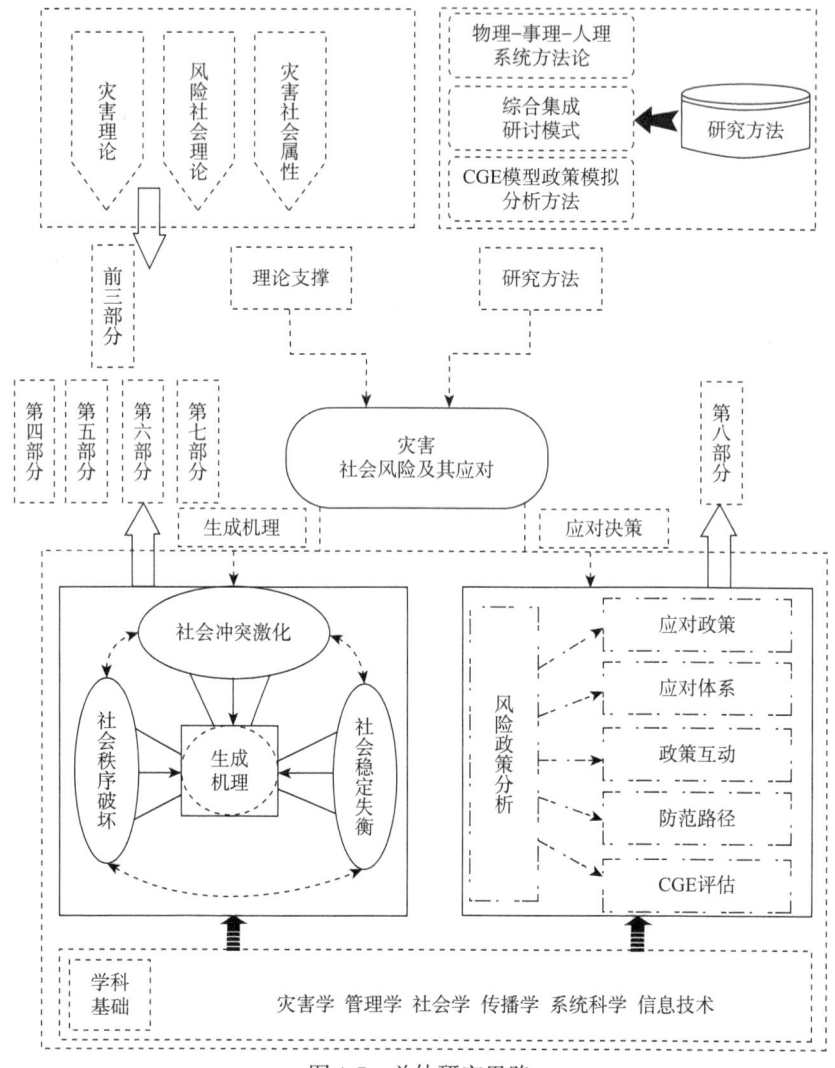

图 1-7　总体研究思路

宏观把握灾害社会风险的系统结构及其逻辑框架，明确灾害社会风险系统理论。对"社会冲突激化、社会秩序破坏、社会稳定失衡"的三种社会风险表现形式进行微观分析。针对社会冲突激化的演化问题，深入剖析灾害引发社会冲突的触发机理和灾害引发社会冲突激化的交互机理，分析其传导路径和传播速度，探讨社会冲突激化导致风险突变的演化机理，建立社会冲突激化导致社会危机的测度模型。针对社会秩序破坏的演化问题，着重研究社会秩序破坏的网状演化触发机制，探究社会秩序破坏的网状演化路径和发展规律，分析社会秩序破坏的结构演变和网状节点互动效应，全方位、多角度研究社会秩序破坏的网络叠加效应。针对社会稳定失衡的演化问题，重点分析灾害对社会结构动态平衡状态的冲击，探究社会结构失衡与社会功能失调的波动性演化，探明社会功能失调与达到新协调的互动演化过程，最终搞清社会稳定背离动态平衡直至危机的转化机理。基于"社会冲突激化—社会秩序破坏—社会稳定失衡"三个维度对灾害社会风险演化机理的纵向链式发展、横向网状扩展、立体高低起伏进行综合系统研究。综合运用灾害学、管理学、社会学，研究灾害生成社会风险，运用传播学、系统科学、信息技术等学科知识来研究社会风险演化为社会危机的机理。利用多学科解剖灾害社会风险"一生成、三状态、一演化"系统特征，为灾害社会风险防控提供学理支撑。

（四）方法内容

研究灾害就需要研究灾害这门具体学科的方法论。研究灾害这门具体学科，涉及灾害具体领域的方法理论是灾害科学方法论，其核心是灾害研究方法。研究对象和主要内容包括总体理论基础，灾害、社会风险、社会危机三者作用路径及其生成机理，分析风险政策提出应对决策体系等内容；勾画结构及逻辑关系，即在"总—分—总"思路下研究内容的要素构成及其有机组合排列的顺序，从整体到部分、从概括到具体的逻辑；确定研究目标，包括在理论创新、实际应用方面需达成的目标及研究需要实现的社会意义。

1. 研究方法

灾害研究方法是指在灾害研究中发现灾害现象，提出灾害理论和观点，揭示灾害内在规律的工具和手段。研究方法的选择是对灾害进行研究过程中的重要一环。综合运用灾害学、管理学、社会学、传播学、系统科学、信息技术等学科的前沿理论，构筑多学科交叉协同研究平台。站在物理-事理-人理系统方法论的高度，采用多学科综合集成的研究模式，将社会科学的研究方法和自然科学的研究方法相互结合，探索灾害风险社会属性，深入剖析灾害社会风险生成机理，系统分析风险政策，研究灾害社会风险应对决策。

1）物理-事理-人理系统方法论

以科学发展观作为指导，站在物理-事理-人理系统方法论的高度，研究灾害社会风险生成机理及其应对政策，分析这一复杂的社会问题。着重分析灾害社会风险演化的物理规律，重点研究灾害社会风险的事理应对，分析风险政策，最终实现灾害社会风险应对决策的人理关照。

2）多学科综合集成的研究模式

单一学科的研究方法已经无法解决灾害风险社会属性下，社会风险生成机理及其应对政策分析这一重大问题，只有应用多学科交叉的综合集成的研究模式才能揭示一些难以用现有研究方法解释的生成机理，提供较为全面合理的应对决策思路。采用多学科综合集成的研究模式，通过综合集成研讨厅的形式，把多个学科的专家教授和研究人员的理论、知识、经验、判断及古今中外有关的信息、情报、资料、数据等，与信息技术有机地结合起来，构成人机结合的智能系统，分层递进地对灾害社会风险生成机理及其应对决策这一重大社会问题进行从理论到实践、从定性到定量、从感性到理性的综合分析。在此过程中揭示一些难以用单一研究方法解释的演化机理，进行风险政策分析，提出较为全面合理的应对决策思路。

3）CGE模型政策模拟分析方法

借助 CGE 模型对风险应对政策进行模拟分析，从而实现对其实施效果的综合评价。针对社会风险问题建立 CGE 模型、进行模拟计算、基于计算机技术进行政策虚拟试验。假定政策制定者追求科学性最大化和实效性最大化，通过最小化投入时间与物资成本和最大化输出实效性来决定本阶段最优决策，风险处置过程中依据上阶段模拟结果调整决策制定，利用 CGE 模型政策模拟分析集成系统提高政府决策的科学性。CGE 模型政策模拟分析集成系统如图 1-8 所示。

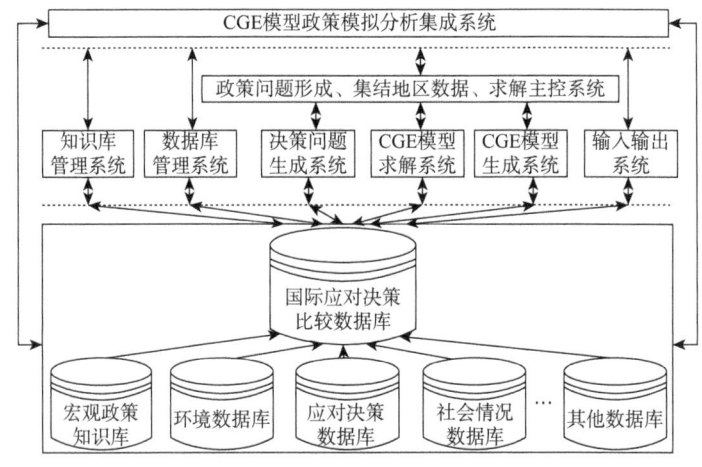

图 1-8　CGE 模型政策模拟分析集成系统

2. 研究对象

研究对象是灾害社会风险生成的演化机理和应对决策。演化机理方面，厘清作为社会风险源的灾害类别是十分重要的。本书将灾害分成四类，具体如表1-1所示。

表1-1 灾害分类表

灾害类型	具体内容
自然灾害（X_1）	气象灾害（X_{11}）、海洋灾害（X_{12}）、水旱灾害（X_{13}）、森林火灾（X_{14}）、地震灾害（X_{15}）、天文灾害（X_{16}）、农作物灾害（X_{17}）
事故灾害（X_2）	安全事故（X_{21}）、环境污染（X_{22}）、生态破坏（X_{23}）
公共卫生（X_3）	食品药品中毒（X_{31}）、传染病疫情（X_{32}）、动物疫情（X_{33}）、职业卫生安全（X_{34}）、致病性环境污染（X_{35}）
社会安全（X_4）	群体性事件（X_{41}）、涉外突发事件（X_{42}）、金融突发事件（X_{43}）、影响市场稳定事件（X_{44}）、恐怖袭击事件（X_{45}）、重大刑事案件（X_{46}）

从社会冲突激化（Y_1）、社会秩序破坏（Y_2）和社会稳定失衡（Y_3）三个维度研究灾害引发社会风险直至社会危机（Z）的演化路径；在演化机理研究基础上在实际运用方面开展应对决策的研究，力求化解灾害社会风险应对困境，具体如图1-9所示。

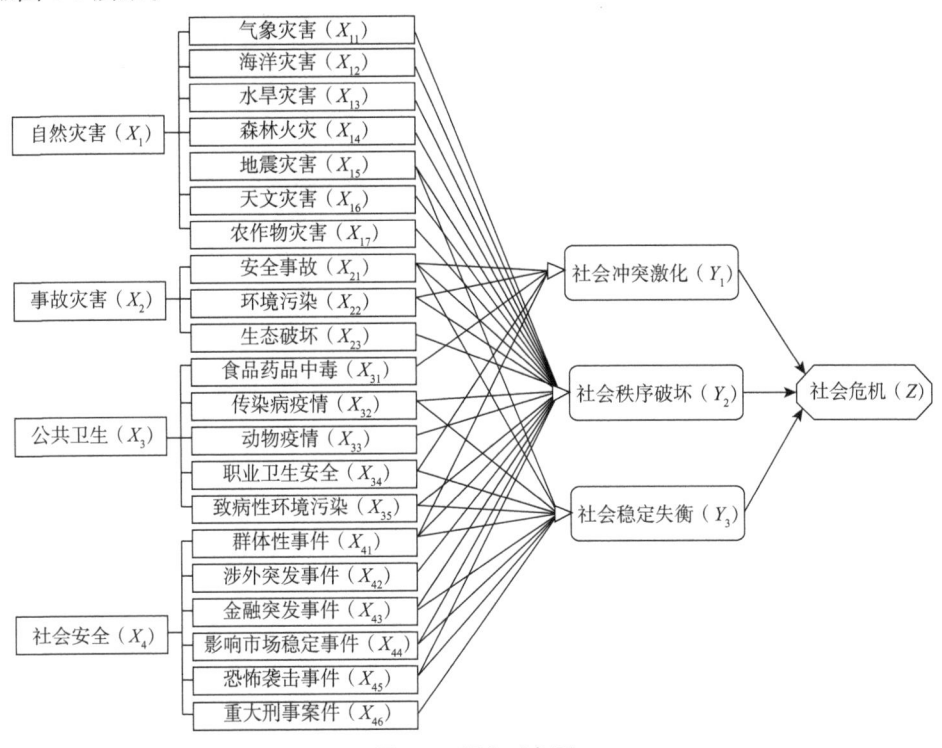

图1-9 研究对象图

研究主题 1：灾害（X）形成社会风险（Y）的过程。该过程用以下函数表示：
$$Y = [Y_1, Y_2, Y_3] = \left[F_1(X_1, X_2, X_3, X_4), F_2(X_1, X_2, X_3, X_4), F_3(X_1, X_2, X_3, X_4)\right]$$

研究主题 2：社会风险（Y）演化为社会危机（Z）的过程。该过程用以下函数表示：
$$Z = H(Y) = H(Y_1, Y_2, Y_3)$$

研究主题 3：灾害 X 直至社会危机 Z 的全过程。该过程用以下函数表示：
$$H \cdot F(X) = H \cdot \left[F_1(X_1, X_2, X_3, X_4), F_2(X_1, X_2, X_3, X_4), F_3(X_1, X_2, X_3, X_4)\right]$$

结合上述总体结构性演化机理函数，以下公式及图 1-10、图 1-11、图 1-12 为具体的演化函数关系。

（1）社会冲突激化演化机理可能性函数：
$$Y_1(t) = \mathrm{d}F_1\left[(X_{21}, X_{22}), (X_{31}, X_{34}), (X_{41}, X_{43}, X_{45}), t\right] \cdot \mathrm{d}t$$

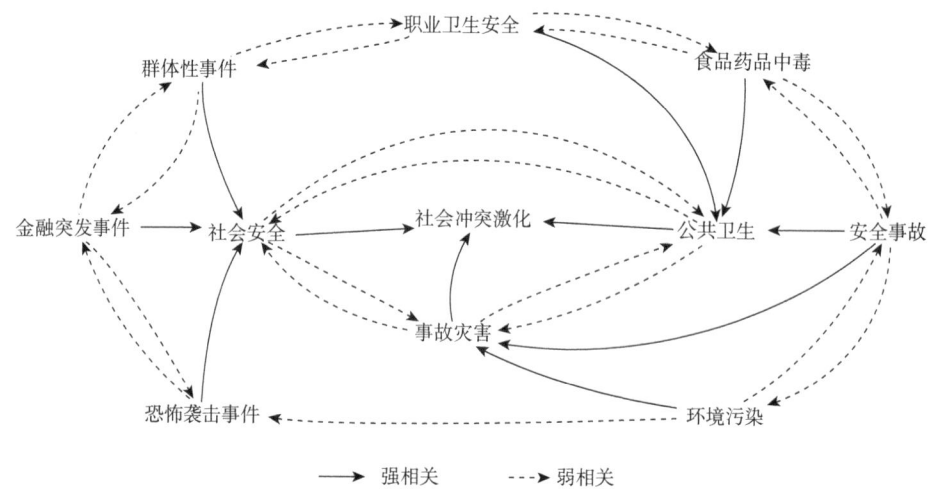

图 1-10　社会冲突激化演化机理可能性函数关系

（2）社会秩序破坏演化机理可能性函数：
$$Y_2(t) = \frac{\mathrm{d}F_2\left[(X_{11}, X_{12}, X_{13}, X_{14}), (X_{21}, X_{22}, X_{23}), (X_{32}, X_{33}), (X_{41}, X_{42}, X_{43}, X_{44}, X_{45}, X_{46}), t\right]}{\mathrm{d}t}$$

（3）社会稳定失衡演化机理可能性函数：
$$Y_3(t) = \frac{\mathrm{d}F_3\left[(X_{11}, X_{13}), (X_{32}, X_{33}), (X_{41}, X_{45}), t\right]}{\mathrm{d}t}$$

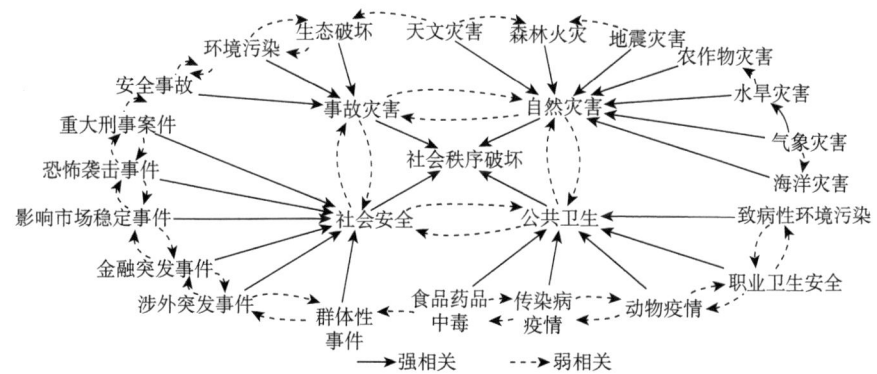

图 1-11　社会秩序破坏演化机理可能性函数关系

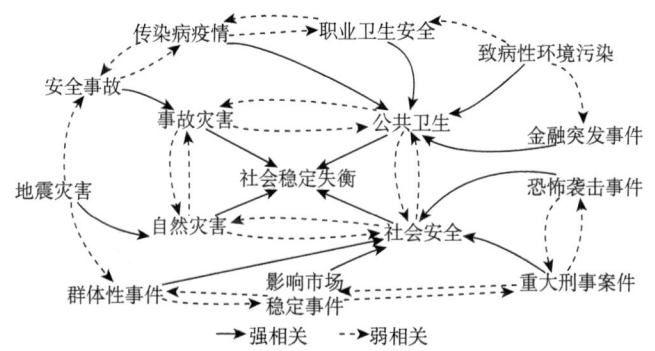

图 1-12　社会稳定失衡演化机理可能性函数关系

3. 主要内容

通过从系统及整体方面去研究灾害所引发的社会风险，探索其风险的社会属性，探讨灾害社会风险的生成过程和规律，并提出灾害社会风险政策分析及应对决策。其主要内容包括以下三个方面。

（1）研究灾害社会风险基础及社会属性系统理论。从社会风险系统理论和属性分析两个层面研究灾害社会风险基础及社会属性，研判灾害社会风险阶段性和复杂演化系统。

（2）研究灾害社会风险生成机理及具体社会冲突激化、社会秩序破坏和社会稳定失衡等具体情境下的灾害社会风险生成机理，为应对决策的研究奠定基础。

（3）在灾害社会风险的生成演化机理研究的基础上，结合风险政策分析，构建"应对体系—冲突应对—失序应对—失稳应对"四位一体的应对决策体系。

4. 逻辑构成

以科学发展观为指导思想，按照"总—分—总"思路，本书分为三个部分。

第一部分为理论基础与社会属性分析，第二部分探究灾害社会风险生成机理及具体灾害引发社会冲突激化、社会秩序破坏和社会稳定失衡过程中隐含的演化机理，第三部分则是在前两部分研究的基础上进行灾害社会风险政策分析，提出应对决策。微观层面则具体划分为七个子部分，分别是灾害社会风险系统基础理论研究、灾害社会风险生成机理、探索灾害社会属性分析、社会冲突激化演化机理研究、社会秩序破坏演化机理研究、社会稳定失衡演化机理研究和风险政策分析制定：梳理了灾害社会风险系统理论，并进一步探究了社会属性分析基础；从三个维度探寻灾害社会风险的演化机理；在社会风险理论和系统及演化机理研究基础上分析风险政策，制定应对决策。其中社会风险系统理论的研究及其基本原理模型的构建体现了理论研究的创新，基于社会风险三个维度下的演化机理及风险政策分析与应对决策探索体现了设计从理论到实践运用的全面整合。逻辑构成图如图 1-13 所示。

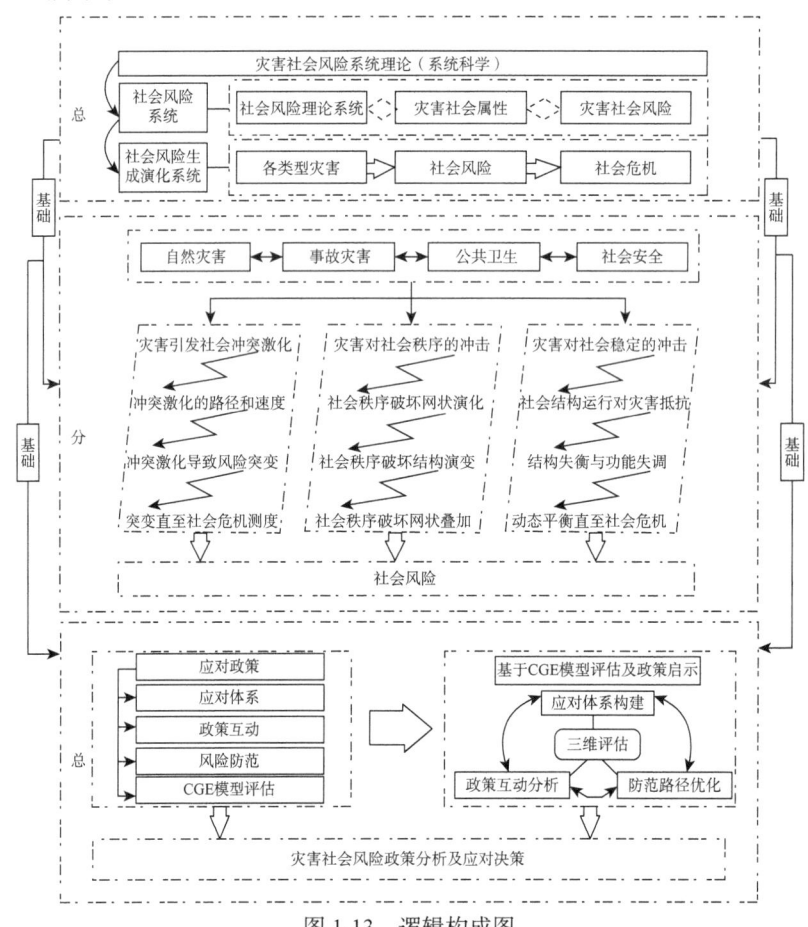

图 1-13　逻辑构成图

首先关注研究基础理论与社会属性，即灾害社会风险基础及社会风险系统理论。具体分两方面展开：先对现有相关理论进行梳理和评述，之后着力厘清重灾害观演变、历史唯物灾害观、风险社会、理论集成体系等系统内容要素和灾害的社会属性分析与哲学反思等，结合理论基础探寻灾害社会风险的生成机理。

其次从社会冲突激化、社会秩序破坏和社会稳定失衡三个维度展开研究，分别介绍灾害社会风险在以上三种社会情境下的产生、发展、演变、作用等不同环节的演化机理，对各自情境下的社会风险特点、系统结构和发展规律进行分析。

最后在理论基础研究和生成机理研究的基础上，对其应对决策及其管理进行系统性的梳理和分析。提出灾害社会风险应对决策的指导思想，制定应对决策的实践理念和原则，提出增强灾害社会风险应对效力的基本思路，构建灾害社会风险应对体系。通过应对与政策的互动分析，寻找政策及管理发展规律，结合"冲突激化、秩序破坏、稳定失衡"的风险演化机理研究，运用综合集成理论与系统工程方法，以及基于CGE模型的灾害社会风险评估方法，提出富有针对性、时效性、操作性的综合应对决策，逻辑关系图如图1-14所示。

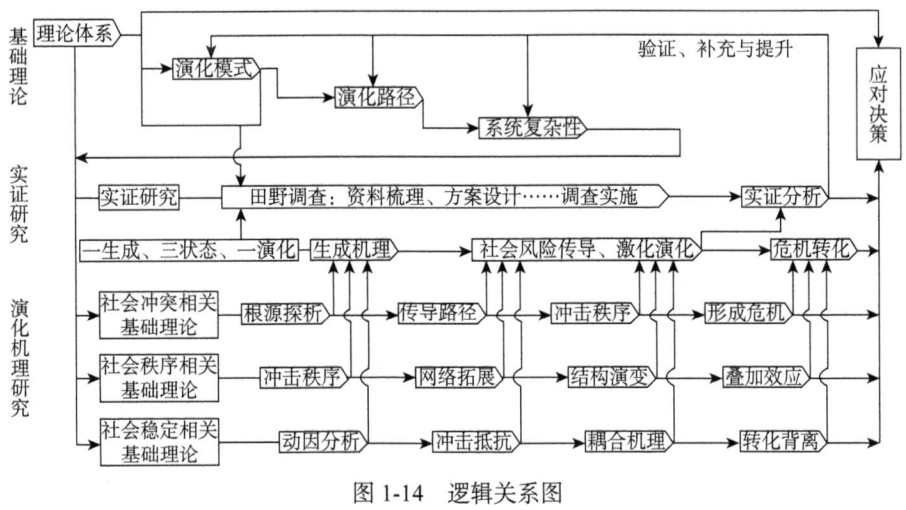

图 1-14　逻辑关系图

四、关键词系统性分析

借用文献计量学的思想，对文献的关键词进行热点分析，并展示出其可视化结果，由此可以看出该领域的关注热点。通过探索相关领域，对把握该领域目前研究焦点与未来发展趋势，以及促进相关学术研究的理论升华是很有利的。本书的文献挖掘法主要是结合相关研究领域的理论和关键知识，整合创新，探索分析路径与方法。主要通过文献计量的方法,从全球视角和国内视角对与灾害社会风险相关的科学文献的关键词进行挖掘分析,同时提供社交网络分析的可视化结果及数据统计结果,清晰地展示研究热点与集中趋势。

(一)全球视角

美国科学信息研究所(Institute for Scientific Information,ISI)的 Web of Science 数据库收录了世界各学科领域内最优秀的科技期刊,其收录的论文反映了科学前沿的发展动态。文献计量学是借助文献的各种特征,采用数学与统计学方法,描述、评价和预测相关对象的现状与发展趋势的学科。从文献计量学的角度出发,对全球范围内的灾害社会风险展开发展态势的研究和研究热点的分析。通过文献分析系统的方法来描述其挖掘分析过程,并将结果以可视化的方式来呈现。

对已出版的科学文献进行文献挖掘,可以有效地发现重点领域[92]。为确定相关领域的热点,选用目前流行的学术搜索引擎,再通过相应的技术和软件来评估相关出版论文[93]。为保证搜索及分析的全面性与准确性,更快速地识别并筛选出"灾害社会风险"相关的一系列科学文献,并通过该文献的关键词进行分析,探索出灾害社会风险的研究热点,开发了数据分析系统(data analysis system,DAS)。数据分析系统的结构组织如图 1-15 所示。根据该数据分析系统,总结出需要的数据分析平台包括 Web of Science、CiteSpace、NoteExpress、NodeXL。而涉及的数据分析方法有文献检索法、词频分析法、聚类分析法、可视化方法。接下来将具体介绍上述的数据分析平台与数据分析方法以及文献挖掘过程、可视化结果。

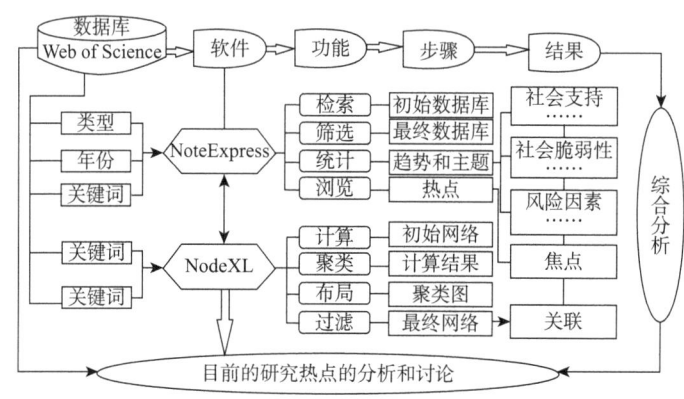

图 1-15 数据分析系统的结构组织

1. 数据分析平台

用到的数据分析平台包括 Web of Science、CiteSpace、NoteExpress 和

NodeXL，下面将分别对四者进行分析。

1）Web of Science

Web of Science 由汤姆森科技信息集团研制而成，具备权威性、多学科、综合性的基本属性，主要包括科学文献索引（Science Citation Index，SCI）、社会科学文献索引（Social Sciences Citation Index，SSCI）及艺术与人文文献索引（Arts & Humanities Citation Index，A&HCI）三大部分，是自然科学、社会科学、艺术与人文领域最重要的信息资源。

Web of Science 是全球最大、覆盖学科最多的综合性学术信息资源，收录了自然科学、工程技术、生物医学等各个研究领域最具影响力的超过 12 000 种核心学术期刊。利用 Web of Science 丰富而强大的检索功能——普通检索、被引文献检索、化学结构检索，可以方便快速地找到有价值的科研信息。所以这里使用 Web of Science 作为核心数据库。

2）CiteSpace

CiteSpace 软件是由美国德雷塞尔大学 Chen 教授研发的一款软件，专门用于科学文献识别和可视化的 Java 应用程序，通过考察某个领域科学知识的重要信息，探析该领域前沿随时间变化的趋势或动态，解锁研究前沿与知识基础的关系，并发现该领域多个研究前沿间的内部联系，主要通过可视化的方式呈现出来。可视化结果可以帮助研究人员"看"出研究领域的热点、拐点、重要作者、重点期刊、研究机构等，以及特定时间内新研究领域的突然激增现象，进而快速找到有价值的研究方向或潜在研究领域。CiteSpace 适用于多元、分时、动态的复杂网络分析，并能探测出某一领域的热点主题及其演进。目前该软件已广泛应用于探测、分析学科研究前沿的变化趋势。CiteSpace 软件的功能按钮主要有关键词（keyword）、作者被引（cited author）、杂志被引（cited journal）、文献被引（cited reference）等。

随着科研、商业、政府等部门对大数据的愈发重视，信息可视化技术正处于飞速发展时期。可视化分析发展出了多种多样的类型，包括多视角共引网络图谱（multiple-perspective co-citation network mapping）、自组织图谱（self-organizing mapping）、社会网络分析图谱（social network analysis mapping）、多维尺度图谱（multidimensional scaling mapping）、时间线知识图谱（timeline knowledge mapping）等。在众多基于引文网络的可视化分析系统中，知识图谱是国际知识计量学界最为公认的技术之一。该技术应用范围广泛，特别是在探讨学科前沿、科学发现、科学合作等方面极具应用价值[94]。

3）NoteExpress

NoteExpress 作为目前流行的参考文献管理工具软件，可以帮助科研学者快速高效地下载及管理科学文献，大大提高了文献数据库的使用率，有效节约科研人员的文献整理及归纳时间。NoteExpress 的核心功能是帮助科研人员在整个科研过程中高效地利用有关电子资源，检索并管理相关的文献，包括全文、摘要、关键词等。由此，读者就可在撰写学术学位论文、专著或报告时，方便自动地添加注释于正文中的相关指定位置，随后可按照不同的期刊或者学位论文格式要求自动生成参考文献索引[95]。

（1）管理：按类别分别管理百万数量级的电子文献题录及全文内容，包括题目、摘要、关键词、期刊等收录情况，另外，拥有独创相关虚拟文件夹的功能，便于多学科交叉的现代科学研究。

（2）分析：拥有对检索结果进行多种统计分类并分析的功能，从而使使用者更快更有效地了解目标领域，包括重要专家、研究机构、研究热点等。

（3）发现：通过与文献相关联的笔记功能，研究者随时记录阅读文献时的思考笔记，方便以后的查看与引用。另外，根据检索情况，可自动推送符合特定条件的相关文献，而文献结果可以长期保存，上述功能可为长期跟踪某一专业领域的研究动态的研究者提供极大的方便。

（4）写作：在进行学术创造时，支持 Word 和 WPS，在论文写作时，可以随时引用 NoteExpress 中保存的文献题录，通过选定目标文献格式，则可自动生成符合要求的参考文献索引。该软件内置 3 000 种国内外期刊和学位论文的格式定义，并且自带多国语言模板功能，可以自动根据所引用参考文献语言，进行差异化输出。

NoteExpress 作为专业、高效的科学文献管理软件，已被以清华大学为代表的多所著名高校认同，并正式整体投入使用。以科学文献题录为搜索对象，采用全中文操作界面，是 NoteExpress 的最大特点。除此以外，它还具有以下特点：①导入速度快。文献导入速度10倍于国际同类软件。②数据丰富。用于获取文献资料的互联网数据源非常多，未来版本中将达数以千计的在线图书馆，并且支持用户自己添加数据来源。③批量编辑。以批量编辑功能，对保存的题录信息进行查重、去重。④功能协调。文献资料与笔记（文章）功能协调一致，除管理参考文献资料外，还可以管理硬盘上其他文章或文件，作为个人知识管理系统。

4）NodeXL

NodeXL 是基于 Excel 2007 & 2010 开发的免费应用插件，能够轻松实现对象网络化可视分析的功能[96, 97]。通过导入数据，NodeXL 可以轻易得到输出结果。一方面，NodeXL 可视化交互能力强，具有动态查询等有机交互功能。另一方面，通过互联网，NodeXL 能够导入 YouTube、Twitter、E-mail 等社交新媒体中的大数据。基于 NodeXL 平台的社交网络分析技术，可以轻易地将发表年份与文献关键词联系起来，构成关键词与发表年份的二维或多维阵列，从中发现研究热点和趋势。NodeXL 效果图如图 1-16 所示。另外，鉴于 NodeXL 可以呈现可视化的界面及结果，这里选择其作为关键词的分析工具。

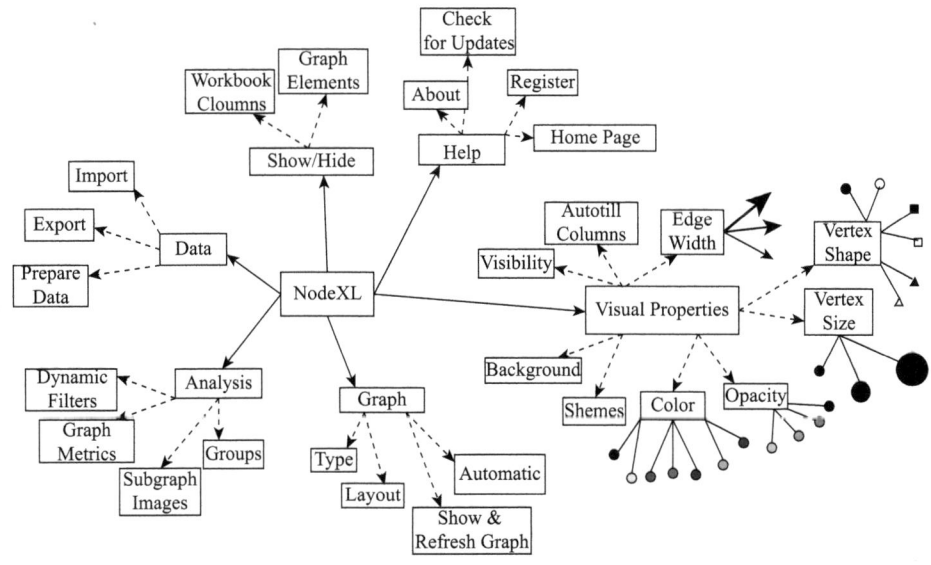

图 1-16　NodeXL 效果图

2. 数据分析方法

从数据分析系统中可以看到，用到的数据分析方法包括文献检索法、词频分析法、聚类分析法和可视化方法，下面将分别对四者进行陈述。

1）文献检索法

广义的检索包括信息存储和检索两个过程。信息存储是将大量无序的信息集中起来，根据信息源的外表特征和内容特征，经过整理、分类、浓缩、标引等处理，使其系统化、有序化，并按一定的技术要求建成一个具有检索功能的数据库或检索系统，供人们检索和利用。而检索是指运用编制好的检索工具或检索系统，查找出满足用户要求的特定信息[98]。狭义的检索只包含后半部分，即不包括前期信息的整理和存储，只包括信息的检索。这里所说的文献检索为后者，即狭义的检索，在已有的数据库里运用现有的检索工具和系统找寻目标文献。

一般来说，文献检索可分为以下步骤：①明确查找目的与要求；②选择检索工具；③确定检索途径和方法；④根据文献线索，查阅原始文献。

在灾害社会风险相关领域，所采用的文献检索法主要是在 Web of Science 中搜索文献的方法。所以，下面将对这一方法进行概述。

检索完毕后，在检索结果页面左侧可以对检索结果做进一步的检索，包括按关键词搜索、限定 Web of Science 类别、限定文献类型、限定研究方向、限定作者、限定团体作者、限定编者、限定来源出版物名称、限定丛书名称、限定会议名称、限定出版年、限定机构扩展、限定基金资助机构、限定语种、限定国家/地区和限定开放获取。

在每一条文献左侧都有一个复选框,选择后可以做一些操作,包括保存至 EndNote Online、保存至 EndNote、保存至 ResearchID 和保存为其他文件格式。如果想把检索的文献保存到 NoteExpress 中,就选择"保存为其他文件格式"即可。

2)词频分析法

词频分析法主要用于揭示某个研究领域的热点问题或预测其发展动向。它通过统计文献的核心关键词在设定领域文献内的频率和次数得到这一领域的研究重点和研究水平,是文献计量学中重要的信息计量方法。关键词从某个角度代表了研究文献的核心内容,如果某一关键词在多篇文献中出现,就说明它是该研究领域内的热点话题。频次越高,热度越高。因此,可以通过那些频次较高的关键词获取研究热点。

词频分析法具有客观性、准确性、系统性、实用性等特点,避免了人为文献综述总结导致结果过于主观性及分析不深入的问题,在各领域的研究热点分析中都很流行。词频分析法属于常见的定性与定量相结合的研究方法。在应用时,先对研究领域进行相关数据的搜集和整理统计,如统计要素(如关键词、主题词)、计量方法(如频次或频率)、数据来源(如核心期刊、Web of Science)等,这些都对后期的研究有很大影响。词频分析要在数据统计的基础上做理性分析。因此,词频分析法是一个先定量后定性的分析法。

3)聚类分析法

聚类分析法,又称群分析、点群分析,根据"物以类聚"的道理,是对样品或指标进行分类的一种多元统计分析方法[99]。其讨论对象是大量的样品,其要求是能合理地按各自的特性进行合理的分类,是在没有先验知识的情况下进行的,没有任何模式可供参考或依循。聚类是将数据分类到不同的类或者簇的一个过程,由聚类所生成的簇是一组数据对象的集合,这些对象与同一个簇中的对象相似,与其他簇中的对象相异。聚类分析的目标是收集数据并在相似的基础上分类。聚类分析起源于分类学,但是聚类不等于分类,聚类源于很多领域,包括统计学、数学、生物学、计算机科学和经济学。在不同的应用领域,不同的聚类技术都得到了发展。这些技术方法具体被用作描述数据,衡量不同数据源间的相似性,并把不同数据源归类到不同的簇中。聚类分析法是理想的多变量统计技术,主要有分层聚类法和迭代聚类法。

例如,我们可以根据各个银行网点的储蓄量、人力资源状况、营业面积、特色功能、网点级别、所处功能区域等因素情况,将网点分为几个等级,再比较各银行之间不同等级网点数量对比状况。

由聚类所生成的簇是一组数据对象的集合,这些对象与同一个簇中的对象相似,与其他簇中的对象相异。

主要通过关键词分析，对相似的类别进行提取、区分，发现规律探索热点等。涉及的指标是度中心性（degree centrality）、紧密中心性（closeness centrality）及中介中心性（betweenness centrality），而所用到的过滤指标则是度中心性。度中心性是在网络分析中刻画节点中心性的最直接度量指标。一个节点的节点度越大就意味着这个节点的度中心性越高，该节点在网络中就越重要[100]。

在无向图（undirected graph）中，度中心性测量网络中一个节点与所有其他节点相联系的程度。对于一个拥有 g 个节点的无向图，节点 i 的度中心性是 i 与其他 g-1 个节点的直接联系总数，表示如下：

$$C_D(N_i) = \sum_{j=1}^{g} x_{ij} (i \neq j)$$

其中，$C_D(N_i)$ 表示节点 i 的度中心性，用于计算节点 i 与其他 g-1 个 j 节点之间的直接联系的数量。$C_D(N_i)$ 的计算就是简单地将节点 i 在网络矩阵中对应的行或列所在的单元格值加总。

如此测量的度中心性，不仅反映了每个节点与其他节点的关联性，也视网络规模（g）而定。也就是说，网络规模越大，度中心性的最大可能值就越高。

4）可视化方法

借助图形化的手段，清晰、快捷、有效地传达与沟通信息。从用户的角度来看，可视化方法让用户快速地抓住了要点信息，让关键的数据点从人类的眼睛快速通往大脑深处。数据可视化一般具备以下几个特点：准确性、创新性和简洁性。可视化开发就是在可视开发工具提供的图形用户界面上，通过操作界面元素，如菜单、按钮、对话框、编辑框、单选框、复选框、列表框和滚动条等，由可视开发工具自动生成应用软件[101]。目前有许多可视化的方法及软件。这里主要是通过 CiteSpace 的强大可视化与分析能力来研究灾害社会风险相关的发展热点与趋势。具体操作见文献挖掘过程一节。

3. 文献挖掘过程

关键词作为一个重要的索引被使用，在已经发表的期刊或者数据库的文献中被提取出来。关键词是整篇文章的核心和精髓，是对文章主题的高度概括和集中描述。为了发现关键词的趋势，这个数据分析系统由 Web of Science 数据库和 CiteSpace 文献挖掘工具组成，作为一个全面综合的方法，指导了研究灾害社会风险演化机理的发展轨迹。本书分析的数据来自 Web of Science 核心合集，包括科学引文索引及其扩展（science citation index expanded，SCI-Expanded）、SSCI、A&HCI 等六大引文库。它提供了强大的知识发现能力，帮助研究人员迅速深入地发现自己所需要的信息，把握研究发展的趋势与方向。其检索的结果不是简单的排列与堆积，而是彼此之间有机联系的综合。利用 CiteSpace 进行文献挖掘，具体步骤和关键指标分析如下。

1）文献检索与导入数据

数据分析系统通过访问初始文献数据库，获得最相关的信息，如上选择 Web of Science 作为主数据库，并选定 Web of Science 核心合集。通过高级检索，多次布尔逻辑计算的尝试，当搜索完成时，可通过选择研究领域进行过滤，通过识别特定类别来确定文献，如研究性文献、综述性文献、会议文献（article、review、proceedings paper）等。从 Web of Science 导出 tex 格式相关文献并以 download 为首作文件名保存，时间区间设置为 1991~2018 年（初始年份为 1991 年），以 1 年为时间间隔，在控制面板中完成基本设置。

2）关键词共现知识图谱

CiteSpace 提供了多种功能选择，分别针对施引文献的合作图谱（作者合作、国家合作和机构合作）和共现图谱（特征词、关键词、学科类别），以及被引文献的共引图谱（文献共被引、作者共被引和期刊共被引）[102]。在对数据进行处理之后，CiteSpace Ⅲ软件利用寻径网络法对文献进行分析。来源（term source）选为文献标题（title）、摘要（abstract）、作者关键词（author keywords）和增补关键词（keywords plus）；节点类型（node types）选为关键词（keyword）；将 CiteSpace 中阈值 c、cc、ccv 分别设置为（2，2，20）、（4，3，20）和（3，3，20），其中，c 为最低被引次数，cc 为共被引次数，ccv 为共引系数。随后采用最小生成树算法的 Pruning 裁剪方法，则可生成关键词共现知识图谱，共得到 X 个关键词节点及 Y 条关键词连线，网络密度为 Z，并得到关键词可视化界面。圆形节点为关键词，其大小代表关键词出现的频次。图中标签大小与其出现频次成正比；各点之间的连线粗细程度反映该领域关键词之间的合作关系及密切程度[103]。

3）聚类分析

不同于一般的计量软件，CiteSpace 采用突发词检测算法，根据词汇增长率更科学地确定研究前沿。从文献计量学的角度来看，在某学科领域内的高频关键词是该领域研究热点的集中体现。库恩的范式体现为一个又一个时段所出现的聚类，聚类的颜色表示这一聚类被关注的平均年份。我们可以从中更深入地了解一个聚类如何连接到另一个几乎完全独立的聚类。然而，软件生成的图谱有一定的缺陷，主要表现在结构过于拥挤、节点和标签的大小不匹配方面，所以需要我们手动调整图谱，这个过程需要更多的时间。CiteSpace 依据网络结构和聚类的清晰度，提供了模块值（Q 值）和平均轮廓（silhouette）值两个指标。Q 值范围一般在 0.4~0.8，意味着划分出来的社团结构是显著的，silhouette 值范围在 0~1，silhouette 值越大，相似度越高，说明这一聚类结果的总体信度是较高的。采用聚类视图（cluster）展示灾害和社会风险的关键研究领域。这里，通过发现集群，提取标签，评估参数，并确定特殊的点和集群，关键词（及其集群）的趋势可以被发现。为简化网络，突出重要的结构特征，运用最小生成树算法进行网络修剪。根据图谱聚类算法进行自动聚类，使用 TF×IDF（term frequency-inverse document frequency）加权算法提取聚类标签（cluster label）。通过自动贴标签，发现了 m 个聚类，然后根据 silhouette 和尺寸（size）这两个指标选择一些重要的聚类显示。silhouette 值用来衡量网络同质性，其越接近 1，网络的同质性越高；size 值越大，聚类的效果越好。"mean year" 是聚类主题词形成的平均年份，"label（TF×IDF）" 是聚类标签主题词的值，强调的是研究主流。最终选择三个最相关的聚类：Group Ⅰ、Group Ⅱ 和 Group Ⅲ，具体信息如下。

·ID=1：聚类标签 label 1（Group Ⅰ）；size = 1，silhouette=SH1，mean year = MY1，label（TF×IDF）= TF1；关键词：keyword 1、keyword 2、keyword 3、keyword 4、keyword 5 等。

·ID=2：聚类标签 label 2（Group Ⅱ）；size = 2，silhouette=SH2，mean year = MY2，label（TF×IDF）=TF2；关键词：keyword 1、keyword 2、keyword 3、keyword 4、keyword 5 等。

·ID =3：聚类标签 label 3（Group Ⅲ）；size=3，silhouette=SH3，mean year = MY3，label（TF×IDF）= TF3；关键词：keyword 1、keyword 2、keyword 3、keyword 4、keyword 5 等。

4）时序分析

CiteSpace 可视化的结果图谱都可以用来揭示科学结构的发展现状乃至变化情况，进而用于前沿分析、领域分析、科研评价等，但针对具体的研究问题，应根据不同图谱的绘制原理来进行选择。CiteSpace 提供了三种可视化方式的选择，其中，默认的是聚类视图，它侧重于体现聚类间的结构特征，突出关键节点及重要连接；时间线（timeline）视图侧重于勾画聚类之间的关系和某个聚类中文献的历史跨度；时区（timezone）视图是另一种侧重于从时间维度上来表示知识演进的视图，它清晰地展示出文献的更新和相互影响。

以 CiteSpace Ⅲ进行时序分析。时序分析是以分析时间序列的发展过程、方向和趋势，预测将来时域可能达到的目标的方法。借鉴时序分析的思想，将所要预测的统计数据替换为按照时间顺序出版的文献中的关键词，得到关键词集合在出版时间跨度内的分布。同时，通过基本计算，得到每个节点的大小和每条边的权重。借助对节点的分析及边的自然属性在出版时间跨度内的分布，就可以观察到热点关键词及具有较强关系的连接。与简单的频度分析不同，它是建立在每年出版时间和关键词之间形成的无向网络的基础上。在 CiteSpace 中，关键词时序分析可以选择 "timeline" 或者 "timezone" 方式呈现。基本原理是，将网络分成多个聚类，并按时间顺序排出各个聚类中的文献的关键词，形成"时间-关键词"形式的结构网络，如果将聚类按照时间序列排列，还可以观察到很多带有时间属性的现象。

CiteSpace 结果中的时间轴视图，以时间为横轴，各节点表示每个时段中的热点关键词，其连线表示相应关键词在时间上的演变过程。在时间区视图中，以时间为横轴，各节点表示每个时段中的关键词聚类，其连线表示相应聚类在时间上的演变过程。同时，通过各时段之间的联系可以看出各个时段之间的传承关系。时间轴可视化模式，从时间序列上反映了热点和拐点。

4. 可视化结果

从 Web of Science 数据库中搜索"disaster（s）"（灾害）和"social risk"（社会风险），尝试检索词"disaster（s）""social risk"等，得到一系列搜索结果。最终确定通过搜索字符串"（TI=disaster）AND（TS=social risk）"完成检索，检索时期区间为1990~2018年，并首次确定2 936篇相关文献。当搜索完成时，可通过选择研究领域进行过滤，通过识别特定类别确定文献，如研究性文献、综述性文献、会议文献等。随后，将这 2 936 篇相关文献添加到标记结果列表。再选定相关参数（每一条数据记录都主要包括文献的作者、题目、摘要和文献的引文）下载后，这里的 2 936 篇文献则可以文本格式下载导入 CiteSpace。

1）关键词共现知识图谱

将数据导出后，用CiteSpace生成关键词共现知识图谱，共得到121个关键词节点及431条关键词连线，并得到关键词可视化界面，如图1-17所示。

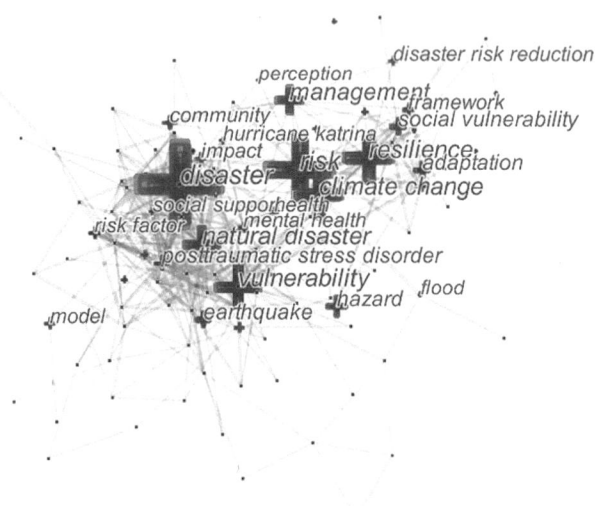

图 1-17　关键词共现知识图谱（一）

图 1-17 中圆形节点为关键词,其大小代表关键词出现的频次。图中标签大小与其出现频次成正比;各点之间的连线粗细程度,反映该领域关键词之间的合作关系及密切程度。从上述关键词共现知识图谱,发掘灾害社会风险演化研究领域的全球范围研究热点。频次高的关键词代表这一段时间内研究者对该问题的关注热度高,词频显示出现的次数越大表明该关键词的热度越高。关键词的高频词统计表见表 1-2。

表 1-2 关键词的高频词统计表(一)

频次	中心性	年份	关键词
709	0.45	1991	disaster
580	0.10	1994	risk
423	0.16	1998	vulnerability
397	0.12	2005	resilience
366	0.15	1998	climate change
356	0.23	1992	natural disaster
265	0.02	2006	management
219	0.01	2005	adaptation
215	0.17	1991	posttraumatic stress disorder
212	0.01	2000	hazard
200	0.03	2000	earthquake
190	0.09	2005	social vulnerability
174	0.03	1997	risk factor
170	0.04	1993	impact
163	0.02	2000	mental health
157	0.02	2005	community
153	0.08	1993	social support
139	0.00	2007	Hurricane Katrina
134	0.03	2005	model
133	0.02	1995	health

表 1-2 中"disaster"出现的频次最高,为 709,出现初始年份为 1991;"risk"为 580,出现初始年份为 1994;"vulnerability"也较高,为 423,出现初始年份为 1998。另外,"resilience"为 397,出现初始年份为 2005。其中"disaster"和"risk"是检索主题关键词,因此其频度较高,而"vulnerability""resilience"则是后续研究的热点。

2)关键词聚类图谱

通过 CiteSpace 自动抽取产生的聚类标识对文献整体进行自动抽取,最终形成聚类图谱,它可以比较全面、客观地反映某领域的研究热点。结合关键词出现频次,通过 CiteSpace 自动聚类,得到关键词聚类图谱,见图 1-18。

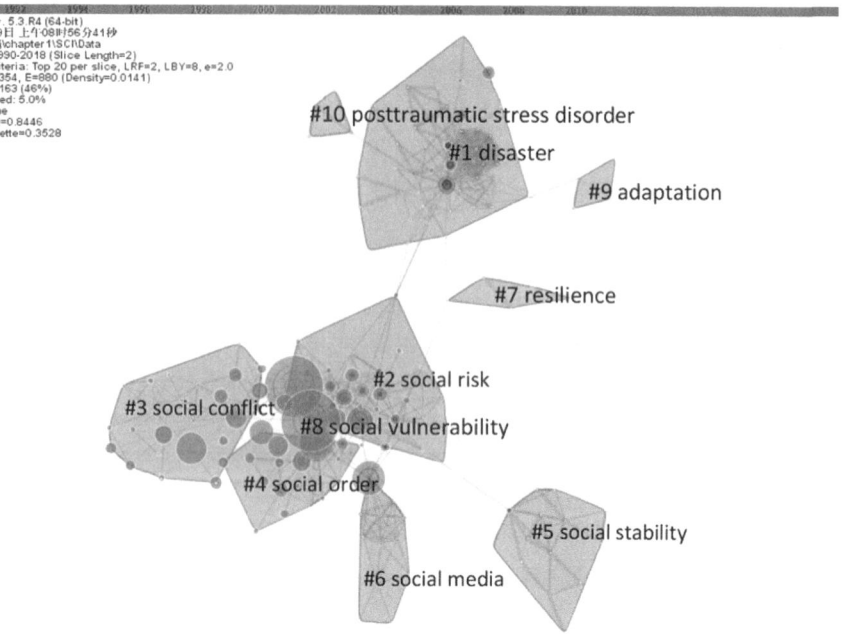

图 1-18　关键词聚类图谱（一）

Modularity 表示网络的模块度，值越大，表示网络的聚类结果越好，这里的 Modularity 值为 0.844 6，说明聚类效果较好。Mean Silhouette 是用来衡量网络同质性的指标，越接近 1，反映网络的同质性越高，这里为 0.352 8，表现为中度的同质性。这显示了灾难和社会风险之间合作的程度比较紧凑，其研究存在着密切的联系。关键词聚类图谱中线条颜色代表不同的年份，系统统计出了如下最大的几个主题的聚类："disaster"（灾害）、"social risk"（社会风险）、"social conflict"（社会冲突）、"social order"（社会秩序）、"social stability"（社会稳定）、"social media"（社交媒体）、"resilience"（恢复力）、"social vulnerability"（社会脆弱性）、"adaptation"（适应性）和"posttraumatic stress disorder"（创伤后应激障碍）等。从关键词聚类结果来看，灾害的社会风险问题主要集中在社会冲突、社会秩序和社会稳定三大方面。因此，在分析灾害的风险演化时，可以考虑社会冲突、社会失序和社会失稳三个方面。同时还应注意到，灾害的社会风险带来了社会治理的一系列问题，如社交媒体与舆情、社会恢复力、社会脆弱性、社会适应性等，这些都是灾害社会风险治理需要考虑的方面。

3）时间区分析

CiteSpace 时间区从时间维度上体现了文献关键词等方面的热点及趋势。图 1-19 为 CiteSpace 结果中的时间区视图。从时间分布上来看，相关研究集中在 2011 年之前。根据结果将近 30 年的发展划分为三个阶段。第一阶段在 1993 年以前，这个时期研究出现最多的关键词有"disaster"（灾害）、"natural disaster"（自然灾害）、"posttraumatic stress disorder"（创伤后应激障碍）、"social support"（社会支持）、"impact"（影响）。从这一时期看出研究主要关注灾害本身，尤其是自然灾害带来的社会影响。第二阶段在 1993~1999 年，这个时期研究出现最多的关键词有"vulnerability"（脆弱性）、"risk factor"（风险因子）、"climate change"（气候变化）、"community"（社区）、"management"（管理）。该类关键词显示在该阶段的研究主要关注灾害引发的社会风险问题，并针对风险因子进行了探索，同时提出了相关的管理学建议。第三阶段 2003~2015 年，这个时期研究出现最多的关键词有"social vulnerability"（社会脆弱性）、"adaptation"（适应性）、"disaster risk reduction"（灾害风险降低）、"preparedness"（备灾）。从这些关键词可以看出后续研究更加关注社会脆弱性和适应性问题，并着力构建减灾防灾体系。

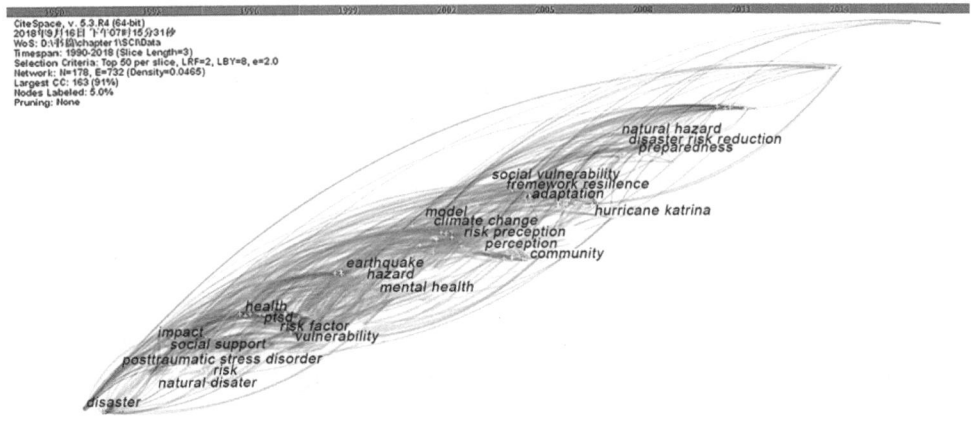

图 1-19　关键词时间区图谱（一）

4）CNKI 数据分析结果

从 CNKI（China National Knowledge Infrastructure，中国知网）数据库中搜索"灾害"和"社会风险"，得到一系列搜索结果。检索时期区间为 1992～2018 年，并首次确定 154 篇相关文献。再将相关文献导入 CiteSpace。将数据导出后，用 CiteSpace 生成关键词共现知识图谱，共得到 37 个关键词节点及 52 条关键间连线，并得到关键词可视化界面，如图 1-20 所示。

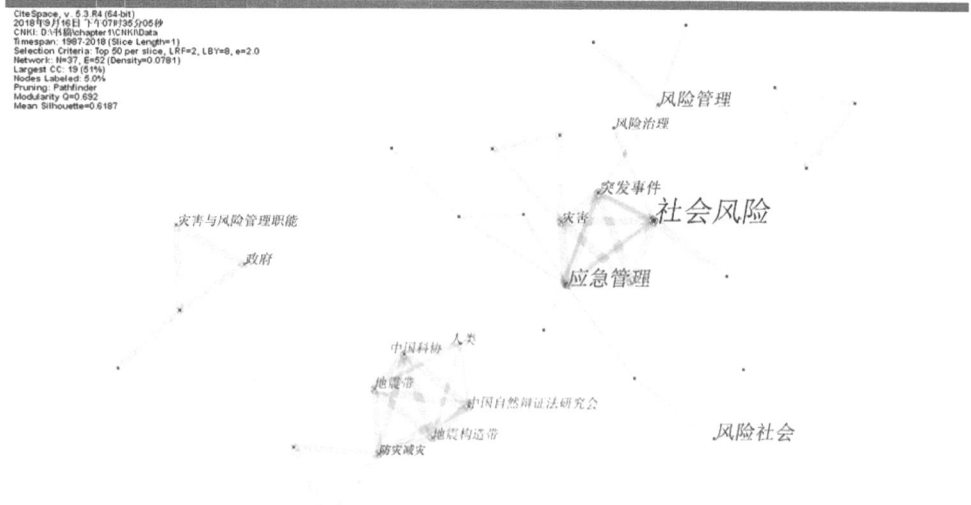

图 1-20　中文文献关键词共现知识图谱（一）

从图 1-20 中可以看出，灾害社会风险研究中的主要关键词有"灾害""社会风险""应急管理""风险社会""突发事件""风险治理""防灾减灾"等。

（二）国内视角

针对基础理论研究、社会冲突激化、社会秩序破坏、社会稳定失衡和应对决策等问题进行研读。总体框架由理论基础—生成机理—应对决策三个部分构成，按照"总—分—总"思路，对相关研究文献进行概要式梳理，详见图 1-21。

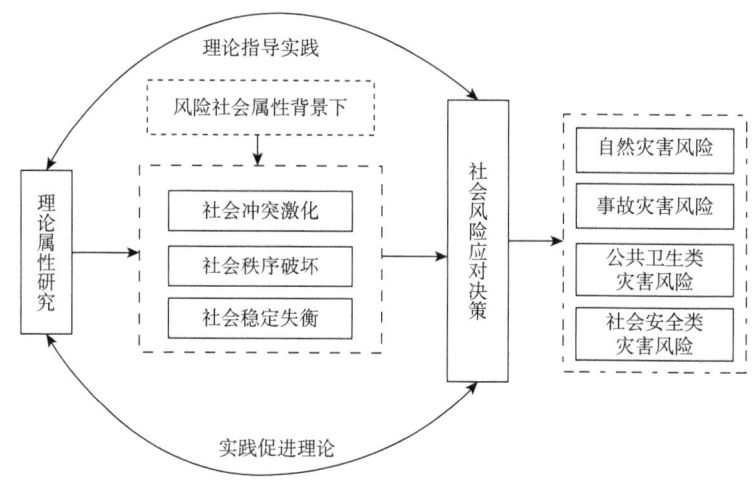

图 1-21　灾害社会风险生成机理及应对决策关系图

通过对中国学术期刊全文数据库的期刊论文进行检索梳理，发现国内灾害社会风险生成机理及应对决策的文献比较缺乏，但内容相关的研究文献较丰富，约有 10 000 篇。

参考有关灾害社会风险生成机理及应对决策、社会风险及灾害等方面的文献，根据研究思路内容将文献检索内容分为五大板块：①关于灾害社会风险基础理论的研究；②关于灾害社会冲突的研究；③关于灾害社会秩序的研究；④关于灾害社会稳定的研究；⑤关于灾害社会风险应对决策方面的研究。根据上述分类，国内相关文献的总体构成如表 1-3 所示。

表 1-3 国内相关文献的总体构成

研究板块	文章比例
灾害社会风险基础理论相关文献	18%
灾害社会冲突相关文献	16%
灾害社会秩序相关文献	15%
灾害社会稳定相关文献	26%
灾害社会风险应对决策相关文献	25%

在社会转型期和灾害多发的复杂背景下，国内不同学科的专家学者及实际工作部门的管理者、决策者，从不同角度对社会风险相关问题进行了研究。近几年，中国专家学者在社会风险相关问题的应用与实践领域做出了积极贡献，所研究的领域涉及：开发研究中国社会稳定预警系统；提出支持宏观经济决策的综合集成方法体系；基于多目标决策的权衡分析提出解决多派冲突的分析方法；解决国际环境谈判问题、非平衡系统理论、复杂性研究及相关理论在社会经济中的应用研究；社会经济系统工程、社会科学计算实验、地震引起的地震地质灾害的社会风险管理；创伤后应激障碍的研究；双重不确定性决策理论与方法及应用；基于公众社会态度调查的社会预警研究及群体性事件的预警与化解研究等。

"风险社会"作为新型社会形态，其风险的发生存在着新变化，对流动性产生冲击性影响的事件会随着小概率事件的增多而增多。因此，在这种情况下，应该重新评估和认识政府的风险补偿机制及市场的风险补偿机制。传统思维里，一种是政府补偿机制可以作为私人市场的风险分散机制的补充，这种情况多发生在西方国家，而另一种是商业保险被认作是社会保障等政府补偿机制里的一种补充，这种情况多存在于中国等市场经济相对较不发达的国家。但在以上两种情况中，政府和市场都被视为是对立起来的两个不同的概念、模式，并需不断努力寻求这两个不同模式的交叉点和边界[104]。但在"风险社会"里，不仅是国家的执政能力和国家的存在依托会被风险所考验，市场的效率也是风险的一项考验内容。

从总体上来讲,目前国内对灾害社会风险、社会风险生成的研究文献比较缺乏。但是,有关社会风险的理论、社会风险防御、应急和应对的研究还是取得不少成果。根据主题和内容,结合前人研究的相关成果得到的启发和借鉴,对相关研究文献进行概要式梳理,分类表述如下。

1. 社会风险基础理论研究现状

从近年中国学术期刊全文数据库的期刊论文的关键词词频入手分析社会风险基础理论研究,以关键词频次作为重要程度的根据,基于专家对关键词的判断度,总结得出中国近年社会风险基础理论研究的热点,具体如下:灾害链、事件链及地质灾害。表 1-4 为近年中国学术期刊全文数据库所反映的中国社会风险基础理论相关研究进展。

表1-4 近年中国社会风险研究的理论基础

序号	理论基础	频次	序号	理论基础	频次
1	地震	90	5	事件链	11
2	地质灾害	51	6	风险社会论	6
3	灾害链	30	7	演化链	5
4	控制论	12	8	危机决策	3

国内学者对社会风险的认识始于西方风险社会理论,并在此基础上进行了相关研究。此外,国内学者立足于中国国情,从不同的视角深入探讨。近年来,对于灾害的风险大都由理工科领域的科研机构立足于各类地理地质风险和工程风险来研究,而涉及灾害导致的社会类风险的文献较少,主要着眼于灾害的含义、灾害链的概念、灾害的驱动力与抑制机制及响应能力、灾害群体脆弱性、风险灾害危机连续统与应对体系等方面的研究。对于灾害社会风险系统理论及其相关理论的研究主要集中在社会风险理论、不确定理论、突变理论、危机决策理论和风险社会理论等方面。

灾害社会风险主要从理论建构、演化模式、演化路径和系统复杂性四方面研究风险演化为社会危机的总体路径、演化路径的系统特征等关键问题,从社会风险理论系统、社会风险结构系统两方面,研究社会风险理论体系的建构。探索灾害社会风险演化的纵向链式发展、横向网状伸展、立向高低起伏模式。通过对社会风险生成的多源路径、社会风险向社会危机的演化、社会风险演化全程多路径复杂演化的分析,构建灾害社会风险演化路径系统。有关灾害社会风险演化机理的文献主要从社会风险的发展趋势和结构特征、社会风险的发展态势、对经济的系统性风险的演化、灾害危机的演化过程和特征及诱发机制因素、演化阶段构成、能量传递方式、演化链的风险控制、城市地震次生灾害演化的因果回路和存量流量、灾害连锁演化机理与协同应急管理机制等方面进行研究，并梳理风险演化的"灾害链"和"事件链"理论。图 1-22 为中国突发事件社会风险管理的重点理论基础。

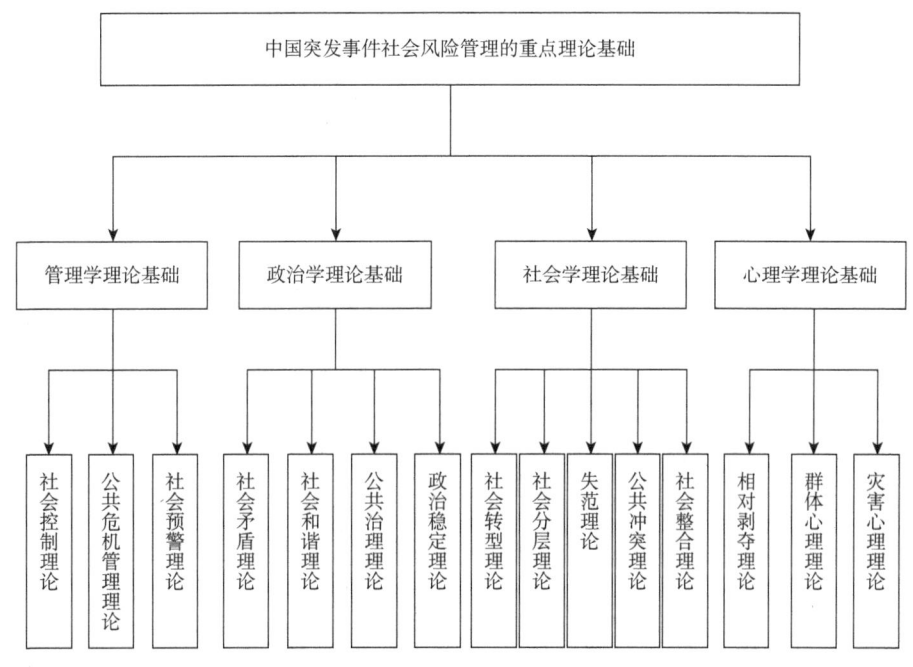

图 1-22　中国突发事件社会风险管理的重点理论基础

2. 社会冲突激化的研究现状

在对近年中国学术期刊全文数据库的期刊论文详尽阅读分析基础上，提炼各篇文献中涉及社会冲突激化的关键词，作为编码的依据来对此时段的所有文献进行编码，最终以各节点所汇总的参考点数目为排序依据[105]，由此得出热点排序，如表 1-5 所示。

表 1-5　近年中国社会冲突激化的研究现状

序号	方法技术	频次	序号	方法技术	频次
1	反腐倡廉理论	118	4	利益冲突	56
2	社会转型	76	5	社会冲突与制度	35
3	中国特色	69	6	土地市场	15

目前,专门研究灾害社会冲突激化的文献较少,但有关社会冲突的研究文献可以作为研究的参考。西方学者以社会冲突现象为研究对象,从社会冲突的根源及其与社会变迁关系的冲突方面展开研究;中国社会转型期对社会冲突的研究,主要从冲突的边界和功能、社会冲突的内涵定位、结构和特征、类型和功能,社会冲突与社会结构的关系,社会冲突与利益的关系,社会冲突与制度的关系,社会冲突的调适机制,等等方面开展。现有文献主要研究了灾害引发社会冲突的动因、触发机理和交互机理,分析了社会冲突激化的传导路径和传播速度,探究了社会冲突激化导致风险突变的机制和测度分析,探析了灾害引发社会冲突激化的根源。

国内学者研究社会冲突的功能总是从多个视角来进行的,另外,研究者倾向更多地研究社会冲突方面的影响。大多认为冲突既有消极的分裂性与破坏性的一面,又有积极的建设性一面。在冲突与社会结构方面,一些学者认为,社会冲突的根本原因在于社会结构要素分化过快,造成了要素分化与结构整合之间的断裂与失衡[106]。在冲突与利益研究方面,众多学者指出,"利益冲突是人类社会一切冲突的最终根源,也是所有冲突的实质所在"[107]。

因此,任何一个社会都不可能避免或者完全消除社会冲突。有学者认为,关于冲突与制度规范的关系,制度可以调节利益冲突,降低社会交往的成本。而隐性主观反映制度化现象却人为地扩大了社会的不平等。在冲突与心理观念方面,冲突所变现出来是一种主观反应,带有一定态度、情感、性格、信仰和价值取向的自发性质。另外,有研究表明新旧思想文化的对立是引起社会冲突的认识根源[108]。

3. 社会秩序破坏的研究现状

在关键词词频分析的基础上,梳理得出中国有关社会秩序破坏的研究现状,如表1-6所示。

表 1-6 中国有关社会秩序破坏的研究现状

序号	实践领域	频次	序号	实践领域	频次
1	社会稳定	80	4	管理机制	28
2	社会矛盾	71	5	政策措施	25
3	风险评估	40	6	改革	16

目前专门研究灾害社会秩序破坏的文献很少,但有关社会秩序的研究文献可以作为参考。近年来,社会秩序问题一直是国外学者关注的焦点之一,从个人与社会有机和稳定的联系、社会和个人的关系及哲学的角度对秩序问题进行了深入研究。国内学者主要关注社会秩序的各种范式、社会秩序的类型及其本质、社会

秩序与制度的关系、理性在建构社会秩序过程中的重要作用和良好社会秩序的建构问题。

4. 社会稳定失衡的研究现状

目前专门研究灾害社会稳定失衡的文献很少，但有关社会稳定的研究文献可以作为参考。近年来，研究者们对稳定问题进行了很多卓有成效的理论研究，对于"稳定"一词分别从不同的学科视角提出众多不同的概念，特别是在维护稳定的思路与举措方面做了深入研究，在多方面取得共识，并积累了丰富的研究成果。同时，研究者们主要从辩证论的认识、控制论研究思路、民主论的研究、现代化论的分析等几个角度来分析和探讨稳定理论及稳定问题。

现有文献主要研究了在不确定的条件下，社会稳定动态平衡状态从受到冲击直至完全失衡的社会危机状态的全过程。探索了灾害对社会结构动态平衡状态的冲击；分析了社会结构运行过程对灾害障碍的抵抗机理；研究了社会结构失衡及其功能失调的耦合激化演化机理。在关键词词频分析的基础上，梳理得出中国有关社会稳定失衡的研究现状，如表 1-7 所示。

表 1-7　中国有关社会稳定失衡的研究现状

序号	理论基础	频次	序号	理论基础	频次
1	地震	181	5	事件链	22
2	地质灾害	103	6	风险社会论	13
3	灾害链	57	7	危机决策	11
4	控制论	25	8	演化链	6

5. 社会风险应对决策研究现状

通过对社会风险预警和应急应对领域高水平论文进行关键词排序分析，列出频率最高的 20 个关键词，从一定程度上归纳中国各地区的研究重点领域，详见表 1-8。

表 1-8　中国有关社会风险预警和应急应对的研究现状

序号	关键词	局域被引次数	序号	关键词	局域被引次数
1	应急管理	177	6	公共安全	27
2	风险社会	80	7	指标体系	25
3	风险管理	72	8	预警	21
4	公共危机	36	9	灾害	20
5	应对政策	34	10	社会秩序	18

续表

序号	关键词	局域被引次数	序号	关键词	局域被引次数
11	突发事件	16	16	模型	5
12	地质灾害	12	17	案例	5
13	风险评价	10	18	和谐社会	4
14	市场转型	9	19	中国	3
15	机制	8	20	心理资本	3

目前专门研究灾害社会风险应对决策的文献很少，但有关社会风险预警和应急应对方面的研究文献可以作为研究的参考。

在社会风险预警方面，主要从建立社会风险和社会危机预警管理机制的必要性、社会风险预警指标评估体系、农村社会风险情报、社会风险预警与干预机制等方面进行研究。

在社会风险应急方面，主要研究转型期社会风险发展的趋势、公共安全应急反应机制、超越风险社会的理论、风险社会的传媒哲学、公共安全应急管理模式等问题。

在社会风险应对方面，主要研究当代社会风险的构成、化解当代社会风险的现实路径和应对模式、当前社会面临的现实风险与和谐社会的关系、风险责任基本价值理念、提出社会风险的具体措施与化解途径和应对模式、从社会质量视角探讨如何应对社会风险、大型工程项目社会风险治理及大型工程项目社会风险治理模型等。

在社会风险应对决策方面，主要研究灾害管理决策的咨询信息系统的作用、设计思想、构成、功能和实现方法，优化危机决策的途径及现代社会风险的建构与应对逻辑等。

（三）系统评述

根据对相关研究文献的总体梳理，以全球为背景，从国内已有研究成果来看，纵观国内涌现的一些知名学者对灾害社会风险的研究现状，都各自从不同的角度对相关问题进行了探讨，提出了不少见解，为社会风险的管理提供了理论支撑和技术支持。但从总体上来讲，都具有一定的局限性。中国的灾害风险管理体系目前还不完善，存在的问题还没有得到解决，其中既有政府管理体制上的问题，也有市场经济不完善所带来的问题。对于灾害风险管理起步比较晚的情况，学习借鉴其他国家在灾害风险管理上的经验，显得十分必要。针对有关灾害社会风险各方面的研究，还存在一些不足，有许多相关领域还需要进一步探讨和研究，分述如下。

1. 灾害社会风险理论研究基础薄弱

从研究阶段来看，灾害社会风险理论研究通常从概念开始，由于概念直接指向研究问题，故不同的概念背后存在着不同的学科与学术传统。由于存在对社会风险等基本概念理解上的差异，故出现了一些概念的滥用及研究结论不统一的情况，这样不仅缺乏权威性，也影响成果的应用和转化。尽管相关整合研究的思路已被提出，包括不少基础性的工作，但未来的任务还是很艰巨的。此外，从研究内容来看，较多的是运用国外理论来开展研究，但从中国国情出发，特别是在中国特色社会主义大前提下的研究并不多。不少研究成果缺乏可操作性和针对性，以致影响研究成果的运用。另外，从研究影响来看，中国社会风险理论的研究与实践的结合程度较低，政府部门与研究机构的互动较少，社会风险理论研究对于政府最终决策的影响力还需加强。

在灾害与社会风险关系方面，现有文献大多研究灾害的工程风险和灾害对社会其他领域（如人口、经济）的影响，没有上升到社会风险层面；在社会风险理论方面，灾害导致社会风险的文献比较缺乏，主要集中在西方风险社会理论的介绍和应用上，而社会风险基本上是由其他理论对其进行解释，灾害的社会属性方面未做分析。有关社会风险及其相关理论的文献较多，主要集中在不确定理论、突变理论和危机决策理论方面，不确定与突变理论集中应用于自然科学领域，缺乏对社会风险的分析。在社会风险演化机理方面，现有的文献针对灾害演化非社会风险演化，在维度上也仅有单一的机械链式的传动演化路径分析，没有采用事理-物理-人理哲学维度以系统科学方法对灾害社会风险"一生成、三状态、一演化"的复杂系统特征进行基础理论研究。

2. 社会冲突激化的研究有待深化

目前的研究集中于源于社会领域的冲突本身，如对中国社会冲突的原因、表现和冲突控制与管理进行研究，此外，就是对社会冲突理论及其应用的研究，较为充分地谈到了社会冲突的现状，却很少涉及社会冲突成因与社会冲突形成机制的关系、社会冲突形成机制的阶段及各种因素、社会冲突有无共同的机制[109]。总之，有关灾害导致的社会冲突研究的文献很少，由于灾害背景下社会冲突研究的特殊性，各种不确定性关系、不同的表现形式及其演化路径的研究都是有待深化的重点。

3. 社会秩序破坏的研究有待开拓

近年来，随着报刊等资料对秩序或社会秩序的频繁使用，加上各学科界从不同角度的研究，公开发表的论文或论著数量日渐增多，取得了丰硕的研究成果[110]。有关社会秩序的文献主要研究社会秩序的形成及其本质、社会秩序破坏后的恢复与重建，很少有灾害与社会秩序关系的详细论述。有关灾害与社会秩序的文献主要研究了灾害对社会秩序冲击的因子、主推动力及脆弱性分析；从破坏扩展方式、突变类型和临界状态几方面探究了社会秩序破坏的网状扩展；研究了社会秩序破坏的结构演变。

对中国当代社会秩序的研究主要集中在转型时期社会秩序的理性建构和复杂的社会矛盾之间的关系处理上，不仅从冲突或矛盾的微观角度体现社会的危机管理，也对社会秩序的理论框架和研究方法等从宏观角度进行探讨。综上，缺乏系统的理论研究和全面的实证研究，也没有在灾害背景下的社会秩序破坏机理的研究。因此，灾害社会风险中有关社会秩序破坏及其生成演化的研究还是一个需要开拓的领域。

另外，中国在社会秩序破坏上缺少统一组织的常设机构。虽然中国应急管理部门的垂直应急管理体系较为完备，一旦突发紧急的公共灾害及危机事故，国家或地方会成立临时的指挥机构统一组织灾害风险的管理，但各部门横向职责分工并不是十分明确，在响应期的突出问题表现为应急协同机制不健全。此外，在应急期间对各个部门的协调成本非常高，并带有很大的不确定性。

目前，中国防灾减灾机构由国家减灾委员会负责，从实际效果来看，该机构在防灾减灾方面发挥了很大的作用，在制定政策和规划及开展灾害预防等方面的作用相对较小[104]。而在省级或省级以下，分类别、分地区、分部门的单一管理模式仍很明显，现有的单一灾害处置模式已很难应对日益严重的社会灾害[111]。灾害的测、报、防、抗、救、援等都实行了单一管理模式，整体效率不高。

4. 社会稳定失衡的研究有待完善

有关社会稳定的文献数量较大，但主要集中在对影响社会稳定的各类因素进行剖析方面。此外，就是对社会稳定与其他社会领域的关系及对社会稳定的监测研究，其他有待完善的地方还表现在理论应用方面，缺少对西方政治发展理论成果的借鉴和社会学阶层理论的吸收。在维护中国社会稳定的方案设计上主要从宏观层面或战略层面提出解决问题的思路，缺少实践性和操作性。灾害容易导致社会稳定失衡的可能性观点虽然已被很多学者接受，但其生成演化过程和机理还需要进一步的研究来完善。

5. 社会风险的应对决策亟待研究

从研究重点来看，不少研究都将重点放在突发公共事件的应急管理上，缺少对突发事件的社会风险相关问题的研究。从研究深度来看，目前主要还是从应急的角度来探讨和研究相关问题，但需要进一步探讨与完善突发事件社会风险管理，尤其是在社会风险生成的深层根源上研究不足，规范研究方面需加强，实证研究方面需提高可信度，另外，需提高预警预控方面的可操作性和科学性。从研究广度来看，对应急管理的研究较多，而综合防范方面的研究较少，存在治标多治本少的现象。上述，都不利于形成突发事件社会风险管理学科。

从各国经验来看，一些发达国家、灾害多发国家对灾害风险管理体系已上升到国家战略层面，通过国家安全法或突发事件应对法，以及不同类别不同体系法律支撑体系，在灾害风险的防范与应对、救助及恢复重建等问题上进行国家赋权。中国虽然已经制定了像《中华人民共和国防洪法》等数十种灾害风险管理类的法律法规，但在灾害防范与应对、救助与补偿、重建工作中存在的一些共性问题，即许多大政方针方面的问题在基本法中都未予以明确，加上以部门为主的单一灾害管理模式，导致了部门各自为政，缺乏统一协调，而且各灾种、各部门的法律体系也都不完善，仍存在很多的法律空白[112]。

文献中对于其他领域中风险或社会风险的防御、应急应对的研究较多，这些研究提出了大量的针对各领域社会风险的有效措施和方法，制定了诸多应急预案和系统应对模型，这些都是可资借鉴的前人成果。但在灾害社会风险生成演化的特殊情境下，关于应当如何制定应对决策的文献比较缺乏。因此，如何通过社会风险决策的国际比较研究，根据"一生成、三状态、一演化"的社会风险演化系统特征，运用系统政策模型实现优化决策，并将其应用到中国灾害社会风险的防控之中，这些都是很迫切的。

或多难以固邦国,或殷忧以启圣明。

——晋 刘琨 《劝进表》

第二章 灾害理论基础

人类的发展历程可以说是一部与灾害抗争的历史。尽管人类文明不断进步，科学技术不断发展，但是灾害类型也在不断增加，灾害影响范围持续扩大，灾害破坏性继续增强，更出现了如温室效应、臭氧层破坏、海域污染等全球范围内的灾害。灾害破坏性大、影响面广的属性不仅极易激起各个领域积压的社会矛盾，同时还会导致新的社会矛盾和不和谐因素的产生，引起社会冲突。理论应用于实践，并且指导实践。灾害理论基础是指灾害理论架构中起基础性作用并具有稳定性、根本性、普遍性特点的理论原理，包含灾害的基本概念、范畴、理论演化及历史唯物灾害观的脉络等。灾害理论基础在过去纯粹自然或者客观世界量化法基础上，提出灾害因素为社会感知方法，即将灾害作为非常规要素加入正常社会运作当中，以此为基础建立了灾害风险类别识别、程度评估、风险全过程控制及体系评估优化的方法。

一、灾害观演变

人类自从在地球上出现，就开始了对灾害的认识。经过不同社会形态的演变、生产力水平的提高和科学技术的进步，人类在各个时期对灾害都有各自不同的认识。灾害系统是灾害社会风险生成与应对的重要研究对象，其组成成分分为孕灾环境、致灾因子及承灾体三类。根据灾害研究的性质特征可以将其划分为理论灾害学、应用灾害学及区域灾害学[113]。哲学起源于对打雷闪电、山洪暴发等自然界现象及人类自身的探索和认识，对于人类灾害观的形成与认知意义重大。

（一）西方灾害观

对灾难性质的深刻认识和人类与灾害关系的基本探索，都需要理念指导。哲学是一种世界理论和系统的观点，是一种自然知识、社会知识和全面彻底的知识思维，是世界观和方法论的统一；是在社会存在和社会意识的具体表现的基础上，追求世界性质，常见的或绝对的形而上的终极形式，以建立哲学世界观的内容和方法的社会科学[114]。西方哲学大致经历了几个阶段，即整体主义观、宗教神学观、形而上学观、辩证统一观及分析哲学观。

1. 整体主义观

古希腊的哲学家苏格拉底①曾经这样说过："人类的一半活动是在危机当中度过的。"面临困境，当人类群体或个人无法利用现有资源加以解决或处理时，这种困境往往就会演化为危机。灾害往往具有突发性特征，一旦不能被及时控制或缓解，就会引起社会紊乱及人类灾害认知偏离理性[115]。古希腊哲学家将人与自然，即人与灾害看成是统一的整体，强调理解认识，在整体上把握，从而对其进行预防和干预。

古希腊人创造了哲学，他们把它称为"菲洛索菲亚"，意为热爱智慧。早期的古希腊学者所认为的"自然"并不是当今人类社会在一般的意义上对"自然"的认知，而是为自然世界中自然事物的总和。亚里士多德②认为事物的本质与起源为自然。在古希腊哲学观中，自然并不等同于神话传说的神，而是作为人类世界中最高的抽象存在，这被称为"本原"[105]。

古希腊重视哲学，在此期间涌现了大量哲学学派。关于本原的思考，古希腊学者分成四个派别：伊奥尼亚派③将水、火和气作为本原，并认为其是变化的；毕达哥拉斯学派④认为，本原是不变的；爱利亚派⑤认为本原不是可变的；元素论认为，本原具有更多的变化[105]。但无论什么样的论点，起源都被认为是单一的、统一的物质载体，据此需要从性质和整体上去把握灾难观。

由于生产力较低，在没有科学理论的指导下，人类作为自然的一部分，和自

---

① 苏格拉底（Socrates），古希腊著名的思想家、哲学家、教育家。
② 亚里士多德（Aristotélēs，公元前 384~公元前 322 年），古希腊哲学家。他的著作涉及许多学科，包括物理学、形而上学及伦理学等，被誉为西方哲学的奠基者。
③ 伊奥尼亚派是指公元前 6 世纪出现在小亚细亚伊奥尼亚地区的哲学家，包括米利都学派和爱菲斯学派。
④ 毕达哥拉斯学派亦称南意大利学派，其认为数是万物的本原，把数看作真实物质对象的终极组成部分。数不能离开感觉到的对象而独立存在。
⑤ 爱利亚派得名于意大利南部爱利亚城邦，是古希腊最早的唯心主义哲学派系。

然界的其他事物一样都是自然的元素。当然，从这个角度来看，对人类与自然关系的认知上的局限不但表现在对"自然"的定义未加区分，而且忽略了人对于自然的主观能动性。普罗泰戈拉①认为，人是万物的尺度；苏格拉底也提出了"认识你自己"的观点。他们的言论在某种意义上说明，在古希腊后期，人对于灾害的主观能力显现出来。毋庸置疑，由于人类在自然界中处于中心地位，并且对灾害具有主观能动性，人作为主观能动体对于自然灾害有一定的掌控能力。

2. 宗教神学观

早期各种文化对自然灾害的灾因解释，大多都将这种强大的自然力量神化，将灾害解释为神的旨意或来自上天的警示。例如，公元 200~700 年，秘鲁北部海岸的莫奇卡文明②的图腾中经常出现一只蜘蛛，后世学者称其为 "decapitator" 或 "ai apaec"，意为"刽子手"。该形象有时也幻化为带翼怪兽或海妖，会同蜘蛛本身，分别代表天空、水和大地。有学者认为这与当时出现的强烈的厄尔尼诺现象有很大联系。公元 535~536 年极端气候变化以后[116]，安第斯地区遭遇了 30 年的大雨和水灾及接踵而至的 30 年的旱灾，这种环境和气候上的巨大变迁给当时的莫奇卡文明带来毁灭性的冲击，人们不惜采用极端的活人祭祀方法祈福来寻求解释和安慰。考古工作者曾在该文明的标志建筑——月亮塔的后院中发掘出 40 多具人的骸骨，被证明与大规模的祭祀求雨活动相关。中国原始初民奉龙为图腾，以此来达到"避害"的目的，认为龙可以避开一切灾害，《汉书·地理志》中"文身断发，以避蛟龙之害"便是例证。在生产力较为落后、科学技术水平较低的时期，人们往往将灾害认为是神灵的惩罚或是警示，是人们的某些行为触怒了神灵而导致天罚，这种观点在欧洲中世纪③达到顶峰。

在欧洲中世纪，基督教处于思想统治地位，加之人类对灾害的抵抗能力不足，导致在谈论到灾害影响时，人们大多将灾害认为是上帝对有罪之人的惩罚。在这一时期的文学作品中，与上帝相比，人类处于极为卑微的地位。人被认为是上帝的玩偶，任由上帝摆弄。所以，在这一时期，宗教影响极大，而人类似乎被认为是很小的。同时，由于古希腊后期所兴起的人的主观能动性观点及基督教所要突出的人类地位的目的，人与自然在认知层面被区分开来。人类被置于自然之上。人只是上帝的工具，不具备神所具备的对大自然的掌控力量。总之，中世纪人与自然的总体趋势是异化的自然，人类需要寻求神的庇护。人们在提及灾害的时候，通常单纯地将其理解为神的意志，而没有去发掘灾害真正的成因及发

---

① 普罗泰戈拉（Protagoras），智者派的主要代表人物，主张"人是万物的尺度"。
② 南美洲古典期印第安文明，分布于秘鲁北部沿海地区，中心在莫奇卡和奇卡马两河谷。
③ 中世纪（公元 476~1453 年），是西欧历史上的一个时代，主要指自西罗马帝国灭亡到文艺复兴、大航海时代的这段时期。

展规律。

3. 形而上学观

在文艺复兴时期，人类不再只是单纯将自然灾害理解为神的意志，而更多地从"人"的角度去认识和分析灾害，自然灾害不是不可阻挡的，人类可以抵御自然灾害，减少人员伤亡和财产损失，继而摆脱自然的控制。随着科学的进一步发展，人们科学认知水平的提高，越来越多的人相信，只要操控得当，自然也可以像机械般受人类控制。人类才是自然的主人，拥有掌控自然的力量和智慧，能够免受自然灾害的困扰。这是关于人与自然关系的现代思想的主要特征。

在文艺复兴过程中，笛卡儿[①]与伽利略[②]功勋卓著。根据笛卡儿和伽利略在数学和力学方面所做出的研究，世界观被分隔为两种：①世界是绝对的、客观不变的、数学的世界，是自然的世界；②世界是相对主观的变化、世界的感觉，是世界的灵魂。牛顿认为所有的自然现象都可以使用三大运动定律和万有引力解释力学的方法加以诠释。欧洲学者沿此方向推进，将包含自然灾害在内的所有活动都归结为机械运动，或"刺激-反应"类型的机械理论。

形而上学观认为，人类是一种在性质上根本不同的事物，优于自然，能够处理自然灾害的各种不良影响。流行的人类中心主义，强调人类的作用，发动对自然的战争，对抗人与自然之间的唯一的家。其过分强调人的本性或人掌握自然灾害的能力，为人类意识的扩展制造借口，在某种程度上反映了人类对灾害观缺乏相对理性的认识。

4. 辩证统一观

从18世纪末的康德哲学起，西方灾害哲学开始辩证地思考灾害问题，其主要代表人物有康德、黑格尔和费尔巴哈等。

这一时期的灾害哲学力求在克服机械性、形而上学性的前提下，把世界统一在思维的基础上，认为世界的本质是精神的。精神、自我、主体在他们的哲学中占据中心地位。康德承认在人们的感觉经验之外存在一个"物自体"，它是感觉经验的来源，但永远不能被认识。物自体的刺激使人产生感觉经验，然后认识主体感性、知性分别与时空、范畴等认识的先天形式相结合，整理感觉经验材料，以达到对现象的系统认识；理性是处于知性之上的最高一级的综合能力，它要求认识世界的本质，但永远达不到目的。

一旦将具有相对性的现象理论绝对化，该观点就必然陷于假象的困局[117]。

---

① 笛卡儿（Descartes，1596~1650年），世界著名的法国哲学家、数学家、物理学家。
② 伽利略（Galileo，1564~1642年），意大利物理学家、数学家、天文学家及哲学家，科学革命中的重要人物。

费希特①认为世界上的一切都是"自我"创造的,主体"自我"创造了客体"非我",进一步又达到自我与非我的统一,取消了康德所提出的"物自体"观点。谢林②创立了同一哲学,认为客体和主体、自然和精神、存在和思维,表面相反,实则同一,都是浑然一体的无差别的"绝对同一"的不同阶段。黑格尔把整个世界都视为"绝对理念"自身演化的过程,认为绝对理念自身包含着既对立又统一的两个方面。从某种意义上看,灾害本身具有对立与统一两个方面,是一个矛盾体。

它们的对立统一使绝对理念沿着正、反、合三段论的模式进行着概念的演化,以至绝对理念外化为自然界,其通过自然界的演化又产生具有自我认识能力的人类和人类社会。人类的认识由认识自然界,逐渐向认识自己和意识自身发展,最后达到绝对理念的完全自我认识,整个世界又回归到了绝对理念自身。相比较而言,这一时期的灾害观较为客观全面,为历史唯物灾害观的诞生创造了思维或理论条件。

5. 分析哲学观

分析哲学的基本思想最初见于 19 世纪德国哲学家和逻辑学家弗雷格③的著作中,正式建制于 20 世纪初。它继承休谟④的唯心主义经验论和孔德⑤、马赫⑥等的实证主义传统,是在数理逻辑的基础上构建的。它的出现是对英国黑格尔哲学的一种反抗。分析哲学在 20 世纪 30 年代以来的英国和美国的灾难分析中一直处于主导地位。

分析哲学观反对建立一个巨大的哲学体系,旨在从小处入手,逐步解决哲学问题。在某种意义上,分析哲学对灾难进行分析,进而掌握或了解灾难的各个方面。分析哲学家,特别是逻辑经验主义者,强调自然科学,特别是数学和物理的理论,以使其概念的建立达到一定程度。他们用数理逻辑作为主要研究技术,并且建立了一整套的技术术语。但过于强调对哲学科学一些小的问题的分析,忽视或拒绝研究哲学的基本问题致使其研究偏离本质的哲学,以至于和现实生活脱节。分析哲学往往是纯粹的学术研究,当处理灾害救灾问题及实际的分析时,实

---

① 费希特(Fichte,1762~1814 年),德国哲学家。
② 谢林(Schelling,1775~1854 年),德国唯心主义发展中期的主要人物之一。
③ 弗雷格(Frege,1848~1925 年),德国数学家、逻辑学家和哲学家,数理逻辑和分析哲学的奠基人。
④ 休谟(Hume,1711~1776 年),苏格兰的哲学家、经济学家和历史学家,被视为苏格兰启蒙运动及西方哲学历史中最重要的人物之一。
⑤ 孔德(Comte,1798~1857 年),法国著名的哲学家,社会学、实证主义的创始人,被尊称为"社会学之父"。
⑥ 马赫(Mach,1838~1916 年),博学的自然科学家,卓越的科学史家,世界上第一位科学哲学教授。

用性较低。

（二）东方灾害观

灾害观具有普遍性，但因各国家、各民族的环境、文化差异，其认知程度及表现形式上有所不同。在东方，灾害观的代表性观点主要可以划分为中国灾害观、日本灾害观及印度灾害观三种。

1. 中国灾害观

"祸兮福之所倚，福兮祸之所伏"出自两千多年前《老子》①一书，这里论及的"祸"指的正是"灾害"或"灾难"，以朴素的辩证法认识到福与祸的对立与转化的相互关系[118]。

中国自西周以后，水、旱、地震、蝗、疫、霜、雹等灾害记录较多。《汉书》②所记载的自然灾害成因分析中，将灾害看作上天对人类不良行为的惩罚或者警示，即"天之威也"。《汉书·五行志》中将天灾与人祸相结合，充分体现了董仲舒建立的一整套神学灾害观。灾异被认为是天的"谴告"，"灾者，天之谴也，异者，天之威也"。自然灾害对中国古代社会发展的影响深远。

自然灾害会对政治、经济、社会、民俗、军事方面造成破坏和干预，导致社会处于不稳定的动荡状态。中国古代社会为农业社会，以小农经济为主要经济基础，百姓对灾害的预防和抵抗能力不足。在灾害发生时，虽然国家会做出相应的政策调整和措施补救，在一定程度上能削弱灾害带来的损失，但不能完全消除灾害所造成的影响，甚至在中央统治集团昏聩无能时，会放任灾害横行。随着科技的进步，百姓的应灾抗灾能力有了很大提升，但是毋庸置疑，在应灾抗灾过程中，国家仍然占有主导地位。

中国在相对复杂的自然环境变迁过程中，对于自然灾害的适应性和抗击能力得到不断发展[119]。为了求得生存与发展，人类无时无刻不在利用和改造自然。在这个过程中，一旦人类的活动破坏了环境资源的可持续发展规则，往往会导致自然界的惩罚与报复，由此引发或者加重灾害影响程度。例如，中国古代对黄河流域资源的不合理运用，不但对该区域原有的自然环境造成了巨大破坏，而且导致黄河屡次变迁改道。

---

① 《老子》，又称《道德经》，是春秋时期老子（李耳）的哲学作品。《道德经》被誉为"万经之王"，是中国历史上最伟大的著作之一，对中国哲学、科学、政治、宗教等产生了深刻影响。

② 《汉书》，又称《前汉书》，由中国东汉时期的历史学家班固编撰，是中国第一部纪传体断代史，"二十四史"之一。《汉书》是继《史记》之后中国古代又一部重要史书，与《史记》《后汉书》《三国志》并称为"前四史"。

在中国古代农业社会，预防灾害是国家政策的一个重要方面，这种政策被称为"荒政"。在长期与灾害抗争的过程中，中国建立了较为完善的灾害预防和应对体系，具体表现如下：国家会在平时存储粮食和金钱以应对常有的蝗灾、旱灾、水灾所带来的饥荒现象，并兴修水利工程以疏通水道，预防洪涝灾害的发生。当灾害突发时，国家的应对措施可以分为两类：

一是弭灾，二是救灾。弭灾包括皇帝降低膳食标准、避正殿、下罪己诏及释放宫女等①。《周礼》②就记载了多项荒政措施，这些措施可以划分为灾难预防、抗灾及救灾三个环节。救灾包括救济食品、免税、安置无家可归的居民及分发种子、牛等农耕必需品从而帮助恢复生产等措施。这些措施的目的是尽量降低灾害所带来的人员伤亡和财产损失，安抚受灾群众情绪，维持社会秩序的稳定。

鸦片战争之后，中国开始沦为半殖民地半封建社会，由于战火频繁及社会动荡，中国长期维持的荒政体系也开始分崩离析，百姓不仅饱受战争的摧残，还一直遭受灾害的困扰，生存极其艰难。但西方众多的灾害观论点也相继传入中国，对中国的防灾减灾建设有一定帮助。

中国的灾害研究在向多领域深化的同时也出现了综合化的趋势，开始从自然和人类的互相联系和制约中探讨自然灾害的成因与演化规律，以找到有效防治的途径。在社区灾害风险管理上，中国进行了许多探索。比较成功的案例包括中国台湾地区进行的社区泥石流灾害风险管理机制。随着地质灾害群测群防工作的大力推进及"综合减灾示范社区"的积极创建，类似于社区灾害风险管理的模式和运行机制日趋成熟，新式的灾害应对措施的应用也更为广泛[120~122]。

2. 日本灾害观

日本地理位置独特，地处大陆东岸海洋西岸，由东北向西南延伸，每年夏秋季节受台风侵害严重。从地壳构造上来看，其地处亚欧板块与太平洋板块交界处，常年地震频发。灾难的多发性，形成了日本独特的灾难认知观。

古代日本以农耕为主，对土地的亲切与对大自然的敬爱加上长久以来地震、火山等灾难的无法预知性及不可抗性使得日本人民养成了顺应自然生活而非与自然为敌的习惯。作为生活的一部分，日本人民学会接受并积极思考如何与地震、台风等自然灾害相处。一方面，日本人民将对灾难的认识常态化，对环境、自然的改变十分敏感，时刻具备忧患与危机意识，积极研究，掌握自救方法。另一方

---

① 意为弭灾措施未列举完，而不是"宫女等人"。
② 《周礼》、《仪礼》和《礼记》合称"三礼"，是古代礼乐文化的理论形态，对礼法、礼义作了最权威的记载和解释，对历代礼制的影响较为深远。

面，以政府、企业、NGO 为支撑，形成了成熟完备的救灾体系。

据调查，有高达 75% 的小学生认为"不远的将来身边可能发生大地震"，有 60% 的家庭购置了便携式收音机、手电筒和药品，有 20% 的家庭储存了应急食品[123]。每个家庭都备有应急包，包中有紧急食品、纯净水、电池等；日本人从小便掌握地震等来临时的自救方法；熟悉附近的临时应急避难所；灾难发生后积极帮助社区老幼妇孺避难，通过各种自救方式保护自己与他人[124]。

日本的抗灾体系由民众自救互救、政府企业公共救助、NGO 援助构成，体系成熟完备。在长期的灾害斗争中，其建立了完善的抗震救灾及地震保险的政策法规，对企业行为加以规范，从法律层面提高抗灾能力；加强思想宣传，提升民众危机意识；重视技术研究；整合优势资源，发挥民间力量，形成了具有日本特色的抗灾文化与抗灾体系。

3. 印度灾害观

印度北部为喜马拉雅山脉所环绕，向东蜿蜒进入印度洋，处于孟加拉湾和阿拉伯海之间。印度灾害频发，飓风、旱灾、洪灾及地震等自然灾害频发。印度每年都有大约 370 万公顷土地被淹没，1998 年灾害造成的损失达 463 亿卢比[125]。

2004 年底印度洋海啸，造成印度全国 1 万多人死亡、近 6 000 人失踪、直接经济损失达 12 亿美元。历经海啸剧痛，印度政府对突发事件的防范和应对意识有了显著提高，在如何利用现代信息通信技术提升应急能力方面开始进行探索，并且开始采取主动应灾措施。

（三）灾害观差异

人类的灾害观念和对自然灾害的态度被称为"灾害观"。早期的灾难实际上反映了源自恒星或行星的负面结果。后来，灾害更多归因于自然发生的地壳运动和混乱，如地震和洪水传统上被称为"上帝的旨意"。因此，在西方社会中发生的自然灾害都被归因于地壳运动。中国古代的"灾难"与火有关，其与传统西方概念不同。《辞海》中，"灾"原为"災""烖"等，其代指自然中的火灾。《左传·宣公十六年》①称"凡火，人火曰火，天火曰灾"，其说明"灾"源于"天火"，即与自然火灾有关。"災"简化成"灾"之后，仍然保留了"火"的部分。但小篆中的"災"字，上半部分还与"水"有关，说明了"水"最初也是灾害的组成部分，民间"水火无情"就是这种情况的体现[126]。

---

① 《左传》全称《春秋左氏传》，儒家十三经之一。《左传》既是古代汉族史学名著，也是文学名著。《左传》是中国第一部叙事详细的编年史著作，相传是春秋末年鲁国史官左丘明根据鲁国国史《春秋》编成的。

由图 2-1 可知，人类对于灾害的认知，是一个不断进化的过程。

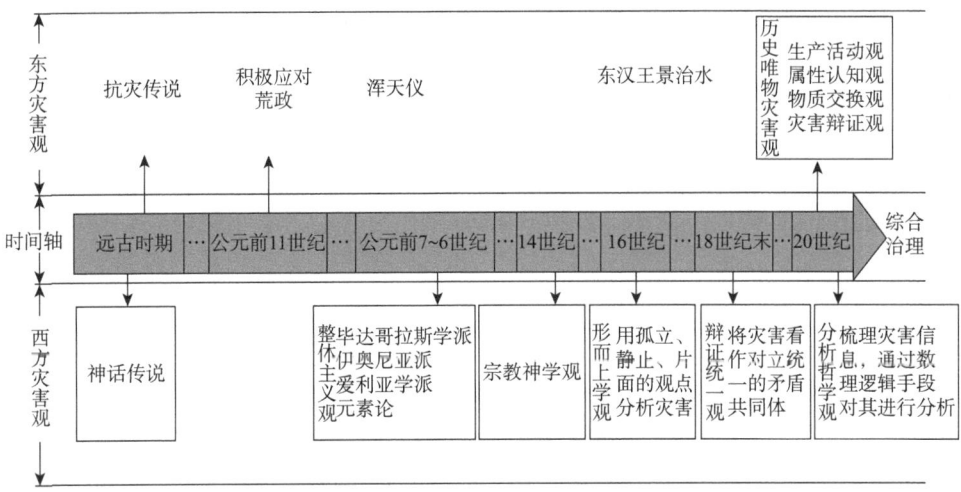

图 2-1 东西方灾害观发展脉络图

灾害观既是人类对自然界发生的重大变异在思维上的客观反映，即对灾害的类型、原因、级别、周期和频率等自然属性进行的认知和判断，也包含主观上的评判和价值观的形成与改变[82]。

任何一种灾害现象都有其独特的自身系统，它是由孕灾环境、致灾因子、承灾体及灾情所组成的复合系统[127]。孕灾环境和致灾因子是指自然界中的灾害性质，承灾体是指灾害所遭受的承受体。

在对自然灾害采取屈从态度的文化中，人类认为自然的力量是强大到人类所不能控制的，所以人类能采取的只能是"对万事万物自然存在的一种忍耐性接受"的态度[128]。例如，在印度文化中，从大洪水中生存下来的摩奴被认为是人的始祖，他们创造了后世的各种生物，然而创造的方法却是通过苦修。印度文化中认为苦修能让人脱离现实世界的各种苦难，达到超世的境界。这种避世理念曾为多位哲学和宗教大师所采用，其中包括对现世影响颇深的佛教始祖释迦牟尼。直至今日，对自然界的屈从和通过苦修获得精神解脱的观念依然在恒河流域广为流行，影响深远。

对环境采取和谐相处态度的文化主要分布在远东地区，包括中国、日本和泰国等[129]。这些国家在处理人与自然的关系中都信奉"天人合一"的理念。在日本文化中，人们不但少用调味品，爱吃"生"，而且食品要盛放在与食材性质相配合的精致器皿中，这都是该文化与自然和谐统一的表现。基于此，日本在灾害面前的观念如下：他们既欣赏自然的优美，也认识到它的残酷。日本著名随笔作家、地球物理学家寺田寅彦曾经写道：在我们的乡土日本，脚下的大地一方面是以深深的慈爱养育我们的母亲大地，同时也是挥舞着刑法的鞭子约束我们如此容易流于怠惰与享乐之心的严格的慈父。

西方文化则通常认为自然环境是一种资源,是为人类服务的客体,从而强调对它的控制和利用。在这种价值观的驱使下,人们提倡技术、革新和科学,通过一切可能的方式征服自然,使其为自己所用。西方人希望通过人的智慧与科学对灾害原因精密分析,对救灾过程周密布置及在预防预报方面辛勤探索,从而对抗叵测多变的大自然[130]。这是西方文化本质中好战好胜的体现,也是推动社会进步的原动力。当然,西方灾害观中有一个自相矛盾的地方,那就是在基督教的宗教信仰中,灾难是"原罪"和"天谴",是上帝对"有罪之人"的惩罚。因此,科学和宗教两种力量,常常相互抵触,形成西方社会特有的合理悖论现象。

数世纪以来,宗教和哲学领域关于人的本质的争论一直没有停止过,因其结果直接影响人类对自己本性的理性判断,从而形成相应的价值观、人生观和世界观。多种哲学和宗教派别及他们的领袖人物从人性的善与恶两方面出发进行解释和推理,形成各自的理论体系。孔子的儒家思想提倡"性善论",如"人之初,性本善"。与之类似,西方哲学家(如柏拉图、苏格拉底和亚里士多德古希腊三杰)的哲学中都蕴含有"人皆求善"的思想。基督教、佛教和伊斯兰教各执一词,基督教认为人性本恶,人生来即有原罪;佛教中有理论认为人出生时是纯洁的,是最接近"慈悲"的[93],因为"一切众生皆具如来智慧德相";而伊斯兰教主张人类又善又恶,《古兰经》上说:"你应当趋向正教,(并谨守)真主所赋予人的本赋。"

自然灾害是对人性的重大考验,每一次不可抗拒力量的发作都在淘洗人类灵魂最深层的意识[131]。在相信人性善良的文化中,人类对自己的本质抱有积极乐观的情绪,一旦灾难发生,这种"善"就会在他们的行为中体现出来。儒家思想在《论语》①中进行了相关的解释:在对灾因的解释中,基于当时认识水平的局限,孔子提出了一个模糊的说法:"死生有命,富贵在天"(《论语·颜渊》);而在应对灾难方面,有"迅雷风烈,必变"(《论语·乡党》),就是"改变态度,准备逃避灾难"[94]。在对灾难中人的行为方面,可以用"见利思义,见危授命"(《论语·宪问》)进行约束。

西方文化通常是提倡"人性本恶"的,影响力最大的莫过于基督教中的"原罪"思想。从震惊整个西方世界的葡萄牙里斯本9.0级地震(1755年),到2004年发生的印度洋地震和海啸,罗马教廷都给出"上帝惩罚有罪之人"的逻辑解释,即自然灾害夺去的是有罪之人的生命,所有的痛苦和死亡都在上帝的掌握之

---

① 《论语》由孔子弟子及再传弟子编写而成,主要记录孔子及其弟子的言行,较为集中地反映了孔子的思想,是儒家学派的经典著作之一。

中。所以为了避免这种惩罚，在世的人要承认自己的各种罪行，并做出正确的抉择，即信仰上帝，救赎罪行以脱离腐朽堕落的生活，朝向善行。教皇若望·保禄二世①说过："在任何困难和痛苦的考验中，上帝都不会抛弃人类，只要人类在上帝的仁爱中前行，就有走向美好世界的希望。"

人类对抗灾难的历史实际上也是灾难观的演变史，不同文化对自然灾害的看法和态度随历史的进程不断发展，各种理论层出不穷，这一现象本身构成了文化的一个层面，并在人们的意识和行为中反映出来。通过克拉克洪-斯托特柏克架构下"与环境的关系""人的本质"分析灾难观的变迁，阐述了人类在灾难体系前是如何以动态发展的方式构建人与自然灾害、灾害中人与人的各种关系，展现了不同文化维度下灾害观的社会、历史和文化价值。总的来说，虽然地域有差异，但人类对于灾害观的认知都是由不了解到全面整体认知。

二、唯物灾害观

作为一种社会科学认知观，历史唯物主义（historical materialism）认为社会规律并不以人类的主观意识为转移，而是基于客观存在的历史事实，其发展与变动具有一定的规律性。人类社会及其构成成分均以总体的体系方式存在。只有从研究对象的整体视角出发，研究对象内部的相互作用与矛盾及研究对象和外部环境的相互作用才能得以被细致地研究分析。人类的历史，与灾害相生相伴。灾害发生的根本原因何在，灾害的存在对人类、自然的价值，这些都需要人类从根本上加以解释才能正确地认识灾害。德国古典哲学在西方哲学史上占据重要地位，其关于灾害的理论观点可划分为先验形而上学、唯心主义辩证整体观及抽象人本唯物主义观。德国作为马克思出生地，其本土的哲学思维对马克思的影响巨大。展现民族精神的德国哲学体系不但对哲学理论进行了细致的分析，而且对灾害哲学理论起到了启蒙作用[132]。其中，康德②、黑格尔③对马克思的影响极为深刻。只有领会历史唯物灾害观，才能对人与自然二者对立统一的关系辩证把握，更加深入领悟灾害思想的主旨[133]。

---

① 若望·保禄二世（拉丁语：Sanctus Ioannes Paulus PP. Ⅱ，英语：Saint John Paul Ⅱ）是罗马天主教第 264 任教宗，梵蒂冈城国国家元首，于 2014 年 4 月 27 日和若望二十三世一起被封为圣人。
② 康德（Kant），德国古典哲学创始人，其学说深深影响近代西方哲学，并开启了德国唯心主义和康德主义等诸多流派。
③ 黑格尔（Hegel），德国 19 世纪唯心论哲学的代表人物之一。

（一）生产活动观

自然灾害是指自然异常变化所造成的人员伤亡、财产损失与社会失稳等现象或一系列事件。灾害包含以劳动为媒介的人与自然，以及与之相关的人与人的关系。20世纪到21世纪全球发生了众多灾害，这些灾害给人类造成了重大损失。

汉字是表意体系的文字，汉字造字表达概念，往往取象于社会现实。许慎在《说文解字》中[134]提到："黄帝之史仓颉，见鸟兽蹄迒之迹，知分理之可相别异也，初造书契。百工以乂，万品以察，盖取诸夬。""灾害"一词在甲骨文及后期写法不断变化，意味着古人所恐惧的事物也在变化。而西方灾害观在很大程度上带有宗教情结。纵观灾害观认知史，人的劳动往往排除在分析体系之外。

人类劳动是理解历史唯物灾害观与物质变换理论的枢纽。作为人类主体对于客观实践的过程，灾害离不开主客体之间的相互沟通；从整体观来说，孕灾环境、致灾因子及承灾体是地球表层的复杂系统的重要组成成分。大气层、水资源体系及人类生态圈是孕灾环境的主要组成成分；保障物质交流循环、能量流动变异的因素被认为是"致灾因子"；实际承担自然界中的灾害及实质上扩散、传播灾害影响的载体被称为"承灾体"。马克思①认为，劳动过程实质上是人与自然之间物质变换的过程，它本质上反映了灾害与社会的关系。劳动是人与自然相互关联的状态。很明显，基于人类劳动，马克思的物质变换理论实现了社会经济与灾害相互结合的过程，定义其与经济转换机制关系的有机组合。在转换机制上，自然生态系统中人与自然物质变换的生态机制和社会经济系统中人与自然物质变换的经济机制彼此联系，相互作用于人类的劳动实践过程和社会活动中[135]。从哲学的角度来看，灾难本身就表明了人类作为主体对客观自然界的价值进行判断和评价[136]。

灾害分析系统必须有以下内容：①按照变化因素的性质分析，灾害能够造成异常变化的物质和能量循环，如地震、洪水等。②物质循环是能量积累和爆发的过程，包括太阳能、热、水电等。③生产实践。作为人与自然相互联系的纽带，人类实践既是自然界异变现象过程中积累能量爆发、释放的直接或间接承载体，同时又是将物质循环异变与人类社会经济活动联系起来的桥梁。

人类的生产实践活动发挥了关键作用，正是通过人类的劳动实践将灾害系统的孕灾环境、致灾因子及承灾体等因子有机组合为整体。其通过借助人类的经济行为，如自然变异在自然界和人类社会传播，造成"灾难现象"[137]。因此，灾害的发展和传播是在生态经济系统中路径的变换过程，灾难对人类社会的影响是客观和全面的。灾害包括自然或人为的灾害，其会对整个生态系统构成破坏、干

---

① 马克思（Marx，1818~1883年），马克思主义的创始人之一，被称为"全世界无产阶级和劳动人民的伟大导师"。

扰甚至严重影响正常的经济生产活动。这种状况是对生态经济循环系统的某种破坏或者违背[138]。

人类在整个循环或者物质交换进程中都占据重要作用，其与自然界中的物质转换和循环密切相关。人类活动的影响巨大，以至于在人类出现后，地球上所有的物种包含人类的不断变动的进程都与其相关。与原始纯粹的自然活动不同，人类及人类社会所构成的活动带有强烈的自主思考与主观能动性。人类关于自然规律与山洪、地震、山体滑坡灾害等的认知水平在人类参与其中或不参与的过程中不断提高[139]。根据人类的认知水平对灾害影响人类社会活动的程度进行划分，生产活动观分为两个方面：①由于认知程度有限，对于灾害的运行规律与演化机理没有完全了解或掌握，尤其是对地震、海啸、飓风等由于自然物质能量异常累积最终突然爆发的变异自然现象，人类还没有完全认识和了解其运行方式与活动轨迹。②由于科学技术的进步，以及人类对这些新型技术控制的滞后，自然环境中的能量转换形式超出了人类现有的控制能力。这些失控的新兴技术对人类社会造成了难以预估的伤害，如切尔诺贝利核辐射、空难及化工泄漏等。

人类与自然环境之间的冲突在资本主义时代显得尤为明显，生产资料私有化及雇佣关系所导致的人类社会与自然环境关系的异化，近代工业化所导致的人与自然对立的自然循环方式对于整个生物界无利[102]。20世纪以来，随着第二次和第三次工业革命的相继完成，社会生产力得到了飞速发展。人类在大量创造物质财富的同时也对自然资源进行了过度的剥削和损耗，尤其是对不可再生能源的过度消耗，直接导致了人类目前的能源危机。与此同时，在人类不合理的经济活动之下，各种形式的生态污染和生态灾害也不断对人类造成威胁和损害。例如，1948年美国多诺拉烟雾酸雨事件、美国洛杉矶光化学烟雾事件、北美死湖酸雨事件、1956年日本水俣病事件等主要是人类不合理活动而导致的自然灾害。20世纪90年代以来，随着全球污染情况进一步加重，臭氧层破坏、全球变暖、酸雨、土地沙漠化等生态灾害的加剧甚至威胁全人类的生存。

人类的生态和经济系统是一个复杂的自组织系统，具有统一有序的组织结构和循环机制。它是一个将空气、土壤及阳光链接在一起的复杂的综合式循环生态链。在这个保持宇宙生物物质相互平衡的循环系统中，人类只是这个生态链条中的一环。因此，人类应该正视自己在生态圈中的地位，摒弃以自我为中心的价值观念，减少不合理的经济活动，与自然和谐共处。

（二）属性认知观

人类社会对灾难更加敏感，与此同时，随着人类活动规模进一步加大，既会导致自然变异，也会提升灾害影响因子中人类社会活动所占有的比重。伴随时代发展而前进的灾害认知观逐渐添加历史唯物主义的理念，将灾害转换为实实在在的分析，而不是主观揣摩和臆断。灾害中的社会属性开始逐步深入灾害观中。

例如，在对洪水灾害进行研究时，往往将其简单地定义为强降雨所导致的一种自然现象而造成的灾害。结合诸多因素，在气象、水文等自然条件对历年河流水量变动情况影响方面对历史数据进行定量分析发现，在一段时间自然洪水具有相对稳定的量级与发生概率。然而，19世纪以来洪水频发国所遭受的洪水灾害却在剧烈增加，其所遭受的自然损失也在大幅增加。从这一层面可以看出，灾害危害程度除了与自然因素有关，还与人类社会的属性具有重要联系。因此，对类似于洪水的一系列自然灾害，人类除了要考虑自然的因素以外，还需要对区域的人文社会环境进行分析。自然属性和社会属性密不可分，对灾害进行分析时，需要综合考量[140]。

因而，在探究灾害增长缘由时，除了分析灾害中的自然因素，也需要对其社会属性进行讨论，从而全面地在灾害应对与预防方面进行相关政策的制定，而不是片面地对灾害进行粗放式应灾处理，这样才能更为深入地了解灾害的运行机理。随着人类对自然改造力度的加剧，社会因子在灾害分析中的比重越来越不可忽视。20世纪以来全球范围内灾害危害程度的加深，表明人类的活动，如乱砍滥伐、围湖造田及过度工业化都会显著增加灾害的影响力度。

依据历史唯物灾害观，萌芽、发展、成熟与传播普及是概念所需要经历的四个阶段。灾害具有双重属性，即灾害的自然属性和社会属性。灾害的自然属性是指灾害对物质环境构成的损伤或危害，通常直接用实物加以表示；灾害的社会属性表示灾害对人类社会的影响程度，即通常所说的"受灾程度"，可以用货币描述其损失[141]。灾害的二重性是通过灾害本身对自然和人类所造成的影响而划分的。

灾害的双重属性观是对灾害本质的理论概述，而并非减灾的具体实施方案，然而这种理论上的探究却实际指导赈灾救灾工作。在整体主义观中，灾害的自然属性与社会属性是一个共同体，二者密不可分。针对灾害的双重属性，衍生出两种与先前完全不同的减灾技术模式：①针对灾害自然属性方面，通过兴建基础防灾设施对灾害加以防控，如修建防洪堤等；②从灾害的社会属性着手，协调灾害相关人群的利益关系、人与自然的关系，提升社会对于灾害的承受与应对能力。双重灾害观的提出，不仅揭示了灾害的本质，使理论认知得到升华，也为防灾救灾方案的制订提供了明确的理论指导。

灾害双重属性观是对灾害认知理论的创新与提升，是遵循历史唯物灾害观中的历史发展脉络的客观体现。它的来源主要包括：①融合全球灾害观新理念；②秉承历史，集成传统灾害观理论。总而言之，灾害双重属性观的生成与演化是一个基于历史、顺应客观规律的过程。

正如前面所提到的，在人与自然的物质交换过程中，人与人的社会关系及人与自然的自然关系在灾害这个大环境下，彼此交融，使得灾害具有相对明显的自然经济双重属性[142]。一方面，灾害对人与自然界的物质交换活动施加影响，从而表现出一定的自然属性；另一方面，灾害对人类社会中的经济活动进行破坏，影响物质资料的生产、宏观经济管理方式策略及其他经济交换或制度政策制定，即灾害因其所具有的社会属性对人类社会施加影响。

灾害作为一种破坏自然原有事物、干扰人类社会正常经济生产活动的事物，其破坏力大小与灾害的类型、频率及周期密切相关，这些都体现出灾害所具有的自然属性相关的研究内容。与此同时，历史上的灾害之所以为人类所铭记，在于其与其记忆载体——人类有着密不可分的关系，而且这种记忆往往伴随着灾害对人类社会所造成的种种伤痛，这种记忆实质上是对灾害自然属性与社会属性的客观呈现[143]。

作为最直接的表现形式，灾害自然属性并不局限于特定的社会发展阶段，其仅仅是衡量灾害发生过程中对经济所造成的损坏程度。在人类的劳动过程中，人类与自然界物质之间的交换是以社会为载体进行的，经济效益的实现必须借助人类社会之间的劳动交换。换言之，人与自然的物质交换，是以自然界中的物质资源为基础的，以人类社会中的劳动或经济形式而实际呈现。因此，灾害这种同时影响自然界和人类本身物质交换活动的形式，在本质上具有显著的社会属性。

灾害的社会属性集中反映在两个方面：①在工业化时代，人类活动的影响力惊人，以至于灾害活动或多或少都与人类有一定的联系。人与自然关系的失调在本质上实际反映出人类社会经济关系的紊乱失调，如全球变暖、空气污染及水污染等均为其实体表现形式。②灾害不但直接造成人类物质上的损失，而且作为经济活动的重要影响因子，严重影响甚至直接改变灾害发生地所特有的生产生活方式[144]。

为了应对灾害，人类需要对现有不合理的生产方式甚至是这种生产方式所赖以生存的社会制度进行调整，不能仅依靠理论认识的提升，还需要借助一定手段将这种观点普及化，让人类真实领悟到这种认知从而在实质行动上加以变革。历史唯物灾害观是基于人类活动、自然界与灾害的有机组合，在历史层面上对灾害中的各种元素都加以分析的认知观[145]。

（三）物质交换观[146~149]

灾害是由于人与自然失衡的物质交换。当人类的劳动超过生物圈中维持平衡的生态阈值时，人与自然间平衡的物质交换体系就会被打破，进而导致泥石流、山洪及化学烟雾事件等灾害的发生。因此，在通过劳动进行物质交换的过程中，人类的生产活动应在自然的可承受范围之内。

进一步说，在物资交换过程中，人类的目的与计划必须遵循自然界的客观规律，从而以保持自然生态系统中的动态平衡规律的方式在实现物质交换的同时，保护自然，维持人与自然界的和谐与稳定[147]。

人类历史上发生过很多对大自然过度掠夺的实例，虽然有些暂时获得了巨大的收益，然而后期衍生了巨大的灾难。例如，居民砍伐森林、破坏牧场以获得耕地。然而由于失去了森林、草原的保护，土壤既不容易保护其养分，也失去了保存水分的屏障，从而将原有的广袤的森林、草原变为荒芜之地。

人类社会的认知水平是在历史演变过程中不断推进的。在人类生产力水平较低时，依靠人类自身的力量无法与自然界相抗衡，只能崇拜自然、依附自然，以期得到上天庇佑，与自然和谐相处。然而在人类技术发展到一定水平，有了对抗或者改造自然的能力后，人类对自然开始由敬畏慢慢演化为对自然界的征服，尤其是19世纪到20世纪中后期，人类的生产力得到了极大的提高，人类活动对自然界所造成的破坏程度越来越大。与此同时，在掠夺自然界的过程中，自然界也以灾害的方式对人类的行为做出了惩罚。例如，传统工业所产生的有毒废弃物，一旦超过了自然界本身所具有的自我净化和修复能力，人类与自然间的物质交换就会遭到破坏，进而引发严重的生态危机和自然灾害，演化为危机。

马克思主义哲学认为，人类社会是人类与自然共同作用的产物，人类以某种实体存在于自然界中。在历史中，自然与人类相互制约与共存，相互包容。二者在自然界中都有独立存在的表现形式，并根据自身的特质按照某种规律不断演化。相较于其他生物，人类有着独特的主观意识与能动性，能够认识自然规律，并且对其加以改变。

（四）灾害辩证观

灾害一般会破坏交通、通信、供水、供电等基础设施，严重影响社会的正常运转，恶化人类生存的环境。与此同时，灾害在某种程度上会促进社会发展，或者推进历史进程。《左传》中提到："邻国之难，不可虞也。或多难以固其国，启其疆土；或无难以丧其国，失其守宇。"灾害具有双面性，需要全面分析，依据灾害辩证观逻辑将灾害各方面因素作为一个整体，从其内在矛盾的运动、变化及各个方面的相互联系中进行考察，以便从本质上系统地、完整地认识对象，通过概念、判断、推理等思维形式对客观事物辩证发展过程进行正确反映。纵观灾害史，灾害对社会的有利方面往往会被人类所忽视。随着历史的推进，人类开始逐步正视灾害为人类社会所带来的有利方面。

1. 资源涌现

飓风是地球上最严重的灾害之一，其所造成的人员伤亡与经济损失在各种气象灾害中高居首位。然而，在给人类带来灾难的同时，飓风在一定程度上带来了一定的经济效益。最为直观的是伴随强风而来的强降雨，直接解决了区域性干旱问题。此外，美国科学家发现，飓风作用于海面和海底的强大能量有助于延长港湾使用寿命[150]。

除了飓风，火山爆发在对自然环境造成巨大破坏的同时，也带来了大量资源（图 2-2）。南非等地丰富的钻石资源就是火山活动的馈赠。火山喷发生成的硫化物变为硫黄，得益于频繁的岩浆活动，意大利、新西兰等国的硫资源丰富。另外，火山灰包含大量有助于作物生长的元素，因而火山是天然的化肥生产基地。印度德干高原广阔的熔岩风化形成肥沃的土壤，极大地保障了该地成为重要的产棉区。此外，火山活动带来了丰富的地热资源。地处大西洋中脊，被冰川覆盖1/8 的冰岛，由于频繁的火山活动，具有丰富的地热资源，为地热供暖、发电及温室园艺的发展建设提供了前提。该国首都雷克雅未克由于普及地热资源取暖，成为世界著名的无烟城市。

图 2-2 灾害促进资源涌现

灾害一方面破坏原有的自然资源框架，严重影响居民的生产生活。另一方面，灾害带来了新的自然资源，或者说，为人类的生产生活带来了大量可运用的材料。尼罗河在历史上泛滥成灾，但也有其有利的一面。首先，洪水每年都为尼罗河两岸带来富含有机物的淤泥，确保了流域两岸作物所需肥料。其次，洪灾为尼罗河河口地区带来了大量的有机物与营养物质，有利于浮游生物生长，也为鱼类提供了丰富的食物来源。最后，洪水的冲击降级了土地盐碱化程度。纳赛尔水库的建成虽然防止了尼罗河洪水泛滥，但是尼罗河携带至下游和入海的泥沙大大减少，受海水的侵蚀，尼罗河三角洲的海岸线不断后退。埃及政府不得不采取措施，以防止三角洲被地中海淹没。

2. 大难兴邦

晋刘琨在《劝进表》中提出，"或多难以固邦国，或殷忧以启圣明"。能够直面灾难、经受灾害考验的国家才能够真正强大、长久生存。灾害激发了人类潜在的拼搏精神，促使人类团结协作、攻克难关。"5·12"汶川地震与芦山地震将中华民族整体凝聚起来，将中华民族的潜能完全激发出来，以惊人的速度和效率开展救灾工作和灾后重建工程。

随着人类活动影响层次的深入，致灾因子日趋增多，灾害影响面也日益复杂。人类对林木过度开采，造成土壤裸露，极易造成水土流失或地质灾害。人为因素在某些灾害中的影响力日趋明显，如乱砍滥伐所导致的水土流失、地下水过量开采造成的地面沉陷等。以洪灾为例，上游地区过度的人类活动会破坏植被导致水土流失，会造成下游地区泥沙淤积、河床变浅，加大了堤坝决裂的可能性。

此外，环境脆弱区的人为开发会进一步加剧灾害的频次或强度，甚至直接导致灾害的发生。中国黄土高原气候较干旱，降水集中，植被稀疏。清代曾鼓励开垦，陕北到内蒙古南部的范围内，黄土高原北数万亩的草原被开垦为农田，导致水土流失、土地沙漠化加重，进而引发频繁且难以根治的沙尘暴现象。这些人类自身所引发的灾害迫使人类对自己的行为加以反思，对国家政策进行调整，或制定更为完备的政策和法律。

灾害具有双重性，在认识到其对于人类社会所产生的危害的同时，不能忽视其带来的"利"，应该辩证地看待灾害，辩证地分析灾害所产生的影响。与此同时，在这种辩证灾害观的指引下，对灾害的应对由被动防御到顺应自然规律，按照自然界的法则开展经济社会活动。例如，对于盐碱地，改变之前单纯地将其改造的做法，推广种植盐生植物并对这些植物基因加以改良，使其成为优质作物。总而言之，顺应规律，趋利避害，以实现防灾减灾效益最大化。

3. 大国形成

面对灾害，小的社会组织或团体自身力量薄弱，无法对其自身进行防御或救援，这时就需要一个更为强大的团体作为后盾对其进行支援救助。在灾害面前，一方面，国家有义务进行灾害救援和防灾措施的制定，使其自身合法地位延续；另一方面，国家具备小社团或组织所不具备的人员与资源优势，能够调动受灾区与非灾区的资源进行救援工作。

当社会组织自身生存力很强，不需要依赖其他社团就能够保持自身正常发展时，这样的社会组织其实就是古代自给自足的氏族部落，不需要整合融入其他社团以构成具有强整合力的国家。传统的邻里互助减轻了灾害对人类所造成的伤害程度，但不能够抵御灾害。相对于区域间的社团或个人间的互助救灾，国家的组织成本更为低廉。为了更有力度地抵御灾害，国家政权与辖区间的住民通过税收与国家法则连接起来，当灾害发生时，国家调动行政机构对灾害所造成的损失进行救助，并对灾民加以抚恤。大禹治水等神话传说，本质上与国家起源于灾害的逻辑相似。

因此，国家实际上是小型社团自身救灾力不足与救灾成本过高所必然产生的机构。国家具备足够的资源，极大地减少了自然灾害所造成的损失。当面对高强度的灾害时，需要调动庞大的人力与资源支撑，以拥有垄断国家强制手段的高度集权的政策作为保障，这在某种程度上促使了国家的诞生。

查尔斯·蒂利[1]指出，国家的职能包含为国民提供保护措施，保障一国范围内的人民有得到国家护佑的权利。在长期的灾害对抗史中，国家是顺应时代发展的产物。救灾在某种程度上促进了国家一统化的形成。

当灾害的严重程度超过了社团自救的能力时，对强大公共能力的需求构成了国家形成的原动力。在国家行政权力机关的动员下，灾害的影响程度在一定程度上得以削弱。随着灾害损害的加大及频次的增加，规模较小或应灾能力较弱的小国无法应对影响程度较大的灾害，国家的版图就会拓宽。

灾害不仅促成国家的形成，也导致国家的消亡。据历史记载，在无法抵御的灾害面前，古代统治者往往采取自责、大赦、祈祷等政治手段消极防御灾害，削弱抗灾、救灾的信心，而不能形成一种强有力的集体抗灾精神。然而，是否采取科学的救灾应对措施，不仅关乎救灾成效，也与国家政权政治合法性乃至存亡密不可分。西汉时期盛行的"灾异天谴论"，严重影响了政府对于灾害的处置措施，进而导致皇权危机。

然而，并非所有的国家都能抓住灾害契机，将灾害转化为"兴邦"的重要影

---

[1] 查尔斯·蒂利（Charles Tilly，1929~2008年），美国社会学家、政治学家。

响因子。对灾害的掌控能力，不仅与国家的国力相关，也与该国对于灾害的处理应对有关。一场大的灾害可能使一个小国整体瘫痪，国家失去调控和救灾的能力。同时，大灾往往威胁当局政权，如中国唐末的黄巢起义、元末的农民起义、明末的陕西农民起义。总而言之，灾害从某种程度上加快了历史进程，推动了政权的更迭和大国一统化。

三、社会风险理论

在 20 世纪中后期至 21 世纪初，经历了切尔诺贝利核泄漏、"9·11"恐怖袭击等事件后，风险已成为公众所关注的重点。对风险有关问题的研究也从自然科学的风险评估手段延伸至社会科学，如经济学中的风险分析和心理学中的心理学范式。风险模型的发展呈现出一系列形式，如"技术式"和"社会感知性"灾害分析的分离等。那么，为了对灾害引起的社会风险进行详尽分析，构建社会风险体系对于全方位了解社会风险必不可少。

（一）风险视角

在对社会风险进行探究与分析时，需要对风险视角进行详尽的了解。风险视角主要可以划分为社会理论视角、文化理论视角及政治理论视角。

1. 社会理论视角

1986 年，德国社会学家乌尔里希·贝克出版了《风险社会》一书，引发了人类对于风险的思考。在书中，贝克指出，风险一直存在于人类社会中，但是风险在性质上与之前的危险完全不同。其表现在三个方面：①现代社会的风险并不存在于物理与化学领域；②现代社会中的风险是以工业化为基础的，是对现代化所引发的偶然性和不安全因素的处理系统；③随着技术的革新，不确定因素直接影响历史与社会进程。

贝克认为，现代风险与传统财富分配规则不同，并不是平均分配。不同层次的财富获得者对于传统灾害的掌控能力实质上是不同的，然而对于现代灾害却都是处于同一水平。另外，现代风险可能会导致传统财富与机会的不平等分配。这种社会风险在政治上是对现有社会组织和规章制度的挑战，需要一整套风险管理与控制措施，其意味着权力改组。

风险广泛存在于社会与文化领域中，因而社会风险理论具有极大的普遍性与实用性。现代化使得专业化领域之间具有高度的依赖性，没有哪个领域能够单独存在。总而言之，现代风险不仅仅是环境或者自然科学问题，而是社会问题，不同于以往的自然与社会之间相互独立的观点。

英国著名社会学家安东尼·吉登斯[①]认为，社会风险具有丰富的时代特征：①开始对科学观念中风险理论提出质疑，包括现代化的方向与风险；②风险观念对日常生活造成深远影响；③个人与社会原有的意义发生了巨大改变，个人具有丰富的含义；④不同于以往的观点，风险决定着现在的选择；⑤社会风险从两个层面对道德重新界定与反思，一方面是对生活方式的反思，另一方面是在社会层面上对社会环境与运动的反思[151]。

2. 文化理论视角

就文化而言，每个国家、每个民族，乃至每个地区都有自己独特的文化，而文化的包容性又很广泛。在广泛的文化中，有些文化是传统文化，有些文化则是新生文化或衍生文化。在当代人类社会面临越来越多的各类灾害的侵害时，灾害文化概念应运而生。

灾害观是灾害文化的一个重要的核心组成部分，但灾害文化的内涵更为广泛，其外延更大。灾害观更多的是从人的思想、观念、情感等主观方面表达对灾害的认知，而灾害文化则是从更为广阔的人类生产、生活、交往等方面体现人类与灾害的关系。

中国灾害文化有着悠久的历史，为了生存、繁衍和发展，人类祖先用鲜血和生命换来了应对灾害的经验，找到了维持自身生存发展的方式。人类对灾害的认识经历了无知、盲目、被动的阶段，才发展到局部有认知、有意识、有系统的阶段。民间流传的气象谚语，如小寒大寒连续寒，来年虫灾一扫光；大寒不寒，人马不安；雷打正月节，二月雨不歇；等等，正是人类在同自然灾害进行斗争的经验结晶。

与其他国家相比，中国的灾害伦理文化有其特色。中国传统文化强调"天人合一"。从传统的人伦关系来看，亲戚相助、邻里相助的传统伦理具有重要价值。在灾害总结中，居安思危、防患未然、未雨绸缪经常被提到，"生于忧患，死于安乐""人无远虑，必有近忧"是古人同灾害进行斗争的宝贵经验，这里强调了一个"防"字，防灾减灾，民众积极参与的防灾工作就是有效减灾的保障。

日本灾害频发，尤其是地震灾害对其影响巨大。在与灾害相对抗的历史中，

---

① 安东尼·吉登斯（Anthony Giddens），1938年生于英格兰伦敦北部。英国前首相托尼·布莱尔的顾问。英国著名社会理论家和社会学家。

日本灾害文化发展迅猛。例如，日本著名科幻作家小松在京的扛鼎之作《日本沉没》曾创下发行 400 万册的畅销纪录；石黑耀被称作"描写日本未来灾难第一人"，2002 年他凭借描写火山喷发恐怖景象的处女作《死都日本》，摘取日本第 26 届梅菲斯特奖。这些灾害文学作品无疑有助于增进政府和公众的防灾意识。

1982 年，人类学家道格拉斯（Douglas）和韦达夫斯基（Wildavsky）出版了《风险与文化：论技术和环境危险的选择》[152]一书，其认为知识是不断变化的社会活动的产物，并总是处于构建过程中。因此，尽管风险在本质上是客观存在的，但必然是通过社会过程形成的。以人们普遍关心的污染问题为例。由于污染灾害的加剧，人类社会加剧了对物质世界的怀疑。在 15~20 年的很短时期内，人们对物质世界的信任变成了怀疑，过去作为安全的源泉的科学和技术，现在成为风险的源泉。

在风险选择中，价值观的中立状态不可能存在，两害相比取其轻的观点不但会误导民众和研究者，而且注定失败。对于风险的认知，随着社会与人群的变动而变动。在共同价值观的风险抉择下，市场个体组织、群体组织和区隔组织是重要的构成部分。在个体主义化社会中，由于其所具有的复杂性，风险的界定和选择变得不确定，围绕真实风险及与此相连的社会权利和社会公正问题在核心与边缘人群中的观点存在着巨大差异。所以，社会风险也是文化的风险，是当传统的风险意识受到挑战时，人类如何重新建构灾害观。这种观念建构依赖于新型社会关系的文化范式。

从大的概念来讲，灾害文化的外延和内涵都十分广泛和丰富。例如，从国家层面来讲，一切与防灾减灾与救灾抗灾相关的法律、规章制度及纪念活动等，都属于灾害文化的范畴；从全社会来讲，防灾减灾救灾的一切知识、技术、宣传手段和新闻报道等，都具有灾害文化的特征或体现灾害文化的因素；从个人来讲，对灾害的认知能力、心理反应、自救互救能力等，都属于灾害文化的范畴。

3. 政治理论视角

在历史进程中，灾害一直伴随着人类社会，成为人类无法回避的难题。尽管人类对于灾害的认知与预防能力有了巨大的提高，人类的科技水平也有了很大的进步，但是在灾害面前，人类的力量依旧十分渺小，个人和团体的力量极为有限，无法抵御灾害所造成的影响。国家作为最强有力的组织，任何组织或个人的力量、能力与整体规模均无法与其抗衡。国家有责任去承担相应责任，以确保国民不遭受灾害损害。

为了抵御灾害，人类放弃了部分自由、财富与权利等个人权益以换取国家的成立，抵御人类控制之外的灾害。成立国家之后，国民个人权益受到国家保护，个人不再是任由灾害摆布的个体。灾害在一定程度上是人力无法控制的，国家的力量无法对抗大气与地壳的运动。在灾害对人民造成伤害时，国家在法理上虽然不具备赔偿的义务，然而国家需要为受灾个体提供庇护和帮助以获取国家政权的稳定与民众的支持。总体而言，国家对于灾害所造成的损害需要承担的责任大体上可分为两类：①法律上的赔偿责任；②政治上的辅助责任。在研究灾害政治学时，国家与政府在灾害预防与救灾方面具有重要的地位，其与灾害管理学、灾害经济学、灾害社会学中的地位差异明显。

灾害预防与灾害控制是灾害政治学需要加以解决的问题。虽然灾害对人类的影响不可避免，但是灾害政治学能够在更高的层次研究灾害，尤其是对受灾国的国家政权的研究。这些使得国家机构能够更为高效地指导国家防灾减灾工作，恢复正常生活，其他学科无法替代。

灾害政治学是人类在对灾害生成与演化机理加以掌握的基础上，通过对于灾害的认知观的提升，让国家在政治制定层面上，将灾害所造成的损失降到最低。灾害史表明，国家灾害政治学的提升是降低灾害影响的关键。假如国家经济基础较差，灾害会加重国家在灾害政治决策中的顾虑，一旦决策失误，有些国家与民族就会遭受巨大损失。

16世纪以来，灾害政治分析家建立了与灾害政治学相配套的制度与社会秩序体系，在完善了灾害政治学的理论基础的同时，也加快了知识与技术的传播与实践。在现代社会中，若有人的行为偏离了社会的规范，那么他们就会被视为对社会来说有危险或者有潜在危险的人，必须对他们进行各种限制来防止其进一步危害社会。现实社会中也有很多"理性的"身体控制技术，这些技术都建立在可以最终控制的概念系统上。然而，在社会风险中，由于身体控制系统的不确定性，当代风险会得到预想不到的利益。更危险的是，当代新自由主义的政治理性成了政府理论的主宰，通过政府的政策设计，"福利"不再基于社会保障制度，而是强调个人的责任，以避免风险。

灾害政治学的研究内容，针对灾害与国家的交互问题，研究灾害对国家的影响及国家在面对灾害时所做出的反应，有助于灾害防治政策的制定。

（二）社会特征

风险具有极大的不确定性，结合贝克的理论，社会风险具有复杂性、突发性、破坏性、双重性和全球性五个特质。

1. 复杂性

人为的不确定性是社会风险最为显著的特质，其特有的社会结构、社会关系充满了复杂性和偶然性[153]。现代社会结构及人类行为越来越复杂,导致风险的多样性、复杂性、难以预测性的特点也越来越明显。例如,核技术原本是为了开拓科学发展领域,造福人类,却有核战争、核泄漏、核污染等风险;三次工业革命极大地推动了生产力的发展,却带来了生态污染和能源风险;转基因技术在医疗上和农业上都有很好的应用效果,但也有被用于生化战争的风险。现代科学的高度发达、信息的高速交换、社会的高度不确定性导致风险的不可控性增强。人类不能停留在以前的风险控制经验上,风险的复杂性不断增强,人类预测风险、应对风险的手段措施也必须不断更新,今天的选择是由未来未知的风险所决定的。

2. 突发性

虽然科技的进步为人类带来了许多预防灾害的手段,如台风监测、海啸监测等,但仍有许多突发的、不可预测的灾害,如地震、大规模流感、恐怖袭击,这些不可预测的灾害不断地对人类造成损害。与此同时,由于人类活动尤其是不合理活动的增加,引发的灾害种类也在不断攀升,新生的灾害往往极其棘手。人类活动所造成的环境污染、社会动乱、经济危机及恐怖主义等灾害,不但发生频次多,而且具有高度的突发性,很难提前进行有效防范。

3. 破坏性

在《科学的社会功能》一书中,贝尔纳指出,推广科研成果在推进社会进度和改善生活条件的同时,也可能会导致两次世界大战和经济危机的发生[154]。切尔诺贝利爆炸、福岛核泄漏等就是科学技术给人类带来巨大灾难的例子。正如贝克所说,因为科学创新与科学进步,人类社会的工业化程度得到极大提升。与此同时,人类社会处于风险的火山口,具有巨大的潜在风险。这种科技发展引发的巨大威胁,不但难以预测,而且难以采取防御措施。

4. 双重性

一方面,灾害对人类社会产生了巨大的负面影响,在一定程度上冲击社会的稳定性,直接造成经济损失和人员伤亡,同时还对受灾群众的心理造成打击,进而引发风险。另一方面,灾害风险所带来的社会不稳定甚至动荡很可能转变为社会改革的催化剂,推动社会进步的进程。同时,在对新技术的应用探索过程中,及时出现的灾害很可能对使用者起到警醒作用,引起其反思,从而完善该技术或加强管控。

5. 全球性

全球化的迅速发展将世界各国联系在一起,构建全球命运共同体。在这种背景下，人们很难再独善其身，灾害所引发的社会风险不再局限于灾害发生地，而是呈现出一种向全球化演变的趋势。例如，2011 年的日本福岛核泄漏事故不仅对周边的居民产生了极其严重的危害，还波及了美国驻日军事基地和航母，中国 25 个省区市也遭受了不同程度的影响。目前愈发严重的全球温室效应、臭氧层破坏、海洋污染等灾害都不仅仅是一个国家或是地区导致的，世界各国都在遭受这些全球性灾害。任何区域和个人都不是独立的存在，其所遭受的影响往往会传播给其他区域或个人，引发"蝴蝶效应"[155]。贝克将这种现象视为全球社会风险。

（三）社会风险

社会风险往往引发社会冲突，破坏社会稳定与社会秩序，进而引发社会危机。在合适的时机，社会风险就会引发社会危机，进而对社会秩序与稳定造成灾难性影响。社会风险的理论或工具主要包括心理测量范式、社会风险放大理论及风险文化理论。

1. 心理测量范式

20 世纪下半叶以来，风险复杂性、多样性、危害性、不可预测性激增。人类在对抗风险的过程中不断自我反省，在不断挣扎、博弈和反思中修正发展的方向。心理测量范式是风险感知的心理学探索中最有影响的方法论技术和研究取向。它倡导通过表达性偏好的风险研究方法，描述风险的主观属性，解释风险感知的各类差异。

在风险领域方面的研究，心理学延续了自然科学风险分析研究的传统路线，并对其加以适当改造。在1978年开展的风险心理学研究中，心理测量范式被施霍夫（Fischhoff）和里奇特斯坦（Liehtenstein）等加以引入与发展。在这次研究中，风险概念被分为可感知型与现实型两种，引发了人们对风险感知与沟通管理的研究浪潮。风险感知心理测量范式侧重于个人，其以理性行为理论为依托，体现出一种功利主义哲学观念。

以心理测量范式为工具进行风险感知研究的进程，大致分为三个阶段。第一个阶段是以风险的特征维度，即风险的主观属性为主要关注点，开展"风险可接受性研究"。根据人类受到风险感知的影响特征绘制"人格画像"。第二阶段，研究重点转向关注感知风险并对风险做出反应的群体，以研究人口特征差异对于风险感知的影响。第三阶段，综合考虑，将风险特征与复杂的社会因素结合起来，强化风险对于社会文化机构的影响预作用，对复杂条件下的风险作用机制进行探究。

2. 社会风险放大理论

风险研究所呈现出的分立态势严重限制了人类在风险认知、社会根源探知及社会意义等方面的研究，并对全新的方法提出了迫切的要求。这些方法不仅需要对风险中的社会与技术概念加以融合，也需要吸收融合不同的社会理论，并且需要将离散的知识体系整合在一起，从而达到不同知识来源途径的融合。1988年，为了顺应整合与吸纳不同方法与理论的迫切要求，克拉克大学提出了社会风险放大理论用于分析风险问题。

风险中的技术评估、行为心理学及文化视角理论等被社会风险放大理论系统地联系起来，其通过利用风险事件中的心理、社会和文化的相互作用增强或减弱公众的风险感知与风险行为。风险所引发的次级效应，在不同的环境中可能引发不同的后果，从而造成不同的反应。卡斯帕森（Kasperson）将这种在风险体验的社会结构与过程中个体和群体认知差异性而引发的后果或对社会造成的影响称为风险的社会放大[156]。

决定风险性质及严重性的重要影响因素主要包括社会放大信息系统及公众的反应特征。通过社会组织或个人所构成的"放大站"加工处理，信息可能被放大处理，进而严重失真。放大站的构成元素通常包括舆论领袖、自媒体网站、技术评估专家及大众媒体等。通过沟通渠道的再次演绎与传播，信息逐渐被放大。

总体而言，社会风险放大分为两个阶段：①信息传播的直接效应。通过信息过滤与信息传播，信息所包含的各种社会价值都为风险管理及政策制定提供了参照资料，在文化与同辈群体间的互动中理解验证信息，进而构成行为意图。②信息传播的次级效应。通过信息传播与放大，导致信息失真。次级效应所产生的影响包括：对高新技术所产生的反抗情绪、社会冷漠及风险管理中存在的污名化。次级效应的扩散模式类似于"涟漪效应"，事件发生后，中心部分首先受到损害，按照关联紧密程度，相互关联的部分依次受到影响。

风险不仅仅是按照一个向度进行放大，风险放大的形成过程可以是扩大或降低风险对社会造成的负担，风险的减弱也很重要。日常生活中常见的行为，往往由于人类忽视潜在的消极影响而加剧。例如，吸烟不但危害吸烟者本身，而且对吸烟者周围的人群造成严重影响。吸入二手烟的被动吸烟者往往比主动吸烟者遭受更大的危害，尤其是对于儿童和孕妇而言，二手烟的危害极其严重。在家庭、办公室、会场、露天场所等，人们都不可避免地吸入二手烟，对于这类人群来说，虽然他们没有直接吸食香烟，但是其所受到的危害甚至高于吸烟者，这也是人们对二手烟深恶痛绝的主要原因之一。社会体验包含直接的体验方式和间接的体验方式。信息系统是人们进行风险事件认知所需要借助的重要手段，媒体等传播中介构成了社会风险建构的重要成分。媒体在风险放大过程中的作用机制，成为社会风险研究中的重要组成成分。

英国健康安全局（Health & Safety Executive，UK）经过研究分析认为，媒体对于普通民众的风险感知程度具有重要影响。作为风险相关信息的传播者与分析评论者，媒体在某种程度上扮演着风险话语者的角色，其动向严重影响着人们对于风险的认知，这种影响力在人们缺乏相关风险的直接经验与理论知识储备时尤为明显。几乎掌控风险信息话语权的媒体，除了传播相关信息，也激发了公众对于这些公布的风险进行思考。总而言之，部分受众并非单纯的信息被动接受者，而是结合自身的经验阅历对风险信息进行分析整合。媒体与受众通过相互回应，形成信息交流。社会制度、文化情境及价值观构成了风险放大的机制体系。

在研究宏观和微观因素影响环境风险认知及灾害应对举措的基础上，人类通过对直接受灾居民主导运动到演化为对非受害者主导运动的过程进行分析，发现集体行为受到社会属性、民众的风险感知程度及受害者污名化、对于风险应对机构的信任等次级效应的影响[117]。与此同时，风险感知程度也与灾害的物理、生态特性相关。

如图 2-3 所示，社会风险放大框架不但为风险研究提供了全新的路径与广阔的视野，而且为风险研究提供了相应的规则。风险放大理论通过对风险演化机制进行分析，对影响因子间的相互作用进行评估，探究风险感知与理论抵制的关系，从而构建出社会风险分析工具。风险放大反应研究的主体包括文化社会团体、个人及社会等。在对风险中的个人因素进行研究时，分析不同文化背景与价值观念及居住地对于个人风险放大或衰减的影响。对于社会群体而言，当面临风险事件时，其特点也会影响风险的反应机制。与此同时，污名化降低了民众认可度进而造成公众信任坍塌，从而使得风险应对成本增加，严重制约社会风险应对效果，加剧社会风险放大程度。

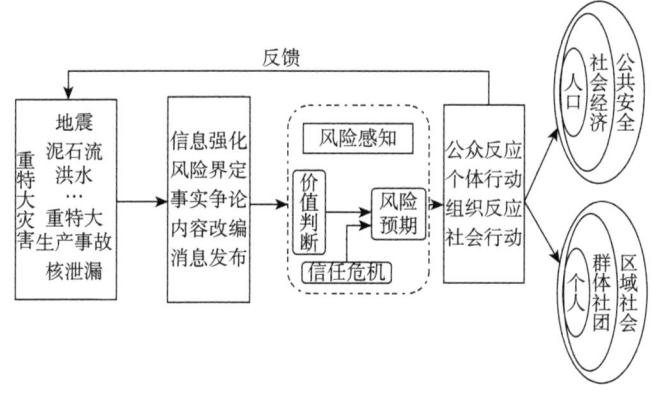

图 2-3　社会风险放大框架

风险放大理论自提出后，由于其重要的实用价值，不但受到风险研究领域的关注，而且受到其他领域的关注。在复杂的社会环境中，风险既可能被放大也可能被低估进而造成信息失真，这种状况会直接导致应对措施失当。对风险进行去强化与削弱化处理，使风险呈现出本来面貌，风险沟通政策显得尤为关键。

3. 风险文化理论

在处理应对风险与人类社会的相互关系时，人类的文化中必然会衍生出与风险相关的文化作品和文化理念以应对风险。传统现实主义风险观由于缺乏对文化价值观、行为偏好等主观因素的关注，忽略了风险中社会群体的观点、动机与行为。自此，风险文化理论应运而生，它开创性地运用文化视角来看待风险，并在跨学科对话的思潮下日益丰富与完善，弥补了原有理论在建构视角中的不足。风险文化理论不但对风险应对提出了新的见解，而且揭示了社会本质。

英国人类学家玛丽·道格拉斯[①]首先开启了运用文化视角认识风险的新时代。道格拉斯意识到，现代人的风险识别方式，实质上与部落人们并没有差别。现代人对风险的挑选与识别，同样受到了道德秩序、社会情境与特定的集体认知结构的影响[157]。1970 年，她在《自然象征》一书中，首次提出了"网格/群体"文化分类图式（图 2-4）。该分析法以网格和群体为维度，网格是指外部强加的规则约束强弱，高网格社会强调社会群体中的工作职务和等级，参与社会活动会受到职务、阶层、等级、宗族等方面的制约与区别；低网格社会则处在一种平等的状态之中。群体是指社会群体是否具有明显的边界，即个体融入群体的程度。高群体社会中，群体与个体间界限明显，内部成员相互依赖与团结，与他人互动频繁；低群体社会中，群体边界模糊，群体内部竞争激烈，与他人互动少且范围狭窄，更倾向自我保护。

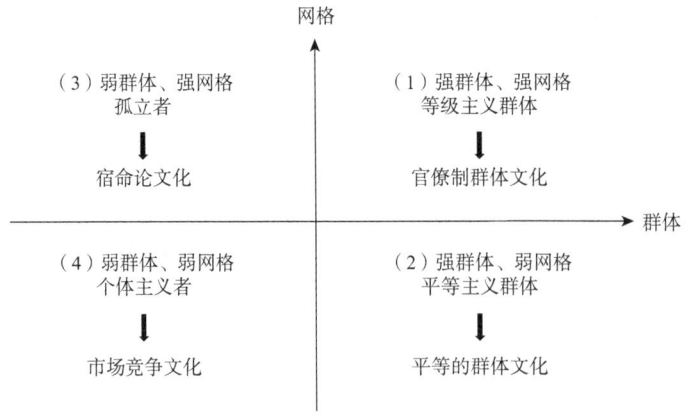

图 2-4 "网格/群体"文化分类图式

---

① 玛丽·道格拉斯，英国人类学家，因其对于人类文化与象征主义的作品而闻名于世。

道格拉斯认为，风险的排序与挑选，有赖于社会组织不可避免的文化偏好。文化偏好如同社会组织内部的一套既定规则，将风险排序并将特定风险挑选出来，它服务于既有社会制度的利益。例如，即使技术、环境等风险实际上是降低的，但是现代社会仍对它们具有高度的感知："在西半球，大部分的人为技术风险而担忧，这完全与我们的印象背道而驰。"对技术风险的感知，折射出了人们在后工业化、全球化社会下的风险态度。风险文化理论的"风险"概念，被笼罩了一层道德和政治的建构色彩，为客观事实与集体观念之间架起了沟通与联系的桥梁。

（四）发展过程

风险问题最初只是作为生态问题，主要聚焦人类生存与发展问题，尤其是环境问题[158]。20 世纪 80 年代之后，作为一个全新的理论课题，社会风险理论慢慢出现在人们的视野中，并且不再局限于技术和经济层面，而是逐渐渗透到其他领域或者学科研究中，拓展成为社会科学研究中的核心议题。

按照风险危害源进行划分，20 世纪社会风险研究主要经历了四个阶段：①核能的使用与风险评估管控；②环境问题所引发的全球风险承受能力等；③以核能为代表的后工业时代，核污染与核辐射问题；④风险多元化，风险不再局限于核领域与生物技术领域，而是逐渐延伸至社会学与文化学领域[159]。

科技的进步与全球化的推进，不但带来了便利与大量物质财富，而且引发了社会结构的深刻变迁，进而加剧了社会风险，促成人类社会所面临的危机与困境愈发严重。德国社会学家在分析社会变化时，指出人类社会的基本特征在于社会风险。

贝克认为在人类面对的诸多风险当中，绝大多数风险是由工业社会当中处于中心地带的人们自己创造出来的。工业社会几百年的发展历程当中形成了一种中心—边缘的世界经济格局，在这个格局中，全世界的经济体都必须去承担以美国为首的发达国家在工业化、现代化过程中带来的一系列的风险，社会公众切身地感受到生活在市场经济、官僚行政和现代科技等现代化带来的风险之下。后经安东尼·吉登斯、斯科特·拉什①等的进一步拓展，把"风险"这一视域和话题推向学术前沿，并在实践中积极寻求风险社会突围的路径。随着现代社会发展中一系列"风险景观"不断地出现，专家、学者及公众对这一理论产生了浓厚的兴趣，并在社会上掀起了一股研究的热潮。目前为止，各领域、各层面的专家、学

---

① 斯科特·拉什（Scott Lash），哥尔斯密学院社会学教授，文化研究中心主任，著有《后现代主义社会学》《全球现代性》《风险、环境和现代性》等。

者，包括公众都对风险问题积极展开了全方位的研究和争论。

对"风险"问题进行研究的代表人物有玛丽·道格拉斯、尼古拉斯·卢曼①、安东尼·吉登斯、斯科特·拉什等。自此，"社会风险"理论研究便成为一个跨越时间、地域、学科的热点问题。在贝克的影响下，英国社会学家安东尼·吉登斯从历史和逻辑的角度出发深刻地考察了风险的历史变迁和现代内涵，把社会风险理论推向了纵深发展。他对风险的认识不仅持有和贝克相同的观点，认为生活在全球化时代人类要面临和应对如核战争的可能性、生态风险、人口爆炸、全球经济交流的崩溃等各种各样的风险，还把风险区分为外部风险和被制造出来的风险两种类型。

被制造出来的风险是人们担心的主要风险。安东尼·吉登斯认为，在现代社会条件下，一个发达的现代社会或反思性社会就是一个社会风险，它所潜伏的风险令人类无法想象。安东尼·吉登斯认为，在全球化的背景下，当代社会的风险更具全球性、社会性、人为性。在寻求应对风险社会的策略时，安东尼·吉登斯站在制度理性反思的立场，侧重"从全球化背景下，由制度的运行所引发的风险"。

英国学者斯科特·拉什对于社会风险理论从文化的视角进行研究。风险文化，主要强调共享文化在风险应对方面的积极作用。与此同时，风险理论包含德国社会学家尼古拉斯·卢曼的不可知论，以及费希尔②的生态政治学理论等社会风险理论[160]。

社会风险理论指出，在工业社会中心—边缘的社会结构中，发展中国家开始义不容辞地承担起发达经济体带来的风险[161]。国际社会如此，在一个国家内部亦是如此。在风险社会中，显性的财富分配逻辑彻底颠覆，隐性的、居于次要地位的风险分配逻辑逐渐发挥作用。人类在工业社会不遗余力地利用高新技术创造现代文明、创造财富的同时，也产生了"潜在的副作用"的风险，而且这种"潜在的副作用"占据主导地位。同时，恰恰又是这些"潜在的副作用"成为社会风险的推动力。在古典工业社会时期，许多经典社会学家认为，现代社会中的"潜在的副作用"通过先进的科学技术预测、消化、吸收，进而扫清工业进程中的障碍。这种认识赋予现代化进程的动力以自主性，认为现代化进程吸纳了它自身的风险。然而社会风险理论的模式使人类看到，这种"潜在的副作用"已经远远超出人类想象的能力，有些甚至是难以觉察的，而且不是由现代科学技术所能决定和处理的，更不可能按照现代工业文明自身的制度化体系和标准来消化和吸收。

---

① 尼古拉斯·卢曼是德国最为重要的社会学家之一，他的主要贡献是发展了社会系统论。他也是一个"宏大理论"的推崇者，主张把社会上纷繁复杂的现象全部纳入一种理论框架去解释。

② 费希尔（Fisher，1890~1962年），英国统计学家、生物进化学家、数学家、遗传学家和优生学家，现代统计科学的奠基人之一。

换句话说，不是人类没有意识到风险或者不畏惧风险，而是在一定程度上还要冒着风险寻求制度上的支持并且获得其认可。

（五）理论价值

社会风险理论研究重点从最初的现实问题发展到系统化的理论研究，包含社会发展的新维度与主导理论范式，代表了人类风险自我认知的成果。该理论以社会经济为基础，对社会变迁进行宏观考察，通过对工业化进行深层次分析，开辟了崭新的视角。

1. 社会变化视角

随着社会的变动，社会风险的研究视角也会随着变化。例如，物质财富为传统工业社会所看重，因而技术经济成为当时主要的观察视角。社会风险认知概念随着农业社会、工业社会与信息社会等社会形态的变动而变化。通过深入探讨风险问题，以自然科学与工程技术为基础，强化风险理论自觉性，以社科研究为核心，从而为社会秩序构建提供理论分析工具。社会风险研究中的社会变化视角打破了常态社会中的习惯性思维，为人类反思提供了理论基础。

2. 社会发展警示

作为一种舆论与社会思考，社会风险不仅代表了人类社会未来的发展方向，也表现了一种特征形态[162]。社会风险作为时代的产物，具有明显的时代特征，是社会发展特定时期的产物，不但由人类自身的选择所决定，而且对社会的发展形态进行了形象的描述。

在每一个历史时期，随着社会的发展形势的波动，社会风险的概念与关注点也都随之变动。社会发展除了有经济方面的提升，还包含科技水平的进步。在科技的推动下，人为因素成为风险的重要影响因子。社会发展过程中的警示性灾难，引发了人类对于社会发展方向的重新审视与思考，从而为未来的发展指明了方向，避免人类社会陷入更大的困境。

3. 风险更新观念

社会风险不仅决定了人类当代的存在与命运定向，也具有未来结构性特征[163]。通过对社会变迁及社会风险转换方式进行剖析，社会风险理论需要依据时代变迁进行相应的更新与改变。正如马克思所言，不是意识决定生活，而是生活决定意识。伴随着社会生活意识形态的变化，社会风险理论需要做出相应的改变以应对当前社会风险现状。在某种意义上，社会风险更新观念不仅突破了习惯性思维，还对当前理论体系进行了反思并对其加以升华，使得理论观点顺应时代变化对现实性问题进行诊断和治疗。

四、理论集成体系

灾害系统是指有人类活动参与、人与自然统一的复合生态系统。分析灾害时不仅需要考虑灾害的自然属性，也要分析其社会属性，将灾害视为一个包含诸多因素的集成体系。以往对于灾害与风险的研究大多是关于灾害的工程风险和灾害对其他社会领域（如人口、经济）的影响，既没有上升到社会风险层面，也没有形成清晰的理论脉络，严重影响社会风险应对决策指导性。在对现有灾害社会风险相关理论进行梳理并厘清各社会风险系统理论论述及相互关系后，进而创建一套系统的灾害社会风险的基础理论。其综合集成理论主要包含集成思想、集成基础和集成体系三个部分。以下首先进行中外文献挖掘并进行可视化结果分析，在此基础上对这三个部分进行阐释。

（一）可视化结果

从 Web of Science 数据库中搜索"view/viewpoint/standpoint of disaster"（灾害观）进行检索，通过检索词"view of disaster"、"viewpoint of disaster"及"standpoint of disaster"，得到一系列搜索结果。检索时期区间为 1978~2018 年，并首次确定 2 713 篇相关文献。

当搜索完成时，可通过选择研究领域进行过滤，通过识别特定类别确定文献，如研究性文献、综述性文献、会议文献等。随后，将这 2 713 篇相关文献添加到标记结果列表。再选定相关参数（每一条数据记录都主要包括文献的作者、题目、摘要和文献的引文）下载后，这里的 2 713 篇文献则可以文本格式下载导入 CiteSpace。

1. 关键词共现知识图谱

将数据导出后，用 CiteSpace 生成关键词共现知识图谱，共得到 224 个关键词节点及 723 条关键词连线，并得到关键词可视化界面，如图 2-5 所示。

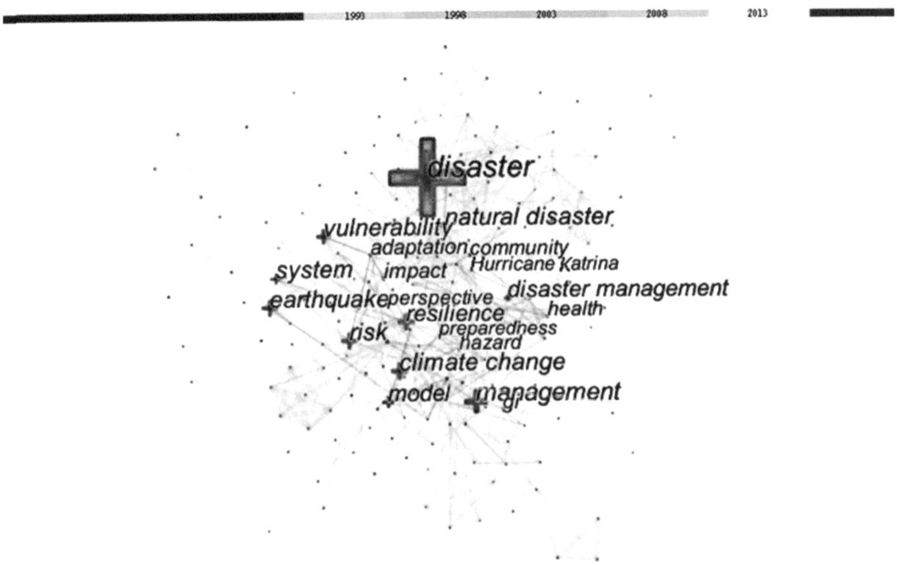

图 2-5 关键词共现知识图谱（二）

图 2-5 中圆形节点为关键词，其大小代表关键词出现的频次。图中标签大小与其出现频次也成正比；各点之间连线的粗细程度，反映该领域关键词之间的合作关系及密切程度。从上述关键词热点图谱，发掘灾害社会风险演化研究领域的全球范围研究热点。关键词频次越高代表这一段时间内研究者对该问题的关注热度越高。关键词的高频词统计表见表 2-1。

表 2-1 关键词的高频词统计表（二）

频次	中心性	年份	关键词
341	0.13	1995	disaster
127	0.13	1999	management
109	0.05	2005	climate change
106	0.05	1998	risk
105	0.08	1991	natural disaster
105	0.06	2000	earthquake
97	0.05	1998	vulnerability
91	0.06	2006	system
87	0.09	2003	resilience
79	0.13	2005	model
74	0.02	1998	disaster management
60	0.05	1998	impact
53	0.05	2008	adaptation
46	0.16	2000	health
45	0.04	2004	hazard

续表

频次	中心性	年份	关键词
44	0.04	2008	perspective
43	0.09	2001	community
42	0.02	2001	gi
40	0.07	2007	Hurricane Katrina
40	0.07	2004	preparedness

表2-1中"disaster"出现的频次最高，为341，出现初始年份为1995；"management"为127，出现初始年份为1999；"climate change"也较高，为109，出现初始年份为2005；另外，"risk"为106，出现初始年份为1998。其中，"disaster"是检索主题关键词，因此其频度较高，而"management""climate change"则是后续研究的热点。

2. 关键词聚类图谱

通过CiteSpace自动抽取产生的聚类标识对文献整体进行自动抽取，最终形成聚类图谱，比较全面、客观地反映了某领域的研究热点。结合关键词出现频次，通过CiteSpace自动聚类，得到关键词聚类图谱，见图2-6。

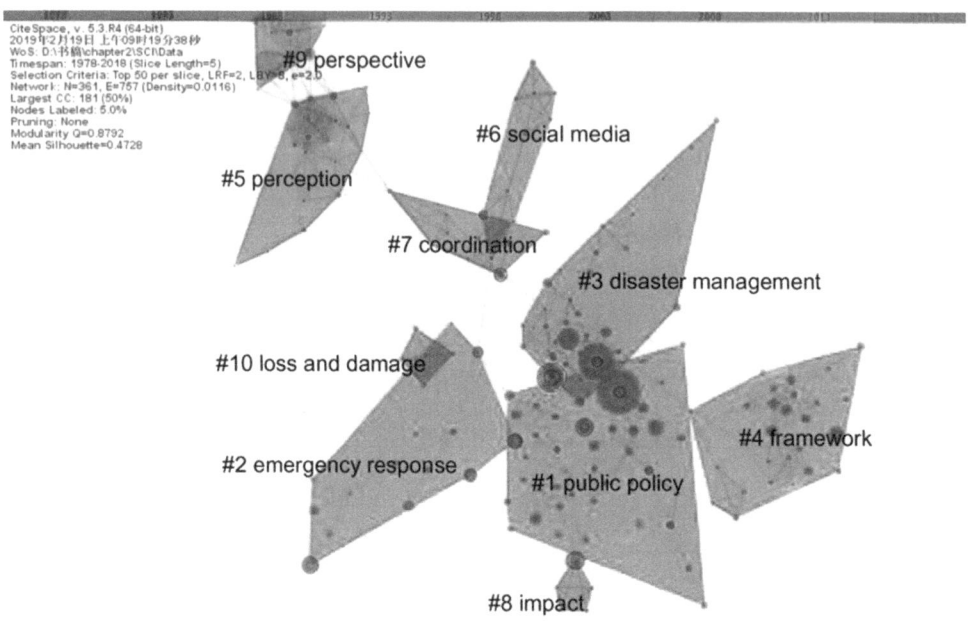

图2-6 关键词聚类图谱（二）

Modularity表示网络的模块度，值越大，表示聚类结果越好，这里的Modularity

值为 0.879 2，说明聚类效果较好。Mean Silhouette 是用来衡量网络同质性的指标，越接近 1，网络的同质性越高，这里为 0.472 8，说明为中度的同质性。这显示了灾难和灾害观的研究联系比较紧密。系统统计出了如下最大的几个主题的聚类："public policy"（公共政策）、"emergency response"（应急响应）、"disaster management"（灾害管理）、"framework"（框架）、"perception"（知觉）、"social media"（社交媒体）、"coordination"（协调）、"impact"（影响）、"perspective"（远景）、"loss and damage"（损失与损害）等。从关键词聚类结果来看，灾害的理论基础是不同视角的灾害观。灾害发生后，面临一系列的应急响应、灾害管理和公共政策的制定。在此过程中，应用整体框架，通过多方的协调实现减少损失和损害的目标。

3. 时间区分析

CiteSpace 时间区从时间维度上体现了文献关键词等方面的热点及趋势。图 2-7 为 CiteSpace 结果中的时间区视图。从时间分布上来看，相关研究集中在 2008 年之前。根据结果将近 40 年的发展划分为三个阶段。

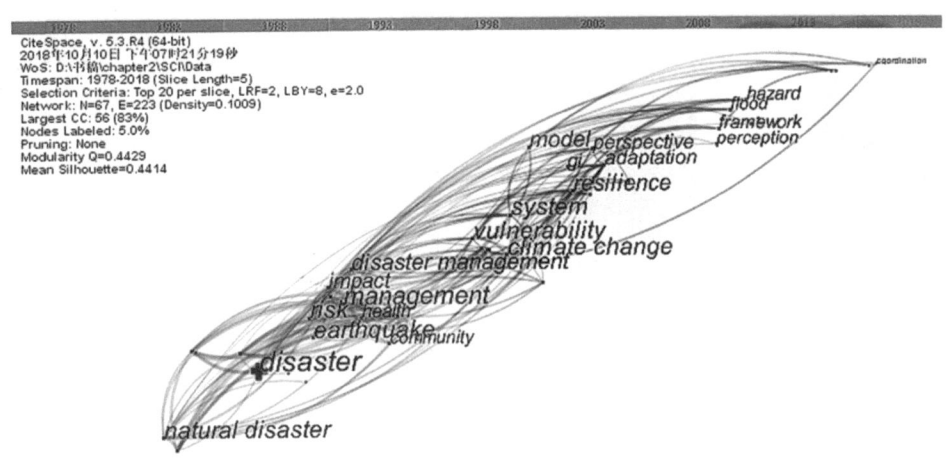

图 2-7　关键词时间区图谱（二）

第一阶段大致在 2003 年之前，在这个时期研究出现最多的关键词有"disaster"（灾害）、"natural disaster"（自然灾害）、"disaster management"（灾害管理）、"earthquake"（地震）、"impact"（影响）。从这一时期看出研究主要关注灾害本身，尤其是自然灾害带来的社会影响。第二阶段在 2003~2008 年，在这个时期研究出现最多的关键词有"vulnerability"（脆弱性）、"resilience"（弹性）、"climate change"（气候变化）、"perspective"（观念）、"adaptation"（适应性）。该类关键词显示在该阶段的研究主要关注灾害对社会的影响，灾害观更加侧重于社会层面。第三阶段为 2008~2018 年，在这个时期研究出现最多的关键词有"perception"（认知）、"framework"（灾害观框架）、"flood"（洪灾）。从这些关键词可以看出后续研究更加关注对灾害的整体认知，并着力构建协调体系。

4. CNKI 数据分析结果

从 CNKI 数据库中搜索"灾害观"和"灾害哲学"进行检索，得到一系列搜索结果。检索时期区间为 1990~2018 年，并首次确定 83 篇相关文献。再将相关文献导入 CiteSpace。将数据导出后，用 CiteSpace 生成关键词共现知识图谱，共得到 13 个关键词节点及 21 条关键间连线，并得到关键词可视化界面，如图 2-8 所示。

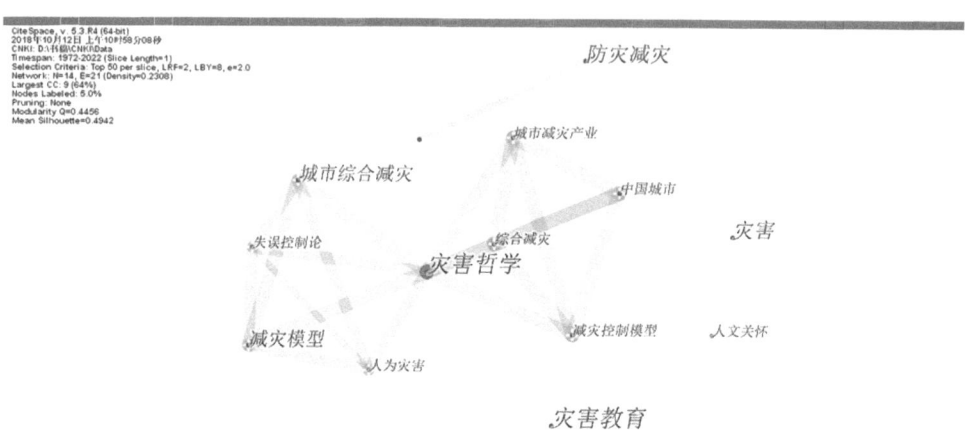

图 2-8　中文文献关键词共现知识图谱（二）

从图 2-8 中可以看出，灾害观的研究中主要关键词有"灾害哲学""防灾减灾""灾害教育""城市综合减灾""减灾模型""综合减灾""失误控制论"等。

（二）集成思想

思想，一般也称"观念"，其活动的结果，属于理性认识。人们的社会存在决定人们的社会意识。一切根据和符合客观事实的灾害观思想，都会对灾害应对发展起到促进作用。反之，则会对防灾减灾的效果起到阻碍作用。灾害思想也是人类对灾害认知的重要体现。

自然灾害是指给人类生存带来危害或损害人类生活环境的自然现象和事件。自然灾害既包括地震、海啸、雷暴、台风等突发性灾害；也包括地面沉降、干旱、海岸线变化等渐变性灾害；还包括水体污染、雾霾、森林火灾、臭氧层破坏等人类活动导致的环境灾害。在与灾害博弈过程中，灾害观的集成思想日益成熟与丰满，指导人类更加理智地应对灾害。

灾害社会风险是由自然灾害形成社会冲突、社会秩序破坏、社会稳定失衡后转化为社会危机的。其中，集成思想是灾害理论的基点所在。无论是从哲学伦理、科学理念还是从实际的发展模式来看，集成思想都为灾害观的认知提供了有力支撑，是灾害观得以科学合理解释的有力保障。总体上，灾害观的集成思想主要包含以下内容：生态伦理思想、系统控制思想及将生态伦理思想、系统控制思想与实践相结合而产生的科学发展思想。

生态伦理思想主要包括中国古代"天人合一"思想和西方"生态中心主义"思想。"天人合一"思想是中国传统的处理人与自然关系的基本哲学思想，或者说"天人合一"本身就是一种状态。"天"代表"天道""真理""法则"，"天人合一"就是与先天本性相合，回归大道，归根复命。其要点如下："天人一体"，即人与自然是不可分割的整体，人本来是属于自然界的，人应融于自然界；"天人互动"，即人与自然是相互作用的系统；"天人相参"，即人与自然是相互交融的系统；"天人感应"，即人与自然之间的能流、信息流；"道法自然"，即人按自然规律办事。生态中心主义伦理观强调生态价值，尊重自然权利，认为自然价值是开放性的概念，没有完整定义，不依赖于人，所有生物都有评价角度，人对价值只是一种翻译，不是投射。"生态中心主义"思想折射了西方近代哲学家对人与生态关系的思考，是一种总体主义的思想。

系统控制思想是从系统论、控制论的角度奠定灾害观的理论思想。灾害观的研究对象是"自然-社会"二者相关联的复合系统的矛盾及其运动与发展规律，该系统具有复杂巨系统的一切特征。灾害的系统控制思想体现了在人与自然社会领域中的系统思想，是一种运用系统科学来指导人类活动的思想，建立在不诱发自然灾害或尽量减少灾害损失的基础上。科学发展观坚持以人为本，同时重视自然影响因子；科学发展观把灾害中的各方面因素都看成有机联系的整体，进一步丰富和深化了灾害观的思想和理论内涵。

灾害本身不是社会风险，它只是一个诱因。它一方面导致新的社会矛盾和不和谐因素的产生，另一方面极易激起各个领域积压的社会矛盾，从而引发社会风险。帕斯卡尔[①]说过："思想成全人的伟大。"在面临灾害时，与动物不同，人类除了本能应对灾害外，由灾害所引发的思想观也会对灾害防范起到重要作用。灾害社会风险是必然存在的，害怕风险，不如面对风险，风险有大有小且可防可控。灾害是多种因素结合的系统，依照灾害集成思想能够对灾害进行更为细致的分析与了解。

（三）集成基础

人类与自然灾害的斗争自人类诞生以来就从来没有停止，人与自然的辩证统一关系决定了人类社会与自然灾害不可避免地既站在对立面，又存在统一关系。虽然自然灾害的发生对人类社会造成了各方面的负面影响，使人类蒙受或大或小的损失，具体表现为人员伤亡、经济损失、社会生产力倒退……但是，在这种互动的过程中，人类一边遭受着灾害的摧残，一边在应对灾害的过程中形成了较为完备的灾害集成基础理论，其主要包括致灾因子、孕灾环境和承灾体相关的理论知识与因素界定。

1. 致灾因子

致灾因子是在天然或者人工环境中对人类生命财产或生产活动构成不利影响，并且促成罕见或极端事件的因素，包括干旱、冰雹、海啸、地震及滑坡泥石流等。

通过与人类社会的联系紧密程度进行划分，致灾因子划分为两类：①当致灾因子作用于人类时，将其称为"危害"；②当致灾因子与人类关联性极小，或者说并不会引发灾难时，将其称为"自然现象"。

2. 孕灾环境

孕灾环境包含大气、水流及岩石、土壤所构成的生物圈与人类社会结合形成综合的地球生态体系，当其与灾害相关时，将彼此交叉的一部分称为"孕灾环境"。孕灾环境并不是将地球表层物质与能源流动要素简单相加，而是信息与价值流动的条件[122]。孕灾环境的区域差异，导致了致灾因子时空分布特征

---

① 帕斯卡尔（Pascal），法国数学家、物理学家、哲学家、散文家。

背景的差异性。在自然与社会相互影响过程中，孕灾环境的变动直接影响灾害程度。

根据性质将孕灾环境分为自然环境与社会环境两大类。自然环境包括该地区的地形、水文及动植物等。社会环境包括工矿商贸、交通系统与经济市场等[164]。

3. 承灾体

致灾因子的作用对象称为"承灾因子"，其包含所在社会与各种资源的集合。承灾体为灾害中的重要组成部分，没有承灾体就没有灾害。

按照承灾体论观点，对承灾体进行分类。以往通常根据群体对灾害的抵御能力，按照个人资产或者人口学特征对承灾体进行划分。个人财富和身体状况，在某种程度上与灾害影响状况密切相关。个人资产分为不动产与动产两部分。不动产包括牧场、房屋及自然矿产资源等。动产包含可运输的货物及交通工具等。人口学特征包含年龄、地位及学历等[165]。

通过对承灾体进行脆弱性评估与动态监测，为灾害区域防灾减灾政策措施的制定提供了科学依据。自然灾害的发生，在认识方面，使人们被迫直面自然灾害并经历社会灾难，从而利于人们更深入地认识和把握自然规律；在精神方面，自然灾害的发生往往激起一个国家或一个城市的公民集体感和归属感，有利于集中资源，激励人们勠力同心，共同应对灾难，对于受灾群众而言，他人的帮助及大范围内涌现的团结力量有利于他们走出受灾后的心理阴影，以饱满的精神状态投入灾后重建。自然灾害实质上是人与自然的关系，具有自然和社会双重属性。依据历史唯物灾害观，人类对于灾害的认知不论是哲学，还是文化等方面都是逐步清晰的，从片面到整体的。

对社会风险系统理论的梳理及从灾害双重属性对灾害进行研究，需要全面探索灾害社会风险的综合性演化机制体系，才能为进一步从应对决策层面防控社会风险指明方向。

（四）集成体系

灾害社会风险问题本身的隐蔽性、扩散性、诱发性和衍生性及应对决策的系统性和复杂性等特征，注定了单一学科的研究方法和简单的方法组合方式根本无法解决这一问题，需要运用综合集成思想，以分析灾害观基本认知原理为切入点，构建灾害观的理论体系，即"一生成、三状态、一演化"的特征系统，如图2-9所示。

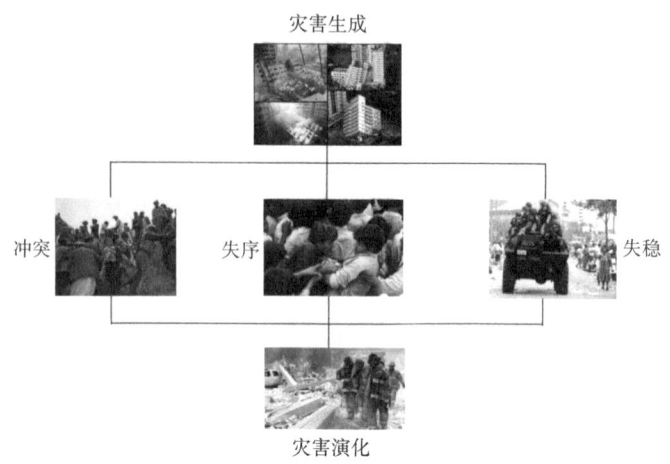

图 2-9　灾害观集成体系示意图

1. 灾害生成

人与自然是一个相互关联的巨大生态系统。人类社会是一个巨大的经济体，社会泛指人们活动和聚居的群体范围。社会系统是一个复杂的巨系统，它包括国家、地区、城市、农村、公司、家庭等各个层次的单位体，它们虽然属于不同层次、不同类型、不同结构，但是都有相似的功能，每一个社会系统都在不断演化。社会系统除具有一般系统的普遍特征，还具有亲民性、时代性等独有特征。按组织结构层次划分，社会系统可分为家庭、社区和社群。在家庭层面上，主要从生活方式、日用品、农村和城市家庭的差异、消费的意识观念等几个方面来阐述社会部分中循环经济的内容。在社区层面上，主要是从社区规划、运行、整改等方面着手展开纵向分析，与家庭的横向分析结合，力争做到全面细致。在社群层面上，主要按照政府、大众、市场几个角度分析，重视其权利与义务的划分，较多地联系实际问题。而自然是大自然中各个事物的总体，人与自然是具有特定功能的有机整体。

灾害社会风险具有隐蔽性、扩散性、诱发性、衍生性、复杂性、系统性。当灾害发生时，自然界的地质结构或者样貌会改变，人类社会往往遭受巨大损失，而且人类社会的受灾程度往往与受灾地的自然状况有关。与此同时，人类的活动会诱发灾害。

中国位于亚洲东部和中部，太平洋西岸，地质独特，地质灾害频发，给中国人民造成了巨大的经济与人员损失。例如，国家统计局数据显示，2008 年发生的"5·12"汶川地震，严重破坏地区超过 10 万平方千米，造成近 7 万人死亡，37 万人受伤，近 2 万人失踪。除了"5·12"汶川地震之外，21 世纪以来发生的印度洋海啸、海地地震、智利地震等灾害都给人类造成了巨大的损失。频繁的地质灾害表明地震活动等地质灾害远远超过人类的可控范围。

全球气候变化，特别是极端天气事件频发，是形成地质灾害高发的另一个主要原因。中国西部处于东亚季风区，特别是青藏高原的隆升对中国气候变化有着重要影响。21世纪初期，中国气候异常明显，像舟曲等地区诱发泥石流的瞬时降雨，是有文字记载以来从未遇见过的。

除了自然的影响因子之外，人为活动也会造成或者促使灾害的发生。例如，对灾害脆弱地区不合理的开发利用，往往会破坏自然界原有的架构，一旦原有抗灾体系无法应对，就会引发严重的灾害。

2. 灾害状态

通过对以往研究文献中的灾害社会风险相关理论进行梳理，厘清各社会风险系统理论论述及相互关系，运用这些理论解释社会风险系统结构，系统考察社会风险演化的主要模式，继而基于系统理论建立社会风险演化的路径体系。灾害状态可分为三种：冲突、失序和失稳。

冲突是指发生在同一空间内，两个或者两个以上事物相互对抗的过程。根据相关性质，将冲突分为意识的冲突和物质的冲突。意识的冲突是指基于人类认知的无形冲突，而物质的冲突是可见的、有形的。按照规模大小，将冲突分为个人与集团的冲突；从性质方面将冲突分为思想冲突、宗教冲突及国际冲突等；从方式和程度上将冲突分为口角、械斗及战争等[166]。

失序，即次序混乱，失去常规。暴力冲突是社会失序最直接的表现。当个人不能获得正当权利时，就会埋下暴力的隐患，不过在正常时期，因为有社会强势群体和暴力机关的保护，局部的小规模暴力往往能被压制，社会不至于失序。如果社会强势群体不能保护社会弱势群体，而是一味地欺凌，那么，对弱势群体来说，暴力是他们保护自己的最后手段。

失稳，即社会正常架构遭到破坏，当底层人民的基本权利得不到法律的保护时，底层人民就必须做出超越法律规定的反抗。社会第一凝合剂是人心与信任。人心失稳，人不互信，群体就会散架。

3. 灾害演化

灾难是在同一空间范围内对人类所造成的破坏性影响的总称。灾害并不代表影响水平，通常被称为可扩张和发展，进而演变为灾难。例如，生物领域存在的蝗虫，当蝗虫繁殖并且广泛传播时，会危害作物造成饥荒。对生态环境和人类社会建设而言，对人类生命财产构成危害都可能导致灾难[167]。人类对于灾害的认知，随着灾害观层次的加深，往往由盲目恐惧演化为理性对待。灾害是不可避免的，但只要认知观演化到理性水平，应对得当，由灾害造成的损失就会得到大幅度的减少。

在灾害观理论基础上，通过对灾害社会风险潜伏、触发、发展全过程进行分析整理，进而提出适宜各国或各区域在不同文化背景下的具有普遍性的灾害社会风险应对决策的指导思想，从而使人类的灾害认知加以演化。在理性认知观的指引下，在制定应对决策的实践理念和原则的过程中，提出增强灾害社会风险应对效力的基本思路。结合"冲突激化、秩序破坏、稳定失衡"的风险演化机理研究，运用综合集成理论与系统工程方法，提出富有针对性、时效性、操作性的综合应对决策，为灾害应对风险的研究提出新思路。

自由不在于在幻想中摆脱自然规律而独立,而在于认识这些规律,从而能够有计划地使自然规律为一定的目的服务。

——〔德〕恩格斯

第三章　灾害社会属性

灾害是在人类存在的时空范围内，由人类的个体或集体活动与地球活动共同作用引发的自然变异，并对人类的生命财产和人类生存环境造成损害的现象或过程。灾害是客观存在，具有两重重要的属性，即自然属性和社会属性。剧烈自然现象的发生，是自然界本身的自调整、自组织活动，其结果对于自然界来说首先在于实现了自然界本身所需要的平衡的恢复，如果超过一定界限，灾害就会发生。自然界的物质运动及其发展演变的客观存在性直接决定了灾害本身具有自然属性。灾害发生原因的社会性及造成危害的社会性组成了灾害的社会属性。灾害的双重属性表明了灾害的内涵，灾害成因具体解释了灾害属性的来源。对灾害的双重属性认识即对灾害本质的认识。灾害发生的意义，在自然和人类社会有着不同的价值体现。这里的价值是指客体特定属性对主体的意义，是指满足人的需要的意义关系范畴，包含两个方面，即正价值和负价值。

一、灾　害　属　性

人类诞生以来，就不断地面临灾害造成的痛苦和损失，各种灾难总是伴随着人类文明和社会进步的进程。灾害的不断发生日益影响和制约着人类的生存和发展，并且威胁到人民群众的生命和财产安全，为了科学地应对灾害带来的威胁，我们必须科学地认识灾害。

（一）属性概念

属性是指事物本身客观存在的、与生俱来的性质及和其他事物的关系。物质实体所拥有的属性不能脱离物质所在的实体而单独存在。属性是一切物质必然的、无法分离的特质，同时也是事物的质的表现。事物的社会属性是相对于自然属性来说的。例如，人类的自然属性是指生物和生理学上的基本属性，如吃住、繁殖后代等。人类的社会属性是人类区别于动物的本质属性的总和，人的社会属性包括制造工具进行生产劳动、进行理性思维、按一定的伦理道德观念行动等多方面的内容，是人在一定的社会关系中表现出来的属性。

在《关于费尔巴哈的提纲》[①]一书中，马克思提到："人的本质不是单个人所固有的抽象物，在其现实性上，它是一切社会关系的总和。"[168]因此，社会属性和生物属性相比而言，更能被看作人类独有的属性[135]。在某种意义上说，社会的本质是人，社会是人的集合，没有人就没有人类社会。群体是一种在社会生活中来自动物世界的形式。因为人具有与人表达、学习和传输所学知识的能力，人们自然而然地成为一种社会动物。人类社会最明显的特点在于互动对象之间存在相互影响并产生各种关系。

社会是一个特殊的群体之和，内部组成之间彼此有机联系形成配合[130]。社会的起源和人类的进化大致同步，即社会不会先于人类产生，人类的出现一定会产生社会。因此，抛开人类社会意识去研究事物关系完全没有意义。社会正处于形成过程中的常见的人类活动与互动阶段，使得社会不断发展，同时人与人的交流日趋多样化，这也进一步导致了生产工具和生产方式的变革与改进。此外，人类的生产活动具有社会属性。在马克思的认知中，物质生产劳动创造了人的社会属性，人的劳动是最基本的感性实践，是与动物的区别所在，人类的物质生产通过人与人之间的各种劳动关系，在生产力特定的社会形态之下，构成了一种生产关系体系。并且，除了在生产方面，所有居住生活超越物质的人同样具有社会性。这些人在生活中有一定的经济条件、政治地位及文化关系，这要求他们要遵循自然规律及人类社会发展的一般规律。等同于置身于大自然符合自然规律存在的动物，人类社会在政治、经济、文化等多方面受到同样的约束，而这些恰恰反映了人类是一种具有社会特色的动物。从经济的定义来看，经济是指整个社会的物质生产、分配、交换和其他活动的物质生产与再生产。经济是人类社会的物质基础，是建立和维护人类社会的必要条件。文化是凝结在物质之中又游离于物质之外的，能够被传承的国家或民族的历史、地理、风土人情、传统习俗、生活方式、文学艺术、行为规范、思维方式、价值观念等，是人类之间进行交流的普遍认可的一种能够传承的意识形态。在自然界中任何其他物种的生存现状上，都看

---

① 《关于费尔巴哈的提纲》，是马克思于1845年春在布鲁塞尔写成的批判费尔巴哈的11条提纲，马克思生前未曾发表。原题为"关于费尔巴哈"，论述的中心是实践问题。马克思在批判费尔巴哈和一切旧唯物主义的基础上概述了自己的新的世界观。最早发表于1888年，恩格斯在《路德维希·费尔巴哈和德国古典哲学的终结》的序言中称这个文件为"关于费尔巴哈的提纲"，并作为该书的附录首次发表。它被恩格斯称为"包含着新世界观的天才萌芽的第一个文件""历史唯物主义的起源"。《关于费尔巴哈的提纲》和《德意志意识形态》一起被公认为马克思主义哲学，特别是唯物史观创立的基本标志。

不到这种意识形态。文化是一种历史现象，同时也是人类发展过程中长期积累和创造形成的产物。反过来，这些社会现象也为人类烙上了深深的印记，这些印记超越人体生物特征等成为最明显和最独特的属性。因此，社会属性是人的本质属性。

（二）自然属性

灾害是自然与社会相互作用的产物，它具有自然和社会的双重属性。对于整个地球的演变来说，洪水是一种客观的自然现象，人类和洪水进行斗争，采取措施控制洪水泛滥，是人和自然相互作用关系的体现。洪水灾害是指超出人类控制能力的洪水作用于人类社会造成社会危害的灾害。洪水灾害是以人类社会作为载体表现出来的灾情。自然属性和社会属性组成了灾害的本质属性，缺一不可。

自然界的物质客观存在的运动发展决定了灾害天生具有自然属性，人类的社会实践活动不能改变自然界客观存在的运动规律。地球诞生以来，整个地球的生态环境的演化一直在进行，从未停止，如地震、火山、地面沉降等现象都是地球自我演化的具体表现。地球正是在这一系列自然演进过程中，在地表逐步形成了适宜生命诞生和存在的生态环境，各种生物体和人类随之产生。

人类社会的诞生和发展进化演变，也不能改变地球的自然客观存在的演变进程。由此，自然灾害对人类社会构成破坏性后果是不可避免的。同时，板块之间的作用力的不断积累打破了地球相对平衡的状态。再者，火山的爆发是由于地球内部炽热的岩浆使得能量不断聚集，能量从薄弱的地方冲破地壳喷涌而出。由此可见，灾害天生具有自然属性，同时自然界内部物质运动变化是自然灾害发生的主要诱因。

人类社会所生活的地理环境也对灾害的形成有很大的影响。例如，沿海地区会发生风暴潮、海啸等灾害，而内陆国家一定不会有海洋灾害。只有在山地地形区域才会有泥石流、滑坡之类的灾害，而其他地区则没有。地震多发地带通常是地质断裂带地区。中国的洪水灾害频发，这与中国西高东低的地势环境和大型江河的流向有着很大的关系。地理地势不仅决定了自然存在下的客观性象，还在一定程度上决定了灾害的地区间差异。

灾害的自然属性不仅在一定程度上决定着灾害的空间分布，还使许多的灾害在时间和空间上产生了周期性特点。例如，中国已经经历两个地震活跃期，第一个活跃期是公元1480~1730年；第二个活跃期是1880年至20世纪20年代。由此可见，人类的社会实践活动也在一定程度上影响了演化的进程。

(三)社会属性

灾害的社会属性是在一定区域经济基础上的人类社会与自然变异相互作用所表现出来的社会特征。人类对自然的作用能力增强的同时，非理性干预自然引发或加剧了灾害，也就是"天灾"中还有"人祸"的因素。人类产生之后，从远古时期逐步进入现在的高度文明的工业时代，实现了从原始劳动、手工业和工场手工业到现代化大工业的转变。在这一进程中，随着社会的发展和科学技术的进步，人们对自然的认识与探索也不断加深，逐步增强了改造自然的能力。然而，由于人类对自然的不合理的过度干预，如工业化过程中的废水、废气、废物的不当排放，加之对自然规律的忽视与不尊重，以及盲目追求经济利益的行为，这些都为灾害的形成埋下了人为的伏笔。

人类是灾害的最大受害者，是灾害的直接承受者。自然界客观的演变过程以具有破坏力的方式对人类社会产生影响并且给人类社会的发展带来了破坏性的后果，人员伤亡、财产损失，严重地影响了人类社会的生存环境和生活方式，威胁着人类社会的可持续发展。例如，一场大地震造成数万人的伤亡，带来巨大的经济损失，其引发的二次灾害会持续很长时间，带给人们长久的创伤。

人类社会从诞生开始就不断地从大自然中索取所需，进入工业革命之后，人们已不单单满足于生存需要，而是不断去追寻更为丰富的物质和精神的产品和服务，这时人类对自然的过度的不合理使用慢慢地显现出来。这种不遵循自然规律、不尊重自然的行为最终给人类带来了很多灾难，大自然给予人类无情的打击。在经历惨痛的教训之后，人们开始主动去反思自己的行为，并重新思考人与自然的关系，如何合理地相处，合理地开发使用自然。人类社会逐渐认识到自身与自然是一个整体，是辩证和谐统一的关系。人类与自然本身是一个有机统一的整体，即人类利用和改造自然，但必须以遵循自然规律、尊重自然为前提，一切以牺牲自然环境和生态生存环境为代价从而换取自身发展的行为，最终都只会导致人与自然关系的不断恶化，进而给人类社会带来严重的不可预料后果。灾害的社会属性具有以下特征。

1. 灾害造成社会性事件

灾害是对人类社会生存发展而言的，是针对一个群体而不是个人。灾害是指危及一个地区的居民的社会性事件，这就同个人灾难区分开来[169]。例如，日常一个家庭失火与1987年的中国大兴安岭森林火灾存在着巨大的差异，前者只为事故，后者才是灾害，后者的危害是社会性的，影响了一个地区的人类社会的生存发展环境,是社会性事件。

2. 灾害形成取决于社会脆弱性

灾害的本体与内容使人的生存受到了严重的阻碍与威胁,使正常生活不能进行[170]。在灾害面前,人处于被动地保护自己的地位。在最终意义上讲,自然现象是否、能否成为灾害,是自然的破坏力和人的脆弱性的较量与对比,前者超过了后者就构成了灾害。在自然界的客观运动所产生的破坏力量相对确定情况下,灾害能否发生取决于作用区域的人类社会生存和抗灾能力。人类社会在不断的发展演变过程中,逐步形成了一定的生存能力和抗灾能力[171]。

3. 灾害源于自然显现于社会

灾害是人类社会与自然环境相互作用的一种冲突结果,自然力作用于人类社会产生的社会危害性[172]。人类社会实践只是人对自然的作用,它只是自然和社会相互作用的一个方面,而不是自然与社会相互作用的全部内容[173]。一方面,有些灾害和人类劳动是没有关系的。人与水争地,水最终与人争地,从而造成水灾;氟利昂的过量排放造成南极的臭氧层空洞等,这样的灾害与人的活动有关。但是像地震、台风、太阳黑子、小行星相撞之类的灾害,是很难从人的活动中找到原因的。另一方面,灾害会对人类的社会实践产生影响。因此,灾害是自然和社会相互作用的产物。

4. 灾害范围受制于社会背景

灾害是人类社会的生产生活需求满足过程被非正常中断,但是人类的需求存在着差异性。自然力作用于一个特定的区域,超出了人类社会的承受力,灾害就会发生。但是,同样的灾害作用于不同的区域,其受灾程度是不一样的。灾情的程度与当地的经济发展水平、生产生活水平、社会抗灾能力等相关。例如,在发展中国家和发达国家之间,在发达地区和欠发达地区之间,相同等级的自然灾害作用下所产生的灾害影响是不同的,是由社会发展水平而决定的。

(四)可视化结果

从 Web of Science 数据库中对 "disaster attribute"(灾害属性)进行检索,通过检索词 "attributes of disaster(s)"、"attributes of hazard(s)" 及 "attributes of catastrophe",得到一系列搜索结果。检索时期区间为 1990~2018 年,并首次确定 4 702 篇相关文献。当搜索完成时,通过选择研究领域进行过滤,通过识别

特定类别确定文献，如研究性文献、综述性文献、会议文献等。随后，将这4 702篇相关文献添加到标记结果列表。再选定相关参数（每一条数据记录都主要包括文献的作者、题目、摘要和文献的引文）下载后，这里的 4 702 篇文献则可以文本格式下载导入 CiteSpace。

1. 关键词共现知识图谱

将数据导出后，用 CiteSpace 生成关键词共现知识图谱，共得到 160 个关键词节点及 609 条关键词连线，并得到关键词可视化界面，如图 3-1 所示。

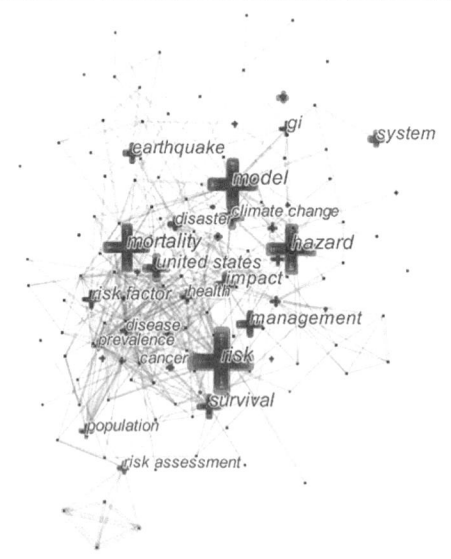

图 3-1　关键词共现知识图谱（三）

图 3-1 中圆形节点为关键词，其大小代表关键词出现的频次。图中标签大小与其出现频次成正比；各点之间的连线粗细程度，反映该领域关键词之间的合作关系及密切程度。从上述关键词热点图谱，发掘灾害社会风险演化研究领域的全球范围研究热点。频次高的关键词代表这一段时间内研究者对该问题的关注热度，统计了关键词的词频及初始年的分析结果，词频显示出现的次数越大表明该关键词的热度较大。关键词的高频词统计表见表 3-1。

表 3-1　关键词的高频词统计表（三）

频次	中心性	年份	关键词
325	0.20	1990	risk
270	0.18	1991	model
266	0.17	1992	mortality

续表

频次	中心性	年份	关键词
252	0.11	1991	hazard
176	0.08	1991	survival
164	0.07	1996	management
156	0.08	1996	United States
153	0.10	1991	impact
148	0.01	1995	risk factor
146	0.02	1991	earthquake
133	0.05	2001	gi
128	0.00	1991	system
122	0.05	2005	climate change
120	0.03	1996	disaster
116	0.08	1996	health
110	0.02	1996	population
103	0.05	1992	prevalence
103	0.11	1997	risk assessment
101	0.02	1995	disease
100	0.09	1993	cancer

表3-1中"risk"出现的频次最高，为325，出现初始年份为1990；"model"为270，出现初始年份为1991；"mortality"也较高，为266，出现初始年份为1992；另外，"hazard"词频为252，出现初始年份为1991。其中研究灾害属性时，对"risk"关注度高，而"model""mortality"则是后续研究的热点。

2. 关键词聚类图谱

通过CiteSpace自动抽取产生的聚类标识对文献整体进行自动抽取，最终形成聚类图谱，比较全面、客观地反映了某领域的研究热点。结合表3-1的关键词出现频次，通过CiteSpace自动聚类，得到图3-2。

Modularity表示网络的模块度，值越大，表示网络的聚类结果越好，这里的Modularity值为0.806 2，说明聚类效果较好。Mean Silhouette是用来衡量网络同质性的指标，越接近1，网络的同质性越高，这里为0.327 1，表现为中度的同质性。这显示了灾难和灾害属性之间合作的程度比较紧凑，其研究存在着密切的联系。系统统计出了如下最大的几个主题的聚类："environmental disruption"（环境破坏）、"social disorder"（社会失序）、"social conflict"（社会冲突）、"social vulnerability"（社会脆弱性）、"hazards"（灾害）、"sustainable development"（可持续发展）、"nature cause"（自然原因）、"human causes"（人为原因）、"social risk"（社会风险）和"contradictions"

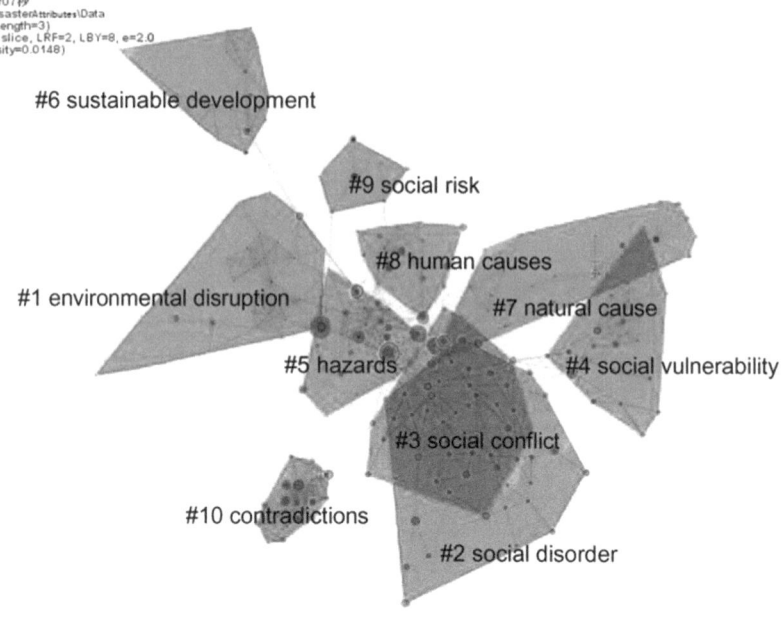

图 3-2　关键词聚类图谱（三）

（矛盾）等。聚类分析的结果显示，灾害的社会属性可以从多个方面去认识。例如，从灾害成因讲，有自然原因和人为原因；从灾害的危害而言，导致环境破坏、社会失序、社会冲突、社会脆弱、影响可持续发展等。但是灾害的社会属性也应该从矛盾对立统一的辩证角度进行思考。

3. 时间区分析

CiteSpace 时间区从时间维度上体现了文献关键词等方面的热点及趋势。图 3-3 为 CiteSpace 结果中的时间区图谱。从时间分布上来看，相关研究集中在 2000 年之前。根据结果将近 30 年的发展划分为三个阶段。第一阶段在 1995 年左右，在这个时期研究出现最多的关键词有"risk"（风险）、"impact"（影响）、"mortality"（死亡率）、"survival"（生存）、"model"（模型）、"risk factor"（风险因素）等。从这一时期看出，灾害社会属性研究主要关注风险因素和直接造成的人员伤亡。第二阶段在 1995~2000 年，在这个时期研究出现最多的关键词有"disaster"（灾难）、"management"（管理）。该类关键词显示在该阶段的研究主要关注灾害及灾害管理。第三阶段在 2010~2015 年，在这个时期研究出现最多的关键词有"climate change"（气候变化）。从这些关键词可以看出后续研究更加关注从灾害社会属性方面分析灾害成因。

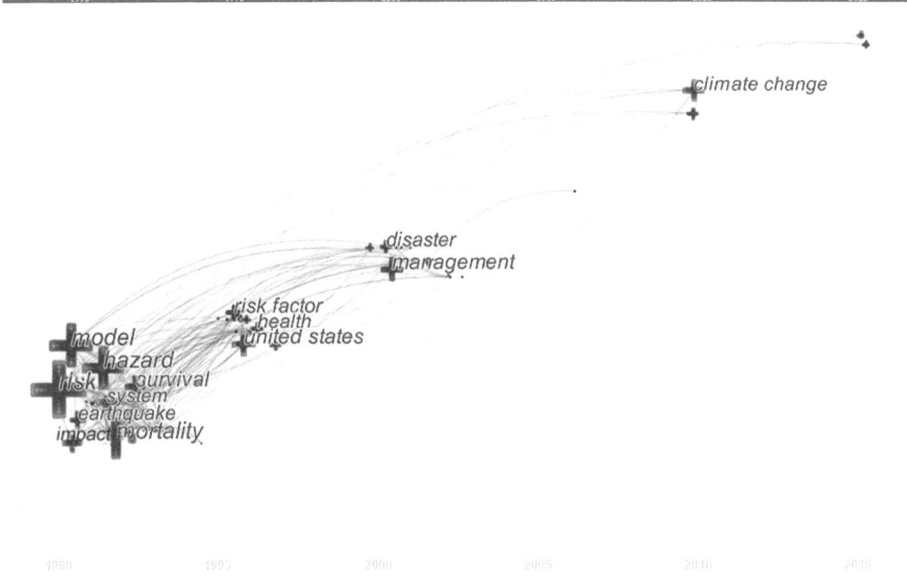

图 3-3 关键词时间区图谱（三）

4. CNKI 数据分析结果

从 CNKI 数据库中搜索"灾害属性"进行检索，得到一系列搜索结果。检索时期区间为 1992~2018 年，并首次确定 435 篇相关文献。再将相关文献导入 CiteSpace。将数据导出后，用 CiteSpace 生成关键词共现知识图谱，共得到 73 个关键词节点及 115 条关键词间连线，并得到关键词可视化界面，如图 3-4 所示。

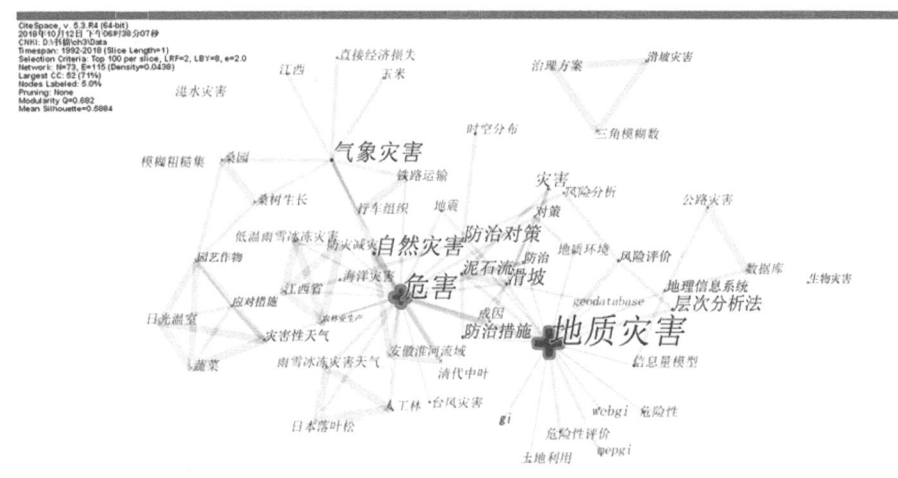

图 3-4 中文文献关键词共现知识图谱（三）

从图 3-4 中可以看出灾害社会属性的研究中主要关键词有"地质灾害""危害""自然灾害""气象灾害""防治对策""防治措施"等。

（五）案例分析

灾害的形成是一个复杂的演变过程，由孕灾环境、致灾因子、承灾体与灾情共同组成。孕灾环境由大气圈、岩石圈、水圈、人类生态圈组成。致灾因子是指自然界或人类社会中客观存在的、导致物质循环和能量流动变异的因素，如地震、滑坡、洪水、暴雨等。以人类社会经济活动为核心的人类生存发展的社会环境是承担各种灾害及扩散传播灾害的载体。灾害是由孕灾环境、致灾因子、承灾体及灾情相互作用、相互影响的最终产物。

人类社会的实践活动是人类和自然环境相互作用关系的纽带。自然环境变异现象过程中累积的巨大能量突然爆发释放出来，将直接或者间接地作用于人类社会。物质循环的变异与能量循环的爆发相互作用，同时与人类社会紧紧联系在一起。人类社会的实践活动是灾害发展、演变、扩散、蔓延的渠道。人类生产生活实践活动在灾害的形成及灾情的蔓延中发挥着关键的枢纽作用，也就是通过人类劳动实践将灾害系统中的孕灾环境、致灾因子、承灾体等主要因素有机结合在一起，同时也正是借助于社会经济行为等人类活动，从而使得自然的变异能量在自然界和人类社会之间继续扩散传播，进而导致了人类社会的重大损失。因此，灾害的产生、发展及传播路径存在于自然的系统演变内的物质变换与循环过程之中。下面以中国华北地区的气象灾害、长江中下游地区的水文灾害、西南地区的地质灾害为例来说明。

1. 华北地区的气象灾害

华北地区是中国气象灾害多发区，最常发生的气象灾害有干旱、干热风、寒潮、沙尘暴、冰雹、霜冻等，其中，干旱-沙尘暴和干旱是主要的气象灾害，如图3-5所示。

1）自然因素

华北地区是指秦岭—淮河以北，长城以南的区域，主要包括北京、天津、山西、河北、内蒙古等省（自治区、直辖市）；中国华北地区夏季高温多雨，冬季寒冷干燥。年平均气温在8~13℃。年降水量在400~800毫米。内蒙古降水量少于400毫米，为半干旱区域。其余大部分处于温带季风气候区，水热条件不稳定，降水的季节差异大，降水集中在夏季，且地表径流较少。华北地区冬季受来自高纬度西北季风的影响，盛行极地大陆气团，气候寒冷干燥。夏季被来自海洋的东南

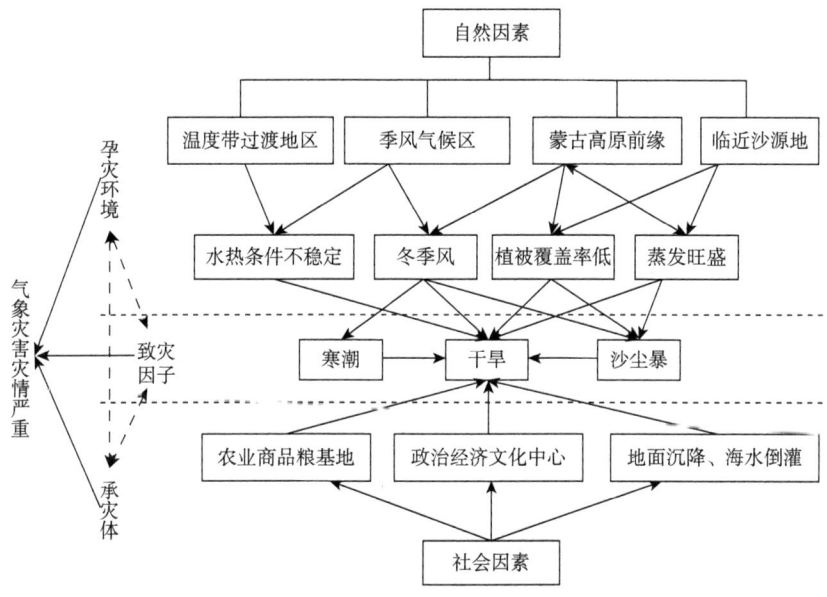

图 3-5 华北地区的气象灾害

季风控制,暖热湿润,雨热同季。每年的春季季风未达,农耕时节,常遇旱灾。旱、涝、冬春季节的沙尘暴、土壤盐碱化、寒潮(冻害)及黄土高原的水土流失严重制约了农业的发展。特别是春季,降水少、气温回升快、蒸发旺盛,植被覆盖率低,土壤墒情差,旱灾严重且多风沙,对种子的发芽和返青十分不利。水是华北地区,尤其是黄河中下游地区农业的命脉。沙尘暴是春季对华北地区影响很大的气象灾害。沙尘暴主要是由沙暴和尘暴共同组成的。强烈的飓风把地面上大量的沙尘卷入天空中,从而使空气变得特别混浊,能见度相对变得很低。虽然华北地区的沙尘暴发生次数和严重程度不及西北,但华北地区人口密度更大,城市密集,因此沙尘暴造成的损失十分严重。华北地区沙尘暴多发的一个重要原因是华北地区靠近沙漠,临近沙源地。

2)社会因素

黄河中下游地区是中华文明的发源地之一。黄河中下游地区历史悠久、人口密集、城市密集、经济发达。华北地区也是中国主要农业商品粮生产基地,主要农产品有小麦、玉米、棉花、花生、稻谷、温带水果等。华北地区还是中国重要的工业基地,机械、钢铁、能源、棉纺织等工业发达,京津唐地区是中国重要的综合性工业基地,华北地区既是中国政治、文化中心,又是一个资源丰富的经济高速发展地区,各类产业发达,工程设施密集。因此,工农业和生活用水需求量大,给华北地区的供水带来了严重的压力。长期以来依靠资源消耗增加产值的企业成为华北地区经济的主导。为了满足生产、生活的需要,很多城市过量开采地下水,导致地面沉降、海水倒灌、土壤盐碱化等问题,进而使得洁净的淡水减少。此外,日常生活中的水资源浪费现象较严重,加上水体污染,进一步加剧了水资源的短缺,使得旱灾更加严重。目前,华北地区已成为中国最缺水的区域。华北地区是中国范围最广、强度最大、灾情最重的旱灾中心,多年平均旱灾受灾面积占全国旱灾受灾总面积的 46.5%,旱灾成灾面积占全国旱灾成灾总面积的 50.5%。严重的干旱对农业和生态环境构成了严重的威胁。

2. 长江中下游地区的水文灾害

长江中下游河道相对于上游而言,河床坡度降幅小,水流较为平缓。但由于水道复杂,支流众多,曲折蜿蜒,加上堤高地低,一旦发生持续性暴雨,往往因泄洪不畅酿成严重的洪涝灾害,人民的生命财产将遭受巨大损失,如图 3-6 所示。

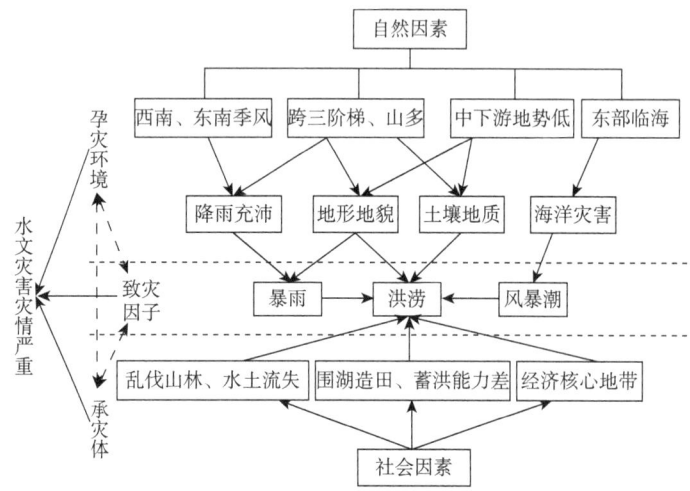

图 3-6　长江中下游地区的水文灾害

1)自然因素

长江中游大部分地区的年降雨量在 1 100~1 400 毫米,其地理分布大致有山地降水多于平原、迎风坡雨量多于背风坡和湖泊降水少于湖岸陆地等特点。在每年的春夏季节分别是早期的梅雨相对集中期及典型的梅雨相对集中期。在这个阶段由于雨量集中,同时暴雨频发,因此在这些区域出现洪涝的可能性最大。气候对暴雨的形成有着十分重要的影响。地区间所存在的阻塞高压在一定程度上对长江中游梅雨期暴雨产生重要的影响。它不但使降水过程变得稳定,而且持续时间长,同时还导致北方来的冷空气不断南下,与南方来的暖湿空气共同作用交接于江淮地区,给这些地区造成持续的暴雨天气。阻塞形势的长期维持在一定程度上是形成梅雨期延长、暴雨频繁的最主要的原因之一。此外,长江中游暴雨的发生也与气旋活动和副热带峰区的位置存在着密切联系。

2）社会因素

长江上游地区经济较落后，人们为了短期利益，毁坏植被、开垦荒地、改变地形，围湖造田，开垦森林，造成森林、湖泊面积不断减少，水土流失严重。土壤退化、盐渍化、土地肥力下降；水库淤积，降低了水库发电的效率、灌溉和防洪效益；河道淤塞，导致河流通航能力下降；中下游江河、湖泊淤积，降低了河流湖泊对洪峰的疏散作用，加剧了洪水灾害。1949年以来长江流域进行了三次大规模的围垦造地造田。围垦造地造田使得以往的欠发达地区（如江汉平原、洞庭湖平原、鄱阳湖平原等）变成了中国重要的粮棉油生产基地，但是经济发展的背后就是生态环境的破坏，屯垦使长江中下游水系的天然水域面积减少了1.2万平方千米。号称"千湖之省"的湖北省湖泊数量从1066个减少到309个，湖泊面积减少，直接导致江河来洪无地可蓄。另外，环境污染加重。长江沿岸工业及生活废水年排放总量约130亿吨，相当于全国污水排放总量的1/3。此外，湖泊淤塞、围垦，造成调洪能力降低，河道防洪能力减弱，加上防洪工程标准低，年久失修，险工隐患多，进一步加深了灾害的危害。

3. 西南地区的地质灾害

西南地区的地质灾害种类复杂多样，发生频率高，影响范围广，灾害危害重，是中国地质灾害最严重的地区。西南地区地质灾害种类多，主要有地震、滑坡、泥石流等，如图3-7所示。

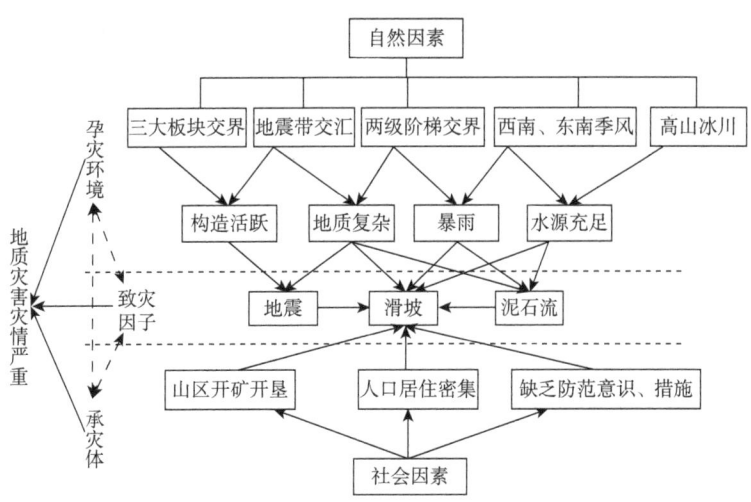

图3-7 西南地区的地质灾害

1）自然因素

西南地区位于亚欧板块与印度洋板块的交界处，地壳活跃。西南地区位于季风区，雨季长、暴雨多且集中，水源充足、降水丰沛，暴雨使地表土层疏松，且在具有一定的坡度的前提下，在重力作用下下滑，极易发生滑坡和泥石流。滑坡、泥石流都是具有明显的季节性的灾害，且这些灾害和西南地区的雨季的时间规律相一致。在同一个灾区，暴雨引发泥石流、滑坡、水土流失等，形成一个灾害链。西南地区的地势复杂，地质运动活跃，土质疏松，且位于板块的交界处，多地震，更容易诱发泥石流等灾害。

2）社会因素

人口快速增长和经济密集发展，加之人类对自然环境的破坏日益严重，不合理的开垦、过度开矿导致地面沉降，地质灾害发生的频度和成灾的强度不断增高。中国在一些地区重大工程建设中，片面强调建设，追求建设指标，一味盲目发展，却忽视了人类活动和地质环境的作用机理与人类活动对地理环境的不良作用及可能产生的后果等，是造成 20 世纪 80 年代以来滑坡、崩塌、泥石流灾害频发的主要因素之一。1991 年 9 月 23 日发生于云南省昭通市头寨沟的滑坡，总方量 1 800 万立方米，造成 216 人死亡。

二、灾害危害

致灾因子和孕灾环境从两方面反映了灾害的自然属性；承灾体的衡量指标所反映的是灾害的社会属性。作为承灾体的人类社会与所处区域的经济社会发展水平有着诸多联系。

致灾因子、孕灾环境与承灾体的相互作用都对最终灾情的时空分布、程度大小造成影响。灾害形成就是承灾体不能适应或调整环境变化的结果。这三种因素在不同时空条件下，对灾情形成的作用会发生改变。因此，我们认为灾害是地球表层异变过程的产物，是致灾因子、孕灾环境与承灾体综合作用的结果。

在灾情形成的酝酿过程中，孕灾环境、致灾因子及承灾体缺一不可，各种不同的生成因素在不同的时空条件下，对灾情产生不同的反应和影响，如图 3-8 所示。因此，灾害风险管理应包括灾害危险性评价和脆弱性评价两部分。

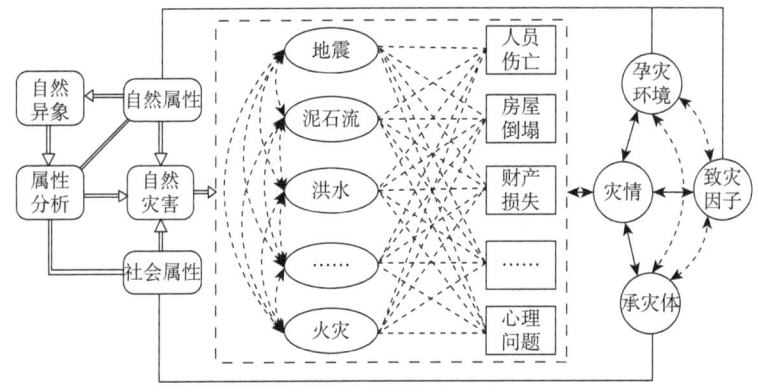

图 3-8　灾害危害孕育图

（一）生命安全

灾害具有衍生性的特点，多数情况下会造成次生灾害，从而又一次威胁人的生命安全。例如，洪灾过后，受灾地区又容易暴发流行性疾病，一旦疫情暴发，将夺走人的生命或者造成健康损失。地震过后岩层结构发生了扭曲，会再次发生地震，或者引发崩塌、滑坡、地陷等灾害，成为严重的安全隐患，给生命安全带来威胁。又如，雷击之后又会引发森林火灾，严重威胁动物和附近居民的生命安全，如果没有及时扑灭，在大量森林被毁的同时，森林火灾进一步蔓延，大面积的火灾又会污染空气，损害人类和其他动物的身体健康。

截至 2020 年，从 2019 年开始的澳大利亚森林大火已经造成数百万公顷的林区被烧毁，近 30 人死亡，超 2 000 所房屋被毁。某些地方火势太大及烟雾太浓，使得无法进行空中灭火。澳大利亚政府将海军军舰和航空队派往灾区参与救灾和疏散。据报道，大火致澳大利亚独特的动植物种群遭遇灾难性的打击，有数十亿种野生动物因此丧生。

（二）财产损失

灾害具有扩散性，人们的实体财物在灾害中遭到了破坏，如房屋坍塌、道路损毁、土地破坏、牲畜死亡等。2017 年 8 月 8 日发生的九寨沟 7.0 级地震就造成了巨大的直接财产损失。还应当注意的是，财产损失除了灾害当中直接丧失的那一部分以外，还有间接造成的损失。

根据四川省人民政府新闻办公室提供的数据，"8·8"九寨沟地震共造成四川绵阳市平武县 11 个乡镇不同程度受灾，共造成经济损失约 1.144 6 亿元。其中道路交通经济损失约 3 704 万元；房屋经济损失约 860 万元；农业经济损失约 2 952.01 万元；林业经济损失约 2 150 万元；通信经济损失约 200 万元；电力经济损失约 180 万元；工业经济损失约 1 400 万元。同时，还造成学校危房 8 万余平方米，损坏运动场 5 万余平方米，围墙 8 546 米，道路 1 803 米，堡坎 2 695 平方米，破坏教学仪器 988 套（台、件），课桌凳 350 套，图书 200 册。

不仅如此，"8·8"九寨沟地震还对九寨沟景区造成了一定程度上的破坏，受地震影响，诺日朗瀑布也遭到破坏，九寨沟的一个湖泊——火花海消失，九寨沟景区震后闭园近 7 个月，造成不小的门票收入损失。

此外，严重的灾害如果引发了金融市场的大动荡，财富可能蒸发，后果更加不堪设想。人员在年龄、性别、收入、居住条件、健康状况等方面存在差异，导致个人对灾害的应急反应不同。因此，当同样强度的灾害发生时，人员伤亡情况不同。

（三）环境破坏

环境的破坏是多方面的，重灾过后，不管是自然环境、生态环境，还是社会环境都有可能受到影响、发生异化，这不仅直接影响当时的生存和生活，还对当地和周边地区的政治、经济、文化的发展造成持续性的影响。例如，2011 年 3 月 11 日，日本东北部海域发生 9.0 级强地震，地震中，福岛核电站因为地震受到损害，发生核泄漏事故。相对于地震造成的直接损失而言，核泄漏带来的长远影响更加难以预计。

（四）社会失序

重大灾害过后，社会正常的运行秩序通常会被打破。当人们面临死亡的威胁、失去生存所需的物质条件、沉浸在失去亲人的悲痛中时，当通信受到干扰和阻隔、交通被切断、求助无路时，当市场运营失去了规范、物资短缺、供求失衡时，当政府机构瘫痪、管理无法正常进行时，这一切都可能导致社会的大动荡。在生存的压力下，人们可能突破法律、道德、传统习俗的约束，做出违背常态的事情；有些人甚至趁危作乱。经济诈骗、抢劫财物、拐卖人口、囤积居奇发危难财、群体性暴力冲突等，这些都可能成为自然灾害造成的社会失序隐患。

例如，2010 年 2 月 27 日智利发生地震，地震致使智利震区水电供应紧张，物资紧缺,惊魂未定的灾民在大街上哄抢物品。此时哄抢救灾物品、社会失序居然成为一种常态。海地地震和智利地震之后,在政府没有及时处理的情况之下,社会秩序被打破,社会出现动荡。而在这样的背景之下进行救援,难度可想而知。

三、哲学反思

灾害的实质是人和自然的关系问题,这一关系包含的两个因素即自然因素和人为因素,都对灾害有主要的影响。灾害的发生由客观的(即自然本身)力量所致,是一种必然,是人力不可违抗的。人不能寄希望于不发生灾害。在这个意义上,灾害是不可避免的。但是,人类不必悲观,这是因为人类可以通过自身努力,提高抗御灾害能力,相对地减少灾害的发生及减轻其造成破坏的程度。人类历史也证明了这一点。纵观人类诞生以来的历史,可以发现,人类在远古时期遭遇的灾害及在灾害中遭受到的损失,是远远超过今天的。纵观人类灾害观的发展史,哲学理论的辩证分析对于灾害观的认识非常重要。

(一)矛盾分析

人主观能动性与灾害的矛盾及认知有限与无限的矛盾等是一个矛盾集合体,矛盾分析有助于灾害认知观的全面提升。

1. 人主观能动性与灾害的矛盾

生态问题越来越受到人类社会的关注,主要的原因在于生态危机对人类的生存和发展构成了严重的威胁。数据显示,1957~1987年温室气体的排放增加了两倍。气候变暖的负面影响逐步暴露出来,全球气候异常,冰川消融致使海平面上升,对人类的生存环境造成了非常大的威胁。再者,如沙漠化问题,全球沙漠化面积每年以5万~7万平方千米的速度扩展,中国仅20世纪50年代初以来,沙漠化面积就增加了21%,随之出现沙尘暴的地区范围也逐渐增长[145]。此外,洪涝灾害、地面沉降、泥石流、滑坡、旱灾、洪水、酸雨、水土流失、土壤盐渍化等灾害的发生频率及对人类社会所造成的损害程度都呈现出上升的趋势。如果自然破坏力所造成的灾害的上升趋势得不到有效遏制,人类社会将面临更多的挑战。

造成灾害的原因是多元化的,但是全部归纳总结之后主要有两点:一是自然力的客观存在,人类无法控制;二是人类的实践活动影响到灾害的发生及灾情的严重性。人类社会进化的历史就是与灾害进行斗争的历史,灾害的产生与演变加剧和人类的能动作用的增强相关。人类改造自然方便自己的同时，也产生了危害自己的因素，为灾害的产生埋下了伏笔。

人类在原始时期对自然界的认知及改造能力较为低下，当时以采伐和狩猎为主的生产生活方式通常只能提供数量有限的物质资源，人类只能被动地适应自然、顺应自然，依靠自身有限的能力和资源从自然界获取食物维持最基本的生存条件。在当时的生产生活条件下，人与自然的关系相对处于原始和谐状态。当时的灾害，如火山爆发、地震等灾害基本上都是由自然破坏力所造成的，人类的社会实践活动还难以改变自然环境对人类造成威胁的状态。

在进入农业社会之后，人类的认识和改造自然的能力有了很大提高，在农业文明的时代，人类社会产生了以耕种和驯养为主的生产方式。然而，人类在改造和利用自然的同时，也进一步加剧了人与自然的矛盾，所造成的负面影响已经开始逐步显露：过度开垦与砍伐造成了水土流失、土地沙漠化，让人类开始尝到了过度使用大自然的后果。总体来讲，在农业社会这一时期，人类社会的生产能力相对还是非常有限，对大自然的作用能力也非常有限，因此人与自然的关系相对和谐。

在人类进入工业社会之后，科学技术发展迅速，人类改造自然的能力得到了很大的提升，这时人们开始肆无忌惮地开发使用自然。当前人类的社会实践活动超出了以往任何一个时期，人类的影响已经深深地进入地球的内部乃至外太空。工业革命给人类社会带来了丰富的物质和精神享受，但同时产生了大量的致灾因子。人类社会正在遭受自己带来的恶果。例如，农业杀虫剂的大量使用对人类社会和生态环境造成了极大危害，这是在告诉人们反思灾害背后人为的因素。人类改造自然能力的提升与自然破坏力对人类造成的危害正呈现上升的矛盾，造成这种现象的本质原因是人类对自然作用的毫无节制，不遵循自然规律，不尊重自然。

2. 认知有限与无限的矛盾

灾害对人类社会的生存发展造成了巨大的危害，这与人类社会对自然有限的认识息息相关。例如，地震、火山等突发灾害的形成机理在理论上已经清晰地表达出来，但是已有的现代科学技术还是不能精确地预测这类突发灾害具体发生的时间、地点和强度。目前人类在面对地震、火山、海啸等突发灾害时还不能组织十分有效的防范，从而使得灾害对人类形成了严重的威胁。

必然，这个词在辩证唯物主义认识论中是指客观存在的事物的规律。自由是指社会主体人类对客观事物本质及规律的认识，从而知道自己对客观世界的改造。也可以这样说，人类文明不断进步的历史，实际上就是人类不断迈向自由的历史。

但是，人类社会已经达到而且可以达到的对必然的认识总归是有限的，人类社会所拥有的自由也是相对的。地球上生活着各种各样的生命，因此也存在着很多的知识。在面对这一个个未知的、未经探索的奥秘时，人类社会的认知是非常有限的。中国古代伟大的哲学家庄子说过"吾生也有涯，而知也无涯"，人类知道的知识是有限的，人类自己并不是无所不能，这促使人类去思考如何开发自然、尊重自然、利用自然[174]。正确认识人类社会的局限性有利于人类认识人与自然的关系，有助于处理人与自然的矛盾，有助于人与自然和谐共处。人类社会在长期的进化过程中形成了强大的能动性和改造社会的能力，如果人类不合理地开发大自然，自然将给予无情的还击，自然灾害就证明了这一点。

承认人的认识的局限性，但这并不意味着人在灾害面前是没有抵抗能力的。必然王国和自由王国是人类对大自然的认识和实践活动的两种不同状态[175]。必然王国是指人类的能力还没有科学地认识客观事物及其发展规律，这样就还不能自觉地理性地支配管理自己的和其他世界的社会状态。自由王国是指人类能够掌握客观事物发展规律，同时可以自觉地根据客观规律支配管理自己和外部世界的社会状态。随着人类社会的不断演变，人类之后一定从必然王国向自由王国前进。在这个过程中，人类不断地发现、发明创新，不断提高抗灾能力。著名的都江堰水利工程就是以不破坏自然资源、因地制宜为前提，变害为利，充分改造和利用自然资源为人类服务，实现了人地水三者和谐共处。作为世界文化遗产，都江堰给人们带来更多的是思想启迪，体会人类如何和大自然和谐相处，同时思考如何更好地开发和利用大自然[176]。在人类由必然王国迈向自由王国的过程中，人类社会应该走一条不同于前人的道路。

（二）辩证分析

辩证分析，是指人们通过概念、判断、推理等思维形式对客观事物辩证发展过程的正确反映，即对客观辩证法的反映。灾害的辩证分析是将对象作为一个整体，从其内在矛盾的运动、变化及各个方面的相互联系中进行考察，以便从本质上系统地、完整地认识灾害的成因与应对灾害。

1. 致灾因子

对灾害进行成因分析是必须进行的一项主要工作，通过辩证分析，找到相关的灾害诱发原因，从而为灾害预防与应对提供有力依据。

1）对立统一原理

灾害在其形成和发生的过程中，始终充满着诸多因素的矛盾运动，构成相互制约的对立统一体。它不仅揭示出灾害作为一种自然、社会现象的基本特征,也从侧面勾画出人与自然的辩证关系,即灾害现象是人与自然这一对立统一体的特征表现形式,离开人类的存在及人类的能动作用,自然界将变成一个纯粹的和抽象的存在物,反映人与自然对立统一关系的灾害现象也就不复存在了。人类社会到今天,在大自然的报复中已经逐步觉醒并形成了新的共识,即人类有强大的社会实践能力,但人类依然是自然的一部分,而不是自然的敌人。人类的一切实践活动必须控制在一定的合理的范围内,有节制地开发和使用自然。

2)量变质变原理

量变是指事物数量的增减,是一种渐变的、逐步累积的变化。质变是指事物演变过程中发生的根本性质的变化,是渐进过程的中断。自然灾害的形成是一个量变到质变的过程。在量变阶段,灾害生成和促进灾害的影响因素在灾害的生成过程中此消彼长,经过一定的时间一部分影响因素逐渐累积达到量变的临界点,就会产生质变,这时就产生了自然灾害。

3)否定之否定原理

灾害的成因演变机理可以理解如下:一方面灾害是对旧有的自然形态、社会环境和人与自然关系的否定,另一方面表现为对新型的自然形态、社会环境及人与自然关系的选择与肯定。在否定与肯定之间的不断变化说明客观的世界不是完全不变的。但是,灾害系统也有把灾害变为利的可能性。

2. 灾害应对

灾害往往引起大量的人员伤亡,如地震灾害是毁灭性灾害之一,通常给灾区带来巨大的经济损失和社会影响。因而,灾害的应对是快速应对次生灾害、有效减小经济损失、营救人们生命和财产安全的关键途径。

1)客观性与主观性的统一是指灾害作为一种存在的性质

灾害的发生由自然事件本身造成,所以是客观的、必然的,人在灾害发生面前,至少在目前的历史条件下几乎是无能为力的[177]。就自然"灾害"而言,其造成破坏的程度,对人和社会生存造成的损失情况,取决于人和社会自身的状况,即人和社会对于灾害的准备程度与承受能力。就灾害破坏的后果来说,如何评价和判断,则带有明显的主观性,即人的主观需要、观念、能力等要素[178]。

2)绝对性与相对性的统一是指灾害自身的历史性质

在人的生存能力及对灾害的抗御能力没有超过并完全控制自然力量的情况下,灾害的发生是绝对的、永恒的。但是,随着人类社会的进步与发展,人自身的生存能力及抗御灾害的能力在逐步提高发展,因而相同的自然现象发生之后,是否造成及会造成多大程度的灾害,又是相对的,具有明显的历史性质。它告诉人们,灾害在一个限度内是可以减轻的,甚至是可以战胜的。人类不必悲观。

3）宏观性与微观性的统一是指灾害的结构性质

灾害首先是一种宏观存在，在人类生存能够感受的领域内，它几乎无所不在，而且一旦发生就会对人和社会的生存与发展产生广泛影响。但是，就每一场灾害的发生及其后果而言，它又是以微观的形式存在着的。无论是一场可以波及数省、造成数以万计人员死亡那样的大水灾，还是一场不足一平方千米山体滑落而致数户或数十户家产损失、人员伤亡的小型滑坡灾害，最终都体现在具体的人的生命财产的损失上。这一点就决定了任何抗御灾害活动都必须以人为出发点和归宿。

四、价值判断

价值观决定世界观和人生观，是人类主体对客体价值的总的评价和看法，表现为价值取向、价值追求及价值尺度和准则，具有相对的稳定性及持久性，对个人行为和群体行为都存在影响。因此，面对灾害，需要正确的价值观指导处理人类与灾害的关系，灾害价值观包含了人类对灾害价值的总体评价和看法。

（一）存在价值

人类是自然物质系统运动的产物，但这个过程极其复杂。历经宇宙诞生、太阳系诞生、地球诞生、地球环境演化、原始生命孕育、人类诞生、文明诞生和发展，每一过程都充满偶然性[179]。地球与太阳适宜的距离；地球适度的体积和质量产生适当的引力；适当的大气层保持了地球适宜的温度、水主要以液态存在、阻挡过量的有害辐射等条件成为孕育生命的前提。原始生命物质在海洋诞生后，经过亿万年的进化并与地球环境相互作用改造了环境，大气中有了充足的氧气，陆地隆起、水的海陆循环产生丰富的生态系统。经过漫长的适者生存的生物进化，直到约 300 万年前，人类诞生，人类同其他生物一样是由各种基本粒子构成分子进而组成人体的，这一过程充满随机性。以语言文字为标志的人类文明又是在几千年前才出现的，现代文明的历史仅仅数十年，相对人类的历程，现代文明不过弹指一挥间，相对地球的进化史，也许算不上过眼云烟。

历经数十亿年的演变，人类的存在是偶然的还是必然的，人类究竟有何存在价值？何况一切事物既有开始也必然有结束，太阳的光热也有耗尽的时候，依赖太阳光热的地球生态系统失去维持生命的条件必然消逝，人类文明终究会结束，人类能否找到其他适合的居住地[180]，这个难题困扰着人类，难以解答。人类存在的价值也许对单个人或人类全体而言就是在死亡或灭亡之前尽可能解释内心的困惑，使命或许就是让种族永续生存，永续生存才能不断发展，不断解答困扰人类的难题，才有可能最终揭开人类存在价值这个终极问题。灾害的存在，威胁人类的生存，人类与灾害的抗争是为了不被自然灭亡，争取永续生存下去。人的生命价值不可计量，应对灾害，应以人的生命安全作为最重要的标准，人具有主观能动性，能理性减少灾害对生命的威胁，从根本上看，就是保持人类的永续生存[181]。

（二）生态价值

政治经济学认为价值是人类无差别劳动在商品中的凝聚，自然生态环境、资源及自然界生命体并没有人类劳动的付出，是天然存在的，因而也就不具有价值，使用生态环境和资源是不用付费的。长期以来，在这种主观判断的功利性思想指引下，人类将自然界视为"公地"，大肆掠夺自然资源，向环境排放大量污染物，导致生态环境不断恶化，人与自然的矛盾凸显[182]。自然对人类的报复提醒人类树立客观的生态价值观，正确处理人与自然的关系。生态价值观即关于自然价值的认识，既体现生态环境对人类的有用性，又反映生态环境自身存在的价值。自然孕育人类，并为人类提供生存发展的条件。人类生存的自然是否有其自身的价值和利益、短期的或者长期的利益，这是需要思考的。

在对待生态价值的问题上，人类中心主义和自然中心主义存在巨大分歧。人类中心主义认为，人类的价值高于自然的价值，人类的需求和利益是价值判断的依据。其中的强人类中心主义认为人类的一切需要都是合理的，为了满足自己的需要可以对任何自然存在物做出任何行为，自然界仅是一个供人类索取资源的仓库，不存在内在目的性[183]。人类中心主义者在认识到这种价值判断标准对自然产生巨大破坏，导致人与自然的严重对立后，创立了弱人类中心主义。弱人类中心主义认为应该对人的需要做出一定限制，不仅满足人类需求也部分肯定自然存在物的内在价值。虽然弱人类中心主义同样以人类的生存发展需要作为价值判断的出发点，但应当对人类的利益和需要进行理性权衡，反对绝对化[184]。

自然中心主义强调自然具有内在价值，人类只是自然界千千万万物种中的成员之一，并非天生优越于其他物种，人类与其他物种和生态构成实体具有平等的内在价值。自然中心主义认为导致人与自然关系对立紧张的根源是人类中心主义思想，主张将伦理学应用到处理人与非人存在物，包括动物或所有生物或生态系统。人类不应仅仅把自然当作获得资源的来源，而是要与自然生态系统平等相处，在一定程度上克制自身的欲望，理性发展，适度发展。

随着人类对生态环境整体认识水平的提高，自然中心主义和人类中心主义的发展有融合的趋势，共同追求人与自然的利益共同体，即生态中心主义[185]。生态中心主义关注生态价值，注重生态环境的整体协调，提倡人与自然和谐发展，这是调整人类行为的法则。

（三）主观价值

人类以自己的主观价值判断自然价值包括正价值和负价值，认为对人类有利的就是正价值，反之是负价值。然而自然界先于人类存在，人作为价值的判断主体值得商榷[186]。自然界有自身发展运动的规律，有其权利与利益，包括生物及其他自然事物都有权按生态规律生存或存在下去。灾害作为自然界中的一种存在现象，其发生也是自然的权利。人并非世界的中心，也不是万物的尺度，以人的价值来判断灾害的价值是片面的。

灾害是自然生态系统的自身调整，打破旧有的不稳定性，达到新的稳定性。以自然的角度来看，灾害是地球生态系统的正常运动。地球环境的演化离不开灾害的作用，地球诞生之初接受外来星球碰撞带来了矿物和水等构成物质；板块漂移、碰撞形成地震，也隆起山脉，才有水资源的往复循环，陆地才有了生机勃勃的生态系统；洪水泛滥的同时也带来肥沃土壤，清洁河道。即使灾害的成因源于人类，但人类是自然的一部分，灾害的发生也同样是自然自身调整的一种方式。

从人类的角度来看，灾害具有正面与负面的价值，负面价值表现在灾害造成人员伤亡、经济损失、环境破坏，打乱人类的正常经济社会活动方面。灾害致个体死亡结束了人类个体的存在，也结束了其对自然和社会的影响；灾害致个体受伤导致其能力的部分丧失，因个体差异，人员伤亡的损失难以估计。20世纪以来的印度洋海啸、缅甸风灾、"5·12"汶川地震、海地地震几次大灾害，都导致数万至数十万人丧生，人员伤亡损失不可计算。2004年12月26日，印度洋海啸发生的范围主要位于印度洋板块与亚欧板块的交界处、消亡边界。震中位于印度尼西亚苏门答腊以北的海底。这场突如其来的灾难给印度尼西亚、斯里兰卡、泰国、印度、缅甸、马尔代夫、马来西亚等国造成巨大的人员伤亡和财产损失，印度尼西亚卫生部称，截至2005年1月20日，印度洋海啸已经导致22.6万人死亡。

并非所有的灾害都会造成人员伤亡，而灾害扰乱正常的生活、造成经济损失是必然的。由于对灾害的畏惧，灾害发生时人类社会秩序会受到冲击，秩序的破坏可能引发更多社会问题；正常的经济活动也可能因灾害中断，如工厂停止生产，产品运输、分配、贸易等环节中断，巨灾甚至可能引发社会倒退或政权更迭。灾害还改变物质与能量的集聚状态，对人类赖以生存的资源与环境造成破坏，如地震造成山体崩塌、毁坏森林与耕地，旱灾引发植被死亡、土地退化。

与此同时，灾害的发生促进了人类的进步，体现其正价值。具体来讲，灾害暴露出人与自然的不协调，人类从灾害中反思自己的行为，亡羊补牢，为时不晚，通过改变旧有行为，采取综合的减灾和防灾措施，以期实现人与自然的协调发展。1998年长江洪灾的惨痛教训促成了长江上游地区的天然林禁伐；"5·12"汶川地震灾害促使新建建筑合理布局、提高抗震能力；全球异常极端气候的频发促使全世界共同商讨温室气体减排的问题；灾害甚至引发社会变革，进步力量推动社会前进。人类不能消灭灾害，但能从灾害中得到警示和教育，前事不忘后事之师，在灾害之后，总结反思造成灾害的原因，调整自身行为，趋利避害，使人和自然各得其所。

如果有人破坏了规则,但是这种行为没有及时得到处理,那么看到这一过程的人就会效法,也去做出同样的破坏规则的行为。

——〔美〕杰考白·库宁

第四章　灾害风险生成及防范

进入21世纪以来，一系列自然巨灾及其给人类生命和财产造成的巨大损失，使人们明显意识到：在现代科技和经济快速发展的当今社会，一方面，随着人类活动对自然界的干扰影响日益加大，各种潜在的和现实的灾害风险对人类的威胁正变得日益复杂和难以预料，我们必须更加深刻地理解灾害风险的生成机理。另一方面，传统的、单一学科的灾害风险管理方式，再也无法有效应对人类面临的日益复杂的自然灾害风险，人们要有效地减轻和控制灾害风险，就必须采用更加综合的和多学科的方式来防范各种自然灾害风险。

一、生 成 机 理

灾害风险的生成有众多诱发因素，其中，内在因素会危害社会稳定性，并在外在诱发因素的推动下，进一步破坏社会安全。这些潜在风险经过潜伏期的萌芽、积聚期的蔓延和升级，最终形成灾害风险，并有可能进一步发展为社会冲突、社会失序和社会失稳。

（一）诱发因素

灾害本身似乎不能直接引致任何风险与冲突，但这些灾害会给周围的生物造成悲剧性的影响，相对于人类社会而言则构成灾难，造成生命伤亡与人类财产的损失，给国家带来严重的影响，严重时还会妨碍国家对社会风险的管控能力，导致风险进一步升级[187]，尤其是当政府部门在救灾和灾后重建的表现达不到人们的期望或有很大差距时，就会加剧人们对政府的抱怨和不满，不同利益群体的矛盾也可能被激化。这意味着，平时看来微不足道的事件，可能在灾害的诱导下演变为重大风险事件。此时，灾害就成为社会风险产生的一个"诱发因素"。

灾害的危害范围有大有小，危害对象数量也有多有少，产生的危害程度当然也有深浅之分。灾害往往危及的是广大群众的集体利益，也只有如此才可能对社会产生一定程度影响，成为社会风险的根源之一[56]。例如，某一山坡发生泥石流，最多的就是媒体报道，给予民众提醒，不会对社会的稳定产生实质性的影响。但大面积的灾害，无论是人员伤亡，还是物质损失，都是难以计数的，影响就是社会大面积的恐慌，这种公共性的自然事件才有可能导致社会风险的出现。

2008年5月12日14时28分，中国四川省阿坝藏族羌族自治州汶川县发生里氏8.0级地震，国家统计局数据显示，"5·12"汶川地震造成69 227人遇难，374 643人受伤，17 923人失踪。波及9个省，造成的直接经济损失达到8 452亿元，基础设施、道路、桥梁总损失达到21.9%。虽然说地震波及范围有限，但是它的影响范围是巨大的，地震后，中国各方积极采取灾后措施，尽量减少损失。各地人民除了对灾区人民表示同情与惋惜以外，同样也有恐慌，对政府事先没有预测到地震而感到愤怒，怀疑政府无作为，对政府的信任度一度下跌，这无疑会为社会风险的形成埋下隐患。

此外，灾害发生后，资源需求量增加的同时，供给水平反而下降，导致资源的稀缺，进而分配出现问题[188]。资源稀缺并不会直接导致社会风险，而是极大地增加了社会风险的概率，同时也给当前的社会福利机构增加了再分配的负担。三种理论可以解释稀缺性如何演变为社会风险，分别是沮丧侵略理论、群体认同理论、结构约束理论[17]。

1. 沮丧侵略理论

沮丧侵略理论认为民众对社会的不满和自我剥削感会加剧灾后社会矛盾。这是灾后资源短缺，民众的需求得不到满足或没有达到预期值，使得这些人愤怒、不满，具有侵略性，甚至引发社会冲突。

2. 群体认同理论

群体认同理论解释了群体间的冲突。社会群体间的差异增加了自身的认同感和凝聚力，与此同时，也使不同群体间缺乏交流，导致不友好甚至隔离，严重时还会引发群体间的冲突事件。如果某群体的领导者为了维护自己的地位和权势，大肆渲染和利用这种差异，则更加可能诱发冲突事件。

3. 结构约束理论

结构约束理论侧重于围绕社会和潜在不稳定群体之间的可能性和约束，该理论认为国家政权受到的挑战是社会风险产生的契机[189]。但并非所有挑战最终都演变为风险，带来损失，只有当国家应对能力很弱，而挑战方组织性好、武装力量强时，社会冲突才可能爆发。这说明社会冲突的发生由内因和外因共同决定。灾害导致资源稀缺，随着对社会不满情绪的上升，越来越多民众加入抗争的队伍。一方面，社会变化越快，人们的期望值越来越难被完全满足，因此也越来越容易爆发风险；另一方面，如果社会本来不够稳定，突如其来的灾害无疑会加重打击，诱发新的社会风险。当一个社会经济发展不均衡，造成社会群体贫富差距过大时，环境冲突更可能导致社会风险。

对于环境突发事件而言，影响范围较广、损失严重的灾害更有可能导致社会风险的产生。因此，在灾害发生后，政府应尽快做好救灾、恢复重建等相关工作；做好社会冲突事件的防范工作，避免资源分配不均导致的冲突甚至暴力行为。若冲突事件发生，要及时处理，防治冲突升级。此外，灾后很可能出现失控局面，进而引发投机行为，要做好及时管控。灾害对社会、经济及经济对灾害的影响都在加强，灾害已经成为社会风险的主要诱发因素之一。灾害的突发性带来了多方面的风险，因此灾后救助管理是对政府社会风险协调能力的严峻考验。

（二）内部因素

灾害本身是社会风险的一个诱发因素，也极有可能造成人类生存环境剧变，给人类生命安全和财产造成严重损失，而且间接地产生社会风险，造成次生的突发事件，促进社会风险的又一次升级，导致规模更大的社会秩序破坏和社会稳定性破坏，甚至还可能引发公共危机。社会风险的内部原因是引起社会风险的"内生变量"，是指社会在正常运行的情况下所潜在的社会风险[23]，主要分为以下几类。

1. 经济因素

贫富差距问题是影响社会稳定的重要因素。贫富差距是不会消失的，而且，如果其存在在可接受的范围内，对于社会的正常运行有推动作用。但是，若对贫富差距不加以合理管控，导致其超出合理范围，就会演化出许多社会问题。每个群体拥有的资源存在差异，因此经济地位也日渐不同，导致群体之间的差距逐渐拉大，万一没能得到妥善的处理，群体之间便会开始出现对立，更可能会放大群体之间的矛盾与冲突，对社会的稳定、健康运行产生不好的影响。在灾害发生后，各个社会群体的利益诉求差别很大，很容易引发风险。

2. 政治因素

政治体制的不足往往在某些方面无法为民众提供平等的机会，主要表现为公民很难通过竞争实现利益的公平分配，这种现象促使民众的不满情绪，不满情绪累积到一定程度会宣泄出来,在一定程度上破坏社会的稳定。当灾害发生时,这种社会系统的稳定性进一步遭到破坏,进而大大增加了社会风险生成的可能性。此外,规章制度的缺陷加剧了灾害风险的生成。有些灾区,当地政府在灾害发生后的处理措施缺乏效率和质量,成为社会风险产生的主要原因。具体表现如下:①相关管理制度不健全引发风险,由于没有健全的规章制度或在管理中存在制度上的缺陷,在灾害发生后的救援、资源分配等问题上造成民众不满,就有可能引发政府与基层群众的矛盾,累积到一定的程度就势必引发社会风险;②职责分工不清引发的风险,在灾害的灾后管理中,职责权限、绩效指标、工作分配不清也会导致风险。

其中,利益表达制度的不健全最容易引发灾后社会风险形成。利益表达是指在社会不同群体的个体,通过特定的渠道,试图向政府、执政党和社会各级组织机构表达自身利益要求,目的在于影响公共政策输出时的结果,以求政策更好地体现自身的利益。利益表达机制,则是在承认个体正当利益的基础上,允许社会成员通过正常合法的渠道和方式,来表达自己的利益诉求的机制。

灾害发生后,不同的个体在社会群体中占据位置的差异导致他们在资源占有上也存在差异,这也就导致了他们在自身利益的表达机会上的不均等性。强势群体拥有一定的资源优势,自然也就会赢得更多的利益表达空间;社会的各界精英担任着许多的重要职位,他们拥有更加快捷的利益表达通道,甚至在制度真空的状态下,他们都可以充分利用其所占据的资源,通过一些不合理的方式和方法给自身获得更多更好的利益表达机会,这种不均等性,势必会增加社会风险隐患。

3. 法律因素

如果法律体系不够完善,存在大大小小的漏洞,那么一些人或群体就会通过这些漏洞获得不公平的利益,而执法者的自由裁量权也为这种获利的可行性提供了一定基础。此外,经济因素和政治因素的加入,导致在一些特定情况下相同的法律行为却获得了不同的法律结果,因此执法不严、依法不谨、司法不公成为社会风险形成的又一个重要诱因。

4. 社会因素

橄榄形的社会结构是目前最有利于社会稳定的社会结构,同样也是一种均衡合理的现代社会结构。但是现实中的社会结构很难达到理想中的橄榄形社会结构,影响社会结构平衡的因素有很多,如社会的结构的群体分化、群体间的经济差距、社会地位的差距,以及价值观等出现严重的分化等。若社会群体的分化明显,会导致极少数人掌握整个社会的绝大部分资源,整个社会结构会呈现出典型的"金字塔"形。在这种失衡的社会结构中,又缺乏避免两极分化继续加大的制度安排,一旦出现突发事件,必然导致大多数普通民众对社会上层的对立与围攻。

5. 心理因素

在众多引发社会风险的内因中，心理因素具有相对更强的不确定性，容易受到其他因素的影响。心理因素在一定程度上是经济、政治、法律和社会因素共同作用的结果。资源的稀缺性导致人们对资源的无限渴望，当资源配置既不公平又缺乏效率，多数人无法通过合理的途径及时获得有效资源时，心理失衡就产生了。其中表现突出的是"羊群效应"，即从众心理。心态失衡造就了大多数群体性事件中不明真相的围观者和参与者，进而成为社会风险的又一个重要诱因。

此外，如果灾害的灾后重建期望与现实差距拉大，一些灾民的"相对被剥夺感"就会增强，这是社会冲突乃至社会动荡发生的一个重要原因。随着互联网和信息技术的发展，各种价值观传播、碰撞，严重影响到具有相似生存背景和权利诉求的人，导致不同价值观群体间的价值冲突。面对急速的社会变迁，社会控制机制弱化，于是，如果众多的社会行为没有得到明确的约束和引导，就会引发社会价值观与社会文化心理的扭曲，导致社会风险。

（三）演化机制

灾害风险系统的结构十分复杂，普遍采用概念模型的方式来表达其生成机制。全面反映形成灾害社会风险系统的各要素，本质上是将多维的风险问题简化成便于比较大小的一维问题，有助于对灾害风险系统的理解和分析。

灾害社会风险生成模型是进行灾害风险类别比较的具体方式，即选用合理的算子对有关的量进行数学组合，形成数学表达式进行计算。基于对灾害风险不同的理解和定义，相应灾害风险概念模型的表达式也有所差异，主要有以下几种。

（1）风险（risk）= 致灾因子（hazard）+ 易损度（vulnerability）。
（2）风险（risk）= 概率（probability）×损失（loss）。
（3）风险（risk）= 概率（probability）+ 脆弱性（vulnerability）。
（4）风险（risk）= 致灾因子（hazard）×脆弱性（vulnerability）。

上述灾害风险表达式全面地反映了形成灾害社会风险系统各要素，而人类对灾害风险的应对能力或防灾减灾能力，是在区域风险评估基础上进行的。最基本的风险概念模型如下：

$$R（风险）=P（概率）×L（损失）$$

其中，P 表示致灾因子发生的概率或重现周期；L 表示致灾因子对区域可能造成的破坏和损失，即可能的灾情。

灾害社会风险表达式本质上是将风险的多维性简化成一系列的一维问题，以便于分析、比较风险大小。风险表达式对灾害风险研究领域而言，是简化了的分析过程和结果，但存在仅依靠风险值开展风险管理和减灾措施的不足之处，因为灾害风险是在主观因素和客观因素的双重作用下形成的[190]。

1. 主观因素

灾害本身直接引发生命安全风险、财产损失风险、环境破坏风险，并且直接导致了逃生过程中形成的如交通混乱、踩踏、越狱等秩序混乱状态。例如，2014年4月2日，智利西部海岸发生8.2级地震，导致伊基克市某监狱的300名女性犯人越狱。

在自然灾害的袭击下，自然环境发生异化，这种异化往往是强烈且影响深远的，如泥石流造成山体异化，植被、农田遭受严重破坏，可能导致该区域不再适合林业、农业生产。更严重的情况如日本大地震造成福岛核电站放射性物质泄漏，影响海洋的生态环境，并且人们会担忧海产品的食用会造成健康损害，未来海洋的渔业和养殖业可能会有严重损失。

2. 客观因素

危害社会稳定性的内部因素主要包括经济、政治、法律、社会和心理等，灾害的爆发破坏了原有的处于平衡状态下的社会，社会主体的生存、生活状态发生了根本性转变，生活资料的短缺、交通通信的暂时中断、强烈的精神压力等导致群众心理、安保秩序、经济秩序等脱离原状。应对主体的行为也就是社会风险的原因，管理者在社会风险应对决策与执行中的不足，政府信息的滞后性公开会引发社会骚乱。

灾害风险是在诸多因素的共同作用下诱发的。灾害事件是社会风险诱发的导火索，如同燃烧现象，具有一定规模的灾害通常将社会风险迅速加温到"着火点"[191]。主体的行为构成了社会风险的诱发动力，受灾主体在面对灾害时形成了特殊的利益诉求，他们的生活境遇、对灾害的态度、对风险的理解与认知影响了自身的行为，他们可能因为自身生存需要或者利益诉求而卷入社会冲突之中。孕灾环境是社会风险孕育的温床，灾后无论是自然环境还是社会环境都发生了巨大变化，被摧毁的环境需要一定的时间方能被重构而达到稳定，在重构的过程中，失序则成了社会风险的滋生条件。

应灾决策及措施决定了社会风险能否及时得到遏制，而灾损情况和承灾能力大小是确定社会风险级别的关键因素。

近年最为典型的灾害是日本大地震，其引发的社会风险涵盖了多个方面，包括环境破坏、财产损失、生命威胁、社会失序、心理失衡等各方面，本次事件演化错综复杂，并且核事故的特殊性所造成的社会风险在相当长的时间里还将继续造成影响。

灾害风险作为社会主体之间的一种互动方式，无时不在，无处不有，它既能促进社会发展，促使社会与群体的整合，发挥社会"安全阀"的作用，又能消耗社会资源、破坏社会秩序、伤害社会心理、产生社会问题。

（四）演变模式

灾害风险的产生并不是杂乱无章、不可捉摸的，一般情况下，灾害风险生成的基本模式分为四种，即突变模式、蝴蝶效应、涟漪效应和群体效应。

1. 突变模式

法国数学家勒内·托姆的《结构稳定性和形态发生学》一书中介绍了突变理论。突变理论研究的是一种稳定的组态如何变迁为另一种稳定的组态和该种现象及其发生的规律。在突变理论中，将系统内部状态整体性急速的变化称为"突变"，它强调了过程的连续性和结果的非连续性。灾害社会风险演化的"突变效应"主要分析灾害事件发生是如何突然转化和跃迁为社会风险的过程的规律。

在灾害事件中，假定灾害损害状态是一个风险自变量函数 x，应对灾害主体行为是一个风险因变量函数 y，社会风险值即 $R=f(x, y)$。如果社会风险值未突破风险临界点 D，即 $R \leq D$，为亚稳定均衡，即属于潜在风险；如果因某种内力或外力，风险值超过或突破风险临界点 D，即 $R \leq D$，则释放潜在能量，风险骤然变化或突然爆发，严重破坏均衡并形成现实风险，这种能量在环境介质中扩散，由于突变具有传染性，于是就会引起次生突变，最终导致灾害社会风险的形成。

以地震灾害为例，人口的密度和分布情况、应灾设施状况、灾害监测与预报能力、紧急状况转移能力、临时避灾点、信息传达等因素对地震灾害的社会风险形成有着重要的影响。地壳运动一般是地震的主要原因，如果对地震的监测与预报准确，就有可能及时通报给当地居民，在被检测到的地震造成人员的伤亡和财产的损失之前迅速地采取应对一些措施，将其转移至安全地带。在此过程中，转移路线的安全和畅通、交通工具的迅速和到位、避灾地点的充足和安全，对转移具有重要的作用。假如能够较好地应对灾害，那么灾害之后短时间内就能恢复正常的社会秩序和生活，次生风险就能够被避免。反之，如果处理不当，就可能埋下祸根。

2. 蝴蝶效应

"蝴蝶效应"是混沌理论中的一个概念，一只生活在南美亚马孙河流域热带丛林里的蝴蝶，偶然的几下翅膀扇动，会引起美国得克萨斯州的一场龙卷风[192]。这一过程的原因是，蝴蝶扇动翅膀会引起其身边空气的流动，致使周边空气系统发生变化，进而引发连锁反应，导致更远范围的系统发生极大变化，最终造成得克萨斯州的龙卷风。换句话说，就是"在混沌系统中，初始条件的十分微小的变化经过不断放大，对其未来状态会造成巨大的影响"。

"蝴蝶效应"的产生一般有三个基本条件：①初始条件的偏差；②事物间存在相互依赖性；③不可预测性因素的介入。牛鞭效应在社会学上，是指事件的起始状态发生微小的变化，通过一系列环节的传递，变化的幅度会越来越大。在灾害社会风险演化过程中，存在传递特性。一个微小的自然异化可能诱发巨大的社会风险，最终造成社会危机爆发。

3. 涟漪效应

"涟漪效应"最初产生于心理学领域，美国心理学家杰考白·库宁（Jacob Kounin）在研究人类模仿心理的过程中提出，其含义如下：如果有人破坏了规则，但是这种行为没有得到及时处理，那么看到这一过程的人就会效法，也去做出同样的破坏规则的行为。他将这种现象通过石头产生涟漪进行比喻：将石头掷入平静的水里，石头在一个点上打破水面的平静，激起的涟漪以触发点为中心向周围扩散，并传播至很远的地方。

涟漪效应的扩散形态和方式同蝴蝶效应有着一定的反应区别，蝶效效应源于一个小事件或者说较小的风险源，通过连锁影响，风险源产生了一连串的事件，并且每一步都有放大的效果，层层发展之后，社会风险向外传播开，并且影响力越来越大。涟漪效应则是从一个社会风险开始，以其为中心从里到外逐层扩展，每一层都影响着周围的环境、秩序、行为等，导致社会风险向周围扩散蔓延。以一个小小的谎言为起点，以讹传讹地扩大风险，这就是典型的蝴蝶效应。日本大地震造成国内各种社会风险，以这些风险为起点，周边国家的谣言、聚集游行是对其的一种回应，也是新的风险点，继而以新的风险点影响周边，层层传播扩大影响，这就是社会风险演化的涟漪效应。

4. 群体效应

群体效应是指，在一个群体之中，个体的活动受到群体的约束和引导，个体间相互发生作用，使得整个群体在心理和行为上都表现出趋同现象，在群体效应下形成社会趋同效应和从众效应。在一个团体中，随着人与人相互影响，彼此之间的差异越来越小，个人的行为逐渐趋于统一，或者叫作标准化，在信念、观点、行为等方面表现出一致性。

在灾害社会风险的演化进程中，灾害直接或间接对群体或个体的利益造成损害，面对利益受损的情况，个体容易模仿或复制群体，并做出与群体一致的行为，个体行为趋同聚集起强大的群体力量，从而更加容易导致群体性事件的爆发。可以借助物理学"磁场理论"来研究群体效应的演化机理，借助心理力场和环境因素进行解释。

一般来说，人的心理状态、行为活动是在内部需要和环境的相互作用下进行调整的。当个体的需求得到满足，或灾害引发巨大差异时，人的心理状况就会发生改变从而产生心理力场的张力。在灾害发生之后的某些情况下，个体的行为会随个人的心理情况和群体行为的变化而变化，激进易怒的人群在巨变的环境中会随大流而丧失自主判断能力，不会去仔细考虑自己的行为带来的后果，主要表现为从众。随着时间的流逝，当这种从众行为积累到一定规模时，容易失控，就会冲破规范的约束，形成社会风险。

二、生 成 过 程

唯物辩证法认为，物质世界本身有着自己的辩证运动规律，任何事物都有一个产生、发展和灭亡的过程。灾害风险的产生是一个复杂的过程，在具备一些基本构成要素之后，生成还要经历一个循序渐进的过程。一般会与致灾因子、孕灾环境和承灾体之间的相互作用、相互影响、相互联系有关。三者相互作用形成一个具有一定结构、功能和特征的复杂系统，一步步将灾害的影响扩大到社会系统，并最终形成社会风险。

1. 致灾因子

致灾因子是永远存在、无法避免的，主要包括：①自然致灾因子，如地震、火山爆发、洪水、海啸、冰雹、风暴潮、沙尘暴、泥石流等；②环境及人为致灾因子，如环境破坏、植被破坏、核污染、战争、化学污染等。

一般将致灾因子划分为自然致灾因子与环境及人为致灾因子，然后根据致灾因子产生的环境进一步划分如下：大气圈、水圈所产生的致灾因子；岩石圈所产生的致灾因子；生物圈所产生的致灾因子。对人为致灾因子的分类，目前还没有一个较为完善的体系，但一般划分为技术事故致灾因子，危险品爆炸、核外泄致灾因子，计算机病毒致灾因子，管理失误致灾因子，国际或区域性政治冲突致灾因子。

早期研究重点关注灾害的自然属性，着力于致灾因子形成机制和发生发展规律，形成了致灾因子论。该理论认为灾害的形成是致灾因子对承灾体作用的结果，没有致灾因子就没有灾害。

如今，在对致灾因子分类的基础上，应着重研究致灾因子产生的机制，计算其超越概率、回归周期、强度、烈度、影响范围和持续时间等特征，通过对各种致灾因子的综合分析，对城市灾害风险进行区划。同时，借助于各种最新的技术手段强化对各种致灾因子的实时监测，以提高对各种致灾因子的预报准确率。力求通过减缓灾害风险，采取各种措施切断由致灾因子向灾害演化的链条，降低灾害造成的损失和影响，甚至避免灾害的发生。

2. 孕灾环境

孕灾环境是指自然环境与人文环境共同构成的系统，包括大气圈、水圈、岩石圈、人类社会圈等。孕灾环境是在地球的自然运转和人类活动等诸多因素的相互作用下形成的，在这个宏观的环节中任何一个环节上的改变都会对整个宏观环境的状态产生影响。任何灾害都必定发生在一定的孕灾环境中，通过改变孕灾环境，改变灾害发生的频次、强弱和损失情况，对灾害有着调节的作用。例如，疏通水道一方面有效地调节了局部地区气候条件、改善了生态环境，另一方面，疏通水道有效地减少了洪涝、干旱等灾害的风险和规模。

灾害发生的特点和频次随着局部环境和宏观环境变化而变化，尤其是随着气候、地表状况及人类物质文化环境的变化而改变。人们开始重视对孕灾环境的研究，形成了孕灾环境论。该理论认为不同的致灾因子产生于不同的孕灾环境系统，因此研究灾害可以通过对不同孕灾环境的分析，研究不同孕灾环境下灾害类型、频度、强度、组合类型等，建立孕灾环境与致灾因子的关系，利用环境演变趋势分析致灾因子的时空强度特征，预测灾害的演变趋势。

孕灾环境论认为，一个地区的地理环境对灾后的发生有决定性作用，其中地理环境的变化对灾害的发生起到影响作用，如通过退耕还林增加植被的覆盖率，有效减少了该地区的水土流失和沙尘暴灾害。孕灾环境论的主要研究成果多是从研究沙漠化、生物多样性破坏、水土流失等环境恶化情况入手，逐渐发展而形成的一种解释区域灾害的理论。

3. 承灾体

承灾体是指各种致灾因子作用的对象，是直接受灾害影响和损害的物质文化环境，一般划分为人类、财产和自然资源三类。承灾体的损毁程度不仅与致灾因子有关，还取决于承灾体自身的特点，如易损性、稳定性、扩散性等。这里所说的特性主要考察承灾体在受到致灾因子不同程度影响下所遭受损失的程度，也就是承灾体自身应对致灾因子影响的能力。

承灾体论认为，灾害的发生主要是存在不同类型的承灾体，通过改善承灾体的相应特性，就可以避免灾害的发生或减少损失。该理论主要内容包括承灾体的分类、承灾体易损性或脆弱性评估和承灾体的动态变化监测。

4. 灾害脆弱性

在灾害学研究中，灾害脆弱性是指一定社会政治、经济、文化背景下，某孕灾环境区域内特定承灾体对某种自然灾害表现出的易于受到伤害和损失的性质。这种性质是区域自然孕灾环境与各种人类活动相互作用的综合产物。灾害系统的脆弱性受到城市内部自然条件、社会经济发展水平，政治、文化、减灾政策、管理与投入及人类行为反应的综合影响。作为人口密集和经济要素密集区域，城市具有放大灾害影响趋势的特征。若城市中本身就存在建筑质量问题、医疗保障问题和基础设施不齐全问题等，随着灾害的发生，这些问题就将会阻碍灾害治理，诱发出更多问题。灾害脆弱性受到暴露、敏感、结构脆弱、社会因素、能力欠缺等方面的影响，表现出不同的形式。

1）暴露

脆弱性的表现形式和影响因素使承灾体的脆弱性改变。在灾害频发地区，如果人口和财物等的暴露度高，灾害造成的损失也会较大。暴露的描述要素主要有人类生产生活活动、社会与物质生活的地理分布等，如路径、住所、生命线等，涵盖了各种各样的类型。虽然暴露的一般是自然位置，但由于身处复杂社会中，某类人暴露于某类致灾因子，受到多大的影响，是与自身的社会地位、年龄、性别等因素息息相关的。

2）敏感

敏感是指由承灾体自身性质决定的脆弱性，不同的要素导致的脆弱性不同。例如，温度、水分、水陆接触在界面处形成的水平梯度较大的区域，要素变化急剧，对人类活动干扰非常敏感，系统表现出内在的脆弱性。又如，老弱病残等特殊群体，对灾害的承受能力明显低于常人，更容易成为灾害的损害对象。再如，森林等在干燥天气下容易发生火灾；木质房屋在地震后易发生火灾等次生灾害等，都体现出承载体的敏感。

3）结构脆弱

社会不利条件（如土地缺乏、收入过低、教育水平不高等）都是导致结构性脆弱的关键因素。这种脆弱性源于社会生活结构，而非致灾因子或偶然变化。从某种程度上来说，安全系数与拥有的财富数量成正比，因为防灾减灾能力的建设，需要大量财富的投入，发达国家在灾害管理方面做得比发展中国家更好也有这方面原因。发达国家在防灾技术、基础设施建设等方面的投入远远高于发展中国家，因此灾害发生后，恢复能力也更强，而贫困落后国家和地区则存在脆弱性"综合征"现象。

4）社会因素

经济的高速发展为人类社会进步、生活水平提高等做出了贡献，但也造成了诸多问题，如近年来，人口膨胀导致资源消耗过量，环境受到严重污染，生态受到毁灭性的破坏，对社会的可持续发展造成了巨大的挑战，也更容易导致灾害。同时，现今社会的经济发展使得财富集中的情况越来越突出，财富越集中，在灾害中受到损失的绝对值越大，但相对值不大。因此，经济的发展、社会的进步在防灾减灾方面的贡献较缺点而言更为突出。

5）能力欠缺

暴露于危险而没有防备的系统和群体具有明显的灾害脆弱性。在一定程度上，灾害的监测、预警、防备、救援和恢复重建等各方面均体现着某些政治、经济权力与环境风险脆弱性的关系。

缺乏反应能力也是高度脆弱性的典型特征之一，人的主动性和恢复能力是脆弱性研究的重点。人具有高度的自主性、社会性和智慧性，每个个体都有自己的思想，都会为了维护自己的利益，在困境中，寻找一切办法、利用一切资源。但由于环境条件、科技水平等资源有限，分配也不可能均等，导致一部分人在灾害中不可避免地缺乏反应能力，受到损害。这种情况下，政治环境、社会结构、经济情况等的综合作用，使脆弱性超出了正处于风险之中的个体的应对能力。然而，在另外的部分情况下，外部强加的过多的限制和依赖也会增强脆弱性。

致灾因子在孕灾环境中发生改变，给社会环境、自然环境带来了巨大的损害，生成自然灾害，一方面，灾害本身直接造成了社会风险。地震、台风、旱涝等自然异变现象直接带来人类生命财产安全受损、社会资源流失、社会秩序破坏的可能性。另一方面，灾害带来的人员伤亡、财产损失、秩序破坏、价值冲击等后果，主体在遭受灾害之后，通常会产生一系列心理应激反应，而这部分应激反应，又会影响承灾体的行为，从而间接地产生社会风险。社会风险的生成过程主要分为三个时期：风险潜伏期、风险积聚期和风险形成期[193]。

（一）风险潜伏期

潜伏期一词最早出现在医学术语中，主要指病毒或细菌等病原体侵入人体后，人体要经过一定的时期才发病，这段时期在医学上称为潜伏期。灾害风险的潜伏期是指灾害风险源在社会中出现但还没有实质影响，经过一定时期、一定环境的孕育和诱发，发展为导致社会损失的风险事件。潜伏期的时间跨度较长，实际上也就是人们生活的日常状态，它没有明确的起点，以风险最终形成算作终点。潜伏期的一个最大特点就是不具有对抗性和破坏性，有较强的隐蔽性，不易被人察觉，其对社会的负面影响还没有显露，但为未来可能出现的灾害风险留下了隐患。如果及时处理，很有可能将风险扼杀在潜伏期，如果置之不理，就可能在各方面因素的推动下不断发展，进入下一时期。

1. 潜伏期风险消亡

风险在潜伏期时，如果在自然或者人为因素的控制下，能采取一定措施，遏制社会风险的进一步发展变化，降低其威胁程度，就有可能将社会风险扼杀在潜伏期，直接由潜伏走向消亡，最终形成弱均衡状态。"弱均衡状态"是指矛盾内部各方面基于一定的联系而建立起来的相互作用、相互调适、相互促进的过程和功能。

评判一个社会稳定与否，不是看有没有社会矛盾或利益冲突，而是看这个社会是否具备一个完善的社会机制将矛盾和冲突控制在"有序"范围内。政府一方面要积极引导，控制好社会结构的分化与整合，使之达到合理有序、良性循环的状态；另一方面要促进社会机制的不断完善，实现自我修复。要在社会风险化解机制的实践范畴上，健全科学利益协调机制、利益诉求机制、矛盾调处机制和权益保障机制，最终形成弱均衡状态。在潜伏期扼杀风险，使得风险由潜伏直接走向消亡，这也是灾害风险的最佳处理结果。

在灾害风险潜伏期，需要社会力量的参与，积极应对，将风险损失降低，并预防次生风险的产生。政府在发挥指挥和引导的作用时，应该鼓励民众和各种社会组织参与到自然灾害风险防范中来。不容忽视的是，政府在这一工作之中，必须要协调好各个个体或者群体的关系，还要避免参与者的混乱，尽量避免负面影响。政府需要协调与引导不同的社会主体，因为他们可能代表着不同的利益。

1）掌握防范知识

在日常生活中，政府要做好灾害防范知识普及工作，方能让风险在潜伏期就被发现、被控制。具体措施包括：①重视相关部门的宣传教育，在各单位内部开展常规化的教育活动，提高风险防范意识，加强应急演练；②面向社会开展宣传，平时要加大宣传教育力度，增强公众的鉴别力，使公众不被流言蜚语扰乱情绪，坚持不造谣、不信谣、不传谣。借助知识讲座、咨询平台、宣传手册、标语横幅、多媒体等开展宣传教育，甚至可以将相关知识融入广告、电影、电视剧、移动电视节目中。

2）加强监测预警

社会风险监测预警有助于将灾害风险消灭在潜伏期[194]。社会风险监测预警就是通过各种有效手段，搜索收集来源合理的、可能引发社会风险的隐患性和苗头性信息、情报和资料，并且，运用科学的预测方法和技术来估计社会风险出现的约束性条件,从而推断相关要素的演变趋势,在科学合理的趋势假设得出后,向决策者和相关方面发出警示信号,禁戒各方人员,采取有效的防范措施,防止社会危机、动乱等不利后果[195]。社会风险监测预警涉及指标构建、信息传递、技术改进、流程优化等方面。风险预警信息是决策者制定决策方案的重要依据,也为民众做好防范准备提供了警示。相反,如果风险预警工作不到位,就可能让风险渡过潜伏期,不断升级,最终形成并爆发出来。

3) 加强灾害预警

灾害社会风险的源头是灾害事件,因此预警首先要做的就是灾害预警,将灾害扼杀在摇篮里。例如,台风预警涉及气温、气压、风力、风向、风速、温度、湿度等指标,电力部门为应对台风需对输电线路弧垂、电压失稳可能性、设备故障率、救援设施完好率等指标做出评估。

4) 控制社会舆情

社会舆情是灾害风险生成的重要推动力量,控制舆情是控制潜伏期风险进一步发展最重要的手段。社会风险监测预警指标体系中应当有社会舆情类指标,为舆情监测提供重要信号[196]。

信息采集、处理、分析、发布环环相扣,有利于在源头处控制灾害风险。在第一阶段,也就是信息采集阶段,必须要全方位地收集信息,即必须从多种渠道搜集信息,包括自然环境、社会环境、媒体文献、人际网络等多个方面。除此之外,还需要将传统的方法同现代科技结合起来,提高采集效率,确保信息的真实性、来源的可靠性、消息的时效性和及时性,加强险情监测,及时发布预警信号。在第二阶段,也就是信息处理阶段,要将收集的信息进行挑选、分类和汇总,提高信息质量和价值,便于决策者进行征兆识别。在第三个阶段,也就是分析阶段,主要要求体现在对信息处理的深度上,要求提炼出直接反映问题根本所在的信息,并做出险源分析与险级评估。在第四阶段,也就是信息发布阶段,则需要及时注意强调信息披露和风险预报,进行实情的动态报告,让公众及时掌握险情,及时发布警报,阻止流言的散播,使得公众更加理智舒适地面对风险,并参与到风险的管控中,为风险的遏制贡献力量。

2. 潜伏期风险进化

对于内部不稳定因素较多的社会而言,灾害风险的潜伏可能性大大增加。其原因在于:一方面是客观风险源的大量存在,主要原因是利益结构的分化和社会结构的不稳定,它主要包括制度层面、群体结构层面和社会组织层面等[197]。另一方面,主观风险源的增多,主要表现为公众的公正意识缺失现象越来越严重,相对剥夺感、社会挫折感或社会焦虑也增多[75]。通常情况下,灾害风险源处在萌芽状态,常常不为人关注,此时,如果置之不理,不采取措施加以控制,会缩短风险的潜伏期，推动风险进化和升级，进入下一阶段。

（二）风险积聚期

风险积聚期，灾害风险会不断加剧和演变[156]。在这一时期，社会矛盾会不断增加，社会压力无法合理释放，进而诱发社会风险并不断放大和演化，也增加了社会失序和社会失稳的可能性。

灾害风险不断积聚的表现有以下几个方面[181]：①灾害风险的影响范围越来越大，涉及的社会群体越来越多，涉及的社会领域也越来越大；②灾害风险所造成的影响不断增大，特别是其负面影响不断出现和恶化；③灾害风险间互相影响，诱发其他层面的风险；④出现偶然发生的小范围、小规模的冲突行为，风险显露出爆发的苗头。这一阶段的最大特点是诱发风险的因素已经完成量的积聚，诱发质变的因素和条件也基本满足，但还缺乏一个特定的导火索。具体来说，风险积聚在横向表现为风险蔓延，在纵向表现为风险升级，在各方面因素的推动下，风险一步步蔓延和升级，最终爆发出来。

1. 风险蔓延

灾害具有一定的持续期，即灾害本身爆发、扩张与升级、缓和、消亡的生命周期，以及在应对过程中的决策与动员、处置与救援、恢复和重建，是一个持续的过程，其所诱发的社会风险也相伴随地处在动态发展之中[198]。灾害有突发性的（如地震、火山爆发、海啸等）也有渐变性的（如土地荒漠化、水土流失、旱灾、洪灾、台风与飓风、生物灾害），它们所诱发的社会风险会有不同的传播机制和蔓延方式。

1）突发性灾害

突发性灾害风险因素会在短时间内积累，往往表现得较明显和强烈，蔓延速度快、冲击力强，如果控制不及时，可能迅速转化为社会危机，导致严重的后果。

2）渐变性灾害

渐变性灾害风险随着灾害的演变而相应地蔓延扩张，变化相对隐蔽和缓慢，容易被忽视，灾害持续的时间往往较长，可能隐藏着更大的危机。

灾害与社会、制度、心理和文化之间的相互作用增强了公众的风险感知度及其相关的言语行为，从而推动风险的传播扩散。无论是突发性灾害还是渐变性灾害，其所造成的社会风险的蔓延都与一些因素有关：①灾害处置不力埋下祸根；②沟通障碍导致信息缺乏，加之谣言传播，引发社会公众心理压力或者社会恐慌；③各类主体的互动和相互影响导致群体效应。

2. 风险升级

灾害风险不只会横向蔓延，还会纵向升级。灾害演化、社会舆情、主体行为等在社会风险的演化过程中发挥着重要的作用，是社会风险升级的催化剂。

1) 干扰社会心理

灾害除了造成人员伤亡、设施毁坏、环境破坏等物理损害，还会带来经济损失、秩序破坏、社会心理的干扰。灾害特别是渐变性灾害本身就是一个持续的过程，在其具有特殊性的演变过程之中，在一些特定情况下，自然灾害升级后，与其相伴的社会风险也极有可能向更高的级别转变。例如，日本大地震衍生出次生社会风险。

2) 催化社会舆情

在21世纪，信息时代的到来，人们表达意见的工具和途径也有了更多的选择，表达意见的方式也由传统走向现代化，不管是交流平台还是方式，都更加具有多样性，信息传播的速度十分快捷，影响范围非常广泛。然而，社会舆情不一定是真实的社会态度和情绪表达，通过互联网与手机等现代通信工具便捷、大规模和快速地形成包括谣言在内的社会舆情。

3) 推动社会风险

灾害致使受灾主体在身心和财产等多个方面都受到巨大损害，灾民在心理受到刺激之后，更容易受到外界刺激而做出违背公序良俗的事情。决策主体限于逻辑意识、个人能力、信息经验等，可能会采取一部分不恰当的应急措施，从而扩大自然灾害的社会风险。

不论对哪个国家而言，灾害都会带来巨大的影响，同时也可能削弱其控制社会暴力发生和升级的能力。这意味着，在灾害面前，对平时而言的小事也会变成重大事件。因此，决策者如果了解到自然灾害和社会冲突有关联，应当将冲突控制在小范围，预防社会风险升级。

3. 推动因素

灾害风险的横向蔓延和纵向升级都需要各方面因素的推动，两者不断发展，最终使得风险冲破积聚期，完全显露出来。风险的推动因素有很多，主要从放大效应、前置积累、关联效应、环境激化和管理缺陷五方面说明。

1) 放大效应

现代社会，风险的放大效应主要由媒体造成[156]。媒体早已渗透人们的生活。然而在灾害事件面前，媒体的放大机制充当了直接放大社会风险舆论的利器。针对社会风险，媒体除了对事件的经过加以报道以外，还会发表一部分没有确保真实性的个人舆论，媒体的这一行为，很可能会将事件影响扩大化。一方面，媒体的不实报道，会引起社会恐慌，从而制造风险，另一方面，尽管传播了真实的灾害情况，但是，媒体的刻意夸大宣传导致其失去了应该有的预警功能，反之转为了风险推动者。由于社会风险事件是在人们没有对信息进行提前把握的状态下发生的，很容易产生猜测，进而产生谣言，导致整个社会范围内的危机。

媒体作为一种舆论控制的实体，也应该尽到正确引导舆论方向的责任。然而，媒体经常性地放大事件本身，往往是只记得批判事件中一些不好的行为与现象，并没有好好履行媒体规避风险的舆论引导职责。

2）前置积累

在人类社会改革和进步的过程中，群体分化过快、贫富差距过大导致物质利益型矛盾；社会保障制度的缺失、利益表达机制的不健全导致人民与政府机构之间的矛盾；还有伴随思维观念差异化发展、不同价值取向导致的冲突，这些矛盾与冲突都是长期而来形成的。足够的量变，在一定条件下必然会产生质变。也就是说，社会矛盾日益累积为社会风险形成埋下了隐患，或者只需要某个偶然事件的发生，风险因素就可能会演变为社会风险。

3）关联效应

关联效应，是指事件与事件存在的一定联系，或者是双方互为因果，或者是其中一方是另一方的必然结果。社会风险往往源于某一社会敏感事件，并且与其他事件相互交织发展而成，因此，某一社会风险的形成与另一风险事件的形成也可能互为作用和影响，这样的风险更加具有复杂性，一旦成为现实，其危害程度连带性非常强烈。另外，在灾害发生时，社会矛盾错综复杂，网络化、信息化程度的提高也让事与事的联系更为紧密，这也增加了社会风险之间的关联度，有一种风险即将要爆发时候，很可能会诱发其他风险的出现，"牵一发而动全身"，各种风险互为因果、互相作用，单一性的风险演化为复合型的风险，这样的风险随着时间的累积，其中一个方面的社会事件爆发，就会产生联动性的后果。

4）环境激化

环境，本义是指周边的情况、因素、条件、影响或势力的综合。任何事物都是与他周围的事物紧密联系在一起的，事物之间相互作用、相互影响，这样的关系形成了事物的周围环境，任何事物都处于环境之中，它们的发展都离不开环境，环境的性质对事物的发展具有指引作用，甚至会破坏事物原有的本质。当前世界矛盾错综复杂，社会结构开始朝着多元化发展，社会风险的形成势必受到环境的激化。

外界因素对事物的发展有着很大的影响，但事物的发展更取决于它自身，如何与外部环境进行互动，甚至在外部环境不利的情况下也能发展。内部环境的状态对事物的发展的影响远远大于外部环境，可以说，内部环境直接决定了事物的性质和发展方向。而恶劣、严峻的内部环境对事物的发展起着阻碍作用，让事物朝着不好的方向发展。

5）管理缺陷

随着全球进入高风险社会，各种不和谐因素都慢慢显现在社会中，已经成为不可避免的趋势，这些都直接威胁到社会的运行安全。政府在管理中担任的角色，就需要政府极力应对社会风险，做好社会管理工作，最大限度地保障社会的稳定。

各级政府都是社会风险管理工作的行政领导机构，作为管理机制的制定者、管理机构和体制的建构者、资源整合者、信息畅通的保障者，地方政府在灾害爆发之时功能履行及时、正确与否，对社会风险产生的负面影响的大小具有决定性的作用。

（三）风险形成期

社会风险在各种条件具备的情况下不断积聚，一旦遇到某种突发事件就会发生质变，对社会安全造成本质上的危害。简言之，各种风险因素积聚到一定时期，通过典型事件的推动，风险就会显露，并开始作用于社会。这一个阶段是社会风险的质变阶段，也是关键性的环节，常常带有突发性。风险经过潜伏、积聚，迅速演变、升级，最终形成和爆发，会带来严重的社会后果。在社会风险的形成期，这个阶段时间最短，也是社会风险急速发展、社会危机严峻态势出现的时期，最终社会风险会导致三种社会问题爆发，即社会冲突、社会失序和社会失稳。从图 4-1 可以总结出，由灾害导致最终的社会危机形成一共有六种路径，具体如下：

路径一：灾害→社会冲突→社会风险→社会危机。
路径二：灾害→社会冲突→社会失序→社会风险→社会危机。
路径三：灾害→社会冲突→社会失序→社会失稳→社会风险→社会危机。
路径四：灾害→社会失序→社会风险→社会危机。
路径五：灾害→社会失序→社会失稳→社会风险→社会危机。
路径六：灾害→社会失稳→社会风险→社会危机。

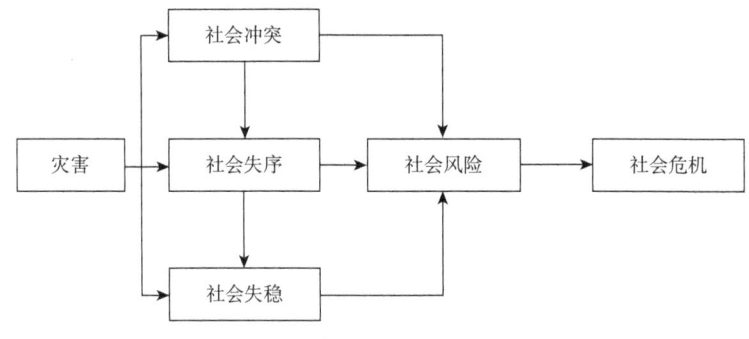

图 4-1　灾害导致社会危机的路径

当灾害发生时，因灾害的种类和严重程度不同，或直接导致社会冲突、社会失序、社会失稳这三种状态；或首先造成社会冲突，当社会冲突没有得到有效解决的时候，社会冲突逐渐演化为社会失序，而社会失序在没有得到妥善处理的情况下又逐渐演变为社会失稳。

社会风险不具有前效性，即由灾害直接导致社会失稳而引发的社会风险，与灾害首先导致社会冲突，进而演化为社会失序，最终演化为社会失稳而引发的社会风险，在导致最终社会危机的层面上是同质的，两者达到"社会失稳"这一状态的过程虽然不同，但最终都到达了"社会失稳"状态，所以最终都会形成和爆发严重的社会危机。

因此，本书后面章节以引发社会风险与社会危机的最终状态为基准，将图4-1中的六条路径归纳成了三个方面进行论述，即把路径一归为"社会冲突"引发的社会风险；把路径二、路径四归为"社会失序"引发的社会风险；把路径三、路径五、路径六归为"社会失稳"引发的社会风险。

三、三种状态

社会风险会导致三种社会问题爆发，即社会冲突、社会失序和社会失稳。社会冲突是三者中最基本的表现形式，如果社会冲突未能得以解决，则有可能演变为社会失序，而社会失序在未得到妥善处理的情况下，就有可能进一步恶化，最终演变为社会失稳。

（一）社会冲突

一般意义上的社会冲突是指不同利益群体之间因社会利益的差异和对立而产生的外部对抗行为。社会冲突理论以科塞、达伦多夫为代表，重点研究社会冲突的起因、形式、制约因素及影响，是对结构功能主义理论的反思和对立物提出的。结构功能主义强调的是社会的稳定和整合。是不同的个体之间或群体之间具有不同的行动方向、差别化的目标，并且相互对抗的一种社会互动形式。它在很大程度上体现为社会矛盾的积累、社会关系的失调及社会秩序的失衡等状态。

灾害的发生，打乱现有社会、政治、经济状况，灾后各种资源的不合理分配或者短缺也会加剧人们的不满情绪，从而导致社会冲突。

（1）灾害发生之后，供给质量和数量下降、分配不均、需求增加等现象增加，虽然资源的短缺不会直接导致冲突，但不可否认的是，容易引发社会冲突的部分因素与资源稀缺相关,这同时也是灾害引发社会冲突的理论条件。

(2)灾害本身似乎不可能引致任何冲突,但其可能是一个"诱发因素",引爆那些原本已经存在的矛盾和冲突,大大增加了冲突升级的概率。

(3)如果灾害给脆弱的社会一击,那么我们有理由认为那些在过去处在较低水平的冲突风险有可能在将来升级。

(二)社会失序

灾害社会失序是指在灾害发生前、发生中和发生后出现的对社会主要规范和运行规则的违反行为和现象,表现为那些反常规的、违反常理的、不道德的、罪恶的、违反法律的行为,其共同的性质就是这些行为超越了人们认可的、惯常的行为方式和社会运行方式。

一般认为,社会秩序主要表现为三个方面:①社会结构在一段时间内要保持相对稳定状态,全体社会成员都存在于该社会体系中,拥有一定社会地位,且这种社会地位和社会关系是被明确规定的。②各种社会规范都得到正常的遵守和维护。③能有效地控制失序、冲突等社会风险事件。

社会失序既是灾害情境下社会演化动态的显示器,也是危机演化进程的催化剂[199]。灾害的发生,往往首先带来的是对社会秩序的破坏,旧秩序的破坏与新境况导致的无序。在灾害直至社会风险形成的每个阶段中,社会失序都扮演着重要的角色,局部的社会失序通过传导和放大,演化出更大范围的社会失序分体,使得风险不断加剧。灾害的爆发打破了人类的生命结构、社会关系结构、社会角色结构、社会地位结构的正常状态,这也是灾害状态下社会失序的根本表现。

(1)灾害使社会失序主体的生命结构处于危机状态。自然原因或人为原因对社会失序的破坏,最主要的就是破坏人类的社会生活秩序。吃、穿、住、用、行是维持人类日常生产生活的必要条件,也同样是灾害发生后最薄弱、受到危害最多的方面。因此,灾害风险会造成生命结构危机。

(2)灾害使个体的社会关系网部分或全部断裂。当社会处于危急状态时,人们可能会失去亲人、朋友、同事,不但沉浸于悲伤,而且得不到情感支持,会丧失对社会秩序的信任,社会成员在社会中的关系也必将处于部分或全面断裂状态。

(3)灾害使个体的社会角色中断、社会地位无从确定。灾害的爆发是没有预兆的,人们在没有任何充分的思想和物资准备的情况下,将遭到巨大的冲击,导致严重的损失,如将人致残、剥夺原本的劳动能力或影响正常的生产活动,从而中断个人在社会中的职业角色,原本建立的社会地位也会很快失去。

灾害的出现和爆发严重影响社会的正常运行,对生命、财产、环境等造成威胁、损害，政府对这些危害很可能无法完全控制，进而导致风险的不断升级，最后导致社会失序。因此，无论是自然灾害还是技术灾害，当社会处于危急状态时，社会的正常运行状态会被打破，实际上是处于一种失序状态。

实现社会风险的源头治理是提高维稳成效的根本措施。通过提前进行科学评估，对灾害可能蕴含的社会稳定风险因素进行分析，预测出灾难发生后可能出现的不稳定因素，并采取适当的防范措施。要从源头上预防和减少灾害发生后可能出现的稳定风险。

（三）社会失稳

社会运行亚稳态，是基于生产关系与生产力尚未出现根本性对抗境遇下的生产关系与生产力相抵触状态，这种相抵触状态仍然处于生产力尚能容纳的范围和程度内，社会运行介于稳定与动乱之间的一种由显性的或隐性的社会矛盾和问题所造成的社会紊乱状态。社会失稳，既是重大的社会问题，也是重大的政治问题，不但关系到人民群众的安居乐业，而且关系到国家的长治久安。社会稳定是社会各个群体普遍关注的一个重大理论问题和现实问题，它是任何一个国家及其政府都极力维护的社会目标，努力追求的社会状况，为之奋斗的社会理想。

灾害的发生会严重破坏灾区的经济、社会及生态系统，破坏社会原有的均衡状态，导致系统呈现出非均衡态。社会非均衡态（失稳）是指系统出现结构性问题，造成系统各组分之间运行结构失调，社会子系统内部出现不稳定因素，生态子系统对经济发展的支撑能力已发挥到极限。

突发性自然灾害的社会风险因素会在较短的时间区间内累积，通常会更加激烈明显，失稳连锁反应速度快、冲击力强，如果控制不及时，可能迅速转化为社会危机。渐变性自然灾害的社会风险随着自然灾害的演变而相应地蔓延扩张，变化相对隐蔽和缓慢，灾害持续的时间往往较长，可能隐藏着更大的危机，导致更为严重的社会失稳现象。

在社会失稳之后，灾民相比普通的社会成员，他们的行为更具有攻击性，有更明显的发泄不满与愤懑的倾向，造成极具破坏性的结果，甚至可能最终演变为单纯的泄愤行为，进入非制度化失控状态的极端化路径。

社会失稳也有其存在周期，事件持续时间较短及集群规模有限，灾害衍生型群体性事件多是灾民愤怒情绪的宣泄，当诉求内容或情绪宣泄得到基本满足之后，社会失稳现象就会消散：①在自然或者人为因素的控制下，社会失稳的威胁程度降低，由强变衰直至消亡。②当条件积累到一定程度的时候，社会失稳突破临界点，造成严重的社会损失和秩序动荡，社会失稳因此而消亡，衍生成为亚稳定状态。

(四)可视化结果

从 Web of Science 数据库中通过检索词 "social conflict and disaster(s)/hazard(s)/catastrophe"(社会冲突与灾害)、"social disorder and disaster(s)/hazard(s)/catastrophe"(社会失序与灾害)及 "social instability and disaster(s)/hazard(s)/catastrophe"(社会失稳与灾害),得到一系列搜索结果。检索时期区间为 1992~2018 年,并首次确定 2 112 篇相关文献。当搜索完成,可通过选择研究领域进行过滤,通过识别特定类别来确定文献,如研究性文献、综述性文献、会议文献(article、review、proceedings paper)等。随后,将这 2 112 篇相关文献添加到标记结果列表。再选定相关参数(每一条数据记录都主要包括文献的作者、题目、摘要和文献的引文)下载后,这里的 2 112 篇文献则可以文本格式下载导入 CiteSpace。

1. 关键词共现知识图谱

将数据导出后,用 CiteSpace 生成关键词共现知识图谱,共得到 41 个关键词节点及 173 条关键词连线,并得到关键词可视化界面,如图 4-2 所示。

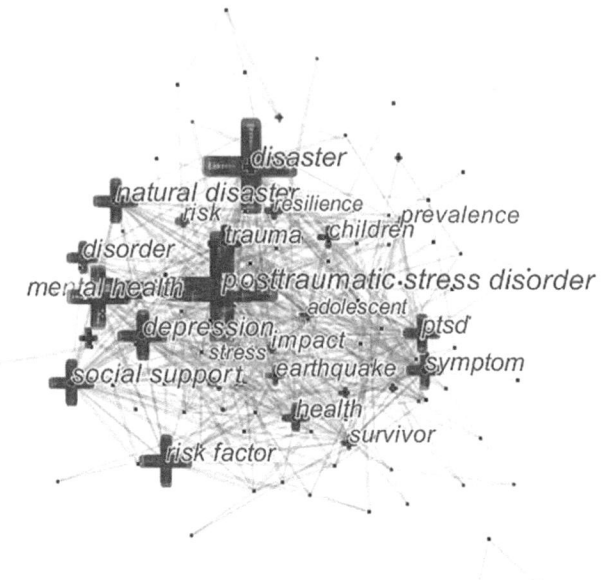

图 4-2 关键词共现知识图谱(四)

图 4-2 中圆形节点为关键词，其大小代表关键词出现的频次。图中标签大小与其出现频次也成正比；将各点之间的粗线程度连线，反映该领域关键词之间的合作关系及密切程度。从上述关键词热点图谱，发掘灾害社会风险演化研究领域的全球范围研究热点。频次高的关键词代表这一段时间内研究者对该问题的关注热度，统计了关键词的词频及初始年的分析结果，词频显示出现的次数越大表明该关键词的热度较大。

表 4-1 中"posttraumatic stress disorder"出现的频次最高，为 482，出现初始年份为 1993；"disaster"为 432，出现初始年份为 1992；"mental health"也较高，为 303，出现初始年份为 1993；另外"social support"词频为 261，出现初始年份为 1993。在研究灾害风险时，对"posttraumatic stress disorder"关注度最高，而"mental health""social support"则是后续研究的热点。

表 4-1 关键词的高频统计表（四）

频次	中心性	年份	关键词
482	0.22	1993	posttraumatic stress disorder
432	0.10	1992	disaster
303	0.09	1993	mental health
261	0.09	1993	social support
251	0.10	1993	natural disaster
243	0.13	1995	depression
233	0.08	1998	risk factor
220	0.12	1993	symptom
215	0.07	1993	trauma
210	0.07	1996	ptsd
209	0.01	1993	disorder
179	0.04	1992	health
151	0.02	1999	risk
149	0.07	1993	children
137	0.10	1995	prevalence
133	0.05	1994	survivor
133	0.04	1993	impact
130	0.13	1995	earthquake
118	0.10	1993	adolescent
114	0.04	2007	resilience
106	0.02	1993	stress

2. 关键词聚类图谱

通过CiteSpace自动抽取产生的聚类标识对文献整体进行自动抽取，最终形成聚类图谱，比较全面、客观地反映了某领域的研究热点。结合图 4-2 的关键词出现频次，通过 CiteSpace 自动聚类，得到关键词聚类图谱图 4-3。

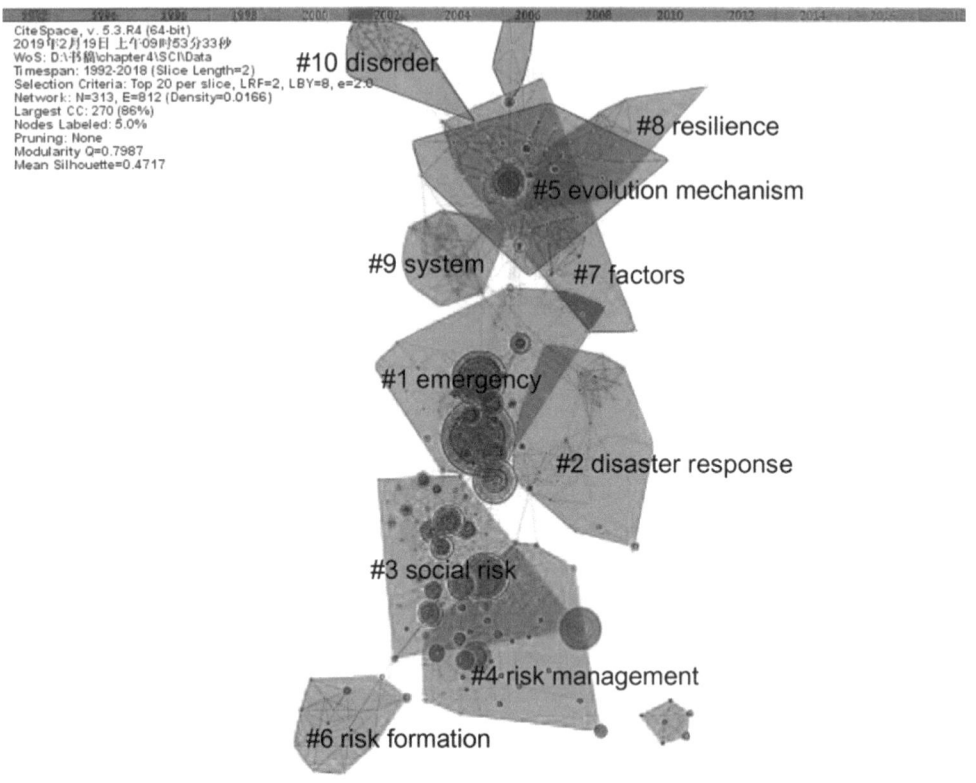

图 4-3　关键词聚类图谱（四）

Modularity 表示网络的模块度，值越大，表示网络的聚类结果越好，这里的 Modularity 值为 0.798 7，说明聚类效果较好。Mean Silhouette 是用来衡量网络同质性的指标，越接近 1，反映网络的同质性越高，这里为 0.471 7，表现为中度的同质性。这显示了灾难和灾害风险之间合作的程度比较紧凑，其研究存在着密切的联系。图 4-3 中线条颜色代表不同的年份，系统统计出了如下最大的几个主题的聚类："emergency"（应急）、"disaster response"（灾害响应）、"social risk"（社会风险）、"risk management"（风险管理）、"evolution mechanism"（演化机制）、"risk formation"（风险形成）、"factors"（因素）、"resilience"（恢复力）、"system"（系统）和"disorder"（失序）。聚类分析显示，对于灾害风险的生成，主要关注风险演化机制、风险形成、影响因素等内容。应对这些内容进行系统性的分析，找到影响社会秩序和恢复力的因素，并提出应对社会风险的灾害响应和风管管理体系。

3. 时间区分析

CiteSpace 时间区从时间维度上体现了文献关键词等方面的热点及趋势。图 4-4 为 CiteSpace 结果中的关键词时间区图谱。从时间分布上来看，相关研究集中在 2004 年之前。根据结果将近 30 年的发展划分为三个阶段。第一阶段在 2003 年左右，在这个时期研究出现最多的关键词有"disaster"（灾难）、"disorder"（失序）、"impact"（影响）、"social support"（社会支持）、"post-traumatic stress disorder"（创伤后应激障碍）等。从这一时期看出灾害风险研究主要关注灾害本身、灾害造成的失序等。第二阶段从 2007 年至 2018 年，在这个时期研究出现最多的关键词有"resilience"（弹性）。从这些关键词可以看出后续研究更加关注灾害风险对社会稳定等的影响。

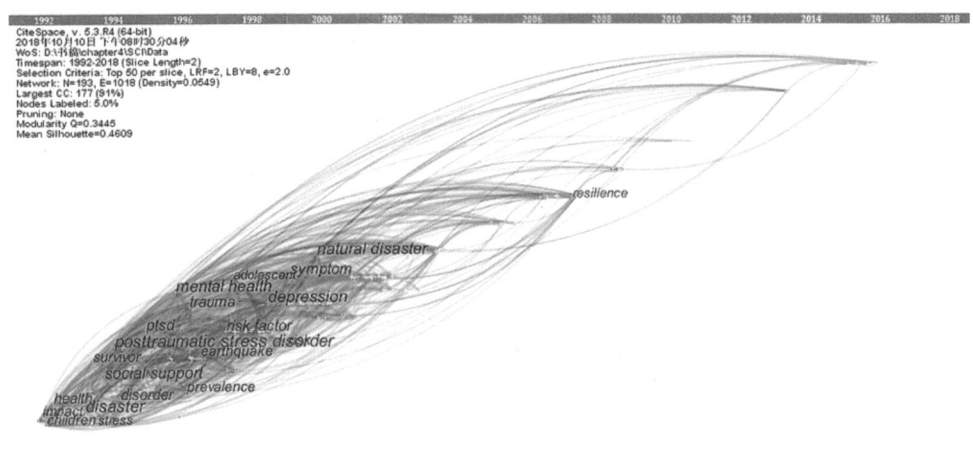

图 4-4　关键词时间区图谱（四）

4. CNKI 数据分析结果

从 CNKI 数据库中搜索"冲突灾害""失序灾害""失稳灾害"进行检索，得到一系列搜索结果。检索时期区间为 1990～2018 年，并首次确定 256 篇相关文献。再将相关文献导入 CiteSpace。将数据导出后，用 CiteSpace 生成关键词共现知识图谱，共得到 29 个关键词节点及 16 条关键词连线，并得到关键词可视化界面，如图 4-5 所示。

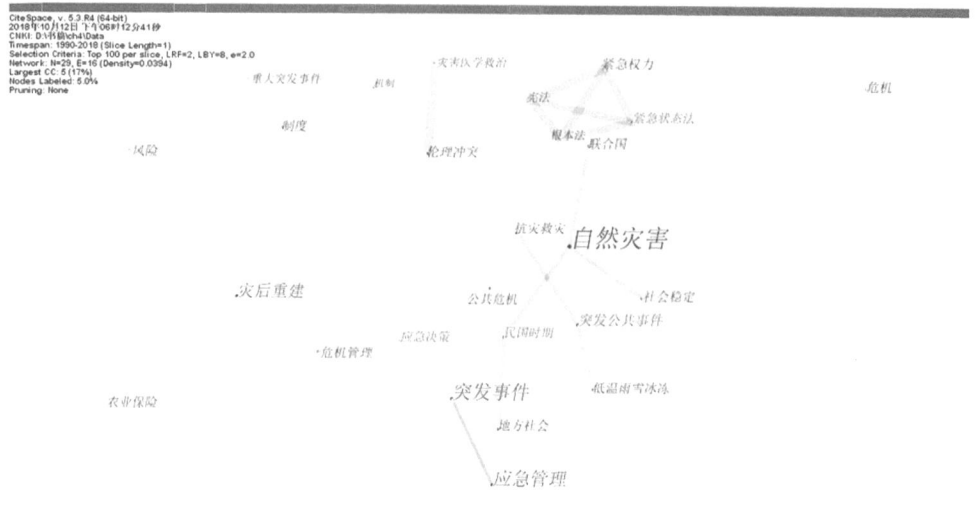

图 4-5　中文文献关键词共现知识图谱（四）

从图 4-5 中可以看出关于社会冲突、社会失序、社会失稳的研究中的主要关键词有"自然灾害""突发事件""灾后重建""应急管理""突发公共事件""应急决策"等。

四、风险防范

灾害风险生产的各个阶段都是可以防范的，政府和公众配合，采取适当的方法，及早地识别、评估风险，就能阻止风险或减少风险损失。

（一）风险评估

在预防、防备和减灾中，预防是最为重要的工作，灾害风险评估是灾害预防和管理的重要工具，灾害风险评估的作用是对灾害风险地区遭受不同强度灾害的可能性及其可能造成的后果进行的定量分析和评估[200]。

灾害风险评估流程[201]（图 4-6）：一般来说，是指对不良结果或不期望事件发生的概率进行描述及定量的系统过程。灾害风险评价定义为对特定影响因子造成暴露于该因子的单体或区域灾害发生的概率及对人类社会产生危害的程度、时间或性质进行定量描述的系统过程。风险评估可以界定风险、对风险进行排序，从而为降低风险提供一套科学的和系统的方法。为保证指标体系更合理、科学和客观，评价指标的选择应遵照一些原则，力求全面、系统地反映风险评估在灾害研究方面的价值。

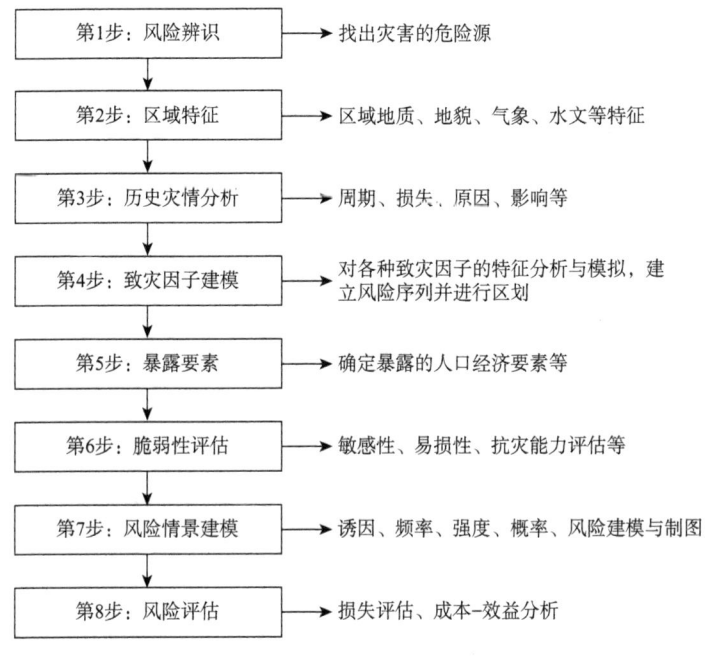

图 4-6 灾害风险评估流程

1. 科学性与可靠性原则

研究中对评价指标体系的基本要求就是科学性，有科学性的指标才能得出科学可信的结果。另外，评价指标的可靠性十分重要，如果指标失去了可靠性，评价标准就没有意义。作为一个复杂的承载体，在研究人类社会的灾害风险时，必须选取科学、可靠的指标建立指标体系。

2. 全面性与针对性原则

灾害会作用于人类社会的方方面面，如经济、社会和文化等众多领域，因此，指标的选择也要涵盖方方面面，突出全面性，并具有一定的逻辑关系。同时，不同地区有各自特点，要因地制宜地选取指标。

3. 可行性与简明性原则

指标可行性是指评价指标不仅要有理有据，与现行统计部门指标良好契合，还要操作性强，方便实际测量、计算、绘图等。并且，指标量化结果要简单明了、简便易行，且在每个领域都具有代表性，便于决策者分析结果，制定措施。

4. 定性与定量相结合原则

定量指标比较精确，便于排序和对比，但定量指标的全面性、相关性略显不足，因此为了做到评价的客观、全面，常采用的方法是部分定性指标定量化，以此来获得更高的可信度。

风险评估有广义和狭义两个含义，广义而言，是对灾害系统进行风险评估，即在对孕灾环境、致灾因子、承灾体分别进行风险评估的基础上，再对灾害系统进行风险评估。狭义的风险评估主要是对致灾因子进行风险评估，即从对危害识别，到对危害的认识，进而开展风险评估。广义的风险评估的内容如下。

1）孕灾环境稳定性分析

孕灾环境稳定性分析主要研究风险区内的地理环境是否易于发生相应的灾害。

2）致灾因子危险性分析

致灾因子危险性分析主要任务是研究风险区内各种自然灾害发生的概率、强度和频率。

3）承灾体易损性评估

承灾体易损性评估包括风险区的确定、风险区特性的评价和抗灾能力的分析。

4）灾情损失评估

评价风险区内一定时段内可能发生的自然灾害给风险区造成损失的可能性。

（二）风险管理

在风险评估的基础上，针对不可接受的风险采取降低或规避等措施的具体管理过程就是风险管理。风险管理的过程划分多种多样，比较普遍性的过程分为风险识别、风险量化、风险评估和风险应对。

1. 风险识别

风险识别的目的是鉴别风险的源头、规模、特点及与其相关行为的不确定性。风险识别比较全面地发掘风险的本质特征，是风险管理的开始。实际操作中多依靠工程师的个人经验和判断。

2. 风险量化

风险量化有三方面的作用：①整合历史数据，估计错误发生的概率；②研究风险源是否会产生其他影响，其中有什么逻辑关系；③通过评估，计算出风险概率值。

3. 风险评估

风险评估是连接风险分析和风险管理的桥梁。在此之前分析的着眼点主要在于灾害自身，此后便转移到了灾害对人类社会危害的可能性上。

4. 风险应对

风险应对要先对每一种决策的花费、收益和风险值进行估计，包括不同决策的成本核算和该风险是否会诱发其他经济、环境、政治等问题，以及当前的决策对日后的发展是否会产生影响，会产生怎样的影响。进而得出风险的可接受程度和不可接受程度。风险根据可容忍度，分为以下几类。

1）可容忍风险

可容忍风险是指，为了维护和捍卫自己或者团队的特定利益，人类选择接受的风险。但是，在风险管理中要求，这种风险必须已经被采取措施并得到效果，同时还要加强实时监控，如果在有条件的情况下，可以采取措施进一步降低风险。

2）可接受风险

可接受风险虽然会对我们的生产生活造成损害，影响正常生活秩序，但是影响程度不高，加之如果当前没有特定的有效的管理方法，人类就会被迫接受这种风险，这就是可接受风险。

3）ALARP 准则

ALARP（as low as practicable，最低合理可行）准则是指，当只有风险没办法再减小，或者成本投入已经不会再对提升应对效果有明显帮助时，风险才被认为是可以接受的。ALARP 准则在判断风险的可容忍度时，结合了经济或技术因素之外的其他因素，如政治因素。

具体地讲，风险管理的基本原则如下：对于可接受风险，在维持当前状态的同时，寻找最佳方案，获得最大效益；对于不可接受的风险，要尽可能降低风险，并且要加强监测与管理，实时监测采取的方法是否对风险管控有实际效果，并及时反馈给风险评价和风险管理系统，对风险控制的整个过程实施动态把握。

（三）应对措施

通过风险评估，确定是否对潜在风险进行管理和控制。在灾害风险生成阶段，风险应对的目的主要是防范风险的发生，然后才是处理已发生的风险。采用各种风险防范措施，将风险扼杀在潜伏和聚积期，是最理想的应对结果。

1. 规划控制

规划控制是一种效果出众而又经济实惠的事前预防方法。规划控制有两种途径：①废止原来不合格的项目或在原有地区建设其他项目；②在风险发生概率大或有潜在性风险的地区，对新项目的建设进行合理控制，这种方法更加经济一些。同时，针对不同风险，在规划控制时要根据其特征设计具体措施。若某地区风险发生的概率很高，对人类的正常生产生活活动影响巨大，就该完全禁止在该地发展任何项目，当有条件时，还应考虑将当地居民进行迁移。若某地区只是不适合发展工程建设，就可以规划其他项目，如公园、广场等。若某地区存在的风险只要严格遵守一些原则就很容易被控制，则可以建设可行的项目并实时监控。

2. 建立灾害风险管理综合防范体系

灾害风险管理综合防范体系的建立主要从建立复合型灾害监控和预警系统、建立综合性灾害风险管理体系和建立科学有效的生态环境补偿机制三方面入手。

1）建立复合型灾害监控和预警系统

一种灾害的发生往往会诱发其他灾害，单一型的灾害监控、预警系统对灾害的复合型、复杂性束手无策，无法满足当前要求，因此，必须要建立复合型灾害监控和预警系统。复合型灾害监控和预警系统主要是指针对在同一时间区间内部发生的不同灾害进行同步监测和预警的立体交叉型系统。此套监测预警系统能够对灾害进行早期预报，有利于群众提早防范，以起到预防、缓解、应对和降低灾害危害的作用[195]。该系统的建立要注意两点：①利用当前的技术、资源等，从灾害预警的目的出发，改进风险监控和预报手段，各个部门之间促进交流沟通，使得信息在个部门之间流通顺畅，以一个整体的模式建立预警优势。②强调各子系统和各部门的协作，发挥集体力量，加快复合型灾害监测、预警系统的建设步伐。

2）建立综合性灾害风险管理体系

在综合性灾害风险管理模式中，会对人类社会面临的不同类型的灾害风险进行识别、估计和评价，并采取综合性措施，加强全社会的组织和合作，将灾害形成和发展的全过程都作为管理对象，促使政府在灾害管理方面的能力的提高，最大限度地维护公民个人和全社会的公共利益，保证灾害发生前后，社会都能正常运转，实现可持续发展。综合性灾害风险管理有四个相互联系的部分。

第一，全灾害的管理。灾害是复合型的，某种灾害的产生可能会诱发其他灾害的产生，从而从单一灾害转化为复合型灾害。因此，要转变单一的灾害管理理念，建立全灾害管理的观念。

第二，全过程的灾害管理。灾害在潜伏、积聚、诱发到最终爆发的各个阶段，都可能会对人类生产生活造成损失，因此对灾害的管理要贯穿全过程。

第三，整合的灾害管理。联合全体人类和社会组织而不是单一地依靠政府，对拥有的所有资源和组织进行整合利用，发挥整体的作用，建立一个统一领导、分工协作、利益共享、责任共担的机制。

第四，全方位的风险管理决策。风险管理是指运用系统的方式，确认、分析、评价、处理、监控风险的过程，在灾害管理过程中实施风险分析和风险管理，包括建立能动环境、确认主要的风险、分析和评价风险、确认风险管理的能力和资源、制定有效方法以降低风险、设计和建立有效的管理制度进行风险管理与控制[202]。

3）建立科学有效的生态环境补偿机制

建立科学有效的生态环境补偿机制主要包括建立生态环境的政府补偿机制、建立保护生态环境的产业补偿机制和以立法的形式进行刚性约束三方面。

第一，建立生态环境的政府补偿机制。政府应该承担生态环境建设的补偿投入的主要部分，各级地方政府也应该增加人力、物力和财力的投入，特别是在自然保护区、生态保护区等方面的建设，要全方位地提高对生态环境的补偿力度。

第二，建立保护生态环境的产业补偿机制。其主要做法有征收资源使用税，提高资源税率，具体来说，可以适当提高现行资源税率，扩大资源税的征收范围，把资源成本、环境成本纳入企业效益核算指标体系[203]。

第三，以立法的形式进行刚性约束。其可以有效地促进产业补偿机制和补偿行为的实现。

3. 完善综合灾害风险管理的信息保障机制

完善综合灾害风险管理的信息保障机制主要从完善监测预警体系、加强信息共享和促进信息公开三方面入手。

1）完善监测预警体系

完善监测预警体系要特别重视城市和区域预警系统的建设[204, 205]，具体从以下几方面实现：①基于城市综合灾害系统数据库和现有软件，优化和创新出更加适合当前城市综合灾害风险应急响应的集成化软件与情境仿真模拟系统。②转变单一灾害风险管理观念，建立综合型灾害监测与评估技术，优化实时灾害监控和信息传递技术，开发高效的灾害应急指挥信息支撑平台系统。③重视灾害应急响应预案编制，优化应急避难模拟技术，通过实验提升灾害预警、实时监控与评估能力。

2）加强信息共享

风险管理强调时效性和综合性，且在风险管理的全过程中需要各领域、各群体、各部门的分工协作，系统性、整体性和一致性的风险管理是比较理想的管理模式。当灾害风险潜伏、积聚时期，若能及时地共享灾害风险信息，使得各个领域、各个部门之间彼此了解，没有信息缺漏，就可以为风险应对争取时间，也对应急响应行动的快速实施有很大帮助，从而尽可能地降低风险损失。

3）促进信息公开

促进信息公开是监督政府风险管理行为的有效手段之一，不仅可以让政府有使命感，更负责，还能促进公众了解风险信息和学习防灾减灾知识，积极主动地参与防灾减灾工作，促进全民风险管理意识的形成。

4. 加强减灾能力建设

加强减灾能力建设可以从保障政府减灾投资、加强公众教育和宣传工作、提高减灾科技水平三方面入手。

1）保障政府减灾投资

减灾工作需要大量的资金投入，这些资金主要用于灾前的物资储备和基础设施建设，灾害发生后的应急响应和灾害的恢复重建工作。国内外现行的较好的灾害管理体制提倡分级管理，便于各级政府责任的落实和资金投入的明确。

2）加强公众教育和宣传工作

教育是防灾减灾体系中的十分重要的组成部分。通过宣传教育等手段，促使全民的防灾减灾意识的增强和逃生本领的提高，对群众传授紧急情况发生时的逃生本领，对于最大限度地降低灾害造成的损失特别是减少人员伤亡是具有非常有效的作用的。为了有效地培养公众的应急响应能力，可以通过媒体渠道为公众普及防灾救灾知识。同时，要有计划地开展公共安全教育师资队伍培训和应急管理队伍培训。在高等教育中，要培养灾害研究方面的专业人才，建设综合灾害风险管理学科体系。

3）提高减灾科技水平

减灾科技包括对灾害进行防御的减灾技术与工程，对灾害形成机制、发展规律研究的减灾科学，以及对灾害防御立法及政策制定等在内的减灾管理。各级政府应该将减灾科技建设作为科技发展规划的重点，不仅要开发新的减灾技术，还要善于学习和总结已存在的实用技术，全方位提高减灾科技水平。

5. 建立综合灾害风险管理范式

建立综合灾害风险管理范式主要从加强城市规划中的减灾规划、推进企业灾害保险和再保险、发展与推广"安全社区"范式进行说明。

1）加强城市规划中的减灾规划

当制定城市规划时，必须对发展战略和建设项目进行风险评估，保证城市发展不在高风险区。同时，优化和加强各部门间的分工协作，促进本地区相邻城市的交流沟通，加强城市间的协作和资源共享，共同应对区域内发生的各种灾害。

2）推进企业灾害保险和再保险

不论是灾前防御、救灾，还是灾后安置，灾区生产生活秩序重建，都需要投入大量人力、财力和物力。政府可以通过应用保险与基金的方法，动员全社会力量，集中一切资源，投入防灾、救灾工作中。

3）发展与推广"安全社区"范式

作为社会的最基本单元——社区，不仅要响应政府防灾减灾活动，还要积极培养和建设社区自救能力，建立综合灾害风险管理范式。打造社区安全文化，推进安全社区建设，建立减灾社团，提高社区备灾、应急、恢复与重建能力，以及综合风险适应能力。

世界卫生组织（World Health Organization，WHO）认为"安全社区"须满足以下六项基本条件：有一个跨部门合作的组织机构负责促进安全建设；有持续、长期，且能覆盖不同年龄和性别的人员的各种状况的伤害预防计划；有针对高风险环境、高风险人员，以及提高脆弱群体的安全水平的预防项目；有记录伤害发生的频率及其原因的制度；有安全促进项目、工作过程、变化效果的评价方法；社区居民能积极参与本地区及国际安全社区网络的相关活动。

五、案例分析

（一）案例背景

龙门山地震断裂带是中国最活跃的地震带之一。根据数据统计，在过去的365年里发生过18次超过6.0级的地震。从以往年的数据来看，"5·12"汶川地震（8.0级）造成大约87 000人死亡或失踪，480万名民众无家可归，1 300亿元直接经济损失[163]。2013年4月20日，最近一次地震发生在四川省雅安市芦山县，地震强度7.0级，震源深度13千米，波及范围10 706平方千米。受灾地区大多为相对贫困的山区地带，那里的房屋质量水平低。芦山地震造成严重的房屋损失，其中 433 316 间房屋受损，142 449 间房屋倒塌或严重损坏[194]。

房屋重建是地震恢复重建的一个重要环节。在震区因地震无家可归的灾民急需一个相对私人、安全的地方以便尽快恢复日常活动。有效的住房重建对灾区、社会、经济和文化的恢复至关重要。除了这些个体问题，重建阶段使规划者有机会主动实现缓解策略（如综合规划、分区、建筑法规），以避免未来灾害的损害和发展更有弹性的城市。

（二）生成过程

芦山地震发生之后，灾区面临着多重挑战，基础设施的恢复、受困人员的营救、废弃物的处理和临时板房的建设迫在眉睫，其引发的社会风险涵盖了人员伤亡、财产损失、社会失序、心理失衡的各方面，其演化的过程错综复杂。

地震由于其强大的破坏性，灾区原有的社会结构很显然遭到了严重的破坏，原有的社会秩序也遭到破坏。在新的社会秩序建立之前，存在着一种过渡性的社会秩序，就是救援秩序。灾害前的社会秩序是由社会中的个体、组织及他们之间的交互关系所形成的较稳定的、连续的、具有可预测性和可控制性的状态。地震发生后，灾区环境急剧变化，人们之间的关系发生改变，社会的运行面临极大的不确定性，原有的社会秩序彻底被打破。

从社会冲突诱因来看，大地震即最初的诱发源，灾后群众应激心理和应激行为成为社会风险的助推器，谣言和负面新闻报道加快了社会风险的蔓延和升级，政府效率不高、危机公关不利是催化剂，在主观因素（主体的心理和行为变化等）和客观因素（环境的压力、灾损的增加和谣言的传播等）的共同作用下，灾害社会风险不断地积聚和暴发，社会冲突衍生出新的风险，并重新进入蔓延与升级的循环之中，最终形成社会危机。

（三）失序状态

1. 救援人员活动的无序

地震破坏了灾区基础设施，造成人员伤亡，使生产中断，生活受到干扰，灾民心理受到严重创伤。灾区社会系统原有的结构、环境发生改变，社会正常功能受到阻碍，失去了原有的平衡。救援活动正是在震后灾区社会系统失去平衡的情况下，与灾区社会共同构成一个新的更加开放的复杂巨系统。同时，由于救援时间紧迫、施救空间受限、灾区资源紧张、生命通道脆弱、活动相互制约等，震后救援组织面临诸多困难。在各种约束条件下，各种救援力量之间很难协调发挥作用，导致整体救援效率低下。在地震发生之后，民间组织、媒体、普通民众几乎与政府、军队、专业救援队伍同时得到灾情信息，随即便是全社会的迅速响应。大量的救援主体同时响应、参与救灾，整个救援活动在一开始就都陷入无序，在地震发生后的极短时间内，数万士兵，有些从 1 000 千米以外的地方被快速地调往灾区。虽然救援队伍有这种快速的外部响应，救援装备和物资的巨大延迟却极大地降低了救援效率。并且，大量的救援人员无法正常开展救援工作，滞留灾区无处安置，使得本身陷入混乱的灾区环境雪上加霜。此外，在前往灾区的路途中，大量的媒体车辆、私家车辆涌入灾区，阻挡了运送救援队伍和物资的顺利抵达，使得灾区交通陷入失序。

2. 救援物资流动的无序

参与救援的除了进入灾区的救援组织和个人，还有更庞大的救援主体，包括慈善基金、NGO、公司和其他的民间组织。在地震发生后，很多富有责任感和爱心的企业、民间组织及个人都捐献了救援物资，为灾区送去干净的水、药物、食品、棉被和衣物等。然而，在为灾区解决物资紧缺问题的同时，救援物资的无序性也给灾区的救援秩序造成负面的影响。应急物资的调度、库存和分配是应急管理中的一个关键问题。由于救灾物资需求量大，当地政府无法满足灾后的物资供应，被迫从全国各地征集救灾物资，导致救灾物资来源十分分散，需要花费大量的人力和精力对物资进行排查和调配。再者，如震后通往雅安的各主要交通干道均处于不同程度的拥挤和瘫痪状态，民间组织、媒体、军队、武警、医护人员、志愿者、物资在短时间内大量地涌向灾区。

3. 灾区灾民活动的无序

灾害不但使社区灾民的财产受到了严重损毁，而且让他们的安全感被严重挫伤乃至摧毁，给他们造成了不同程度的心理伤害。不管是经历灾难的人还是参与救援的人，在面对灾难中触目惊心的惨状时，都会感受到失去家园、失去亲人、失去健康的痛楚，在心理上与生理上都产生了极大的震荡，这种巨大的心理创伤带来的压力在很大程度上超过了人内心所能承担的负荷，从而导致不少人出现或潜在焦虑、绝望、忧郁、麻木等症状。地震发生后，会产生一种非道德心理与行为，这是与同道德心理与行为性质相反、作用相反、结果相反的一种灾时心理、精神的力量。因此，整个社会在地震发生的一刻陷入混乱，每个人都在以各自的方式保护自己、减少损失，他们或躲避或逃离或帮助他人，但也有趁乱犯罪的事件发生。

经历了短暂的无序后，灾民面临新的问题，部分灾民需要就地得到妥善的安置，部分灾民需要转移到其他地区与亲人朋友团聚，部分受伤的灾民需要尽快转移到其他地区的医院接受治疗。与进入灾区的救援队伍和物资一样，将伤病人员转移出灾区也面临着转移的无序问题，道路的承载力、交通畅通率都影响着伤病人员的转出效率和有序性。而转移安置的无序将导致伤病人员的病情延误，造成新的伤亡。

（四）风险防范

本段重点分析芦山地震后的灾害社会风险防范中的灾后住房重建方面。夸兰泰利（Quarantelli）指出，灾后居民的安置要经历四个阶段：应急避难所阶段、临时避难所阶段、临时住房阶段和永久性住房阶段。灾后应急避难所通常是在个人和家庭的可用性、方便性、距离性和安全感知性的基础上建立的，其结构是帐篷、塑料薄膜或塑料纸板等。临时避难所通常需要灾民寻求朋友、亲戚提供的房子或者公共设施。科尔（Cole）指出，如果在灾害的威胁消退后，受害者仍然无法返回自己的家园，那么应该为他们提供公共或私人性质的临时避难所，以便灾民能够享受医疗服务和临时日常生活。临时住房允许灾民恢复正常的日常活动，尽早地投入学习或工作中。永久性住房则保证居民在永久的基础上生活在恢复重建后的房屋中。

不同于一般的住房建设，灾后住房重建面临诸多问题：①由于地震，许多当地和国际组织驻扎灾区现场，很多项目如住房、基础设施维修和一系列其他社会事业同时进行，使得灾区实际情况较为混乱[18]。②灾后重建需要关注长期和持续的恢复情况，当地社区和决策者通过积极参与重建的规划、决策和实施阶段来实现对重建可持续发展的掌控。③灾后重建项目往往存在来自各方面（如政府、捐赠者、灾民等）的时间压力。因此，灾后的住房重建需要更为专业和包容的合作来避免向社会风险的演化，尤其是在民众与政府之间、个人与集体之间。

灾后住房重建中十分重要的一环是公众参与。首先，公众参与允许规划者和决策者了解当地知识和灾民们的偏好，从而获得对重建规划和政策的支持，避免了一系列分歧和冲突。其次，公众参与赋予了社区和灾民权利，提高了他们的满意度和对政府的信任，并确保了民主进程。在公众参与中，灾民参与尤为重要，一方面，灾民是地震主要的受害者，而且他们未来的幸福在很大程度上都依赖于新的家园，因此，较为完善的灾民参与能够提高灾民对未来房屋的满意度，避免灾民在震后再经历经济或心理的二次伤害。另一方面，灾民是灾后住房重建的主要参与者和关键利益相关者，其参与情况会直接影响房屋重建的合作网络，并最终影响住房重建质量和进度。

灾害管理有四个阶段：缓解、预防、响应和恢复，其中缓解和预防阶段适用于灾害发生前，而响应和恢复阶段则适用于灾害发生后。响应阶段是保证急需物资的供应，保障特殊设施的安全，救助受害者，减少灾害所造成的损失；而恢复阶段旨在修复、恢复和重建公共设施等。地震发生后的三个住房重建阶段横跨响应和恢复阶段。阶段间在实施过程和资源利用等多个方面都有着密切关联，前一个阶段往往能影响下个阶段的发展。然而，阶段间也存在众多差异，如研究设计、数据收集、数据分析和结论等领域。因此为了更好地研究震后房屋重建，基于传统田野调查法的六大研究步骤，创新采用多阶段田野调查法来调查震后房屋的重建情况。

阿尔恩斯泰因（Arnstein）在《公民参与的梯子》一书中提出了划分参与度水平的 8 种类型，被作为参与度研究的一个基于权力交移的层次模型，为以后参与度的研究提供基础。"梯子"更多地从灾民与事物（如灾后重建）间的相互关系来研究的灾民参与水平。此外，利用合作理论分析灾民与其他参与者间的协作水平，从而研究灾后住房重建中灾民的参与度。合作一直被视为一个跨部门项目可持续发展的重要前提，特别是对于有时间或者资源限制的项目（如灾后重建）。为了尽快恢复灾区正常生活秩序，每个利益相关者和参与者通常都是在巨大时间压力下进行灾后住房重建的。因此，在灾后住房重建中，建立有效的跨部门之间的合作关系是至关重要的，合作网络中各种各样的 NGO、社区组织、居民、政府等都扮演着至关重要的角色。网络是一种促进不同参与者间合作的最常见的方法建设发展，在参与灾后住房重建的利益相关者中，无论是个人还是组织都需要利用合作网络获取和传送信息、知识、资金和资源。调查中，以霍格（Hogue）的五阶段模型作为理论上的概念性框架来描述不同参与者之间的合作水平，并允许某些参与者间存在不互动的情况，也就是在霍格的五阶段模型基础上添加一个"不互动"的阶段。

住房重建研究和相关数据收集是在 9 次独立的实地考察基础上进行的，从 2013 年 4 月 26 日到 2014 年 9 月 2 日，研究团队对包括芦山、宝兴、天泉、雨城等在内的 4 个重灾区进行跟踪式考察。利用政府内部报告、第三方评估报告、参与者访谈记录和研究人员工作日志整理出住房重建相关数据。对于主要参与者的访谈，利用先前建立的六阶段模型编写问卷，询问访谈者与其他主要参与者的合作情况，其中"0"表示没有任何互动，而"5"表示最高级的合作水平。

采访从直接和间接两方面重塑应急避难所阶段的合作情况。通过采访现场志愿者、当地居民、受灾民众、地方干部和救援人员，获取了大量问卷和访谈记录。与此同时，研究人员直接观察灾区应急避难所阶段的住房重建情况，并参与其中，获得直接的工作日志。

在临时避难所阶段，对宝兴、雨城和天泉三个重灾区进行了实地调研，并在

"雅安抗震救灾社会组织与志愿者服务中心"驻扎了一个工作小组。其间邀请房屋重建社区工作的个人和组织，如承建商、NGO、志愿者、政府干部等代表加入研究项目。基于问卷，对主要参与者的代表进行半结构式访谈，了解他们自身的合作意图和对其他参与者的印象。在此期间，研究人员作为专家参与住房重建项目的讨论，引导代表们提出一些建议来改善合作。

对于新村聚居点，坚持以灾民为主体，广泛征求入住村民意见，充分发挥灾区群众的主体作用，实现以社区为主体的灾后重建模式，对自然散居的自建户，大力推广轻钢结构房和砖木结构房，保证建筑材料的供给，安排技术人员指导、监督，建立科学的审查制度，确保安全快捷舒适。

调研时发现，居民主要选择新村聚居点，由于原址抵抗再次灾害能力低下，重新寻找宅基花费很高。新村聚居点有专业的规划设计团队，有专业的施工方和监理方，基础设施和配套的公共服务设施，都能为今后的人居环境提供可靠的保障。一些受灾严重的区域，基础设施和房屋损坏很大，当地政府规划新村聚居点，而且在灾后重建的同时也完成城镇化进程。新村聚居点是由当地政府统一规划一片区域作为一个重建社区，社区里的基础设施和相关配套设施由政府修建，居民房屋根据不同的情况由当地政府统一修建或者居民自己修建。

新村聚居点房屋主要有自建、统建两种形式，具体选择哪种，由每个聚居点的"重建自建委员会"决定。重建自建委员会的成立，拉近了居民和当地政府的距离，有效地提高了居民的参与度。重建自建委员会的成员由村民自主选举产生，主要是村里的能工巧匠、威望较高的村民等，主要负责农房重建、房屋宅基地划分、户型选择、资金协调、质量监管等工作的自我管理、自我监督、自我服务。不是所有的受灾区域都规划新村聚居点，很多灾民原址的地理条件很优秀，不仅能有效抵抗次生灾害，还能在重建后很好地依托当地果木业、旅游业等。自己建房子，不仅亲朋好友全都赶来帮忙，县、乡的干部也帮着调配建房的材料。在重建过程中，灾民充分表达自己的意愿，从规划、设计、选材等方面很高程度地参与其中。所以在这个阶段灾民整体的参与度保持着很高的水平。

灾民在临时住房和永久性住房阶段并不是核心参与者，也没进入核心网络，整体的参与度算是中上水平。在自建过渡房里面，虽然有志愿者、NGO、政府等参与，但是灾民自己的参与度是极高的。对震后房屋情况做了应急评估后发现，城镇居民自建房破坏较大，其中造成灾区严重破坏、倒塌或损毁的城镇居民住房共4.95万套，而农村自建房毁损严重，仅雅安灾区遭严重破坏、倒塌或损毁的农房达15.58万户。对受灾群众过渡性的安置工作，坚持就地、就近、分散安置原则，支持和鼓励采取投亲靠友、自建过渡安置房、集中住在临时安置点等多种方式解决过渡住房问题，812个集中安置点安置了近17万名受灾群众；7.7万多名受灾群众自搭自建了过渡房。

整个灾区大部分灾民还是选择集中安置点的安置房。而安置点的安置房大部分由政府、国企、NGO 承担，灾民的参与度相对低很多。当地住房和城乡建设部和很多国企相互协调，承担安置点建设、修复和加固轻微受损楼房的任务。而 NGO 更多的是提供资金和志愿者的支持。此外，这次专门成立了雅安市社会组织和志愿者服务中心，能更好地同政府沟通，保证信息及时对接，合理利用资源，避免浪费。灾区前线也设有志愿者服务点，一是保证项目的顺利进行，二是为当地灾民提供服务。临时住房阶段，两极分化比较大，一方面政府鼓励灾民自建，部分灾民也积极参与；另一方面由于自建是相对要求条件的，如原址的安全性、充足的劳动力、城市与农村土地差异等，大部分灾民选择的是集中安置房，而大型项目个体灾民很难有效参与其中，所以灾民整体的参与度算是中上水平。

在灾后风险防范中，在正确识别和评估火害风险的基础上，从灾后住房重建方面入手，推动 NGO 的项目更全面、更深入地开展于居民当中，间接地增加居民与多级政府沟通的渠道，避免了以前居民只能同地方政府沟通的单一模式，促使居民和政府的联系更深入和广泛，有效地解决农房重建中统规联建、自主联建聚居点建设面临的土地协调难、资金筹集难、群众疑虑担忧、存在观望心理等诸多难题。有效地提高居民参与重建的积极性，大大提高居民的参与度。通过提升居民在灾后住房重建过程中的参与度，增强其主体意识，提高其主观能动性，有效地降低次生灾害风险进一步升级的可能性，有利于维护灾后灾区的社会正常秩序。

现代的社会冲突是一种应得权利和供给、政治和经济、公民权利和经济增长的对抗。

——〔德〕拉夫尔·达伦多夫

第五章 社会冲突的风险及化解

人类已经进入风险社会的时代。在风险社会环境下,出现了许多不稳定、不确定、不安全因素。全球社会的经济活动愈发频繁,自然资源过度采伐,全球气候条件日趋恶化,社会秩序动荡不安;地震、洪灾、海啸、飓风、瘟疫、恐怖袭击等自然灾害、人为灾害和生态灾害频繁发生,在生命财产上带给人类难以预估的损失。现如今,社会冲突作为一种社会现象,广泛地存在于人们的社会生活之中。社会冲突也进入高发、频发、多发的阶段,并成为社会变迁的常态。恩格斯说,"没有哪一次巨大的历史灾难,不是以历史的进步为补偿的。或许我们无法回避灾难,但可以选择如何应对灾难,人类共同的抗争终会将灾难踏于脚下"[18]。为了维护社会稳定,促进社会和谐,真正实现社会的善治,需要深入探究社会冲突的发生动因、演变机理、表现形式、功能内涵,系统地剖析社会冲突发生的根本原因,行之有效地规避风险,寻求化解社会冲突的应对对策,妥善处理社会多样化的风险与冲突。

一、理论概述

从系统科学的角度来看,每一个开放的社会系统其实都是一个典型的非平衡非线性的大系统,都是由众多特色迥异的社会子系统构成的。社会大系统中的每个群体和具体的部分都紧密联系和共同作用,促使社会冲突系统不断地演化。社会冲突属于社会系统其中的一个子系统,和社会大系统发生着持续的信息和能量的交互。这种动态联系使得社会系统的稳定和发展具有正面的和反面的刺激意义,需要群体以辩证客观的态度研究社会现象。

（一）冲突概念

什么是冲突？美国社会学家刘易斯·科塞[①]对"冲突"概念进行了界定，认为冲突不一定泛指一切社会冲突，并有以下相关的解释和定义。冲突不涉及冲突主体双方关系的基础，且不涉及冲突核心价值的对抗；冲突是社会系统内部不同的社会集团、政党等主体之间的抗衡，这并不意味着社会系统本身的根本矛盾，也不是革命的变革；冲突是制度化的博弈，也可以理解为在一定程度上我们允许这些博弈的存在甚至对其加以利用[206]。俄罗斯学者认为："冲突是指社会主体之间的利益冲突、对抗，解决他们之间的矛盾需要使用政治、外交、经济、意识形态、军事和其他手段及与之相应的斗争形势。"[207]

1. 冲突的含义转化

如当代美国学者乔纳森·特纳（Jonathan Turner）所说："冲突理论中最有争议的问题是冲突的定义。"在具体社会科学层次上，社会冲突主要有四种含义：①心理学角度的含义：社会冲突是社会个体在行为活动中存在的相互排斥的动机；②军事学角度的含义：社会冲突是由表面化的矛盾引发的尖锐的争斗；③文学艺术角度的含义：社会冲突是由于人们的立场观点、思想感情、理想愿望及利益等的不同而产生的矛盾斗争；④社会学角度的含义：社会冲突是人们对抗性的行为方式，包括拳斗、决斗、仇斗、战争、诉讼及辩论等表现形式。

从不同角度来看，冲突的含义不尽相同，我们将这些含义大致分为两个方面。一方面，广义上的冲突概念，指冲突的各种表现形式；另一方面，狭义上的冲突概念，则仅指冲突的外部表现形式，主要是指行为冲突。因此，冲突被视为一种"常态"，不仅具有破坏性还具有积极性，不再是简单的回避而是重在解决冲突，承认对立、失调、失衡、破坏、分裂、差异，强调变迁和改革[208]。

2. 冲突的社会范畴

冲突的社会范畴实际上在不同具体社会科学学科中有不同的含义，但"社会冲突"与"冲突"的概念常被混为一谈，甚至被等同起来，这种情况在那些具体社会科学学科对"社会冲突"的研究中经常发生。因此，在具体社会科学中，对"冲突"概念的考察，大致上也被看作对"社会冲突"概念的考察，至少包含了

[①] 刘易斯·科塞（Lewis Coser，1913~2003 年），社会学家。出生于德国柏林的一个犹太人家庭，和很多知识分子一样，他先于 1933 年流亡于法国，后于 1941 年移民美国。1975 年，科塞担任美国社会学会主席，并任该会执委十年，后任学会理事。

社会冲突的含义。社会冲突理论认为，与社会系统内各种社会集团、政党等主体不同，社会的每个部分并不总是都为了整体利益而全力协作的。社会系统中的一些构成部分处于冲突之中，某些部分获取利益的方式是建立在其他部分的利益损失之上的。从社会系统结构的表现形式分析，社会冲突有广义和狭义之分[206]：①广义的社会冲突，不仅包含经济冲突、政治冲突、文化冲突及生态冲突，也包含个体与群体、群体与社会、社会与政府及国家与国家之间发生的不同形式的冲突。②狭义的社会冲突，特指出现在政府公共权力和社会民众权利之间的冲突，这种冲突的本质是政府拥有的强制性的政治权力和宪法赋予公民的政治权利之间的政治冲突，也可以看作权力委托-代理之间的冲突。

3. 冲突的功能变化

从冲突理论来看，社会冲突具有多方面的积极功能：①整合功能，冲突群体的凝聚力有助于社会政府或群众身份的构建和维护，且定义和判别边界线；②稳定功能，冲突有利于清除一些社会关系的分裂因素和重塑统一；③促进构建新的群体功能，冲突导致先前毫无联系的双方之间的联合和联盟的产生，即"不打不成交"；④激发建立新规范和制度的功能，冲突可能导致法律的修改和新条款的制定与参与者对规范和规则的自觉意识。

对于什么是社会冲突，西方社会学者存在不同的理解。格奥尔格·齐美尔（Georg Simme）①，最前沿的对社会冲突进行分辨的冲突理论源起阶段的领军人物，开创了"作为手段的冲突"、"作为目标的冲突"、"个人冲突"及"超个人冲突"等分类思想，而且把冲突区分成了四种类型[209]：①战争，即群体之间的冲突；②派别斗争，即群体内部的冲突；③诉讼，即通过法律途径处理的冲突；④非人格的冲突，即思想观念上的冲突。

科塞认为，冲突产生的动因在于社会报酬的分配失衡及客体心理对分配管理的丧失信心、反抗。只要事件的出发点不直接涉及基本价值观或共同观念，它的性质就被视为是破坏性的。相反，事件的冲突点对社会有积极作用。科塞还认为，弹性较大、灵动性较强的社会结构相对容易出现冲突，但是往往这些冲突对社会并没有根本性的消极作用。原因在于该冲突促使群体与群体间接触面扩大，并且促使决策过程中集中与民主的紧密结合和社会控制的加强，它对社会的凝聚和稳定起着正面的作用[206, 210]。

如果社会结构处于僵局，一味地压制冲突，容易使其累积、爆发。那时冲突形势的严峻程度必然会对社会结构产生毁坏作用，且更加恶劣。西方社会冲突理

---

① 文后文献译为西美尔。

论的代表人物，拉夫尔·达伦多夫[①]在《现代社会冲突》一书中指出，"现代的社会冲突是一种应得权利和供给、政治和经济、公民权利和经济增长的对抗"[211]。他还指出，社会冲突是"有明显抵触的社会力量之间的争夺、竞争、争执和紧张状态"，是不同的群体或个体单方或多方的利益诉求、目标和行动方式的不一致，并且冲突方相互博弈的一种社会交互方式。这种情况下，社会冲突在很大程度上表现为一些异常的社会状态，包括社会矛盾的积累、社会关系的失调及社会秩序的失衡等。

（二）冲突动因[212, 213]

1. 中国国情下社会冲突的动因研究

中国学者虽然开启了探索社会冲突的研究历程，但不可否认的是，在当前社会转型背景下这类研究往往面临重重阻碍及难以越过的雷池。同时，在"社会冲突"这一类以社会病态为主流话语的背景下，人们往往忽略社会冲突可能存在的对社会的正面影响和积极功能。除此之外，目前的研究成果深度不足，不成体系，这就导致想要形成系统的研究方案极为困难。

中国学者力求从多角度探析社会冲突功能，他们较偏向于分析社会冲突的影响。一部分学者觉得社会冲突既有负面的毁坏性与分裂性的影响，也有正面的建设性的影响。在探究冲突与社会结构方面时，部分学者指出，社会冲突的本质缘由在于社会结构要素分化迅速，导致社会的整合失衡、社会要素分化的断层。在社会冲突与利益方面，许多学者认为，"利益冲突是人类一切冲突的最终根源，也是所有冲突的实质所在"[214]。所有的社会群体都不能逃脱或彻底清除社会冲突。在探索冲突与制度规范关系的过程中，一些学者指出，社会机制不仅调和了利益冲突也降低了社会交往的成本。而且，隐性的社会规范化现象潜移默化地促使了社会不公平现象的发生。针对冲突与心理观念方面，学者认为人类内心自发的态度、性格、信仰和价值取向等情感显示了他们心理的主观表现。

2. 中国国情下社会冲突的动因根源

21世纪，社会矛盾多元化，社会冲突膨胀，种种现象都表明中国进入了风险时代。社会冲突已然成为影响当代中国社会稳固的关键问题。因此，探析社会冲

---

① 拉尔夫·达伦多夫（Ralf Dahrendorf），达伦多夫男爵，KBE（Knight Commander of the Order of the British Empire，指第二等的高级英帝国勋爵士）（1929~2009年），德国裔英国社会学家、哲学家、政治学家、自由派政治家，"冲突理论"的代表之一。他反对结构功能主义对共识、秩序和均衡的片面强调，关注社会中变迁、冲突的方面，找回问题意识，建立冲突的社会分析模式。文后文献译为达仁道夫。

突的发生与演化，剖析社会冲突的根本动因非常必要。当今中国社会产生冲突的关键因素有以下几点。

1）贫富差距的扩大

社会配置结构不科学，导致贫富差异性显著增加，进而造成社会不稳定性增加。真实的社会的贫富差异具体呈现如下：城市当中的贫富差异、城乡之间的贫富差异、农村内部的贫富差异及不同地区之间的贫富差异等。

2）社会秩序的失稳

社会在飞速发展的同时，也埋下了不可预测的隐患和风险。不仅如此，经济发展和科技进步也带来了环境污染、基因污染、全球气候异常、个人隐私泄露、金融债务危机等问题。在社会转型升级的过程中，社会结构的治理不科学、不完备，导致社会矛盾逐渐显露。社会群体面对着多种的社会不确定因素，如失业待业、违法犯罪、安全事故等。社会秩序失稳主要体现在群体变为社会公共冲突的弱势方及公共利益冲突的承担者。影响社会稳定的各种问题，如失地农民补偿问题、农民工工资拖欠问题、食品安全问题、事故赔偿问题、信息披露问题等，在很大程度上是因为社会保障不到位。如果社会秩序失稳处置不恰当，很容易引起社会冲突。

3）心理贫穷的滋生

传统的社会秩序和道德观念不断受到社会发展的强烈冲击，部分社会成员在激烈的社会竞争中获得的利益低于预期，造成对社会的信任缺失，从而导致流失了大量的社会共识资源，特别是一些社会普通民众在对社会群体固化、升职无望、合法利益受损时不能调节好心态，极易引发心理贫穷，即"大多数人们似乎对在既有公共领域内寻求解决社会问题的办法已失去信心"[215]，这种心理现象很容易引发诸多社会冲突。

4）腐败现象的蔓延

腐败问题一直都是中国社会需要面对的棘手挑战，最容易诱发社会冲突。现阶段的腐败问题依旧比较严重。有些干部违纪违法，有公共权力私人化的动作，把权力机制向个人利益倾斜。某些干部违法乱纪，做不到刚正不阿、无法遵守"三严三实"，特别是在工程建设、土地出让、产权交易、政府采购等公务活动中，进行权力金钱的交易，促使一些既得利益集团小人得志。这些现象如果得不到及时遏制，腐败将会越来越严重，甚至影响党的形象，造成社会紧张，使得群众不满而与政府对立。

（三）冲突特征

冲突的性质转化指有直接利益冲突与无直接利益冲突的转化。灾害的发生经历了由直接利益冲突向无直接利益冲突的变化。社会冲突的特征主要表现在社会冲突具有主体性与客体性；社会冲突具有普遍性与特殊性；社会冲突具有系统性与过程性。

1. 社会冲突的基本特征

冲突是一个社会中重要的平衡机制。一方面起到减压、报警、整合与创新的作用，相当于"社会安全阀"；另一方面多元社会的交叉冲突，还能起到阻止社会沿着单一轴线分裂的作用，相当于"社会黏合剂"[210]。

1）主体性和客体性

社会冲突具有主体性与客体性的特征，是社会冲突最基本的特征。通常来说，主体是指从事实践活动和认识活动的人，客体是指人们实践活动和认识活动所关怀的对象。

社会冲突的主体性，是指社会冲突作为人类的实践活动，其主体是现实的人，从事实践活动的人。社会冲突的主体性表现如下：①社会冲突的属人性。例如，马克思、恩格斯所说的，现实的人"不是处在某种虚幻的离群索居和固定不变状态中的人，而是处在现实的、可以通过经验观察到的、在一定条件下进行的发展过程中的人"[216]。②社会冲突的目的性。社会冲突都不可避免地带有冲突主体的目的，无论冲突是发生在个体之间还是群体之间，都体现了冲突主体所要达到的目标诉求。

社会冲突的客体性，是指作为人类实践活动的社会冲突，将社会作为它的主体活动所指的客观对象。社会冲突的客体性表现如下：①社会冲突具有客观性。社会冲突是发生在社会领域内的冲突，而社会作为一种物质本身就是客观的。因此，社会冲突的根源是社会基本矛盾。②社会冲突具有规律性。社会冲突作为一种历史活动，是目的性与规律性的统一。在社会发展的视角下，社会冲突本质上是人们在社会发展过程中的存在状态。社会冲突作为发生在社会领域内的存在状态，必然受到社会发展规律的影响。

2）普遍性与特殊性

社会冲突的普遍性，具体来说，包含两方面的含义：①社会冲突广泛存在于人类社会的各个领域；②社会冲突贯穿于人类社会的始终。人类社会的经济、政治、文化、军事、外交等社会领域都广泛存在着社会冲突，其中最基本的是发生在社会基本领域的经济冲突、政治冲突、文化冲突。并且，自从人类社会出现以后，社会冲突就不断出现，人类社会发展的每个阶段都有社会冲突的出现，社会冲突贯穿于人类社会的始终。

社会冲突的特殊性，是指社会冲突的历史性和多样性。社会冲突具有历史性，是指有些社会冲突并不会一直都存在，当其存在的条件消失后，这些社会冲突也会随之自然消失，因此它们只存在于一个或几个历史阶段。社会冲突具有多样性，是指社会冲突在不同的历史阶段和不同的空间地域具有各种各样的表现形式。

3）系统性与过程性

社会冲突的系统性，主要表现为社会冲突是由若干要素所构成的有机整体。这些构成要素包括社会冲突的主体、社会冲突的目标、社会冲突的手段等。社会冲突的主体是社会冲突的发起者、参与者和承担者，社会冲突的发生、发展和结果都由它决定和受它影响。没有社会冲突的主体，就不可能存在社会冲突。社会冲突的主体既可以是个体，也可以是民族、政党和国家等群体。

社会冲突的目标是社会冲突主体想要通过社会冲突达到的预期目的，作为社会主体的实践活动，必然有自己的目的。社会冲突的目标根据不同的分类依据分为长远目标和近期目标，直接目标和间接目标，经济目标、政治目标和文化目标等。社会冲突的手段是社会冲突主体为达到社会冲突目标所使用的方式、方法或工具等。手段有不同的分类，但总体上分为物质性手段和精神性手段，采用的手段不一定是同样的，这需要根据社会冲突主体的冲突目标和当时的具体条件来决定。

社会冲突的过程性，主要表现为社会冲突是一种行为过程，它由若干阶段所组成。这些阶段包括社会冲突的产生、社会冲突的发展、社会冲突的结束等。社会冲突的产生是社会冲突行为过程的开始阶段，由多种复杂因素引起，有物质因素和精神因素，经济因素、政治因素、文化因素，国内因素与国外因素等。社会冲突的产生会被当时历史条件和历史环境影响和制约。

社会冲突的发展是社会冲突行为过程的进行阶段，是社会冲突产生以后进一步的规模扩大和程度加强。社会冲突的发展规模和程度是由社会冲突产生时的社会环境所决定的。社会冲突的结束是社会冲突行为过程的完成阶段，是社会冲突产生和发展的必然结果。虽然社会冲突产生和发展时的社会状况会影响和制约这种结果，但其最终是由"历史合力"所决定的。

2. 社会冲突表现形式

在社会制度工作中，各部门的整合程度和适应社会制度不一致，会导致不同的部门运作模式和过程。社会体系内部的不同成分、部门并不是孤立的，它们全都是相互关联的。当社会系统运转时，每个部门对社会系统的适应和协调情况都不完全同步，整合的情况会关联部门与部门的运作模式和过程的协调情况。每个部门间协调运作不尽如人意都会导致社会系统的运作出现秩序紧张、不协调乃至利益冲突的情况。如果全社会体系处于不平衡状态，社会冲突将无法避免，并且易演变为社会运作的常态。在真实生活中，社会冲突的主要群体常常体现为利益受损者与利益获益者。"冲突"的概念并不泛指一切社会冲突，一般有几个方面的含义，具体表现如下：①不涉及冲突参与方的基础关系，不涉及冲突核心价值的对抗；②社会系统内不同部分之间的对抗，而不是指社会系统本身的基本矛盾，不是革命的变革；③制度化的对抗，即社会系统可容忍、可加以利用的对抗[206]。

在目前中国的环境下，社会冲突一般有三种表现形式：①轻微的社会冲突。由于各类利益群体、集团之间的利益矛盾是始终存在的，不可能被消灭，这就极易引发贫富之间、劳资之间、个体群体之间的利益摩擦和矛盾冲突，如果能合理处置这些摩擦与冲突，客观上不会造成重大的社会冲突。②间接的社会冲突。随着网络、社交媒体、手机等信息交流工具的不断进步和发展，社会生活中拥有的诸多矛盾被广泛地传播，极易引起网友关注和讨论。如果网上一些点击量多的信息（如图片、文字、视频等）无法快速地得到声明、正本清源、妥善解决，就会刺激网友，致使舆论发酵，进而产生其他社会矛盾。③严重的社会冲突。由于生活中经济社会矛盾的不断涌入，某些代表性、突发性的事件得不到及时、合理处理，甚至压制，就很容易诱使群体性事件的发生。而这种大规模群体性事件的爆发会对社会造成严重的伤害，因为它在很大程度上会演变成重大社会冲突，给社会的和谐发展和稳定带来消极影响。

（四）代表理论

1960年以来，随着第二次世界大战后逐渐稳定的消退和冲突现象的普遍增长，西方国家进入了全球性的大动荡时期，国际运动风起云涌，每个国家矛盾都日益加剧。一向强调稳定与整合的结构功能主义已无法解释社会现实，以科塞、柯林斯、达伦多夫为代表的一些社会学家开始反思结构功能主义，他们从马克思、韦伯、齐美尔等社会学家那里汲取冲突的知识内涵，在批判和纠正片面的社会结构功能层面上，社会冲突理论应运而生，并日渐成为西方主要的社会思潮或理论流派。

1. 西方社会学与社会冲突理论

社会冲突理论主要研究社会冲突的性质、起因、影响等方面，是西方社会的重要学派之一。其起源于马克思，因韦伯与齐美尔等而发扬，广泛运用于社会领域研究。从20世纪五六十年代起，在马克思、韦伯、齐美尔等的影响下，达伦多夫、科塞、马尔库塞、哈贝马斯等社会学家承先启后，形成了几个社会冲突理论的当代学派。社会冲突理论对西方集群运动有着指导作用，也是中国群体性事件研究的指导性理论基础。

1）韦伯的分层标准

韦伯作为早期冲突理论的杰出代表，其关于资本主义社会深层次结构性矛盾的分析有着意义深远的影响。韦伯的逻辑基础与起点是，根据其与众不同的社会层级划分标准将社会进行层级划分，然后通过观察不同社会群体的矛盾和冲突，研究冲突现象并解释社会冲突活动。韦伯另辟蹊径，指出资本主义不单单是一类经济制度，而是一项有效的组织类型，其实全社会的发展进步就是组织类型持续发展的过程。韦伯在对社会进行研究的基础上，充分汲取了马克思分层理论的思想精髓，并拓展和开辟了新的分层标准。韦伯分层标准中最关键的层级区分因素是财富、声望和权力。从这三个方面出发，可以较精准评判得出个体或群体在社会中对文化、政治等领域做出的贡献和影响。

可以看出，韦伯的冲突理论在很大程度上是在自身社会分层标准上构建的。也就是说，它是以社会分层对群众的社会行为产生一定影响为理论基础。韦伯通过研究社会矛盾和社会冲突，从而对资本主义合理性问题进行了解答。不仅是分层标准，关于社会冲突爆发过程中是否需要领袖角色也是韦伯研究的重点。韦伯指出，领袖人物的存在是冲突演变形势发展的关键因素。领袖角色的凝聚力与影响力在冲突中发挥着巨大作用。在韦伯看来，领袖将社会冲突从潜在状态外化为现实状态，能够"激起愤恨的关键力量"[216]。

2）达伦多夫的辩证冲突论

在马克思和韦伯的双重影响下，达伦多夫成为辩证冲突论的主要代表。他的冲突理论深受马克思的阶级冲突思想影响。并且，达伦多夫的很多冲突思想灵感都来源于韦伯的社会相关理论。把社会组织当作逻辑起点，以揭露社会冲突的演变机理，并提出社会组织在变为管理者以后，依靠权力构筑一系列制度化模式，以强制方式维护该机制的协调运作。可见，对于权力和利益等珍贵稀有资源的争夺加快了冲突性利益群体的生成。达伦多夫辩证地研究了社会冲突，更多地侧重"权威"理论的论述，将权威构架划分为三种形式，分别是传统权威、个人魅力权威、法理权威。达伦多夫认为，冲突发生的具体因素是群体的权威结构出现混乱。更详细的解释如下：拥有决定权地位的人群在其社会群体中的冲突探究。科塞探究的重点是"弱冲突"领域，而与之不同的是，达伦多夫的钻研着重于"强冲突"领域，具体是影响权威构架分崩离析的冲突。冲突对社会构架的作用表现在循环之中：权威结构解体—冲突产生—新权威结构建立—再解体[211]。

3）齐美尔的冲突类型

齐美尔把冲突活动定义成一类社会化形式，该形式在每一个社会制度当中都广泛存在。每个人都无法规避与冲突发生关系，这是形成齐美尔社会冲突理论的逻辑起点。齐美尔的社会冲突理论指出，无论何种社会形式，社会冲突都普遍存在，以往的研究一直都着重于社会合作而对社会冲突避之不谈，是十分片面的。部分学者只对社会冲突的消极影响进行关注，而没有对其可能产生的积极影响进行挖掘也是不够全面的。科塞作为齐美尔冲突理论的继承者提出，"齐美尔从来没有设想过会有一个没有摩擦的社会。从来没有设想过能够禁止个人之间和群体之间的冲突和斗争。在他看来，一个健全的社会系统当中不是没有冲突存在，相反，整个社会各组成部分之间充满了纵横交错的冲突"[217]。

在齐美尔的社会冲突理论中，以冲突作为研究对象，齐美尔按照冲突的类型以一定的标准对冲突行为本身做了归纳和划分——作为手段的冲突与作为目的的冲突，现实性冲突与非现实性冲突。根据齐美尔的理论，各种各样的斗争与冲突通过不同的表现形式普遍存在于现实生活中。不论是对财富的争夺，还是对权利的追逐，乃至是出于消灭他人的欲望而产生的冲动，都会诱发斗争与冲突。如果冲突能够通过寻求一类可取代的方法解决问题，那么这种类型的冲突在本质上包括从其他方法或事件获得满意的性质。然而，不用反抗的途径解决问题，这类冲突会被群众视为一种达成目的的手段或者途径，即成为途径的冲突。反之，冲突是由人的主观意识确定的，那么我们把这种冲突视为目的性的冲突。这种冲突是"存在于内部的能量，该能量仅能经过对抗本身得到满意，不可能通过其他的途径来代替它，它自身便是目的和内容"[209]。根据齐美尔的理论，他提出冲突具体的表现形式是"为斗争而斗争"，冲突来源于"敌意的本能冲动"[218]。

4）科塞的社会冲突逻辑脉络

科塞是现代冲突理论冲突功能学派的重要代表[206]。与其他冲突学派的学者相比较，科塞不太关注对冲突的性质和根本理论的研究，而侧重冲突产生的过程、结果，且把冲突的功能视为关键的研究对象。科塞对冲突的研究不但囊括了结构功能主义，而且融入对齐美尔冲突理论的研究中。科塞可以说是两种理论的协调者，这成就了他作为冲突功能理论的先驱。

科塞在《社会冲突的功能》一书中最先使用了"冲突理论"这一术语。他不认同帕森斯的"冲突只具有破坏作用"这一单一的论点，力图把结构功能分析方法和社会冲突分析模式合并起来，校正和补充帕森斯理论[206, 210, 217, 218]。科塞由齐美尔①的"冲突是一种社会结合形式"[209]的命题出发，大量地研究社会冲突的功能。他指出，冲突存在积极功能和消极功能。在一定条件的范围内，冲突存在确保社会连续性、降低两级对立形势生成的可能性，也在预防社会系统的僵化、加强社会组织的应激性和刺激社会整合等方面存在着积极作用。

在学术理论上，科塞将结构论与冲突论进行了协调整合，他的社会冲突功能理论在关注冲突存在的负面影响的同时，也与结构功能主义合并，关注社会均

---

① 文后文献译为西美尔。

衡、整合的思想。目前普遍将他的这套社会冲突理论视为正确处理社会冲突的依据之一。科塞深入冲突发生的过程探究，把社会冲突分为现实性冲突和非现实性冲突两类。现实性冲突把冲突视为实现目的的途径，环绕价值、"稀有地位"、权力或资源进行抗争。而非现实性冲突则不关注特定的目标、利益要求，仅仅是情绪的需要。针对非现实性冲突，科塞提出了令他声名大振的"安全阀"理论。他指出，"社会安全阀"就如同锅炉上的"安全阀"，强烈的蒸汽持续排放到外界，社会敌对情绪的释放会对社会结构和谐氛围的维持起到正面作用。

5）柯林斯的冲突社会学

1975 年，柯林斯的《冲突社会学：迈向一门说明性科学》一书出版，标志着冲突问题的探索迈入了全新的阶段。先前的冲突论学者仅仅补充和修正了社会结构功能主义，并认为秩序理论同冲突理论都是较有效的理论工具。柯林斯指出，社会冲突才是社会生活的核心过程，单一地补充"冲突理论"不具有说服力，需要构建一门以冲突为主要研究对象的社会学。先前的冲突论学者大多侧重探索宏观社会结构问题，且视社会结构为外部作用对个体有强制性的鼓励。而柯林斯则以为，社会结构是群体的交互方式，是在群体持续的创作和再创作中生成并得到延续的。对宏观的社会结构的认识不能脱离构筑相关结构的群体。柯林斯汲取了现象学和民俗学方法论的研究成果，试图把宏观社会学作为微观社会学的根基。与先前的冲突论学者侧重理论和意识形态问题不同，柯林斯着重提出，需要构筑假说——演绎的命题体系，还要从经验上加以论证。只有做到这种程度，才能让冲突社会学完全成为一门说明性科学。柯林斯为冲突问题的探索开疆辟土，意味着狭义上的"冲突理论"作为一个流派已是过去式。

柯林斯在《冲突社会学：一种解释的科学》一书中对社会分层与社会冲突进行了深入的分析。他提出，社会生活的中心过程就是分层与冲突，它们涉及社会生活的许多方面，以至于任何关于分层和冲突的理论模式都无法与这些方面分割开来。他在对日常交往、家庭、组织、国家等不同结构层次上的分层与冲突过程进行解释的基础上，建立了一个集成了微观与宏观过程并用微观过程去解释宏观过程的社会冲突理论。他在进行微观分层研究的过程中，发现了"互动仪式链"对秩序与冲突的意义。对此，他将研究主要放在避免暴力或强制性冲突的两种常用策略上，一种策略是仪式，即处于统治地位的人通过仪式来吸引人们表达对群体和社会的情感依附，并以此对暴力冲突进行缓冲；另一种策略是信念，即处于统治地位的人通过强化人们的道德观念，来对社会冲突进行合理的控制，避免情势进一步恶化[217]。

2. 马克思与社会冲突理论

针对 19 世纪的资本主义社会，马克思在资本主义社会必然存在的矛盾生产和阶级博弈行为研究的层面上，讨论了在当时情况下独具特色的社会冲突理论——阶级斗争理论。马克思社会冲突理论囊括了极具价值的思想理论，不仅在当时产生了巨大影响，还对后来的社会冲突理论的研究发展带来了长远的影响。

1）马克思关于社会冲突的根源

关于社会冲突的根源。《政治经济学批判（序言）》里面针对马克思的阶级斗争理论的基本内容进行了经典的论述。书中指出，"社会的物质生产力发展到一定阶段，便同它们一直都在其中活动的现存生产关系或财产关系发生矛盾。于是这些关系便由生产力的发展形势变成生产力的桎梏。那时社会革命的时代就会到来"[212]。从马克思的社会冲突理论看出，他反复强调社会的阶级矛盾所激发的阶级斗争在资本主义社会当中所拥有的关键影响。从马克思的思想结晶中可体会到，社会冲突外在表现了社会群众在沟通相处过程中无法规避生成的对抗性行为和矛盾关系，归根结底是群众开展的社会生产活动中的地位并不是完全对等的。马克思认为资本主义社会中蕴含的"对于稀缺性资源分配和有价值资源分配的矛盾"[212]是冲突产生的诱因。这种不均衡的冲突现象在资本主义社会中会经过复杂的阶级斗争而爆发，并在这种形式下促使类似不均等的现象被打破和消灭。

马克思主张社会基本矛盾根源在于，当生产力发展到一定水平时，就必然会同生产关系产生矛盾，这时生产关系就会成为生产力进一步发展的极大阻碍，从而最终引发社会革命来改变这种困局。马克思认为，利益不仅是人们进行奋斗的推动器，也是社会冲突的现实根源，许多社会冲突都与人们现实社会利益的争夺与分配密切相关。马克思还认为，利益是多样化的，世界上存在着各种各样的利益。对此，他指出，"世界并不是一种利益的世界，而是许多种利益的世界"[219]。除此之外，马克思认为社会冲突受国际因素的影响，即发展中国家产生的社会冲突不一定是由内部矛盾积聚而产生，也可能是由发达国家向其转移社会矛盾而导致。

2）马克思对于社会冲突的影响

马克思作为一位公众认可的有伟大影响力的学者，提出了十分独到的阶级斗争理论。第二次世界大战结束后，社会发展中普遍存在的阶级斗争问题对社会冲突理论的发展起到了间接推动的作用。阶级斗争问题引发出的冲突论在该时期产生了两个不同的思想学派：以达伦多夫为代表的辩证冲突论学派和以科塞为代表的冲突功能学派。虽然两个学派宣扬推崇的冲突理论存在区别与差异，但不可否认的是，这两个社会冲突学派都在一定程度上沿袭了马克思的社会冲突理论思想。马克思开创了社会冲突理论的先河，他的贡献长期作用于现代冲突理论的发展中，表现在之后探求冲突论方面的代表人物的思想中。

3）东方社会学与社会冲突理论

冲突理论起源于马克思，在韦伯与齐美尔手中得到发展，最终巩固发扬于达伦多夫与科塞，它被认为是西方集群运动分析的主要理论工具。不仅如此，它还在中国社会冲突事件的研究上有着不可比拟的指导意义。现有文献主要研究了灾害引发社会冲突的动因、触发机理和交互机理，分析了社会冲突激化的传导路径和传播速度，探究了社会冲突激化导致风险突变的机制和测度分析，探析了灾害引发社会冲突激化的根源。西方学者以社会冲突现象为研究对象，从社会冲突的根源及其与社会变迁关系的冲突方面展开研究。还有对中国社会转型期的社会冲突的研究，关键分析冲突的边界和功能及社会冲突的内涵定位、结构和特征、类型和功能。此外，有学者开展了灾害环境下冲突与社会结构的关联、灾害环境下冲突与群体利益的联系、灾害环境下冲突与社会制度的关系、冲突的调适机制等方面研究。

总之，有关灾害导致社会冲突研究的文献很少。灾害背景下社会冲突研究的特殊性、各种不确定性关系、不同的表现形式及其演化路径，都是有待深化的重点。

二、灾害冲突

据不完全统计，20 世纪 70 年代以来，全球自然灾害和人为事故的发生次数、致死人数都呈现出令人担忧的上升趋势。进入21世纪后，这一趋势更是明显地加速。美国"9·11"恐怖袭击、印度洋海啸、SARS 事件、"5·12"汶川地震、国际金融危机、埃博拉病毒蔓延等特大灾害事件接踵而至，造成了大量的人员伤亡、财产损失和资源损耗，严重威胁社会的和谐与稳定。灾害及其有效管理已成为各国政府和民众高度关注的公共议题。中华人民共和国成立以来，国家一直将发展作为第一要务，对灾害进行及时有效的管理尤为迫切与重要。在某种意义上，灾害与发展是"一体两面"。一方面，发展过程中的工业化对环境和资源造成了一定的破坏，这是灾害加剧的主要原因之一；另一方面，国家政策所倡导的可持续发展又内在地要求控制和减少灾害。灾害本身导致新的社会冲突，也会催化原有积压的社会冲突。2008 年"5·12"汶川地震之后产生了民众建筑物质量追责的社会问题和补助救济款及重建房屋的分配纠纷，而原有的腐败现象和干群矛盾也会因为灾害的冲击而加剧突显，最后激化为冲突甚至转化为社会危机，威胁到地方政府的稳定及灾后重建工作的顺利进行。

(一)基本概念

在西方,由灾害激发原有社会冲突的事例比比皆是,如著名的扎克雷起义[①]、闵采尔农民起义[②]和普加乔夫起义[③]。当前中国正处于社会转型期,伴随着经济的增长、利益的日益分化和社会的急剧变迁,社会纠纷大量涌现,而转型期的社会矛盾又与频繁、发生的灾害事件相互影响、叠加,孕育了灾害冲突形成的条件。

1. 突发事件引发灾害

灾害是由自然的抑或人为的因素对人类社会及群体或个体造成的破坏性后果。它通常会造成大量的人员伤亡、财产损失和自然资源破坏,阻碍社会的和谐发展,使人们陷入生存困境。

在自然科学对灾害的研究中,被广为接受与认可的基本分析工具就是"灾害链"理论。然而,在2008年初发生于中国南方的大面积雨雪冰冻灾害的管理中,传统"灾害链"理论的有效性却面临了巨大的挑战。中国自古以来的全家团圆过年的传统致使数千万农民工回乡,带来了大规模的人口流动,铁路运输现代化造成对电网安全的高度依赖,使得这场雪灾的"链式反应"更加复杂和难以预料,灾害性后果倍增。这种情况下,传统"灾害链"理论所描述的纯自然属性和线性路径,并不能对此做出很好的解释。

可见,灾害往往与社会冲突密切相关。社会冲突并不一定会引发灾害,但灾害完全有可能使社会冲突恶化,即社会冲突指与灾害相联系的社会矛盾的非常形态。

现在,传统的"灾害"概念面临着巨大的挑战和威胁。首先,就灾害本身而言,传统的灾害概念虽然可以通过自然、人为二分法来对概念本身的内涵进行扩大,但越来越难以涵盖现实中逐渐增加的某些事件,如群体性事件。对此,斯托林斯提出,我们不应仅仅将灾害看作自然或技术上的风险,还可以将其视为一种基于社会正常运行的例外。如果说西方国家尚可以用自然、人为二分法来增加灾害概念的内涵,那么在中国,"人祸"概念则更加片面,与其相对应的"天灾"概念的不足也更为明显。其次,我们需要跳出传统的"灾害"概念,用更深远的视

[①] 扎克雷起义,是1358年法国的一次反封建农民起义,是中古时代西欧各国较大的农民起义之一。扎克雷,源自Jacques Bonhomme——呆扎克,意即"乡下佬",是贵族对农民的蔑称,起义由此得名。

[②] 闵采尔农民起义,是1524~1526年德意志农民的大规模反封建起义。参加者除农民和城市贫民外,还有市民和矿工,领导人有托马斯·闵采尔(Thomas Münzer)等。这次起义是宗教改革的顶点,在德意志历史上有深远的意义。

[③] 普加乔夫起义(Pugachev Rebellion)(1773~1775年),俄国农民群众反抗封建压迫的起义。战争席卷广大地区(奥伦堡边区、乌拉尔、乌拉尔山区、西西伯利亚、伏尔加河中下游地区),踊跃参战的起义者达10万人。

角来洞悉灾害，应对灾害。"传统的观点用狭隘的'时-空'（space-time）观来看待灾害的背景、特点及后果。而事实上，无论是灾前、灾中，还是灾后，均发生于一个广泛联系、相互链接、动态发展的复杂世界中"。承担这一双重使命的概念应当是"突发事件"或"突发公共事件"[220]。

2. 灾害引发社会冲突

利益分配的不均衡追根溯源是生产过程中的生产关系的不均等。社会阶级的冲突与斗争的根本因素在于社会的生产力和生产关系的内部冲突。无论是马克思主义学说还是西方社会学理论，无论是中国的学者还是西方的学者，对社会冲突都有过深入的研究。有学者分析指出：马克思分析社会冲突，探究的起点是人们对生产资料的联系。由于分配关系和分配方法必定与一些生产模式相互关联，并且被人类对生产资料的联系约束。

马克思的分析是他对当时社会冲突深刻把握的情况下做出的。西方社会学者科塞指出，"社会冲突是否有利于内部适应，取决于在什么样的问题上发生冲突，以及冲突发生的社会结构"[206]。社会冲突，专指与灾害相联系的社会矛盾的非常形态。它本质上是由灾害的发生而导致的人与人之间的冲突。灾害总是在一定的范围和条件下，使人的生命和财产受到损失，使自然环境和资源遭受破坏，扰乱社会生活稳定的正常秩序，打破人们之间和谐的正常关系。

随着相应地区的社会矛盾趋于突出，冲突也愈发凸显。而在人为灾害中，相关责任人对于受害者负有不可推卸的责任，双方的利益关系尖锐对立，这是与灾害相连的社会冲突的现实基础。

3. 灾害环境下的社会冲突

研究灾害社会冲突的诱发、蔓延、升级、消亡的演化过程，有利于从本质上科学地把握社会冲突内在要素的关系。韦伯为从合法性的角度分析社会冲突问题的第一人，他认为从根本上讲冲突是由以下三个条件共同促成的：①权力、财富和声望的高度相关；②报酬分配垄断化；③低的社会流动率。而后续的一些新马克思主义学者，如科塞、达伦多夫等则提出了引发冲突的不同动因，如"相对剥夺感"的出现及升级，共同认知的减弱等，也相继提出社会冲突对社会发展具有正功能，对于群体性事件的治理有很强的启示意义。此外，西方部分学者曾经专门针对中国群体性事件爆发根源进行系统调查，概括出干预失灵、治理实效、经济政治改革等因素，认为中国的群体性事件大部分并不与政治挂钩，但从长远来看，如果任其发展而不及时治理，会使之成为国家稳定与和谐最大的威胁。从中发现，诱发社会冲突的因素很多，一般分为灾害自身因素和外界因素，外界因素中以社会因素为主。

一方面，灾害的发生会导致供给下降、需求增加和资源分配不均等现象，资源稀缺并不直接导致冲突。一些极易诱发社会冲突的相关政治和社会原因却往往与物资有关联。这也是灾害引发社会冲突的理论基础。其中，有三种关于灾害的冲突理论说明资源的稀缺性是怎样演化成社会冲突的，分别是沮丧-侵略理论、群体认同理论、结构理论。

其中沮丧-侵略理论着重声明社会的不满。该理论指出，一旦群众迫切的期望或需求落空，如没有从有限物资中获取平等的份额，会导致相关群众更加具有侵略性，与此同时将增多社会动荡的风险度。而群体认同理论清晰地说明了群众间的矛盾冲突，并认为认同感的建立与巩固来源于某些社会群体反复强调自身与他人的差异性。这种途径虽然加强了群体之间与群体内部的凝聚力，但可能诱发不同群体之间的隔阂和猜疑，更糟糕的可能会导致群体之间冲突事件的爆发。结构理论认为，冲突发生的时机是当国家政权面临挑战的时候。也就是说，该理论偏向于围绕潜在不稳定群体之间及社会环境之中的可能性和约束。但是，并不是全部的挑战都将演化成社会冲突。只有当一个不稳定的国家或不稳固的群体本身处于弱态，面对挑战无能力有效快速预防冲突，无法有组织有装备抵御冲突时，才会使暴力冲突事件以某种形式产生。这揭露了社会冲突事件的发生既取决于社会积蓄的负面情绪和矛盾对抗，也取决于特定环境和条件。

另一方面，灾害是指对人类生命财产与生存条件造成严重破坏性影响的事件或现象。其本身似乎不可能引致任何冲突，但其具有隐蔽性、扩散性、诱发性、衍生性、复杂性、系统性，故也可被视为"诱导因素"，引起一些原来就存在的矛盾及冲突。资源的稀缺性在很大程度上增加了国家物资紧缺而引起的社会冲突升级的概率，并且加重了当前的非政府公益等组织机构管理和再分配的任务。伴随相关社会负面情绪的升温，参与对抗的群众人数也会激增。随着社会的变动越来越迅速，现实与群众的预计落差便会越来越大，社会冲突失稳的风险也就增加得越来越快，尤其是在灾害发生后，面对政府救援和灾后重建上的行动力不符合群众预期，或者与群众预期存在较大落差时，群众会加深对政府的不满和仇恨，社会群体与政府之间的矛盾将被激化。

此外，有一个必须思索的因素是，灾害后如果出现恶劣气候变化，那么将会再给脆弱不堪的社会带来沉重打击。这时，一些过去潜在的或者曾处于较低水平的冲突风险很容易升级并爆发。当社会的经济严重不平衡、各方社会群体之间的区别加剧时，外界环境的打击会直接或间接地与社会冲突关联在一起。

（二）总体特征

近年来，社会冲突的四个特征表现如下：新的冲突形式不断出现、利益冲突占据主导地位、冲突双方呈现出非对抗性、文化心理冲突不断攀升[221]。

1. 灾害-社会冲突系统特征

明确灾害-社会冲突系统特性，是人们认识系统本质、研究系统规律、掌握系统方法的关键。灾害-社会冲突系统具备以下相关特征。

1）集合性

集合性表明灾害-社会冲突系统是由许多（至少两个）相互区别的要素组成，如灾害要素、社会冲突要素。

2）整体性

整体性是灾害-社会冲突系统的核心特性，主要表现在整体功能。灾害-社会冲突系统的整体功能不是各组成要素功能的简单叠加，也不是由组成要素简单的拼凑，而是呈现出各组成要素所没有的新功能，可概括地表达为"整体不等于其组成部分之和"，而是"整体大于部分之和"。

3）相关性

相关性是指灾害-社会冲突系统内部的灾害要素与社会冲突要素之间、要素与系统之间、系统与环境之间存在的相互联系。联系又称关系，常常是错综复杂的。如果不存在联系众多的要素就如同一盘散沙，只是一个集合而不是一个系统。灾害-社会冲突系统中任一要素与该系统中的其他要素都是互相关联的。如果发生了变化，则其他相关联的要素也要相应地改变和调整，从而促使系统整体发生变化。

4）涌现性

涌现性包括灾害-社会冲突系统整体的涌现性和系统要素间的涌现性。系统的各个要素组成一个整体之后，就会产生出灾害-社会冲突系统具有而各个要素原来没有的某些东西，灾害-社会冲突系统的这种属性称为系统整体的涌现性。灾害-社会冲突系统的各个要素之间也具有涌现性，即当低层次的几个要素组成灾害-社会冲突系统时，一些新的性质、功能、特点就会涌现出来。

2. 灾害-社会冲突演化特性

在灾害-社会冲突发展的过程中可能发生质的改变，引起新的冲突事件的爆发。灾害-社会冲突的演变与发展的关键在于是否有质变。灾害-社会冲突的发展，是指在一定社会范围和发展形势上的量变，而灾害-社会冲突的演变则体现在内在的质变，该类质变会诱发新的冲突事件的产生。因此，灾害-社会冲突的演变特性应该被视为在原有灾害-社会冲突的演化基础上的延续。也可以被视为新的灾害-社会冲突的发展过程，只是该社会冲突的突变与原本的冲突事件相关。

1）演化的传递特性

传递性是冲突演化的一个重要特性。它主要体现在前文所述的蝴蝶效应和牛鞭效应等效应中。在灾害社会风险演化过程中，存在着传递特性。一个微小的自然异化可能诱发巨大的社会风险，最终造成危机爆发，如上述案例，在日本海啸引发核泄漏事件后，引发了民众对核辐射的恐慌，一个关于食盐可抗辐射的谣言出现并迅速传播至全国各地，导致了抢盐风波，严重破坏了市场秩序。网络加速蝴蝶效应，任何一点小小的浪花都有可能借助媒体演变成轩然大波，形成舆论热点，构成循环式生成路径。

2）演化的突变特性

系统内部状态的整体性"突跃"成为"突变"，其特点是过程连续而结果不连续，突变理论可以被用来认识和预测复杂的系统行为，如前文提过的，灾害社会风险演化的"突变效应"主要分析灾害事件发生是如何突然转化和跃迁为社会风险过程的规律[222, 223]。

例如，在日本大地震过后，民众反对核工程，民间潜伏着反对核开发的情绪，但是这种分散而隐秘的情绪在一定的范围内是不具备危害性的，或者说不能构成社会风险。但是伴随着部分人的呼吁和动员，不断强化这种负面情绪，并且"共鸣"作用不断增强，社会风险值不断增大，形成潜在社会风险。此时政府提出核建设的计划，形成骤然上升的推力，社会风险值超过临界点，导致了游行示威的呼声，社会风险急遽显化，形成了日本的大规模游行并引起周边国家居民的效仿。

3）演化的群体特性

群体是在相同或相似的利益诉求基础上由一定数量的人组成的具有一定组织结构的频繁交往的团体。群体和群众彼此不同，群众比群体更具广泛性，但在一定条件下群众可转化为群体。群体具有如下基本特性：①利益认同。群体有共同目标，实现共同目标是群体的利益基点。群体具有利益认同或者利益共同性，这是它最基本的特性。没有共同利益为基础，一群互不认识的人是无法凝聚成一个团体的。②盲从性。群体的盲从性主要是指某些群体成员的盲从，或者说是对群体领袖和精英群体的盲从。在群体中，个人没有时间和精力，也不会花时间和精力去仔细追究所传的信息到底是谣言还是事实，只是单凭感觉和经验来判断，甚至有人对自己的判断不自信而相信别人所言，或者认为大多数人所认同的是正确的，从而导致群体具有盲从性。群体领袖或精英是那些保持理智和理性思考的人，他们领导群体中的其他成员，做出一切决定，是群体的大脑。群体中的大众对领袖或精英基本上是盲从。③易变性。群体具有易变性的原因很多，归纳起来大概有以下几点：一是人类的情绪容易相互感染。二是群体容易接受暗示。三是个人理性在特殊情况下被感性所压抑等。④趋利性。趋利性是人的本性，群体是由个体人构成，因而群体也具有趋利性这一特性。德国心理学家勒温在群体动力理论中提出"心理力场理论公式"：

$$b=f(p, e)$$

其中，b 代表行为；p 代表个人；e 代表群体；f 代表函数[223]。

福岛核事故以后，日本民众对核利用产生了排斥感和恐惧感，极容易在外界作用的刺激下做出异常行为，对核安全和核技术知识的缺乏，导致了盲目排核的心理。东京大游行并不是突然爆发的，而是政府的宣布和计划导致了民众不满，在知名作家的动员下反核情绪进一步激化并传播开来的。民众相互作用产生内部张力，群体的信念、行为趋向一致，最终形成了长达数周的有十几万人参加的游行示威及数万人包围国会大厅的现象。

3. 灾害—社会冲突的中国特征

自然灾害既有不会造成社会损失和社会风险的情况，如发生在人烟稀少地区的地震灾害；也有造成一定社会风险的情况，如冰雪天气的延续和蔓延，可能会造成电路、通信和交通的中断。这类情况如果得到有效控制，将不会造成危机；如果不能得到及时有效的控制，将转化成危机。还有直接造成公共危机的情况，如发生在人口集中地区的洪涝、干旱和地震灾害等。

1）主体多元性

中国在改革开放后，逐步推行社会主义市场经济，以公有制为主体、多种所有制共同发展的所有制结构逐渐取代了原有的经济结构。国家经济得以显著发展，人们的物质水平及精神生活水平也得到提高。随着经济结构的改变，社会群体开始分化，社会结构逐渐复杂。中国的社会主体变得更加多元，在原有的群体结构上，还出现了"个体户""私营企业主"等新的社会群体。这些新社会群体的出现，表明现阶段中国社会主体更加多元，同时也意味着现阶段中国社会冲突的主体更具多元性。

2）领域广泛性

中国实行从社会主义计划经济体制向社会主义市场经济体制的转型后，还同时有计划地推行社会主义政治体制和文化体制改革并使其向纵深发展，为改革开放和现代化建设提供了重要保障。现阶段中国形成了全方位对外开放的格局，各个领域改革开放都取得了重大进展。这种改革的全面性决定了社会矛盾发生领域的广泛性，而社会矛盾发生领域的广泛性又决定了现阶段中国社会冲突领域的广泛性。

3）背景复杂性

中国开始进行社会转型和社会改革，迎来新的发展机遇的同时，也使得现阶段中国的社会冲突面临更为复杂的背景。从国际环境来看，在全球化的大背景下，虽然和平与发展成为当今世界的主题，但霸权主义和强权政治并没有随着冷战结束而消失，局部战争时有发生，世界仍然处在动荡不安的威胁中。对外开放除了促进中国产业结构的优化升级、提高中国生产力水平外，也带来了一些负面影响和不稳定因素，使得中国面临着更为复杂的国际环境，而现阶段中国的社会冲突受其影响也更加复杂。

（三）框架结构

本书从社会冲突的维度出发，研究灾害引发社会风险直至社会危机的演化路径。在演化机理研究基础上，从实际运用方面开展应对决策的研究，力求化解灾害社会风险的应对困境。灾害一经发生，容易导致社会冲突的产生。对社会冲突的研究不能是割裂开来的，往往需要构建灾害-社会冲突系统进行研究。灾害-社会冲突系统框架如图 5-1 所示。

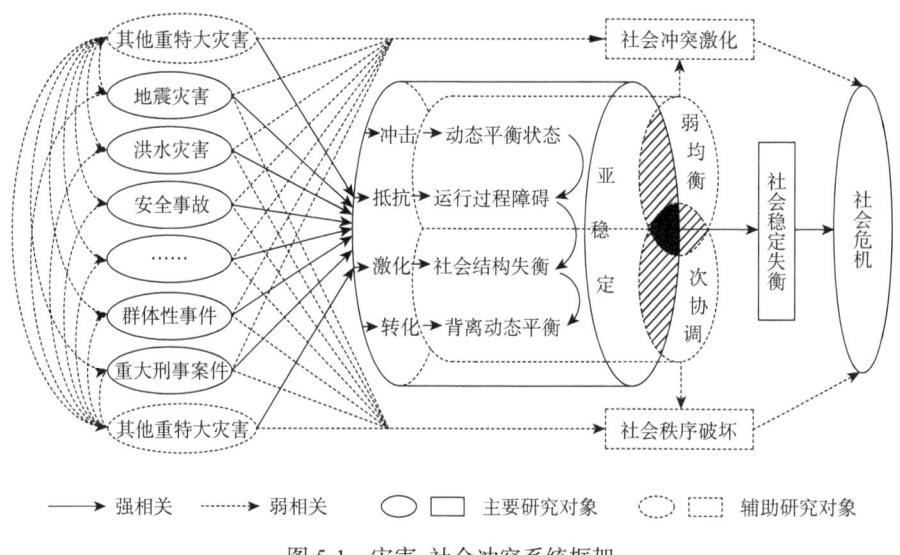

图 5-1　灾害-社会冲突系统框架

1. 社会冲突的结构框架

社会冲突激化演化机理可能性将主要围绕自然灾害（如气象灾害、海洋灾害、地震灾害、天文灾害等）、事故灾害（如安全事故、环境污染、生态破坏等）、公共卫生（如食品药品中毒、传染病疫情、动物疫情等）及社会安全（如群体性事件、涉外突发事件、金融突发事件等）方面展开研究。

首先，灾害是导致社会冲突发生的根源，需分析其冲突动因。基于多角度进行灾害引发社会冲突的深层因素探究，考察灾害引发社会冲突的触发机制（直接引发），探究灾害引发社会冲突激化的交互机制（间接刺激）。其次，社会冲突发生后，传导的特点与方式值得关注。研究社会冲击激化的典型传导路径（空间)分析与社会冲击激化的典型传播速度(时间)分析。再次,社会风险在不稳定的状态下容易突变。探寻社会冲突激化导致风险突变的基本特征、社会冲突激化导致风险突变的发生机制,以及社会冲突激化导致风险突变的作用机制。最后,不同的社会冲突会导致不同程度的社会危机,需要对社会危机进行测度分析。对社会冲突激化导致社会危机的影响因素调查后,建立社会冲突激化导致社会危机的测度模型,以及进行社会冲突激化导致社会危机的临界分析。

2. 社会冲突的危机演变

有些社会冲突可能没有演变过程,但是一般分为发生、发展、演变和终结四个阶段。社会冲突的演变是由于突发性社会冲突事件发展或演化作用,但是不是全部的社会冲突最终都会发生演变,只有相对重大的冲突事件才会发生演变。灾害环境下的社会风险演化静态逻辑结构的本质是关于灾害、社会风险和公共危机的逻辑关系结构。分析灾害环境下的冲突事件的演变模式应该考虑转化、蔓延、衍生和耦合。这四种模式的内涵、特性及模式的区别,如图5-2所示。

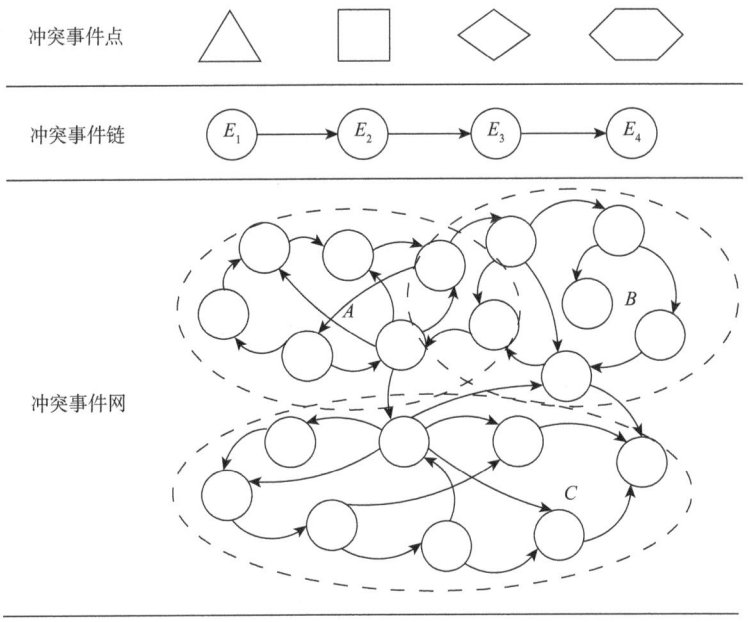

图 5-2 社会冲突演变模式

1)冲突的转化和蔓延

灾害环境下的社会冲突事件自身会导致冲突转化和蔓延的突变,但是转化和蔓延本质上有显著的差异。转化出现在社会冲突事件的演变后,旧的社会冲突会逐渐淡化,新的社会冲突事件将替代旧的,旧的社会冲突就会不复存在。对蔓延来讲，社会冲突发生后原来的矛盾冲突依旧存在，新的旧的冲突事件相互影响作用，并使冲突势态愈发愈烈，如大火引起的油罐爆炸，油罐爆炸发生后大火依然燃烧，甚至爆炸使火势更强。

灾害环境下的社会冲突以点的模式传递是指，冲突通过内部演化，而不诱发外部事故的发生，如矿难、空难事故等。针对该类社会冲突的演化研究，大多探讨社会冲突生成动因，发现大部分灾害环境下的社会冲突可能隶属点模式的演化，如地质灾害的发生原因[224]、火灾产生原因[225]等。现阶段存在一些气体的扩散模型[226]、液体的扩散模型[227]等研究。针对独立的灾害环境下的社会冲突事件，由于其突发性、不可预见性和无法避免性，需要不断巩固完善灾害应急管理模式，特别是建立健全完备的应急管理法律，不断推进应急预案体系建设，建立灾害发生后的迅速高效的应急响应机制等。

2）冲突的衍生与耦合[228]

灾害环境下的社会冲突的衍生与耦合都是由灾害以外的因素引起的演变。社会冲突衍生是指为应对灾害而采取的人为措施而导致的突变。人为措施不仅对灾害的冲突有着积极或消极的影响，其本身也会有一些人员伤亡和财产损失，这些损失是为了规避未来更严重的损失。只有人为的援救措施的影响引发新的突发事件才能称为衍生，而一些相对小的破坏不会导致新的社会冲突矛盾。

灾害社会冲突的耦合是多因素共同作用导致的演变，这些因素包含冲突的灾害环境、冲突的客体因素和冲突的内部因素。灾害环境因素也许包含其他的社会冲突，多个社会冲突相互影响、联合作用也会使社会冲突产生突变。社会冲突的耦合不仅是冲突的一种演变模式，在社会冲突演化的过程中很可能存在耦合作用，如社会冲突的产生可能是内、外部因素的耦合结果，在事件的演化过程中也可能存在耦合现象。

目前，灾害引起的社会冲突的连锁反应链已经引起广泛的关注，如黄河与长江流域的泥沙灾害链、湖南省暴雨径流型灾害链、华北及邻近地区的灾害链等。在事故灾害、公共卫生、社会安全中显现出了灾害社会冲突的链式反应特性。一件广为人知的灾害社会冲突是，吉林石化的爆炸案引起的环境污染事故[228]。爆炸案起先是安全事故导致环境污染事故进而诱发扩散为国际关系危机的连锁反应。伴随社会不断发展，各领域的事件之间的整合、转变和触动，将加速事态的严重性升级和影响范围扩散。突发社会冲突事件链的生成，是指一个突发事件的发生，导致一系列次生或衍生事件的发生。这与冲突事件发生所处的环境（孕灾环境）尤其是地域环境密切相关。单一事件的发生是无法避免的，但如果能尽可能判断出突发事件的下一步趋势，意识到可能产生连锁反应的后果，就能在前一事件发生后，积极采取相应的措施，对事件发生活动场景进行控制，切断其能诱发的后一连锁事件链，避免局势的蔓延和恶化。因此，突发冲突事件的应急预案管理，需要迅速识别和判别潜在的链式反应环境，达到灾害预警，实现断链减灾。

3）冲突的网化与终结

在区域环境中，灾害引起的社会冲突既能被多个冲突诱发，也能引发多个社会冲突，即多条冲突事件链条交叉到一起，彼此之间相互影响，从而形成网络结构。社会冲突事件网状演化，是指冲突事件通过孕灾环境相互关联和影响进而形成网络，其网络节点是社会冲突，社会冲突之间是否存在触发关联取决于相关的网络节点是否有联系。社会冲突事件网比链更复杂。社会冲突链呈线状辐射，而社会冲突事件网呈网状辐射，结构形态更复杂。链关注的是突发事件之间可能存在关联而形成一种潜在的衍生路径，但网更多地关注区域环境内所有社会冲突之间的触发关系，更全面。如果说链式演化的灾害环境是一维的，则网状演化的灾害环境是多维的，这导致社会冲突事件网的孕灾环境更为复杂，也更加难以分析。从地域来看，由于不同区域拥有的灾害环境不同，因此，同一冲突如果发生在不同的区域，就可能因为受不同孕灾环境的影响而产生不同的社会冲突网络。

（四）冲突类型

社会矛盾和冲突从本质上说是社会利益的矛盾和冲突，是多方社会群体自身社会利益的差异性和对立性而产生的外部博弈抗衡，这种现象是人类最基础的交流方式之一。建立和谐社会是指在利益矛盾和冲突的基础上，建立一个应对、聚合或分配利益、调节矛盾与冲突的社会，并不意味着需要建立一个没有利益矛盾和冲突的社会。本书研究灾害环境中的社会冲突时发现，灾后救援过程中的不同利益主体之间的冲突，是在群众灾后利益一致的前提下的矛盾。从大方针可以看出，灾害环境中的社会冲突不涉及冲突核心价值的对抗，属于非对抗性的人民内部矛盾，而对于社会制度及整体社会的合法性，并没有质疑。对于这种非对抗性的冲突，只要通过相互协商和合作，走共赢的道路，就能使各群体的利益实现最大化，建立起和谐的社会关系。

1. 非对抗性冲突

根据灾害环境中的社会冲突双方在根本性质和根本利益上是否互相敌对，社会冲突划分为对抗性冲突和非对抗性冲突。上述的非对抗性冲突便是在原则利益相同的前提下，由利益的差别和斗争而引起的灾害环境的社会冲突。灾后救援中的社会冲突大多出现在拥有相同根本利益的群体内部和群体之间，如施救者内部、被救者内部及施救者与被救者之间。现阶段社会冲突的主要内容是非对抗性冲突，它具有以下几个特点。

1）内聚性差组织度低

具体利益的差别和冲突在群体之间，并且存在于群体内部。所以，当两个群体发生冲突时，由于群体内部具体利益的差别和群体之间关联，不是全部群体都会加入冲突。

2）频度高强度低

现有的社会冲突绝大部分是由具体利益、矛盾和对立引起的。在根本利益一致的前提下，具体利益矛盾仍然普遍地、大量地存在于各个社会群体内部。矛盾不是一成不变的，总在新旧交替，在旧的冲突被解决和消除的同时，也会有新的矛盾和冲突产生。因而非对抗性冲突的频繁发生也就不足为奇。此外，由于非对抗性冲突的目标不是群体成员追求的根本目标，在不危及其一致的根本利益的前提下，冲突行为能够有节制地进行。而一旦冲突危及其根本利益时，他们便会产生停止冲突的愿望，以维护根本利益。因此，群体成员不会全身心地投入冲突，也不会采用激励手段解决冲突问题。和对抗性冲突相比，非对抗性冲突具有非激励性。

3）辩证性共性大

高频度、低强度的非对抗性冲突如果能进行合理的处置和解决，避免其恶化、蔓延，进而发展演化成为大规模的对抗性冲突，引发社会动荡，就可以产生一系列积极的作用，促进社会的稳定和发展。一方面，冲突阻止社会系统僵化。另一方面，冲突防止顺应行为和习惯势力对创造力的阻遏，促使社会活力的产生。而且，冲突在某种程度上促使社会进行新的整合。增进社会管理机构在社会处于非平衡发展状态下管理社会的能力，有利于新的规范和制度的建立，从而保证社会运行的和谐稳定。

综上，灾后救援过程中的不同利益主体之间的冲突是非对抗性的，比其他群体性冲突事件更需要有针对性的应急处置技巧和策略，只有这样才能为解决当前社会转型期深层次矛盾提供一个和谐、有序的环境。

2. 施救主体冲突

灾后救援及重建的主体界定了提供救助的行为者。灾后救援及重建过程中，政府和 NGO 可以被看作利益相关者，它们所拥有的资源不同对灾民群体产生的影响也不同，它们通过提供专用性资源与组织建立联系，以共同达到救援及重建目标。灾后救援及重建的效果如何，主要取决于各方利益主体之间的博弈。

灾后救援及重建是一项长期性、复杂性、持续性的系统工程，它与每个灾害群众的日常生活息息相关。在灾后重建过程中，政府在各方面都起着关键作用，进行着宏观调控，在资金援助及组织调节等方面，起着主导作用。但是，单靠政府的力量来迅速有效地实现灾害灾后重建工作是有难度的。而如果让 NGO 参与到灾后重建工作中则会打破这种困境。NGO 同样具有可靠性、迅捷性等优势和特点，在一些社会事务上如果由 NGO 来完成会取得更好的效果，两者合作能够提高重建效率。因此，政府和 NGO 的合作交流十分必要。

因此，政府应该把 NGO 当成灾后重建工作的重要力量，积极吸纳 NGO 参与到灾后重建工作中，以形成优势互补。政府在灾后重建中扮演着决策者和组织者的角色，主要以相关重建计划的制定及重建资金的提供为目标[229]。在政府无法照顾到的细节地方，NGO 以其擅长领域即可适时地弥补政府的不足之处。因此，灾后社区重建在发挥政府统筹作用和社区居民力量支持的同时，将那些专业性的事务（如心理咨询、群体救助等）委托给具有这方面能力的 NGO 负责，更能提升重建的质量。

1995 年日本阪神地区发生里氏 7.3 级强震，造成大量的人员伤亡，水电煤气、公路、铁路和港湾等基础设施遭到严重破坏，经济损失严重。

阪神灾后重建工作历经艰辛，耗时近 10 年之久。在此过程中，日本积累了一些值得借鉴的经验，如重视发挥地方政府的作用、重点扶持中小企业、统筹重建规划的轻重缓急及建立健全救助体系以减轻灾民负担等。首先，日本完善了相关法律体系和灾后应急措施以保障灾后重建顺利进行。其次，分阶段实施灾后重建工程，有序地进行基础设施重建和援助计划。最后，建立三位一体救助体系，政府积极鼓励和吸纳 NGO 参与到灾后重建的规划和决议中，发挥 NGO 的专业优势和力量；鼓励市民自救，通过参保减轻震后负担。

3. 被救客体冲突

灾后救援及重建的客体包括救助的行为对象及其范围。灾民虽然利益一致，但在应急物资分配上有矛盾与冲突。强台风"海燕"重创菲律宾塔克洛班市，千余名灾区幸存者涌入机场，欲搭乘军机离开灾区，他们争先恐后，相互推挤。菲律宾军队在机场跑道周围维持秩序，但民众争抢登机时和士兵发生冲突，导致踩踏事故发生。莱特省交通和通信几乎中断，救援物资不能顺利到达，商店的食品被居民抢光，绝望情绪蔓延[230]。大量救援资金投入边远灾区，而政府内耗和效率低损害了为投资者树立起来的信誉和效率，导致时任菲律宾总统阿基诺立誓要根除腐败[231]。

灾害发生后，受灾群众很可能出现心理冲突，即势不两立的情绪、欲望、行为倾向、态度或价值观，同时出现时产生的一种矛盾心理状态，人们既无法抛弃任何一方，也无法把两者协调统一起来。

难民极易紧张、心情急迫从而产生恐慌心理，盲目逃生，失去有利的求生机会[232]，具体体现在以下几个方面：①当信息与道路完全中断时，受灾群众除了焦虑恐慌的社会心理，还夹杂着绝望与抱怨的冲突。主要表现为，灾民在受到威胁时渴望他救但他救不能及时到来的冲突，继而引发外出求救行为或大规模逃难。②灾后救援客体对行为上的规范存在抵触情绪，只关注如何脱险及如何使跟自己一样受难的人脱险，受到灾害及失去亲人等的强烈刺激，这种心理上的非理性极端失控，受到现场秩序的理性维护及救援制度的压制与约束，就会产生社会心理冲突。③灾民自身行为及认知极易失调，而之前的心理冲突加剧为行为冲突，哄抢食物等行为时常发生。

4. 救援主客体冲突

当政府各部门、机构、组织的灾后救助、赈灾和重建工作分配、协调管理与人们的预期存在较大差距时，可能直接引起灾民抗议政府赈灾措施不力等冲突甚至暴力行为。此时，如果政府处理不当，还会使暴力升级，灾后的混乱和失控局面，很可能引发一系列投机行为，从抢掠财产到煽动动乱，尤其涉及民族地区时，这种投机风险更高。

1) 信息不对称

灾后应急救援中主体和客体存在信息不对称，主体是救援信息不对称中掌握信息优势的一方，主体利用所掌握的专业救援知识和技能，在救援过程中拥有很大的自主权，而客体信息缺失往往会产生心理不安等恐慌，进而造成利益冲突。

2) 偏好不一致

基于心理风险感知的灾后物资分配问题反映了灾后救援主体偏好不一致。应急救援物资调配过程经常伴随着外部环境的许多不确定因素，这意味着在决策过程中救援主体也面临着不同程度的风险。救援主体的风险感知程度和行为偏好在很大程度上决定了应急决策的制定，进而影响整个救援物资调运系统。

3) 认知存差异

社会认知是包括感知、判断、推测和评价在内的社会心理活动，受环境的影响会有所偏差。灾后救援主体与客体，两者分别生活在各自不同的环境中，对灾害事件的各个社会心理活动方面各有不同，两个群体各自的内部认同并不完全一致。再加上，在面对突发重大灾害这样危急的情况下，心理与行为冲突难免会发生，人们极易紧张、心情急迫，从而产生恐慌心理，盲目逃生，错失逃生良机。

4) 契约不完备

由于灾后应急救援和重建的内部和外部环境是复杂多变的，各利益相关者在双方取得共识的基础上达成契约，但他们之间的契约往往是缺失或不完备的。救援和重建体系中具有多重指挥关系，政府和 NGO 中存在各种契约的"交会点"，因而容易从制度冲突引发心理冲突。制度系统内部对应于同一种行为的不同制度安排在作用方向上存在不一致，导致对行为的规范存在矛盾和抵触。

截至 2008 年 9 月 25 日 12 时，在"5·12"汶川地震发生后，救援人员已累计解救和转移受灾群众达到 1 486 407 人，除了在救援人员帮助下脱险的民众外，还包含大批通过自救而脱险存活下来的人员。在汶川震后救援过程中，产生了不少冲突。紧急救援期，有效自救的存活率远远高于他救，而两者之间又存在着冲突和矛盾。首先，认知差异导致救援主体和客体群体冲突，其次，心理冲突很可能恶化、加剧行为冲突。在救援现场我们经常可以看到受灾群众与救援人员发生口角，甚至发生肢体冲突的情景。突发的灾害对公众心理的冲击力巨大且影响深远，这种强烈的刺激极易导致公众心理的失衡，从而引发攻击行为，使营救场面变得更为混乱，可能引发意外事故，造成不必要的损失。除此之外，由于生理及心理都受到极大的刺激，对现状不满，对未来恐惧，也有可能产生极端行为。以上这些行为表现，都与救难现场的理性营救和严格程序有很多冲突。心理冲突与行为冲突的相互循环会对灾后救援产生负面影响，阻碍救援进程，降低救援效率。

不管是自救还是他救，最根本的出发点与归宿点都是救人，其根本利益是相同、一致的，这也是缓解冲突的契合点。在整个理性救援制度规范的大框架下，如何对两个群体进行有效的协调，使两个群体在同一情境中选择一致的行为进行救援，是缓解冲突的关键。在"救人"这一唯一根本目标的调控下，使自救与他救进行有效配合，在尽可能地进行自救之后，给他救创造一个最有利的营救环境。受灾群众通过自身努力自救并配合专业救援抢救他人，分清紧急救援期的重点，抚平负面极端情绪，理性救援。两者在社会心理上达到认知一致，行为上遵循制度规定，选择一致，就能减少并调适冲突，达到和谐的状态，有助于使救援更加有效。

（五）演化模式

社会冲突并不是独立的，它们往往相互联系、相互影响和相互渗透，导致次生冲突的发生继而形成连锁反应，使得社会冲突进一步恶化，性质更为复杂、规模更大、持续时间更长、危害更为严重。社会冲突的演化规律，除了涉及单个社会冲突的演化规律外，还包括社会冲突之间次生、衍生关系及连锁反应产生的演化规律，认识、理解、运用这些演化规律对于合理有效地进行防灾减灾和预警具有重要的意义。一般情况下，我们将社会冲突的应急管理系统视为一个开放的复杂巨系统，它具有多主体、多因素、多尺度、多变性的特征，包含丰富而深刻的复杂性科学问题。

1. 社会冲突的触发机理

灾害引发社会冲突有直接和间接两方面的原因。就直接方面而言，灾害可以造成社会风险，如地震、旱涝、泥石流等自然灾害，安全事故、环境污染、恐怖袭击等人为灾害，直接损害人类生命财产安全、消耗社会资源、破坏社会秩序。就间接方面而言，受灾害影响的个体可能会产生一系列心理应激反应和过激行为等，带来社会冲突的隐患。

灾害社会风险是由多种因素共同作用引起的。受灾主体和孕灾环境是社会风险诱发的关键因素。在灾害发生后，受灾个体因个人经历、风险感知、对灾害的态度不同而采取不同的应激反应，他们可能积极配合救援，但有可能为了个人利益而陷入社会冲突之中。孕灾环境为社会风险提供了生存空间，灾害发生后，无论是自然环境还是社会环境都受到了较大的冲击，需要一定的时间和社会主体的共同努力才能重新恢复稳定，在这一过程中，混乱和失序极易滋生社会风险。

在触发阶段，可以通过一系列措施阻止社会风险的形成。以洪水灾害为例，人口分布、应灾设施状况、灾害监测与预报能力、紧急转移能力、临时避难场地、信息传达等因素对洪灾的社会风险形成有着重要的影响。连续的暴雨一般是导致洪灾的主要原因，成灾是需要一定的时间的，如果监测与预报准确，就能够及时通报居民，在水位上涨到足够造成人员伤亡和财产损失之前迅速采取应对措施，将其转移至安全地带。在转移过程中，路线规划合理、交通工具到位迅速都是紧急转移能力的体现。设立充足且安全的避难场地，以保证被转移人员的基本生活需求。如果能有效应对灾害，那么在灾害之后，被转移人员就能较快、较稳定地恢复正常的社会秩序。地震、泥石流、洪涝、飓风等自然异变现象，安全事故、环境污染、恐怖袭击事件等社会异变现象，都直接带来人类生命财产安全受损、社会资源流失、社会秩序破坏的可能性。另外，灾害造成生命伤亡、经济损失、社会危害、价值冲击等后果，遭受灾害的主体产生了一系列心理应激反应，影响灾害应对主体的行为，从而间接地产生社会风险。在自然环境恶化地带，环境的恶化触及人们的生存伦理，造成社会冲突进而形成社会风险。

灾害社会风险是在诸多因素的共同作用下诱发的。灾害事件是社会风险诱发的导火索，如燃烧现象，具有一定规模的自然灾害通常将社会风险迅速加温到"着火点"。主体的行为构成了社会风险的诱发动力，受灾主体在面对灾害时形成了特殊的利益诉求，他们的生活境遇、对灾害的态度、对风险的理解与认知影响了自身的行为，他们可能为自身生存需要或者利益诉求而卷入社会冲突之中。受灾环境是社会风险孕育的温床，灾后无论是自然环境还是社会环境都发生了巨大变化，被摧毁的环境需要一定的时间方能被重构而达到稳定，在重构的过程中，混乱与失序则成了社会风险的滋生条件。应灾决策及措施决定了社会风险能否及时得到遏制，而灾损情况和承灾能力大小是识别社会风险级别的关键因素。

在触发阶段，通过一系列措施阻止社会风险的形成。以洪水灾害为例，人口分布、应灾设施状况、灾害监测与预报能力、紧急转移能力、临时避难场所、信息传达等因素对洪灾的社会风险形成有着重要的影响。连续的暴雨一般是洪灾的主要原因，成灾是需要一定的时间的，如果监测与预报准确，就能及时通报居民，在水位上涨到足够造成人员伤亡和财产损失之前迅速采取应对措施，将其转移至安全地带。

2. 冲突扩散交互机理

冲突扩散交互机理可以用"涟漪效应"来解释和模拟。"涟漪效应"描述的是这样一种现象：往平静的湖水里掷一块石头，泛起的涟漪会逐渐波及很远的地方。"涟漪效应"在心理学上亦称为"模仿效应"，是由美国心理学家杰考白·库宁提出的，其含义如下：一群人看到有人破坏规则，而未见到对这种不良行为的及时处理，就会模仿破坏规则的行为。

灾害导致的冲突扩散过程如下：受灾害影响的个体出于自我保护和维护自身利益的动机，更容易做出不理智的举动，甚至陷入冲突之中。而最初的冲突就如同扔进平静的湖水中的那块石头，如果没有得到及时有效的解决，那么离其最近的群体，即出现冲突地区的其他个体也会模仿同样的行为，从而强化已有冲突或者产生新的冲突，这些冲突如同湖中的"涟漪"一般，向四周扩散开来，社会风险也不断地扩散，甚至可能诱发社会危机，造成严重的后果。

3. 冲突升级效应分析

冲突在被触发，进而扩散后，会出现趋同现象，可以用群体效应来解释。群体效应描述的是这样一种现象：个体形成群体之后，通过群体对个体的约束和指导、群体中个体之间的作用，群体中的一群人在心理和行为上会发生一系列的变化。世界范围内多个地区近年频发的社会冲突揭示了这些地区的社会风险已逐步爆发，社会步入了对抗与博弈的冲突阶段。由于群体效应，当冲突未能得到及时解决并扩散开来时，群体成员会尽量将个人的行为变得大众化，即冲突与对抗的状态将成为大众觉知的"合理"行为，从而引发更为严重的冲突升级。

4. 弱均衡状态形成

冲突弱均衡状态是指矛盾内部各方面基于一定的联系而建立起来的相互作用、相互调适、相互促进的过程和功能。评定社会的稳定状态，需要清楚是否存在社会矛盾或利益冲突，再进一步看清社会是否拥有完整的灾害风险处置机制，将社会矛盾和冲突抑制在"有序"界限内。

经过诱发、扩散和升级，社会冲突加剧，政府系统、媒体系统采取积极措施，调整收益，群体和政府采取协同策略，冲突达到了新的平衡点。要对整个利益博弈过程进行经验总结、责任追究和学习，要促进社会机制的不断完善，实现自我修复。在冲突化解机制的实践范畴上，健全灾害风险处置的利益分配机制、利益需求机制、矛盾调节机制和权益保障机制，最终呈现出弱均衡状态。社会冲突事件演化的稳态也并非意味着从本质上解决了深层次的社会矛盾。

三、风险管控

社会的不断发展使得财富和人口集中度上升，同时也使得灾害愈加频发，造成的损失也愈加严重，成为影响经济发展和社会安定的重要因素之一。早期的灾害主要由自然灾害引起，如地震、海啸、泥石流等，造成严重人员伤亡、财产损失、资源损害。而如今，随着科技进步，经济全球化不断发展，世界人口快速大量流动，恐怖袭击、卫星发射失败、核泄漏事故、病毒疫情等也成为灾害风险的重要风险源。灾害风险以其突发性和巨大破坏性直击世界，对社会发展和稳定造成严重威胁。灾害风险属于风险中的一类，风险管理的一般方式因其普遍性，在处置灾害风险时仍具有借鉴意义。风险管理的标准流程，即设定目标、识别问题、评价问题、识别和评价可选方案、选择方案、实施方案、监督系统，这几个步骤在灾害风险管理中仍然适用。

构建行之有效的灾害风险处置机制，政府需要在灾害风险处置机制体系中充当关键角色，国家财政必须对整个灾害风险分散体系给予大力支持和推动，构建以政府为主、市场为辅的，社会各行各业援助的多层次、多渠道的灾害风险处置体系。坚持政府主导，给予合理的法律政策支持，充分发挥政府的协调作用，与民间组织展开积极合作，并且利用好市场机制配置资源的高效性，建立起公平、高效的灾害风险整体处置机制，如图 5-3 所示。整体性灾害风险处置机制主要有五个特征：①实现由灾后补偿机制，到面向灾害全过程的风险管理的转变；②实现从以政府救援为主，到调集 NGO 或灾害系统作为积极的抗灾减灾力量的转变；③实现从以政府承担损失为主，到面向全社会一同分担的方式转变；④建立和完善多种类型的具有代表性的灾害风险的基础数据统计，构建灾害风险处置模型；⑤实现由短期灾害风险减灾行为向可持续发展的道路转变。

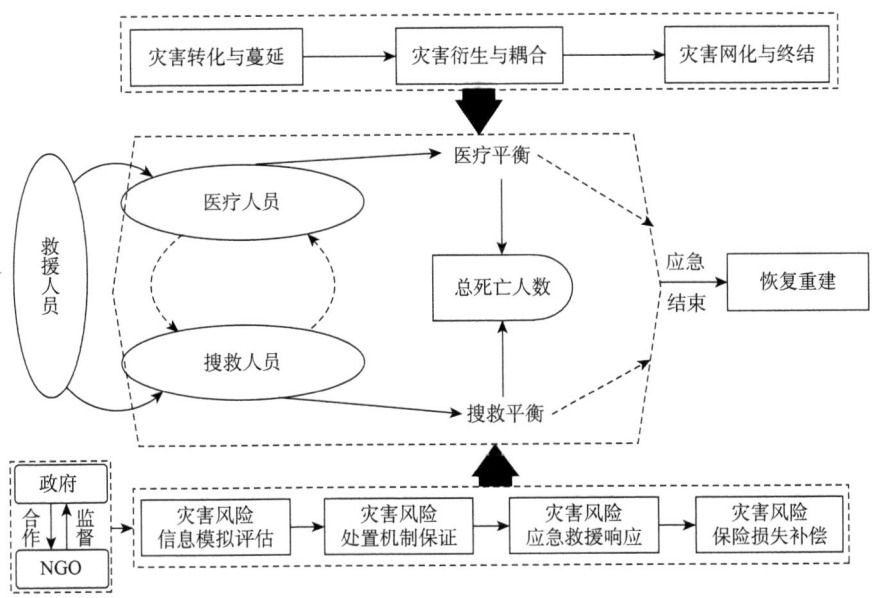

图 5-3 社会冲突的风险及应对路径图

（一）利益分析

灾害风险的严重破坏性不但对人民生命财产造成特别巨大的损失，而且很多时候对国家的国民经济产生难以想象的影响。只有详细了解灾害风险带来的巨大损失和持续破坏，才能建立一套行之有效的风险处置体系。灾害强大的破坏力，不论在短期还是长期内，都会给国家宏观经济造成极大的影响。灾害的短期影响是指在灾害风险发生以后的一年以内的影响。我们通常用 GDP 来量化国家经济受到的影响。

1. 对国民经济的严重影响

以经济学最简单的基本 GDP 产出模型来做一个简单的说明。GDP 产出模型如下：

$$Y=F(L, K)$$

其中，Y 是国民生产总值；$F(\cdot)$ 是一个生产函数（为了简化模型，在此不考虑将技术进步因素纳入模型）；L 是现有劳动力；K 是资本存量。

当灾害风险发生时，受其强大破坏力的影响，模型中的 K 和 L 会发生巨大变化。具体表现在，在资本方面，灾害对房屋建筑、机器设备及其他水坝、河堤、公路、电网等公共基础设施的摧毁常常使得特定受灾区域乃至全国范围的资本存量大幅减少，从而导致 Y 的大幅下降。同时灾害过后造成的大量人员伤亡，常使得某一地区乃至整个国家的劳动力供给减少，从而导致在短期内国民总产出的下降。

与此同时，在灾害发生之后，为了进行灾民救助、灾后重建等，政府通常会大量拨款，这个时候就会出现临时性的财政预算重新分配问题。假定政府预算约束线为 $G_t+V_t=T_t/P_t+(M_t-M_{t-1})/P_t$，我们可以清楚地看到，等式左边是政府消费支出与转移支付支出的总和，显然在灾害发生之后 G_t+V_t 将有明显的增大。而为了平衡预算政府不得不通过增加 T_t/P_t 的税收收入或通过多发行通货 $(M_t-M_{t-1})/P_t$ 来平衡收支。在灾害发生后的短期内，政府需要调动原来用于其他项目的财政预算对灾后应急管理拨款，以进行及时、有效的紧急救援。这将在短期内使得政府的新增投资减少，从而致使 GDP 大幅下降。此外，灾害风险发生后对国民经济可能产生涉及政府预算收支平衡与国际收支平衡的短期影响。当突如其来的灾害发生时，政府为了使收支平衡，必须增加政府投入，短期内迅速增收的有效手段有增发国债和外债、扩大财政赤字，甚至在极端的情况下，可能采取利用通货膨胀来变相征收通货膨胀税。同时，灾害后出口减少及进口（紧急救援物资）增加将导致国际收支平衡表经常性项目账户赤字增加。

灾害风险对一国经济的长期影响体现在以下几个方面。

1）公共投资的改变

迫使政府的公共投资策略发生改变，为了完成灾后重建计划，政府投资与预算投资相比放缓，并且这种放缓的时间有时会持续很久。例如，印度尼西亚 2004 年受海地地震引起的海啸影响时至今日，据印度尼西亚《世界日报》报道："亚齐与尼亚斯的重建工程共需要 61 亿美元资金。目前共筹集了 51 亿美元捐款，并已有 22 亿美元用于当地重建工作。"即便民众通过灾害保险分散风险，得到相对合理的赔付，但是从长久来看，这类保险依然是有弊端的。灾害会导致商业保险费率的提高，乃至商业保险拒保此类风险。

2）经济环境的恶化

灾害风险对私有企业或者个体投资者，特别是跨国企业家的打击是很大的，而在灾害的后期仍会承担经济损失的重荷。受灾企业和群众的心理期望值在一定程度上决定着灾害对国民经济的影响强度和创伤持续时间。随着灾害的产生，灾民首先对灾害怀着恐惧、慌乱、迷茫等负面情绪，对灾区甚至国家的经济发展丧失信心，如果放任这种消极情绪，那么该国的未来将会陷入恶性循环。依据宏观经济理论，负面期望致使企业经济增长减缓，导致投资参与者更愿意持有实体资产规避风险而非持有货币资产。这种现象会提高利率和汇率上升的风险，使灾害后的经济环境雪上加霜。经济环境的恶化反过来会导致灾民本来的消极预期得以证实，消极预期的证实又进一步使得重建的信心丧失，循环往复经济最后很可能陷入僵局。

3）人才劳力的流动

从长期来看，灾害风险频发的地区或国家还会出现人才大量流失的现象，而人才是科技进步的重要资源，人才流出的直接后果就是由技术进步所推动的经济发展难以实现。包含有技术进步影响的索洛模型表达如下：

$$Y=F(K, L\times E)$$

其中，Y、K、L 的含义和上面一样；E 是劳动力效率（科技进步会提高劳动效率）；$L\times E$ 是有效率的劳动力人数，提高效率就相当于提高了社会所能提供的有效劳动力资源。由这个模型我们可以得出，某地区或国家人才流出所导致的后果比普通的劳动力流出对 GDP 的影响更为严重。如果某地区或国家灾害频繁发生，却没有相应的保障、救助措施，显然是留不住人才的。

我们以 2004 年印度尼西亚地震引发的海啸为例，具体分析同一灾害风险对不同国家带来的不同影响。2004 年 12 月 26 日早晨，位于印度尼西亚苏门答腊岛上的亚齐省发生了里氏 9.0 级的地震，地震引发的海啸很快影响到了马来西亚、印度、马尔代夫、斯里兰卡等国的沿海地区，造成大量人员伤亡和财产损失。因为正值圣诞节旅游旺季，伤亡人员中很大一部分是游客。对于泰国而言，海啸袭击了泰国六个以度假闻名的省份，使得大量沿海的旅游休闲设施，如旅店、商店、酒吧遭受严重损坏。海啸造成的死亡人员中约有一半是外国人，对于泰国旅游业来说是一次严重打击。据称，损害程度较轻的酒店可以在 1~4 周内恢复正常营业，而损失程度较重的可能需要长达几个月的时间来恢复。泰国旅游业面临着一个重要的难题：如何消除此次海啸事件给游客带来的负面看法，如各项安全设施不到位、应急措施不能有效实施等，都可能成为游客心中抹不去的阴影。从表面上看，旅游行业占泰国 GDP 的 5.1%，此次海啸也许会对泰国经济造成一定影响，但从泰国政府在灾后的积极采取补救措施、及时迅速拨款援助，以及对其旅游行业进行强有力的宣传来看，政府的应急救援与重建对恢复游客信心起到了重要影响。因此，从长期的角度而言，海啸对泰国经济影响不会很大。

2. 政府在灾害风险中的地位和功效

在灾害风险处置中，要想让市场机制发挥作用，就需要政府有力的政策指导及充足的财政支持。在图 5-3 所设想的整体性灾害风险处置机制中，政府参与风险处置的方式与对损失的赔偿覆盖程度都是整个体系的关键问题。一般地，政府处置灾害的风险途径各式各样，如设立各种灾害保险条例、发行各种灾害债券。政府也可以积极介入灾害保险市场的私营企业，如政府把税收财政作为"最后的再保险人"。此外，政府能够被动介入保险市场，仅供应灾害时候的援助，或财政支持、税收减免等扶持政策。理想中的整合性灾害风险处置机制要求政府积极干预灾害环境下的保险市场，在一定程度上介入私营市场失稳，处理应对灾害和市场。

一方面，私营的灾害保险市场供给不足。在一般情况下，商业灾害保险市场供给有限且并不完整，价格高昂。面对灾害保险资金不充裕的局面，政府拥有强大的税收和向民众与海外借贷的能力。在灾害的重创下，理论上政府暂时不用像商业保险一样，预留一定量的金融盈余，灾害保险仅要求政府凭借其国家信用做担保。这种途径既解决了经历灾害风险后国库资金盈余不足的困难，又加大了资金的流通性，降低了大量留存资本的资金成本。由上可看出，灾害后，政府可对未来压低风险产品的市场价格施行有效干预。

另一方面，灾害的发生造成政府风险处置过程中的信息不对称。这会使得政府面临逆向选择的问题，政府为了各类风险承担主体更合理地分摊灾害风险，便进购与灾害相关的商业风险产品，以应对高风险的因素。针对信息不对称的逆选择的问题，政府需要制定相应的法律法规，施行一些强制保险制度，在灾害风险得到大致保障后，再处理多样化供需不足的问题。

在灾害风险处置体系中，政府发挥以下的重要作用：制度政策的支持供给灾害风险处置体系运营的可行性监理制度和税收方式设计、土地利用规划等，构建灾害基金的优惠政策、建立健全相关法律体系以保障规范运作，发挥灾害管理制度对商业化灾害风险产品的检查、激励作用。政府发挥主导作用，对保险项目的实施进行监管，以保证其管理质量及具有足够的总体偿付能力对灾民进行赔付。为了更好地参与这些项目的治理，一般情况下，政府通过保证其在项目董事会中的代表席位的方式来达到目的。政府需要加大社会的公共教育、提升灾害意识及普及灾害保险方面的教育。政府救援意味着政府需要更好地融入受创伤的客体中，提供相应财政扶持，来确保群众也能够加入灾害保险中。在灾害发生后，政府如果能够放低贷款要求，将实现更多的贷款业务。在灾害发生之后，政府对银行和其他金融机构的贷款是众望所求，此时需要政府监理管控使得发放的贷款能满足大部分贷款人的灾害风险保险期望，并且贷款人在申请贷款时可以选择有财产的抵押贷款，以免政府还不得不挽救放贷机构和金融市场。

3. 市场在灾害风险中的地位和功效

私营灾害风险市场机制作为整体性的灾害风险处置机制，在整个体系中有着举足轻重的地位。商业保险公司是灾害风险保障的主体，对风险识别、风险关联度、风险积累效用、风险管理，以及风险分出、自留等都有着较高优势[233]，并且私营灾害风险市场机制比政府处置机制更加注重风险处理的高效率。相比其他的政策工具，私营灾害风险市场机制具有的显著特点是，机制推崇个体在灾害前采取相关措施减灾防灾，并给予费率优惠。当灾害发生后，私营灾害风险市场机制再对受灾人群给予损失补偿。灾后如果没有在很大程度上积极确保减灾措施的进行，生活居住在风险地区的灾民将处于水深火热中。政府通过要求面临风险的社会群体参与保险，能够有效降低风险地区生活成本。灾害的保险作为一种灾害管理手段，具有市场化的风险管理、风险转移、风险分散功能，拥有有效的灾害补偿机制和体制。全球的保险业务在灾害风险管理及灾害损失补偿机制中拥有十分关键的地位，其作用不但体现在灾害损失的事后补偿，而且贯穿于事前的防范、事中的监督管理的全过程[234]。

商业保险市场在灾害风险控制体系中发挥着不可小觑的作用：①随着国家建立健全灾害风险的相关统计数据，相关的灾害产品定价尤为关键。商业保险公司利用其成熟的精算技术及各种灾害数据构建相关模型，通过完全精算或不完全精算，为灾害保险产品的合理定价做精算支撑，同时进行风险管控，对整个体系中保险产品的费率设定都起到参考作用。②灾害产品的保险市场利用其成熟、完备、系统的销售网络渠道，提供相应的销售、核保及其他相关业务。消费者能够及时地以主险或附加险的形式购买所需的灾害保险产品，并享受其提供的完善配套服务。③商业保险公司通常有足够的能力来应对灾害后的巨量、烦琐的理赔及支付工作，有合理、健全的运营机制以保障相关补偿资格的核查、补偿金额的发放工作有条不紊地进行。保险公司通过其精算技术利用灾害数据进行合理定损，帮助政府分担灾后的大量工作，并且更加客观，具有公正性。保险理赔依据具有法律效应的相关合同和契约，减少政府灾后补偿的监理工作与可能在赔付过程中出现的腐败问题。不仅如此，保险公司具有相对严格的内外部审计制度，相对于政府能更好地处理灾后对灾情瞒报的委托-代理问题。④灾害的风险管理，主要是将保险建立在事前风险预防与规避的基础上，对灾害风险进行有效的灾前风险评估、建立风险模型、减灾工程管理、防灾防损工作等风险管理。

总之，政府充分发挥在市场中的宏观调控作用，凭借其坚实的国家信用、牢固的财政后盾、合理的政策制定等控制手段，为灾害风险处置体系提供了合理的资金运作、配套的法律制度及风险意识宣传等背景支持，弥补市场缺陷，鼓励促进商业化灾害保险的完善和发展。而市场在整体灾害风险处置体系中，凭借其自身拥有的丰富风险管理经验、成熟专业的人才团队、先进的技术优势，在整个流程中为政府和人民提供保障。二者如何有机结合，形成合理互补是构建整个灾害风险管理体系的关键。

（二）风险评估

按照1998年的价格水平，美国的保险服务局财产理赔部将灾害风险准确定义为"导致财产直接保险损失超过 2 500 万美元并影响大范围保险人和被保险人的事件"①。灾害风险管理在全球范围内已被视为急需共同面对、共同解决的难题，就目前情况而言，其主要的风险损失表现出正在向以下几个方面发展的趋势。

1. 经济损失规模扩大

一方面，灾害损失的规模在不断扩大，其产生的直接、间接经济损失呈现急速上升的趋势，而灾害导致的社会经济损失也越来越庞大。另一方面，灾害带给保险市场的经济损失同样在增加，每次灾害导致的保险损失的额度都越来越大。例如，2005 年的卡特里娜飓风是当时美国史上最昂贵的飓风，据富国证券统计，该飓风当时造成的损失接近 500 亿美元。美国国家洪水保险计划（National Flood Insurance Program，NFIP）当年为卡特里娜所带来的灾害支付了近 150 亿美元。12 年后，2017 年哈维飓风造成的潜在经济损失高达 1 600 亿美元，超过桑迪飓风和卡特里娜飓风造成的损失总和②，见图 5-4。

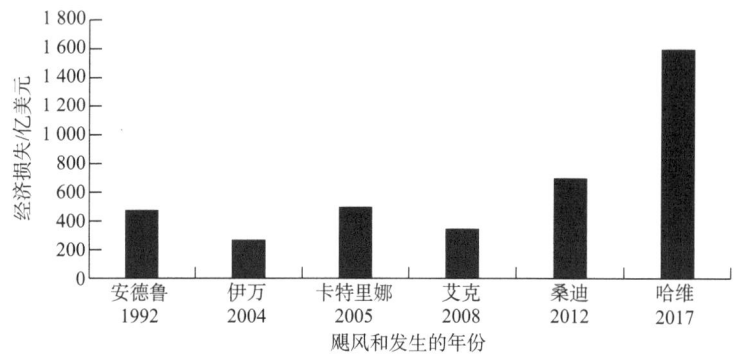

图 5-4　1992~2017 年对美国造成最大经济损失的 6 个飓风
资料来源：美国国家环境信息中心

2. 灾害发生频率增加

从相关数据统计中可看出，在 20 世纪 50 年代，灾害发生的频率平均为每年 2 次，如今频率增长到平均每年 7 次③。加上灾害爆发的动因越来越复杂，大部分的灾害是气候及地理位置，如地震、海啸、风暴、火山喷发等自然灾害导致的。灾害的种类在复杂化，数量在激增，发生程度在严重化。

---

① 新浪财经. 巨灾风险特征及补偿安排. http://finance.sina.com.cn/money/insurance/bxdt/2016-09-14/doc-ifxvukhx5148197.shtml，2016-09-14.
② 搜狐网. 哈维飓风造成 1 600 亿美元经济损失，成美国历史上最高. http://www.sohu.com/a/168476172-764987.html，2017-08-30.
③ 数据来源：美国精算学会（American Academy of Actuaries）。

3. 高风险灾害类型较为集中

根据世界银行在2016年发布的报告《坚不可摧：加强贫困人口面对自然灾害的韧性》，自然灾害的影响相当于每年消费损失5 200亿美元，每年迫使2 600万人陷入贫困。目前地球存在的自然灾害类型中，地震、洪水、飓风这几类以其高发的概率，严重的灾后损失，成为灾害风险的主要来源。因此，在灾害风险损失规模、发生概率、高危灾害集中度明显增加的大背景下，如何更好地对这类风险进行控制和治理就成为关注的重点。

（三）风险沟通

美国国家科学院（National Academy of Sciences，United States）对风险沟通做出过相关定义：风险沟通是个体、群体及机构之间交换信息和看法的相互作用过程。这一过程涉及多侧面的风险性质及其相关信息，它不仅直接传递与风险有关的信息，也包括表达对风险事件的关注、意见及相应的反应，或者发布国家或机构在风险管理的法规和措施等[235]。

以2004年南苏丹暴发埃博拉出血热疫情为例。南苏丹当地医务人员的相继发病立即引起了世界卫生组织的高度关注，世界卫生组织地区执行官迅速设立风险管理委员会，委员会主要成员包括南苏丹卫生、教育等政府部门负责人、宗教领袖和其他国际组织负责人。风险管理委员会下设4个小组，即病例处置组、疫情监测组、社区动员组和安全保障组。社区动员组是风险沟通工作的最前线，承担着宣传疫情信息和搜集民众反馈的重要任务，在本次疫情中，社区动员小组遇到了以下4个问题[236]：①缺乏广播、电话、报纸等基础通信设备，导致疫情信息传递滞后；②疫情初期死亡人数较少，民众怀疑引发此次疫情的并不是埃博拉病毒；③民众对隔离设施有惧怕心理，许多病人家属选择将患者藏在家中；④因为家属见不到被隔离后死去的家人，有传言称死者的血液和皮肤被提取和出售。为了解决这些问题，世界卫生组织联合当地政府采取了以下措施[236]：①从政府层面发布消息，及时回应不实流言，避免公众对防疫工作产生对立情绪。②通知各教堂负责人暂时停止相关布道活动，告知民众宗教活动会在疫情结束后恢复正常。③社区动员组加大宣传力度，吸纳埃博拉病毒感染幸存者加入宣传活动，用他们的真实经历增加宣传可信度。④同部落酋长、社区居民及传统治疗师座谈，以互动的形式解答疫情相关疑问。⑤对社区宣传员进行培训，重点加强其沟通能力，统一配发T恤衫，增强宣传员的自信心和荣誉感。⑥用当地语言制作宣传单，宣传单上印有隔离诊疗设施的手画图，让民众看到隔离设施的围栏仅起到避免身体接触的作用，并不妨碍患者与家属见面和谈话。同时，还配有经隔离治疗康复患者的照片和经历叙述，鼓励感染者和家属配合隔离治疗。⑦由当地主教向死者家属慰问致哀，理解和尊重死者家属的合理诉求，而不是简单地对其进行讯问和采血排查。

世界卫生组织在总结此次疫情处置时，重点强调了动态反馈机制在风险沟通中发挥的重要作用。风险沟通不仅是单方面信息的输出，更要考虑输出的结果，根据结果动态调整信息输出方式和内容。以社区宣传为例，首先由宣传员进行埃博拉出血热防控宣教，其次搜集整理民众提出的问题，组织专家做出解答，最后根据重点问题调整宣传策略和内容，如此反复，让政策制定者、行动执行者和风险人群始终都处于一种动态的信息传递链条中。在此次疫情中，世界卫生组织较好地应用了风险沟通策略，疫区居民的关切得到了及时的回应，隔离治疗工作得以有序开展，充分显现了风险沟通在重大疫情防控中发挥的重要作用。

（四）风险处置

灾害风险属于风险中的一类，风险管理的一般方式在处置灾害风险时有一定的适用性，风险管理的标准流程：设定目标、识别问题、评价问题、识别和评价可选方案、选择方案、实施方案、监督系统在灾害风险管理时仍然适用。保险学意义上的灾害一般这样来区别对待：一种是单一的危险单位发生的灾害，如一架飞机坠落、一个核电站发生事故、一座大桥倒塌，这类灾害的特点是，单个标的物发生巨额损失。另一种是大面积的自然灾害，或者社会人为灾害，如地震、洪水、飓风、各种大面积流行性疾病的暴发，以及大面积恐怖袭击。这类灾害的发生将导致大规模人员伤亡、财产广泛受损，有时还伴随着灾害损失的扩大趋势。一般而言，后一种情况比前一种造成的损失更为严重，影响力和持续时间更为长久。

1. 政府主导下灾害风险处置体系

把风险转嫁给保险公司及再保险公司，能使国家和企业等更加从容地应对灾害。显著的例子就是1906年4月发生的洛杉矶地震和2001年发生的"9·11"世贸中心恐怖袭击事件，如果没有在国际上的广泛保险及分保，美国政府及人民将面临不堪设想的打击，即便在国际市场上进行了广泛保险及分保，这两次灾难对政府等的偿付能力及将来如何应对此类事件也有着深远的影响。一般情况下，在国家层面上，一个科学可行的灾害风险处置体系的风险承担构架如图5-5所示。

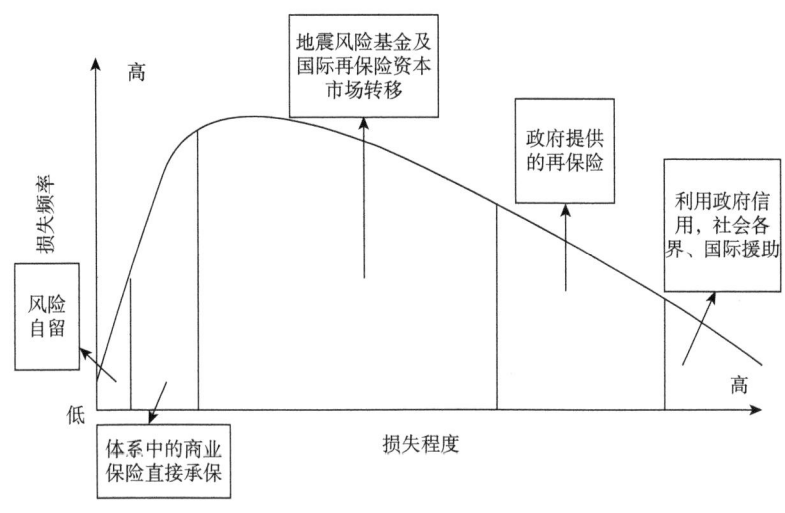

图 5-5 灾害风险处置体系的风险承担构架

对于灾害应对机制,应该完善国家行政管理体系。俄罗斯于 1991 年成立 "俄罗斯民防、紧急情况和消除自然灾害后果国家委员会",1994 年 "委员会" 改为"部",简称 "国家紧急情况部"。德国于 2004 年 5 月 1 日正式成立了德国联邦公民保护与救灾署;日本于 2001 年改组建立了中央防灾会议机构。这些机构汇集了从中央到地方的救灾体系,可直接获得包括军队、警察等一切力量的支援,是一个统合军、警、消防、医疗、民间救援组织等单位的一体化指挥、调度体系,一旦遇到重大灾害即可迅速动员一切资源,在第一时间内进行支援工作,将灾情损失降到最低。

国家有效的灾害风险管理的机制构建必须是政府和市场共同作用的结果,双方发扬自身优势,扬长避短。例如,墨西哥住宅保险系统,墨西哥位于环太平洋地震带,为世界地震最频繁发生的地区之一,实属地震发生的"重灾区"。墨西哥地震保险公司为了应对频繁发生的地震,力图让保险公司和再保险公司承担大部分的地震险。然后,再保险分入公司还会让保险分出公司每到一定时期就交换有效信息,且在地震保险合同有效期内保险分出公司需交换两次以上信息。墨西哥地震处置方式在很大程度上依赖私营保险、再保险。地震风险处置的机制面对恶劣条件尚能处理轻度地震,但一旦出现 1985 年 9 月 21 日[①]那样的强震,会导致大量民众伤亡,并且对整个财产保险业是一个毁灭性的打击,国家经济损失无法承担。因此,墨西哥地震保险体系在其国内仍然受到广泛争议,要求改革的呼声

---

① 1985 年 9 月 21 日,一场里氏 7.8 级地震发生于距墨西哥城南 230 英里(1 英里≈1.609 344 千米)的地方,破坏力极强,余震也有 7.3 级,受灾最重的是首都墨西哥城。地震发生之后,全市大部分地区交通中断,地铁全部停驶。墨西哥城国际机场也宣布暂时关闭,市区水电煤气被切断,市内电话和长途电话也中断。

也越来越高[237]。

2. 选择国家风险处置机制[237, 238]

在过去的几十年内,由自然灾害造成的最严重的经济损失主要集中在发达国家,这是由于发达国家的受灾财产决定金额比较大,相对比较集中,但是对于发展中国家而言,灾害风险对其影响更大,影响更为深远,也更具破坏力。发展中国家的基础设施薄弱、建筑指标偏低、私营保险市场不成熟、政府财政收入相对于发达国家本来就偏少,加之政府的减灾减损及灾后补救措施占财政总支出比例很小。其结果就是灾害风险导致更多的人员伤亡,对国家的财政及经济发展影响程度较发达国家更为严重。与发达国家相比,发展中国家灾后政府给予的援助也显得非常有限,美国政府拨款与损失比例可达到40%,而中国这一数字不足10%。

2005年7月6日以来,印度西南部暴雨成灾,这次暴雨是印度历史上自1910年以来最大的一次降雨,整个孟买几乎陷入瘫痪,致使1 099人死亡,造成2.31亿美元经济损失。当年7月28日,印度总理宣布经济拨款1.62亿美元救灾[①]。2005年8月29日美国卡特里娜飓风袭击后,给美国造成大量损失。当年9月1日,总统布什提出拨款105亿美元紧急救灾。其经济损失与拨款比例为1∶0.42。其后随着灾难损失的不断扩大,国会通过了追加500亿美元的救灾款的决议。而中国2004年中央加地方政府救灾拨款40亿元,同年灾害直接损失达到1 602.3亿元,经济损失与拨款比例为1∶0.025。如何建立起行之有效的灾害风险处置机制、如何解决政府对灾害的处置激励问题引人深思。现阶段,人类需要全球视角,构建对地区有针对性、适应性的灾害风险处置体系,这样国家的经济发展水平、国家财政水平、灾民救济才能得到保障。

四、案例解析

如前所述,灾害社会风险是在诸多因素的共同作用下诱发的。灾害引发的社会风险包含冲突、失序、失稳多种状态,任何一个风险事件都是几种状态的综合,本节将重点分析天津港爆炸、尼泊尔地震这两次重大灾难事件中的社会冲突状态,包括冲突的对抗性、演化模式等,给出灾害社会冲突风险控制的对策建议。

---

① 国际在线. 印度暴雨已经造成至少900人死亡 总理拨款赈灾. http://news.cri.cn/gb/3821/2005/07/29/1425@641034.htm, 2005-07-29.

（一）天津港爆炸

2015年8月12日23时30分左右，天津东疆保税港区瑞海国际物流有限公司（简称瑞海国际物流有限公司）危险品仓库发生爆炸，现场火光冲天，腾起蘑菇云，造成大量人员伤亡和财产损失。习近平总书记做出重要指示，要求组织强有力力量，全力救治伤员，搜救失踪人员。习近平总书记提出："血的教训极其深刻，必须牢牢记取。"[1]9月22日，中共中央政治局常委、国务院总理李克强主持会议，听取国务院天津港"8·12"瑞海国际物流有限公司危险品仓库特别重大火灾爆炸事故调查组工作进展情况汇报。据央视新闻报道，李克强总理对天津爆炸事故做出了"五个特别"的定性——这次事故是一起人员伤亡特别重大、财产损失特别巨大、社会影响特别恶劣、教训特别惨痛的特别重大安全生产责任事故[2]。反思此次事故对保障人民生产、生活安全，化解社会冲突具有重要指导意义。

天津港爆炸，最先起火的是其公司存放危险品的仓库，起火时间大约是2015年8月12日22时51分46秒；2015年8月12日23时34分06秒，该仓库首次爆炸，近震震级达到ML约2.3级，约30秒后，发生第二次爆炸，这一次近震震级达到ML约2.9级，两次爆炸的威力足以摧毁数百个足球场；12日22时50分，有关部门接到群众报案，最先到达现场的是天津港公安局消防支队，支队23个消防大队共出动消防车93辆，现场出动消防救援人员600余人；一个小时后，天津消防总队全勤指挥部出动，共派往消防车辆35台、消防中队9个队赶赴增援；截至13日11时，天津消防总队共派遣143辆消防车、上千名消防人员赶赴现场支援；截至16日上午，北京军区抽调国家级核生化应急救援力量、工程抢险人员和医疗专业救治队伍共计1 909人，专业装备和指挥保障设备201台，投入搜救；事故发生后，截至9月11日下午三点，共165人在此次事件中遇难，其中包括24名公安现役消防人员、75名天津港消防人员、11名公安民警、55名企业职工和住户等；5名该港消防人员、3名企业职工及该港消防队员家属等8人失踪，798人均不同程度受伤，58名人员伤情严重，受到轻伤等其他伤害的共有740人。同时，此次爆炸事件对周边居民等建筑造成不同程度的损伤，对空气、土壤、用水等产生了较大影响，共造成已知经济损失达68.66亿元；8月18日，经国务院批准，由公安部、交通部、天津市人民政府等政府部门领头，邀请消防、化学、最

---

[1] 人民网. 习近平：血的教训极其深刻，必须牢牢记取. http://ln.people.com.cn/n/2015/0817/c340418-26005235.html，2015-08-17.

[2] 李克强：对天津港爆炸事故责任人该撤职的撤职. http://sc.people.com.cn/n/2015/0923/c345454-26493779.html，2015-09-22.

高人民检察院等专家联合组成"天津港爆炸"案事件调查研究专项小组，经该调查组认定，此次爆炸事故属于一起特大生产安全事故。此次事件一发生便受到了社会各界的极大重视，习近平总书记曾两次做出重要批示，并亲自组织召开相关会议，李克强总理亲赴现场指导相关工作的开展。2016年2月5日，国务院对"天津港爆炸"案调查报告做出批复，对董事长于学伟等相关企业负责人进行逮捕，对行政监察人员等相关责任负责人做出行政处分，对涉案部门、政府进行通报批评。此外，对于此次爆炸事件中罹难、失踪、重伤的住户居民及其家属，以及在此次案件中壮烈牺牲的消防人员及其家属，进行不同程度的救助安抚，帮助其重建生活希望[239]。

1. 冲突演化

此次爆炸事故震惊全国乃至世界，不仅造成惨重的人员伤亡和财产损失，事故导致的余波还在不断发酵，冲击了正有发展的地区经济和行业经济[240]，且事故后，由"用水扑灭爆炸现场是否正确""消防人员安危应该由谁来负责""消防人员家属诉求未得到及时回应""相关部门拒绝媒体采访或在采访中表达过于模糊"等引发了社会冲突[241]。政府舆情回复不力，公众因为基本诉求无法得到满足，负面情绪被激化，微博、微信等平台上的谣言传播进一步引发了公众热议和社会恐慌[242]。通过对此次事故的问题分析，对预防此类事故、化解事故可能引发的社会冲突极具指导意义。

1）城市安全的潜在风险

第一，安全大检查没有落到实处。在天津港爆炸前一再强调注重安全检查，特别是要防范各类生产安全事故，但是此次事故反映出，安全大检查并没有落到实处，究其原因，可能有在利益的驱使下故意放松安全检查标准的行为。瑞海国际物流有限公司声称其是有政府批准的专门处理"危险品"的公司，然而，它的宣传与事实相去甚远。安全大检查没有落到实处，既是一种人力、物力资源的浪费，也是负责安全检查的人员失职的表现。尽管天津港爆炸事故的根本原因不是安全大检查，但是，安全大检查作为防患于未然的重要环节应该受到高度重视。

第二，企业内部管理混乱。此次事故表明，瑞海国际物流有限公司的内部管理十分混乱。首先，公司严重缺乏对其员工的安全防护管理，瑞海国际物流有限公司的员工从事的是高危险系数的工作，然而，其规定的防范措施远不足以应对可能出现的危机情况。其次，公司对员工的安全培训与安全演习流于形式，没有真正落到实处，其设备不符合安全防护的要求、危化品的分类不符合规范。最后，员工自身缺乏安全意识，同时缺乏相关的安全防护的培训。

第三，民众安全意识欠缺。在事故发生前，天津市环境保护科学研究院对"瑞海国际物流有限公司堆场改造工程"进行过环境影响评价公示，向周边群众发放了 100 份调查问卷，其结果显示，有近半数的居民表示支持，而其余居民则表示"无所谓"。这一结果充分暴露出居民本身的安全意识淡薄，缺乏对周边环境的了解与关注，其安全意识欠缺的原因可能如下：其一，居民对政府信赖度高，相信政府可以保障他们的社会安全；其二，城市生活节奏过快，居民无暇顾及除自身生活触及范围外的区域；其三，大多数居民只关注涉及其直接利益的事物，而对于他们认为与自己"无关"的事件则采取漠然的态度。例如，各个部门提供的实际上会关系到居民切身利益的调查等不被重视，居民不愿意花时间了解，于是采取盲目的支持或者"无所谓"的态度[243]。

2）救援缺乏现场勘察，企业隐瞒信息

消防安全"四个能力"之二是扑救初级火灾能力。我们在面对由危险品爆炸引发的火灾时，缺乏相应的紧急预案和应对能力[244]。最初到达救灾现场的消防队员并不知道燃烧的集装箱中装有多么危险的货物。据公安消防人士回忆，他们接到的报警电话是距瑞海国际物流有限公司堆场 600 米外的万科小区居民打来的，只告知起火了，事后记者采访的所有幸存消防队员都证实，他们到达现场开始救火时，没有任何人——不论是后方的指挥部还是现场的瑞海国际物流有限公司的员工——告诉他们那些集装箱中堆满了数十种不同品类的危险化学品。面对大火，消防员选择了常用的水枪，而在发现火势越救越大之后，指挥员才发现情况有些不对，赶紧指挥撤离。根据事后媒体报道，前来救援的消防车里都没有配备沙土，只有水和泡沫。这表明，由于缺乏相关信息、没有进行现场勘察，消防员事先并不知道要扑灭的是生化之火，事前也缺乏紧急预案，现场的指挥、协调是低效的，且延误了有效救援时间。

8 月 16 日凌晨，国家安全生产监督管理总局安全生产专家库专家、东北大学副教授钟圣俊，在科学网的个人博客上发布了对天津港爆炸事故的原因分析。他认为，最可能的点火源是硝化棉或者硫化钠自燃，他推测爆炸前经历了五个步骤：硝化棉或者硫化钠自燃，由此点燃了可燃液体、可燃固体；港口消防队接警后赶到，但是没有任何人告诉他们现场存在遇水燃烧的危险化学品；灭火过程中，集装箱中的碱金属钾、钠和硅化钙与水发生化合反应后释放出可燃气体，加剧燃烧，并导致爆炸；可燃液体火势未被控制，液体瞬间沸腾，沸腾的液体蒸汽或蒸汽云发生爆炸；硝酸铵和其他硝酸盐参与爆炸。

清华大学公共安全研究院副院长袁宏永分析称，火势进一步加大的原因有很多，也可能不用水冷却，爆炸来得更早更猛烈。钟圣俊则认为，消防队是否存在灭火不当需要做进一步的调查，而即使有不当之处，也是瑞海国际物流有限公司安全主管人员在火灾早期不在岗或自行逃离，消防队联络不上而不得不在两难选择中不幸做出了错误的选择[245]。

3）救援人员个人防护欠缺

参与天津港爆炸事故早期的现场救援人员，明显欠缺个人防护措施，医疗急救人员也仅仅是日常工作服加上口罩而已。当应对此类危险化学品爆炸事故时，每位参与现场救援的人员都应当穿戴合理的个人防护装备。个人防护装备的要求小到标准的日常制服大到带有自给式呼吸器的全密闭装备。在事故现场，救援人员应根据爆炸事故划定的急救控制区域，确定相应的防护等级配备防护器具[246]。

4）缺乏规范的新闻发布会、专业的"舆情回复"

此次事故发生后，由于缺乏规范的新闻发布会及专业的"舆情回复"，公众产生了失望、愤怒的消极情绪，且引发了"次生舆情"。从总体来看，这些"次生舆情"主要体现在以下四个维度：其一，公众由新闻发言人及现场人员的个人言行产生了对其个体的关注；其二，公众产生了对政府干部乃至政府部门的审视；其三，指向了与事故相关的各方，如因为失联消防员家属冲击新闻发布会引发了对"编外消防员"这一特殊群体的关注；其四，新闻发布会不规范，因"意外情况"中断直播等引发了群众对信息是否被刻意隐瞒的猜测。

干部个人的不当言论、举止是引发"次生舆情"的关键。例如，在第六场新闻发布会上，发言人以"很高兴在这里和大家见面"作为开场白；直到第九场新闻发布会，天津港集团相关负责人才首次现身。这些言行在令公众感到"不舒服"的同时，也让公众将关注点转向了干部的无知与漠然上。此外，在面对记者提问时，部分干部回答欠缺逻辑、答非所问或者一味地推卸责任，激起了舆情的演化，公众猜测干部如此作为的背后是否在刻意隐瞒事实真相，而干部间的推诿也表明政府部门之间缺乏协调与合作，应对危机时欠缺专业性，更加激发了群众的负面情绪[242]。

2. 事件影响

1）经济冲击

天津港爆炸事故的发生地带各企业仓库港口设施密集，且高价值的标的十分集中，因此对于保险行业而言，此次事故可能是史上单次事故赔偿最大的一次。相关专家估计，在此次事故中，保险行业赔偿的数额在 50 亿~100 亿元，其中，赔偿主要由原保险公司承担，而再保险公司将作为补充。天津港爆炸事故无疑对天津当地的保险行业造成了巨大的冲击，预计在未来几年的发展中，保险行业都要背负着这个重担①。

爆炸发生地滨海新区一直都是天津政府的重点发展区域，产业丰富，区域消

---

① 专家估计天津爆炸事故财产保险赔付达 50 亿到 100 亿. http://www.chinanews.com/gn/2015/08-15/7469121.shtml，2015-08-15.

费能力较强。大型房企扎堆进入滨海新区，而塘沽区更是成为住宅市场的核心区域，此次爆炸事故后，房屋受损十分严重。因此，区域内的开发商也承受了巨大的损失。尽管专家预测由此次事故引起的市场停滞状态是短期的，塘沽、滨海新区等远郊区县的项目大多是刚需楼盘，此区域的房地产市场将在一段时间后逐步恢复正常，但在一段时期内，爆炸事故必然会使购房者主动抵触此区域内的楼盘，预计2~3年，此区域中的空置房难以卖出[240]，即便是低价出售也不对购房者有吸引力。

2）受灾民众拉横幅请愿

群众认为政府有关部门在此事上有两个不可推卸的责任：一是瑞海国际物流有限公司的这一"剧毒、易爆"仓库建在居民小区附近，既不符合国家规范，也没有计居民知情，对于此，当初政府的相关规划部门、审批单位及其安全监察干部都有责任。二是在安顿爆炸区居民的过程中，要落实中央、国务院领导的"彻查追责"批示，严厉处分瑞海国际物流有限公司、安评机构，责令其对居民损失赔偿买单，对于涉嫌走私、贪污受贿等违法犯罪行为进行严肃的法律制裁，以政府力量法律手段推动毁损居民楼房等设施解决方案。

虽然现场请愿的群众保持了理智，但是请愿这个行为使得社会冲突显著地呈现出来，引发了广泛的社会关注。在短时间内，群众相信政府会帮助处理，在耐心等待，然而如果没有尽快妥善处理群众对自己被损权益的追讨，从情理与法律角度合理地帮助他们向企业或有关部门索赔，社会冲突必将继续演化造成更大的社会风险。

3）网络谣言造成社会恐慌

面对灾难，民众个体往往会表现出无能为力、缺乏安全感。虽然天津市政府在第一时间开展了各类救援行动，并开展了对环境污染的监测，但是由于信息公布得不及时，以及迫于共同体的共同权利意识，民众内心的困惑没有在短时间内消失。而在这次灾难事故发生过程中，爆炸核心区是危险化学品存放仓库，在爆炸刚刚发生时，不仅是民众，甚至仓储单位由于库房文件损毁也不能准确说明已经爆炸的危险品种类都有哪些。这些信息的模糊性随即被无限放大，而危险品泄漏又与民众的健康息息相关，类似氰化物会随降雨扩散的谣言马上有了传播的条件和市场。

2015年8月15日，事故发生后，一些网站或随意编发"天津大爆炸死亡人数至少1000人""方圆一千米无活口""天津已混乱无序、商场被抢""天津市主要领导调整"等谣言，或任由网站用户上传来自微博、微信的相关谣言，制造恐慌情绪，成为谣言的集散地，造成恶劣社会影响，受到网民的谴责和举报①。

---

① 搜狐网. 网络谣言应止于法治. http://m.sohu.com/a/28764430_160337，2015-08-22.

国家互联网信息办公室近日会同有关部门，依法查处了车夫网、美行网、军事中国网、新鲜军事网等50家传播涉天津港火灾爆炸事故谣言的网站[①]。这些措施有效阻止了谣言的扩散，避免不实消息造成的社会恐慌。

3. 对策建议

1）事前预警

安全事故需要防患于未然，为避免事故发生，应采取一切必要的预防措施。就公司而言，应始终把安全放在第一位，加强对其员工的安全防护培训，严格按照有关规定对危险化学品进行分类和排列摆放，不得超过规定的危险品存储量上限。此外，公司需配置专业的危险化学品管理员，真实记录危险化学品的存储状态、存储位置等信息，危险化学品管理员需定期向有关部门反馈公司的安全状况。如果发生险情，应第一时间向消防部门提供详细信息。就民众而言，要加强安全防范意识，主动关注与自身安全有关的信息，民众可以要求相关企业定期公布其安全状况，如公开其危险化学品的分布图等，引起民众的重视，企业应该自觉接受民众的监督，彻底消除安全隐患。此外，有必要对国内安评行业进行大检查、大整顿。瑞海国际物流有限公司严重违规放置危险化学品，其危险化学品仓库距居民区仅60米，且没有绿化隔离带，而大多数民众表示对此毫不知情，安评行业在审批过程中的公正性、专业性有待考量。

2）紧急处置

一旦发生安全事故，要快速、高效地识别并对其加以控制，采取最合适的紧急处理措施，以求将事故控制在一定范围。首先，要确定事故的起因。例如，点火源可能是什么、事故发生地周围的货品存储状况等如何，在确认具体起因后，及时采取适合的解决措施。天津港爆炸事故中，如果消防员在接警时就被告知是危险化学品燃烧，那么他们在施救时就会考虑此时的扑救时间是否是最佳救援时间、在危险化学品区采取怎样的灭火措施最有效等问题，信息的交互一定要及时有效，只有这样才能尽可能地减少人员伤亡、财产损失。其次，消防等救援队伍要做到专业化、职业化。由于安全事故具有突发性和不确定性，救援队伍事先应做好多种紧急预案，在接到报警电话后，除迅速反应外，还应做出进一步的判断，如事故发生地周围是否有危险化学品等，到达事故现场后，应先进行现场勘察，确认最有效的救援措施，在情况不确定时，谨慎采取扑救措施并注意仔细观察。再次，消防等救援队伍要接受更加严格的培训，救援设施设备也要及时地更新换代，保障施救人员的安全，负责救灾、减灾的指挥人员也要经过更严格的培

---

① 中国网信网. 国家网信办依法查处50家传播涉天津港火灾爆炸事故谣言网站. http://www.cac.gov.cn/2015-08/15/c_1116265229.htm，2015-08-15.

训,且必须具有丰富的指挥经验,有敏锐的观察力等。最后,根据事故情况及时调配专家力量。天津港爆炸事故中的危险化学品爆炸如何施救需要专家的指导、协调,在人员救助时也需要更加专业的医疗等救援人员。同时,由事故给伤员带来的心理创伤也需要由专业的心理医生来进行及时的疏导,帮助伤员重建对生活的希望。

3) 善后管理

善后管理是突发安全事故中十分重要的一个环节,同时也是考验政府的公信度的一项重要指标。天津港爆炸事故这类涉及危险化学品的安全事故,更应做好善后管理。首先,由于缺乏相关信息,事故中泄漏的危险化学品的残渣等有毒物质会引起民众的不安和恐慌情绪,也为谣言提供了滋生的平台,进一步加剧负面情绪的传播。只有做好事故的善后管理,才能使事故后的恢复工作进行顺利。其次,新闻媒体、官方微博等应当及时公布信息,澄清谣言,避免民众产生恐慌情绪[241, 242]。环境管理部门应第一时间采取措施,防止污染威胁到其他地区,并对污染进行治理,对于剧毒化学品,应请专家、专业生化人员进行分析和妥善处理,将其控制在一定范围内,避免可能造成的次生灾害,同时主动公布治理的进度,让民众安心。最后,要有规范的新闻发布会,并做出专业的舆情回复,天津港爆炸事故后,失联消防员家属试图冲进新闻发布会以获取家人的信息、启航嘉园等社区民众拉横幅表达希望解决业主损失的诉求,因事故涉及众多主体,不同主体间的利益诉求不同,及时专业的舆情回复、透明公开的信息公布才能有效地避免社会冲突,在涉及敏感问题时,要在不引起社会恐慌和动乱的前提下加以报道[243~246]。

(二) 尼泊尔地震[247~253]

北京时间 2015 年 4 月 25 日 14 时 11 分,尼泊尔(北纬 28.2℃,东经 84.7℃)发生里氏 8.1 级地震,震源深度 20 千米;并在 4 月 25 日 14 时 45 分及 4 月 26 日 15 时 09 分相继发生 7.0 级和 7.1 级余震,地震震中距尼泊尔首都加德满都 80 千米,距第二大城市博卡拉 78 千米,距中国最近约 50 千米,尼泊尔、印度、中国、孟加拉国、巴基斯坦等国家和地区均有震感①。

1. 案例背景

地震震中位于博克拉,该城市是尼泊尔第二大城市、著名旅游胜地。震中附近为山地破碎地形,滑坡等次生灾害发生风险极高。震区建筑物抗震性能很差,

---

① 尼泊尔 8.1 级强震情况汇总:波及多国,伤亡或数百. http://www.chinanews.com/gj/2015/04-25/7233685.shtml, 2015-04-25.

建筑物类型以砌石结构、土砖房为主。该地震属浅源地震,所释放的能量是汶川地震的 1.4 倍。地震最高烈度为Ⅸ度以上,极灾区面积约 7 400 平方千米,长轴 155 千米、短轴 58 千米,全部位于尼泊尔境内;Ⅷ度区面积约 21 400 平方千米,长轴 250 千米、短轴 135 千米,涉及尼泊尔和中国;Ⅶ度区面积约 45 000 平方千米,涉及尼泊尔、中国和印度;Ⅵ度区面积约 140 900 平方千米,涉及尼泊尔、中国和印度,该烈度区震害相对较轻①。

地震的直接动力学成因是印度板块与欧亚板块沿北-北东走向以 45 毫米/年的速度会聚,造成喜马拉雅山脉的隆起。印度板块向北俯冲到欧亚板块之下,导致岩石的强度低于应力的强度,产生逆冲断裂,并在破裂的过程中释放巨大的能量。这种板块汇聚对整个亚洲的地质构造格局都有很大影响,造成中国、尼泊尔边境山体的不稳定。地震致使尼泊尔约 51.70 万座建筑物部分损毁,另有 51.34 万座建筑物完全损毁,1.6 万所学校遭破坏,4 个地区的 90%医疗设施受到严重损毁,文化古迹损毁情况也较为严重,经济损失超过 50 亿美元(约合人民币 310.5 亿元)②。

2. 救援概况

地震发生后,尼泊尔受地震影响的地区被政府宣布进入紧急状态,政府同时统计了地震所造成的损失,拨款 5 000 万卢比用于赈灾,把国内 80%的官兵派到各地灾区进行救援,并出动了所有直升机飞赴灾区救灾。当时,尼泊尔官方的广播电台一直连续播放警示信息,提醒民众留在室外不要进入室内,防止余震造成更多人员伤亡。在这次地震中,受灾最为严重的是加德满都,是尼泊尔的首都,因为地震所有应急组织机构及应急设施全部瘫痪,政府无法开展灾后的组织协调工作。在困难重重之际,尼泊尔内政部的发言人向各国发出呼吁,请求各国能够伸出援手。同时,开通了震后紧急关闭的机场,对赶赴尼泊尔救援的各国救援队实行免签。然而由于加德满都的机场停机位只有 8 个,不足以接待各国的救援队。另外,缺乏救援物资及专业救援人员,致使政府完全救助不到一些偏远的村庄,灾民无法得到药物、饮用水、粮食及生活物资的补给,只能借助现有的物资进行非常简单的自救[247]。当灾民没有基本生活保障时,不满情绪便慢慢滋生,加上谣言的蔓延,极易激化社会冲突。

国际社会也迅速响应。4 月 25 日地震发生后,联合国驻尼泊尔协调员办公室、联合国人道主义事务协调办公室迅速行动,联合国灾害评估与协调小组与

---

① 尼泊尔 8.1 级地震快速评估报告. https://news.qq.com/a/20150425/027190.htm, 2015-08-15.
② 网易新闻. 尼泊尔地震灾情数据实时报告. https://baike.baidu.com/reference/17486613/3d77_ciz6u6XM8rkxHQu7ItWPKVBsK9MZXNwZx-wk-391_oxOlRWd0cI0NIzMhS_rbQxMGefEVHDRyhAvFDpOxwsLF2p2w8v426X7CaxG5SY2tdmg-m7bcI, 2019-04-12.

尼泊尔国家应急响应中心联合办公，建立了现场行动协调中心。在此框架下，来自世界各国的社会组织在"食物安全、健康、水/环境卫生和个人卫生、物流、教育、早期恢复、保护、营养、营地管理与协调、整体协调、应急电信"等领域开展救援工作。据联合国开发计划署驻华代表处统计，参与救援的社会组织有国际红十字会、外国医疗团队、国际计划、乐施会等。其中，国际红十字会使用生命探测仪搜索废墟下的受灾人员，发放了 19 000 个包括衣物、防水布和个人卫生用品的紧急救生包；超过 100 个外国医疗团队通过向尼泊尔的偏远社区提供关键医疗救助，设立流动医院，为超过 6 个月的孕产妇提供专业医疗服务等方式实施救援；国际计划筹集到 335.73 万欧元，拟用于帐篷、水与环境卫生、教育、医疗、营养和儿童保护等领域，在 9 个地区发放了 3 526 捆防水帆布和 1 501 袋食物，还有其他一些非食用物资；乐施会发放约 20 万升清洁饮用水、超过 900 个卫生包及数百张防水帆布，兴建 35 个临时厕所[①]。第一时间参与救灾的还包括国际搜救队、无国界医生、救助儿童会等数十家社会组织，主要在搜救被困人员、提供医疗救助、发放救援物资和对妇女儿童等群体提供专业服务等各自优势领域开展工作。

1）冲突起因

滑坡、崩塌等次生灾害导致尼泊尔大部分路段受阻，震后供电时断时续，很不稳定。尼泊尔唯一的国际机场特立布万国际机场因跑道和导航系统受损被迫关闭，重新开放之后，又面临新的困局：空域紧张，机场停机位有限，无法供大量运输机停留；从西藏陆路进入的两条干道——阿尼哥公路和沙拉公路，因为地震引发的山体滑坡和泥石流而全面中断。空中渠道和陆地渠道的受阻使尼泊尔迅速成为一个"孤岛"。4 月 27 号晚上，在特立布万国际机场外的停车坪上，一大群游客与机场方发生冲突。冲突主要起因是一方面有不实谣言发布，让游客受骗；另一方面有片面消息报道游客在灾区受到的"优待"，错误的消息造成误会，成为风险沟通不当造成冲突的典型案例。

"造谣"主要是关于"持中国护照可免费乘坐登机"的事件。当时，由于几千名被困在首都加德满都机场等地的中国游客急于回国，而航班非常紧张。个别游客通过微信，发布虚假消息说：只要是中国人，只要持中国护照，没有票也可上飞机，机票等手续回国补办。这个消息在微信圈迅速传播，使许多游客兴冲冲地赶往机场，却吃了"闭门羹"。

与"造谣"相关的是"辟谣"。由于机票非常紧张，发生了炒作机票的事情，一张回国机票被炒到 1 万元以上，一些媒体引用航空公司的话出来"辟

[①] 中国慈善联合会. 4.25 尼泊尔地震信息快报（第五期）. http://www.charityalliance.org.cn/news/4733.jhtml, 2015-04-30.

谣"，说没有这种事情发生。事实是，国内一些商业网站擅自涨价，坑害游客。简单地引用航空公司或使馆人员的话出来"辟谣"，是无法服人的。涨价对航空公司来说是"谣言"，但对花钱买票的顾客，是实实在在的经济压力，不分清主体，简单地站出来"辟谣"，只会让受众认为媒体是在"造谣"，降低媒体公信力。由上可看出，在涉及国家人民切身利益的问题上，媒体在紧急情况下也容易出现不做深入调查，人云亦云，做一些片面甚至违背事实的报道，使受灾人民产生误解，容易产生冲突。

此外，在救援过程和重建文化遗产的过程中，伴随着突出的社会冲突问题。尼泊尔的种族歧视在社会阶层中严重存在。在进行灾害救助的过程中，有一些被歧视者直接被禁止使用公共水龙头或被明令禁止进入神庙，一些为救灾而腾挪出来的空旷的避难场所也有拒绝穷人进入的事件发生[247]，这就意味着，在文化遗产重建过程中因宗教问题引发的相关反应得到重视。另外，存在以现代材料加固与保持原有建筑风貌之间的矛盾等问题。

媒体涌入灾区大量采访报道也引起了部分冲突。灾难引起全球媒体的关注，尼泊尔电视台也第一时间报道了灾区的受灾情况，发出现场视频与图片。各国媒体共同关注着灾区，但在部分报道的视频和图片中，也有不少让人不适的画面[①]。

随着新媒体的发展，突发性事件发生后，网络上常常会出现"恳请各位记者给家属们一个安静空间，不要打扰，不要采访"的倡议。如果媒体不能在报道过程中尽可能减少对被采访人的困扰和伤害，可能造成灾民与媒体的冲突。

媒体信息传播效率高、覆盖面积大，如果在灾难救援中起到正面、积极的安抚作用，将会极大地降低了幸存者和人们的恐惧焦虑情绪。但是，如果不恰当地进行报道，不仅不能起到积极的作用，反而会给当事人带来更大的伤害。目前，世界上很多国家颁布了与突发灾难事件应对相关的法规，如英国的《国内突发事件应急计划案》和《民事突发事件法案》、美国的《信息自由法》、加拿大的《突发性危机预案法案》等。

中国也出台了相关的职业规范。国家广播电影电视总局发布的《中国广播电视编辑记者职业道德准则》第31条明文规定"报道意外事件，应顾及受害人及家属的感受，在提问和录音、录像时应避免对其心理造成伤害"，《中国广播电视播音员主持人职业道德准则》第10条明确要求"采访意外事件，应顾及受害人及亲属的感受，在提问和录音、录像时应避免对其心理造成伤害"。

灾难带给人悲痛、焦虑和恐慌，媒体恰当使用灾难图片、画面，可以转变受众的情感和情绪。媒体理应自觉地承担起关怀者的任务，将对生命的尊重和对人

---

① 尼泊尔地震，仍在发生的媒体二次伤害. https://news.qq.com/original/dujiabianyi/nepal.html，2015-04-28.

的关爱理念以富有人性的表现方式，贯穿在灾难报道整个过程之中。

2）政府应对问题

一方面，应急准备不足。由于尼泊尔位于地震带，而且许多传统历史建筑的屋顶含有金属，在比重上属于头重脚轻的类型；在结构上以土木结构居多，在经历了几百年甚至上千年的风吹日晒后，当发生地震时，为对抗地震撕裂的作用力，已经朽旧的砖石墙体就显得非常脆弱。而且，由于城市布局紧凑，街道狭窄，交通不畅，限制了国际组织对文化遗产搜索与抢救的援救力度。此外，尼泊尔国家贫穷，官方缺少抗震、应急的预案、资金、队伍及知识，故而国内对文化遗产的应急反应仅限于寻求国际支持，而且遗产重建的资金全部都靠国际或慈善组织捐助[247]。

另一方面，过早开放旅游。尽管文化遗产建筑群在地震中遭受重创，但一个月后，2015年6月15日，尼泊尔官方宣布作为世界文化遗产的尼泊尔加德满都谷地三处古王宫广场对游客重新开放，并呼吁各国游客访问尼泊尔。尼泊尔官方宣称尼泊尔已经具备诸多的接待条件，如机场完备、航班准时，超过90%的酒店是安全的，主要的高速路已经开通而且游客可以参观很多地方。根据6月10日尼泊尔政府发布的官方报告，这次地震所造成的经济损失达到了79亿美元，其中包括作为尼泊尔支柱产业的旅游业的损失①。入境事务处提供的数据显示，2014年5月访问尼泊尔的游客达69 286人，而2015年5月锐减到40 856人，而且这些外国人主要是以搜救、救济和调查研究为目的才访问尼泊尔的。尼泊尔官方在震后一个月便允许受损的文化遗产向公众开放以刺激旅游业的发展。但在没有完全修缮与加固的前提下开放遗产地所带来的隐患也是不可估量的。例如，日本学者所提出的遗产地地面残留的裂缝在雨季来临后会造成如滑坡等次生灾害，尼泊尔官方却未对相关的次生灾害进行防御，一旦游客进入尚未恢复且没有足够接待能力的景区，就埋下了灾后更大社会风险的伏笔。

---

① 尼泊尔古王宫广场恢复开放. http://www.chinanews.com/gj/2015/06-15/7345634.shtml，2015-06-15.

社会秩序乃是为其他一切权利提供了基础的一项神圣权利。然而这项权利绝不是出于自然,而是建立在约定之上的。

——〔法〕卢梭

第六章　社会失序的风险及管理

无论是自然灾害，还是技术灾害，当它的出现和爆发严重影响到社会的正常运行，对生命、财产、环境等造成极大的威胁、损害，并超出了政府和社会常态的管理能力，要求政府和社会采取特殊的措施加以应对之时，社会已经不能正常运行，此时的社会实际处于一种失序状态。如果这种失序状态不能得到有效控制，到最后会引发严重的社会危机。在讨论社会失序问题时必然会涉及它的对立面——社会秩序。社会秩序是相对于失序的一种社会状态，对社会秩序的相关概念、本质特征及失序机理的回顾，有利于对灾害造成社会失序的演化机理的分析。本章将深入探讨灾害造成的社会失序风险演化机理及应对决策实践。

一、理　论　概　述

通常来讲，人类所处环境分为自然环境和社会环境，存在于自然环境的互动关系形成自然秩序；而存在于人类社会的互动关系形成社会秩序。自然秩序反映出的是自然规律，如气候的四季变换、生物的新老更替、人类的生老病死，以及日出日落、生态平衡等；社会秩序反映出的则是社会规律，是由人类社会构建和维系的，是人们在长期的社会实践活动中所形成的相对稳定的关系模式、结构和状态。例如，日出而作，日落而息，春耕秋种，市场经济等。

（一）理论发展

古今中外，那些伟大的思想家、哲学家们在探索世界，思考人类社会之时，社会秩序往往成为他们回避不了的话题。从远古时期，就有了对社会秩序的探究，延续至今，已积累大量的对社会秩序的形成、组成、结构、运行等多个方面的理论知识。当然，由于不同的思想家、哲学家及学者们所处时代、研究角度、知识结构、价值观等方面的差异，他们对社会秩序的相关话题也存在着分歧。然而，通过梳理社会秩序理论的发展，还是可以从中发现一些共同的规律来为灾害社会失序风险的研究提供一些基础。

1. 远古时期的社会秩序

古希腊时期的哲学家们最早提出了秩序概念。尽管社会秩序的概念很少被明确地提出，专门论述社会秩序的著作也没有形成，但是已经能在他们关于政治和社会哲学的思考中找到关于社会秩序的渊源。关于社会秩序的形成、组成要素、基本价值及重要作用都已在他们的研究中得以体现。同时，人类社会的文明也走进了这一时期的辉煌，哲学家最常思考的正是我们所在的宇宙及宇宙中存在的各种恒定不变的规律，即秩序。在这一时期，毕达哥拉斯、苏格拉底、柏拉图、亚里士多德等先哲将秩序的概念由对宇宙的思考，拓延到了人类社会，并提出了存在于人类社会的秩序思想，这些最早期的探索为后来社会秩序理论的建立奠定了重要基础。最早提出秩序思想的哲学家是毕达哥拉斯和苏格拉底。毕达哥拉斯将秩序表述为某种"数"，并且认为"万物皆有数"。因此，以毕达哥拉斯为主要代表的毕达哥拉斯派哲学在自然界中努力寻找某种内在规律，即寻找自然界中的秩序，并认为这种秩序是自然界中的一种均衡状态，也可以称为正义。毕达哥拉斯认为秩序其实是物理、音乐及医学等领域的一种基本原理。因此，毕达哥拉斯的"万物皆有数"其实就是表达了宇宙万物都有其内在规律和秩序，并且这种秩序即公理是不证自明的。

正是在古希腊时期，人类社会的文明达到了第一个顶峰，城邦的建立、民主和城邦秩序的形成及社会良好运行无不印证了这一时期的文明。苏格拉底继续对秩序概念进行思考，并提出了宇宙秩序的概念。他认为社会秩序、生活秩序正是宇宙秩序的构成部分，秩序是与法则、法律处在一个层次上的。这时的哲学家都在努力尝试找到一种更本性的、亘古不变的事物发展规律，也开始对人类社会的生活方式进行思考。苏格拉底和柏拉图为将秩序这一话题从自然界转向人类社会，以及思考社会秩序是依照何种法则建立的做出了巨大的贡献。

亚里士多德关于社会秩序的研究着眼于城邦，他认为城邦是社会秩序的基础，并指出"人类先天就是倾向城邦生活的动物，人类在本性上，也正是一个政治动物"。亚里士多德对社会秩序的研究不同于以往哲学家们的主观表达，他是通过对理想的社会秩序构建来进行论述的：每一个单个的个人都无法依靠单独的劳动实现美满的生活，因为个人的生产能力是有限的，城邦的形成正是人们为了追求这种美好的生活而自然形成的结果。普罗泰戈拉[①]所说的"人是万物的尺度，是他是其所是和非其所非的尺度"也正是对这一时期的哲学家转而关注人类事务的最佳例证。

由此看出，最早的秩序思想是由对自然哲学的探讨发源的，并且以自然科学的思维方式对自然物理的秩序进行思考，人类社会的因素则被排除在外。直到公元前5世纪中期，人们对秩序的研究兴趣才开始逐步转向人文、心理、政治和伦理学[254]。

2. 中古时期的社会秩序

中世纪，社会秩序主要表现为神学秩序。在神的笼罩下，统治者尽其所能地控制和禁锢人们的思想，以建立对自身统治地位有利的社会秩序。中世纪末期的宗教改革使近代神学最终走向终结，神学笼罩下的社会秩序也渐渐退出人类社会的历史。虽然中世纪时期的人们思想被禁锢，经济凋敝，但神学在一定程度上仍对整合和维护社会秩序起到了一定的作用。

奥古斯丁[②]是这一时期的代表人物，他以人的心灵作为标准，将世界分成了上帝之城和地狱之城。他通过代表天使的上帝之城，建立了一种超越政治的社会秩序。他宣扬上帝，并认为是上帝通过对人类内心秩序的引导和救赎，最终实现对世俗的人类社会的统治。然而，人们常常会有这样的误解，认为中世纪处于古希腊罗马文明的辉煌灿烂和启蒙时代的光明之间，中世纪是一个社会秩序充满专制、昏暗、野蛮和愚昧的宗教时代，是历史的倒退和断裂。事实上，中世纪的宗教在促进日耳曼文化和古希腊罗马文化的融合中起到了主导作用，并在一定程度上保存和继承发扬了日耳曼和古希腊罗马文化。宗教也成了中世纪社会秩序中的信仰要素。诚如杜兰特所讲："若不是基督教在这个崩坏的文明中维持了一定的社会秩序，那么这种崩溃可能更为深重。"[254]

3. 近代社会秩序的探讨

近代社会秩序主要以科学的发展和地理大发现为开端，伴随着全球资本市场

---

① 普罗泰戈拉（Protagoras），公元前5世纪希腊哲学家，智者派的主要代表人物。他出生在阿布德拉城，多次来到当时希腊奴隶民主制的中心雅典，与民主派政治家伯里克利结为挚友，曾为意大利南部的雅典殖民地图里城制定过法典。一生旅居各地，收徒传授修辞和论辩知识，是当时最受人尊敬的"智者"。据说晚年因"不敬神灵"被控，著作《论神》被焚，本人被逐出雅典，在渡海去西西里的途中逝世。著作除少数片段外，均已失传。他的思想，只能从柏拉图的对话《泰阿泰德篇》《普罗塔哥拉篇》中见到。

② 奥古斯丁（Aurelius Augustinus，亦作希坡的奥古斯丁 Augustinus Hipponensis，天主教译"圣思定""圣奥斯定""圣奥古斯丁"，公元354~430年），古罗马帝国时期天主教思想家，欧洲中世纪基督教神学、教父哲学的重要代表人物。在罗马天主教系统，他被封为圣人和圣师，并且是奥斯定会的发起人。对于新教教会，特别是加尔文主义，他的理论是宗教改革的救赎和恩典思想的源头。

被开辟，以及以英帝国主义为中心的资本主义性质的殖民地在全世界的扩张，欧洲大陆发生了资产阶级革命，逐渐形成了资本主义社会秩序。发生在近代的启蒙运动标志着人类社会开始重新审视个人与社会的关系，此时，个人的意志及利益被强调和重视。这一时期的启蒙思想家为了推翻中世纪禁锢的枷锁，推翻宗教统治地位，逐渐开始将研究的重点转向社会最开始的状态，即从社会原始的最初始状态去探究社会的起源，以便从这样的理论上去寻找新秩序的合理性，以及建立新秩序的合法统治地位。近代社会秩序的维持不再需要神意，而变成了思想家提出的自然状态和社会契约等假说和理论。自然法及社会契约理论为社会秩序的重建提供了基础。在这一时期之初，托马斯·霍布斯①、约翰·洛克②等引领了思想的启蒙。

社会契约理论发源于人们对社会到底是如何形成的问题的追问。中世纪神学统治被推翻，人们发现了人类社会并非上帝创造，哲学家们就开始渐渐抛弃神学意义上的上帝创造人类社会、安排社会秩序的观点，继续探索人类社会究竟是如何产生的。哲学家很快找到了理性的科学法则，社会契约论便是以人性为基础来思考社会的起源及人类社会秩序的原理。正如大卫·休谟③总结的：人不可避免地存在片面性，结成社会以后人类的片面性依然会影响到社会稳定。对此的补救不是产生于自然，而是产生于人为[255]。有良好的秩序才可能有稳定的社会状况，良好的社会秩序也必须建立在特定的约定关系之上，"社会秩序乃是为其他一切权利提供基础的一项神圣权利。然而这项权利绝不是出于自然，而是建立在约定之上的"[256]。这些特定的约定即社会契约。社会契约有可能不是人类获得的最佳方案，但它是在社会实践上的最满意方案。"只有借助于这样一个契约才能最好地照顾到两方面的利益（自身利益和他人利益）；因为只有通过这个办法才能维持社会，而社会对于他们的福祉和存在也和对于我们的福祉和存在一样，

---

① 托马斯·霍布斯（Thomas Hobbes，1588~1679年），英国政治家、哲学家。生于英国威尔特省一牧师家庭。早年就读于牛津大学，后做过贵族家庭教师，游历欧洲大陆。他创立了机械唯物主义的完整体系，指出宇宙是所有机械地运动着的广延物体的总和。他提出"自然状态"和国家起源说，指出国家是人们为了遵守"自然法"而订立契约所形成的，是一部人造的机器人，反对君权神授，主张君主专制。他把罗马教皇比作魔王，僧侣比作群鬼，但主张利用"国教"来管束人民，维护"秩序"。

② 约翰·洛克（John Locke，1632~1704年），英国的哲学家。在知识论上，洛克与乔治·贝克莱、大卫·休谟三人被列为英国经验主义的代表人物，但他也在社会契约理论上做出重要贡献。他发展出一套与托马斯·霍布斯的自然状态不同的理论，主张政府只有在取得被统治者的同意，并且保障人民拥有生命、自由和财产的自然权利时，其统治才有正当性。洛克相信只有在取得被统治者的同意时，社会契约才会成立，如果缺乏了这种同意，那么人民便有推翻政府的权力。

③ 大卫·休谟（David Hume，1711~1776年），苏格兰的哲学家、经济学家和历史学家，他被视为是苏格兰启蒙运动及西方哲学历史中最重要的人物之一。虽然现代学者对于休谟的著作研究仅聚焦于其哲学思想上，但是他最先是以历史学家的身份成名，他所著的《英格兰史》一书在当时成为英格兰历史学界的基础著作长达60~70年。

都是同样必要的"[255]。契约是人类文明发展的结果，社会契约让人类从自然状态进入文明社会。"订立契约本身就是一种自然的美德"[257]。

最早提出"社会契约论"的是霍布斯，他也是第一个在自然法基础上系统地表述了社会契约理论的思想家。他的社会契约理论也为后来的社会契约论者，如卢梭[①]、洛克等在思考人类社会形成的路径上提供了一种新的理性。此后，思想家、学者对社会契约理论进行了不断的完善和发展，契约精神也成了近代社会秩序建立的重要维度。社会契约的基本理念，如平等、博爱、自由、互惠、合作、宽容、信用、知情等引导着社会秩序的建立，也是人类社会秩序建立过程中必须要考虑的要素，成了社会有序发展的条件。

保护人的自然权利，是自然法的基本目标，然而这种保护并不是随意的。在自然状态下生存的平等个体如何联合在一起，和平有序地存续下来，是超越了自然法的重要课题。社会契约论者认为，在自然状态下，每个人都是独立的个体，为了自我保护和改善生存处境，人类便有了进入社会的可能性和原动力。因此，人们会自发地组建一种相互合作的集体生活。自然处境中的不利因素，只有通过组成社会集体，才能得到补救。霍布斯所描述的自然状态，是一个弱肉强食、充满不安定因素的状态，人与人之间时刻都处于一种战斗状态。在霍布斯看来，每个人对自然界所有的事物都有权利，这就会导致斗争，而实际上的结果是每个人对所有事物都享受不到权利。人们为了避免纷争和保存自我，通过社会契约的方式，来规范社会中每个人的自然权利和义务，以及行为的边界。

社会契约理论强调了社会秩序的人性起源及世俗要素，将社会秩序从神学理论中解放出来。然而，对于创造世界的问题，还是存在一些不同的看法，摒弃神学统治并非一蹴而就，其过程应当说是渐进的。霍布斯彻底地摒弃神学，抛开神的意志，成为无神论者。然而，也有坚持有神论的社会契约论者，洛克认为神依旧是世界的创造者，只是在其社会契约理论中，神对于社会的控制作用已大幅降低，仅仅作为一种缥缈的精神权威，偶尔发挥一些作用而已。此后，社会秩序的建立完全脱离了神的意志，人们都倾向用理性来指导社会秩序的建立。社会契约论者对社会秩序的理论贡献在于他们推翻了神学统摄，奠定了社会秩序研究的新起点。

然而，当启蒙思想推翻了神学统治，理性取代了信仰地位，信仰在社会秩序中也走向了崩塌的边缘。康德[②]提出的限制知识，为信仰留出余地，正是针对过

[①] 让-雅克·卢梭（Jean-Jacques Rousseau，1712~1778 年），法国 18 世纪伟大的启蒙思想家、哲学家、教育家、文学家，18 世纪法国大革命的思想先驱，杰出的民主政论家和浪漫主义文学流派的开创者，启蒙运动最卓越的代表人物之一。

[②] 伊曼努尔·康德（Immanuel Kant，1724~1804 年），著名德意志哲学家，德国古典哲学创始人，其学说深深影响近代西方哲学，并开启了德国唯心主义和康德主义等诸多流派。

分强调理性的担忧。人类的知识是有限的,人们需要有精神家园,信仰也必须存在。启蒙运动中,不承认任何理性以外的权威,却树立起了对理性的绝对尊崇。近代的启蒙思想家看到了理性在自然科学中的巨大威力,进而将这种理性运用到社会科学领域中。当人们对这种理性的推崇发展到极致的时候,社会和人俨然变成了由利益和欲望驱动的机器。在这样的情况下,不仅人的尊严荡然无存,就连人们所倡导的自由、平等、博爱、宽容等,也受到了威胁[258]。启蒙运动中所倡导的这种理性,就是康德所说的认知理性。虽然理性是以真理为追求,但这并不代表着理性就等于真理。当人们对理性的信任近乎绝对之时,理性本身也就需要被审判。然而,人们却把自己看作理性的化身,对理性的过度强调,最终却偏离了真理的轨道。这些问题在到了19世纪末20世纪初才开始慢慢暴露。

4. 现当代的主要观点

现当代以来,社会秩序的探讨已成为哲学社会科学领域众多学科共同研究的课题。不同学科从不同的理论视野和问题出发,对秩序进行了不同的界定。最重要的有社会学、政治学和经济学对其进行的深入探讨。

1)社会学对社会秩序的界定

从孔德[①]创立社会学起,社会秩序就成了社会学研究中的核心问题。社会学主要从社会关系和社会结构的平衡与失衡的关系角度出发,对社会秩序进行阐述。社会秩序被看作"表示社会有序状态或动态平衡的社会学范畴"[259]。由此,社会学常常将社会秩序的基本内涵概括为拥有相对稳定的社会结构、各种社会规范得以正常实施、社会无序和冲突被控制在一定范围三个方面。

与大多数学科知识体系一样,社会学相对地分为理论层面和经验层面,即理论社会学和经验社会学两部分。经验社会学对社会秩序的研究,主要依据已有的社会学原理,对经验现象进行实证分析和概括。所以,在经验社会学的研究中,社会秩序的范畴常常被当作不证自明的概念,不经阐述和界定便加以利用,这样的方法则容易陷入缺乏充分理论前提的困境。然而,由于理论社会学所关注的主要问题及研究方法都与哲学问题和研究方法比较接近,其与社会哲学似乎显示出了融合的趋向。因此,对于许多社会学家的著作而言,不能仅仅视为社会学著作来理解,如马克斯·韦伯和帕森斯提供的理论范式。不过,社会哲学和社会学的理论视野毕竟存在差异,它们的概念体系也常常具有不同的内涵,因此也存在不同的理论抽象程度及应用范围。所以,仅从社会结构的平衡与失衡,或社会关系的角度来看待社会秩序,显然不是唯一可取或最根本的路径。并且,社会哲学与

---

① 奥古斯特·孔德(Isidore Marie Auguste Francois Xavier Comte,1798~1857年),法国著名的哲学家,社会学、实证主义的创始人,被尊称为"社会学之父"。

社会学对社会、社会关系和社会结构等概念的理解也不尽相同。

2）政治学对社会秩序的理解

英国著名社会学家安东尼·吉登斯说："人类学家的著作已经卓有成效地指出，所有社会中都存在着'政治'现象，即与权威关系的安排有关的现象。"[260]政治学通常从三种角度来理解社会秩序的范畴：①把社会秩序直接等同于社会的规范体系，尤其是法律或社会制度规范；②在社会权威或政治权力的意义上去理解社会秩序；③常常在价值理念的意义上使用秩序范畴，如自由等。因此，在政治学中，社会秩序通常被认为表达的是社会整体追求的价值，与之相对应的自由，则表达的是社会个体追求的价值。

3）经济学对社会秩序的理解

著名经济学家哈耶克①认为，对秩序，尤其是各种自发形成的秩序的研究，一直以来都是经济理论的特有使命[261]。

在哈耶克的《自由秩序原理》一书中，阐述了："所谓社会的秩序，在本质上便意味着个人的行动是由成功的预见所指导的，这即说人们不仅可以有效地运用他们的知识，还能够极有信心地预见到他们能从其他人那里所获得的合作。"[262]此外，他把社会秩序界定为"这样的一种事态，在其中，有无数且各种各样的要素之间的相互关系都是极为密切的，因此可以从对整体中的某个空间部分，或某个时间部分所做的了解中，去学会对其余部分做出正确的预期，或者至少是学会做出很有希望被证明是正确的预期"[263]。他也在《自由秩序原理》一书中写道："所谓的社会秩序，在其本质上即意味着个人的行动是由成功的预期指导的，即人们不仅可以有效地使用他们的知识，还能很有信心地预见到他们能从其他人那里获得的合作。"[264]由此可见，社会秩序被哈耶克界定为社会生活中的一种惯常性或恒常性抑或常规性。事实上，社会秩序、自发秩序、经济秩序、扩展秩序等概念在哈耶克的著述中常常被提及。此外，市场秩序、道德秩序和法律秩序等是他在论述中经常引用的概念，他甚至将政府、社会、组织等都当作"秩序"，还常将制度、惯例、习俗、传统、规则及常规性（regularity）等词语与"秩序"的概念混合在一起使用。

值得注意的是，哈耶克提出的"自发社会秩序"的概念，是为了解决经济学中存在的一个难题，即人们在社会交往中，尤其是在市场活动中，知识和信息的利用是如何被实现的问题，即为了解释在整个经济活动中，秩序是如何实现的：在这个过程中运用了大量知识，然而这些知识并非集中于一个人的头脑之中，而是以无数的不同个人的分立知识的方式存在着[265]。哈耶克将自发秩序解释为社

---

① 弗里德里希·奥古斯特·冯·哈耶克，CH（又译为海耶克，Friedrich August von-Hayek，1899~1992 年）是奥地利出生的英国知名经济学家和政治哲学家。

会成员在日常的相互交往中，自然而然地遵循，而非人为建构的规则状态。

通过哈耶克对社会秩序的界定，可以看出经济学界对秩序的理解与社会学或政治学的解释可能存在差异。但是，有一点是确定的，那就是对秩序探讨的出发点，都是为了解决个体间的竞争、如何协调冲突、如何实现有效的合作等问题。由此，在经济学视野中，社会秩序实际上是为了维护良好的竞争秩序或保障竞争的自发的制度安排。因此，哈耶克将社会秩序解说为社会生活中的某种一贯性、恒常性或常规性，将社会秩序理解成一种自发状态，是具有一定道理的。并且，在社会哲学范畴中，经济领域本身是社会整体领域的组成部分，社会哲学对社会秩序的界定应超越经济学界定的局限。

在对人类社会的秩序进行了系统回顾之后，至少可以发现社会秩序是如何形成的及它对于人类社会的意义。很多理论家与实践者都主张应该用一种折中的方式去对待人类社会的秩序，这种折中的方式既不是以完全的设计与建构为代表的"建构主义"，也不是以纯粹的自由及演化为代表的"自由进化主义"，而是它们两者的结合与并举。社会的进化促使了自由机制与不自由机制的和谐并存，而那些"自由的市场"和"被限定的政府"都成了稀有之物。哈耶克所持有的自发秩序观念，其确切的轮廓较为模糊，并且"看不见的手"与自然选择的进化很难被延伸到更为普遍的社会秩序中。此外，卡尔·马克思的"完全的无政府状态是导致经济危机的罪魁祸首而必须加以消除"及凯恩斯[①]的经济干预主义无不是对"构建主义"及"自由演化"这两种极端思想的中和与权衡。

对于复杂的社会系统而言，无论是构建的秩序，还是自发的秩序，显然都是不完整的。而完整的社会秩序，既需要人类的理性设计，也需要依赖于社会系统在环境的诱导下进行自主演化。意识到这一点的哲学家、社会学家、政治家及管理学家都对"构建秩序"与"自发秩序"的关系，以及二者的融合问题进行了大量的探讨，而现有的关于如何形成"和谐社会秩序"的研究，也大多是基于这种"构建+演化"的思想。然而，在详细地考究了这些研究过程及其结果后，却遗憾地发现，已有的理论研究大多数仅仅是简单地将"构建"与"演化"并列在一起，很少有人去关注这两者本应具有的互动和内在关联；此外，现有的相关研究大多是停留在哲学辨析和方法论探讨的层面，而无法提供具有操作性的研究方法和工具。社会是一个开放而复杂的巨系统，在灾害情境下，实现社会秩序更是一项综合集成、持续进化的社会系统工程，这一工程既关注其构建性，也关注其演化性。灾害社会失序风险的控制，既要采取设计的思路，也需采用引导

---

① 约翰·梅纳德·凯恩斯（John Maynard Keynes，1883~1946年），现代经济学最有影响的经济学家之一，他创立的宏观经济学与弗洛伊德所创的精神分析法和爱因斯坦发现的相对论一起并称为20世纪人类知识界的三大革命。

的手段。

（二）秩序本质

从以上对社会秩序在不同时代、不同学科背景下的界定中发现，在社会哲学层面上，社会秩序是表征社会的存在属性和状态的哲学范畴。在事实与价值、实然与应然相对区分的意义层面上，社会秩序既是一种社会具有稳定性或处于稳定状态的客观事实，又是社会在运行和发展中具有协调性或处于协调状态的内在价值趋向[266]。这两种范畴，是在社会秩序主体的实践过程，或者在社会运行和发展过程中被统一起来的。社会的和谐状态则是作为这两者有机统一的理想社会秩序状态，社会主体所追求的社会协调的动态过程便是这种状态的实现过程。由此，合理地理解这一概括，首先取决于对"社会""稳定""协调""和谐"等概念的理解，以及对这些概念所代表的社会的属性和状态，及其相互之间关系的合理理解。

1. 社会本质的总体性理解

对社会范畴的诠释有众多观点，关于社会本质的理解大致归纳为三类主要观点，即相互关系和作用说、社会共同体论和社会有机体说。在不同的语境下，马克思主义经典作家对社会本质进行了不同的界定，大致涵盖了上述三种代表性观点。然而，不论是马克思主义经典作家，还是其他社会哲学家、思想家，他们对社会本质都持有不同的理解，正是因为社会是一个复杂巨系统，并且在不同层面具有不同的本质特征，立足于不同的系统层面，就会产生不同的理解。从社会实体、实践活动和社会关系三个层次来看待社会。社会首先是作为一个实体存在的，众多有生命的个体及其他与之相关的各种实体构成了社会。社会也是实践的，社会中的人时刻进行着生存和其他相关的活动，并且他们之间产生着各种交互作用。社会还是各种关系的总和，社会实体在社会实践中构成了各种各样的关系，而稳定的关系会形成各种规律、秩序及规范。对社会的这三种层次的理解，常常也是人们把握社会本质的三种路径。着眼于社会实体性存在的主要是社会共同体论和有机体说，着眼于社会实践活动的主要是相互作用说，而着眼于社会关系层面的主要是相互关系说。值得一提的是，尽管对社会的理解分为这三个层次，但在具体把握某一个层次的本质时，其他两个层次也不可避免地被考虑进来，只是各有侧重而已，因为社会本质的这三层理解本身是依据其自身规律并有机联系在一起的，是统一的。总之，对社会本质的分层分析，是为了更好地把握其本质特征，以便更好地解释人们对社会的认识，从社会实践中获得的经验，以及相关理论，也有利于人们更好地从整体上把握社会及其各类现象，尤其是社会秩序。

社会秩序就是一类特殊的社会现象，所以，对于社会秩序的本质的探讨，也应当以社会的本质性理解为基础。对社会的理解可以从社会实体、社会实践及社会关系三个层面进行，那么秩序也能够通过对参与秩序的社会实体、社会实践活动及形成的社会关系三个层面进行总体性的理解，社会秩序的本质探讨也应当采取这种整体性研究路径并且从这三个层面进行考虑。

2. 稳定性与协调性的辩证

在社会学中，稳定是指社会生活或与之相关的某些方面处于相对静止的状态，不发生质的变化，是一种社会存在的客观事实，可以用数量关系对稳定进行测量。稳定作为一种中性概念，主要用于描述某些可以用量的规定性表明的客观事实。稳定性是社会生活是否存在秩序的基本依据，与之不同的是，协调性是判断这种社会秩序是否"良好"的根本准则。

协调有配合适当的含义，在社会学层面，作为价值范畴的协调性是指社会实践的各个方面，各层次及领域在内部及相互之间的关系中，彼此协同配合的基本属性和状态。与混乱失序、冲突对抗的性质及状态相反，协调性是社会正常有序运行的必要条件。然而，社会主体的利益追求往往存在根本差异，所持立场背景也不尽相同，加上自然变异的作用，社会实践生活变得复杂，容易陷入对立、矛盾和无序状态，从而使得社会生活中的各个方面，在运行和发展过程中，都彼此协同并配合适当变得十分困难。然而，正因为如此，在任何社会生活中，协调性都成了社会主体所要追求的重要价值目标。尽管协调性在社会实践中的不同层次、不同领域有着不同的表现形式及特点，并且在某些方面和维度，甚至可以用具体的指标体系对其程度加以测算，进行度量，但是，协调性在本质上仍是在社会运行和发展过程中需要坚持及实现的价值目标和尺度。人们在说某种社会生活具有协调性的时候，其实通常是在说生活在其中的社会秩序是"良好"的。因此，协调性与稳定性相比较而言，更能判断这种稳定的社会秩序是否具有"良好"的性质。

总而言之，稳定性和协调性都是对社会实体、社会实践活动及形成的社会关系中存在的某些属性及状态的高度概括和抽象化。稳定性和协调性是社会秩序存在的两种属性，同时也是对社会秩序进行研究的两个向度。稳定性主要是作为验证社会秩序是否存在的依据，而协调性则是体现社会秩序是否"良好"的根据。因此，如果没有稳定性，社会秩序就不会存在，但仅有稳定性也是不够的，因为它可以是一种"死寂"般的稳定，而不一定具备"良好"的特性，也就是在实质上具有协调性。现实中，有可能某种社会秩序只侧重于维持僵化的稳定性，而在一定程度上，以牺牲协调性为代价。因此，稳定性和协调性应当统一起来。如果现实中未能将稳定性与协调性真正统一起来，那么社会将陷入某种失序状态。

3. 和谐性对稳定协调的统一

通过对稳定性与协调性的辩证分析，可以看出"良好"的社会秩序应当是稳定和协调的统一，和谐性便是这种统一的结果。人类祖先在跨入文明的门槛之时，便产生了和谐的观念。在中华文明的传承与发展中，关于"和谐"的思想及论述浩如烟海，源远流长。当今社会、"和谐"一词也被广泛地应用在经济、社会、政治、生态、文化等领域，尤其在人际交往、社会治理等各个层面，和谐的观念也成为中华民族精神的一个重要组成部分。中国的传统思维方式具有"天人合一"，本体论、认识论、价值论三位一体等特点。总之，中国传统文化中的和谐概念既体现着人或事物本身的某种属性，又表征着对人或事物的存在状态，尤其是人与人之间、人与物之间的某种平衡性、协调性和统一性的概括。

在西方社会，"和谐"的观念可追溯到古希腊时期。"和谐"曾被毕达哥拉斯作为重要的哲学范畴，并且他提出了"美德就是一种和谐"[267]。柏拉图在《理想国》中，借助苏格拉底之口，将和谐与秩序联系在一起进行了深入的思考，并阐述了和谐包括人自身精神的和谐、才能的和谐及城邦中的各个阶层间人与人之间的和谐，涉及和谐与秩序的关系、和谐与正义的关系和达到和谐的路径及方法等问题。此后数千年，"和谐"的思想始终扎根于西方社会的政治、经济、文化及日常生活中的各领域，成为其学术传统中的一个重要方面。

稳定性与和谐性都是概括和描述社会存在状态的概念，然而，它们两者的含义却存在差异。和谐性首先代表了有序，更代表着某种协调性、正当性与合理性。也可以说，和谐性是建立在协调性、正当性和合理性的基础之上的稳定性。和谐并非指简单的静止状态，也并非代表着处于相对静止的社会运行状态中，和谐性也同样产生在社会发展过程中；而单纯的稳定性只是表明没有根本性的变化及仅仅处在相对静止的社会状态，也仅仅代表了某种一致性和约束性。对和谐状态的研究，既需要包含事实角度的经验性判断，也需要包括价值角度的规范性判断。这是因为和谐的内涵包括事实性要素和价值性因素，是超越了稳定与协调两种单一的属性的。

从以上的辨析看出，和谐是比稳定、协调更高的一个抽象总体性概念，它不仅涵盖着稳定的含义，也包括了协调的含义，但它不能归结为稳定性，也不能被当作一种协调性；或者说稳定性、协调性都只是和谐属性的内容。在社会层面上，从总体性探讨社会秩序的本质，就必须要以事实性的层面为基础，但又不能止于此。社会秩序的问题本身要求必须超越对社会秩序的经验性层面分析，即对稳定性的经验探讨，从而上升到事实与价值层面相统一的境地。

总而言之，社会秩序作为表征社会政治、经济、思想文化等系统良性运行的一个基本概念，是人类在社会实践中，个体与个体之间、个体与群体（或组织）之间及群体（或组织）之间的相互联系、相互影响、相互交往及相互作用的有序状态。它在静态上，表现为社会中的人和事物，各自处于适当的位置，并形成某种固定的、有规则的、合理的配置关系，即稳定性。这种稳定性，通常包括日常生活、劳动生产服务及经济市场秩序等。在动态上，表现为在社会正常运转中，各项实践活动存在着某种程度的一致性、确定性、连续性、可预测性及可控制性的状态，即协调性。因此，也可以说社会秩序就是在人们共同的社会性生产和生活过程中，各项实践行为的有规则的重复和再现，表现在本质上，就是人与人之间关系的制度化和规范化。社会秩序既是人类各种社会行为的规范化实践的过程，同时也是实践的结果。可以说，是秩序创造了人类社会，人类社会也创造着共同的秩序。在同一个社会中，社会秩序还可以分为经济秩序、文化秩序、政治秩序、社会日常生活秩序等多个方面，它们都对社会的稳定和国家的长治久安起到了极其重要的作用。灾荒发生之后，社会秩序遭到破坏，容易出现一系列社会乱象，这对社会保持稳定及灾荒的救治都造成一定的困难。

（三）秩序特征

社会秩序同样可以从社会实体、社会实践活动和社会关系这几个方面加以理解。由于社会实践活动总是社会实体的活动，社会关系也总是社会实体在实践活动中所形成的关系，因此，社会秩序可以分为既相对区别，又不可分割的三个方面，即社会活动的一致性、社会关系的结构化、社会的规范性和约束性。

1. 社会活动的一致性

社会秩序第一个特性是社会实践活动的一致性。社会实践活动，是社会主体在寻求生存、追求享受和自身发展过程中所进行的一切社会实践的抽象表述；而社会活动的一致性，则是指贯穿于社会实践活动过程中的趋同性。社会实践活动的根本主体是现实中的人，即进行着感性的物质活动的、处在各种社会关系中的个体。因此，从根本上讲，社会实践活动实际上是现实中的人的行为活动，或人的现实性实践。不过，在具体的社会实践中，人们往往以组织成员或某种特定的角色存在着，而每个组织或集体都有其自身的实体特性。因而，社会实践活动的主体除了处在各种社会关系中的个人之外，还有各种社会组织或群体。所以，社会实践活动的一致性状态也就不仅仅是指作为根本主体的个人在整体性的社会实践活动中的趋同性状态，还包含个人与组织、组织或组织之间在实践活动过程中所表现出来的趋同性状态。社会实践的形式多种多样，而物质生产活动是社会实践活动中最基础的层面，它是其他一切实践活动的基本前提和根本依据。从社会实践活动的实现形式来讲，不论是物质生产的实践活动，还是其他形式的实践活动，它们都是通过社会交互、交往来实现的。因此，社会实践活动中的一致性也体现为在社会交往中的一致性，换句话说，在社会实践活动的维度上，社会秩序在实质上就是一种社会交往的秩序。

2. 社会关系的结构化

社会秩序的第二个特性是社会关系的结构化。社会关系代表了社会活动主体在实践中形成的各种关系。社会关系结构化就是这些社会关系在社会实践中所形成的较为稳定的组成形式和系统结构。社会关系及系统结构是看不见的，但它客观存在。社会主体元素在社交过程中势必会形成一系列的社会关系，这类关系有时具有协同性和可调节性，有时又具有冲突和对抗的特点。不论具有怎样的特质，凡是在特定时空内保持的一些联系，都将逐步演化成一种结构化的稳态。这种结构稳态与偶然发生、无规律可循的混乱状态是有区别的。

不论是社会生活还是社会关系，都是变化多端的，但往往仍有规律隐藏其中。马克思主义"从社会生活的各种领域中划分经济领域，从一切社会关系中划分出生产关系，即决定其余一切关系的基本的原始的关系"[268]，从人类史演化的实质和规则的视角向人们诠释了社会存在和社会意识、生产力和生产关系、上层建筑和经济基础的对立统一，认为这种结构关系网是维持社会存在和进步的根本和基础。另外，人类社会的演化主要表现在这种结构关系网的属性改变，所有的社会结构关系的产生和状态改变都是由于基本结构单元的属性更新。这种基本的结构网络自身内部含有冲突，能否妥善处理是社会生活能否步入协调平稳状态的重点，也为如何了解社会秩序的运行规律和状态奠定了系统的理论依据。

3. 社会的规范性和约束性

社会秩序的第三个特性是社会的规范性和约束性。社会的规范性是在社会活动中逐渐形成的对活动中的参与主体的具有一般性的行为约束规则。社会的规范性的最核心的功能就是发挥约束性。社会的约束性包含风俗文化、礼仪习惯、宗教法律等多重规则，故社会的约束性也是通过网络化的形式发挥作用，是一个系统的、共同作用的约束体系。

从人类社会发展的历史来看，社会的规范性和约束性在社会实践中发挥作用，连续地对社会实践主体产生限制和规范，但社会规范系统中差异化的约束标准对社会实践中的多个社会实践主体的效用差异显著，这增添了社会规范作用标准化和一致性的难度。故社会秩序的实践运行过程中应注意：一方面，在社会发展的特定时段中，发挥约束作用的各种规则都应有兼容性，不能一味冲突不让步，社会实践主体对社会的规则性和约束性的认知、态度和尊崇程度应当表现出认可和一致性。这两点相辅相成，缺一不可。规则和约束存在于社会生活的方方面面，寻求联合、生存和进步，因此社会实践主体可被看作受制于规则和约束，规则本身则为主导。另一方面，社会规则约束的对象是社会活动的实践主体，规则源于社会生活的长期积累、社会主体的共同愿望和发展趋势，社会实践主体开发和遵守的规则也是社会生存和发展的必然要求。因此，对于落后于时代的不适宜的规则，人们会做出改变和调整，让它与新的发展需求相宜，成为符合人们发展期望的规则，人们从根本上支持、践行规则并且相互监督，这就是社会制度的形成和演变。

以上是从三个角度对社会秩序的产生和发展做的逻辑阐述。社会活动是由规则性和约束性而产生的一致性、社会关系系统化网络化和具有"稳定、协调"特质的社会秩序本质在各个方面的解读，而社会秩序稳定、协调深刻诠释了三个层面的内涵，是一个全面总结。三个层面的逻辑思路融会贯通：第一，无论社会活动、社会关系结构网，还是社会的规范性和约束性都以社会活动主体为必备要素，没有真实存在的个人、集体或组织，就没有论述社会活动、社会关系和社会规范的前提。第二，社会活动必须存在于社会关系中，同时受到一定的社会规范或约束；有了社会活动，才能逐渐形成社会关系，同样，社会关系结构化、网络化成为社会活动必不可少的特点；社会规范存在的目的是使社会关系稳固、有规律可循，规范成熟后又作用于社会关系和社会活动，产生一定的塑形和指引作用。

简而言之，三个层面对社会秩序的阐释都是有机的、统一的。当社会活动主体目标趋同，社会关系结构化、网络化或受到社会规范的约束时，就产生了社会秩序。如何判定某个时期的社会秩序是否合理，取决于社会秩序是否具有协调感，能否使整个社会处于稳态：如果其运行稳定又具有协调的特征，就是满足期望的社会秩序，即可使社会处于稳态。

（四）失序机理

因社会秩序的产生源于社会主体的长期实践，社会结构体系又是社会秩序的存在条件，故社会秩序产生作用就要以所有实际情况为必要条件和基本前提。当实际情况不满足要求时，社会秩序就无法正常运行并发挥效力，如果维持社会秩序的约束力遭到削减甚至消失，将给人类社会带来灾难性的社会风险。

1. 社会失范

社会秩序有整合各种必要组成部分和外力，进而推动社会进步的功能，也具有通过控制各种社会活动主体及其社会关系以保证本身正常运行的功能。假设社会秩序的上述两个功能被削弱或消失，即表现为社会失序的初期状态——社会失范。

"失范"源自涂尔干[①]在定义和总结异常的工作划分形式时提出的"分工失范"，他认为社会分工在根本上有助于社会关系团结，是独立个体与团队的调和与统一，"在任何情况下，如果分工不产生团结，这都是因为各个机构之间的关系没有被指定，它们已经在一个混乱的状态"[269]。按照社会学家对社会问题的界定，社会失范又是一种在社会运行或发展中出现的严重社会问题[270]。

社会秩序的整合功能与约束性的削弱或消失表明，要想维持社会的正常运行需要根据具体情况制定适宜的规范体系。这也可能是当前运行的规范体系落后于或者不适合已经转变的社会活动，与社会实践主体的普遍期望难以形成一致，因而被排斥，这种现象说明当前社会秩序的约束性受到质疑。更有甚者，社会实践主体被要求遵守的是不合时宜、不合逻辑的规则，甚至没有相关的规则可以遵守。以上几种可能都会使社会实践主体的社会活动失范。涂尔干认为，一般来说，有效合理的规范应是从社会的分工中不受外在要素和外力而天然形成的，也就是说"既然规范体系是各种社会功能自发形成的关系所构成的一个确定形式，那么就可以说，只要这些机构能够得到充分的接触，并形成牢固的关系，失范状态就不可能产生"[271]。

涂尔干认为社会体系化的规范有时可以体现约束效用，但是有效的规范体系能且仅能从长期社会实践活动经验和积累中天然形成，只有这样才能满足特定社会生活的需求和社会实践主体的期望。这样形成的社会规范体系才能成为构建社会秩序的兼容、有效、符合时宜的有机体。另外，要想保持各种多样化思想的一致性，让社会秩序的价值核心对海量社会活动主体千差万别的思想观、价值观发挥聚合和约束作用，就要保证社会秩序整合功能的强健。涂尔干在《自杀论》中也提及"失范"，将自杀增多的重要社会原因之一描述为个人主义的价值观，认为正是这种自我主义导致个体在社会生活中的孤寂绝望。自我主义与自杀增多的相关性暂无定论，现实生活中不乏自我主义泛滥致使社会失范的论述。归根到底，自我主义是社会秩序整合功能不足的后果。整合功能一旦不足，将导致社会规则控制性削弱，难以自控和体现主导作用。因地制宜地形成有效的社会规范体

---

① 埃米尔·涂尔干（Émile Durkheim，1858~1917年），又译为迪尔凯姆、杜尔凯姆、涂尔干、杜尔干等，法国犹太裔社会学家、人类学家，法国首位社会学教授，《社会学年鉴》创刊人。与卡尔·马克思及马克斯·韦伯并列为社会学的三大奠基人，主要著作是《自杀论》及《社会分工论》等。

系，推动满足社会活动主体期望的价值内核，需要社会规则发挥引导效用和社会权威的推动。否则社会失范无可避免。

社会失范的表象有两种形式：其一，社会缺乏系统性的、健全的制度规范体系；其二，现有的社会制度规范系统无法发挥其功能。此外，社会失范的表象有两个方面：其一，在个体层面上，人们的内心迷茫彷徨、精神紊乱，以及外在的行为方式上表现的无章可循；其二，在社会关系的层面上，整个关系网络都变得脆弱，甚至社会关系杂乱无章。通过对这些表象的认识，可以将灾害造成的社会失范归纳为由社会秩序功能退化和缺失所引发的。在这个阶段，各种失序问题逐渐凸显出来，如果得不到及时修正和改正，这种失范现象将进一步演化为严重的失序问题。

2. 社会冲突

已有的社会失范现象如果不能通过有效的手段进行纠正，则容易加深社会各主体之间的利益纠葛和交往摩擦，引起社会冲突，或加深已有的矛盾冲突，使社会陷入深度失序。社会冲突的基本概念及其主要特征在第五章中作为一项重要的社会风险研究对象已被详细论述，此处不再赘述。然而，值得注意的是，不论是社会冲突，还是社会秩序和社会稳定，它们三者并不是孤立的，而是相互联系、相互交叉的。社会冲突中也存在社会失序的现象，社会失序发展到一定程度，着重表现出来的也可以是社会冲突。第五章所论述的社会冲突是就冲突而论冲突，在一定意义上，可以被认为原发性的冲突；而这里要论述的冲突是由于社会失范不能得到及时有效的控制，继而由于人们的价值理念发生偏差，行为方式出现紊乱，社会关系变得杂乱无章等无序现象进一步恶化为的社会冲突。社会冲突学派的代表人物科塞将社会冲突定义为"社会群体之间由于利益或价值的对立而发生的对抗"[272]。或"是有关价值、对稀有地位的要求、权力和资源的斗争，在这种斗争中，对立双方的目的是要破坏以至伤害对方"[273]。社会冲突学派的另一代表人物拉尔夫·达伦多夫，站在自由主义的立场，将"现代社会冲突"定义成"一种应得权利和供给、政治和经济、公民权利和经济增长的对抗"[210, 274]。基于社会失范的基础，尤其是从社会失序的角度来看，社会冲突正是因为表征社会失范的社会秩序功能弱化和缺失，进而引发社会主体之间普遍的对抗行为和相应的社会状态。

就社会冲突的主体而言，社会秩序主体既包括个体的人，也包含各类组织机构和社会群体，因而，社会秩序范畴中的社会冲突也就不仅是人与人之间的对立和争斗，还包括个人与组织机构、组织机构或群体之间的对立和对抗。就社会冲突的层次而言，其内容不仅包含人们在心理层次上的对立，也表现在时间活动中及社会关系方面的对抗。就社会冲突的内容而言，由失序引发的社会冲突既有现实利益和政治利益上的对立和斗争，也有价值理念层面上的对立。尽管社会冲突在不同的视角下有不同的具体体现，但社会失范前提下的社会冲突必然表现为一定秩序范围内的社会主体之间普遍的对立而绝非局部的和偶然的对抗。在这种意义上，社会越轨行为只是局部和偶然意义上的对抗，至多是社会冲突的某种偶发形式，并不必然导致社会秩序视野下的社会冲突的产生。虽然社会冲突在一定社会条件下具有一定的正向功能，即增强特定社会关系或群体的适应和调适能力的功能，但只有在冲突能消除敌对者之间紧张关系的范围内，冲突才具有安定的功能，并成为关系的整合因素[206, 273]。

并不是所有的冲突都对群体关系有正向功能，而只是那些目标、价值观念、利益及其相互关系赖以建立的基本条件不相矛盾的冲突才有正向功能[206, 275]。社会冲突的关键对象是稀缺物质和精神资源，只要这些社会资源变得稀缺，社会实践主体就将努力占有资源，而不论秩序是否存在，这都是社会实践主体最原本的动力。然而，资源追求并不一定引发社会冲突，这是因为社会制度规范转化成了社会秩序的规则，从而发挥着约束和规范的作用，对追求和占有资源进行着制度上的安排。因此，在社会失序的视角下，尽管需要对社会失范与社会冲突的关系做具体的分析，但根据社会秩序和社会冲突的本质特征和演化机理，社会冲突由社会失序引发，并且社会冲突的逐步激化必然会造成社会失序的不断加深。

由此可知，在社会由社会失范向社会冲突转化的过程中，社会失范现象逐渐严重，最后不可逆转地引发社会冲突。一旦社会中各种利益冲突和价值观念的对立等深层矛盾暴露，将造成日趋严峻的社会后果，主要表现在：①在社会经济、政治和文化等领域普遍存在社会问题；②随着社会关系的不断僵化和扭曲，各种社会争斗，甚至暴力类的极端方式随之产生，其后果又反过来进一步加深社会失序的程度，形成负反馈效应，风险将被不断放大。

3. 社会解体

就社会秩序而言，人类社会结构处于相对稳定的状态得益于人类在社会实践活动中逐步地形成了某种一致性和惯常性，即形成了一定的社会秩序。社会秩序所具有的整合与协调功能，使得社会结构得以持续稳定地存在。然而，与社会相对稳定的结构相反的是社会解体的过程，这个过程也可以被看作原来的社会秩序完全丧失，或者是新的秩序准备建立的过程。

由社会失序导致的最极端、最彻底的后果即社会解体。社会解体是对现实中真实存在的可能造成极严重后果的社会危机的概括和描述。例如，社会陷入长时间的混乱甚至内战状态就是社会解体的前兆之一。社会秩序的完全丧失代表着社会制度规范体系走向彻底的失效，即社会主体从根本上排斥这些社会制度，制度无法约束社会主体的行为，社会缺失共同认知、凝聚力，社会主体只关注自身的需求，这样的结果必然会使社会主体在精神层面产生各种矛盾和对立；原有的社会权威受到威胁，甚至遭受颠覆，社会成员之间为争夺权利、地位、物质和精神资源，采用各种具有破坏性甚至是暴力的手段，致使整个社会结构受到剧烈冲击。

在已有的社会冲突理论研究中，社会冲突被认为社会结构体系中的组成部分，且研究的关注点在于社会冲突对社会演化的积极作用。例如，科塞理解的社会冲突的三个正向功能，即"它们导致法律的修改和新条款的制定；新规则的应用导致围绕这种新规则和法律的实施而产生的新的制度结构的增长；冲突导致竞争对手们和整个社区对本已潜伏着的规范和规则的自觉意识"[276]。以往研究的这一类观点是有一定的道理的，但不得不承认社会冲突的积极意义是有其存在前提条件的。如果社会失序不能被控制在一定的范围内，或者在外界作用力十分强大的情况下，如灾害情况下，由于社会失序不断演化，进而出现社会冲突现象，若不加以干预必将导致社会的解体。科塞等也指出："强调社会冲突的功能方面并不意味着否认某些冲突的确会破坏群体的团结，也不否认它会导致特定社会结构的解体。"[273]

二、灾害失序

灾害的发生是难以预料的，它冲击了生态环境，对灾区的经济发展、人民生活造成严重影响。除造成经济损失外，它对灾区人民的精神世界也造成了冲击。从这个意义上来看，灾害更是一场动摇和颠覆了灾区社会秩序的重大事件。

（一）基本含义

灾害社会失序是指在灾害发生过程中及灾害发生后，出现的违反社会道德规范、社会秩序的行为和现象，它的具体表现包括违规行为、违法行为、违背道德和伦理的行为，其共同点在于这些行为与人们的普遍认知相悖。

灾害是对人类生存和发展危害最严重的事件之一。气象灾害、洪水灾害、地震地质灾害、农作物灾害、安全事故、环境污染事故、生态破坏、传染病疫情、动物疫情、群体性事件、金融突发事件、影响市场秩序事件、重大刑事案件、恐怖袭击事件等灾害容易导致社会秩序的破坏。在很大程度上，这些事件属于自然现象，但随着人类社会的日益发展和进步，人们意识到灾害不仅是生态环境上的巨大冲击，也是人类社会与自然相互作用的一个过程，灾害社会失序是横跨灾害学、社会学等学科的一个研究课题。

1976年唐山大地震后出现的大量灾害社会失序现象引发了学者的关注。灾害不仅剧烈冲击了当地的生态环境，而且对灾区原有社会秩序造成巨大破坏：交通中断、通信暂时失灵、经济发展停止、公共基础设施损坏。此外，社会伦理秩序受到冲击，部分个体趁灾害时期社会秩序的松弛，只顾个人利益，做出不利于社会整体的行为。灾害首先冲击了当地的社会秩序，破坏了当地的政治、经济、法律、日常生活等社会关系。例如，各级政府部门在灾难中干部损失很大，它直接影响行政工作的正常运行，是对应急管理能力的严峻挑战。一些政府部门的不公平分配救援物资引起群众不满，导致社会不稳定。灾难使得工业、农业、服务业等经济活动无法正常运作，市场秩序被摧毁。许多人失去了工作和经济来源。灾难也暴露出一些重要的法律问题，如缺乏完整的灾难应急法律体系及灾后救济法律使得受伤人员的治疗问题、未成年人收养问题、无主财产法律问题等得不到有效解决。灾难让很多人失去了亲人、爱人和朋友，也造成许多人身体的残疾，不仅深深地影响了人们的日常生活，还导致了"孤儿、孤老、孤残"等社会问题。混乱的社会秩序为社会道德秩序的动荡创造了条件。在重大自然灾害后，社会权力被影响、社会监督被削弱、社会组织被分解、社会规范崩溃，人们的个人主义、利己主义倾向得到强化。

类似地，在"5·12"汶川地震的初始阶段，一些商贩趁机哄抬价格，充分暴露出国内一些企业缺乏社会责任感，在灾害这一特殊自然社会事件中，个体的道德行为准则十分混乱[277]。

重大灾害对灾区人民、救援人员、目睹者都会造成心理上的伤害。曾经美好家园的丧失、鲜活生命的陨落都会让人们感受到在灾害面前人类的渺小与脆弱。无论是心灵多么强大的人，在面对灾害带来的惨烈后果时，内心都会受到冲击，被恐怖感、无力感包围，对每一个个体来说，其个人秩序也都遭到了破坏。

（二）失序表现

社会秩序动态显示了灾害情境下的社会演化过程，也催化了危机的演进过程。灾害往往首先使社会秩序遭到破坏——旧秩序的破坏与新形势造成的无序。社会失序的催化作用体现在灾害及社会危机演变的各个阶段，社会危机的深化过程可以看作由社会局部领域的失序通过制约、传输和转换系统最终导致整个社会失序的过程。灾害状态下的社会失序主要表现为以下三个方面。

1. 社会失范现象普遍

社会规范是指人们在社会生活中应该遵循的行为规则，它是根据人们普遍认同的价值观确立的，对社会生活中的个体有自然约束的作用。社会规范的存在是社会稳定的先决条件。让人们安守本分的社会结构是用来预防和解决社会冲突的重要手段。社会秩序不是由社会中的个体独立确立的，而是由具有普遍性且得到社会权威认可的规范和公理确定的。在社会生活中，人们只有在社会规范明确的前提下，才能避免利益冲突和社会障碍，维护有序的社会状态，防止社会主体在利益的驱动下任意发展。社会规范的凝聚力，将各种各样的事物集聚在一起形成了社会秩序。没有行为准则的社会是无法生存的。如果没有行为准则，社会将陷入可怕、混乱的无政府状态。灾害在人们没有任何思想和物质准备的情况下突然爆发，不仅破坏巨大，而且很不稳定，它的发展过程及未来具体的趋向和可能带来的影响没有经验知识指导，依靠现有的信息和知识基本无法准确判断它产生的时间、地点和过程。维护社会秩序的基本条件在灾害情况下发生了变化，具有不确定性，对人们行为的指导、规范、约束功能暂时失灵，即社会规范出现失效现象，不能得到正常的坚守和维护。

2. 社会常规控制失效

社会控制系统是指社会组织通过社会规范和相应的手段与方式，对社会成员（包括社会中的个体、群体及社会组织）的社会行为和价值观指导和约束，对各种社会关系的监管和限制过程。社会控制的主要功能是将社会障碍和冲突控制在一定的范围内。在社会冲突与危机十分激烈的情况下，使用传统的社会控制手段去解决矛盾是行不通的。科塞认为，导致社会冲突的主要原因之一是不平等的社会制度。他认为，在这种制度下，处于下层的成员对现有稀缺资源分配的合法性的怀疑程度越深，则他们越倾向发起斗争[206]。灾害的发生对社会资源造成了严重的破坏，而在救灾、灾后恢复与重建的过程中，对资源的需求极大，但在灾害中不仅不能有效地获得资金收入，还要使用累积的资金来应对危机，资源、资金十分稀缺。同时，训练有素的救援人员始终有限，更多的人面对突如其来的灾难会感到恐慌和压力。

因此，灾害中的各种资源会严重匮乏。灾害发生后，对资源的高需求量和可能出现的资源严重匮乏现象，会使社会经历资源重新集中、分配的过程，并且在这个过程中高度重视福利性、公益性和聚焦性，将导致政治领域里的公平问题、司法问题、监督问题、腐败问题，这些问题都会成为社会冲突的根源。在经济领域，市场价格可以说是快速反映社会秩序的晴雨表。一旦有外力作用，市场价格马上变化，人们疯狂抢购的行为会导致市场秩序混乱，并将迅速波及其他生活领域，最终导致社会失序，这一现象在自然灾害或人为危机中都有明显的体现。在价值观领域，法律和社会主体的行为间的冲突加剧，对于每一个涉及其中的社会成员，很难决定是从法律角度来评判他的行为，还是从情理、道德角度来评判他的行为。在这种情况下，我们不能用传统的社会控制手段来维护社会秩序。

3. 个体精神层面失序

生活目标是社会中的个体希望自己达到或者避免的状态，是个体通过动态改变认知或行为最终可以实现的目标。社会成员的生活目标和生活价值都是以生命的持续和对社会有所贡献为基础的。如果一个人的生活可以继续延续或者有延续的希望，并且觉得他的生命对社会上的其他个体有价值，那么他就有勇气活下去。否则，即使身体存在，他的精神源泉也已经枯竭，与行尸走肉别无二致。危机是一种严重威胁社会基本价值体系或结构的形势，在这种形势下，决策团队需要在很短的时间和很不确定的情况下做出至关重要的决策。不难看出，灾害对整个社会的基本价值规范造成了冲击，也对个体社会成员的生活目标和生活价值造成了影响。灾害可能使很多人失去亲人、朋友、熟悉的环境，失去生存的意义，让很多人因难以维护死者的尊严而感到内疚或亏欠，可能夺去个人原有的劳动能力或社会地位，这些会使个体的心理在较短的时间内产生很大的失衡，可能会导致个别成员认为世界极其不公平，并且嫉恨其他幸运的社会成员等等，进而使得社会成员的精神秩序被扰乱，心理变得扭曲。

灾害对人类社会和日常生活造成的影响与破坏是巨大的，会导致一系列的社会问题。社会秩序也会受到灾害的影响，但灾害和社会失序没有直接的因果关系。社会学研究表明，社会失序是由社会因素和个人因素组成的系统综合作用造成的，灾害的危害只是提升了社会失序出现的概率。例如，灾害诱发的社会管理机构失效、人类面临的生存危机等都会引起社会混乱，特别是当灾害发生时，社会失序更加普遍。

据历史资料记载，公元前47年4月17日，甘肃陇西6.0级地震灾害后"人相食"。公元前41年12月14日长安地震后，汉元帝在诏书中言"己丑（初八）地动，中冬雨水，大雾，盗贼并起"，1290年武平震后"盗贼乘隙剽劫，民愈忧恐""斩为盗者"。在历代典籍中，"灾异数见""水灾屡降""地动，山崩，谷贵，米石七、八万""死者无以葬，生者无以养"的记载不绝于册。唐山大地震中，社会失序也大量发生，据统计，震后一个月内唐山地区的刑事犯罪率比上月上升1.9倍。灾情较轻的天津市震后一个月的刑事犯罪率也比震前的6月和上年6月分别上升48%和72.8%，其中受灾较重的宁河、汉沽等区县则上升4倍以上。灾害时期，1978年唐山市查获被哄抢的物资如下：粮食34万千克、衣服6.7万件，布匹4.8万米、手表1 149块[199]。

（三）失序演化

在灾害造成的社会后果中，占主导因素的是人为因素。灾难情况下的环境变化是不可预测的，灾害对于维持社会的正常秩序和实现社会实践主体的基本目标而言，是一个潜伏的不稳定因素，原因之一是灾害是一个快速发展变化的动态过程。灾害快速变化的性质决定了灾后社会发展过程不可能遵循传统的线性模型——小的起因导致小的结果，大的起因导致大的结果。相反，社会失序的因果关系往往是不同的——初始条件的细微变化往往会导致终端事件的动态大变化，通常看起来很细微的原因可能会转变成非常困难的危机。社会失序的演变过程大致归纳为以下的五个阶段：社会失序的潜伏阶段、引发阶段、爆发阶段、持续阶段和社会秩序的重建阶段。

1. 失序风险潜伏阶段

社会是由多个部门相互配合、共同作用的有机体，当这个有机体处于健康的状态的时候，它可以及时有效地反映内部环境或外部环境带来的冲击，这是社会秩序适用于人类社会的一条客观规律。规律有其存在和发展的条件：当维持客观规律持续存在的条件因量变的累积发展为质的改变的时候，就会引起客观规律的失效；而当维持客观规律存在的条件没有发生改变或者没有达到质变的临界点时，客观规律仍将在原有的轨道上运作。

危机的潜伏期是维持人类社会秩序的条件已经发生变化，但仍处于量变积累的过程，没有达到质变的阶段，或者，质变已经发生但是带来的影响不明显，所以人们不能察觉到质变。危机的爆发并不完全是毫无根据的，在危机形成之初，总是会有这样那样的迹象。在社会失序的潜伏阶段，风险雏形开始慢慢形成，培育风险的"温床"已经就位，一些破坏社会秩序的条件已经出现，并趋于成熟。值得一提的是，对于社会失序的迹象，人们倾向忽视，或抱有侥幸心理，认为它们不会带来严重的后果，因此不采取任何措施，直到危机爆发的时候，人们才追悔莫及。而在危机潜伏期，处理社会失序迹象不仅简单，而且十分有效。因此，早期发现问题至关重要，在危机潜伏期，必须高度重视无序的迹象，并及时采取措施。发现社会失序的迹象，即使因为某些原因不能立刻处理，但政策制定者可以预感到即将到来的无序状态，对处理危机也有帮助。

2. 失序风险引发阶段

不论是突发性自然危机，还是突发性社会危机、政治危机，在危机潜伏到危机爆发之间有一个或长或短的时期——失序风险引发阶段。此时，危机的趋势依稀可见，但它与危机的爆发阶段仍然有一定的差异。在这一阶段，人类生活中有许多突发事件，对人们的正常的社会交往、经济活动、生活秩序造成干扰和破坏，引起当地秩序的混乱。这一阶段的危机也很难引起人们的注意和警惕：①事物不断的发展变化是普遍的规律，人们习惯于事物的变化，只要其改变不是很明显，就很难引起人们的重视；②人们对不显著的变化具有适应性，即便从一个时间跨度来看，这种渐渐的变化已经带来很明显的改变，只要变化是渐渐进行的，人们就会适应这种变化；③当今世界日新月异，人们很难区分一种变化是正常的反映还是危机即将出现的预兆，因此很难真正应对社会无序的迹象。如果危机应对的相关职能部门能对危机保持高度的警惕和关注，那么同样可以将社会失序控制得很好，缩短社会失序演变的过程，将社会整体的损失降到最低。

3. 社会失序爆发阶段

在社会失序的爆发阶段，危机现象层出不穷，并且开始对社会环境、社会秩序等带来一定程度的影响和破坏。在这一阶段危机事件持续时间较短，但给人们的感觉持续时间最长，因为在这一阶段事件发展迅速且危害程度深化，如果政府缺乏对失序事件的有效控制，那么它很有可能面临被颠覆的危险。这一阶段是由社会对局部失序的传导、转换机制演变而来的——局部地区的失序、混乱会相互传输、转换，在其他地区造成社会混乱，从而引发社会整体的失序。这一阶段的社会秩序有以下四个特点：社会失序强度提升，由最初只有失序地区的民众感知到社会秩序的动荡，到引起社会整体的关注；失序引发媒体的关注，而媒体的曝光又加剧了失序的影响度；麻烦事件不断地冲击正常的社会秩序；失序事件使社会中的多数团队或组织的形象与声誉受损。

4. 社会失序持续阶段

任何突发性危机爆发之后都不会像它突然爆发一样突然地消失，而是有一个持续的过程。当危机全面爆发后，就将转入危机的持续阶段，这一阶段具有蔓延性和传导性，即一个突然爆发的危机很容易触发另一个危机，而这一被触发的危机仍然可能触发下一个危机。一个突然爆发的危机，既是前因带来的后果，也是后续危机的起因，它就像一块石头掷入水里引起涟漪那般，对周围环境会带来一系列的影响，这就是涟漪效应[①]。这一阶段的社会影响也很大，对社会造成巨大的冲击，涉及问责、临时人员调整、临时新规定颁布等。在这个阶段，造成社会

---

① "涟漪效应"亦称为"模仿效应"，是由美国教育心理学家杰考白·库宁（Jacob Kounit）提出的，定义如下：一群人看到有人破坏规则，而未见对这种不良行为的及时处理，就会模仿破坏规则的行为。如果破坏规则的人是人群中的领导者，那么波及人群的效应就更加严重。形象点说，"涟漪效应"描述的是这样一种现象：往一湖平静的湖水里扔进一块石头，泛起的水波纹会逐渐波及很远的地方。

危机的自然障碍依然存在，但是人为因素逐渐在危机发展、变化趋势中起主导作用。一个社会遭遇突发性危机是正常的，可怕的是这一社会正处于不健康的状态，无法及时地应对突发性危机，任由它造成社会失序并不断深化其影响。如果人们不能及时地采取有效应对措施，那么突发性危机将会先在小范围内引起失序，进而引发这一范围内群众的恐慌，经过发酵后演变为大规模的群体性恐慌，从而造成社会整体的失序，人为地延长危机的持续时间。相反地，如果应对及时、采取的措施有效，则将缓解整体意义上的社会失序，缩短危机的持续时间。

5. 社会秩序重建阶段

在社会秩序的重建阶段，突发事件造成的损失在达到峰值以后开始逐渐消退，破坏社会秩序的根本原因得到了消除。危机管理的最终目标是解决危机，这也是危机的前四个阶段的发展方向，但并不是所有的危机都可以妥善解决，即使解决，还需要做大量的工作避免危机卷土重来，只有用这样的方式，我们才能使社会恢复到正常的秩序。应急恢复和社会秩序的恢复用时不一，通常情况下，有形的损失容易恢复且恢复较快；而无形的伤害，如社会组织的声誉、形象、品牌等无形资产的伤害，个人声誉的受损和心理创伤，一个国家或地区的投资吸引力及发展潜力的下降等，其恢复需要更长的时间。在这个阶段，旧的社会秩序的恢复或新的社会秩序的建立能否满足人类克服自然障碍的需要、是否可以调整好民众之间的关系，将在很大程度上决定危机管理的效力，并且可能在未来对危机管理产生长远的影响。

（四）基本类型

根据社会秩序在社会实体、社会关系和社会规范三个方面表现出来的三个维度的特征，即社会实体的一致性、社会关系的结构化、制度规范的约束性。灾害造成社会失序的类型表现为在这三个维度上的异常状态，即社会实体层面的失序、社会关系层面的失序和社会规范层面的失序。

1. 社会实体层面的失序

灾害使人的生命处于危急状态。维护社会秩序的根本目的是维持社会实践主体，即人的生命的存在。社会秩序是维持人类基本社会生活的模式，是维系人类生命的基础秩序。当社会秩序因自然或人为原因受到破坏时，首先受到影响的就是人们的生活。衣、食、住、行是人类生存需要满足的基本条件，为防御自然危机或人为危机，首先要保障维系人类基本生存的秩序处于良好的状态，这一秩序也是自然危机或人为危机在破坏社会秩序时首先攻击的最薄弱的一环。

灾害社会学认为，当灾害发生后，社会中将会出现一种非道德的心理和行为，这些心理和行为与在道德约束下的心理和行为相反，是一种特殊的灾后心理的体现，主要表现为自私自利、恐惧逃避，严重时甚至表现为暴力袭击、抢劫等犯罪行为。中国社会正处于重要的转型期，但自然危机频频发生，一些人失去了正常的生活、信仰和行为准则，并且向原始的生物本能回归，这导致了在灾害情境下，偷盗抢掠、各种非法组织不断涌现，严重扰乱了正常的社会秩序，使人们失去了基本的安全感，公众情绪难以得到平复和稳定，甚至可能引发范围更广、程度更深的社会危机，这种社会危机比最初的自然危机更加可怕——它进一步扩大自然危机对社会造成的损失，同时也加大了危机恢复的难度。

2. 社会关系层面的失序

灾难冲击社交网络，使个人社交中的一部分或全部断裂。美籍德国犹太哲学家汉娜·阿伦特指出，严格地说，人类事务的领域是由存在于人类共同生活中的人际关系网构成的。在发生灾害后，人们依赖集体的力量，共同克服困难、战胜灾害。由此可见，社会关系在人的生存和发展中具有重要的作用，社会中的成员之间息息相关，依靠社会关系实现自我与社会的认同。社会关系不仅是人的本质，更是社会的关键内容，是个人的情感支持和社会支持的重要来源，对人的正常社会生活发挥着重要的作用。社会秩序是人在进行生产和生活的社会行为过程中的规则的重复，在本质上是人际关系的制度化和标准化。当社会处于危急状态时，社会成员的社会关系部分或全部断裂。人们在一时间失去了亲人、朋友、同事，也失去了正常的社会互动所提供的情感支持、社会支持，从而失去了对整个社会秩序的基本信任。

灾害使个体的社会角色中断、社会地位无从确定。社会角色是在社会系统中与一定社会位置相关联的符合社会要求的一套个人行为模式，也可以理解为个体在社会群体中被赋予的身份及该身份应发挥的功能。社会角色是社会群体或组织的基本组成部分。一个人在社会中扮演的角色，尤其是他的职业角色，决定了他对家庭和社会的贡献，这也是他的社会地位、社会尊严的基础。通常情况下，灾害毫无预兆地发生，且具有极大的破坏力，甚至在极短的时间内使人们丧失劳动能力或生命，使其无法继续从事生产活动，剥离一个人原有的社会角色，从而使其失去原有的社会地位。

3. 社会规范层面的失序

16世纪的英国哲学家霍布斯用社会契约论来解释社会秩序的起源：独立的个人为摆脱各自为战的混乱状态，相互缔结契约，形成社会秩序。社会秩序的最基础功能是保证社会本身的存在，社会秩序的最终价值概括为生命安全有保障、承诺得到遵守、财产得到保护，换言之，就是生命、真理和财产。为实现这些价值，应确保社会内部的稳定和外部的安全。稳定是指将社会自身的矛盾控制在一定的范围中，避免冲突扩大导致整个社会覆灭；安全是指保护社区或社会成员不受伤害，也指动用社区成员或社会的内部资源来抵御外部的挑战或攻击，防止外力破坏。当社会处于混乱或无序的状态时，人类又重新陷入依靠单独个体的力量来应对日益增长的自然障碍的困境，此时，如果不重新建立社会秩序，那么人类将面临灭亡。

恩格斯在谈到国家起源时特别强调，为了使社会中的对立力量不至于在无意义的斗争中把自己和社会毁灭，就需要有一种表面上凌驾于社会之上的力量来缓和冲突，将冲突控制在一定的范围内。因此，社会秩序在一定程度上体现着国家的权威和公信力，国家的权威和公信力是社会秩序的核心。无论是自然原因还是人为原因引起的危机事件，首先检验的就是国家权威政府所建立、维护的现有社会秩序对突发性危机的防御效果，其次检验的是国家权威政府能否灵活应变，及时制定新秩序以应对突发性危机。这两方面是国家权威的公信力的来源。如果突发性危机带来的社会失序、无序使得社会公众和团体质疑国家权威的公正性和合理性，那么国家的合法性就会产生危机。对国家的不信任将导致社会公众对各种秩序的不遵守，也会使整个社会中的信任关系受到威胁，社会中的个体无法有序地安排自己的行为，因而催生大量的短期行为、投机行为或破坏性行为，由此带来的后果不堪设想。

（五）系统分析

灾害发生后社会失序的特点与当时特殊的社会环境有紧密的联系，包括由物质条件匮乏带来的生存危机、由信息不对称或谣言散布导致的人们的恐惧和从众心理、维持社会秩序的力量减弱、社会秩序相对混乱及人们习以为常的生活环境发生巨大改变等。灾害中的失序现象在时间、空间分布，失序的类型和方式等方面都有其自身特点。人类社会是极其复杂的巨系统，要对社会进行科学的研究，就必须既进行合理的抽象，又竭力避免简单化的思维误区。对社会秩序的研究也必须坚持这样的原则[278]。

1. 系统描述

考察社会秩序时把实践作为其现实起点，在实践与社会秩序的内在关联揭示以后，社会秩序的生成和存续就可以建立在坚实的现实活动的基础上。由这样的坚实基础出发，进一步地探究社会秩序的存在前提。

1）社会关系网络

社会秩序作为一种事实性存在首先体现为社会的稳定状态，这种状态是社会秩序的一种客观属性，社会秩序包含却不能归于这种属性。从事实与价值相统一的角度看，社会秩序本质上是社会的稳定与协调状态，理想的社会秩序则是社会的和谐状态，这种社会状态体现为社会活动的一致性、社会关系的结构化和社会规范的约束性。从逻辑上来看，社会活动的一致性只是社会秩序的外在表象，它本身需要被说明；社会规范的约束性是社会活动一致性的直接根据，但这还不够，因为社会规范的存在和功能也需要进一步加以解释；社会关系的结构化既是社会活动的一致性的结果，又是社会规范的约束性的前提。因而，从社会关系出发，有利于对社会活动的一致性和社会规范的约束性进行说明，也有利于更具体地揭示社会秩序的本质内涵[278]。

社会关系及其与社会实践主体和社会活动的关系。社会关系是社会实践主体在社会生活中所发生的一切关系的总称。从主体的角度来看，社会关系包括个体的人之间的关系、个体的人与群体或组织之间的关系及群体或组织之间的关系、个体的人与群体或组织及国家之间的关系等多种类型，国家之间的关系是国际社会这一特殊社会领域中发生的特殊的社会关系；从内容的角度来看，社会关系包括血缘关系、地缘关系、业缘关系、趣缘关系等多种类型。另外，从本质与非本质、直接与间接等角度可进行不同划分。在此应注意两点：其一，虽然根据不同的标准和问题的性质可以对社会关系进行不同的类型划分，但现实的社会生活中的社会关系是交织性的网络系统，同一社会实践主体因承担不同的社会角色会处于不同的社会关系网络系统中，不同的社会实践主体也会因相同的社会角色而处于同一社会关系网络系统中。其二，社会实践主体、社会活动和社会关系是直接统一的。一定的社会实践主体在一定的社会活动中发生一定的社会关系，不在一定的社会关系中从事一定的社会活动的社会实践主体不是真正的社会主体，而随着社会活动的变化，主体间的社会关系也发生相应的变化[278]。

马克思主义哲学从现实的人或人的现实性活动出发考察社会关系的本质。现实的人，即从事实践活动并处于一定的社会关系中的人，人的现实性活动就是处于一定社会关系中的实践活动，而社会关系就是人们在实践活动中所结成的关系。现实的人、人的现实性活动和相应的社会关系三者间相互关联、不可分割。在这一逻辑前提下，马克思科学地剖析了建立在人的生产活动基础上的社会关系体系。其中，生产关系处于基础性地位，决定着法律、政治等其他一切关系的本质。生产关系的变化总是直接或间接地推动着法律、政治等其他一切关系的变化。建立在生产力发展基础上的社会关系体系的变化过程就是人类社会的变化发展过程。可见，在马克思那里，社会关系既不仅仅是单个人之间的某种联系，也不只是具体组织的联系，而是人在实践中所结成的以生产关系为基础的各种关系的总和，这与西方社会思想史上的许多流派特别关注如何在微观领域对人际关系进行调试的研究趋向迥然不同[267]。

2）社会结构体系

社会关系与社会结构。前面对社会秩序的实践基础的分析是从社会实践主体的角度对社会秩序的现实性活动前提进行的研究。从实践的角度来看，在实践和以其为基础的社会交往中产生和交织着以物质生产关系为基础的各种社会关系，它们构成社会秩序存在的前提。现实的社会关系总是因社会实践主体从事不同的社会活动而被赋予不同的性质。性质不同，社会关系在社会生活中的领域和层次也有差异。不同领域和层次的社会关系因社会实践主体在社会活动中的交互作用而交织在一起，并构成社会生活中的各种要素间相对固定化的关系模式，即社会结构[278]。

事实上，社会理论不能脱离对社会结构的分析，因理论范式的不同而对社会结构的界定并不相同，并且即使界定相同也可能关注的是社会结构的不同方面。在社会学研究领域，以涂尔干为代表的实证主义社会学侧重于对社会结构的某一具体层次所发生的社会事实进行经验性研究，如研究社会的人口结构、家庭结构、组织结构、阶级阶层结构、就业结构、城乡结构、区域结构等。而韦伯的理解社会学和帕森斯的结构功能主义社会学却通过行为或行动分析实现对社会结构的理解，把社会结构理解为行动关联的方式、状态和过程。从研究主题看，对社会结构的分析正是社会学把握社会生活本质的重要途径。在社会哲学领域，马克思对社会结构的经典分析为正确地理解社会发展规律提供了科学的理论基础。总之，对社会结构的研究意味着对社会生活的深层根据的探求，这一点同样适用于社会秩序本质问题研究[278]。

社会结构体系及其对于社会秩序的根源性。社会结构体系是按照某种结构性关系运行和发展的社会活动系统及其领域，本质上是社会实体、社会关系和社会规范三个层面的有机统一，具有结构性、层次性等属性[267]。

3）社会制度规范

从社会活动的角度来看，社会秩序的生成和存续建立在实践的基础上。从社会关系的角度来看，社会关系整合而成的社会结构体系是社会秩序存在的深层根据。社会结构体系的生成过程总是与社会关系的规范化过程相辅相成的，因此，人类社会经实践形成的社会规范体系承载了社会秩序的制度。

社会制度与社会规范的含义辨析。社会制度是在社会哲学的层面上使用的，是指反映并维护一定社会形态或社会结构的各种制度的总称。根据对《辞海》和《辞源》的考察，无论是现代语义上的制度概念还是古代汉语中的制度概念都包含着规则之义。英语中与制度一词相对应的分别有 system、regime、institution 三词。system 强调制度的系统性和体系性属性，regime 强调制度的权威性和强制性，institution 强调制度是一种社会设置，既包括组织，也包括法律规则和风俗习惯。由此观之，以"规则"解释制度的含义符合中西方相关对应概念的基本内涵。

需要特别强调的是，制度或社会制度在内涵上有广义和狭义之分。狭义的社会制度特指在一定历史条件下形成并由国家确立的政治、经济和文化体系，广义的社会制度则泛指社会规范系统。本书立足于社会哲学的层面上探讨问题，因此使用广义上的社会制度范畴。

社会规范是社会主体在社会生活中进行社会交往、处理社会关系的规矩和行为模式，主要包括风俗、习惯、时尚、道德、礼仪、宗教、法律等形式。在现实的社会生活中，社会规范从来不是单一存在，而是多种类、多层次交织在一起发挥功能，由此整合成社会规范体系。社会规范表现形式多种多样，但每一种社会规范对人的行为而言都具有规则的功能。对此，法学家埃德加·博登海默解释说："规范这一术语取自拉丁词 norma，其意思是规则、标准或尺度。规范（涉及法律程序概念这一意义）的特点是，它包括认可、规定、禁止或调整人们行为或行为的普遍性宣告或指令。"既然社会制度和社会规范都有规则之义，那么，社会规范在本质上就是社会制度。两者虽然在内涵上相似，层次上却有差异，社会规范作为调整社会主体行为方式的规则具有浓重的工具性意味，而社会制度却往往作为总体性范畴在生产和生活的社会环境的意义上或存在论的意义上使用。

根据帕森斯的划分方式，秩序区分为两类，即规范性秩序和实际秩序[267, 278]，"规范性秩序总与一定的规范体系或规范性要素的体系，不管它们是目的、规则还是其他规范联系着。在这个意义上，秩序意味着依据规范体系的规定而发生的过程"，"当过程在一定程度上符合规范性时会出现实际秩序；而为了维持这种实际秩序，规范性要素成为必不可少的"。规范性秩序代表了人们对社会生活应然性或规范性状态的向往，一种理想的状态，而实际秩序是规范秩序的实现和实践，二者的符合关键在于社会制度发挥的有效性。

2. 整体特征

社会秩序系统从时间跨度上看，包括灾害发生前、发生中、发生后的社会秩序状况及演化特征。也包括直接受灾的灾区范围，也包括受其更加广泛影响的外界社会的总体特征。

1）时间特征

统计发现，通常情况下，由灾害引发的社会失序现象不发生在危机阶段，而常常发生于灾害发生几天后与新的社会秩序形成之前的时期，并且与人们对灾害的应对速度和满足人们生活的基本条件的恢复状况有关。这一现象的原因在于当人们突然遭受灾难时，人们对外界事物难以顾及，而一段时间后，社会舆论和部分投机者的行为，人们开始争相模仿，使扰乱社会秩序的一系列行为频频出现，社会秩序混乱程度达到高峰。随后，在政府有关部门、社会组织采取救灾行动并取得一定的成效之后，社会控制系统的职能逐渐恢复，引起社会失序的事件逐渐减少。例如，在唐山大地震发生后，约一周时间后恢复了基本的食品供应，重建了社会控制机构。经过调查，灾害时期犯罪的高峰也集中在灾害后的三四天时间，主要在一周之内发生。

2）地区分布

灾时社会失序的发生与灾害的破坏程度密切相关[199]。唐山大地震后的调查发现，重灾区的犯罪率高于轻灾区；城市灾区的犯罪数量高于农村灾区；灾区的犯罪数量高于非灾区；即在灾情严重、灾民最基本的生存条件丧失程度相对严重的社区，犯罪比率也相对较高。

3. 框架结构

对灾害的研究，通常借助灾害链这一概念，灾害一经发生，极易借助自然生态系统之间相互依存、相互制约的关系，产生连锁效应，由一种灾害引发一系列灾害，从一个地域空间扩散到另一个更广阔的地域空间[279]。将这一概念引入社会领域，便有了"事件链"这一概念。灾害社会失序风险的演化，其实质是"灾害链"与"事件链"的综合。

自然灾变作用于人类社会，常常造成人员伤亡、财产损失等一系列事件，形成一定的灾情。社会的正常运行在于各子系统、要素之间相互协调和耦合，然而灾情的形成打破了这一协调状态，社会正常运行受到冲击，生成社会失序风险；社会失序风险一旦生成，若不能得到有效控制和化解，则有可能转化为公共危机，破坏性加剧，社会的正常运行陷入难以为继的境地。因此，自然灾害社会失序风险的生成和演化过程归纳为"自然灾变—形成灾情—生成风险—化成危机"四个阶段，"自然灾变"到"形成灾情"的过程构成了"灾害链"，"生成风险"到"化成危机"的过程则构成了"事件链"。

4. 演化模式

在灾害社会风险的生成和演化的过程中，主要受到来自自然灾害、社会自身和社会控制三种力量的合力作用。一方面，自然灾害的强度与烈度越大，对社会的扰动越大，越有可能促成社会风险的生成；社会自身矛盾和存在的问题越多，越容易生成社会风险；然而，社会控制越有效，社会风险就越难生成。另一方面，社会自身通过信息流产生对灾害的感知，做出相应的变化和行为；自然灾害和社会自身情况的信息又影响着社会实践主体的决策及行动。同时，灾害和社会自身的情况及防灾救援的信息汇集成灾后舆情，影响着社会风险的生成和演化。

对灾害社会风险生成机理的探索就是研究"灾害链"向"事件链"转化的复杂演化关系。主要研究对象涉及灾害链的末端——灾情，事件链的起端——社会风险。

自然灾害造成的社会损失不是资源环境的破坏、社会秩序的混乱和社会心理受损的简单叠加，三者内部存在复杂的相互影响。首先，灾害一旦发生立即造成资源环境的破坏，而某些资源环境深刻地影响着大众的情绪，如大量的人员伤亡和不良的灾情舆论会造成人群的恐慌，如果灾害的发生与工程偷工减料、干部贪污腐败相关，则一旦发生人员伤亡和财产损失还会造成人们的对抗情绪。其次，资源环境的破坏表现为对交通设施的破坏，将直接影响到交通秩序。社会心理影响着民众的行为，对灾害的恐慌情绪可能造成集体逃生，从而影响交通秩序；对抗情绪可能引发游行示威、冲突斗殴，甚至打砸抢烧等，严重危害社会治安秩序。由自然灾害社会风险演化系统可以看出，社会风险不仅是灾害造成资源环境、社会心理、社会秩序损失的不确定性，更是"灾害—物理—人理—事理"损失传递的不确定性。

在失序事件中，主观的人为因素对其产生的影响要远远多于自然因素。因此，失序状态下环境变化具有高度的不确定性、不可预测性和非常规性；失序会对社会的正常秩序和基本目标的实现构成潜在威胁；失序会呈现出快速发展变化的动态进程等。失序的这种快速变化的非常规性决定了其发展过程不可能遵循传统的线性模式：小的起因导致小的结果，大的起因导致大的结果。恰恰相反，根据混沌理论（chaos theory）①的阐述，失序的发展往往呈现出螺旋式模式（spiral model），失序的因果关系也常常与所期望的大相径庭，初始条件的细微变化往往会导致终端事件的动态大变革，即原本看起来不会有太大影响的起因可能会导致严重的危机。失序的这种演化需要一个过程，并且始终伴随着维护社会存在的秩序、基本价值和行为准则的失序与无序，这一过程分为五个阶段：失序潜伏阶段、失序诱发阶段、失序全面爆发阶段、失序持续阶段和失序重建阶段。

失序潜伏阶段，破坏社会秩序的因素已经出现并日益增强。社会是一个有机

---

① 1963 年美国气象学家爱德华·诺顿·劳仑次提出混沌理论，非线性系统具有的多样性和多尺度性。混沌理论解释了决定系统可能产生随机结果。混沌理论认为在混沌系统中，初始条件十分微小的变化，经过不断放大，对其未来状态会造成极其巨大的差别。混沌现象起因于物体不断以某种规则复制前一阶段的运动状态，而产生无法预测的随机效果。"差之毫厘，失之千里"正是此一现象的最佳批注。具体而言，混沌现象发生于易变动的物体或系统，该物体在行动之初极为单纯，但经过一定规则的连续变动之后，却产生始料所未及的后果，也就是混沌状态。但是此种混沌状态不同于一般杂乱无章的混乱状况，此混沌现象经过长期及完整分析之后，可以从中理出某种规则。混沌现象虽然最先用于解释自然界，但是在人文及社会领域中因为事物之间相互牵引，混沌现象尤为多见。

体,在这个有机体健康的情况下,它总能及时有效地反映外部环境的冲击及内部的失调,这可以看作社会秩序作用于人类社会的一条客观规律。规律有其存在和发展的条件:当维持客观规律存在的条件通过量变的积累,完成质的飞跃后,就会引起客观规律的失效;而当维持客观规律存在的条件没有变化或还没有到达质变的阶段时,客观规律还依然存在。失序危机的潜伏期实际上就是在维持社会秩序的条件已经发生变化,但还没有达到质变的临界点的过程,或者已经发生质变,但其影响还不明显,以至于人们还没有察觉到显著改变。社会失序现象不是突如其来的,在它出现之初总是会有各种各样的迹象。在失序危机的潜伏阶段,适合危机演化的环境开始慢慢成形,一些对破坏社会秩序有利的条件也已经出现,并趋于成熟。然而对于社会失序的预兆,人们往往没有引起足够的重视,或者心存侥幸,认为这些征兆不会对社会带来什么影响,因而对其听之任之,而在社会失序全面爆发后,人们才追悔莫及。因此,在失序潜伏阶段,社会组织、个人必须对出现的各种可能的失序征兆提高警惕,并及时地采取措施。而处理危机潜伏期的失序不但简易而且非常有效,因此早期发现问题非常重要。发现失序征兆后,即使因某种原因无法立即处理,但决策者心里已经感到即将发生的失序状态,在危机爆发时也有所帮助,可提前想好应对之策。

三、风险管控

灾害社会失序的风险管控贯穿于灾害发生前、发生中、发生后的全过程,对灾害可能造成的社会失序类型、情境、原因、社会要素进行识别,对社会失序的可能性、严重程度进行定性和定量分析,对灾害社会失序风险进行综合评估,在此基础上,提出一系列有针对性的应对措施降低风险。

(一)风险识别

风险识别是风险管理的第一步,也是风险管理的基础。只有在正确识别出自身所面临的风险的基础上,人们才能主动选择有效的方法进行适当的处理。灾害社会失序风险是多种多样的,既有当前的也有潜在于未来的,既有内部的也有外部的,既有静态的也有动态的,等等。风险识别的任务就是要从错综复杂环境中找出承灾体——社会秩序所面临的主要风险。风险识别一方面通过感性认识和历史经验来判断,另一方面通过对各种客观的资料和风险事故的记录来分析、归纳和整理,以及必要的专家访问,从而找出各种明显和潜在的风险及其损失规律。

因为风险具有可变性，因而风险识别是一项持续性和系统性的工作，要求风险管理者密切注意原有风险的变化，并随时发现新的风险[280]。

1. 社会秩序暴露分析

从社会秩序暴露在灾害情境下来看，主要存在三个层次上的风险：个体层面失序的风险、社会关系层面失序的风险和制度规范层面的失序风险。

在个体层面上，暴露在灾害情境下的秩序主要包括生活质量、心理健康。灾害极易损害居民赖以生存的基本要素，给居民的衣食住行带来极大的困难，造成居民生活秩序的紊乱；灾害造成的生命损失、人员伤亡及对生态环境、物理设施等造成的巨大破坏，常常给暴露在此情境下的个体造成心理上的影响，带来一系列灾后的心理问题。例如，抑郁、创伤后应激障碍，甚至生理问题，如失眠、疼痛等，严重扰乱了个体在精神层面的秩序；此外，灾害的发生，会影响个体对风险的感知，有可能造成感知行为上的失序。

在社会关系层面上，暴露在灾害下的秩序包括社会资本和经济体系。在灾害的早期研究中，德拉贝克等已指出，社会网络与社会联合体是对灾害进行反映的最基本的社会单位之一。灾害发生后会对"经济资本"、"人力资本"与"社会资本"都造成损害。相对而言，在灾害中，房屋和财产会被破坏，人们会受伤或死亡。同时，人们之间的联系也会受到破坏，他们的社会网络资源、结构和社会规范也相应地受到影响。此外，灾害造成的人员伤亡、财产损失实际上破坏了经济系统赖以运行的劳动要素和资源要素，通过经济系统的传导效应，最终可能造成整个经济系统的失序。

在制度规范层面上，暴露在灾害情境下的秩序主要包括政府公信力和应对能力。灾害的发生，尤其是技术灾害和人为灾害，首先挑战和考验的就是政府公信力。对于处于公共危机状态下的政府，政府公信力在其危机管理过程中发挥着重要的作用，而政府危机管理的效果又直接反作用于政府的公信力，二者相互依存、紧密联系[281]。

2. 社会失序风险清单

从图 6-1 看出，灾害主要通过对个体和环境造成直接的影响，从而影响社会中的基本生活秩序、生产服务秩序、社会活动秩序和灾害应对秩序。在对个体造成影响一侧，主要对个体的生理属性、经济属性、社会属性和心理属性产生影响；在对环境造成影响一侧，主要对环境的生存属性、防御属性和经济属性构成威胁。同时，在应对灾害一侧，国家权威、政府及制度规范与社会秩序维护密切相关。通过对这些要素进一步细分，可以得到灾害社会失序风险清单，如表 6-1 所示。

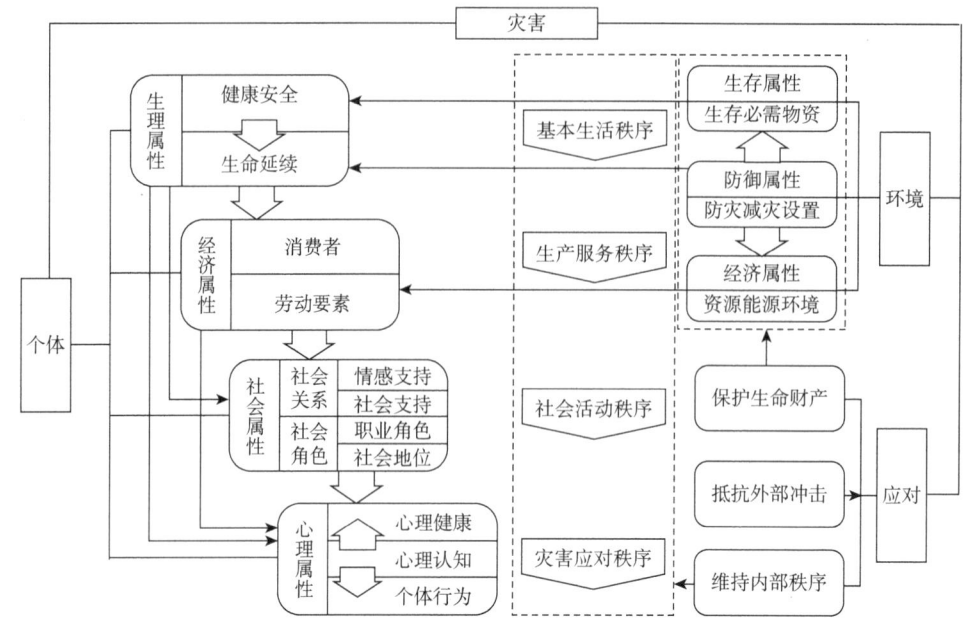

图 6-1 灾害社会秩序总体路线图

表6-1 灾害社会失序风险清单

个体	风险暴露	环境	风险暴露
生理属性	身体健康	应对体系	风险暴露
	人身安全	国家权威	合法性
	生命安全	政府部门	公信力
经济属性	个人财产	制度规范	约束力
	劳动要素	生存属性	关键资源
	资本要素		生命线工程
社会属性	社会资本	防御属性	人防工程
	社会支持		避难设施
	社会角色		应急储备
心理属性	心理健康	经济属性	资源能源
	心理认知		工厂设施
	个体行为		基础设施

（二）风险度量

风险度量是对风险进行定量分析的关键，通过对风险清单内容进行有效度量，有利于对灾害造成的社会失序风险进行准确的评估，从而制定出有针对性的风险管理策略，减少灾害给社会带来的巨大损失。

对生理属性维度的度量，可以用灾害可能造成的人员伤亡数量进行刻画。而对经济属性维度，可以通过国民经济统计数据，如个人可支配收入、劳动力价格等进行风险度量。对社会属性维度的度量，可以用社会资本进行描述。心理属性维度可以利用心理健康量表、风险认知量表及行为量表等进行度量。环境方面则可以利用地区资源储备、基础设施、应急储备中心等部门的统计数据进行度量。对体系中的国家权威、政府公信力及制度绩效等也可以通过以下方法进行度量。

1. 社会资本的度量

社会资本是社会中的特定主体所拥有的社会关系资源，它是客观存在的，能为特定主体带来实际的回报，因此评价社会资本通常有客观实在的依据；同时，评价社会资本不能脱离具有主观能动性的社会实践主体，这是评价社会资本的主体条件。客观合理地评价社会资本，不仅要考虑主客观条件，还必须遵守一定的原则，这些原则是正确评价社会资本的重要保障[282]。

1）度量原则

一般来说，社会资本的价值的实现需要一个过程：主体按其客观需要去同社会资本发生关系，使社会资本为自身服务；社会资本的规定性则在社会资本的投资活动中反作用于主体，促使主体调节自己的需要；经过作用—反馈—调节—再作用的多次反复，主体的需要与社会资本之间才能逐步达到相互适应和接近。人们在评价社会资本时，必须把握社会资本与主体之间相互作用的过程。只有这样，人们才有可能正确评价社会资本，才可能为社会资本投资活动的进一步展开提供指导。而要把握社会资本与主体之间相互作用的过程，使社会资本评价科学化、合理化必须遵循以下几个基本原则：主体性原则、科学性原则、实效性原则、系统性原则、层次性原则、发展性原则。它们之间相互联系、共同作用，为正确评价社会资本提供了重要的依据[282]。

2）度量尺度及方式

在实践活动中，任何评价总是要以一定的尺度为依据。社会资本评价作为评价主体对主体与社会资本之间的价值关系的反映和评判，在评价中也应有一定的评价尺度。没有了评价尺度，评价活动便失去了方向。需要指出的是，评价尺度不同于前面所谈到的评价原则，后者主要是探讨评价如何进行或评价的方法论问题，而前者主要指评价的依据问题。但是，在现实中，评价依据的确立总是遵循评价原则的结果，主体遵循什么样的评价原则就会得出相应的评价依据，而评价依据总是渗透于评价原则中，影响着评价活动的进行。所以，两者又是相互联系的[282]。图6-2 提供了一个社会资本评价体系。

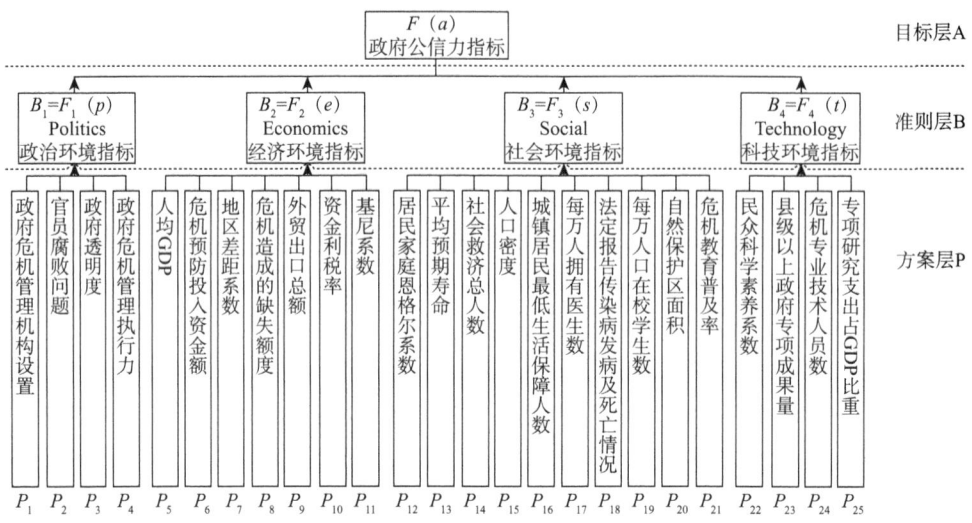

图6-2 社会资本评价体系

评价活动是人们评判和掌握评价客体的价值及其价值量的观念性活动。这一活动的展开不仅有赖于评价主体、评价客体和评价标准，而且有赖于评价方式。评价方式是评价主体运用一定的评价标准评价客体的具体方法和手段。它决定着评价过程的合理与否和评价主体需要的实现程度。同样，评价社会资本价值的方式也决定了社会资本价值对于评价主体的意义的大小。合理的评价方式能够促使评价活动顺利开展，并取得积极的成效，从而为进一步活动提供指导。对于社会资本的评价来说，主要有两种评价方式，即个体评价与社会评价相结合，定性评价与定量评价相结合[283]。

总之，社会资本可以从定性和定量两个角度来研究，评价社会资本也应该把定性评价与定量评价结合起来。定性评价是对社会资本"质"的评价，定量评价是对社会资本"量"的评价，只有把两者结合起来，才能实现社会资本评价的质与量的统一，最终实现社会资本评价的科学化、精确化[283]。如表 6-2 所示，社会资本调查访谈时可考虑不同的维度和条目。

表 6-2　社会资本调查访谈提纲[284]

维度	条目
组织参与及业余活动	你业余时间都有哪些组织和活动？
公民参与	社区里的决定是通过怎样的方式做出的？ 在过去一年社区里有没有组织居民开过会？ 社区里的干部是怎么选出来的？
志愿精神	如果社区里出现了一些公共问题（如垃圾场不能及时清理、影响社区环境、经常断电），哪些人会去解决？
社会凝聚	你感觉社区里居民之间的关系和谐吗？ 你感觉社区里的人团结吗？ 最近一年内居民之间有没有发生过冲突？
信任	你觉得你所在的社区居民之间相互信任吗？
社区安全	你觉得现在社区总体治安状况怎么样？
社会支持	你得到过哪些人或者组织的帮助？ 你感觉自己经济上负担大不大？

2. 政府公信力度量

"公信力"一词在《现代汉语词典》（第 7 版）中含义解释如下：使公众信任的力量。其来源于英文 accountability 一词，意思是就某一事件进行报告、解释与辩护的责任，或是为自己的行为负责并接受质询。而公信力在现代意义上讲，更多地与政府的公共性有关[285]。

现代意义上的政府公信力，是政府在全面履行公共责任的过程中，通过自身的一系列执政理念、制度机制、执行效能等取得人民信任和认可的能力。它反映了民众对政府持信任态度的程度，是政府和社会公众之间相互信任关系的体现。首先，政府公信力包括两个主体，一是作为信任方的公众，二是作为信用方的政府；其次，政府公信力是官民双方互动的结果，民众因政府的行为而信任政府，政府因得到公众的信任而树立信用，只有二者之间信与被信，公信力才会产生；最后，政府公信力表现为大众的主观评价、心理反应和价值判断，人们是从自身的主观感受来对政府行为进行评判的。所以，公信力对政府的意义不言而喻。政府公信力是政府的执政根基，是现代政府政治合法性的重要源泉，也构成了现代政府进行社会管理的一项重要无形资产[283, 285]。

评价一个政府公信力的高低，一般从以下几个标准展开：第一，政府的诚信程度。政府能否做到言必行、行必果、言行一致，对人民的承诺能否有效兑现、切实履行，其颁布的公共政策能否有效执行。第二，政府的服务能力。政府作为社会管理的主体，其宗旨就是为人民服务，以公共利益最大化作为追求目标。其服务意识的强弱、服务质量的好坏和服务水平的高低无疑会成为人们的评价标准。第三，政府的规范化水平。政府在社会管理过程中能否做到有法可依、有法必依、执法必严和违法必究，行政人员能否自觉做到秉公办事、杜绝违法乱纪，在很大程度上决定着其执政效能的好坏和政府自身的形象。第四，政府的民主化程度。就是政府在制定政策、决策和做出重大决定时充分坚持民主科学的原则，坚持公开透明，让公民行使知情权和参与权，拒绝独断专行和"一言堂"。它反映了一个政府的民主政治建设水平[285]。

作为一项特殊的资源，将政府公信力放到公共危机管理中去考察就显得十分必要。一方面，政府公共危机的管理水平直接影响着政府公信力的高低，制约着政府公信力的提升。公共危机的固有特点是对政府综合治理能力的全面考验，也在更深的层面引发了人们对政府公信力的思考。政治合法性是政府公信力的基础，而真正影响公信力的是政府本身的行政管理行为。在应对公共危机过程中，政府以怎样的理念、制度、行为和效率去应对，以及治理的实效如何，都在很大程度上决定着政府公信力水平。政府如果不能以良好的状态进行回应并有效解决危机，那么人们对政府的满意感必然会受到挫伤，政府公信力的降低也就在所难免。

另一方面，政府公信力反过来体现并影响着政府公共危机管理的能力。良好的政府公信力作为重要的无形资产，能够在危机管理中转化为强大的领导力、号召力和执行力，使政府能够动员全社会力量，利用各方资源，采取各种行动及时有效地战胜危机，并得到人民的支持与配合。而缺乏公信力的政府，则很难在危机治理中获得人民的拥护与响应，其结果自然是管理行为效率的低下。所以，公共危机管理与政府公信力二者是相辅相成的辩证关系。

可以用类似于高低强弱这样的词来对政府的公信力水平进行描述，但到底什么才是高，什么才是强，却很难下定论，这正是因为缺少一个能衡量公信力的客观尺度。对政府公信力指标体系的构建就是为了探究这样一种更为科学和可行的测度方法，实现对特定时段内公信力水平的综合评价，得出公信力评价指标，并在此基础上理性决策。然而对政府公信力的水平进行综合的测度与评价是一个十分复杂的系统问题。政府公信力的影响因素众多，这些因素之间又相互影响、相互联系，有些因素可以定量表述，但是还有一些因素只能用定性的方法加以分析。因此，在研究过程中既需要引入数学工具将问题抽象和简化，也需要借助决策者的经验和主观判断，将定性分析和定量计算结合起来研究，通过设计调查问卷再抽样调查的方式来实现[281]。

如表 6-3 所示，问卷的内容主要针对政府政治公信力的现实体现加以设计，为了能使调查的结果数字化，所有的问题均以客观选择题的形式出现。

表 6-3　关于政府应对灾害社会失序风险公信力的调查问卷[281]

政府的政治公信力是指，民众对于政府在政治环境层面的政策、行为产生的公信度，包括政府体制、政府职能、支付机构设置及政府干部形象等方面

请就如下问题作答：
1.你认为××政府危机管理机构的设置合理吗？
A. 非常合理（1）　B. 比较合理（0.8）　C. 一般（0.6）　D. 不太合理（0.2）
2.你认为××政府干部腐败的问题严重吗？
A. 没有（1）　B. 有，个别现象（0.8）　C. 程度较轻（0.6）　D. 比较严重（0.2）　E. 非常严重（0）
3. 你如何看待××政府的透明度？
A. 非常透明（1）　B. 比较透明（0.8）　C. 一般（0.6）　D. 不太透明（0.2）　E. 非常不透明（0）
4. 你如何看待××政府的危机管理能力？
A. 强（1）　B. 比较强（0.8）　C. 一般（0.6）　D. 比较弱（0.2）　E. 非常弱（0）

问卷的目标调查对象应涉及全社会各个领域和群体，目标调查对象既要包括具有相关专业背景和一定研究深度的专家学者，也要包括来自工作一线的劳动者；既要有政府干部，也要有市井百姓；既要有共产党员，也要有无党派人士，总之，问卷的目标调查对象应涵盖社会的各个层面和角落，这给调查带来了一定的困难，但也为研究提供了完备的数据。

通过以上的分析计算，同时借鉴相关专家学者的研究成果及统计原理中正态分布的规律，对综合评价政府公信力水平的标度（政府公信力指标）及其含义进行界定，如表6-4所示。

表 6-4　公信力指标含义

政府公信力指标的取值范围	综合评价结果	含义
[0, 0.05]	政府公信力危机	表示民众对政府政策、行为产生不信任
[0.05, 0.25]	政府公信力轻度危机	表示民众对政府某阶段政策、某种行为产生不信任
[0.25, 0.75]	政府公信力的显在强势、潜在危机	表示民众对政府政策长久性、行为方式方法存在质疑
[0.75, 0.95]	政府公信力的相对强势	表示民众对政府政策、行为予以理解，并给予支持
[0.95, 1]	政府公信力的绝对强势	表示民众对政府政策、行为绝对信任

（三）风险评估

在风险识别和风险评估的基础上，对风险发生的概率、损失程度，结合其他因素进行全面考虑，评估发生风险的可能性及危害程度，并与公认的安全指标相比较，以衡量风险的程度，并决定是否需要采取相应的措施[280]。

1. 社会资本

社会资本有微观和宏观两层含义，微观社会资本主要是指人与人组成的社会网络及有关的规范和价值观，宏观社会资本是指社会制度。如表 6-5 所示，社会资本一般分为结构型社会资本和认知型社会资本两种类型，结构型社会资本是由各种规则、程序和先例补充的不同角色和社会网络，能够促进互惠性集体活动；认知型社会资本包括共同遵守的标准、价值观、态度和信仰，它使人们更倾向采取互惠的共同行为。两种社会资本互相作用、相辅相成，但有区别。结构型社会资本较为客观，因为它包括一些可观测的成分；认知型社会资本本质上是主观的，与人们的想法和感受有关。社会资本定量评价的最理想的方法应该包括表中四个象限，即社会资本两个层次（微观和宏观）和两种类型（认知型和结构型）互相结合的四个方面。由于社会资本内容广泛，实际研究中很难全面评价社会资本，大都是从一个层次和两种类型或者一个层次一种类型出发，评价社会资本的相对水平[286]。

表 6-5 社会资本评价四象限

层次	结构型	认知型
宏观	Ⅱ 国家制度、法律规则	Ⅰ 政府
微观	Ⅳ 地方制度、网络	Ⅲ 信任、地方规范和价值观

目前社会资本定量评价方法主要有两种。一种方法是在微观层次上测度社会资本，从认知型社会资本和结构型社会资本或者其中一种出发，量化分析社会资本。有的研究把社会资本分为结构型和认知型两个大类，设计了六个指标来构成一个社会资本指数[287]：处理农作物疾病、处理公共牧地、解决争端、管教走入歧途的孩子、对团结的重视和对他人的信任。前三个指标代表结构型社会资本，后三个指标代表认知型社会资本。这个指数将社会资本的结构型和认知型两种类型联系起来，反映了如何安排人们采取集体行动。还有的研究在案例中利用七个指标测量地区的社会资本：社会资本指数、成员密集度、参与指数、社区定位、集体行动次数、社会性相互作用（与邻居的联系情况）和邻里间的信任[287, 288]。

另一种方法是从宏观层次上去测试社会资本，Knack 和 Keefer 从认知型社会资本的角度出发，以信任和道德规范作为指标，对比评价了 29 个市场经济国家的社会资本，并发现具有更高经济发展水平的国家的社会资本水平更高[289]。

2. 政府应对信任风险评价体系

根据构建地方政府公信力评价体系的指标选取原则，考虑地方政府公信力的构成因素，即制度公信力、体制公信力、执行公信力和人格公信力，构建了地方政府公信力的评价指标体系[289]。

1）制度公信力方面

根据评价地方政府的公信力状况的实际需要，选取了六个二级指标，分别为法规规章的完善程度、行政问责制度、失信惩罚制度、监督举报制度、公共危机预警制度及突发事件应急制度。地方政府需要制定出详细完备的法律规章制度，以保证在执行过程中有法可依，同时，这也是从法律层面保障地方政府公信力的基本条件；行政问责制度是责任政府的重要标志；失信惩罚制度是地方政府挽回其失信后果、降低失信风险、重新建构地方政府公信力的重要保障；地方政府须建立有法律约束的监督举报制度，为公民参与监督维护地方政府公信力提供渠道；在自然灾害与人为事故频繁出现的社会转型时期，地方政府应建立完善的公共危机预警制度及突发事件应急制度，以应对危急情况发生时可能出现的社会失序、扰乱社会正常运作的事件和状况[289]。

2）体制公信力方面

体制公信力包含以下指标：决策过程的参与程度、信息实体公开程度、行政程序公开程度、行政结果公开程度、地方政策与中央政策的衔接程度和地方政策的相对稳定性。一个社会民主程度的高低的重要体现在于其公民在政府决策过程中的参与程度的高低。政府信息公开可以提高政府运作流程的透明度，强化政府就职人员的自我约束能力及受社会监督的力度，有效改善政府与民众之间的关系，从而提高政府公信力。信息公开制度实际上是指信息的生产者或拥有者（主要指各级政府部门），根据社会公众的要求，有义务公开除国防、外交、司法等领域的机密文档信息外的、不危及社会安定和国家利益的所有信息的一项管理制度。具体包括以下三个方面：信息实体公开程度、行政程序公开程度、行政结果公开程度。信息实体公开程度是指除了依法应当保密的以外，信息本身一律公开的程度；行政程序公开程度是指程序公开透明的程度；行政结果公开程度是指结果公开透明的程度；地方政策与中央政策的衔接程度是指地方政策与中央政策保持一致的程度；地方政策的相对稳定性反映了地方政府前后出台政策的连贯性[289]。

3）执行公信力方面

执行公信力方面的主要指标包括：执行过程中的依法程度、执行过程中的合理程度、执行过程中的公平公正程度、政策贯彻落实的时效性、执行过程中的力度和执行过程中的高效程度。地方政府执行过程中的依法程度反映了地方政府在执行过程中的规范程度及是否依照法律法规；执行过程中的合理程度是指政府公职人员在执行过程中运用自由裁量权时合乎理性的程度；执行过程中的公平公正程度是指地方政府在执行过程中在多大程度上考虑到了多方主体的利益需求；政策贯彻落实的时效性反映了地方政府贯彻落实政策时及时有效的程度；执行的力度在一定程度上体现着地方政府执行过程中的决心和魄力；执行过程中的高效程度即行政效率问题，反映了政府公职人员行政执行过程中效率高低的程度[289]。

4）人格公信力方面

人格公信力方面的指标主要包括：政府公职人员的服务态度、业务能力、勤政程度、廉洁自律的程度、道德素养和政府兑现承诺的程度。地方政府公信力的高低主要体现为政府对其职责的履行程度及公众对政府的满意程度，而政府职责的履行是通过政府公职人员来实现的，社会公众并非直接与一个整体的政府打交道，而是与具体的政府公职人员进行日常交往，事实上，每个政府公职人员都代表着政府与公众发生联系。公众对政府的满意度与公众对政府公职人员的评价有很大的关联。政府公职人员的勤政程度、道德素养、政府兑现承诺的程度、业务能力、廉洁自律的程度综合体现了"勤""德""绩""能""廉"这五个方面，可见，这些指标是衡量地方政府公信力状况的至关重要的方面[289]。综上分析，政府公信力的初始评价指标体系如表6-6所示。

表 6-6 政府公信力的初始评价指标体系[289]

评价目标	一级指标	序号	二级指标
政府公信评价指标体系	制度公信力	1	法规规章的完善程度
		2	行政问责制度
		3	失信惩罚制度
		4	监督举报制度
		5	公共危机预警制度
		6	突发事件应急制度
	体制公信力	7	决策过程的参与程度
		8	信息实体公开程度
		9	行政程序公开程度
		10	行政结果公开程度
		11	地方政策与中央政策的衔接程度
		12	地方政策的相对稳定性
	执行公信力	13	执行过程中的依法程度
		14	执行过程中的合理程度
		15	执行过程中的公平公正程度
		16	政策贯彻落实的时效性
		17	执行过程中的力度
		18	执行过程中的高效程度

续表

评价目标	一级指标	序号	二级指标
政府公信评价指标体系	人格公信力	19	政府公职人员的服务态度
		20	政府公职人员的业务能力
		21	政府公职人员勤政的程度
		22	政府公职人员廉洁自律的程度
		23	政府公职人员的道德素养
		24	政府承诺兑现的程度

（四）风险降低

在灾害应对中，政府面临的诸多风险不仅仅是挑战，更是机遇，以往面对过类似事件且积累了相应经验的成熟、高效的政府，应该把危机当作一次机遇，这同时也是作为服务责任型政府本身应该具备的条件。美国风险管理专家诺曼·奥古斯丁指出，每一次危机既包含着失败的根源，又孕育着成功的种子。发现、培育进而收获潜在的成功机会，是危机处理的关键。所以，如果政府能在灾害中沉着冷静地应对、果断地处理、科学地归纳总结，就可以把挑战转变为机遇，政府的公信力不但不会受到削减，反而会得到提升[285]。

1. 转变政府的风险管理理念

转变行动首先应从理念开始转变，这是灾害过程中提高政府公信力的首要条件。政府的危机理念是政府行为的核心所在，危机理念的完善与否将决定政府在公共事件中能发挥的作用和效力的高低。突发性的灾害会给国家和人民群众带来巨大的冲击和伤害，但只要各级政府及其领导干部能够在心中坚持以公共利益为核心的风险管理理念，灾害带来的冲击与损失将能够得到有效的控制，同时，政府的公信力也会得到提高。

树立风险管理的理念，首先应该确立以人为本的理念，将人民群众的切身利益作为首要的考量。人的生命权是人类的基本权利，对生命权的尊重是人类社会的共同认识，也是"以人为本"理念的重要体现。坚持并贯彻落实科学发展观，要坚持以人为本的思想，将人民群众的利益放在第一位，以实现、维护、发展人民群众的根本利益作为中国共产党和各级领导干部的一切工作的出发点和落脚点。突发性灾害极大地威胁到人民群众的生命和财产安全，对人民群众的切身利益造成巨大的伤害。各级政府需要牢记"为人民服务"的宗旨，把人民的利益放在首位，尽最大努力保障人民的生命和财产安全。

树立预防的理念，无论是自然灾害还是人为灾害，都应该坚持以"预防为主"的理念，在日常的生活与管理中落实应对突发性灾害的各项措施。这要求政府具有居安思危、未雨绸缪的意识，客观理性地认识危机。各级政府在日常的管理与工作中，应加强对突发性灾害风险的重视程度，做好应急预案，同时对政府部门的领导和干部们进行灾害风险管理方面的培训，以便在危机爆发时能做到临危不乱，及时采取有效措施。此外，人民群众在日常生活中应树立预防的理念，保持警惕，政府有关部门可在研究常见与非常见安全问题后，以讲座、科普、宣传等方式向人民群众普及应对突发性危机的常识，学校可邀请专家向学生及其家长开设讲座，进行应对突发性危机如何自我保护等方面知识的科普，以提高社会整体应对突发性危机的能力。

树立服务的理念，为社会中的个体提供良好的公共服务，这是政府的基本职能之一。为人民服务是中国共产党的根本宗旨。建设服务型政府是中国行政体制改革的一个重要发展方向。政府是人民的公仆，必须将为人民服务作为各项工作的宗旨，将自身的工作重心放在管理社会公共事务和提供公共服务上，在面对突发性危机时，应从容应对，及时采取有效措施，保障人民的生命和财产安全，同时可以提高政府的公信力。

树立责任的理念，"官本位"的行政思想在很长时期形成的结果就是权责不对等、用权不追责及责任意识差，个别干部在灾害风险中更甚，其推卸责任、不负责任屡见不鲜。这要求政府及其人员树立"有权必有责"的行政意识，建立起强有力的权责体系，落实各级权力主体实施危机治理的责任制度。在人民群众的生命财产安全受到威胁时，政府不能逃避责任，应克服一切阻力，尽最大全力来保障民众利益。当应对不力或处置不当时，政府要勇于承担责任，对自己的行为负责，以求人民谅解，并取信于民[285]。

在树立和强化自身危机理念的同时，政府也应加强对社会个体的危机意识的培养。在中国，突发性事件造成严重后果的原因之一，在于国民危机教育知识比较落后，公众对危机识别、应对能力较弱。因此，各级政府应通过多种方式加强民众的危机意识，从而提高民众应对突发性危机时的心理承受能力、及时采取有效自救措施的能力等。针对中国民众危机安全意识薄弱及逃生自救技能缺乏的现实，进行有针对性的危机宣传教育、危机自救知识普及等，大力宣传公共安全和应急防护知识，如预防、避险、求生、求救、自救、互救等技能和方法，并充分运用各种现代传播手段扩大科普宣教覆盖面，从而增强民众自身的风险防范意识和自我保护能力[285]。

2. 建立以政府为主导的全过程的风险管理体系

虽然突发性危机不可能完全避免，但是我们可以通过采取各种风险防范措施、管理控制手段将其发生概率尽可能地减小，把突发性危机可能带来的损失降到最低。中国目前正处于危机多发时期,一些灾害性事件无从避免,必须调动全社会的力量应对。政府是社会中的个体依赖的主导力量,是防范、处理危机的首要力量,所以,需要建立完善以政府为主导的对灾害风险的全过程管理体系,这对于预防灾害、应对突发性危机具有重要意义。

1)建立完善有效的灾害风险预警防范制度

灾害风险预警防范制度是一种事前预防机制,是灾害风险管理中首要建立的防线,也是以较小成本来解决突发性公共安全事件的有效途径之一,它的作用在于提前控制危机产生的因素,努力将一切风险因素扼杀在摇篮中、化解于爆发之前。完善的灾害风险预警机制应该包括专业的灾害风险信息收集处理系统,由专家、学者、研究人员和技术人员组成的咨询小组,由各级政府部门的相应管理人员组成的决策与调度系统,以及相关的专业技术人员组成的技术支持系统等。

针对灾害风险的预警防范,要联合社会各部门的力量共同做到防患于未然。各级政府部门要加强对各类灾害风险隐患的审查和监督控制,全面掌握所管理地区、所管理地区的行业内的各类风险隐患情况,并建立相应的分级、分类管理制度,根据不同的情况制定不同的应急预案,规范预防措施,实施动态的管控与监督,并加强地区与部门之间的协调合作。同时,还应积极开展政府自身的危机应急管理培训。制定风险管理的培训规划和大纲,明确培训内容、方式和标准,充分运用多种方法和手段,做好灾害风险管理的培训工作,如积极开展对各级政府领导干部应急指挥和处置能力的培训,对各单位专业技术人员安全知识和操作规程的培训,对安全监管部门从业人员的考核培训等,以提高其应对突发性危机的能力[285]。

2)建立健全统一高效的危机处理指挥体系与决策机制

当危机无法避免且大规模爆发后,政府必须对形势进行果决判断并及时采取行动,调用一切资源展开救援行动,以遏制事态的恶化发展,尽快恢复正常社会秩序。这需要中央和地方共同联系、协调的十分强大的中枢指挥系统,在爆发危机时可以实施政府的强制性干预,制定并且执行带有强制性的政策,并采取各种非常时期的管理举措。同时,探查危机产生的根源,力求从根源上解决危机,稳定社会群众的情绪,恢复社会的秩序,保持社会的稳定。

建立统一高效的灾害风险应急管理决策与指挥体系,首先,应建立高效的危机处理指挥体系与决策机制。要进一步完善群众参与、专家论证和政府决策相结合的民主决策机制,加快建立和完善重大问题集体决策制度、专家咨询制度、社会公示和社会听证制度及决策责任制度,保证行政决策的科学性、民主性和正确性。其次,建立和强化专门的灾害风险指挥管理机构。各级政府要尽可能地设置专门的应急管理常设机构,当危机发生后能够迅速由平常状态转入非常状态,承担起危机的紧急应对和处置工作,并根据危机的潜伏期、爆发期、发展期和减弱结束期等不同阶段的特点,及时采取相应的处置方案。从中国来看,更要建立从中央到地方的一整套指挥机构。在中央，应尽快成立由国务院统一领导、统一指挥协调的突发灾害常设应急指挥机构，同时各省、市也要建立相应的应急指挥中心，从而形成全国统一、联动、高效、权威的灾害应急管理指挥体系。目前，中国有很多城市建立了社会突发灾害应急指挥中心，如早在 2002 年 5 月，广西南宁应急联动系统就正式运行，成为中国最早的城市应急管理系统，并取得了很好的效果[285]。

3）建立及时透明的信息公开机制

在灾害中，与事件本身仅仅侵害人的肉体、造成硬性杀伤不同，信息不畅造成的恐慌更能摧毁人的意志，导致整个社会的混乱。所以，确保信息公开的及时、准确和全面，不仅有利于减轻公众焦虑情绪、稳定民心，也有利于矫正视听、避免信息传递失真、提高政府的舆论主动权，特别是在资讯高度发达的今天，政府的权威信息传播的越早、越多、越准确，就越有利于维护社会稳定和政府的威信。因此，各级政府要打破地方本位主义的狭隘观念束缚，从长远出发，建立及时透明的信息公开机制。在此过程中，政府应建立健全重大灾害新闻报道快速反应机制、舆情收集和分析机制，完善政府信息发布制度和新闻发言人制度，通过设立现场新闻联络点或信息中心，以新闻发布会的方式或通过大众传媒及时准确地把最新信息传递给社会公众，并且保证危机信息的发布在指挥决策机构的统一组织下有计划地进行。此外，要特别注意对谣言与流言的控制，及时通过辟谣、澄清、惩处造谣者与控制信息源的方式保证社会正常秩序。

在信息公开机制建设中，要特别注意对大众媒体的管理。媒体作为连接政府和民众的桥梁，在灾害中发挥着预警服务、信息传达、舆论引导和监督评价的职能。所以，公众迫切希望借助媒体来了解政府的应急措施和事件的最新情况，政府也希望借助媒体了解人民的政治需要与利益诉求。这就要求政府加强与媒体的合作，通过媒体传播官方权威的信息，引导社会各方采取正确的应对行为，并接受媒体监督，提高决策质量与救援效率。同时，政府也要加强对媒体的规范管理，加强相关信息的审查、核实，避免其发布不实或虚假信息，避免其在公共事件中与政府发生冲撞、站在政府的对立面上。

4）建立严格的权力规范监督机制

规范政府的危机治理行为能够保证政府在非常状态下依法有效办事，不滥用权力、践踏法律，保护广大民众的基本权利。所以，政府要在行使国家权力的过程中全面推进依法行政，按照法定权限和程序行使权力、履行职责，避免滥用职权，规范自身行为、充分尊重公民权利，保障公民的人身权、财产权和知情权。同时加强党委、人大、政协、社会团体、媒体和公众对政府人员行为的合力监督，实行执法责任制和过错追究制，完善并严格执行行政赔偿制度。对危机处理中负有重大责任的直接责任人员实行责任问责，对一些违法乱纪、损害人民利益的干部坚决查处，做到有权必有责、用权受监督、失职要问责、违法要追究，从而消除民怨，维护自身信誉。

要真正做到对政府的风险管理行为进行规范监督，就必须建立完善的公共危机管理的法律法规体系。为了有效应对突发性危机，西方发达国家首先开展的工作就是建立和完善相应的法律制度，以此来统一政府在风险管理中的职、权、责，确定依法管理的法治原则，从而防止权力的滥用。中国虽然也制定和颁布了一些应对灾害的法律法规，但这些政策本身具有很强的部门特征，难以从整体上统一协调。因此，在当下灾害多发期，有必要通过健全和完善紧急状态下的应急处置法律制度，把中国的风险管理纳入法治化轨道，将政府及其行政人员的危机治理行为纳入法治化轨道。一旦发生重大突发性危机，能够最大限度地保护广大民众的生命财产安全，避免违法违纪现象，维护国家利益和社会公共利益。

5）建立健全社会共同参与的机制

在灾害风险面前，仅靠政府自身的力量是很难高效、快速、灵活应对危机的。这就需要政府积极寻求同各类NGO、企业及社会成员通力合作，实现灾害风险管理的全社会参与，将各参与主体的多元性巨大优势融入公共危机治理中。所以，政府方面应组织动员社会各方力量积极参与灾害的预防和处置，建立政府与企事业单位、社会组织和公众的互动机制，以共同应对灾害风险挑战。

要实现全社会共同参与应对灾害风险，首先应该发挥广大群众的积极性。由于民众是灾害的承灾体，因此在灾害风险中自救、互救永远是先于政府的组织救援而排在第一位的。所以就要以社区为依托，组织、培训具有自救和救灾能力的志愿者队伍，积极开展防灾训练、防灾知识普及、防灾演习活动等，在灾害风险发生后第一时间展开救援，以减轻伤亡损失。其次，要重视NGO的作用。在灾害风险中，NGO具有独特的专业技术优势，在辅助政府积极开展特殊技术救援、弥补政府和市场缺陷的同时，还能充分发挥专业国际联系优势，积极寻求国际合作。最后，NGO为公众参与提供平台。一方面它引导公众参与救援等活动，把人们自发的参与热情转化成有序的组织行为；另一方面NGO通过社会募捐，最大限度地整合调动社会资源，协助政府向受灾群体提供公共产品和服务，保证救灾工作有序进行。

3. 做好灾后恢复重建工作

灾后恢复重建阶段仍是极易引发社会风险，造成公共危机的环节。灾后重建工作被要求致力于尽快恢复基础社会、生活生产及社会心理。对政府来说，灾后重建更是一项长期而艰辛的任务，在此过程中要全力使灾区恢复到灾前状态，甚至使灾区迈向比灾前更高的台阶，以此树立和巩固政府的权威和公信力。当应急救援结束后，政府要及时组织受影响地区恢复正常的生产、生活和社会秩序，坚持恢复重建与防灾减灾相结合,坚持统一领导、科学规划、高效实施;健全社会捐助与对口支援等社会动员机制,发动全社会力量参与到突发公共事件的灾后恢复重建上;其中要科学布局、统筹规划,建立积极的公共危机善后处理机制,如灾区居民安置机制,困难群众救助、慰问与安抚机制,受损群众经济补偿机制,灾区基础设施建设,经济援助与重建优惠政策等。

根据目前中国一些地方政府在公共危机善后管理中存在的问题,如赈灾经费的归口管理与使用不合理、金融系统呆账核销与灾后保险体系不健全、灾后重建资金的审计工作有漏洞及灾后立法体系的缺失等,政府公共危机的善后恢复重建还应着重从以下几个方面进行。

1)建立严格的善后资金监管机制

灾后慈善资金的管理也受到广大社会的关注,不仅牵涉受赈的灾民群体,也牵涉奉献爱心的社会大众。如果资金监管不到位出现违规使用、铺张浪费、不公平,甚至中饱私囊的情况,就极易引发公众不满,产生社会失序风险。因此,对于灾害中来自社会的募捐资金需要有专门的组织机构对其进行监管;也要制定关于赈灾资金的使用与监管的法律法规,让赈灾资金的使用及管理制度化、规范化、标准化和体系化。除此之外,政府职能部门内部应采取监管与审计相结合的模式,构成政府内外协调监督的管理体制,及时相互沟通监管信息,聚成合力;还应鼓励社会大众、NGO和新闻媒体对赈灾资金的使用情况进行实时监督,确保其透明公开。

2)健全完善公共危机的商业保险体系

目前,中国在应对灾害及其引发的社会风险和公共危机中,很大程度上仍依赖政府当局,应对资金的来源基本依靠财政划拨,很少依赖商业保险体系来分担社会风险。而这种模式也给政府带来极大的责任风险,财政能够轻松应对尚可,如若财政压力过大,也未能有效对冲灾害影响,极有可能损害政府公信力,最终引发社会失序。然而,在发达国家中,尽管也存在政府的介入,但是政府的干预是有限的,尤其是在灾害风险的分担模式方面,它们主要依赖于商业保险,从而分担灾害社会风险及其社会后果,以市场的力量处理灾后各种赔偿事项。所以,中国在应对灾害社会风险及其引发的公共危机时,也要积极地尝试市场化的方式,让商业保险介入公共领域,从而分担财政的负担,提升全社会的风险抵御能力。

3)强化善后恢复重建中的审计工作

开展灾后重建的审计工作是一个极为重要的环节。在2008年"5·12"汶川地震灾后重建中,就发生了挪用重建资金等的违法现象,严重地威胁到政府当局及慈善事业的公信力,引发了的社会失序风险。因此,必须要强化灾后重建中的审计工作。对审计工作的重视,要求不断创新和拓展审计模式与方法。例如,不仅要依赖国家审计机关开展审计工作,还要积极开拓社会力量,引进专业技术人才参与到灾后重建审计中,实施调查与审计并行的模式,提升审计效率及效果。

值得一提的是，灾害灾后重建资金的审计需要全过程追踪，特别是一些重大项目的审计工作，更需要及时、主动、实时地介入和监督。

4）完善公共危机的立法的法律保障

近些年发生的灾害事件表明，需要把公共危机发生过程中善后处理等工作引入法治化建设的轨道，实现依法治理。例如，在 2003 年 SARS 事件后，《突发公共卫生事件应急条例》的颁布，此后，在 2007 年颁布了《中华人民共和国政府信息公开条例》；在 2008 年的 SL 奶粉事件后，中国颁布了《乳制品质量安全监督管理条例》等法规。只有将公共危机的事前监管、事中预警、事后处理都纳入法治化轨道，形成符合中国基本国情，具有中国特色的灾害公共危机事件的法律法规保障体系，才能为政府的治理行为提供法理上的保障，也为政府在公共危机的各个环节的科学治理、有效应对提供指导。

四、案例解析

虽然任何社会风险事件都是一个蕴含了冲突、失序、失稳的综合体，但是为明晰社会失序演化机理，为避免社会失序进一步引起社会失稳，本节聚焦 SL 奶粉事件和西非埃博拉疫情的社会失序状态分析、探讨灾害造成的社会失序风险演化机理及应对决策实践，进行详细的案例分析。

（一）SL 奶粉事件[290~299]

改革开放以来，中国的经济迅速发展，食品短缺的年代已经过去，而在人们可以满足温饱后，越来越多的消费者开始重视食品的质量及卫生。中国政府为保障食品安全，不断地制定一系列的法律法规，建立了相应的食品安全管理制度。

从 1998 年起，中国发生了多次食品安全事故，而且事件的危机程度和影响范围都在不断地加深。例如，1998 年山西朔州、大同等地连续发生多起甲醇毒酒事件，96 人中毒，27 人死亡。2000 年底至 2001 年 8 月，广东查获"毒大米" 1 141 吨。2001 年 8 月至 2003 年 3 月，浙江桐庐 180 余人，广东河源市 690 多人，广东遂宁 31 人，广东佛山市顺德区 100 多人因食用含有"瘦肉精"的猪肉引起中毒。2003 年 3 月 19 日上午，辽宁海城市 8 所小学近 4 000 名学生，集体饮用鞍山市宝润乳业有限公司生产的"高乳营养学生豆奶"后，292 人中毒。2003 年至 2004 年 4 月，阜阳市出现劣质婴儿奶粉，造成 189 例婴儿营养不良、12 例婴儿死亡。2008 年 9 月 SL 奶粉事件，造成 12 892 例婴幼儿入院治疗，6 名婴儿死亡[293]。

食品安全事故的发生，严重打乱了原有的社会秩序，影响了公民有序的生活，损害了公民的生命财产安全，同时对国家的经济造成了重大影响，给社会带来了不稳定的因素。对 SL 奶粉事件进行分析，据调查，患病婴儿均食用了 SL18 元左右价位的奶粉。而且人们发现，中国多省已相继有类似事件发生。经调查，在 SL 奶粉中发现了化工原料三聚氰胺。此次事件引发了社会民众的广泛关注，同时严重打击了人们对国产产品的信心，造成了社会失序。民众大量转向购买进口奶粉，超市中的进口奶粉供不应求，而国产奶粉却不停地滞销，奶妈行业一度蹿红，同时催生了大量的奶粉代购，对国内外的乳制品市场均造成了不同程度的冲击，打乱了原有的市场秩序。以 SL 奶粉事件为例，进一步探讨保障食品安全对维护社会秩序、促进经济稳定发展的重要意义。

1. 案例背景

中国经济迅速发展、人们的生活水平与消费水平日益提高，乳制品市场也转变为一个很大的市场，且整个市场可以根据消费群体划分为高、中、低三个消费层次。为了满足中国市场对乳制品的庞大需求，除了从海外的日本、新西兰、德国等国进口乳制品以供应中、高消费层次的需求外，中国绝大多数的消费群体（包括婴幼儿）主要消费的还是中国自主生产的乳制品[294]。

SL 集团曾经获得中国食品工业百强、中国企业 500 强、农业产业化国家重点龙头企业，奶粉销量连续 14 年居全国第一、酸牛奶居全国第二、液体奶进入全国前四名，"国家免检产品""中国名牌产品"等许多荣誉称号。2006 年 SL 集团被国际知名杂志《福布斯》评选为"中国顶尖企业百强"乳品行业第一位。经中国管理科学研究院企业发展研究中心和中国品牌资产评价中心联合评定，SL 品牌价值达 149.07 亿元[291]。在此背景下，SL 集团顺势推出婴幼儿配方奶粉并且推广宣传，推出"专业生产、品质保证、值得信赖"的广告词，一袋的价格不到进口奶粉价格的一半，以应对需求庞大的市场，SL 也一跃成为中国知名的婴幼儿奶粉品牌。

然而，截至 2008 年，很多食用 SL 集团生产的婴幼儿配方奶粉的婴儿被诊断患有肾结石，随后在其奶粉中检查出了化工原料三聚氰胺。备受民众信赖的 SL 集团发生重大食品安全事件，引起了社会的高度关注和对乳制品安全的担忧，严重打击了民众对国产产品的信心。而在国家质量监督检验检疫总局①公布对国内的乳制品厂家生产的婴幼儿奶粉的检验报告后，事件进一步恶化，报告中指出，其他 22 个厂家 69 批次产品中都检查出了三聚氰胺，而这些乳制品品牌都是深受民众信任的，此事件重创了中国制造业的信誉，民众人心惶惶，不敢再食用中国

---

① 现国家市场监督管理总局。

自主生产的乳制品[293, 294]。

为缓解人口老龄化的压力，中国从 2013 年 11 月开始推行"单独二孩"（夫妇中有一方是独生子女，那么他们可以生育两个孩子）的政策，而到了 2015 年 10 月，《中共十八届中央委员会第五次全体会议公报》指出，促进人口均衡发展，坚持计划生育的基本国策，完善人口发展战略，全面实施一对夫妇可生育两个孩子政策，积极开展应对人口老龄化行动①。调查显示，中国 80%以上群众希望生育两个孩子，根据测算，"二孩"政策全面放开后，中国每年将新增约 1 000 万新生婴儿②。在国家政策的鼓励下，如图 6-3 所示，人口出生率维持在 0.01 以上，且在未来一段时间中，新生儿数量维持在高位，而相应地，对乳制品的市场需求量有进一步的提升。

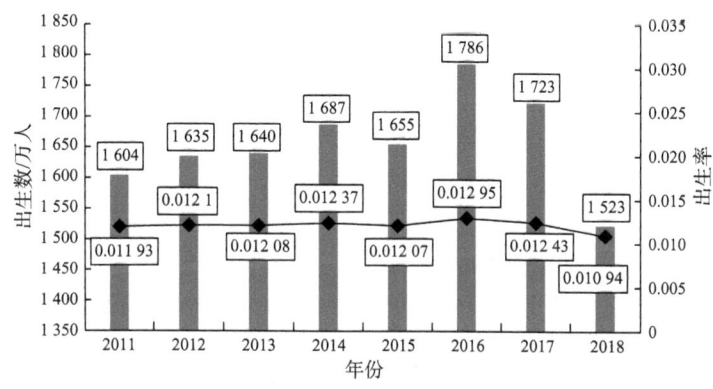

图 6-3　2011~2018 年中国人口出生数及出生率走势

"90 生育高峰"步入育龄，催生新一轮生育高峰，除二孩政策可以带来的红利外，由于中国城镇化水平持续提升，母乳喂养率仍有下降空间。根据中国发展研究基金会 2019 年 2 月发布的《中国母乳喂养影响因素调查报告》，中国婴儿 6 个月内纯母乳喂养率为 29%，低于 43%的世界平均水平和 37%的中低收入国家平均水平。未来婴儿母乳喂养率将维持较低水平，间接促使奶粉需求提升。母乳喂养率水平存在城乡差异，中国城市母乳喂养率仅为 17%，农村地区为 30%，城市职业女性工作压力大是母乳喂养率降低的主要原因，随着中国城镇化水平的提高，城镇居民人口占总人口比重进一步增大，将带动中国整体母乳喂养率继续下降。在较低的母乳喂养率下，配方奶粉作为母乳替代品将更受消费者依赖，引发

---

① 授权发布：中国共产党第十八届中央委员会 第五次全体会议公报. http://www.xinhuanet.com/politics/2015-10/29/c_1116983078.htm, 2015-10-29.

② 卫计委官员：据调查超八成人想生两个孩子. http://news.163.com/16/0112/00/BD3E860V00014AED.html, 2016-01-12.

更大需求。尽管国家目前仍在提倡提升母乳喂养率，但由于母乳喂养的时限及越来越多类母乳奶粉产品的研发推广，婴幼儿奶粉尤其是三段的婴幼儿奶粉对于母乳的替代作用正在增强，奶粉的整体需求提高[292]。

2. 事件概况

SL奶粉事件浮出水面是在2008年3月，随着南京市儿童医院将10例婴幼儿泌尿结石样本送至南京市鼓楼医院进行检验，寻找婴幼儿泌尿结石的罪魁祸首的调查开始了。同年7月24日，河北省出入境检验检疫局检验检疫技术中心对SL集团生产的16批次婴幼儿奶粉进行检测，结果显示其中15个批次含化学原料三聚氰胺。2008年9月11日，卫生部经过调查指出，甘肃等地出现多例婴幼儿泌尿系统结石病例，怀疑是由石家庄SL集团生产的SL牌婴幼儿配方奶粉受到三聚氰胺污染，患儿食用了此类奶粉才导致结石的。同日，石家庄SL集团发出声明，集团为了弥补此次过失决定立即全部召回2008年8月6日以前生产的SL婴幼儿奶粉。2008年9月12日，石家庄市政府发布信息，不法分子在原奶收购过程中违法添加三聚氰胺，导致SL集团生产的婴幼儿奶粉受污染[293]。

据卫生部统计，2008年9月SL奶粉事件，造成12 892例婴幼儿入院治疗，6名婴儿死亡[293]。SL奶粉事件不仅影响了奶粉行业，与此相关，中国的奶农、整个产业链条、中国的整个食品制造行业、中国的整个农产品系统、中国的整个制造业系统都为此付出惨重代价。不管是在国际市场还是国内市场，都面临着巨大的信誉损失和经济损失，SL奶粉事件对中国经济的打击将远远超出预期，中国需要非常漫长的时间来恢复自己的信誉[294]。

1）民众消费信心受打击

首先，此次事件打击了民众的消费信心。SL奶粉事件发生之时，正值经济徘徊、市场观望的社会环境，而此次事件引发了民众对目前消费市场进一步的失望，人们被检查结果震惊，从而影响了正常的消费信心。SL奶粉事件报道后，奶制品销售量直线下降，特别是奶粉的销售数量影响较大，一个月左右后，奶制品的销售量维持在一个比较稳定但明显低于正常时期的数量值[294]。

其次，SL奶粉事件对中国国产品牌信誉是一次巨大的打击。消费者对品牌产品大失所望，品牌优势削弱[294]。

2）信息不对称的影响

2008年3月就已经出现全国首例肾结石患儿病例。SL也于当月接到消费者投诉。6~8月，相似病例接连发生，SL集团被多名婴儿家长投诉。但是，直到2008年9月11日《新华网》报道披露整个事件，SL奶粉事件逐渐浮出水面，SL奶粉添加三聚氰胺的问题才开始为广大消费者所了解。而此时，已经超过万名消费者受到SL奶粉的伤害，造成的损失不可计量。生产者没有及时将产品安全问题反馈给消费者，而是试图掩盖事实真相，造成了双方的信息不对称，使信息少的一方蒙受了巨大的损失[294]。人为掩盖事实真相导致的信息不对称，无疑扩大了社会的广泛怀疑和愤怒，加重了社会失序风险。

3）国际组织反应

随着 SL 奶粉事件的发展，世界卫生组织，联合国教育、科学及文化组织和联合国儿童基金会于 2008 年 9 月 25 日联合发布声明，对危机扩大表示担忧，希望中国当局今后对婴幼儿食品实施更严格的监管。2008 年 9 月 24 日，国务院总理温家宝在纽约出席第 63 届联合国大会期间与当地 6 家华文媒体座谈，谈及国内的 SL 奶粉事件，温家宝说，中央政府在得知奶粉问题后，第一时间迅速向国内公开，向世界卫生组织公开，向港澳台地区公开，向有关国家公开，这是一个负责任政府的表现。温家宝说，政府应该把真实的情况告诉人民，同时接受人民的批评和监督。一个制度、一个政府，只有不断地听取批评意见，才能够不断改进工作，不断进步①。官方的透明坦诚起到了良好效果，世界卫生组织 2008 年 9 月 26 日指出，不要把中国描绘成"万恶之源"，这些问题会出现在发达国家，同样也会出现在新兴工业国家。它们正在帮助中国对相关机制进行改善。宣称所有食品安全问题都源于中国，则是完全错误的[294]。

3. 失序演化

在 SL 奶粉事件暴发前，除进口乳制品外，中国大部分民众也十分信任国产乳制品，然而此次事件使得民众对国家自主生产的乳制品的信任度大幅下跌，引发了社会失序。

1）大量抢购进口奶粉，国内乳制品市场失序

SL 集团曾经是深受国民喜爱和信任的企业，但由于 2008 年的 SL 奶粉事件，社会民众对中国自主生产的乳制品的信任大幅下跌，许多准妈妈会为自己的孩子选购进口奶粉或者采用母乳喂养。国内超市中，中国自主生产的奶粉滞销，而进口奶粉往往供不应求，且价格有所提升，不少消费者采取其他途径购买进口奶粉，有的消费者专程到中国港澳台地区去抢购，有的转而选择海外奶粉代购。代购就是委托他人帮忙购买所需商品，这些商品一般是尚未在国内上市的，或者其海外价格比国内价格更优惠的，然后通过国际快递或者直接由代购人携带回来交给消费者的行为[295]。国内乳制品市场秩序被极大扰乱。

2）奶粉代购打破国外原有市场秩序，造成关税流失

海外奶粉代购缺乏监管，奶粉的真假难以鉴定。不少消费者表明，在选购

---

① 中国新闻网. 温家宝：中央政府在得知奶粉问题后第一时间公开. http://www.chinanews.com/gn/news/2008/09-25/1393895.shtml，2008-09-25.

奶粉时，首先考虑的是奶粉的质量，其次是奶源，而最后考虑的才是奶粉的价格[295]。在 SL 奶粉事件之前，有少数家庭已经采取海外奶粉代购，其主要原因是幼儿对牛奶过敏，而当时的国内市场缺乏羊奶乳制品，所以不得不采取代购。有的消费者反馈，在选择代购时，会要求奶粉必须在当地发货，或者要求代购者提供在当地购买的发票，然而这些措施并不能有效保证通过代购所得的乳制品的质量，因为除了发票造假外，还可以在当地生产假冒伪劣产品，再邮寄回国内。此外，由代购渠道购买的乳制品缺乏与厂家的及时联系，如果遇到质量问题，消费者缺乏维权的途径。由海关总署通报的 2017 年中国进口乳制品质量安全状况看出，2017 年乳制品类进口额为 85.2 亿美元，进口 7.7 万批次。如图 6-4 所示，近年来中国进口奶粉贸易额和市场占比在 2014 年达到高点后呈下降趋势，2016 年触底反弹。中国进口乳制品来自 32 个国家和地区，其中贸易额位列前 3 位的分别是欧盟、新西兰和澳大利亚。中国婴幼儿配方奶粉进口贸易量仍在快速增长，2017 年其进口量达 29.1 万吨，进口婴幼儿配方奶粉来自 14 个国家和地区，其中贸易额位列前 3 位的仍然分别是欧盟、新西兰和澳大利亚①。

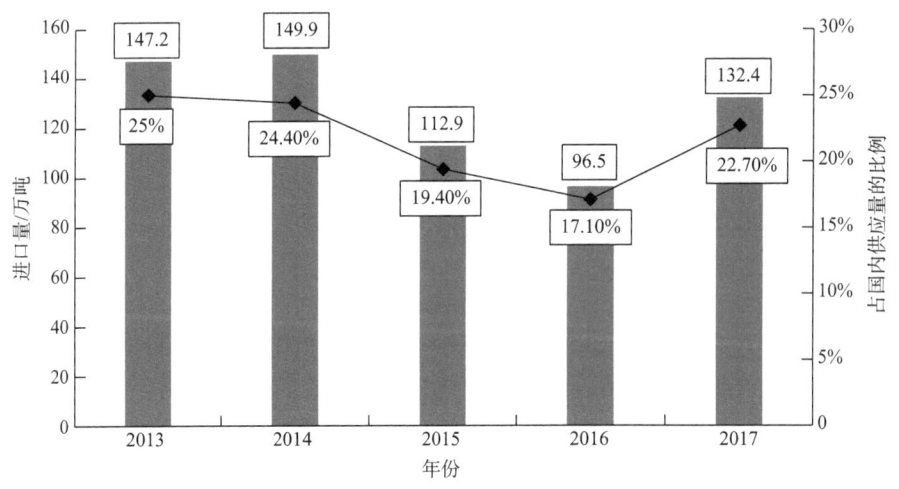

图 6-4　2013~2017 年中国奶粉进口量和占国内供应量的比例

资料来源：http://www.xinhuanet.com/2018-07/23/c_1123164626.htm

如图 6-5 所示，尽管中国婴幼儿奶粉进口量在逐年提升，不少消费者仍然会采用海外代购。有的消费者表示，虽然奶粉的包装上写有"原装进口"，但是他们认为在超市中的进口奶粉仍然与他们在当地购买的奶粉在质感、色泽上有差异，他们并不信任，因此宁愿花更多的钱去买代购的奶粉。

---

① 海关总署通报 2017 年中国进口乳制品质量安全状况. https://www.sohu.com/a/244146866_223261，2018-07-30.

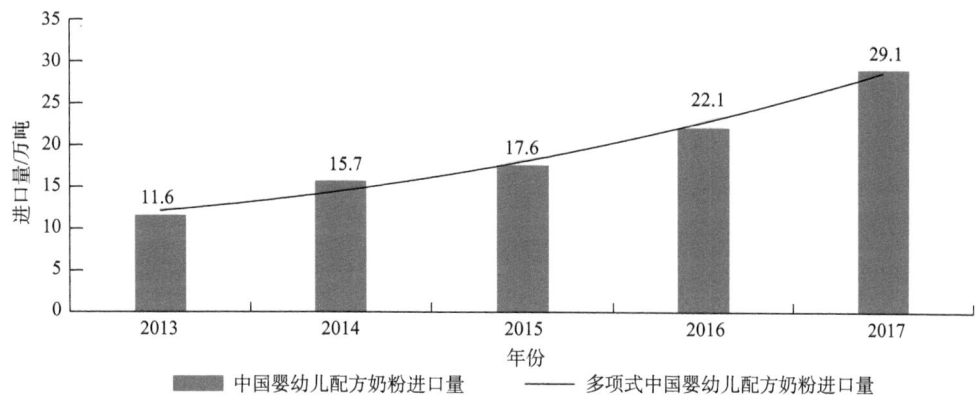

图 6-5 2013~2017 年中国婴幼儿配方奶粉进口量

海外代购奶粉使国家损失进口关税，国内乳制品市场受到进一步的冲击，而国外乳制品的市场秩序也被打乱，如图 6-6 所示。海外代购的奶粉通常以快递物品而非商品的形式入境，从而大大降低了关税，导致国家税收流失[296]，而国内本已式微的乳制品行业将面临更严酷的形势。参与奶粉海外代购的主体有在各国的留学生、出国的亲友及专门从事代购的人员，由于他们在当地超市大量地购买乳制品，造成部分产品脱销，当地不少居民对此产生了不满情绪。因此，新西兰、澳大利亚等地先后出台相应的政策，打击非法输出婴幼儿奶粉的行为。按照新西兰法律，除代理商进口之外，其他途径输往中国的新西兰婴儿配方奶粉都在严打活动的范围内，包括网络代购[297]，而澳大利亚相关部门则指出，许多代购者无视澳大利亚的出口条例，通过各类渠道非法销售奶粉获取暴利，甚至扰乱了当地奶粉市场，非法代购奶粉者最高可面临为期 5 年的监禁[298]。

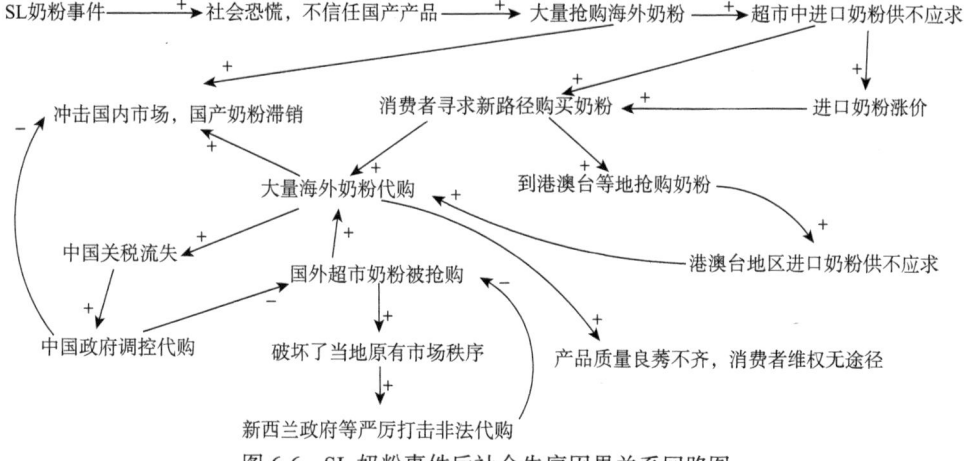

图 6-6 SL 奶粉事件后社会失序因果关系回路图

4. 应对措施

食品安全关乎民生根本，如果不能保障基本的食品安全，那么民众的心不能得到安抚，只会产生越来越强的不信任感，社会失序难以得到控制。因此，首要考虑的是，如何让我们的民族企业振兴，让消费者重新建立对国内自主生产产品的信心。

首先，国家相关部门应加大检查的范围和力度，对有质量问题的企业采取"零容忍"态度，绝不姑息，而对高质量的生产企业予以一定的鼓励和政策上的扶持，帮助其发展。国人应当痛定思痛，把质量和安全放在生产的首要位置，不能只为眼前的利益而一再放宽对质量的要求，应该有更加长远的规划，采取合法、合适的途径去谋求企业持续的发展。民族企业发展强大起来、重塑民众对国产产品的信心才是解决食品安全问题、维护社会秩序的根本之道。

其次，设立专门的监管部门，规范海外代购，建立严格的代购产品准入机制。通过国家设立的相关部门，对进口商品的数量和海外代购产品的数量进行宏观调控，防止投机者大量代购海外产品而导致国家部分税收流失。因其自身特性，代购商家需要借助电商平台来展开业务，国家必须指导电商平台开展业务，对海外奶粉代购商家的入门资质进行严格审核，并对商家的业务开展情况进行监督和评价，一旦发现其存在欺诈消费者的行为，则坚决清除，从而提高商家的自我规范意识。政府对从事代购的商家进行统一登记注册，并且定期通过网上发布、新闻播报、报纸刊登等形式公布网店销量大的代购奶粉的品质鉴别结果，如此既规范了代购秩序，又能及时真切地消除消费者的顾虑，使代购更加透明化、合法化[299]。与此同时，代购的数量也会得到国家的宏观调控，避免对国外及国内市场带来不利的影响。

"十三五"奶业规划出台，支持国产奶粉做大做强。2016年12月27日，农业部、国家发展和改革委员会、工业和信息化部、商务部、食品药品监督管理总局联合印发《全国奶业发展规划（2016-2020年）》①，要求强化举措，进一步提升乳品质量安全。奶粉配方注册制自2018年1月1日起实施以来，婴幼儿奶粉市场持续洗牌，凡是配方没有取得注册的产品，生产企业不能再继续生产，直到注册获得批准。此举有望淘汰近70%的品牌，使龙头企业充分受益。

此外，跨境电商税改将拉高海淘成本，对国内奶粉冲击有所降低。《全国奶业发展规划（2016-2020年）》提出，切实解决群众最为关心的重点问题。婴幼儿配方乳粉是乳业的代表，也是群众最为关心的食品品种。进一步严格许可准入，实施婴幼儿配方乳粉产品配方注册，促进企业提高研发、生产和检验能力，

---

① 《全国奶业发展规划（2016-2020年）》. http://www.xinhuanet.com//fortune/2017-01/09/c_129438413.htm，2017-01-09.

科学制定配方，切实解决配方和品牌过多过滥，以及标签标识夸大宣传、无依据的功能声称等消费者关注问题，进一步提升婴幼儿配方乳粉质量水平，让中国宝宝喝上安全优质的奶粉。

在奶粉事件中，政府积极应对，对内加强监管，提升国产乳品质量，对外规范代购，调控进口，同时信息公开，多管齐下，使得行业秩序渐渐趋向正常，部分消费者信心得以重建，平息了大部分不满情绪，防止了行业失序导致更大的社会失稳或社会危机。

（二）埃博拉疫情

埃博拉病毒（Ebola virus），又称埃博拉出血热（Ebola hemorrhagic fever，EHF），属丝状病毒科，最早于 1976 年在扎伊尔共和国发现。该病毒已暴发 20 余次，西非埃博拉疫情造成的死亡人数和负面影响前所未有（图 6-7）。此次疫情形势严峻，情况复杂，应对难度大，超过疫情国政府的能力，也令国际社会始料不及[300]。以下总结几点此轮疫情的突出特点。

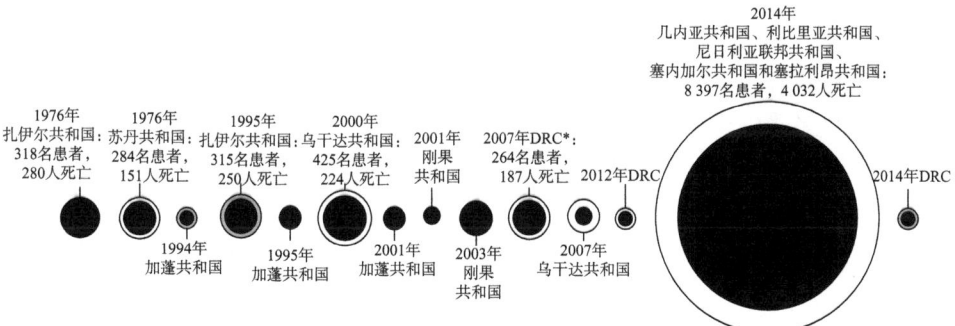

图 6-7 埃博拉疫情汇总（1976~2014 年）①

1. 规模大，致死率高

此次疫情是埃博拉病毒在西非地区的首次暴发，也是它首次入侵人口稠密的城市。根据世界卫生组织的数据，这次埃博拉病毒暴发感染了 2.86 万人，超过 1.13 万人死亡②。远超过 1976~2012 年累计埃博拉病例数和死亡人数的总和[301]。

---

① 埃博拉疫情大分析. http://blog.sina.com.cn/s/blog_c59b7d1e0102v9lq.html，2014-10-23.
② 数据：刚果（金）埃博拉疫情已造成两千多人死亡. http://baijiahao.baidu.com/s?id=1643286242715912281&wfr=spider&for=pc，2019-08-30.

美国国际公共卫生专家、哈佛大学教授保罗·法默指出，在此次疫情中，西非各个治疗中心收治的患者死亡率均为 70%，而留在家里的患者有多达 90%不幸病殒。

2. 传播速度快

病毒传播速度和范围超出预期。此次疫情暴发的标志性案例是 2013 年 12 月 26 日几内亚偏远地区一名男童因感染埃博拉病毒死亡。此后，埃博拉病毒在几乎无人察觉、无任何医学干预的情况下传播了三个月，从几内亚农村蔓延到包括首都科纳克里在内的城市区域，一直持续到 2014 年 3 月 23 日，世界卫生组织非洲区域办事处确认新一轮埃博拉疫情暴发。同时，埃博拉病毒开始跨越国界，经陆路传播到几内亚的邻国塞拉利昂和利比里亚，又通过飞机（经由一名旅客）传到尼日利亚，通过陆路（经由一名游客）传到塞内加尔。2014 年 10 月 1 日，美国疾病控制与预防中心宣布：从利比里亚到美国探亲的一名男性旅客因病在达拉斯入院，被诊断感染了埃博拉病毒，这是非洲以外地区首个确诊的埃博拉病例。10 月 6 日，西班牙政府卫生部宣布：一名照料埃博拉病患的女护士在工作过程中受到感染，成为非洲以外地区发生的第一个埃博拉传染病例。迄今为止，先后发现并报告埃博拉病例的国家共计九个，分布在非洲、西欧和北美洲，它们是几内亚、利比里亚、塞拉利昂、马里、尼日利亚、塞内加尔、西班牙、英国和美国[302]。

1）冲突分析

此次埃博拉疫情一开始就表现出了严重的社会冲突。

（1）严重的疫情与极度短缺的医疗资源的冲突。

脆弱的卫生和防疫系统导致对危机应对的准备不足。西非暴发疫情严重的国家普遍面临严重的医疗设施短缺、医务人员短缺及整体医疗服务不足的问题。几内亚、利比里亚和塞拉利昂这三个国家都经历了多年的内战和冲突，其卫生系统在很大程度上受到破坏或已经严重瘫痪。利比里亚只有几家医院，其中 80 家是由国际援助维持的，大多数农村居民缺乏医疗保健和药品。塞拉利昂在全国范围内只有不到 100 名注册医师，而只有 500~600 名护士，且后者并不隶属于医院，而是直属卫生部，由政府统一在各大公立医院之间调配。这些问题，使得西非各国在埃博拉疫情初期，没有掌握疫情的准确信息和采取恰当的防御措施，错过了疫情发现和应对的有效时机[300]。疫情暴发前，几内亚共和国、利比里亚共和国和塞拉利昂共和国每 10 万名居民中只有 1~2 名医生[303]，而这种稀缺的医务人员在疫情暴发后遭受了重大损失。由于缺乏必要的防护措施与相关的培训，很多医疗工作者在治疗和处理埃博拉病例时遭受感染，在疫情暴发的 4 个月内，在这三国有近 900 名医务工作者被确认感染埃博拉病毒，超过 500 名医务工作者死亡[304]。

这对于本来就十分脆弱的当地医疗系统而言，显然是雪上加霜，西非疫区的公共卫生系统出现大面积瘫痪，这也是埃博拉病毒的可怕之处。疫情重灾区几内亚、塞拉利昂和利比里亚都是最不发达国家，多年内战和冲突严重破坏了当地原本就极为脆弱的卫生基础设施与公共卫生体系[302]，更凸显了严重的疫情与极度短缺的医疗资源的冲突。

（2）重创的经济与疫情应对严重经济缺口的冲突。

2014~2015 年的埃博拉疫情对几内亚、利比里亚、塞拉利昂三国经济造成了沉重打击。这三个国家都属于世界上经济最不发达国家，尤其是利比里亚、塞拉利昂，它们都深受战争之苦，经济基础非常薄弱，但进入 21 世纪第二个十年以来，这三个国家的经济都出现了快速增长的良好态势。在埃博拉疫情暴发之前，外界曾预测 2014 年几内亚 GDP 的增长率为 4.5%，利比里亚为 5.9%，塞拉利昂则高达 11.3%，但在埃博拉爆发后，根据世界银行的数据，几内亚、利比亚里、塞拉利昂三国 2014 年实际国内生产总值增长率分别骤降至 0.3%、1.0% 与 7.0%[305]。同时，世界银行还对这三个国家 2015 年的经济增长速度持悲观态度，对几内亚 2015 年国内生产总值增长率的预测从疫情暴发前的 4.3%跌至-0.2%，利比里亚从 8.9%跌至 3.0%，塞拉利昂 2015 年的增长预期在埃博拉疫情暴发前曾高达8.9%，2014 年年底跌至-2.0%[306]，2015 年 4 月又猛跌至-23.5%[307]。非洲开发银行在其发布的 2015 年《非洲经济展望》中称，受埃博拉疫情影响，几内亚、利比里亚、塞拉利昂三国 2014 年购买力平均国内生产总值低于 2014 年《非洲经济展望》所预计的金额，缺口达 14 亿美元，其中塞拉利昂 7.75 亿美元，几内亚 4.6 亿美元，利比里亚 1.65 亿美元。这意味着塞拉利昂人均收入与预期相比减少了 130 美元，几内亚与利比里亚则减少了 40 美元[308]。综合考虑财政收入减少、为抗击埃博拉疫情而大幅增加的支出及外国投资的减少等诸多因素，几内亚共和国、利比里亚共和国、塞拉利昂共和国的经济损失至少为 38 亿美元。倘若疫情持续或进一步扩散，在最坏的情况下疫区中长期经济损失可高达 326 亿美元[306]。应对埃博拉疫情所花费的大量资金严重影响政府在经济领域的投资，使其在较长期间缺乏经济增长的动力，即使在疫情结束后仍需大量资源投入恢复和善后，财政困境无法在短期解决[309]，重创的经济与疫情应对严重经济缺口的冲突十分严重。

（3）社会恐慌与政府应对能力不足的冲突。

由于缺乏基本的防疫服务和卫生知识，各种谣言四处流传，疫区的许多居民陷入极度恐慌，盲目逃离家园，许多原本热闹的乡镇一夜间呈现出"万户萧疏鬼唱歌"的情景，被病魔吞噬了生命的患者暴尸街头，无人敢碰，这反过来又进一步恶化了当地公共卫生环境，加重了疫情[302]。疫情较重的几个国家在抗击埃博拉疫情中表现出政府应对不力的问题，对国际救援和世界卫生组织依赖性很强。

其中，塞拉利昂政府在外部评价中表现较差，塞拉利昂一度成为埃博拉疫情最严重的国家①。埃博拉疫情暴发后，塞拉利昂的政府机构发挥的作用相当有限，对疫情的反应也十分滞后。在疫情暴发后的几个月内，塞拉利昂西部迅速成为埃博拉疫情最严重的地区，但直到半年后，塞拉利昂政府才在西部地区启动了第一阶段的应对行动②。长期以来，埃博拉疫情的传播没有得到有效的控制，国家政府与地方社区存在比较严重的脱节现象。例如，在官方网站发布的 31 篇埃博拉疫情相关信息中，每一篇均没有提供明确的消息发布时间，只能根据发布信息的内容推测具体的时间[310]。从推测看，大部分官方消息是在埃博拉疫情后期发布的，集中在 2015 年下半年——此时距离埃博拉疫情暴发已经有一年时间。换而言之，塞拉利昂政府的疫情应对和信息发布的时间非常滞后，直到埃博拉疫情得到控制，甚至是在埃博拉疫情消除之后才有相对集中的政府信息发布，无法安抚社会广泛蔓延的恐慌情绪，体现了严重的社会恐慌与政府应对能力不足的冲突。

（4）公众与外来救援团队的冲突。

在此次埃博拉疫情期间，由于几内亚政府应对不当，公众发起了暴力抗议，公众与救援工作人员之间甚至发生了肢体冲突——2014 年 7 月，盖凯杜地区出现了埃博拉应对工作团队和当地居民的暴力冲突。当地居民阻止团队进入村落，用"一切伸手可及"的东西攻击团队工作人员，工作人员的摩托车被居民扔到沟里，工作人员不得不"徒步逃命"③。冲突发生后，几内亚政府给予高度重视，地方政府拘留了涉嫌袭击的 18 个居民；之后，国家卫生部长和国民大会主席亲自前往盖凯杜地区与当地领导人和居民进行沟通，为在世界卫生组织指导下的埃博拉工作团队的进驻工作扫清了障碍[310]。

当地政府也通过一些努力化解这些冲突。例如，在新闻宣传教育方面，在世界卫生组织的建议下，地方卫生部门通过"智者"④配合进行埃博拉疫情防治宣传，智者由当地有影响力的宗教领袖或社区领导担任。而这种尊重传统文化、通过人际传播的方式，在几内亚不少地区取得了良好的沟通效果，客观上降低了当地公众对西方救助团队的抵抗。然而，疫区经济发展极度落后、资源严重短缺，无法在短时间内解决重大冲突，且埃博拉疫情蔓延速度极快，导致社会冲突迅速演化为社会失序，社会秩序遭受全面破坏。

---

① 世卫组织：塞拉利昂成埃博拉疫情最严重国家. http://med.china.com.cn/content/pid/11799/tid/3，2014-12-22.

② WHO. Sierra Leone：Increasing community engagement for Ebola on-air. http://www.who.int/features/2015/radio-messages-ebola/en/，2015.

③ WHO. Working with communities in Gueckedou for better understanding of Ebola. http://www.who.int/features/2014/communities-gueckedou/en，2014-07.

④ WHO. "Wise people" help to fight Ebola in remote villages of Guinea. http://www.who.int/features/2014/ebola-in-villages/en/，2014-05.

2）失序分析

埃博拉疫情对社会的伤害，不仅在于它给感染者带来的痛苦，还在于它从各方面破坏了社会秩序。埃博拉疫情社会失序因果关系回路图见图6-8。

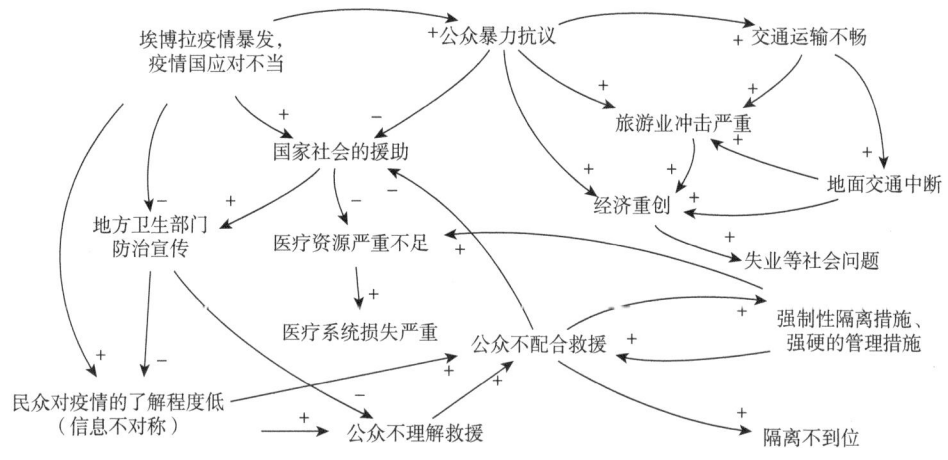

图6-8　埃博拉疫情社会失序因果关系回路图

（1）经济秩序重创。

虽然在国际社会的援助下，几内亚、利比里亚和塞拉利昂的政府在2014年的财政缺口都得到了填补，但正常的经济秩序受到了严重的影响。在几内亚、利比里亚、塞拉利昂经济的诸多领域中，旅游相关行业受到的冲击最为严重。在疫情最严重时，政府采取措施限制人员和车辆的通行，在交通要道设置检查站，并严格控制车辆的来往，甚至连运送药品与人道救援物资的车辆都曾一度被关卡的检查人员禁止进入疫区。如此严格的限制措施严重阻碍了交通运输业的运作，从而进一步加大了物流成本，导致了一些地区的物品短缺。零售业是西非地区城市内吸纳就业人口的重要领域，众多低收入人口从较大的批发店进货，再以游商形式兜售，以此为生。埃博拉疫情导致外出人口减少，零售行业的顾客数量大大减少。出于安全方面的考虑，一些零售商还暂停了商务活动。此外，交通不畅，零售业的进货渠道部分中断，导致一些上游分销商被迫歇业。旅游业所遭受的影响最为直观与明显。疫情引发的恐惧导致全世界游客都对这三国敬而远之。数家国际航空公司曾一度中断飞往这三国的航班，宾馆入住率极低。以几内亚首都科纳克里为例，大部分宾馆的入住率在2014年不足20%[306]。此外，大部分国际公司撤出或部分撤出了其在这三国的员工，一些基础设施项目陷于停滞[309]。

（2）孤儿困境。

埃博拉疫情最可怕的方面是造成大量人员死亡。埃博拉的易感人群以成年人为主。研究表明，15~45岁的人群感染埃博拉病毒的概率是儿童的3倍，45岁以上的中老年人感染的概率则是儿童的 4 倍[311]。在埃博拉疫情致死的一万多例被感染者中，15~44 岁的死者占 53.3%，年龄大于 45 岁的死者占 27.3%[312]。这意味着数千个家庭将会因失去一个或多个经济支柱而陷入困境。同时，青壮年的死亡又诱发了"埃博拉孤儿"问题，世界银行估计埃博拉疫情在几内亚共和国、利比里亚共和国和塞拉利昂共和国导致了 9 600 名儿童失去父母其中的一人甚至双亲，联合国教育、科学及文化组织则估计有 17 000 名儿童在此次疫情中失去父母之一或双亲，或者失去其他直接抚养者[311]。从绝对数字上看，这些孤儿的数量与这三个国家的总人口相比并不多，他们有可能被当地的亲戚和朋友收养，但即便被亲友接纳，他们所能获得的照顾与教育质量都将不可避免地出现下滑[309]。

（3）医疗系统损失严重。

即使在埃博拉疫情并未暴发的时期，当地的医疗系统也面临处理能力不足的问题，此次埃博拉疫情直接摧毁了许多基层医疗点。仅仅在几内亚一国，就有 94 个诊所和 1 个地区医院因埃博拉疫情而关闭，亟待重开。出于安全考虑，许多非埃博拉的医疗机构，如一些妇幼保健中心也暂时关闭。由于担心感染，一些非埃博拉患者也选择在近期不去医院就诊，这可能直接导致他们的病情恶化。在埃博拉疫情肆虐的同时，还有其他传染病在悄然蔓延，但没能引起足够的重视，或者即使引起了重视，当时几内亚共和国、利比里亚共和国和塞拉利昂共和国的政府也无暇顾及。有证据表明，疫区内流行麻疹，同时一些传统的传染病仍在肆虐，如疟疾和艾滋病，在当时的情况下，这些疾病难以得到有效的防控[309]。

自从 1976 年首次发现和命名埃博拉病毒以来，多重危机连锁或叠加地爆发，社会冲突和混乱不断恶化。公共卫生灾难引发了人道主义危机。防止疫情扩散，几内亚、利比里亚和塞拉利昂政府被迫采取一系列强制性隔离措施，学校停课、集市关闭、地面交通中断，不少居民社区粮食等生活必需品严重短缺，百姓生活几乎陷入绝境，只能依赖有限的外部援助。由于主要的国际航空公司（如英国航空公司、法国航空公司、阿联酋航空公司等）的停运，加之海上客运和货运航线的中断，破坏了正常的国际运输秩序，这三国一度成为"孤岛"，致使很多急需前往抗击埃博拉疫情一线的人员、物资不能及时抵达，公众对政府的不信任、恐惧与绝望情绪在疫区不断蔓延[309]。强硬的管制措施、凋敝的经济与民生、窘迫的公共财政和缩水的公共服务必然导致贫困、失业等社会问题，甚至会影响到人口出生率、人际关系、传统文化的延续和国内民主发展等诸多方面，新的社会矛盾、政治冲突和地区失稳在所难免[302]。

3）跨区域应对

此次疫情形势严峻，情况复杂，应对难度大，超过疫情国（区域）政府的能力，也令国际社会措手不及。世界卫生组织、联合国相关组织及各国政府纷纷投入埃博拉疫情应对之中[300]。

作为埃博拉疫情应对的领导和协调机构，世界卫生组织采取了有史以来规模最大的应急行动。其开展的工作主要包括：一是汇集疫情数据，评估形势，进行信息通报。世界卫生组织通过疫情国汇报信息、派出专家组跟踪监测等措施，获取疫情数据并进行分析研判，以确定疫情的严重程度和需要国际社会做出的援助力度，并通过多种形式向外界进行信息通报。二是为疫情国（区域）提供包括资金、人员、技术、培训等在内的各项援助。截至 2015 年 4 月 21 日，世界卫生组织累计为西非国家募集 3.32 亿美元的资金[313]，派出了 2 013 名技术专家，帮助疫情国（区域）建立 5 个治疗单位，并为其他组织建立埃博拉疫情治疗单位、社区保健中心和留观中心提供技术支持[314]。三是协调各方抗击疫情的资源与行动。包括：为参与应对埃博拉疫情工作的组织和专家制定疫情应对技术文件和指南，指导合作组织开展工作；协调合作组织在疫情国（区域）开展救护工作，合理分配救助资源；协调有能力的专家和组织投入埃博拉病毒疫苗、药物的研发；为参与的合作组织提供包括疫苗接种、防护、交通、饮食卫生、医疗设施管理和维护及电信和安全方面的后勤保障支持[314]。

此次应对埃博拉疫情的国际协助力量主要来自以下组织机构：一是配合世界卫生组织开展危机工作部署与救援的联合国相关组织。例如，联合国开发计划署、联合国人口基金会、联合国儿童基金会、联合国人道主义事务协调办事处、国际移徙组织、世界粮食计划署及联合国埃博拉应急特派团等。2014 年 9 月 19 日，联合国成立了联合国埃博拉紧急特派团，以充分动员和协调联合国系统的力量。这是联合国史上首次就一项突发公共卫生事件设立特派团[315]。二是促进疫情国（区域）政府疫情协调应对的区域间政府组织，如西方七国集团、欧盟、非洲联盟等。在此次埃博拉疫情中，非洲联盟多次召开会议，就非洲国家在有效抗击埃博拉疫情上采取共同立场和适当策略进行积极协调。三是疫情国（区域）之外的各国政府组织，包括中国、美国、法国、加拿大、德国等国在内的多国政府，向疫情国（区域）提供了多批次的紧急公共卫生及人道主义援助。四是各类民间社会组织。例如，红十字会、无国界医生组织等著名全球性非营利组织、致力于海外紧急救助或扶贫开发的各国民间慈善团体、私立基金会或非营利性基金组织及疫情国（区域）当地的民间社会组织等，提供了涵盖疫情监测、提供人财物援助、参与救援及防疫宣传等方面的工作[300, 302]。五是国际金融性组织、跨国公司及各类民营企业等。除了提供资金，它们主要与国际力量合作，加快实验性疗法的研发，确保为疫情国（区域）提供足量的医护物资。

4）风险演化原因分析

此次埃博拉疫情之所以从一场公共卫生事件发展为国际范围的公共卫生灾难，引发了社会冲突、社会失序，并进一步导致了社会失稳，甚至人道主义危机，除了疫情致死率高、传播速度快、医疗卫生水平有限等客观原因外，还有风险治理问题。以下总结此次埃博拉疫情的社会风险演化的原因。

（1）早期应对迟缓。

从2013年12月26日，最初的病例发生，到2014年3月23日，埃博拉疫情竟然在毫无医学干预的情况下肆意传播了三个月，直至疫情从几内亚农村扩散到城市区域，西非各国真正采取有效的应对行动时已经到2014年7月[300]。最初，卫生部门的反应迟缓、政府的应对不力是造成此后疫情扩散严重的重要原因。

（2）隔离不到位。

有媒体批评在疫情最为严重的期间，在利比里亚、塞拉利昂等国家内并没有100%隔离埃博拉病毒感染者：只有约23%的埃博拉病毒感染者在利比里亚得到隔离；塞拉利昂只对40%的埃博拉病毒感染者进行了隔离①，甚至，一些负责遗体掩埋的工作人员曾因为薪水不到位等情况进行了罢工。

（3）政府应对不力。

疫情暴发所在国政府应该是风险管理的主导力量，应在疫情监测与预警的事前阶段、疫情蔓延处置的事中阶段、疫情恢复与重建的事后阶段负全面责任。此次西非埃博拉疫情最严重的是几内亚、利比里亚和塞拉利昂三国。2014年7月后，三国都成立了国家级别的疫情应对机构，采取相应措施应对疫情。疫情国（区域）政府的工作主要集中在：一是启动国家应急机制，协调国内各部门全力投入疫情应对，包括采取适当的隔离措施预防和控制感染、为感染者提供治疗、对疫情进行监测统计、向各方提供准确信息、通过宣传和培训提高民众对疫情的认识和应对能力等；二是协调来自国际社会合作伙伴的支持，与它们保持及时沟通，为其提供信息和后勤保障；三是疫情后的恢复与重建工作，包括对埃博拉病毒感染者治愈后的照顾、本国卫生防疫体系的改进及疫情后国内经济和社会生活的恢复等工作[300]。

然而，尽管各国政府采取了应对埃博拉疫情的措施，但外部力量的主导地位仍然成为应对几内亚和塞拉利昂疫情的重要途径。整个国家严重依赖外部力量，国际力量也成为应对疫情的重要对象，包括世界卫生组织、无国界医生组织、国际救助儿童会、世界宣明会、联合国人口基金会及当地重要的NGO等。在具体物资的提供方面，隔离用的帐篷由国际红十字会与红新月会联合会提供，而联合国儿童基金会提供了帐篷内的生活用品和烹饪工具等[310]。疫情国（区域）并没有发挥出应对疫情的主导力量。

面对疫情，疫情国（区域）政府反应缓慢，内部管理效率低下，社会风险管理能力差，造成了严重的社会混乱甚至不稳定。一方面，政府无法充分动员本国

---

① 当初埃博拉疫情变严重原来和这家美国公司有关？http://www.jiemian.com/article/564426.html，2016-03-08.

相关机构的人员积极参与疫情应对。在塞拉利昂，负责掩埋埃博拉死难者遗体的工人因领不到高危补贴，将死难者的遗体丢弃在公共场合。在尼日利亚，疫情暴发初期，公立医院的医生曾举行全国性罢工，政府则以提供人寿保险等额外的待遇为条件，来鼓励更多的医生投入疫情应对[316]。另一方面，公众对政府没有信心，政府应对疫情的一些强制措施不能得到很好执行。在几内亚，有人认为埃博拉不是一种病毒，而是某种化学药物引起的。因此，当政府派人到一些地区消毒时，当地人闻到消毒液的奇怪味道，误以为是病毒在散布，极力阻止消毒工作。还有人认为埃博拉病毒是外国人带来的，他们暴力冲击捐助国或非营利组织建立的治疗中心，杀死数名援助工作者，导致一些援救组织紧急撤出，救援工作一度停止[317]。在利比里亚，许多人认为埃博拉疫情是一个骗局，他们不满政府的强制隔离措施，冲进隔离中心，强行将病人带走。还有一些人对负责殓尸的人行贿，以取得他们的亲人是因其他疾病而死的证明，从而保留亲人遗体进行传统葬礼。这些行为大大增加了埃博拉疫情感染的人数，导致埃博拉疫情一度处于失控状态。

政府应对不力和对疫情认识不足在塞拉利昂表现得尤为突出，而塞拉利昂也是此次疫情中受灾最严重的国家之一。几内亚等国在疫情宣告结束时，是由政府和世界卫生组织联合宣布的，而塞拉利昂对埃博拉疫情结束的判断依据则完全是由世界卫生组织提供的。在埃博拉疫情反思和总结中，总统讲话成为主要的官方表达内容，对总统个人描述和称赞成为官方话语表达的重点。更严重的是在外部评价中几乎看不到塞拉利昂政府直接面对埃博拉疫情的工作和贡献。

（4）国际合作不畅。

在埃博拉疫情中，疫情不能得到快速抑制的重要原因是缺乏有效的埃博拉病毒治疗药物和疫苗，而疫情国（区域）政府疫情应对能力不足、国际社会参与救援迟缓、各类组织合作不畅等问题，造成了疫情的进一步升级和损失扩大[300]。

在此次疫情应对中，无论是来自疫情国（区域）之外的 NGO，还是疫情国（区域）自身的民间社会力量，都没有充分地参与到疫情国（区域）和世界卫生组织的疫情应对体系中。2014 年 3 月，疫情暴发初期，无国界医生组织就针对埃博拉疫情向外发出警告，但并没有引起世界卫生组织和国际社会的重视。在疫情应对中，一些参与应对的 NGO 负责人反映，世界卫生组织在某些情况下过于接近政府，而它们与世界卫生组织没有适当的协调机制，导致无法及时、有效地获得信息，也未能获得及时的规范指导[300]。

早期应对的迟缓、隔离不到位、政府应对不力及国际合作不畅，使得此次埃博拉疫情的社会风险治理效率低下，一场公共卫生事件最终发展为国际范围的公共卫生灾难，社会冲突不断，社会秩序严重破坏，以至于社会失稳，引发了严重的社会危机。

人不可避免地存在片面性,结成社会以后人类的片面性依然会影响到社会稳定。对此的补救不是产生于自然,而是产生于人为。

——〔英〕大卫·休谟

第七章 社会失稳的风险及治理

社会失稳，既是重大的社会问题，也是重大的政治问题，不仅关系到人民群众的安居乐业，而且关系到国家的长治久安。经常提到的社会问题，是指社会的实际状态与社会期望存在着普遍的差距，如果存在的这种差距得不到弥合，同时人们的期望得不到满足和实现，就会酝酿成"社会焦躁"，进而酿成潜在的社会失稳风险[318]。灾害的发生往往给人类生命、财产及其所处的环境带来巨大的损失，甚至引发受灾地区的社会失稳。因此，应对灾害并不止于对灾害本身的抗击，需要有更长远的眼光，警惕其所造成的社会风险。

一、理 论 概 述

在生存的压力下，有些人可能突破法律、道德、传统习俗的约束，做出违背常态的事情，进而影响社会正常的运行秩序。这种情况不仅引起人们对社会稳定问题的普遍性关注，同时也表明了社会管理层对解决社会矛盾和冲突问题，以及维护社会稳定的关注。因此，在政府主导的背景下，要维护社会稳定对其概念的认识至关重要。

（一）失稳概念

社会稳定是社会各个群体普遍关注的一个重大理论问题和现实问题，它是任何一个国家和政府都极力维护的社会目标，努力追求的社会状况，为之奋斗的社会理想[319]。特定的社会稳定概念，在很大程度上确立了政府追求社会稳定的决心，进而决定了政府对维护社会稳定所出台的相关政策、采取的措施等。如果不能正确理解社会稳定的概念内涵，必然会导致追求稳定目标的不当行为，同时也会影响做出正确的维稳措施及制定正确的维稳政策。所以，要想研究社会失稳及对其风险的管理控制,就必须首先明确地界定什么是社会稳定。因此,对"社会稳定"概念给出相对准确、科学的定义是研究社会失稳问题的首要工作[320]。

1. 社会稳定的概念

从词语的本义来讲,社会稳定就是社会稳固安定,平静正常,没有任何变动;从哲学来讲,稳定作为一种系统之间的平衡,它是系统运动的一种形态,是系统在内部各因素和外部环境的干扰下仍能保持相对协调的状态[321]。平时生活中所讲的社会稳定是指整个社会处于平稳、安定、融洽的状态,是经济、政治、文化等多个领域人与自然和谐相处、社会结构各系统之间和谐相处及人自身和谐相处的结果,是一个动态的、综合的、历史的概念[322]。社会稳定的本质实际上是社会生活的有序性,是社会调控的结果,是与社会失稳相对立的,如图7-1所示。

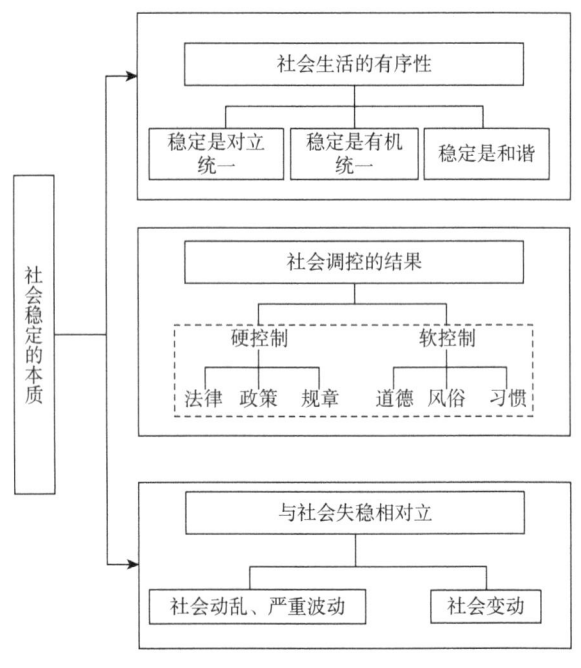

图 7-1 社会稳定的本质

1) 社会稳定是社会生活的有序性

社会生活的有序性是指社会的各组成要素处于永恒的有序地变化之中,主体之间的社会关系相对协调,各种社会活动都可以合理有效地组织[321]。一个社会不可能达到完全的公平公正,但是决不能失稳。

稳定的对立统一与有机统一,是指稳定的张力达到对立面之间或多个方面之间的基本平衡。稳定是一个有机的统一体，在这方面，它是指事物及事物内部各要素之间实现和谐一致，并且达到了生命有机体的层次和水平，这是生命有机体所呈现出来的有序状态[323]。

和谐是稳定的最高境界。良好的社会秩序是构建和谐社会的必要条件和坚实基础。从整体角度看，和谐关系一般比较复杂，至少涉及两个以上的参与者，所以说事物间应该达到相互协调、相互适应、保持一致、平衡、完整的和谐关系。换句话说，稳定已经充分地实现规律性与目的性的高度统一。从个体的角度来看，在和谐有序的状态下，无论个人有多么奇怪的行为，都不会影响和谐。反而这是对和谐的一种体现，也就意味着在人际交往中，不论对方是什么个性，也不论对方是什么地位，都能很融洽地相处。人们在交往相处中，心中有一个恒定的尺度，但也不拘泥于形式，没有一个固定套路，没有一个死板形式，也就是常说的"外圆内方""和而不同"[324]。

社会稳定的最终反映是建立和完善安定良好的社会秩序。社会稳定的有序性已经成为社会正常运行的象征，它的必要条件和基本标志是社会行为的规则性。社会主体遵守社会生活公共规则的状态是社会稳定有序性的体现。相反，如果所有的社会主体都各行其是、不遵守公共规则，那么有序的社会生活就会被打乱。在一个有秩序的社会，人们可以采取积极行动建立起最基本的相互信任与合作。因为社会秩序实质上意味着每个人在社会上都有确定的地位，每个人的行动都是被成功所导向的。换句话说，人们不仅可以将任何一种自己拥有的知识应用于实践，还可以预料到从别人那里获得的协作[262]。

2）社会稳定是社会调控的结果

社会生活永远处于变动之中，不可能僵死不变，也不可能没有矛盾的存在。马克思主义对社会发展的内在动力的科学揭示表明，在社会这个有机体的无数矛盾中，起着本源的总制动作用的两个矛盾，就是生产力和生产关系的矛盾、经济基础和上层建筑的矛盾[325]。除此之外，社会生活在政治、经济和文化各方面都存在着种种矛盾。这些矛盾会破坏社会的稳定性，因此，有意识地调节和控制社会生活，是维护社会稳定的必要条件。

法律与道德是相互联系的，它们都属于上层建筑，都是为一定的经济基础服务的[326]。作为调控社会关系和人们行为的重要机制与基本方法，它们从不同的角度维持社会生活的秩序，在社会学中分为"硬控制"和"软控制"。

"硬控制"是指国家通过奖罚的手段，通过法律和政策规章制度，对社会生活进行强制调控[327]。所以国家设立各种刑法和监督制度，如果人们的行为违反了这些规范，就会受到不同类型的制裁。

"软控制"在维护社会稳定中同样发挥着非常重要的作用。不同于"硬控制"的是，它是从反对严格按照规章制度管理的角度提出的。它主要是使社会主体本身自觉去遵守要求和规定，通过把社会稳定的各种要求内化到主体的思维意识中，以此来维护社会的稳定。"软控制"是通过对人的思想意识进行控制的，包括长期形成的民族风俗、节日习俗、传统礼仪等。"硬控制"和"软控制"两者相互补充，共同维护社会的稳定。

3）社会稳定与社会失稳相对立

社会生活中最有代表性的两种不稳定：一是社会生活陷入严重动荡的波动局面，二是社会处在激烈的社会革命中[328]。在这个错综复杂的现代社会里，各种各样的社会矛盾都从不同程度影响着人们的生活，致使社会生活发生变化。这里所说的由社会矛盾引起的社会变化而导致的不稳定和由社会动荡导致的不稳定是不一样的。社会动荡既包括"中度"的社会不稳定、不安全现象，也包括"重度"的社会不稳定、不安全现象，这种变化会影响有序的社会生活，甚至会使某些领域达到完全无法控制的状态。

与严重的波动相比较，动荡对社会稳定的影响程度更为严重，它具有颠覆性、激烈的对抗性、大面积毁坏性，可能导致政治机构不能有效运行，经济发展全面衰退，甚至连最基本的人权也得不到尊重和保障，此时的社会生活就处在一个极端的失稳状态。这两种情况有可能是社会制度与体制的不完善，以及内部矛盾激化所导致的，也可能是外部势力的干预引起的。社会严重波动和社会动荡所造成的社会失稳，是社会生活中必须要努力避免的。

2. 社会失稳的概念

社会失稳的概念是相对于社会稳定的概念而言的，所以对社会稳定的概念进行界定之后就可以讨论社会失稳的问题。社会失稳（社会运行亚稳态）是指介于稳定与动乱之间的一种由显性的或隐性的社会矛盾和问题所造成的社会紊乱状态[329]。社会失稳往往体现为一种隐性的存在，充斥在社会的各个领域和方面，因其具有不可预见性，且具有较长的潜伏期，往往容易被人忽视或低估。这种隐性的存在意味着两面性——破坏性和建设性的双重变奏。破坏性一面占极大比重，若得不到及时有效的解决，很可能使社会整体处于危险的边缘。

这里，还需要区分社会不稳定与政治不稳定的概念。它们的不同之处在于政治不稳定侧重于政治局势，强调政治秩序的连续、有序与继承；而社会不稳定则侧重于社会领域，强调社会秩序的安定、和谐、有序，以及民众社会心理的安宁、安适。基于此，社会失稳的内涵界定为如下三个方面：①社会与经济转型所引起的社会风险、社会成本；②以不平衡、不公平经济增长为中心所引起的社会排斥、社会抗拒；③政治体制不能适应这种转型而导致的低社会治理能力和低危机处理能力。

政治不稳定导致了群体分化的形成和群体斗争的产生[330]。高社会风险、高社会排斥与事实上的群体分化是相伴而生的。在高风险、高排斥的社会中，如果执政党没有足够的治理能力来协调不同群体或集团的利益平衡、不同社会群体的政治格局，政治不稳定就会随之而来。

因此，社会不稳定是政治不稳定的前奏，是催生政治不稳定的有机土壤。一个政党或政府要维护自己的统治地位，要保持自己统治的合法性基础，就必须解决好社会不稳定问题。

（二）失稳因素

影响社会稳定的因素多种多样，外部环境和文化心理因素既是社会存在的必然条件，也是影响社会稳定的重要原因。从社会结构上来讲，社会变迁将会给社会结构和社会秩序带来很大的变化，从而导致社会中各种不稳定因素的产生[331]。不同利益主体之间的差异会引发他们之间的利益斗争，严重情况下会使社会秩序受到影响。

1. 社会变迁

社会变迁简单来说，就是一切社会现象发生变化的动态过程及其结果。在社会学中，社会变迁这一概念比社会发展、社会进化具有更广泛的含义，包括各个方面和各种意义上的变化，如自然环境、社会制度、个人观念、文化传播、社会心理的变化等[332]。

社会结构是指一个国家或地区占有一定资源和机会的社会成员的组成方式及其关系格局[333]。社会结构是一个静态的、相对恒定的、协调和平衡的概念，但在社会分化的过渡期间，可能产生大量的失稳因素。整个社会结构的改变，不再存在结构组成要素之间的恒定关系，分化和整合之间无序且不平衡的现象必然会发生，因此难以保持社会的稳定。

在社会学上，社会转型就是社会结构的根本性变迁，社会变迁都是分裂性的，变迁是社会解体的根本条件[334]。社会解体导致不同的社会因素崩溃瓦解，同时对社会群体和个人制定的规则的约束性也被大大削弱。这个解体的过程伴随着组织结构的瓦解，这样可能导致社会的集体目标不能全数被实现。当价值观与社会规则发生冲突，社会整体凝聚力缺乏时，能够导致社会异常的发生。社会瓦解的其他组成部分，如精神疾病、犯罪、酗酒、毒品和自杀也可能导致社会崩溃。

2. 利益矛盾

社会稳定学认为，社会不稳定是由于社会群体之间经常出现且始终存在着利益矛盾和利益斗争，并且社会群体之间的利益矛盾激化和扩张是社会利益关系紊乱的根本原因，更是产生社会失稳的根源[321]。《马克思恩格斯选集》中提到在社会历史领域内活动的，全是具有意识的、经过深思熟虑或凭激情行动的、追求某种目的的人，人们奋斗的一切都与他们的利益有关[335]。这些都论证了利益是推动人类历史发展的内在动力这一结论，同时和谐的利益关系也是人类社会发展的永恒动力。人们为了追求利益，从事物质资料的生产，必然要结成一定形式的经济关系，形成一定的经济组织形式。同样，也为了争取和维护自己的利益而参与政治活动，结成某种政治关系。

从本质上看，社会失稳是指社会整体秩序的混乱，是由社会结构的部分或者全部不和谐，社会功能部分或者全部的丧失而导致的。这种混乱无序实际上是在社会大规模群体行为紊乱的前提下出现的，但是如果社会结构的大规模重组、社会功能的转换没有导致群体行为的紊乱，那么仍然能够维持社会秩序。

社会群体之间的利益矛盾与利益斗争都是社会状态发生变化的来源。人具有追求利益的天性，人类社会的发展是在利益追求、调整和不断解放中持续实现的[336]。伴随着人们追求物质利益的欲望越来越大，一组群体与另一些群体由于有限的利益相冲突，这表明一组群体在某方面占有的利益过多，但是另一些群体在同一方面占有的利益就较少甚至没有，进而社会各利益相关者就会产生矛盾，导致利益冲突。利益矛盾与斗争的展开必然会改变社会群体的行为，如果这种变化不是向着社会一体化的方向改变，就会使社会秩序受到冲击，那么社会将陷入失稳。

3. 文化因素

文化已经成为当代社会结构中一个极其重要的组成部分，为社会发展提供方向引导、强大的精神动力和智力支持，并且实现了对整个社会的引领和塑造。文化冲突论者索尔斯坦·塞林（Thorsten Sellin）[①]认为，存在着两种形式的文化冲突，即初级冲突和亚文化冲突。初级冲突是指两种组织文化在互动过程中由于某种抵触或对立状态所感受到的一种压力或者冲突。例如，人们改变了生活环境，文化也随之变化之后，他不仅要面对"旧的"文化，同时也要接受新文化的支配。但是，当按照不同的文化标准行事时，旧文化与新文化之间是可能发生冲突的。有时处在新文化的环境按照旧文化的规范行事的行为可能属于犯罪。亚文化

---

① 索尔斯坦·塞林（Thorsten Sellin，1896~1994年），美国著名犯罪学家、社会学家。在犯罪学领域，对文化与犯罪文化的关系进行系统化研究并将之形成规范性学术理论体系。

冲突，指在主文化或综合文化的背景下，与主文化相对应的那些非主流的、局部的文化现象[337]。居住在某一区域或某个集体的人会有属于自己的特有的一套价值观和行为准则，这种价值观可能会导致大规模的文化冲突。例如，某些软性毒品对一些亚文化和地区来说是合法且正常的，但对主流文化和另一些地区来说是非法和严格禁止的。因此，亚文化冲突会对社会的稳定兼具直接和间接的影响。

当社会发生重大变化的时候，规定的社会界限会发生相应的变化。在社会发生急剧变化的过程中，由于社会界限的规定不断被打破，个体的欲望也超过了道德意识所允许的界限，社会控制机制处于瘫痪状态，社会整体呈现出没有价值观或不存在价值观的趋势。在这种情况下，原有的集体行动目标丧失了，维系个人社会关系的纽带不断被放松，道德生活领域出现了"去中心化"的趋势。意识的同一性是维系和整合社会的精神纽带。当社会的一体化程度高时，社会的基本价值观念可以为大多数人所认同，人们在行动的时候会考虑到他人和社会的利益。当社会一体化程度低时，特别是在过渡过程中，社会文化的多元性就会影响社会稳定。

4. 外部环境

环境是系统存在的必要条件，任何系统都不能从环境中分离，这里所说的外部环境是相对于特定的社会而言的，主要包括人们生活的生态环境和外部社会。在相当长的历史阶段里，从总体及人类生存环境的角度上看，人与自然和谐相处的关系比人类社会各系统间的协调关系更重要。人类与自然之间是相互依存、相互影响的，它们组成了对立统一的整体，建立了生态平衡。人类依附着自然生活，环境为人类生存和发展创建良好的物质条件，人与自然的关系相互联系、缺一不可，同时对于解决社会系统内部的各个子系统间的问题具有一定的影响。

环境与社会之间存在着不可分离的关系，生态灾害往往会造成社会问题。例如，人口大幅度增长，带来的必然是耕地减少、粮食紧张、住房困难、能源短缺、交通拥挤等一系列严重后果。由于生态环境污染恶化、资源破坏短缺、有害生物侵害、疾病流行等原因，人们的生存安全受到了威胁，也容易引起社会的不安定。社会稳定又被分为外稳定和内稳定，只有内外稳定和谐统一社会才能稳定。其中，生态稳定作为社会的外稳定，对维护社会稳定起着保障和制约的重要作用。良好的生态环境不仅有利于社会稳定，也有利于人们更好的生产和生活。

日益恶化的生态环境，不利于推动世界和平与发展，可再生资源和不可再生资源的全球性匮乏和退化，加上各国对自然资源拥有权和使用权之争，很容易引起国际冲突，这种冲突在近代史上屡见不鲜[338]。例如，德国与法国对鲁尔地区的煤炭资源之争引发了战争；加拿大和西班牙也曾发生金枪鱼大战；还有秘鲁与厄瓜多尔的地下资源之争，中东、非洲等地区的水资源之争。同一条河流的上游和下游国家，常因为水的问题发生争执，水资源短缺已经成为这些国家关系紧张的重要原因之一。

生态环境的恶化也可能引起国家生态空间质量的改变，这类问题对国家间冲突有间接影响，即它有可能改变某些国家的生存资源状况，也可能使当地的经济加速下滑、加剧贫困状况并引起国家间冲突，进而引起社会失稳。20 世纪 80 年代的时候，非洲当地的生态环境恶化，造成了大批难民被迫涌入异国，这对国际安全是一个很大的隐患，很容易加剧国际紧张局势。生态环境的恶化也可能成为发达国家干涉其他国家内政的借口。例如，西方一些国家中的别有居心者利用其工具价值，以生态环境及其问题对处于低端发展中国家施压和遏制，甚至干涉其内政。莱斯特·布朗（Lester Brown）提出的"中国生态环境威胁论"，实质就是西方国家侵略本质的凸显，是这些国家企图干涉中国内部事务的借口。

综上所述，社会变迁、利益矛盾、文化因素及外部环境这四个因素都会影响社会的稳定性。实际上，它们之间不是彼此分离的，而是存在内在的逻辑关系。首先，社会变迁和社会变革会影响社会群体之间的利益关系，带来心理和文化的冲突。利益矛盾影响人们的心理健康，外部环境作为社会稳定的外部条件，通过影响心理和文化因素从而影响社会的稳定状态。

（三）失稳原因

社会矛盾导致社会冲突，社会冲突可以演化成社会失序，进而引起社会失稳，这是造成社会失稳的一个客观原因。相应地，如果社会矛盾得到缓解，社会的稳定性就会提升。然而，矛盾与不满是永久性的，不可能从一个人的生活完全消失。因此，危机在正常的社会生活中是一种常态，它是不断生成、不断更新、连续发生的事件，它不是靠人的主观想法能够改变的。纵观世界历史，所有的国家都遭遇过危机，对任意一个国家来说，任何时期都是会出现危机的。因此，解决社会失稳问题应该缓解矛盾、弱化危机，而不可能去消灭矛盾，让危机永不出现。

1. 权利不平等导致社会失稳

从全球视域来看，世界上多数发达国家是"橄榄型"社会结构，因为这种"两头小、中间大"的社会结构具有对社会贫富分化较强的调节功能和对社会利益冲突较强的缓冲功能,最有利于维持社会稳定[339]。

"橄榄型"社会结构表明社会群体结构中极富极穷的"两极"很小而中间群体的规模相当庞大。人间的富穷,都必然相对地存在,在这种结构中,大多数社会成员处在中间群体,上下层的规模都比较小,这意味着社会的大多数财富是被中间群体的成员支配的。这种分配方式是合理的,不会无限度地拉大贫富差异,不同群体之间的实力对比也是较为均衡的。社会生活中,大多数的成员过着更稳定的生活,他们生活安定,经济收入较多,因此对社会的不满情绪较少。这部分成员对社会主导价值观和基本制度的认同感很强,是维护稳定的结构性社会的自主力量[340]。

相反,如果一个社会的中间群体规模小,社会极穷群体规模很大,那么就意味着占人口绝大多数的极穷群体成员处在贫困状态,而占人口比例很少的社会极富群体成员则占据着社会的绝大部分财富。它反映了社会财富分配的不公和社会的贫富差距扩大,整个社会的实力对比就处于一种严重失衡状态,因此这种结构是不利于社会稳定的,很容易引发社会动荡、爆发动乱甚至革命。

2. 经济不稳定导致社会失稳

美国诺贝尔经济学奖获得者道格拉斯·诺斯①认为只有意识形态理论才能说明如何克服经济人的机会主义行为,才能进一步解释制度的变迁[341]。诺斯认为意识形态是一种行为方式,这种方式通过给人们提供一种"世界观"而使行为决策更为经济,使人的经济行为受一定的习惯、准则和行为规范等的协调而更加公正、合理并且符合公正的评价,当然这种意识形态不可避免地与个人在观察世界时对公正所持的道德、伦理评价相互交织在一起,一旦人们的经验与其思想不相符合时,人们会改变其意识观念,这时意识形态就会成为一个不稳定的社会因素[342]。

1997 年 7 月亚洲金融危机爆发,不仅在世界各地迅速传播,引起世界经济增长率、贸易增长率和投资增长率大幅下降,而且这些危机发生国又由金融危机直接演化为经济危机,进而导致严重的社会危机和政治危机。失业人口和贫困人口大幅增加,犯罪和暴力事件激增,致使人们对经济与社会前景、公众与政府信誉失去信心。从所有发生经济危机的国家来看,社会问题都会波及家庭和社区层面,经济压力可能会导致家庭或社区暴力及非法活动,如毒品交易、走私活动等[343]。显然,重视经济建设,忽视社会发展,重视 GDP 增长,忽视社会保障是这些国家发生社会危机的重要根源。

---

① 道格拉斯·诺斯(Douglass North,1920~2015 年),美国经济学家、历史学家。由于建立了包括产权理论、国家理论和意识形态理论在内的"制度变迁理论",获得 1993 年诺贝尔经济学奖。

印度尼西亚经历了长达 30 多年的高速经济增长，它的经济发展成就也为世界所瞩目。但是官僚作风盛行，政务工作拖沓及贪污腐败，成了影响印度尼西亚经济的主要因素之一。由于亚洲金融危机的爆发，印度尼西亚也相继引发了社会危机，随后爆发了政治危机。社会分化日益加剧，社会越来越不稳定，政治腐败也加速了苏哈托①政权的垮台，整个国家走向社会失稳，人口贫困发生率从危机前（1997 年 5 月）的 15.4%突然上升到危机高峰（1998 年 8 月）的 33.2%，到 1999 年 11 月才降低到 18.1%[344]。

3. 政策不透明导致社会失稳

社会生活中的一个普遍现象是，当人们有利益需求时，会通过正常渠道来表达，但是一些政府机构就会忽视或者草率行事。一旦人们反映的问题得不到解决，就会采取更加激烈甚至极端的方式去表达，这时候政府就会由于急于控制事态的发展而不惜出动警力。这样做的必然结果就是，人们的利益无论通过正常渠道还是非正常渠道都得不到表达。长此以往，不满情绪就会越积越多，潜在的社会不稳定因素也就越来越严重。

在历史发展的过程中，依靠强力压制换来的稳定只可能是暂时的，"以暴制暴"看似有力量，实质上是一种文明的困境，是一种最无奈的力量。靠"以暴制暴"求取稳定，虽然解决了一时一地的小问题，但问题双方的矛盾可能会升级，甚至激起更恶劣的对抗情绪，最终的结果，只能是造成更大范围的社会失稳。为了实现长期的社会稳定，应该为社会不满情绪的宣泄提供制度化的管理，让人们把心中的不满通过合理的方式、正常的渠道表达，以利益表达制度化实现社会的长治久安。尽管如此，人们也有适当地以相对激烈的方式来表达不满的权利。

利益表达的某些方式可能会造成表面上的社会失稳，但是实际上它帮助了政府执政，平衡了政府各个方面的利益，也让政府反思了自身的领导方法及社会发展的模式。人们的利益表达长期得不到满足，暴力或冷漠就成为他们宣泄不满、表达利益的基本方式。一旦出现这类相对激烈的社会行动，作为政府，首先要做的不是压制，或用治标不治本的办法平息这类行动，而应该站在人民的角度，想方设法解决人民的实际困难，至少应该学会疏导人民的不满情绪[340]。

（四）相关理论

从研究文献来看，学术界在理论层面对社会稳定风险评估还缺乏深入的研

---

① 苏哈托（Suharto），印度尼西亚共和国第二任总统、军事强人。在 1967~1998 年任总统，为印度尼西亚带来了经济增长，贫穷人口减少，人民生活水平大幅提高。

究。当各类群体性事件、暴力维权事件和上访事件经常发生的时候，对社会稳定的研究尤为重要。

中国对社会稳定与不稳定的研究和测量主要始于20世纪80年代末以后。有学者在1989年较早提出了社会风险早期预警系统，可视为对社会不稳定的一种估量系统[345]。有学者认为，社会稳定是一个系统工程，包括政治局势稳定、经济形势稳定、思想情绪稳定和社会秩序安定四个方面。

有学者指出，社会稳定实质上就是人心的稳定，它依赖于社会心理的平衡[321]。社会心理稳定是人们日常的精神状态和思想面貌，是社会稳定的内在原因，而社会稳定是社会心理稳定的外在表现，社会分化的过渡期容易给人们的心理带来很大的冲击。中国现代社会由于受传统意识的影响，人们倾向留下相同的意见，而排除异议，这对社会的稳定繁荣及健康发展产生了一定的负面影响[346]。

功能主义、冲突理论与亨廷顿的政治社会学是西方社会学理论中对社会稳定最有价值的三个理论。

1. 功能主义

功能主义在社会学中有着长期的历史，功能主义的代表人物帕森斯①提出的"结构功能主义"对社会学理论的发展具有里程碑意义。在帕森斯看来，人类行动的最基本特征是具有意义性和目标导向，即行动时主体朝着目标的动作。一个社会要想维持社会秩序实现社会稳定，就必须满足适应环境、目标获得、整合为一个整体及对越轨行为的控制四个基本需求，这四个需求在功能上是相互联系的[347]。

帕森斯特别强调社会整合功能，一个系统的运行状态是否稳定，不仅取决于它是否具备满足一般功能的子系统，还取决于这些子系统是否存在各子系统之间的对流或交换关系。如果一个子系统的输出恰恰满足了其他子系统的需要，而它本身的需要又能通过来自其他子系统的输入得到满足，那就意味着它与其他子系统之间存在着对流或交换的边界关系。所以，社会的稳定在于社会各子系统之间的相互协调，它包括政治稳定、经济稳定、社会秩序与社区的稳定，以及社会价值观念的整合[348]。

2. 冲突理论

冲突学派认为整个社会体系都处于绝对不均衡中，在社会体系的每一个部分

---

① 塔尔科特·帕森斯（Talcott Parsons），美国社会学家，以其为代表的结构功能主义在20世纪50~60年代曾是西方社会学中占主导地位的理论和方法论，早期的主要理论倾向是建构宏大的社会理论，后期开始探讨从宏观转向较微观层面的理论方向，对社会学的发展做出了极大的贡献。

都包含着冲突与不和谐的因素，是社会变迁的来源。例如，在第五章提到的以科塞、达伦多夫为代表的社会冲突理论，重点研究社会冲突的起因、形式、制约因素及影响，是对结构功能主义理论的反思和对立物提出的，结构功能主义理论强调的是社会的稳定和整合，代表社会学的保守派，社会冲突理论强调社会冲突对于社会巩固和发展的积极作用，代表社会学的激进派[349]。

随着人们收入分配不均的程度越来越大，人们表现出的失望就越大，进而产生冲突，如果涉及基本价值观或共同观念，它的性质就是破坏性的；反之，产生的冲突是对社会有好处的。所以，冲突学派认为现代冲突理论强调社会冲突的正功能，比功能主义更具有建设性，还具有社会整合的作用。社会冲突理论者科塞也指出，如果群体内部冲突不涉及群体基本的、核心的价值观，则冲突会对社会结构发挥积极功能；反之，如果涉及核心价值观，就会成为社会结构的瓦解与破坏力量[350]。

3. 政治社会学

结构功能理论和冲突理论都为研究政治社会学提供了方法上的支持。政治社会学是社会学和政治学结合的产物，它与发展理论都认为，稳定是现代化过程中的特征。一些后发展国家的现代化过程，都会经历一系列的动荡[351]。所以，现代化过程就是一个社会动员的过程，在这个过程中，传统社会的范式、规则受到了挑战，而现代化的力量不断增强。

转型社会中满足渴望的能力的增速比渴望本身的增速要慢，于是，需要的形成和需要的满足之间造成了差距，根据戴维斯J曲线，这一差距就造成社会颓丧[352]①。如果传统社会可以提供大量的流动机会，公民的社会颓丧就会随着社会流动的增加而得以缓解，从而确保社会稳定，但是大多数处于现代化之中的国家社会流动程度很低，公民为了摆脱社会颓丧感，会要求扩大政治参与，从而试图影响政府的决策，以满足经济发展所带来的渴望[352]。如果政治制度化水平不够高的话，就容易导致政治动荡。可见，政治不稳定最终源自现代化的经济发展。

亨廷顿②是政治稳定理论的代表人物，他指出秩序和持续性是政治稳定这一概念占主导地位的两个因素。亨廷顿认为，政治稳定是指相对的持续性和政治体

---

① 塞缪尔·菲利普斯·亨廷顿在《变化社会中的政治秩序》一书中提出了导致政治不稳定的三个著名公式：社会动员/经济发展=社会颓丧；社会颓丧/流动机会=政治参与；政治参与/政治制度化=政治动乱。

② 塞缪尔·菲利普斯·亨廷顿（Samuel P. Huntington, 1927~2008年），又译为赛缪尔·杭廷顿，美国当代极负盛名却又颇有争议的保守派政治学家。以"文明冲突论"闻名于世，认为21世纪国际政治力的核心单位不再是国家，而是文明，不同文明间的冲突。亨廷顿早年是文武关系研究的奠基者。后来，他对美国移民问题的看法亦广受学界关注。

系的一些比较基本的主要的成分，如基本的政治价值、文化和政治的基本组织结构。亨廷顿剖析了发展中国家政治不稳定的原因，认为随着发展中国家政治参与程度的不断提升，会超过原有的政治制度所能承受的限度，由于现有的政治制度不能将政治参与的诉求和行动纳入制度之中，政治体系缺乏稳定性，可能导致动乱和暴力的出现[353]。

此外，亨廷顿认为经济的快速发展有助于政治稳定。因为，当经济以较高速度发展时，公民将更多的注意力放在创造个人财富和社会财富上，而社会财富总量的增加也会拓宽公民利益的表达渠道。公民利益表达途径也会着重于民主和法治的手段，而不是采取暴力冲突的方式。因此，社会民主得到了促进，政治体系的稳定性也得到了加强[354]。

二、灾 害 失 稳

灾害的发生会严重破坏灾区的经济、社会及生态系统，破坏社会原有的均衡状态，导致系统呈现出非均衡态。社会非均衡态（失稳）是指系统出现结构性问题，造成系统各组分之间运行结构失调，社会子系统内部出现不稳定因素，生态子系统对经济发展的支撑能力已发挥到极限，结构不合理的经济子系统突破生态子系统承载力阈值的风险激增，导致经济子系统、社会子系统及生态子系统之间的动态均衡被打破，社会整体功能失衡[355]。

（一）失稳成因

灾害社会风险是由客观因素和主观因素双重作用形成的。客观因素主要包括自然灾害发生后，自然灾害本身和由其引发的次生灾害对环境的影响。自然灾害可直接引发民众的生命财产安全损失、环境及公共基础设施破坏等，并且直接引发了民众逃生过程中的秩序混乱、踩踏、越狱等社会失稳状态。

主观因素主要包括民众的心理和行为。突发性自然灾害对社会原有的平衡状态造成了巨大冲击，社会主体的生存和生活状态都受到不同程度的影响。例如，维持基本生活的物质条件短缺、交通运输受到阻碍、通信信号中断、强烈的精神冲击等都可能导致民众的心理、社区治安、经济秩序脱离平衡。自然灾害应对主体的行为也是社会风险的重要影响因素，管理者在社会风险应对决策与执行中的不足，政府信息公开不及时引发社会骚乱，受灾主体不当的应对行为会加重社会的不安。灾害社会失稳的成因主要有社会失稳应对意识仍落后、社会失稳应对流程不规范、部门应对联动机制不健全及动态跟踪监督体系待完善。

1. 社会失稳应对意识仍落后

灾害社会失稳衡量的是突发性灾害应对不及时而可能导致的损失，是尚未发生的事实，而一旦灾害诱发的社会风险突破了临界值，社会危机爆发，则会对社会造成进一步的冲击。为了有效地防止社会失稳风险引发社会危机，必须树立社会失稳应对意识，加强危机前的防范意识。然而，对社会失稳风险的认识和重视不足，不能把握其演化规律，没有意识到社会失稳风险可能带来的严重后果仍然是目前社会的普遍状况。

灾害社会失稳风险防范的首要因素是主动性，需要社会主体调动其主观能动性，积极探究社会失稳风险的演化规律，加强对社会失稳风险的监测和预警，对警源、警兆、警情保持高度关注，及时采取有效措施排除风险因素，高度重视社会失稳风险的演化趋势，防止其扩散和升级，采取措施弱化或者消除风险[17]。

责任既是压力又是动力，责任意识可以体现敬业精神和工作状态。管理者和政府相关部门工作者的高度责任感往往有助于及时防范和应对社会失稳风险。社会失稳风险防范的责任意识必须落到实际。然而现状是，部分工作人员的责任意识缺失，甚至存在侥幸心理，对待工作敷衍，有时还出现做事拖延、互相推诿等现象。职责分工不明确、责任意识缺失不仅会影响社会失稳风险防范工作的成效，甚至会加剧社会失稳风险，造成巨大损失[17]。

2. 社会失稳应对流程不规范

灾害社会失稳风险应对是一种非常规化的工作，因相关的应对经验较为匮乏，难以完全地按部就班地展开，但是在大体上遵循一定的流程，包括失稳风险预警流程、失稳风险处置流程和失稳风险善后流程。

预警流程始于风险识别，根据已经设计好的指标体系、预警模型及监测资料，对社会失稳风险进行度量和分析，从而判断社会失稳风险的类型和级别，为社会失稳风险应对提供依据。处置流程以反应灵敏、协同应对、快速高效为决策原则，根据预警结果启动应对方案，并根据动态变化的现实情况调整方案措施。善后流程则是必要的补充环节，包括恢复和评估两个方面，一是对后续事宜进行安排，恢复社会秩序，重建民众信念；二是对灾害社会失稳风险的起因、影响、处置、经验教训等进行全面评估，并制定出改进方案[17]。

实际上，灾害社会失稳风险管理并不完全按照应有流程展开。首先，社会失稳风险的潜伏性，在其诱发阶段容易被人们忽视，导致决策者直接省略风险预警环节，在研究判断不足的情况下盲目采取应对措施，难以针对性地解决问题。其次，处置流程应当以清除阻碍、解决问题为重点，但某些地方、部门因害怕承担责任而企图掩盖问题，采取压制、堵截的方式应对问题，信息封锁、风险漏报、瞒报、误报时有发生。此外，在某些情况下，善后流程被省略或者浮于表面，应对效果的巩固、经验教训的总结、预案的调整和改进就失去了必要的前提条件[17]。

3. 部门应对联动机制不健全

灾害袭击人类并无政治地域的界限，多数情况下，一场灾难会影响多个国家或地区，如2004年印度洋海啸袭击了印度尼西亚、斯里兰卡、泰国、印度等十余个国家；2005年"斯坦"飓风造成南美多个国家共1 600人死亡；2010年冰岛埃亚菲亚德拉火山致使欧盟连续6天停飞23个国家的所有进出港航班，超过10万个航班被取消，近800万人遭遇出行难；2011年飓风"艾琳"侵袭美国、加拿大、多米尼加共和国、海地、波多黎各[17]。

突发性灾害需要多个国家或地区联合起来共同应对，其所引发的社会失稳风险也需要多个国家或地区、多个部门协调共同应对。但是由于语言文化差异、信息传递不畅通，多国家或地区、多部门的联合行动的建立并不容易。此外，面临着技术手段不成熟、资金不充裕等困境，目前的灾害监测技术尚不完善，不能及时地预警社会失稳风险，有限资源和资金的分配也易引发争执等。

2004年印度洋海啸袭击海岸之前，太平洋海啸预警中心监测到之前发生的地震，但是由于通信网络和预警网络不健全，太平洋海啸预警中心未能与印度洋各国联系上，海啸共造成23万人死亡。太平洋海啸预警中心是当时全球唯一的多国海啸预警系统，40余年间却只有5个人轮流值班，在2006年5月太平洋海啸演习中，多个国家的预警体系曾出现错误，甚至传真机都发生过故障[17]。

一个国家范围之内发生的灾害也需要多个部门协调合作、共同应对。近年来，中国重视突发事件、突发灾害的应对，在应急预案制定、应急演练、技术设备迭代等各方面有了很大的进步，但是仍然存在许多问题，尚待解决。例如，各个部门之间尚未形成良好的对接，职能分工不明确、职能重合、职责交叉、权责不明确，部门之间信息等资源共享不足，民间团体组织不成熟、社会参与渠道相对缺乏，这些问题严重制约灾害社会失稳风险防范各部门、各社会主体的联合行动。

4. 动态跟踪监督体系待完善

灾害社会失稳风险伴随着灾害的爆发而来，具有持续演变、阶段性变化的特点。为掌握灾害风险的实时变化情况，需要建立良好的动态监督体系，从而为及时调整应对措施提供信息支持。重大危险源风险监管、社会舆情演变监测、民众情绪行为变化追踪，都是掌握社会风险即时信息的重要方面[17]。

目前中国已经开始构建动态监督体系，并且取得了一定的成绩。例如，湘潭县网络管理中心2013年开始试用"舆情早报网"，其舆情服务涵盖舆情预警、事件跟踪、舆情报告、舆情专题、网络情报等板块，媒体监测范围包括新闻、博客、论坛、微博、报纸、境外网站等，在发现和跟踪重大舆情、自动研判海量数据方面发挥了重要作用，其舆情专家栏目还提供危机处置专家在线服务、法律维权服务、舆情危机应对培训、舆情智库等[17]。

（二）失稳表现

以日本福岛核电站事故为例，9.0级大地震，引发海啸并导致福岛核电站爆炸事故，地震和海啸导致日本大规模的停电及多处燃气泄漏并引发84处火灾，民众生活遭受了巨大冲击。福岛核事故引发了全球性的核恐慌，日本民众冲入超市抢购粮食和饮用水；海水受污染、盐要涨价、含碘食品可以预防核辐射等谣言传播，我国广东、江苏、浙江、上海、北京等地出现了食盐抢购；我国香港地区民众担心日货货源断裂，大量抢购日产奶粉、相机、电脑等产品；美国、马来西亚、菲律宾等国家出现碘片滥用和脱销状况并导致价格暴涨；加拿大手机用户间疯狂传播如"雨天务必打伞"的短信。核恐惧主要是由信息不对称和不确定性造成的。信息不透明、虚假信息充斥、媒体选择性报道，加之人对负面信息更具敏感性，恐慌和焦虑自然容易滋生、蔓延[17]。

不确定性是恐惧的又一根源。核辐射对人体的影响，尚未有确切的研究结果，切尔诺贝利核事故①影响至今，核泄漏给人们留下的最深印象就是死亡、畸形、癌症、残疾，福岛事件后民众更加担心未来罹患癌症、后代畸形。由于核相关知识匮乏，无论政府如何宣传环境和食品的安全性，民众的信任度都难以提升。地震引发的游行、示威、打劫、打砸等活动，都透露出社会的不稳定性。灾害引起的社会失稳具体表现为民事纠纷频次明显增加、敌对宗教势力渗透威胁、心理问题普遍、政府救助不公不全不足及政府违规缺乏监管机制，如图7-2所示。

---

① 切尔诺贝利核事故，是一件发生在苏联统治下乌克兰境内切尔诺贝利核电站的核子反应堆事故。该事故被认为是历史上最严重的核电事故，也是首例被国际核事件分级表评为第七级事件的特大事故。1986年4月26日凌晨1点23分，乌克兰普里皮亚季邻近的切尔诺贝利核电厂的第四号反应堆发生了爆炸。连续的爆炸引发了大火并散发出大量高能辐射物质到大气层中，这些辐射尘涵盖了大面积区域。这次灾难所释放出的辐射线剂量是第二次世界大战时期爆炸于广岛的原子弹的400倍以上。经济上，这场灾难总共损失大概2 000亿美元（已计算通货膨胀），是近代历史中代价最"昂贵"的灾难事件。

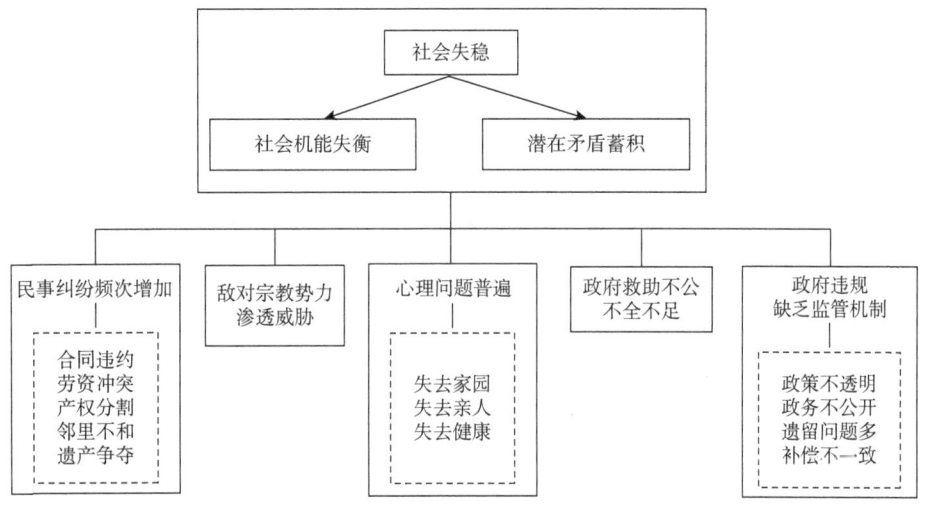

图 7-2 灾区社会失稳的表现

1. 民事纠纷频次明显增加

灾后合同违约、劳资冲突、产权分割、邻里不和、遗产争夺等诸多问题较易引起民事纠纷。例如,"5·12"汶川地震后,彭州市在一个月内共发生500余件民事纠纷案件,比震前一个月上升近两倍。又如,绵竹市震前纠纷最多的年份不超过4 000件,2009年却达到惊人的15 321件,增长了近3倍[46]。

此外,灾后新建社区存在诸多弊端。规模过大、结构复杂、建设期短,导致许多基础配套设施不足、居住条件不达标、治安综合管理不善等问题,虽然居民在整体上处于和睦相处的状态,但由于思想观念、价值追求、生活方式等差异也存在一定的矛盾,时常引发矛盾纠纷,有的甚至因纠纷而产生积怨。

2. 敌对宗教势力渗透威胁

灾区往往是敌对势力开展宗教渗透、破坏国家安全的场所。他们的活动包裹了一层"非暴力"的伪装,让人误以为他们的活动只是停留在思想文化层面,没有什么危害性,容易产生麻痹思想和松懈情绪,从而给敌对势力以可乘之机,这是非常危险的。灾后重建过程中巨大的慈善需求及社会的不稳状态,给那些妄图通过医疗、助学、扶贫、救灾等经济资助换取宗教影响的境外势力以可乘之机,给灾区稳定带来潜在的威胁。

3. 心理问题普遍

灾害致使许多人经历了亲人的伤亡,或自己身体受到伤害。在这种情况下,遇难者家属、幸存者、目击者、救援人员、官员、记者、遇难者同事，以及通过媒体间接体验到灾难冲击的群众都可能会因灾难而产生一些心理反应。而其中的一系列心理反应如果过于强烈或持续存在，就可能导致心理疾病。有研究表明，重大灾害后精神障碍的发生率为10%~20%，一般性心理应激障碍更为普遍[356]。

4. 政府救助不公不全不足

地震往往造成大量人员伤亡，须赔付的人数众多。政府救助是指国家和社会对于由于各种原因而陷入生存困境的公民，给予财物接济和生活扶助，以保障其最低生活需要。由于须赔付的人数众多，很难保证政府救助能公平、完全、充足地发放给每一个人，而这必将成为潜在的矛盾。

5. 政府违规缺乏监管机制

各国政府在灾区重建管理上不同程度地存在政策不透明、政务不公开、历史遗留问题没解决、补偿标准不一致等矛盾。任由这些矛盾积累，极易引发群众的不满情绪。各国政府应建立相应的灾后重建监管机制，让民众参与到监督的过程中。

（三）失稳特征

社会失稳系统分析是把解决社会失稳问题作为一个系统，构建系统框架，对系统要素进行综合分析，找出解决社会失稳问题的可行方案。作为一个完整的系统，灾害-社会稳定系统具有开放性、复杂性、整体性、关联性、动态平衡性和时序性。

1. 开放性

任何系统都不是完全封闭的，灾害-社会失稳系统也不例外，与外界有着千丝万缕的联系。开放系统观点的注意中心在于系统与其环境相互依存，强调系统必须适应和应付其内外部环境的变化。否则，其内外部环境的细微变化都会引起系统稳定的崩溃。作为一个开放的系统，灾害-社会稳定系统涉及社会、经济、生态等方方面面的因素，只有各个层面都保持相对稳定状态时，整个系统才会保持稳定。

2. 复杂性

系统不存在孤立元素组成部分，所有元素或组成部分间都相互依存、相互作用、相互制约。灾害-社会稳定系统包括经济子系统、社会子系统及生态子系统三个大的子系统，而在每个子系统下又都存在着各类二级子系统，以此构成了一个庞大、复杂的系统体系。在各个子系统之间也存在着错综复杂的联系。灾害-社会稳定系统框架图见图7-3。

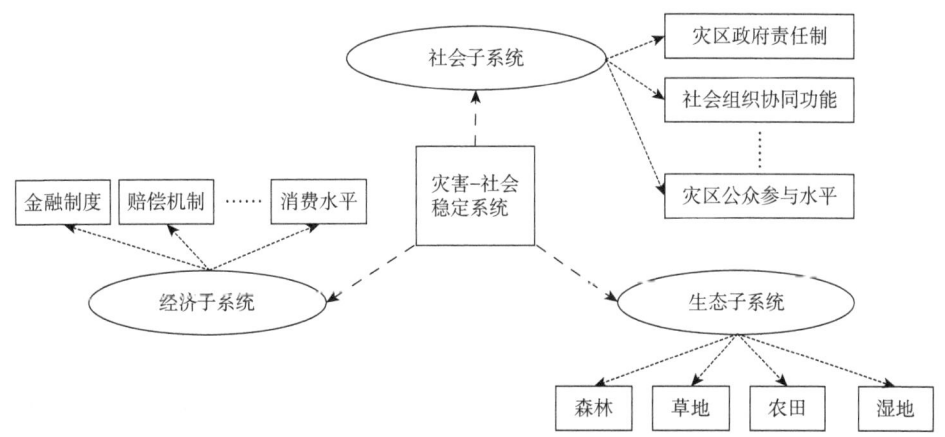

图7-3 灾害-社会稳定系统框架图

社会风险的发生会严重破坏灾区的经济、社会及生态系统，势必打破灾区"经济-社会-生态"复合系统原有的均衡状态，导致系统呈现出非均衡态。"经济-社会-生态"复合系统非均衡态是指系统出现结构性问题，造成系统各组成部分之间运行结构失调。社会子系统内部出现不稳定因素，生态子系统对经济发展的支撑能力发挥到极限，结构不合理的经济子系统突破生态子系统承载力阈值的风险激增，导致经济子系统、社会子系统及生态子系统之间的动态均衡被打破，系统整体功能失衡。仅通过系统的自我调节机制，社会系统很难自动恢复到均衡状态，且极易发生不可逆突变，其具体表现在三个方面，即经济系统次协调、社会系统不稳、生态系统弱平衡。

在这种情况下对灾区"经济-社会-生态"复合系统进行控制，是一个典型的系统工程，需以科学发展观为指导，遵循"以人为本、尊重自然、统筹兼顾、科学重建"的重建思路，对灾区经济系统次协调状态进行控制；在社会层面，通过加强基层党组织领导、健全灾区政府责任制、发挥社会组织协同功能、提高灾区公众参与水平，消除灾区社会不稳，推动灾区科学重建；在生态层面，从灾区森林、草地、农田和湿地四大生态系统入手分析生态系统弱平衡的特征。

通过对灾害社会风险的演化机理和应对决策进行分析总结，进而推断出社会失稳演化机理可能性函数图，如图7-4所示。

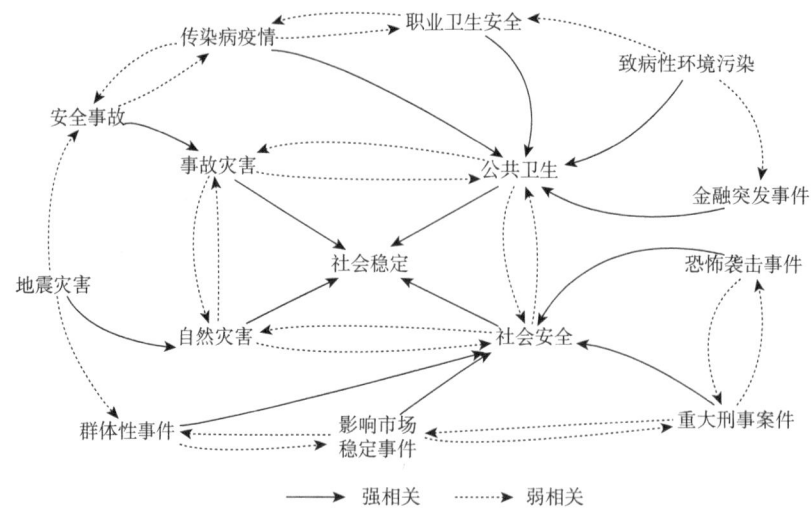

图 7-4 社会失稳演化机理可能性函数图

社会失稳演化机理可以用以下函数表示：

$$H \cdot F(X) = H \cdot \left[F_1(X_1, X_2, X_3, X_4), F_2(X_1, X_2, X_3, X_4), F_3(X_1, X_2, X_3, X_4) \right]$$

$$Y_3(t) = \frac{\mathrm{d} F_3 \left[(x_{11}, x_{13}), (x_{32}, x_{33}), (x_{41}, x_{45}), t \right]}{\mathrm{d} t}$$

其中，X 表示灾害；Y 表示社会风险。

3. 整体性

系统是所有元素构成的复合统一整体。因此，社会稳定不是指单个个体的稳定，或者某个局部的稳定，而是指整个社会的协调发展和动态平衡。灾害-社会稳定系统也是一个相对完善的整体，是由其固有的元素组成的，并且这些元素缺一不可。

在经济方面，自然灾害会对灾区的经济结构造成伤害，进而对社会经济产生重大的影响和打击，造成系统的稳定失衡。在社会方面，自然灾害诱发的群体事件是造成社会不稳定的重要因素。在生态方面，地震灾害、台风、海啸等自然灾害则对生态环境有着十分重大的影响。上述任一元素的出现都会对灾害-社会稳定系统造成改变，整体性体现得十分明显。

4. 关联性

灾害-社会稳定系统并不是一个孤立的系统，其与社会冲突系统、社会秩序系统都有着较大的关联性。重大灾难的发生并不会立即体现为社会失稳，而是首先造成一定的社会冲突，进而演化为社会秩序的失衡，如若控制不好，才会发展到下一阶段，即社会失稳。这是一个逐渐演变的过程，只有在前两者连续发生且没有得到有效控制的前提下才会发生社会失稳现象，而不是作为一个孤立系统单独出现的，这里就体现了其较强的关联性。

社会的不稳定通常表现为三种情况：①社会处于不断的变化、发展之中。这是最常见、最普遍的不稳定。它是社会发展的常态，表现为社会的发展和社会的前进。②社会的变革和革命。新的革命群体组织起来，推翻旧的群体统治，实行新的专政。它表现为社会形态的更替，如奴隶暴动、农民起义、无产阶级夺取政权的斗争等，这些都是推动社会进步和发展的直接动力。③社会的失控和动乱。地震、海啸、飓风等重大自然灾害更易导致社会处于急剧动荡之中，这种失稳状态进而会产生极大的危害，不利于社会的发展。自然灾害，作为一种比较常见的社会失稳诱因，应该得到极大的重视。

5. 动态平衡性

灾害-社会稳定系统的动态平衡性是一个尤为显著的特征。由于系统并不是一成不变的，构成系统的内部因素和外部因素，与系统联系的其他系统，能够进入或者离开系统的各类因素等都在不断地变化着。当然这些变化是有序的，是在允许范围内的正常变动，并不会引起系统的崩溃，使得灾害-社会稳定系统处于一个动态平衡中。只有发生重大的灾害事故时，才会对系统造成打击性的影响进而使得系统发生变化。稳定作为一种社会存在状态，它自身也处于不断的变化之中，它既可以使社会变得更加稳定，也可以使社会变得不太稳定，乃至走向不稳定。

6. 时序性

灾害可能会增加社会风险，也可能会使得社会失序，还可能造成整个社会稳定的失调，进而演变成为亚稳定状态，带来一系列的影响。一般来说，灾害发生的前期主要会出现社会风险的增加，而大灾所伴随的社会失序多发现象，一般不发生在危急阶段，而常常介于灾害发生几天后与达到新的社会平衡之间的动荡过渡时期，并且与救灾速度和基本生存环境的恢复有关。之后，如果社会救灾和社会控制系统不能恢复，社会失序的数量将会增多，可能带来社会稳定失衡。这是系统的时序性决定的，这样使得灾害过后的社会特征表现具有不可逆性，不会出现由社会失稳到社会失序再到社会风险增加的逆向演化。

（四）基本类型

从社会学的立场看，社会稳定并不是一种静态和固态的稳定，不是社会的凝滞不动，而是一种动态。从这个意义上来理解，社会稳定就是要始终保持社会系统处于正常有序的运行状态，也就是要保证整个社会系统各个要素，如生态、经济和社会等各个子系统之间的均衡的、协调的、可持续的发展。维持社会稳定有两个重要的方面：一是社会福利，二是社会制度。也就是说，一个稳定的社会环境是由社会福利和社会制度两个维度上的合力来决定的，如图7-5所示。

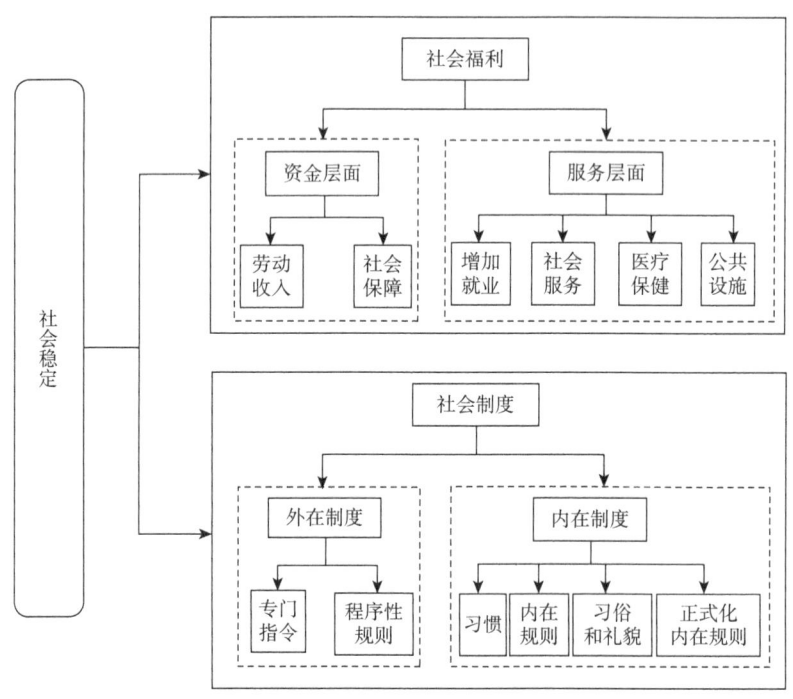

图 7-5 社会稳定的两个维度

最广泛意义上使用的社会福利中的"福利或幸福"是指人们达到了某种客观的状态，如满足了基本需求。它也可以被理解为一切旨在改善人民物质生活和精神文化生活的社会措施。社会福利可以分为两个层面：一是资金层面，包括劳动收入、社会保障，等等；二是服务层面，包括增加就业、社会服务、医疗保健、公共设施等方面。从这个意义上说，社会福利是社会稳定的物质基础，其目标是要使所有的社会成员共同分享社会发展的成果。

借用制度经济学的概念，社会制度是人类相互交往的规则，它抑制着可能出现的、机会主义的和乖僻的个人行为，使人们的行为更可预见并由此促进着劳动分工和财富创造。制度为一个共同体所共有，并总是依靠某种惩罚而得以贯彻。

社会制度也可以分为两个层面，一是内在制度，二是外在制度。内在制度被定义为群体内随经验而演化的制度，包括习惯、内化规则、习俗和礼貌、正式化内在规则。外在制度被定义为外在地设计出来并靠政治行动由上面强加于社会的规则，包括专门指令和程序性规则。从这个意义上说，社会制度是社会稳定的必要前提，其目标是要使所有的社会成员共同遵守社会运行的秩序。因此，制度经济学认为社会制度有四大功能：有效协调和建立信任、保护个人自主领域、防止和化解冲突、平衡权势和保护选择权。

灾害发生的时候，可能进一步恶化社会福利和社会制度造成的不公平等问题，使社会陷入危机，也可能使一个相对稳定的社会面临新的危机。所以，社会失稳的类型可以分为以下两种。

1. 存在严重缺陷的社会福利和社会制度

在社会福利和社会制度这两个维度上，很多国家目前还有不尽如人意的地方。在社会福利方面，收入分配、社会保障和各类公共服务都可能存在着严重的缺陷；在社会制度方面，法律法规的不健全和执法不力、政府官员的腐败行为、社会治安的恶化和各类事故频发都是影响社会稳定的重要因素。下面以菲律宾台风"海燕"和巴基斯坦特大洪水为例进行说明。

1）台风"海燕"肆虐菲律宾

超强台风"海燕"于2013年11月8日凌晨4点40分在菲律宾中部萨马省登陆，由东到西横扫菲律宾中部地区，中心最大风力达314千米/小时。由于"海燕"以巅峰状态登陆菲律宾，"海燕"成为全球有记录以来，登陆时风速最高的热带气旋。而其猛烈风力及引起的大规模风暴潮则在菲律宾中部造成毁灭性破坏。据菲律宾国家减灾管理委员会统计，截至12月15日，"海燕"造成的死亡人数达6 057人，失踪者人数接近1 800人，受伤人数超过27 000人。"海燕"还给当地造成约306亿菲律宾比索的直接经济损失，受影响总人数超过1 000万人[①]。灾害发生后，国际社会施以援手，帮助菲律宾进行救援和重建工作。

台风"海燕"既是天灾，又是人祸。"海燕"来势凶猛，风力强度极高，移动速度极快。由于强台风的特点，再加上菲律宾属于岛国，难免造成巨大破坏。台风"海燕"早期也有预警，但菲律宾灾区基础设施薄弱，超过1/3的家庭建筑是用木头等轻型材料建造，经不起强台风的肆虐。菲律宾中央和地方政府平时对于抵御自然灾害和实施救灾的基础设施投入很少，救灾体系不完善，在灾害发生

---

① 超强台风"海燕"肆虐 菲律宾六千余人罹难. http://news.sina.com.cn/w/sd/2013-12-30/092729117602_4.shtml，2013-12-30.

时往往措手不及。风暴 4 天后，外界救援队伍和物资几乎仍无法进入重灾区塔克洛班。

灾害发生后，菲律宾中央政府和地方官员相互指责对方救援工作不力。双方对最初灾情的估计相差甚远，影响了国际社会对于灾情的准确判断。总统阿基诺三世暗示地方政府官员夸大受灾人数，许多工作人员只顾自己家人，不参与救灾；地方官员则批评阿基诺三世试图淡化灾情，以免引发全国恐慌。

超强台风"海燕"离开菲律宾之后，所造成的破坏之严重和灾民处境之恶劣逐渐显现。灾害之后，受灾最严重的塔克洛班市发生大规模打劫和洗劫事件。不少灾民趁乱抢夺财物，令灾区乱上加乱。菲律宾政府 12 月 11 日在塔克洛班市发生大规模打劫及洗劫事件后，实施了宵禁并宣布派驻更多军警到该地维持秩序。台风"海燕"横扫菲律宾给菲律宾人民带来了深重灾难，劫后余生陷入绝望的灾民，内心十分痛恨阿基诺三世。之所以出现如此严重的社会风险，抵御自然灾害和实施救灾的基础设施投入过少，救灾体系不完善是重要原因。

2）特大洪水席卷巴基斯坦

巴基斯坦西北边境省三个村庄2010年7月20日夜间被暴雨引发的洪水冲毁，预计死亡人数超过 100 人。20 日夜间，西北边境省的三个村庄遭到雷击。随后，这一带普降暴雨，并引发洪水，这三个村庄有 9 间房屋被大水冲走。预计死亡人数逾百人。此后，各地持续普降暴雨，截至 8 月 7 日，巴基斯坦全国因洪水受灾人数已达 1 200 万人，超过 1 600 人罹难。截至 26 日，巴基斯坦特大洪灾仍在延续，洪水暂无消退迹象，由于洪魔逼近，巴基斯坦当局下令疏散 50 万民众。8 月 30 日洪水袭击卡雷杰马利和贾蒂两个小镇，随后在肆虐五周之后汇入阿拉伯海[①]。

这场洪水虽然是一场不可预测、无法抗拒的自然灾害，但由于发生在巴基斯坦这个政情、社情独特，地缘战略地位重要的国家，也许这场巴基斯坦独立以来最严重的洪灾将是巴基斯坦历史上重要的关键性时间点。突如其来的洪水灾害给巴基斯坦政局带来难以预测的影响，随着洪灾的结束，这些影响逐渐显露出来。灾区居民称："洪灾 3 天内给当地带来的破坏，远超过塔利班与政府军交战 3 年造成的损失。"[②]

在此次巴基斯坦政府的救灾行动中，扎尔达里出现了明显的失误。8 月初，正当巴基斯坦国内抗击洪水灾害到了最紧张的时候，总统扎尔达里仍然按照原定计划出访英国，而没有回来亲自监督救灾工作，这引起了很多民众的不满。在扎尔达里访问英国伯明翰巴基斯坦裔社区时，一名老年妇女朝他投掷了鞋子。在这

---

① 凤凰网. 今年世界遭受如此"磨难". http://news.ifeng.com/c/7fZDV137ZG0，2010-12-28.
② 巴基斯坦洪水猛于战火. http://news.sina.com.cn/w/2010-08-12/024317951624s.shtml，2010-08-12.

场史无前例的大灾难来临的时候，没有选择与国内民众同舟共济无疑是一个失分的举动①。

在这场特大洪灾中，政府表现的失分与军方表现的得分形成了鲜明的对比，灾民很容易产生不满情绪。在洪水退去之后，巴基斯坦政府依然面临很多难题。例如，如何进行灾后重建，如何保证受灾民众中妇女和儿童的权益，如何解决洪水引发的次生灾害问题，等等。

纵观巴基斯坦独立后的历史，不断深化的民主化进程一直都是巴基斯坦政局的一个基本趋势，在这场特大洪灾面前，引发了对一个经典问题的讨论：民主化是否能够有效地带来善治？这场洪水中突显了巴基斯坦政府在公共服务、救灾响应中都存在着缺陷，巴基斯坦的这次洪灾将成为民主的一个考验，政府在救灾中的表现无疑会在相当大的程度上影响巴基斯坦民众对民主化进程的态度。为此巴基斯坦政府必须解决三个问题：救灾和灾后重建工作如何保证公众参与；如何在灾后追究相关责任，总结经验教训；如何在灾后重建中合理规划、平衡各方利益，制定相应政策。

2. 相对均衡稳定的社会福利和社会制度

越来越多的灾害事实表明，灾害的发生不是孤立的，各种灾害之间往往存在着一定的联系。与此同时，任何一种灾害的发生都会对周围的环境产生多种影响，进而为其他同类或者异类的灾害发生提供条件[357]。下面以卡特里娜飓风和墨西哥湾漏油事件为例进行说明。

1）卡特里娜飓风案例

飓风卡特里娜于2005年8月中在巴哈马群岛附近生成，在8月24日增强为飓风后，于佛罗里达州以小型飓风强度登陆。随后数小时，该风暴进入了墨西哥湾，在8月28日横过该区套流时迅速增强为5级飓风。卡特里娜于8月29日在密西西比河口登陆时为极大的3级飓风。风暴潮对路易斯安那州、密西西比州及亚拉巴马州造成灾难性的破坏。用来分隔庞恰特雷恩湖和路易斯安那州新奥尔良市的防洪堤因风暴潮而决堤，该市八成地方遭洪水淹没。强风吹及内陆地区，阻碍了救援工作。卡特里娜造成最少750亿美元的经济损失，成为美国史上破坏最大的飓风。这也是自1928年"奥奇丘比"（Okeechobee）飓风以来，死亡人数最多的美国飓风，至少有1 836人丧生[358]。

新奥尔良2005年9月1日出现了无政府状态的混乱局面，部分地区的抢劫之风越刮越猛。劫匪们公然当着警卫队和警察的面，大肆烧杀抢掠，又和警方枪

---

① 新浪新闻中心. 分析称美国巴基斯坦关系因为洪灾面临考验. http://news.sina.com.cn/w/sd/2010-10-20/141521315409.shtml，2010-10-20.

战。当地时间 9 月 2 日凌晨 4 时 35 分，新奥尔良的河岸边突然发生数次剧烈爆炸。乔治·沃克·布什 2005 年 9 月 3 日表示，他将下令 7 000 名士兵在 72 小时内紧急赶赴美国南部墨西哥湾的受灾地区。2005 年 9 月 4 日该市发生了武装团伙与警察之间的枪战，有 4 人死亡，局势仍相当混乱。新奥尔良市警察面临沉重压力，有两名警察自杀身亡，200 人交出了自己的警徽提出辞职。新奥尔良市 5 名灾民感染霍乱弧菌丧生，有 30 万~40 万名儿童无家可归。位于灾区的两处航天设施遭飓风破坏，美铁火车"日落特快号"由新奥尔良至奥兰多服务中断[358]。

卡特里娜飓风被准确预测出走向，但是依然给新奥尔良市带来灭顶之灾，此次风灾造成巨大损害的主要原因是地方政府低估了灾难的严重程度、对损失的估算过低，州政府和联邦政府的推诿扯皮、法定权责不清、应急方案准备不充分，联邦应急管理署的反应迟钝和信息传递不畅，州和地方官员没有经过应急训练[359]。

美国是联邦制国家，在联邦体制内，州与联邦政府的关系很复杂。美国联邦法律在经过宪法授权的领域要高于各州所制定的不同的法律，但是联邦政府的权力只能在宪法规定的范围之内行使；所有未授予联邦政府的权力由州政府和人民自行保留[360]。所以，美国联邦军队未能第一时间进入灾区展开赈灾行动不是因为军队反应机制和机动能力的制约，而是因为法律的制约。卡特里娜飓风暴露了美国分权制度反应迟钝的弊端之后，美国社会意识到单凭一个州的力量无力应付军事打击和恐怖袭击，同样不能对付巨大的自然灾害，只有通过联邦政府调度整个国家的力量才能高效地开展应对、减灾、复原等工作。

2）墨西哥湾漏油事件

美国南部路易斯安那州沿海一个石油钻井平台于当地时间 2010 年 4 月 20 日晚起火爆炸，事故发生大约 36 小时后原油沉入墨西哥湾。平台上 126 名工作人员大部分安全逃生，其中 11 人死亡，17 人重伤。钻井平台底部油井自 2010 年 4 月 24 日起漏油不止。水下封堵经 5 个月才成功，漏油扩散区域覆盖了墨西哥湾长达 1 500 千米的海岸线[361]。

美国政府证实，墨西哥湾漏油事件已经成为美国历史上最严重的生态灾难，其造成的损失和环境破坏远远超过了 1989 年"埃克森·瓦尔迪兹"号油轮漏油事件。此次漏油事件已发展成美国史上最严重的环境灾难。相关专家指出，因墨西哥湾石油泄漏，沿岸生态环境遭受了一场灾难，浮油导致的海洋生物死亡及水面情况变化，严重打击了被影响地区的渔业、旅游业和航运业，也导致墨西哥湾沿岸长达 1 000 英里（1 英里≈1.609 344 千米）的海滩和湿地被毁[362]。

英国石油公司（BP）利用"盖帽法"堵塞墨西哥湾油井失败，泄漏油井迟迟得不到封堵，贝拉克·侯赛因·奥巴马（Barack Hussein Obama）政府面临的外界压力也越来越大，其执政能力受到质疑。在路易斯安那州新奥尔良，有数百名群众冒雨示威抗议政府和 BP 截油不力。

尽管奥巴马亲自前往漏油事件现场视察，美国政府表示将动用一切可以动用的人力物力来防止漏油事件的进一步扩大，但是在应对方面仍有不当之处。首先政府在危机刚刚发生之际，奥巴马总统一直都置身事外或撇清关系。有关部门对危机的后果未能做出准确估计，对救灾的重视程度不够，未能采取有效手段及时制止漏油事件，墨西哥湾漏油事件处理时间见图 7-6。社会各界的压力也逐渐聚焦到政府身上，更令奥巴马政府感到不安的是，钻井平台引发的忧虑已经演变为对奥巴马政府的批评，甚至有人将这次危机与 2007 年的卡特里娜飓风风灾相提并论。

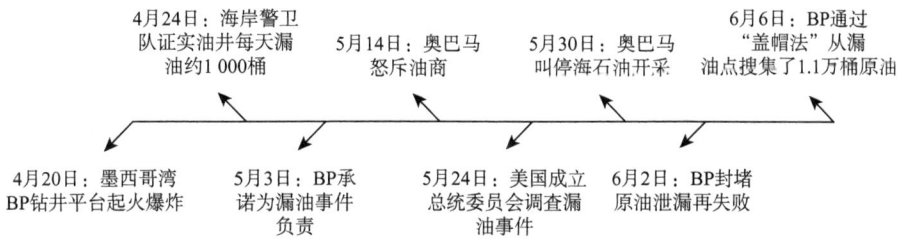

图 7-6　墨西哥湾漏油事件处理时间

此外，从事故调查结果来看，灾难发生是因为政府缺乏监管，负责出租钻井平台的矿产管理局的监管人员玩忽职守，对有关安全警告置若罔闻。更早的活动报告显示，矿产管理局曾允许被监管的石油公司用铅笔自行填写检查报告。专家指出，墨西哥湾漏油事件对美国政治和经济的影响不可低估[363]。一方面，奥巴马宣布解除近海石油钻探禁令，同时鼓励海底钻探和核能开发，但漏油事件表明这些计划也存在巨大的风险，能源战略项目不得不被搁置。另一方面，漏油事件不仅危及沿岸各州环境，也使得本来受经济危机影响巨大、复苏面临困难的该地区经济雪上加霜。

（五）演化模式

社会是一个具有严密的有机联系并充满辩证的发展运动的活的有机体。不稳作为社会发展过程中长期存在的一种状态，深入研究其演化规律，有助于采取合适的控制手段，维护社会稳定。在社会系统从非平衡态向平衡态发展的过程中，还存在"稳定—亚稳定—不稳定"的发展序列[321]。

当社会系统的所有要素都处于正常水平时，系统处于稳定；当社会系统的任一要素处于或超过临界点 X 时，系统就达到亚稳定，即使所有要素都处于临界值，系统仍处于亚稳定；当系统的要素有足够数量超过临界点 X 时，将打破亚稳定，原来的有序状态便不能再继续维持，开始转向不稳定。这种不稳定如果任其发展，最终将走入平衡态。

1. 社会亚稳定演化

稳定和不稳定之间还有一个亚稳定，如健康与不健康之间有一个亚健康。人不可能绝对健康，社会也不可能绝对稳定。类比亚健康，亚稳定可以说是一种病态的社会稳定，但从本质上说，它仍属于稳定的范畴。亚稳定问题是隐性社会问题。隐性社会问题，是指社会失调事实表现尚欠充分、清晰或被掩盖，社会反应尚未明确、充分、集中、公开。

亚稳定是一种特殊的稳定状态，具有向不稳定转化的趋势，但这种状态是"可识别""可控制"的。而如果没有认识到亚稳定的特征，任其转入不稳定，就会失去控制。亚健康可以通过疗养转为健康，而一旦转入不健康，就得吃药、打针，甚至开刀、化疗；亚稳定变成不稳定，就会产生巨大的社会负效应，需要更多资源投入或使用暴力手段来镇压。

从"结构决定功能"的基本观点出发，解释社会亚稳定的内涵。具有相对稳定格局的社会结构需要较长的时间才能形成，但是一旦形成，就会作为结构性力量去左右社会秩序的建立。当社会结构比较合理的时候，社会就会呈现出稳定和谐的状态，持续快速地发展。反之，若社会结构不合理，甚至出现裂变，那么这个社会就会紊乱失序，甚至可能导致失稳[364]。据此总结，亚稳定是指，社会整体内众多要素以不合理的结构方式联系起来，所呈现的一种状态失衡、秩序失效的稳定状态。

社会亚稳定的演化包括潜伏期、形成期、活跃期和衰退期（或突变为不稳定）。在潜伏期时，系统外部因素（如金融危机、恐怖袭击、传染疾病等）与内部矛盾（如分配不均、贫富差距、地区差异等）相互作用，通过一定的数量积累和程度积累，演化为社会关注的焦点问题，就形成了社会不稳问题，社会问题会逐渐增多，也就到了不稳的活跃期。接下来就面临着不稳的控制问题，如果得不到很好的控制，一旦突破临界值，将导致社会不稳定，造成极其不好的社会影响，甚至引起社会变革；但若采取有效的稳定机制，将系统拉离平衡态，改变原有的系统结构，社会就能达到新的更合理的稳定状态。

由系统整体特性分析可知，从稳定到失稳是一个不可逆的过程，即补救措施一定要在失稳阶段进行，如果达到失稳，就可能面临暴力革命，对社会系统进行根本性的变革，不再是结构性调整可以做到的。

2. 社会冲突演化

为了了解、分析灾害引发社会冲突的动因、触发机制，以及社会冲突激化的交互机理，需要对社会冲突激化的演绎过程有一个清晰的认识。从空间和时间两个维度，探析社会冲突激化的典型传导路径和传播速度，从而探明社会冲突激化的内在规律。

通过分析，研究社会失稳风险的社会冲突触发、传导、传播到社会突变，直至社会危机全过程的演化机理的过程。以实际灾害为对象，研究其对社会稳定的冲击形式、作用特征和破坏规律，探究灾害对社会结构动态平衡状态产生冲击的特征机理；以社会稳态为对象，研究其在灾害影响下维持动态稳定的作用机理、社会结构和功能的自我调节规律与演化路径，探明社会结构抵御灾害的特征规律；研究灾害强度逾越社会稳定阈值情境下，社会结构失衡及其功能失调的耦合激化机理和社会稳定背离动态平衡直至危机的转化机理。

3. 社会失稳演化

通过以上工作，探明社会失稳由"受到冲击—逐步失调—彻底动摇"全过程的演化机理，如图7-7所示。

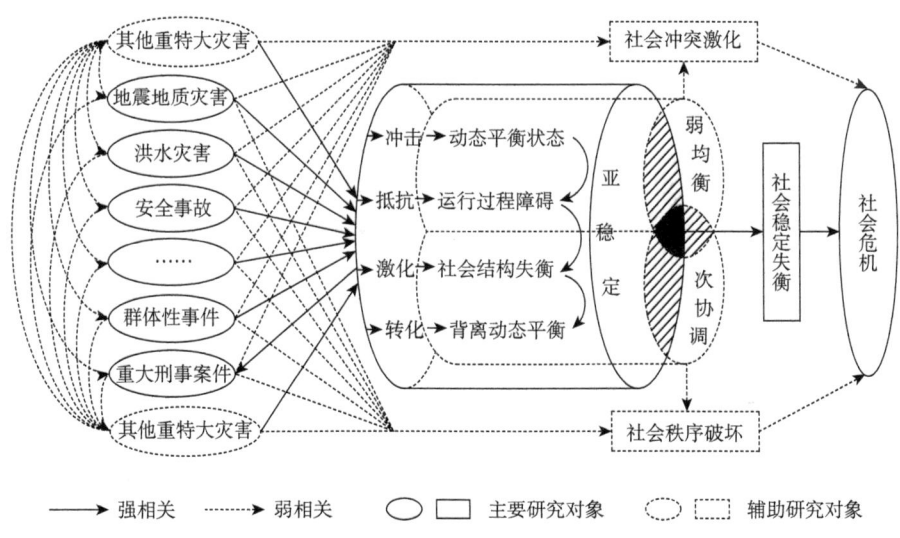

图 7-7 灾害社会稳定失衡演化机理结构图

1）动态稳定结构失衡

社会稳定是一个积极的动态平衡系统，它不是静止的。社会稳定必须以发展变化为基础，使社会处于一种正常的量变发展状态。人们要树立动态的稳定观，运用动态的思路和动态的手段来维护社会稳定的大局[365]。发生自然灾害的地区，通常存在社会控制效力削弱、社会秩序遭到冲击、社会结构坍塌等社会问题。

社会控制力的降低会导致群体性事件中的政府控制体系不断弱化，大量应急事务的不断出现使政府的应急决策责任日渐凸显，催生政府工作重心的转变，致使政府部门的主要精力不得不投向救灾或重建之中，降低维护社会秩序等职能，导致政府控制体系出现弱化，为群体性事件的发生打开了机会窗口。

　　伴随着社会秩序的混乱，群体性事件的偶发诱因日益强化。原有多样的社会格局出现了群体特征同化的趋势，灾害情境下的特定诉求更为直观和趋同，诉求的力度与能量随之加强。灾后物质分配及重建事项的开展，极易引发更多的利益冲突，诱发更多的社会矛盾。社会结构的坍塌，实现了群体性事件的多种发生要素集聚，原有不同属性的社会群体成员瞬间转变为高度同化的灾民群体，这一群体普遍有严重的心理创伤，容易产生强烈的相对剥夺感，也容易产生过激反应，是群体性事件隐藏和爆发的主体因素。

2）社会结构功能失调

　　社会失稳一旦发生，演化过程具有高度的不确定性，将带来一系列的连锁反应。事件初始目标具有单纯性：灾害衍生型群体性事件在其酝酿潜伏阶段或矛盾激化阶段，初始目标通常更为直接：要么是分散式的"与人争权"，要么是团结式的"向官要权"，其围绕的核心点都是对基本生存权利的诉求，鲜有政治动机，但通常会导致行动更为一致，进而演化成极端暴力事件。

　　突发性自然灾害的社会风险因素会在短时间内积累，往往会表现得较明显和强烈，失稳连锁反应速度快、冲击力强，如果控制不及时，可能迅速转化为社会危机，造成社会结构功能失调，导致严重的后果。渐变性自然灾害的社会风险随着自然灾害的演变而相应地蔓延扩张，变化相对隐蔽和缓慢，容易被忽视，灾害持续的时间往往较长，可能隐藏着更大的危机，导致更为严重的社会失稳现象。

3）动态平衡状态背离

　　社会失稳进入全面爆发阶段之后，灾民作为参与主体，相比普通的社会成员而言，其行为更具有攻击性与伤害性，有更明显的发泄不满与愤懑的倾向，造成极具破坏性的结果，甚至可能最终演变为单纯的泄愤行为，进入非制度化失控状态的极端化路径。自然灾害导致的社会失稳现象不只会横向连锁反应，还会纵向升级放大。灾害演化、社会舆情、群体性行为等在社会失稳的演化过程中都发挥着重要的作用，是社会失稳反馈不断放大的催化剂。

　　灾害除了造成人员伤亡、设施毁坏、环境破坏等物理损害，还会带来经济、政治、社会心理的干扰与破坏。自然灾害特别是渐变性自然灾害本身就是一个持续的过程，有其特殊的演变过程和状态，当自然灾害升级，由其所致的社会失稳现象也极有可能转向更高级别。

　　在信息时代的今天，人们表达意见的工具和途径由传统走向现代化，人与人之间有了更多的交流平台和方式，信息的获取更为便捷。但是，社会舆情不一定是真实的社会态度和情绪表达，通过互联网与手机等现代通信工具可以便捷、大规模和快速地形成包括谣言和不真实信息在内的社会舆情。无中生有、夸大、错误的舆情信息会误导民众，谣言的传播、小道消息的流行往往导致社会主体行为的偏差，从而放大社会失稳[366~368]。

主体行为偏离理性可能直接推动社会失稳升级。一方面，自然灾害致使受灾主体在物质、精神、身体各方面都受到巨大损害，灾民的心理遭受创伤，更为敏感，其情绪和行为往往容易偏离理性，更容易受到外界刺激而做出违背公序良俗的事情。另一方面，决策主体限于意识、经验、信息、能力等，可能会采取错误的应急措施，从而扩大灾害的社会风险。一旦社会失稳升级到一定的程度，就会出现动态平衡的背离状态，即亚稳定。

4）亚稳定状态形成

社会亚稳定是指社会不稳定因素增多，社会矛盾增多，人们的社会安全感明显下降，而社会自我调适能力处于疲软阶段，社会稳定面临严峻挑战，社会处于矛盾激化临界点。社会亚稳定状态的形成主要有两种情况：一是自调节功能下降，无法应对突发或紧急事件；二是机制不健全、功能不配套而导致社会长期处于一种勉强的高耗低效、无序运行状态[369]。

社会生活的混沌状态是社会亚稳定的突出表现，这是一种大规模、大范围的局部有序、整体失序的状态。这种状态对现存的社会制度、政府管理及公众意识都造成了强烈的冲击，甚至对社会特定群体或者某一群体乃至整个社会都造成了利益损失和福利减少，这样会对政府管理和公民规约提出挑战。社会亚稳定可以演变成社会危机，而社会危机的本质是社会结构的失衡，失衡的根本原因又是利益的分布不均。

技术性危机和社会人文危机是社会失衡造成的。技术性危机主要是具体的操作行为不当所引起的，通过一般的危机管理后不会造成致命性的社会危机，如矿难等；而社会人文危机是由社会制度基本结构或基本价值观念发生变化引起的信仰危机，这类危机无法在正常状态的社会管理中被消除[369]。这两大危机同时具有公共性、传染性、恐慌性和打击性。危机一旦发生容易造成波及效应，使民众产生恐慌心理。如果这两类危机相互交叉感染，给社会带来的破坏会成倍叠加。

社会失稳也有其存在周期，事件持续时间较短及集群规模有限，灾害衍生型群体性事件多是灾民愤怒情绪的宣泄，当诉求内容或情绪宣泄得到基本满足之后，聚集人群将会很快散去，群体性事件将会迅速平息。同时，灾后信息渠道的不通畅，也在客观上切断或限制了灾区内部和外界的沟通交流，使得此类事件难以形成内外联动。一是在自然或者人为因素的控制下，社会失稳的威胁程度降低，由强变衰直至消亡；二是当条件积累到一定程度的时候，社会失稳突破临界点，造成严重的社会损失和秩序动荡，社会失稳因此而消亡，衍生成为亚稳定状态。

三、风险管控

社会稳定风险的实质是社会秩序受到影响,表现为社会骚乱、群众集体性上访、民事纠纷案件、恶性事件频发等[370]。社会稳定风险管控狭义上是指做好综治维稳工作;广义上是指针对社会稳定风险,应用内部控制和外部合作等方式,通过组织准备、减少损失、调解纠纷、化解危机、预防预警等多种方式防治社会稳定风险的活动。社会稳定风险评估与管理总体流程如图 7-8 所示。

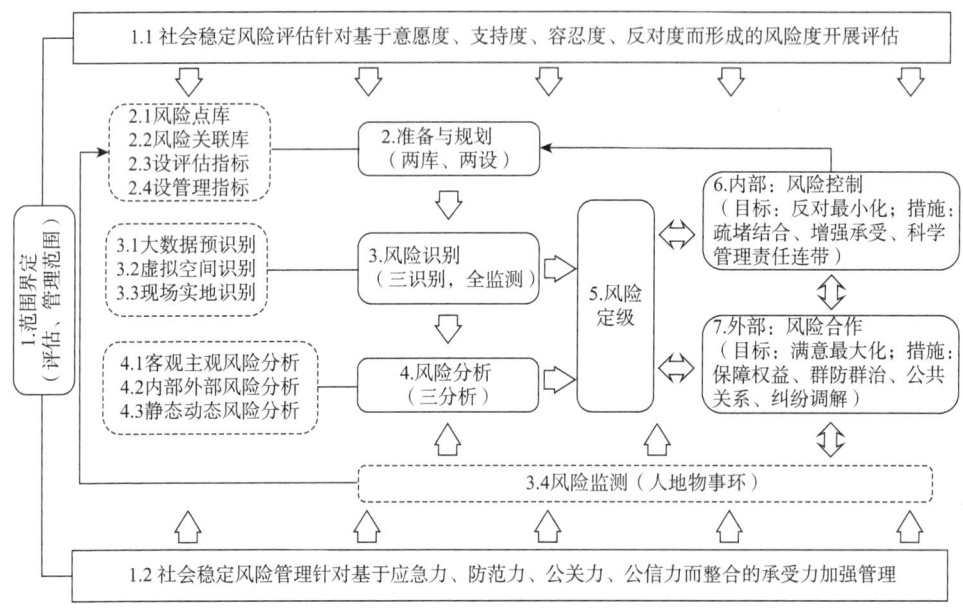

图 7-8　社会稳定风险评估与管理总体流程图

(一)评价体系

灾害社会稳定风险评估对科学评估灾害的社会稳定风险、积极化解社会矛盾具有重要意义。建立灾害社会稳定风险评估制度,在原则上,要坚持外部评价与内部评价、客观评价与主观评价、合法性与合理性、可行性与可控性相统一,进行科学、合理的风险识别、风险分析与风险评估,并以此为基础,进行有效的风险管控,从而构建一整套科学可操作的评价指标体系,进而形成规范的实施办法[329]。

社会稳定风险评估的准备和规划是在评估前准备好相关的风险点库。灾害社会稳定风险点库是指可能导致社会稳定问题的风险点，根据风险规律和管理逻辑，汇总而成风险库。其中，风险点包括多个类别，如表7-1所示。

表7-1 灾害风险点库

风险领域	风险类型	风险项
灾害引发社会失稳	水旱灾害类	洪涝灾害、干旱
	气象灾害类	暴雨致城市内涝，大雪、龙卷风、台风、沙尘暴
	地质灾害类	地面坍塌、泥石流
	地震灾害类	地震灾害、地震谣言
	海洋灾害类	海啸、赤潮

灾害社会稳定风险评估旨在通过系统的分析，对灾害发生的后果进行预评估，找出潜在危险因素，从而实现社会利益冲突的源头防治，减少社会矛盾和冲突，从而实现管控型维稳向民主法治、充满活力、安定有序的社会秩序建设转变。灾害社会稳定风险评估拓展了社会影响评估的范畴，关注的是灾害带来的风险的评估、预测与防范等。评估灾害社会稳定风险，主要应考虑灾害本身是否具有可控性。灾害的可控性评估主要考虑：灾害的发生是否会引起较大的社会失稳事件；会遇到哪些导致社会失稳的问题；是否会给当地及周边的社会稳定带来较大的冲击；对可能出现的影响社会稳定的问题是否有应急处置预案。

在研究灾害的发生可能引起社会稳定问题时，需要确定的是什么样的稳定才是社会稳定，这里涉及的是一个稳定观的问题。因为社会稳定指标体系的建立需要以社会稳定观为依据，不同的社会稳定观指导下所建立起来的社会稳定指标体系不仅内容不同，而且功用会大不一样。

在社会科学领域，任何一种具有科学逻辑性的指标体系的建立，都必须先有一个具体指标所赖以附着的基本框架，这个基本框架实际上就是对应于特定对象而建立的一个理论解释系统。基本框架是支撑指标体系的骨骼，社会稳定指标体系基本框架如表7-2所示。

表7-2 社会稳定指标体系的基本框架

社会稳定综合指数	生存保障指数	个人保障指数 社会保障指数
	经济支撑指数	经济增长指数 协调发展指数
	社会分配指数	空间差距指数 阶层差距指数
	社会控制指数	硬性控制指数 软性控制指数
	社会心理指数	民众满意指数 民众容忍指数

续表

| 社会稳定综合指数 | 外部环境指数 | 域外扰动指数
灾害扰动指数 |

（二）风险识别

一般说某个事件的发生存在风险时，是指这个事件的发生会造成一些不利后果或者损失，而且这些后果的发生存在不确定性，具有一定的发生概率。但是，当讨论社会稳定风险时，风险所指的既是社会不稳定带来的各种后果及其发生的可能性，也包括影响社会稳定的因素是什么，或者什么因素可能会威胁社会稳定。因此，社会稳定风险评估的核心任务不仅要考虑社会不稳定带来的后果及其发生的可能性，还要特别注意造成社会不稳定的"因"是什么，即何种因素通过何种机制可能引发社会不稳定事件，进而扩大社会不稳定的威胁及其发生的可能性。

1. 风险全监测

社会稳定风险识别分为三识别和全监测，其中，针对风险的全监测，把握社会稳定风险的动态，是开展稳定评估和稳定管理的基础要件。一方面是通过风险监测提供并更新社会稳定相关的风险实时状况；另一方面提供了风险分析和定级的依据，同时也是社会稳定风险管理的实施依据。因此，风险全监测，必然贯穿整个稳定评估和稳定管理的全过程。社会稳定风险全监测，在实际操作中，主要包括两个方向：一是原有风险的动态监测，二是新生风险的动态更新。社会稳定风险全监测，在实际操作中，主要包括五个要素：人、地、物、事、环，如表7-3所示。

表7-3 社会稳定风险全监测的五要素

监测要素	主要内容
人	风险人物，包括"重点人"等
地	风险地点，包括敏感的地点等
物	风险物品，包括引发群体纠纷或社会关注的物品
事	风险事件，包括其他国家或地区的同类事件等
环	风险环境，包括国际环境、政策环境等

2. 风险三识别

社会稳定风险识别是基于风险准备的基本积累，对风险进行大数据风险识别、虚拟空间风险识别和现场实地风险识别并为之后的风险定级与判断研究提供充足的依据。社会稳定风险识别主要包括三类方式：大数据风险识别、虚拟空间风险识别和现场实地风险识别，三者的比较如表 7-4 所示。

表 7-4 社会稳定风险识别的方式对比

方式	大数据风险识别	虚拟空间风险识别	现场实地风险识别
目的	过往风险的分类	网民意见调查	现场告知与态度调查
方法	文献等大数据查找与处理	舆情等的收集与分析	问卷调查、实地观察、访谈法等
成本	专业人员、时间、大数据采集成本等	专业人员、网络调查成本等	专业人员、社会调查成本等
优势	速度快、效率高	速度快、效率高	信度、效度相对高
缺点	信度、信度的误差相对高	信度、信度的误差相对高	成本相对高，且耗时长、程序相对复杂

针对特定的风险识别任务，大数据风险识别的方法，是指通过对同类别的风险案例、相关联的风险信息进行收集、汇总与分析，识别出可能存在的风险。具体方法上，通过大数据的方式，收集相关信息，进行风险的初识别，要达到能够对过往的社会稳定风险进行分类分级。虚拟空间的风险识别主要是虚拟空间中的对"人"与对"事"分析，在虚拟空间的社会心态和新闻价值规律的基础上，结合具体的网络舆情，对虚拟空间中的涉及社会稳定风险评估对象的社会心态和媒体舆论进行分析，以识别涉及社会稳定风险的网民意见。现场实地的风险识别主要包括两个关联步骤：首先是现场告知，即风险沟通中最为基本的风险告知；其次是现场的态度调查，即风险调查。现场实地的风险识别有助于直接了解可能的风险因素，熟悉相关的风险环境，与风险相关人群直接接触，进行相关调查与沟通，不仅能识别风险，还能在一定程度上消除和防范部分风险。

（三）风险演变

社会稳定风险的演变具有连锁反应效应，单个风险爆发后自身发展或应对不当往往引发其他连带风险爆发，引发次生和复合性危机，导致危害的蔓延，如图 7-9 所示。因此，社会稳定风险间的强关联性，要求风险分析要采用动态分析方法，重视风险连锁反应效应，较好地分析连带风险和次生风险。

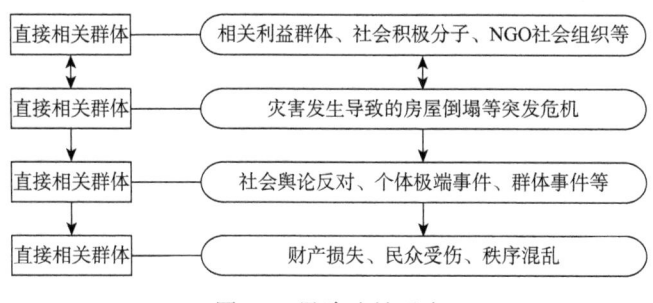

图 7-9 风险连锁反应

2011年日本大地震导致的福岛核事故，令全球关注核安全问题。2013年3月，日本在日本大地震两周年前夕再次出现反核示威游行，而法国、德国各地也有近5万民众发起反核示威游行。德国政府原本计划在2022年前关闭所有核电厂，但示威人士要求立即停止所有核子反应炉，活动发起人表示有2.8万人参加示威游行；在法国巴黎，26个当地反核团体发起活动，约2万名示威民众组成人链，高喊"不要再有核电厂""不要再有福岛"等口号；另外，以"核"为主题的"纽约和平电影节"在美国纽约开幕，上映了描写福岛核事故灾民的纪录片和追踪原子弹爆炸受害者证言活动的作品等，到场者呼吁关闭核电站和废除核武器。

在经济全球化与一体化的当下，风险连锁反应往往具有全球化效应，某一区域的风险事件可能导致其他区域甚至全球性的相关风险发生。对此，对于核安全、民族问题、人权问题等全球性问题进行风险评估时，需着重分析其全球化下的风险连锁反应。

（四）风险控制

在社会生活中，真实存在的社会问题常常会引起群众或政府的恐惧，因为社会问题往往是群体性事件的诱发因素，而这些群体性事件又有可能诱发为群体行动，进而形成社会运动，最终可能演变为政权革命[371]。因此，当社会问题出现时，政府都会采取主动措施予以解决，以此来维护社会的稳定。实际上，需要政府解决的是转化为政策问题的社会问题，而并非所有的社会问题都会转化成政策问题，只有当社会问题引发民众的紧张进而形成公共问题，以及这些公共问题的解决必须是政府的职能所在，并且有能力解决，社会问题才能转换成政策问题[318]。

在控制社会稳定风险之前要先确立风险的等级。社会稳定风险定级，是指在风险识别和风险分析提供的风险程度的基础上，再结合社会稳定管理的内部控制和外部合作的承受力，通过对照排查法、定量计算法、综合研判法，得出待评价事项的风险等级，社会稳定风险定级的主要方法比较见表7-5。

表7-5 社会稳定风险定级的主要方法比较

方法	对照排查定级法	定量计算定级法	综合研判定级法
机理	通过对照显性风险列表，逐一排查风险并定级	通过定量计算风险并定级	包括定量计算法和对照排查法，通过定量、排查等多种方法，综合研判确定风险等级
关键	风险点识别	定量数据（包括问卷调查数据等）	"客观-主观"分析；"内部-外部"分析；"静态-动态"分析等

续表

方法	对照排查定级法	定量计算定级法	综合研判定级法
优势	便捷、高效	摒弃主观干扰	智能、高效
劣势	易忽略动态风险	易忽略某些重要的社会风险	易带有某些固化的主观干扰

社会稳定风险管理细分为内部控制和外部合作，如表 7-6 所示。社会稳定风险的内部控制是指，为提升社会稳定风险的承受力，责任方和相关管理方，在内部树立坚持民本的观念、实施责任落实、实现工作规范、开展综合治理，从而切实提升以防范力为核心的风险管理成效。社会稳定风险的外部合作是指，为提升社会稳定风险的承受力，责任方和相关管理方，对外积极开展公共关系、动员群防群治、落实矛盾化解、主动舆论引导，从而切实提升以公信力为核心的风险管理成效[372]。

表 7-6　社会稳定风险管理的内部控制和外部合作对应表

管理范围	社会稳定风险内部控制	社会稳定风险外部合作
应急力	综治：综合治理，有效应急	矛盾化解：多元调节，有效消化
防范力	民本：以民为本，减少冲突 规范：规范管理，减少失误 负责：全程负责，减少危机	群防群治：共同参与，防治风险
公关力	规范：以身作则，带头示范	公共关系：加强沟通，社会监督
公信力	民本：以民为本，增加福祉 负责：全程负责，有效纠错	舆论引导：传正能量，扬公信力
承受力	民本：以民为本，提升服务 负责：全程负责，彰显责任	公共关系：内外结合，全面负责

社会稳定的风险管理无论对于保持低危等级的风险状况，还是努力从高危、中危等级转变为低危等级，都起着重要甚至关键的作用，如表 7-7 所示。在实际操作中，社会稳定风险管理在降低风险等级时，最主要的措施是通过责任承担来控制风险。

表 7-7　社会稳定风险管理的贡献

类型	项目	风险干预	对社会稳定的贡献	对风险等级的贡献
风险内控	民本	阻止风险升级；提升公信力	降低反对度	高危降中危；中危降低危；维持低危等级
	综治	减轻损害；提升应急力	提升支持度	
	规范	切断连锁反应	提升支持度	
	负责	降低发生概率；提升责任力	提升承受力	
风险外合	群防群治	社会共担风险责任；提升承受力	提升防范力	

续表

类型	项目	风险干预	对社会稳定的贡献	对风险等级的贡献
风险外合	公共关系	风险预警和阻止升级；提升承受力	提升公关力	高危降中危；中危降低危；维持低危等级
	纠纷调解	维护利益相关群体；降低反对度	提升公信力	
	风险文化	增强风险抵御能力；提升容忍度	提升应急力	

（五）维护稳定

维护社会稳定是现代国家治理体系的重要组成部分，而如何对某个地区进行综合性、多因素的社会稳定风险分析是国家治理能力的核心之一。传统的静态社会稳定可能在短期内实现一定程度上的社会稳定，但很容易导致维稳扩大化，从一时的权宜之计趋于凝固、永久、常态，使维稳的经济成本和社会成本不断攀高而至无从遏制。因此，应该从社会失稳的根源入手，消除体制性障碍，实现公共服务与社会需求之间的动态平衡，达到追求社会的动态平衡目标。灾害社会失稳风险评估制度立足于运用科学、民主的方式去思考维稳工作和化解社会矛盾，更加强调发展和改善民生，追求社会的动态稳定[373]。

社会不稳定事件发生的概率在不同空间区域的分布是不同的，有两类空间特别值得考察[374]。一类是发生过重大事件的空间，这些空间成为具有社会不稳定特征行为标志性的表达场所；另一类则是人流密度大的空间，一旦产生触发因素，容易形成人员密集，爆发社会不稳定事件。

当灾害爆发时，人民的财产和生命安全都可能受到威胁，生活必需品和公共服务也可能发生短缺或中断，进而诱发多种社会不稳定事件，扩大或者产生社会不稳定风险。因此，发生过灾害的地区比未发生过的地区所具备的社会不稳定性高。例如，海地常年发生自然灾害，在大地震后，灾区发生了哄抢救灾物资事件。在实际中，各地可将当地发生的灾害种类、频率及造成的损失情况作为重要监测目标，以此来关注社会稳定问题。

现代人类对自己周围的生态和环境品质越来越关注，当发生生态环境污染和恶化事件时，都会增大社会不稳定的可能性。因为，此类事件一旦发生，周围生活的居民就会觉得自己的健康或者其他权益受到了威胁，必然会采取一系列维护措施，那么发生社会不稳定事件的概率就会增加。美国墨西哥湾原油泄漏事件中，严重的环境污染，不仅导致了大量的生物死亡，而且影响了周围居民的生活。在应对这类事件时，各地可将当地与生态环境相关的指标作为监测目标，并进行动态监测[375]。当这些指标发生异常时，应特别关注社会稳定问题。

灾害维稳过程中不仅强调政府责任，还应该强调公众、社会组织的参与和互动，实现维稳主体的多元共治。在维稳机制上，实现集约式治理，既保证了在灾害社会稳定风险评估中各职能部门合理的工作分工，同时又可以确保统一领导和有效的协调机制，以便建立社会稳定风险评估工作的长效机制，从根本上维护社会稳定[376]。

政府在应对突发事件时，应及时处理，并且同步关注社会稳定问题。若是政府不能及时有效地应对或者对社会的控制力降低，就会大大增加社会不稳定的可能性。发生灾害往往会有人员伤亡、财产损失，也会造成供电、供水、供热、交通等城市运行生命线功能的服务中断。

实现社会风险的源头治理是提高维稳成效的根本措施。要想从源头上预防和减少灾害发生后可能出现的稳定风险，就要实现事前主动预防，做到整个维稳工作重心前移。这样做同样可以降低维稳工作的投入成本、风险带来的损失和负面影响。

四、案例解析

如前所述，社会失稳，既是重大的社会问题，也是重大的政治问题，不仅关系到人民群众的安居乐业，而且关系到国家的长治久安。通过提前进行科学评估，对灾害可能蕴含的社会稳定风险因素进行分析，预测出灾难发生后可能出现的不稳定因素，并采取适当的防范措施极为重要。本节将分析海地地震、SARS事件造成的社会失稳案例。值得注意的是，灾害导致的社会风险事件都是冲突、失序、失稳的综合体，但本节聚焦于海地地震、SARS 事件中的社会失稳状态，探讨社会失稳风险治理的手段和方法。

（一）海地地震

海地是位于加勒比海北部的一个岛国，于当地时间 2010 年 1 月 12 日下午 4 时 53 分，发生里氏 7.0 级大地震，这是海地 1700 年以来遭遇的最强地震。地震发生后的 15 天，经由世界卫生组织证实，地震导致了 22.25 万人死亡，19.6 万人受伤。其中，遇难者包括联合国驻海地维和部队人员[377]。此次地震的应急处理和协调难度都超出了人们的想象，灾情也很难评估，震后很长时间才给出了评估报告。但是，灾后国际救援开展迅速，成为继 2004 年印度尼西亚地震海啸以来又一国际大救援，人们可以从中吸取很多经验教训。

1. 地震概况

相比于其他同等级别的地震，海地地震造成了更大的伤亡。主要因为受灾城市的人口密度大，海地的基础设施的施工质量非常差，而且在设计施工时根本没有考虑建筑需要抗震。相同的震级和震源深度在海地的建筑质量上放大了地震所带来的破坏[378]。

据海地政府的统计，地震造成 403 176 栋建筑物遭到破坏，130 万名灾民只能住在临时搭建的帐篷内。教育设施损失严重，4 992 所学校被毁坏，超过 100 万名的学生和 5 万名的教师受灾。医疗卫生系统瘫痪，尸体被弃置街头，人们的生活环境不卫生，多种疾病迅速蔓延。在海地地震重灾区，60%的医院被毁坏，超过 67 所医院及医疗中心倒塌或不能再用[379]。海地食品短缺问题严重，食品和饮用水仅能维持数天。海地唯一一个海底通信电缆被破坏，加之许多路面断裂导致交通通信中断，致使救援工作面临巨大挑战。

海地地震的震中离首都太子港只有 10 英里，因此太子港严重受创，遭受的损失非常大。其中，控制塔遭到严重破坏。由于海地主要港口的坍塌，无法运营，严重延缓了救援工作。与此同时，海地经历着政治和经济的不稳定局面。

海地政府官员伤亡惨重，政府公共管理崩溃，震后看不到任何警察，部长级以上高官失踪，无政府状态令海地乱象丛生。雪上加霜的是，震后海地主要监狱倒塌，致 4 000 名囚犯逃跑，造成严重的社会治安问题[379]。在本就社会不稳定状态突出的海地，地震发生后局势混乱，抢劫频发。由于缺水少粮，灾民涌向超市、废墟劫掠食品和日用品的现象随处可见，甚至偶尔能听见枪声。民众对政府救援迟缓的不满情绪不断加深，频繁发生反政府暴力示威活动，社会稳定受到威胁。

灾后评估结果显示，地震给海地的经济造成了高达 78 亿美元的损失，相当于该国 2009 年的 GDP。其中，私营企业的损失占 70%，达到 57.22 亿美元；政府部门的损失占 30%，达到 20.81 亿美元[379]。从有形资产和无形资产来划分的话，有形资产占总经济损失的 55%，达 20.81 亿美元，主要包括机场、港口、道路、学校、医院及住房；无形资产占总经济损失的 45%，达 35.61 亿美元，主要包括生产成本的增加、失业、企业停产及财政收入的减少。海地由于连年天灾及政局不稳，震前全国约一半民众每天的生活费都不足一美元，生活困苦不堪。

2. 灾前状况

海地地震只是海地苦难史中的一章。200 多年来，外侵、内乱，早已让它羸弱不堪；暴力、贫穷，更让它奄奄一息。海地历史上多灾多难，遭遇强震、飓风、洪水连番侵袭[380]。1984 年，海地发生里氏 6.7 级强震；2008 年，海地一年就遭受三场热带风暴侵袭，造成近 800 人丧生，80 多万人受灾，经济损失超过 5 亿美元。海地"天灾人祸"时间轴如图 7-10 所示。

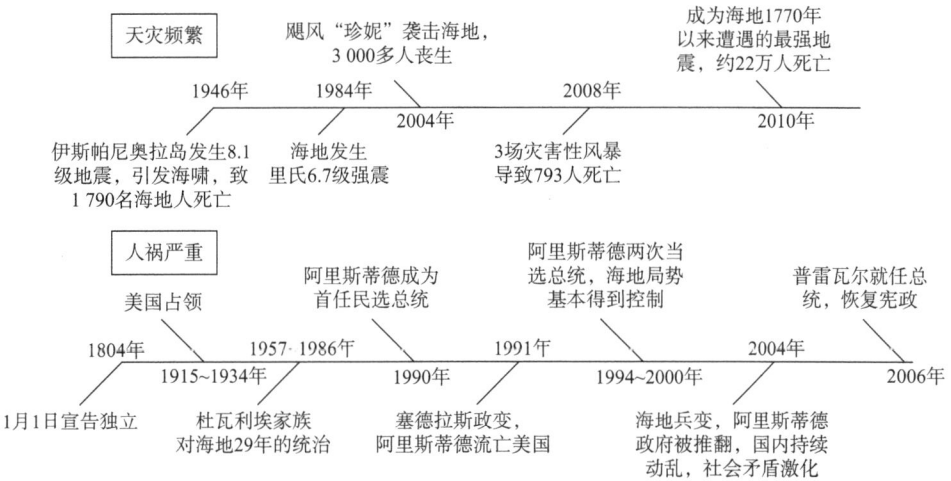

图 7-10　海地"天灾人祸"时间轴

1）灾前自然环境

海地是拉丁美洲第一个独立的黑人共和国，位于西印度洋群岛海地岛西部，"其国家面积为 27 797 平方千米，人口约 903 万（截至 2009 年末），其中黑人占 95%，黑白混血人种和白人后裔占 5%"。以山地地形为主的海地，"年降水量为 1 400~2 000 毫米"，受热带雨林气候和热带草原气候的影响，海地每年只有两季[381]。

2）灾前经济状况

海地作为北美洲现有 23 个独立国家中最贫穷的国家，其经济发展以农业和旅游业为主，占全国人口数 75%的农民，粮食不能自给，人民以开采黄金、铝矿砂和种植甘蔗、咖啡等为主要经济来源之一；此外，旅游业的发展成为带动经济发展的一大支柱，首都太子港是一座美丽的海滨城市，独具中美洲特色的拉巴迪白沙海滩，1804 年建成的拉费列雷城寨和 16~18 世纪的海盗巢穴遗址等都是海地著名的旅游景点[381]。

3）灾前教育状况

海地的教育状况不容乐观，被认为是美洲甚至全球文化最低、文盲率最高的国家，"2006 年其教育支出占 GDP 的 1.7%，尽管海地政府规定 7~13 岁儿童享有义务教育，但大部分家庭仍然负担不起学费，导致学校的入学率极低。因此，海地政府还实施了一系列的非正规教育（扫盲教育），但面对 57%的城市成人文盲率和 85%的农村成人文盲率，海地在 2003 年的失业率统计仍然高达 70%"[381]。

4）灾前政治状况

1665年，法国宣布海地为其殖民地。1791年8月，海地的黑白混血人种和自由黑人与黑奴联合起来，发动了大规模起义。黑奴出身的杜桑·卢维杜尔（Francois-Dominique Toussaint Louverture），在起义中成长为著名的黑人领袖。经过十几年镇压与反镇压的战争，海地终于取得胜利。直到1801年，海地召开了制宪议会，新宪法宣布废除奴隶制度，这是拉丁美洲第一个废除了奴隶制的独立政权。1804年海地宣告独立，直到1947年，海地最终还清了1 200万美元的"天价赎身款"。

从1956年底到1957年9月，先后换了5届内阁，都由美国的代理人统治。1957年9月，在美国的扶植下，弗朗索瓦·杜瓦利埃（Francois Duvalier）当选为海地总统，开始了杜瓦利埃家族对海地长达29年的统治[382]。1986年2月，太子港爆发了规模巨大的工人罢工、学生罢课活动。海地第二大城市海地角有60%以上的居民参加了反政府游行[382]。2月7日扳倒让·克洛德·杜瓦利埃（Jean-Claude Duvalier）之后，以亨利·南菲（Henri Namphy）中将为首的六人全国执政委员会接管政权，海地从此步入了一个寻求民主进步、摆脱饥饿贫困的新时期。

1990年12月，让·贝特朗·阿里斯蒂德（Jean-Bertrand Aristide）当选第40届总统，成为海地历史上第一位民选总统。1991年，阿里斯蒂德成为总统后进行了民主化改革。然而，塞德拉斯（Cedras）发动政变，使得阿里斯蒂德被迫流亡海外，政局再次陷入混乱。1994年10月15日，阿里斯蒂德回到海地稳定局势，积极推动海地的民主化，到1996年海地局势基本得到控制。

2004年2月5日，海地反对派武装发动兵变，迅速蔓延到全国各地，使得阿里斯蒂德颁布的法令难以实行，国内党派之争不断，政局动荡不已，暴力活动频繁，人民生活贫困，民众不满情绪日益增多。2004年2月19日反动派武装成立"政府"，宣布建立"主权国家"，同时任命"国家总统"，海地动荡局势日益升级。2004年政变以来，海地局势一直动荡而紧张，人们依旧穷困不堪，生活在贫民窟里，除了国际救援人员送来的粮食及其他慈善捐助，没有任何出路。为了生存，很多人几乎不择手段，贩毒、卖军火、抢劫、敲诈勒索及卖淫，充斥着海地社会[380]。

面对海地乱状，联合国开始组织武装力量前往海地，执行维和任务。即使有多个国家的维和部队进驻海地，但海地的社会稳定性仍没有从根本上改变。2010年的大地震更是将这种社会治安混乱发展到了极点，黑帮的行动更加猖獗肆虐。面对社会失稳的状况，政府无能为力，这更加剧了海地民众困苦不堪的生活。面对缺水缺粮的状况，他们只能伸出双手领取来自世界各地的救援物资。海地特有的地理环境，使得它面临着频繁的灾难，不仅让海地持续贫穷，更滋生了多种不稳定因素，社会治安问题日益严重[382]。

3. 灾后形象

国家形象即一国在面对重大事件时上至国家领导下至普通百姓所体现的民族精神。这种精神体现在媒体、政府、灾民及全国人民的种种表现[381]。

1）灾后政府形象

在灾害中首先呈现出的一个国家形象元素就是政府形象，因为面对这种大规模的公共危机，它造成的人员伤亡和财产损失都是巨大的，不是仅依赖一个人或者一部分人的力量就足以应对的。政府应当在这种突发性危机事件中承担主要责任。在应对这类危机事件的同时，政府的形象也可以得到最好的体现。在海地地震中海地政府的救援不力及海地社会的骚乱塑造了海地贫穷落后的国家整体形象、持续动荡的社会形象及暴力掠夺的公众形象。

反应速度与政府形象。海地地震之后政府的反应：在这次地震中，海地首都太子港也遭受重创，震后，总统府及联合国驻当地维和部队总部大楼等大量建筑倒塌，多处通信和电力供应中断。在地震之后，海地政府几乎没有什么作为，它给外界透露的信息是地震的破坏程度实在太大，其在海地地震面前已经完全无能为力。政府部长级高官均联络不上，政府几乎没有自救能力，只能苦等国际救援。在地震发生之后，政府官员对遇难人数的预测从悲观到极度悲观，先是10万人，后是20万人，甚至总统和总理在地震发生之后也没有到难民营慰问灾民[383]。

应急措施与政府形象。在地震中反映一个国家的政府形象元素依赖于两个方面，第一个方面是应急救援的反应速度，第二个方面是应急救援措施的效力性。应急救援措施又可具体体现在三个层面，第一是政府及相关部门的应急预案准备是否充分；第二是救援的组织是否得当；第三是救援措施的实施效果是否良好。

海地总统勒内·普雷瓦尔（Rene Preval）2010年1月13日接受西方媒体采访时表示，这次地震给太子港造成了巨大的损失，海地政府难以应对，呼吁国际社会立即予以支援。面对这场天灾，总统1月15日承认政府确实丧失正常功能，但是"并未倒台"，他表明，政府正在全力地组织救援工作。

在地震发生之后，最先到达海地的是中国国家救援队，比距离海地几百千米远的美国救援队还早2个小时，而在中国救援队到达之前，美国救援队派出了82个空降师的100人先遣分队，迅速清理了机场跑道，使机场恢复运作功能，为后续救援飞机和队伍的到达开辟了通道。据美国军方的消息，随后该师的900名后续部队队员也到位，并且2 200名有丰富热带救生经验的海军陆战队员加入抢险救援中。具体救援情况分析如下[383]。

各国救援队总体协调情况。在到达海地之后，各国救援队面临的第一个问题就是如何进行分工与合作。联合国及各国救援队商议指派海地总统为总负责人，但是总统因忙于与各国救援队的应酬，无法到灾区和难民营指挥救灾工作，故而担任总体协调工作的是美国和法国救援队。海地官方语言为法语和克里奥尔语，然而有 90%的居民使用克里奥尔语，故救援队伍面临语言不通的问题，海地当地红十字会及联合国的救援人员连夜将英语的应急救援手册翻译成当地人能读懂的克里奥尔语[383]。

赈灾物资的发放情况。世界各国的救援队伍在第一时间做出反应，向海地输送救灾医务人员和救灾物资，但是由于海地政府缺少组织，救灾物资无法及时地送到灾民手中。海地政府没有仓库、卡车，也不清楚灾民们的具体受灾情况，于是救援陷入这样的一种困境中：灾民苦等救援，而救援人员却缺少头绪。

紧急搜救情况。地震发生之后，海地政府没有起到主要负责作用，没有在第一时间组织救援，许多受伤人员因得不到及时治疗而死亡。由于地震后监狱失控，大量囚犯外逃，囚犯在街上肆意行凶抢劫。民众处于物资匮乏、苦等救援之中，怨声载道、民怨四起，首都太子港处于一片混乱之中。

2）灾后公众形象

一个国家是由人民构成的，人民公众的形象从一定程度上代表了一个国家的整体形象。海地公众的反应主要参考三种关系：灾民之间的关系、灾民与警察军队的关系及灾民与国家政府之间的关系[383]。

首先，灾民之间的暴力掠夺。在海地地震发生之后，海地整个国家都陷入了混乱之中，社会治安也名存实亡。在首都太子港，已经发生多起劫掠事件，匪徒对妇女和儿童都没有最起码的道德良知。国际援助队伍一直都无法将物资送到 300 万名灾民手中。灾民们哄抢物资，那些手持武器的劫匪、从监狱逃出的囚犯更是肆无忌惮地烧杀劫掠，整个国家都处于失序之中。国际救援队伍不得不专门为妇女儿童等弱势群体单独准备赈灾物资。然而，即便如此，他们还得提防那些手持武器的暴徒来抢夺他们的救援物资。在海地就连维和警察都有牺牲，毋宁说手无寸铁的平民百姓。

民众已经对匪徒的暴行忍无可忍，2010 年 1 月 16 日，一名抢夺者被海地警察拘捕后，义愤填膺的群众把他从车上强行拉下狂打，最后更将他抛进垃圾堆中再点火烧死，数十名民众看着他被活活烧死[383]。

其次，灾民与警察军队之间的对立相持。海地地震发生后，政府无作为、救灾不力，致使海地的民众对政府和军队都无比失望，在这种情绪下的海地灾民，把仇恨愤怒发泄在了无辜同胞的身上、发泄在了军队身上。美国国民警卫队在救灾时"枪不离身"，海地政府军也是持枪看着灾民。显然，海地灾民与军队之间的情绪是敌对的。军队试图通过武力压制灾民的动荡，而灾民对这种武力压制的态度也是仇视对立的。

最后，灾民与国家政府之间的分道扬镳。在海地地震发生后，灾民与政府之间是相对割裂的状态，灾民形象从地震之前的贫穷落后退化为贫穷落魄，时局动乱，而且当局并没有对地震采取积极有效的应对措施。在这样的形势下，海地人民不得不背井离乡，远走他方。据《新华网》报道，1月22日20多万人撤离太子港，由于这次地震的破坏力巨大，加上国家的长期落后与贫困，而且海地建筑60%以上是"豆腐渣"工程，只有1家阿根廷人开的医院尚可使用，因此民众丧失了基本的安全感和对政府的信任感[383]。

3）灾后媒体形象

在地震灾难与国家形象之间，发挥首要作用的是新闻媒体的事件聚焦效应。现代社会的信息传播速度既取决于媒体的反应速度，也取决于事件的重要程度。一旦重要的新闻事件发生，新闻媒体会以最快的速度、最迅捷的形式来报道事件。网络、广播、手机、报刊、电视等都已经成为现代的传媒方式。通过这些新闻聚焦方式来获取舆论公众的倾向性事态投射，继而引发更大规模的社会效应。

海地也是通过新闻聚焦的形式让国际社会来关注这个国家及其国际形象的。在2010年1月13日海地地震发生之前，在中国乃至全世界人民眼中，海地是一个比较陌生的国家，就连它的首都太子港，也是鲜有人知。这个国家本身的经济、政治、文化等各个领域的影响力都是不大的。可以说，正是通过海地地震，才引起了一个重大的灾难效应，而灾难效应又引发更大的社会效应和政治效应，而这一切都源于新闻聚焦，对海地地震的新闻聚焦让全世界开始关注海地的国家形象。然而，面对海地地震，海地的国家形象从贫穷落后进一步恶化到软弱无力。

媒体是国家之间的信息连接带，在传媒的聚焦下，海地地震显得举世瞩目。在海地，7.0级的地震对一个本来就贫穷潦倒的国家是雪上加霜，面对如此巨大的灾难，主要靠电台传播信息的海地媒体几乎陷于瘫痪，依靠外援成为它唯一的出路。英国《卫报》开辟"滚动博客"专栏，震后9小时57分钟，路透社记者从现场发回第一条地震现场消息。美国和哥伦比亚媒体陆续抵达海地，对此进行现场报道；法国新闻社、美国联合通讯社、中国新华通讯社等在1月13日后也先后奔赴海地，为全球带来了地震的相关消息①。

国外媒体的关注对海地极不发达不规范的广播电视业形成了巨大的挑战，前来报道的媒体习惯性地分成了两类，一类是正视地震灾难，正确引导社会舆论并向灾民伸出援手的报道，而另一类则无视人道主义，再次对灾民进行着妖魔化的报道[381]。

---

① 英国卫报开辟滚动博客专栏发布海地灾情. https://news.qq.com/a/20100115/000110.htm?edjn8，2010-01-15.

4. 震后探讨

在海地地震发生之后，可以从国家落后、社会动荡两个关键性的元素将海地国家形象逐一解析出来。

1）国家落后是受难元素

在海地地震后，海地政府的不作为、不负责体现出的是海地国家形象中的政府无能的形象，而社会的混乱则可以从灾难中海地人民表现出的精神形象看出。地震后，部分灾民因无法得到及时的援助，便不顾救援秩序，互相残杀、掠夺。在地震发生后，海地人民表现出的不是在灾难面前的团结一心、众志成城，表现出的不是风雨同舟、共渡难关，表现出的不是慷慨解囊，看到最多的是新闻媒体上报道的海地暴乱、社会无序。

为什么海地地震后会引起社会大骚乱？地震这样的公共危机直接威胁甚至破坏了国家安全体系，其实这正是源于海地国家民族精神形象中的受难元素。海地是世界上第一个独立的黑人共和国，自1804年宣布独立后，海地一直都处于独裁专制的国家模式中，海地未能建立起有效的民主体制，政局长期动荡。据统计，1804~1915年的历史中，海地共有近90位统治者相继上台。单是1908~1915年，海地就发生了6次政变，更换了8位总统，平均每年更换一次。长期的内战，国家在不断的反叛与镇压之中前行，最终叛军迫使总统阿里斯蒂德流亡国外[383]。

在海地的政治格局下，政府当局忙于应对权力斗争和武力冲突，无法兼顾提升国家的综合国力，以至于海地一直都处于全世界最贫穷国家之列。海地综合国力的贫弱包含海地政治、经济、文化、教育等各个领域都落后于其他国家。此外，公民的文化素养、精神形象等各个方面都潜在地暗含了国家安全的不稳定因素。海地没有形成民主体制，政府没有发挥应有的作用，因此才会出现总统没有在抗震救灾第一线、没有去慰问灾民，而其他政府官员也"不在场"的现象。

2）社会动荡是暴力元素

海地本身是一个多灾多难的国家，海地黑人民族在长期历史中已经烙上苦难的精神符号，与中华民族及犹太民族不同的是，海地没有把这种苦难积极转化成一种崛起的动力，而是在长期的暴乱中把苦难消极地转化为一种愤怒的情绪。海地从建国开始就是一场暴力屠杀，1804年1月1日，海地第一任总统让·雅克·德萨林（Jean-Jacques Dessalines）发动了灭绝全部幸存白人的战役，海地军队屠杀了2 800多名白人，在200多年的历史里，海地黑人民族对白人也是充满了仇视[383]。

一旦民族精神中积淀了这种仇恨的元素，那么，总有一天，尤其是在大规模公共危机爆发的时候，会外化为暴乱。在海地地震中这一点得到了证实。海地地震发生之后，只能依赖国际救援，当时海地1 000万的人口，由于没有政府及时的组织，没有建立一支能够及时挽救灾民的抗震救灾队伍，军队不是用于救灾，而是用来抗暴，军队手持武器面对仇恨的灾民，灾民也对军队丧失信心。

长时间以来，尤其是2004年的大暴乱以来，海地政府一直都处于不稳定的状态之中，政府不得不采取措施应对各种反对势力造成的暴动，整个社会都处于动荡不安之中。海地整个国家对外的形象主要是贫穷和动乱，在这样的情况下，海地的国家工作重心就不在如何预防和应对大规模的公共危机上，海地首先需要的是政治上的稳定，其次是改变其贫穷落后的状态，逐步提升国家综合国力。

概言之，通过海地地震，我们可以看到灾害反映出的国家形象。地震由灾难效应首先转化为新闻聚焦效应和社会效应，让全世界公民第一次或再次认识到了海地的国家形象中的政府形象、公众形象、民族形象及媒体形象[383]。

（二）SARS事件

1. 事件概况

SARS事件是指严重急性呼吸综合征，于2002年在中国广东发生，并扩散至东南亚乃至全球，直至2003年中期疫情才被逐渐消灭的一次全球性传染病疫潮。在此期间发生了一系列事件：引起社会恐慌（包括医务人员在内的多名患者死亡），世界各国对该病的处理，疾病的命名，病原微生物的发现及命名，联合国、世界卫生组织及媒体的关注等。截至2003年8月16日，中国累计报告SARS临床诊断病例5 327例，治愈出院4 959例，死亡349例，全球累计导致900多人死亡[384]。反思此次疫情事件，对维护社会稳定极具现实指导意义。

2. 失稳分析

SARS事件给社会带来了巨大的冲击，甚至一段时间内在社会的某些部分引起了短期的动荡，这表明中国的社会稳定仍然存在薄弱的环节。社会不稳定的因素主要表现在三个方面：居民的恐慌、社会内部冲突和政府信任危机。

1）居民的恐慌

在SARS事件中，社会出现了大范围的恐慌，体现为传播流言、消极抢购和逃离疫区。

（1）传播流言。由于在SARS事件的初期，正式的信息渠道不畅，人们又迫切地想了解情况，各种信息都在非正式的渠道中传播，信息在传播过程中的曲解、歪曲难以避免，有的甚至是谣言。SARS事件以来，已经先后有几次流言或谣言传播。社会心理学的研究表明，听信并传播流言是个人克服恐惧的一种方法。根据流言的这个功能，可以预见，在没有找到防治SARS的有效方法之前，尽管政府大大增加了有关信息的透明度，传言还是有可能流行，并且影响居民的心理和行为。对此，政府应有所准备，一方面要及时进行有针对性的辟谣或解释工作，另一方面要对流言所带来的后果进行有针对性的处理[385]。

（2）消极抢购。由于SARS传染性强，并且出现了死亡者，社会中存在着对SARS的恐惧。人们消除恐惧的首要做法是设法进行自我防护，第一反应是准备预防SARS的药物和物品，因此，板蓝根、抗病毒药剂、白醋、各类消毒剂、口罩等在一时间成为抢购的对象。这也显示了一个重要的信号：人们普遍存在恐慌心理，政府及相关部门必须立即进行解释和疏导，以安抚群众。如果政府不能采取有效措施及时控制局面，任由其发展，那么极有可能会引发更大范围的恐慌。抢购是社会个体采取行动自救的一种反应，当个人认为社会处理危机的情况不足时，会自发地采取行动，例如，在发生通货膨胀、经济崩盘、重大灾害等时，人们也会采取抢购行为。因此，政府及有关部门应制定应对抢购风的机制，并提高其危机应对能力，及时有效地向群众公开信息。为避免由抢购引发的恐慌，政府可针对其危害，事先做好准备。此外，抢购现象的危害在于商人的哄抬物价和商品脱销，会引起民怨，加剧社会的恐慌。因此，作为政府，应建立相关商品的储备制度。从这次SARS事件看，为及时平抑物价，制止抢购风，政府商品储备的范围还应加宽。同时，价格管制的反应不够灵敏，应降低价格管制机制的启动标准，以便及时控制某些商品价格[385]。

（3）逃离疫区。大量外来人口在SARS事件时逃离疫区，导致了两方面的后果，一方面加剧了恐慌心理在全国范围的扩散，另一方面造成了疫情的扩散，加大了疫情防控的难度。

2）社会内部冲突

SARS的肆虐导致新的社会冲突，表现如下。

首先，SARS被隔离所引起的人际冲突。在疾病期间SARS患者和疑似者被隔离，无法与亲人见面。他们有强烈的恐惧感和孤独感，甚至在痊愈以后，也将面临歧视和疏远。他们的亲密接触者也被隔离，在隔离期间无法自由行动，这些人也会感到恐惧和被歧视。这两类被隔离者与社会中其他人之间的关系趋于紧张，导致这些人的反社会行为。例如，抵制隔离，甚至逃离病房或隔离区，隐瞒自己的病情或者接触史。在中国的几个主要疫区，均有此类事件发生，甚至连那些不顾个人安危，奋力救治SARS病人的医护人员都遭到很多人的躲避。

其次，防SARS引起地区之间的冲突。全国各地出于自保的动机，对疫区的防范心理强烈。一些地区甚至以防止SARS传染源进入为名，在道路上设卡，阻止外地车辆经过，特别是来自疫区的车辆。这种做法相当普遍，一度影响了正常的交通往来，有的甚至延误了抗SARS急需物资的运输，交通部（现交通运输部）、公安部等不得不采取紧急措施，制止这些地方的保护行为。

为此，各地应在执行属地管理原则的前提下，积极进行危机处理的区域合作，地方政府可考虑设立专门的机构，负责在全国性危机发生时，与其他地方政府沟通，协调本地相关部门与外地的合作等事宜[385]。

3) 政府信任危机

由于广东、北京和卫生部（现国家卫生健康委员会）某些政府人员曾缓报、瞒报疫情，虽然事后得到了有效纠正，但它已经引起群众对政府的可信度的怀疑。虽然政府随后采取了果断的补救措施来有效控制 SARS 的蔓延，但恢复政府的声望与威信仍然需要时间。

问题的严重性在于这种处理问题的方式极有可能不是例外。相关干部在缓报、瞒报疫情时并不一定意识到自己是在犯错，相反地，他们习惯性地认为，矛盾应就地解决，不上报是正确的处理方式。因此，反思 SARS 事件，重要的是要从根本上反思我们的工作方式，避免此类现象再次发生。要建立向民众公布政务的机制，此外，应明确下级向上级汇报情况的范围和时限。

政府信息公开必须落到实处。疫情以生命的代价促使我们下定政府必须做到信息公开的决心，以免遭受信息不公开的惩罚。以往遇到问题时，政府某些干部习惯于先看看，不着急公开现状，担心造成不好的影响。实际上，传播引起群众恐慌的谣言、消极抢购等现象，随着政府对疫情的及时公布，很快就得到了控制。抗击 SARS 的过程表明，民主化的推进和政府信息的公开披露是符合客观规律的，我们不应回避这一过程。

3. 事件经济影响

尽管 SARS 事件不是一场经济危机，但它是一场公共危机，一场人类生存的危机，社会的经济生活也不可避免地受到了影响。

1) 对消费、投资、出口的影响

就消费而言，SARS 的传播性决定了其对经济的负面影响，将直接冲击以人员流动和接触为基础的经济部门。受 SARS 事件影响的主要是第三产业，如餐饮、旅店、娱乐、旅游、运输业等行业。仅以运输业为例，2003 年 4 月至 5 月 13 日，全国完成客运量同比下降 6.9%，就旅游而言，有机构估计，全年对外旅游收入减少 50%~60%[386]。

同时，防治 SARS 需要大量的相应诊断与检疫设备和器材、药品、医院设施、防护用品等，这极大地刺激了相关产业的发展。人们的接触减少，各种通信、网络娱乐、电子商务等非人员直接接触性的新型消费方式增长迅速，促进了"键盘经济"的发展，甚至为了减少在乘坐公共交通工具时与他人接触的机会，家庭轿车、自行车热销起来。

对投资与出口而言，SARS 事件暴发后，确实有不少外商取消了原定来华访问、洽谈投资项目的计划。例如，2003年春季广交会成交额仅为44.2亿美元，只有16 400多位客商到会，远不如2002年春季广交会到会客商逾12万人、成交额168亿美元[386]。然而，外商到中国来投资主要有两个目的：一是利用中国劳动力素质高、工资低廉，又有厂商群聚，上下游零部件的综合配套能力强，交通、运输、通信方便，各项基础设施好的条件，在中国设厂生产以向国外输出产品。二是，中国国内有全世界增长速度最快、规模最大的市场，到中国来投资生产以直接销售到国内的市场。外商到中国直接投资的这两个目的均决定了在SARS事件之后，预期暂缓来华的外商仍会重新来华，对中国的直接投资不会减少。

2）对农村社会的影响

SARS事件对农村的经济生活产生了一定影响。首先，政府的威信进一步增强，农村干部与群众的关系进一步改善。为有效解决农民防治SARS的困难，国家及时安排了20亿元专项资金，缓解了农民和农民工中的SARS患者的后顾之忧。各级地方政府也都采取了一系列措施，投入大量资金，配备医务人员，并加强了农村的防控能力。其次，农民的卫生与健康预防意识有所增强。长期以来，中国农民普遍缺乏必要的卫生保健与防疫知识，许多地区农村的生活条件比较艰苦，环境卫生较差，因此极易滋生各种疾病。随着防治SARS的宣传力度不断加大，各级政府和有关部门采取了一系列有力的措施，农民的卫生保健意识明显增强。

3）SARS事件加剧了中国经济中固有的结构性矛盾

长期以来在中国经济中存在的结构性矛盾，由于SARS事件而进一步加剧，主要表现在两个方面。其一，第三产业受冲击严重。第三产业发展滞后是长期存在的问题，而SARS事件后，第三产业最先受到严重的冲击，其中餐饮、旅游、商业、娱乐等行业所受冲击最为严重。山西是SARS的重灾区，以太原市为例，疫情发生以后，全市的140多家旅游公司基本上没有营业额，60多家旅游饭店全部歇业，全市各主要旅游景点的收入大都不及2002年同期的一成。这种现象与整体经济保持高速增长的形势极不相称，经济生活中的结构性矛盾进一步加剧。其二，SARS事件使得消费增长放缓。国家统计局统计显示，2003年4月中国社会消费品零售总额同比增长7.7%，增速比当年第一季度下降了1.5%，在疫情比较严重的14个省（区、市），餐饮业出现负增长，大型百货商场的销售也受到严重冲击，销售额同比减少60%~90%。最终消费增长的放缓与经济整体上的高速增长也极不相称，结构性矛盾相当严重[387]。

对影响经济的总体判断主要体现在以下三个方面。

（1）间接影响大于直接影响。直接影响主要体现在对旅游、交通、餐饮、商业、文化娱乐、外经外贸等重点行业的影响。间接影响通过投资环境，削弱投资者的投资信心，投资风险加大，就业机会减少，信用等级降低，社会成本增加，经济活动减缓，各种商业和官方活动均推迟或取消，对社会产生了更大的影响。间接影响时间相对较长，并且在短期内不一定完全显现，有些影响是隐性的或逐渐显现，其影响不容低估。

（2）长期影响大于短期影响。总体上SARS的影响会持续较长一段时间，且会影响到后期的经济。市场经济条件下，任何产业、行业都不是孤立的，都是休戚相关的，虽然对某些行业的影响是短期的，但从经济总体看，极有可能带来长期滞后的影响。

（3）不仅有负面影响，也有正面影响。SARS事件对经济的影响首先是负面的，但不可否认的是，它有正面的影响。首先，与医疗、保健有关的行业获得了发展的机会。当然，SARS事件对经济的正面影响远不止这些。这些影响已经或将要进一步地对生产、流通、交换、消费等方面产生相应的影响。其次，政府的宏观调控作用得到强化，特别是长期困扰国家的产业结构问题，可以对需要扶持的产业进行大力的扶持。最后，人们对城市环境、健康卫生标准、生活消费方式的认识有了切身体验，观念上发生了较大变化，催生了一些新兴产业[387]。

4. 事件反思

SARS事件的冲击暴露出政府体制和工作方法中的一些深层次问题，初步分析主要包括以下几个方面。

（1）需要检讨我们的稳定观。在SARS事件初期，由于群众得不到必要的信息，谣言扩散，造成大范围的恐慌。这种消极求稳定的做法虽然可以得到一时的稳定，但只是把那些可能导致不稳定的现象暂时"捂住"，没有积极地解决，使得社会中不稳定因素逐渐积累，一旦受到某种偶然事件的冲击，极有可能爆发[385]。

（2）政府应正确估计自己应付危机的能力。在一些层面上，某些干部低估了所存在的危机的严重性，而又高估了对社会危机的处理能力，在政府文件、报告和讲话中，倾向多描述绩效，而对现有问题一笔带过，至于问题的严重性和解决的明确举措，则不详尽。这种工作作风容易使得地方政府或下级部门忽视存在的问题或者没有对问题加以足够的重视，以至于问题未能及时解决；最终使问题积累，一旦遇到突破口，就会突然爆发。

（3）政府权力的分布需要合理化。从制度或决策模式的角度来看，SARS事件之所以对中国社会造成如此大的冲击，与早期防控措施不及时有关。而疫情发生后，下级政府或相关部门未能及时上报，又与政府层级权力划分和横向分布的现状有关。中国的行政管理权属于分层分布，地方政府的决策权并不完整，除了少数高度市场化的经济领域外，地方政府几乎没有权力单独行使决策。这种权力分布使得地方政府在遇到紧急情况时，缺乏足够的处理授权，无法采取及时有效的措施。应当对政府权力的分布进一步合理化，特别是在紧急情况下设置特殊通道，使得紧急信息能够尽早沟通，紧急措施能够尽早部署。

（4）注重对公共卫生事业的投资。从经济结构的角度分析，中国医疗事业发展严重滞后，而且长期得不到调整，隐患逐渐积累，这是导致 SARS 事件的深层次经济因素。与人民群众日益增长的医疗卫生保健需求相比，我国医疗卫生服务的供给则明显不足。据中国卫生部门统计，2003 年时中国尚有近 1 亿人口得不到必要的医疗服务，近 20%的农村县未达到初级卫生保健目标。在世界卫生组织对其成员国的卫生体系绩效的评估排序中，当时中国在世界 191 个国家中位居第 144 位，其中"用于卫生体系的财务负担在国民中的分布状况"指标一项，中国名列第 188 位，近乎末尾[388]。我们应该立足于发展，吸取这次危机的经验教训，在积极发展经济的同时，加大对公共卫生、公共福利等事业的投资力度，确保社会各部门的均衡发展，消除阻碍经济可持续发展的隐患。

（5）中央和各级地方政府建立有效的危机处理系统。借鉴此次抗击疫情的经验，理顺条块分割的管理体制，明确责任制度，设立应急基金，以形成信息准确、预警及时、资源整合有力、指挥运转高效的危机处理体系。切实加强舆论监督，敦促政府提高信息透明度，增强公信力。加强对突发事件影响的研究，提高分析预警的能力[388]。

（6）改进消费政策和收入分配政策，刺激城镇居民扩大消费。在住房、电信、汽车等新兴消费热点及一些传统的奢侈品方面，我们应加强对限制性政策的清理力度。拓展互联网业务，发展"非接触型"的服务消费。优先增加医护人员的工资，提高城镇"低保"标准。实行带薪休假制度，灵活调节过度集中的旅游高峰。

（7）推动人民生活、卫生习惯的现代化。随着经济的发展，商贸活动越密集，跨地区、跨国界的人员往来就越频繁，传染病的来源和接触渠道就越多。但是，感染传染病的可能性与人们的生活、饮食、卫生习惯息息相关。因此，人们的生活、饮食、卫生习惯的现代化必须和经济的现代化同步进行，以避免传染病的频繁发生。在 SARS 事件之后，有必要继续加强群众的生活、饮食和卫生等习惯的教育，使中国的现代化在各个层面都同步进行。

没有哪一次巨大的历史灾难,不是以历史的进步为补偿的。

——〔德〕恩格斯

第八章 经典案例

自然灾害的突然发生，给社会管理带来困难，是造成社会冲突、失序和失稳最显著的情况。面对大部分突如其来的灾害，毫无防备的受灾民众和外界社会都极易陷入慌乱之中，此时的社会管理面临极大的挑战。大量的救援组织、人员及物资迅速赶往灾区，在给灾区带来救济的同时，救援主客体、主体之间及客体之间都存在发生冲突的可能。灾害的破坏，使灾区社会本身已经陷入无序状态，加之灾区资源、环境受到极大的破坏，导致其治理难度加剧、资源环境承载力急剧下降，社会失序很容易恶化为更危险的失稳状态。本章将对"5·12"汶川地震、芦山地震，日本大地震这几次重大自然灾害事件中的社会冲突、失序、失稳风险治理进行分析，包括各次灾害事件的背景、事件分析、演化分析和应对的举措。

一、"5·12"汶川地震、芦山地震

大部分研究灾害相关问题的学者们致力于自然因素方面的研究，大部分研究防灾减灾的学者们致力于灾害的预防、预警及灾后重建方面的研究，对灾后救援相关的研究则主要关注NGO、救援技术等方面。很少有着眼于灾后社会秩序方面的研究。由于救援秩序关系着救援的有效性，更关系着许多人的生命安全，需要引起学者们、政府和社会的高度重视。以发生在龙门山地震带的两次大地震——"5·12"汶川地震和芦山地震为例，具体分析其震后救援秩序的演化机理及应对措施。

（一）案例背景

近几十年，地震造成的死亡数量和经济损失不断攀升，尤其是在住房条件差、抗震能力弱、救援水平低下的发展中国家和地区。龙门山地震带是世界上最

活跃的地震带之一，然而这里的人口较稠密并且经济发展水平相对落后。因此，良好的救援秩序对于挽救地震造成的生命和财产损失十分重要。

龙门山地震带地处青藏高原东麓和四川盆地西南边，覆盖 50 千米宽，自西南向东北方向延绵 600 千米。据《四川志·地震志》记载，龙门山地震带在距今的 300 多年间，一共发生 18 次里氏 6.0 级以上的地震，其中两次地震达到了里氏 8.0 级以上。1976 年，一周之内连续发生 3 次里氏 6.0 级以上的地震。最近的两次大地震，则分别是 2008 年的"5·12"汶川地震和 2013 年的芦山地震[46]。

据 2012 年《四川统计年鉴》记载，龙门山地区人口主要以农业人口为主，如表 8-1 所示。例如，芦山、青川和平武县的农业人口比例都超过了 80%。同时，这一地区的经济发展水平也相对落后。从统计数据看出，这一地区部分县的人口密度差异较大。人口稠密的地区在地震中面临更大的风险，同时不均匀的人口密度也会给有序的救援带来困难。

表 8-1 2012 年龙门山地震带部分地区人口经济发展状况

项目	全国	四川	汶川	芦山	青川	平武	茂县	都江堰
人口总数/人	—	—	111 935	121 520	253 416	187 799	103 570	621 980
农业人口比	50.3%	74.6%	69.3%	82.8%	82.6%	85.2%	75.4%	71.1%
人口密度/(人/千米^2)	141	172	25.5	89.1	75.9	31.3	28.2	514.9
GDP/($\times 10^6$元)	—	2 384.9	4.6	2.5	2.4	2.8	2.1	20.8
城镇居民人均可支配收入/元		20 307	20 170	17 000	15 605	18 126	17 922	18 940
农村居民可支配收入/元		7 001	6 430	10 000	5 407	5 416	4 620	10 417
公路总长度/万千米		26.60	0.07			0.15	0.09	0.16
移动电话数/万户		4 800	10.67	8.7	16.8	—	8.59	52.3
网络用户数/万户		4 023			1.15		0.67	10.7

从该地区城市居民和农村居民的收入水平统计数据来看，这一地区经济发展水平相对落后，因此大部分居民在灾害面前几乎没有经济保障。这意味着，灾害发生时，外部救援尤为必要。同时，由于较低的经济发展水平，当地的房屋设施质量，尤其是农村住房在地震面前就显得十分脆弱。此外，该地区的公路总长、移动电话使用数量，以及网络普及率和通信设施也相对不发达。严峻的自然条件、价值落后的现代设施设备、不均匀的人口分布为震后有序救援带来了极大的挑战[389, 390]。

（二）风险分析

在灾区秩序恢复到灾前的状态之前，灾区将经历短期的救援、恢复和重建。在各个阶段，灾区社会都拥有不同的目标，有不同的参与者，面临不同的环境。因此，不同阶段具有不同的交互关系，会形成不同的秩序。然而针对每一个阶段，与之相适应的秩序才能保证阶段目标的顺利实现。对于地震后救援来说，救援秩序就是在地震发生后，为了实现最大限度地挽救灾民的生命财产损失，特别是生命，由救援力量、灾民、灾区资源和环境的交互关系所形成的稳定的、连续性的、具有一定可预测性的模式、结构和状态。

震后救援需要同时处理自然环境和人类社会的复杂关系，然而它们都是复杂系统。因此，震后救援也被视为一个耦合复杂系统[391]。许多组织部门、资源、行动及其相互之间的各种联系构成了这一耦合复杂系统。在非常短的时期内（通常少于 7 天），救援活动需要有效的协调救援投入，救助灾民，保证救援物资的配送，收集及时的灾情信息和保护环境。在这个过程中充满了未知的风险和约束[392, 393]。只有真正理解了人类和自然系统之间的复杂联系，震后救援失序的问题才可能被认识和处理。因此，需要用系统方法论去解决这一问题。

1. 震后救援冲突

震后救援冲突中较为突出的冲突包括采访自由和公开秩序之间的冲突和社会心理冲突。

1）采访自由和公共秩序之间的冲突

为了贯彻透明开放的信息政策，国内外媒体纷纷进入灾区，记者的采访自由得到较为充分的实现。政府、军方，包括受灾民众都对记者采访大开方便之门。正在实施救援的震后现场、安置灾民的临时帐篷，甚至执行紧急搜救任务的军用飞机上都能见到记者的身影[394]。正是在这样便利的传播环境中，一些记者用行动主张的采访自由却和公共秩序发生了冲突，漠视公共秩序的采访活动将采访变成了对救灾工作的干扰。当医生正准备给伤员动手术时，在没有消毒的情况下强行进入灾区临时医院的记者却要求采访，导致医疗设备被污染。被埋者在废墟下奄奄一息，记者却要求暂停救援，先行采访，并阻止救援人员搬开悬挂在被埋者上方的摇摇欲坠的天花板。唐家山堰塞湖排险期间，个别没有通行证的记者试图突破国务院抗震救灾指挥部划定的警戒线，进入灾后被封闭的北川羌族自治县，采访警戒线内的民生百态和毁弃之城的凄惨状态。个别记者在直升机匆忙运送物资去堰塞湖期间，试图采取各种方法搭载直升机，采访堰塞湖抢险现场，虽然记者采访新闻的冲动应该得到尊重,但他们在突发事件中的采访自由和公共秩序的关系,却变得紧张起来[394]。

2)社会心理冲突

面临突发公共灾难时,人们非常紧张,极易引起恐慌,盲目逃生,从而失去有利的逃生机会。在"5·12"汶川地震中,不少死伤是由群众盲目逃生、受到震落的碎石撞击造成的。在信息通信与交通运输中断的封闭环境下,受灾群众只能依靠自救。自救群体应充分把握"黄金72小时"的救援法则,有组织地对受害者进行合理的自救,对浅层埋压者实施最大程度的救援,这也是救援过程中最有效的方法。如果受灾群众一味等待外界救援而外界救援难以及时到达,那么在地震后的恐慌期间,他们除焦虑恐慌外,还会经受绝望与抱怨的心理冲突。冲突主要体现在渴望他救和他救不及时,进而体现在受灾群众继续求救或大规模逃难。此外,如果重灾区所处地区地形险峻,受客观环境的限制,即便他救到达也无能为力。他救群体主要以救援官兵为代表,出于强烈的使命感和社会责任感,他们在救援时往往奋不顾身。考虑到地震、余震及群众的人身安全,救援部队必须分散人群、维持秩序。然而,由于受灾群众对地震险情的感知或判断有误,往往易与救援部队产生意见分歧甚至发生冲突。这种非理性的自救会对理性的他救造成一定的负面影响。等待救援的焦虑与维持搜救秩序的责任之间会发生冲突,这一冲突通常在地震后的混乱救援期间爆发。同时,制度冲突会引发心理冲突。制度冲突是指制度体系内与同一行为相对应的不同制度安排之间在行动方向上的不一致,行为规范中存在矛盾和冲突的部分。面对紧急救援,他救群体受制度约束,与自救群体所选择的救援方法不一致,并且由于两者的社会责任感不同,自救人员只关注如何脱险及如何让其他受灾群众脱险,而他救群体立足于救人的层面,必须确保救援效率并减少间接伤亡,承担着更大的社会责任。由于紧急救援制度规范的受众不同,救援过程中的行为反应模式也不同,在硬性的制度冲突下就产生了行为上的冲突,必然导致强烈的社会心理冲突。尽管两者的出发点都是救人,但两者的总体看法不同,制度约束力也不同。我们常见这样一部分群体,当专业救援队伍进行救援时,搜救人员将他们安排在掩埋地点周围,而他们的亲戚或朋友还被埋压着,在突发灾害及失去亲人等的强烈刺激下,自身行为及认知极易失调,这种心理的极端失控躁动与现场秩序的理性维护及救援制度之间就会产生社会心理冲突[105]。

2. 震后救援失序

救援秩序包括救援人员活动的有序性、救援物资流动配送的有序性和灾民活动的有序性。将救援视为一项系统工程,那么整个救援系统分为救援力量子系统、灾民子系统、资源环境子系统。各个子系统之间都相互联系、相互影响，构成了一个远离平衡态的、动态演化的、非线性的复杂开放系统，具备了形成动态有序的状态的基本条件。救援活动的目的是使灾区达到新的平衡态，增强灾区的有序性。

地震发生后，灾情信息借助媒体、网络得以传播，政府及外界社会得以快速、广泛的响应已经成为当今地震救援的重要特点，大量的 NGO 参与救援，专业的救援组织和先进的救援手段及技术都为地震救援带来了极大的推动作用。虽然如今对地震灾后救援的投入和技术比以往有明显的进步，但是新的问题出现了，也可以说是一直都存在的问题，只是在目前救援投入和技术有很大进步的情形下才被凸显出来。新的问题就是广泛、快速的响应可能加重了地震灾区的救援秩序的混乱，从而导致救援效率降低，甚至导致灾区社会的动荡。

地震一旦发生，由于其突发性、破坏性，在应急部门还没有做出应对决策之前，灾民可能突然陷入疏散或者逃生的混乱。救援人员在第一时间得到信息后，由于迅速的、广泛的响应也有可能陷入混乱之中。随后，随着应急部门的干预，疏散秩序得到缓解。同时，救援的手开始伸向灾区，但震后灾区的环境变得十分脆弱，具有极大的不确定性，此时容易出现救援人员与灾区环境之间的秩序问题。在地震救援中，尽管每个人或者每个组织都保持着自身的微观秩序，遵守着各自的行为规范，但如果缺乏一个整体的行为规范、行动计划，所有人和组织都聚集在灾区的特定环境下，救援活动就很难保持整体的秩序。从无序所涉及的主体来看，主要包括救援人员活动的无序、救援物资流动的无序、灾区灾民活动的无序三个方面。

1）救援人员活动的无序

地震破坏了灾区基础设施、造成人员伤亡，使生产中断，生活受到干扰，灾民心理受到严重创伤。灾区社会系统原有的结构、环境发生改变，社会正常功能受到阻碍，失去了原有的平衡。救援活动正是在震后灾区社会系统失去平衡的情况下，与灾区社会共同构成一个新的更加开放的复杂巨系统。同时，由于时间、空间、资源等方面的约束，震后救援力量组织面临诸多困难，多重约束情境可以概括为以下五个方面。

第一，救援时间紧迫。时间限制是震后救援面临的第一大约束，只有在有效救援时间内全力高效地展开救援，生命和财产才能得到最大限度的挽救。因此，所有的应对措施都必须考虑这一约束。第二，施救空间受限。通过对震后救援空间范围的反思，尽管将外界社会也纳入考虑，但在灾区需求点展开施救活动的空间是极为有限的。大量的救援人员进入重灾区的同时，也带来了对安置空间的需求。然而，这一约束在以往的研究和实践中很少被重视。第三，灾区资源紧张。震后对物资的迫切需求使得灾区资源变得十分宝贵，灾区物资储备等资源约束也成为关注的焦点。然而，不仅是灾民有对资源的迫切需求，大量的外来人口也有对生活物资的重大需求。因此，救援力量的组织也不得不考虑灾区紧张的资源约束。第四，生命通道脆弱。交通道路网络在地震中受到严重损毁，如何在本已脆弱的运输系统中有效地组织人员和物资的输送，而不至于让交通陷入瘫痪，也是进行救援力量组织的一项关键约束。第五，活动相互制约。搜救被困灾民，救治受伤灾民，安置受灾灾民，防范震后疫情等活动都需要在上述约束情形下展开，各项活动应当如何分配有限的资源也成为一项约束，不同活动之间存在着一定的先后次序，如清理废墟可以为搜救灾民提供便利、抢修道路可以保障生命通道的畅通等。

在各种约束条件下，各种救援力量之间如果不协调发挥作用，将导致整体救援效率低下。在现实中，可能表现为突然剧增的通信量导致通信设备的过载、大量的救援准备和车辆等物资的调度造成交通瘫痪、灾后大量的购买行为造成物资供应的短缺。在震后短时间内，救援主体可能存在救援参与的无序，在后续的救援过程中，还可能出现进入灾区中心的无序性。由于地震对道路基础设施的破坏，地震后常常会出现道路中断，然而对灾区交通状况的信息搜集需要一个过程。如果在对灾区交通状况没有全面掌握的情况下，大量的救援车辆迅速涌入灾区，很可能会由于突然发生的道路中断造成拥堵，从而给道路抢修带来困难，并且有可能由于连锁反应，整个灾区交通陷入瘫痪，这将阻碍大部分救援力量到达灾区中心，浪费宝贵的救援时间。

2）救援物资流动的无序

参与救援的除了进入灾区的救援组织和个人，还有更庞大的救援主体，包括慈善基金、NGO、公司和其他的民间组织。在地震发生后，很多富有责任感和爱心的企业、民间组织及个人都会捐献救援物资，为灾区送去干净的水、药物、食品、棉被和衣物等，体现出伟大的爱心和崇高的精神。然而，在为灾区解决物资紧缺的问题的同时，救援物资的无序性也有可能给灾区的救援秩序造成负面的影响。应急物资的调度、库存和分配早已是应急管理中的一个关键问题，已有大量从微观的层面进行考虑的研究，但是从宏观层面探究救援物资的秩序问题还没有受到关注。一方面，震后灾区的环境十分特殊，交通、通信、城市生命线工程都受到破坏，大量的人员伤亡，幸存者可能出现的心理问题，物资的短缺给当地政府的管理带来极大的挑战，即便是有充分准备的应急预案，以及临时成立的救援指挥部，灾区的组织协调工作也面临极大的压力，具有一定的脆弱性。另一方面，如果救灾物资来源十分分散——物资来源的无序性，以及物资调度面临极大的压力或者调度过程由于道路通行能力不足障碍重重——物资流动的无序，救援物资不仅不能充分地救济灾民，反而会由于救援物资的无序给本身就具有脆弱性的组织管理活动带来巨大的压力，从而对有效救援产生负面的影响。

3）灾区灾民活动的无序

地震打破了社会正常运行的秩序，那些对秩序有着基础作用的经济和物质财富可能伴随着地震轰然倒地，那些对社会秩序的形成有着外部控制作用的权威也有可能无暇顾及社会状况，那些代表着社会秩序的行为规范、法律等在恐慌的灾民面前突然变得渺小。自然灾害发生后，出于自我保护和维护个人利益的动机，灾民可能会产生非道德的心理，甚至采取违反法律的行为，这不利于救援活动的顺利进行。

在经历短暂的无序后，灾民的安置与转移问题成为新的挑战。部分灾民要求在当地得到安置，那么必须协调好安置地点、补偿费用等；部分灾民要求转移到其他地区，部分灾民因伤情需要尽快转移到其他地区的医院，那么须做好人员转移的规划，以保证有充足的车辆、畅通的交通。人员转移过程也是对转移能力的一次考验。安置与转移过程的高效、有序对灾后重建有着重要影响。

2008年的"5·12"汶川地震中，震后救援失序的一些状况仍记忆犹新。例如，在地震发生后不久，成千上万的士兵被快速调往灾区参与救援。尽管救援队伍响应迅速，但救援装备和物资的运送延迟对救援效率造成了极大的影响。在等待救援装备和物资时，大量的救援人员无法正常地实施救援工作。此外，有大量的媒体车辆和私家车前往灾区，进一步阻碍了重要物资的运送，造成灾区交通失序。又如，在救援活动现场，解放军队伍、武警队伍、消防救援人员、公安民警及其他救援队伍往往因为缺乏协调而陷入混乱。

另外，除了灾害中的物质秩序，精神秩序不容忽视。重大自然灾害中宝贵生命的消逝使得无论是幸存者，还是救援者，抑或是目睹者都深深感受到死亡的残酷与生命的有限。在亲人生命消逝的那一刻，自己的生命似乎也虚无了，完全没有意义了。即使是参与救助的各类人员，政府干部、普通百姓、军队、警察、民间团体、志愿者、亲临现场的媒体记者……无论拥有多么强大的心理免疫力，在如此惨烈的灾难和血肉模糊的死难者面前，在绝望的呼救和揪心的哭泣面前，在高楼大厦变成残垣断壁的现实面前，心理难免不被种种幻灭感、恐怖感击中，从而造成严重精神创伤。灾害全面打击了群众的精神秩序，重建精神秩序也成了灾害重建研究与实践中的重要方面。

3. 灾区社会稳定性

震后救援实践面临诸多挑战。即便救援人员训练有素、救援指导严格、救援物资充足，震后救援也会因为灾区秩序的混乱、冲突等问题受到阻碍。各种救援活动复杂且相互关联，灾区社会的失序状态对救援活动有负面影响，必须重视并维护好灾区秩序。

"5·12"汶川地震后，随着灾后过渡安置工作的结束和灾后重建各项工作的深入开展，由于灾民心态的变化、各种利益格局的重新调整、各项灾后重建政策与落实过程中各类问题的出现等，各类社会矛盾纠纷纷纷凸显，给重建家园工作带来较大负面影响。影响灾区社会稳定比较突出的因素包括以下几个方面。

1）对于房屋等个人财产毁损等受灾程度认定意见差异而引发的内部矛盾

"5·12"汶川地震重灾区属羌藏民族聚居地，其90%以上的居住结构为石木结构。建房时，大多建在山上，无设计图纸，更无科学的建筑结构，几乎没有考虑防震问题。在建筑材料的使用上，多采用当地材料，很少使用钢材、水泥等标准建筑材料。村镇土壤的黏度、石块的硬度和形状不尽相同，由于缺乏具有相关资格的机构和人员，无法进行地质勘测，建筑地基也缺乏技术性处理，对地震后房屋受损程度难以鉴定。在确定村镇房屋受损程度时，主要根据经验、感观和群众意愿，分为可居住、加固后可居住和不可居住三种情况。这样的鉴定没有科学依据，加之灾民主观上认为，房屋受损认定程度越严重，国家补助就越多，因此房屋受损情况认定结果难以让人信服，灾民间产生冲突，对灾后重建包括政策的落实、公共设施的建设、公益性劳动的参与等都产生重大影响，对社会稳定产生风险。

2）对于国家灾后重建相关政策的落实倾向性争议而引发的矛盾

"5·12"汶川地震灾害发生以后，为帮助灾区群众渡过难关、恢复生产、重建家园，国家先后发放了包括应急物资在内的各类救灾物资；三个月的临时生活救助，延长特困群众三个月生活救助；各省对口支援重灾区，并在基础设施、生产生活等各方面给予财政、金融、税收等方面的政策支持。这些都体现了党和政府对灾区人民的关怀和社会主义大家庭的温暖。大多数灾区群众对此表示感谢，但也有一部分灾区群众抱着等待、依靠、索要的想法，把党和政府的关心、关爱和关怀作为向党委、政府索要资金和物资的砝码。一些获救的人已经从感恩变成担心未来的生活。例如，实施三个月临时生活救助登记时，已经离开原籍或长期在外务工、地震时不在灾区的民众纠缠、上访乡镇和县级部门，要求获取救助。以灾后重建为例，如果仅考虑户籍、人口或房屋数量而给予现金补贴，可能会出现各种矛盾和纠纷，如加固后可以居住的房屋的户主以重建住宅为借口，争取更多的资金补贴，影响社会稳定。

3）灾后重建对土地的使用产生矛盾

地震发生后，首先是房屋严重受损；其次是基础设施严重受损，特别是水、电、路等基础设施。在恢复重建过程中，必然涉及土地利用的调整，甚至是农业承包地的调整。在这一过程中，由于房屋的距离、土地的品质、受灾群众既有的矛盾，以及基础设施，如水、路的可通达程度或者产业结构的调整等各种因素的相互作用，可能产生大量的矛盾与纠纷，影响社会的稳定。

4）地质灾害等次生灾害引发矛盾

地震后常常发生山体滑坡、崩塌、泥石流和滚石，容易引起各种矛盾和纠纷。第一，一些乡镇的地质灾害范围广，易发生次生灾害，受灾群众情绪紧张，极易恐慌，并且存在矛盾隐患。第二，一些村镇由于受灾后生存条件极其恶劣，无法在原址上进行恢复和重建，他们必须在县内或其他地方重新安置；由于人们安土重迁，对拟搬迁的各个方面都心存担忧，甚至有越级上访或群体上访的现象。第三，由于次生灾害，房屋造价增加，基础设施建设更加困难，受灾群众的期望与实际建造结果不符，易引起社会矛盾，影响社会稳定。

5）基础设施建设工作产生矛盾

地震发生后，由于国家政策支持和对口支援省市的配套支持力度的加大，基础设施建设将快速进入高潮期。随着建设资金的注入，各个项目都将开始，涉及的第一个问题是征地。地震灾区属于高山峡谷地区，坡度陡峭、土地少、土地矛盾尖锐。在基础设施建设过程中，还涉及多种问题，包括人力资源的利用和辅助项目的建设，现有的公共基础设施、道路、引水和电力设施的使用，原材料及其产品的销售等。这些问题都极易引起社会矛盾，影响社会稳定。

6）震后心理障碍引发矛盾

地震发生前，受灾地区人民过着充实稳定的生活。尽管生活在高山、半山地区的人们生活环境相对困难、文化生活相对枯燥，但他们在和平与幸福中生活和工作。天灾袭来，措手不及，数十年来辛苦建造的家园受损了、家庭成员也突然伤亡，加之对未来生活的忧虑，部分受灾群众会产生地震后的心理障碍。如果在生产和生活中处理不当，很容易导致社会矛盾和社会动荡。

7）邻里、家庭生活等引发矛盾

邻里纠纷和家庭冲突一直都存在，但是，地震后有逐渐上升的趋势。在灾后重建过程中，由于土地、采光、道路及生产中灌溉和农产品收获等方面的需求，邻居之间极易引发矛盾和冲突。在家庭生活中，由于灾后人们的心态变化，子女上学、老人赡养、住房建设、务农打工、家庭事务等都可能会引起矛盾，影响社会稳定。

自然灾后过后，决定灾区社会是否稳定的几个要素主要包括：灾区政府是否在抗灾御灾和灾后重建中做了积极有效的工作措施；灾区政府是否最大限度地满足了灾区人民的各种合理需要；灾区人民是否对灾区政府在抗灾御灾和灾后重建中的所作所为感到满意；灾区人民是否对党的执政能力和方针政策感到满意。这些要素比较全面地体现出灾区民众的政治认同感、政治满足感及对社会的期望和要求[395]。

（三）系统构建

灾区社会可以被看作一个复杂巨系统。地震发生后，重大人员伤亡和受损的基础设施打断了人们正常的生活生产，给人们造成严重的心理创伤。原来的社会系统结构和环境发生了改变，社会的正常功能得不到发挥，原来的平衡状态被打破。此时，灾区社会与外界社会及救援活动一起构成了一个新的、更加开放的复杂巨系统[396, 397]。为了更好地理解震后救援失序，有必要对震后救援系统的环境、边界、结构及功能进行系统性分析。

1. 系统环境

环境影响着系统行为及系统结构。在对震后救援系统结构进行描述之前，有必要厘清救援系统的环境。具体的讲，救援系统环境包括重灾区内部和外部的自然和社会环境。

龙门山地震带有着复杂的自然和社会环境。许多地区是植被茂密的山区，很少有宽阔的平坦陆地。因此，很少有地区适合直升机救援，这也在两次地震救援中得到了验证。除此之外，该地区的铁路和水上交通也很受限，救援系统主要依赖于公路交通网络运送救援队伍和救援物资。同时，该地区独特的地理环境和落后的经济发展水平意味着其基础设施水平和资源储备也比较薄弱，其环境承载力非常有限，震后救援系统分析中需要被考虑到。

此外，龙门山地区医疗设施水平相对落后，常住人口也以妇女、老人、儿童为主，并且他们的受教育水平相对较低。这些条件削弱了他们自救互救的能力。地震发生时，紧急的外部救援十分必要。该地区毗邻四川省会城市成都，并且距离几个大中型城市较近。这些城市都拥有充足的应急资源和完善的应急指挥体系，可以在较短时间内组织救援人员和物资。值得强调的是，成都作为一个科技发展水平较高的城市，利用先进搜救和医疗技术的现代救援也是可行的[398, 399]。

2. 系统边界及结构

在描述系统结构之前，需要确定系统的边界。Churchman 指出边界分析对于改进一个系统或分析系统问题来说，是十分重要的[400]。正如 Churchman 所说，指出哪些因素是在分析范围内，哪些因素是在分析范围之外是一个很重要的考虑。为了确定哪些是震后救援系统框架应该考虑的内容，采用时空范围分析和系统元素及框架分析进行确定。

1）时空范围

在时间维度上，分为地震发生前、地震发生、地震发生后。相应地，这些阶段对应了地震的准备、缓解、响应和恢复重建。在空间维度上，分为非地震灾区、地震灾区和地震重灾区。值得注意的是，救援系统的时间范围是极其有限的。地震的快速响应阶段出现在地震发生后的极短时间内，通常少于 7 天，主要的目标是通过救援行动挽回生命。而空间范围就比时间范围宽广许多，一场重大地震常常引发整个世界的关注和援助，因此许多救援物资也是来自国际社会。

以往的研究常常只关注地震灾区和重灾区，而外界社会往往是被排除在考虑范围之外的。救援系统边界通常被局限于重灾区，因为这一区域的自然环境遭受了最为严重的损害，意味着救援需求是最迫切的。此外，现实的灾区环境常常被忽视。地震发生后，随着时间的推移，救援力量不断深入灾区进行救援，逐步展开与灾区资源环境、灾民之间的交互关系，并形成一定的秩序。随着时空条件的变化，救援秩序呈现出一定的演化规律，图 8-1 显示了震后救援系统的时空结构图。

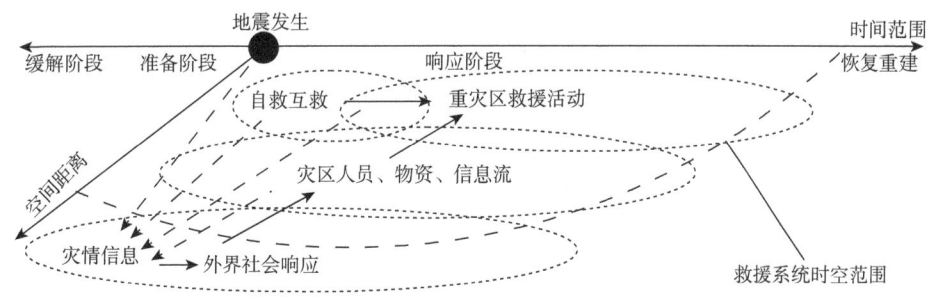

图 8-1　震后救援系统的时空结构图

因此，扩展后的边界不仅包括重灾区和一般灾区，还包括参与了救援的外界社会。此外，为救援活动提供承载的灾区环境、救援活动本身，以及进行自救互救的灾民都应该被考虑进来。这样，边界拓展后的系统才能将所有与地震救援相关的活动和行动都囊括进来，如物资、人员、信息和它们各自的源头（如救援队伍、物资储备中心、物资配送中心、应急指挥中心等），而有些活动（如仅涉及灾后重建的）就不被考虑进来。

2）系统元素及框架

在这一步中，一般的救援系统框架确定在给定的范围内。一个系统有一个由相互关联的元素构成的整体的特定函数。救援系统包括：所有相关的政府机构、

NGO、学术机构、媒体机构、救援人员和人员、设施建设、环境修复团队、受害者、救灾物资、提供能量和信息，所有这些形成了一个有机整体。为了确定一个通用框架，研究小组会见了系统边界内的所有利益相关者的代表。救济制度包括救援部队、灾区灾民、灾区环境、人员及这些元素之间的信息流动，如图 8-2 所示。

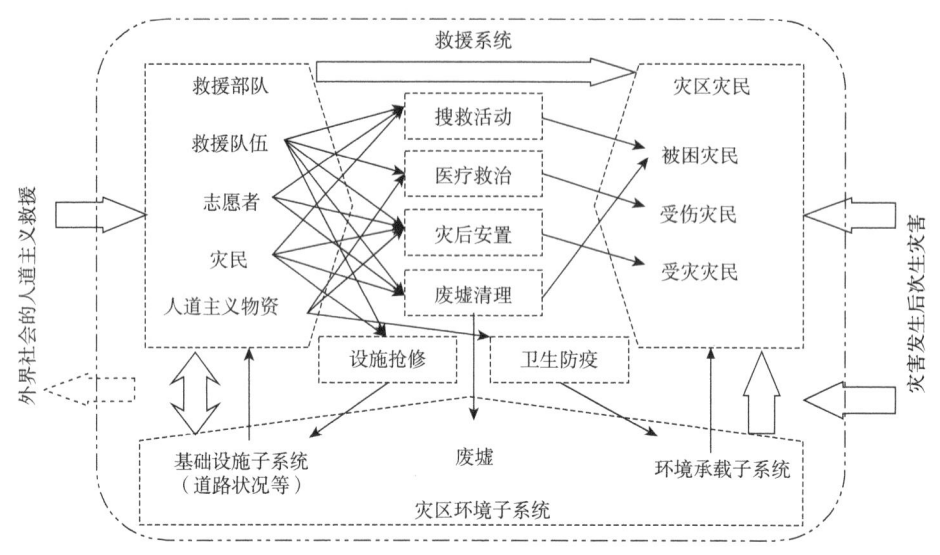

图 8-2　震后救援子系统及其要素和关系图

具体地讲，救援部队包括外部专业团队、非专业志愿者。灾区灾民被归类为那些被困在废墟中或者受伤的、无家可归的人们。灾区环境主要包括次生灾害和路况。这些不同的元素通过几种相关链接的活动，从而形成一个有机的整体。这种类型的结构反映了救济活动和环境之间的相互作用，外部社会和灾区、受害者、救援部队和救援物资的信息流动。

3. 系统功能

高效的系统运行需要有效的系统功能，所以进一步了解这些方面是非常重要的。震后救援系统的基本任务是拯救生命和保护财产，所以人员和物资等供应是很重要的。过去，单独的活动都是由独立的决策者决定的，所以时间序列不占主要和次要的活动，而人员和材料供应经常考虑不到灾区的实际需求。因此，许多系统功能特性中的系统环境、系统结构和各种救援活动往往被忽视。然而，系统功能依赖于背景和功能之间的关系。只有当这些系统功能明显分化才可以协调确保整体的震后救援系统的有序。因此，这些功能需要进一步的分析。

救援活动的最终目标是拯救生命，其中包括寻找埋在废墟下的受害者、治疗伤员，以及安置饥饿和无家可归的人们。灾害造成大量人类和牲畜死亡，死者可能无法被迅速掩埋，也就是说，随着时间的流逝，有传染病的风险更大[401]。因此，防止流行病的暴发也是救援活动的一个目标。搜索子系统、治疗子系统、安置子系统和防疫子系统都被确定为震后救援系统的关键。每一个子系统都需要救援部队，包括救援人员和救援物资，以满足在不同的情况下受害者的特定需求。例如，搜索子系统需要本地和外部专业和非专业人员、搜索设备和工具来搜寻幸存者。这些子系统都需要实现震后救援系统目标。因此，这四个子系统被视为功能子系统。

确保有效的功能子系统，还需要一些辅助活动。在龙门山地震带，大多数的房子是砖房，所以当大地震袭击后，许多人被埋在废墟中。因此，需要快速和成功地搜索救援被困者。然而，救济活动往往需要很多人和物资，但这些人员和物资流动严重依赖公路网络，所以道路修复活动也至关重要。碎片清除和道路维修对实现系统功能意义重大，因此被定义为辅助子系统。

人员支持和物质支持活动被视为两个独立的子系统[402]，进一步有效的救援系统要素是信息流。灾难信息报告刺激外部支持灾区，不同的报告水平导致不同的反应水平，所以信息报告也被认为一个重要的支持子系统[403]。

救济制度的主要目的是协助这些受灾人员，充分考虑人口子系统。简而言之，主要有四个功能子系统、两个辅助子系统和三个子系统支持救援系统的目标、结构和背景。

（四）模型模拟

没有单一的方法用来解决复杂震后社会秩序问题，且量化那些与利益相关者所持的不同的目标和观点是非常困难的，以下采用系统动力学（system dynamics，SD）模型尝试建立震后救援系统模型。

1. 建模方法

参与式调查获得的信息为直接经验，因此首先救援系统响应阶段做了一个总体的调查，采访了有关部门，扩展对话和专家会议来确定关键问题和主要解决方案。清楚地理解环境情况、边界、震后救援系统的结构和功能后，我们仍然无法解决社会失序的问题，因为虽然各部门对每个系统应该做什么都有一致的理解，但我们不能确定各个决策的有效性和影响。

因此，需要明确每个决策之间的交互作用机制，而灾后响应被认为是一个系统工程[404]。首先，需要建立一个物理模型来显示全部相关实体之间的复杂关系和信息、灾区内环境和外部环境。其次，建立基于该物理模型的数学模型来揭示约束关系、定量关系，以确定动态反馈的所有元素之间的关系。最后，因为我们无法创建一个地震现场试验模型和震后救援系统无法运行试错的测试，所以需要采用计算机模拟，计算出复杂的定量关系。

2. 模型构建

建立系统动力学模型需要开发一个因果关系图和系统流图，然后基于实际情况需要进一步验证。

1）因果关系图

震后救援系统有多重反馈关系，图 8-3 显示了其中的部分关键变量和因果关系。+表示变量的积极作用，−表示变量的负面影响。

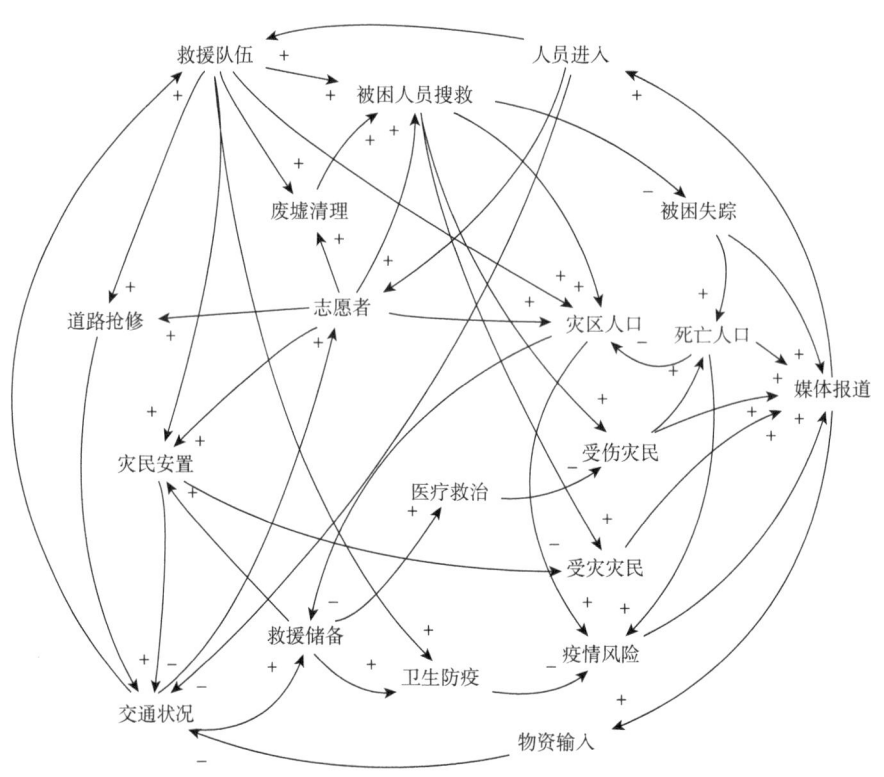

图 8-3　震后救援系统因果关系图

那些积极的反馈结构倾向自我强化（或自我弱化）的作用。例如，许多救援人员和后勤补给车寻求进入灾区的同时很容易造成交通堵塞，这意味着被困、受伤和无家可归者无法得到及时救助。这些延迟可能导致比最初估计更多的死亡和受伤，引发派遣更多的救援人员和物资的需要，进一步加剧交通堵塞。然而，一些负面反馈循环系统中有自我调节的功能。例如，当救援队伍和物资抵达灾区时，灾难的影响逐渐减少，减少输入需求。然而，在这种情况下，系统是高度复杂的，详细的全面的反馈循环系统中使用系统动力学模型可能是压倒性的[405]。因此，因果循环模型可以抽象表示关键元素之间的关系是否存在，以及关系影响的正负。进入灾区的救援人员对搜寻、治疗和安置灾民有积极的影响，但他们也在灾区消耗资源，从而增加流行病传播的风险，产生负面影响。

在废墟得到清理后，通常更容易寻找被困的人。如果许多人被困，更多的人受伤的可能性更大，需要安置。如果所有团队都专注于搜索活动，那么，可能有很多受伤的人不能接受治疗，无家可归的灾民无法被放置，并最终导致灾区混乱。因此，所有的活动都需要协调。主要的重点必须放在：①如何合理分配人员和物资；②如何优化信息反馈，以确保每个活动都是平等的，没有浪费人员和物资，人员流动和物质流是有效的。减少灾难伤亡，下一步，基于因果关系图做分析系统流图。

2）系统流图

系统流图是在因果关系图的基础上进一步区分变量的性质，采用更加直观的符号描述各要素之间的逻辑关系，明确系统的反馈形式和控制规律。系统流图中包含了存量，用矩形符号表示，显示了积累效应的变量，如灾区人口、被困灾民；还包含了流量，表示系统中积累效应变化快慢的变量，也是系统中的决策变量，在图中用垂直相对的两个三角形表示，如救治速度、安置速度；此外，包含一些处于存量和流量之间的中间变量与常量。震后救援系统流图见图8-4。

3）2008年"5·12"汶川地震救援仿真

"5·12"汶川地震救援活动是第一个现代龙门山地震带的救援工作。用于模拟和训练的数据模型分为三种类型。第一种类型是灾难情况的数据本身，如被困者的数量，死亡、受伤和无家可归者的数量。第二种类型是救济相关数据输入，如专业团队、私人救援队伍数量。第三种类型是救济的影响，主要包括获救、治疗和安置灾民。虽然我们有很多关于这个事件的经验和数据，但是模拟仍有不足。因为震后救援系统有许多变量和维度，有些系数尚未确定。在研讨的基础上，我们尝试不同的系数值的模拟。然后，通过比较模拟结果与现实，对系统模型进行调整，从而获得对实际情况模拟更接近的模型。

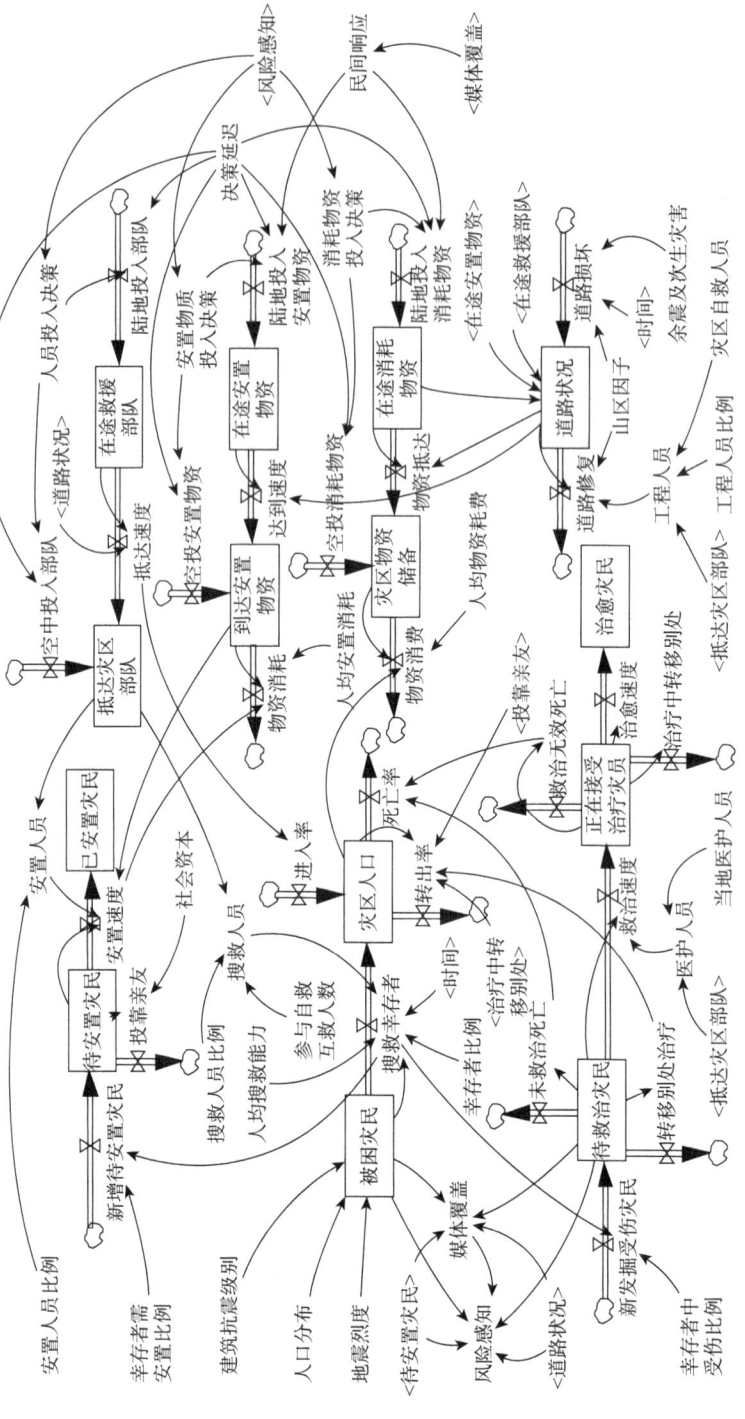

图 8-4　救援系统流图

地震后 7 天被认为是拯救生命的最佳时间，选择模拟的步长为 12 小时或者半天。这是因为决策者会根据救灾情况改变救援策略，如果时间过短，决策者无法做出适当的决定，如果时间过长，灾难情况可能会发生戏剧性的变化。在 7 天的模拟中，总共有 14 步。在模拟中，变量显示了每个活动的紧迫性和着重的程度。此外，需统一各种尺度，调整需要估计的系数。通过进行大量的实验，不断调整系数值，从而获得与真实情况最为接近的模型，模拟仿真结果如图 8-5 所示。

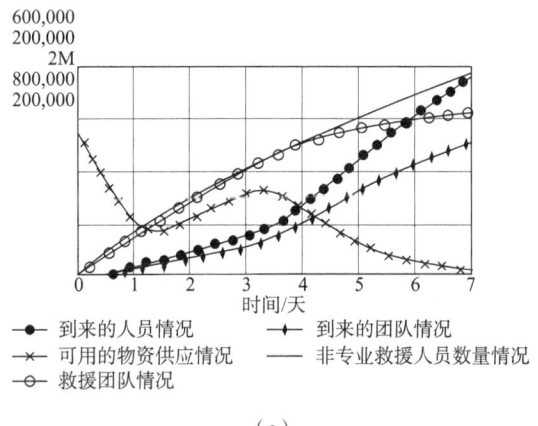

(a)

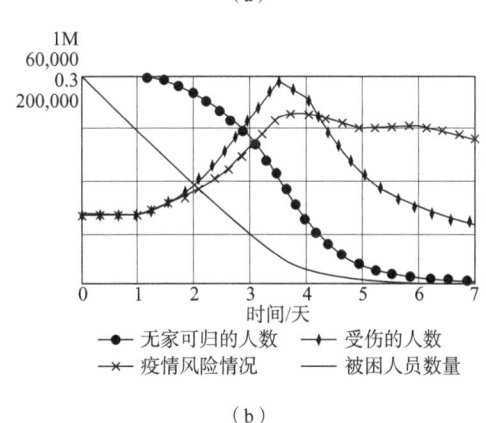

(b)

图 8-5　2008 年 "5·12" 汶川地震震后救援秩序仿真结果

从仿真结果来看，无家可归的人数、受伤的人数、被困人员数量，救援团队、各种人员和物资在运输过程中的情况都与实际相符合。在第三天，因为严重的交通堵塞，许多救援团队无法到达受灾区域。许多救援人员和物资都被封锁在受灾最严重的地区，这意味着地面救援力量不足以应对必要的搜索、处理和安置等活动。同时，媒体的报道倾向关注情感的悲剧，因此几乎没有客观地报道灾区的实际情况，导致大量的志愿者试图涌入灾区，进一步加剧了交通拥堵，对紧急救援造成了阻碍。被困者获救之后，仍有许多遇难者被发现，死亡人数大幅增加。简而言之，仿真的结果与以前的研究、报告相一致，同时也证明了该系统模型的有效性。

4）2013年芦山地震救援仿真

五年之后，龙门山地震带区域又发生了一次大地震，此次地震震中是雅安市芦山县，地震强度达到 7.0 级。然而，客观环境与五年前没有多大变化。这次地震后，我们的模型被用来模拟各种救援计划。

在这五年中，相关的救援设备和技术基本没有改变或改善。然而，在经历"5·12"汶川地震后，人们积累的关于减压和自我保护的经验，都会对他们应对危机产生积极的影响。而客观的地震数据已更新，救援系统模型不需要调整，可直接应用于抗震救灾活动。因为我们不需要模拟事件后的救援工作，可根据不同的偏好减轻输入，以模拟各种救援计划。最后，确定出一个最佳的救援计划并据此提出相应的救济建议。

系统性救援策略主要考虑协调不同的活动及不同活动的紧迫性，一个关键的控制因素是不同类型的救援队伍，不同的策略将安排不同的救援队伍。为了减少仿真时间，我们假设提前制定好了四种救援策略。第一，我们假设决策者只集中关注四个直接救援活动和急于立即派遣救援力量。第二，我们假设决策者不仅关注直接救济活动，还进行辅助清除路障和道路维修等活动。第三，人员需求和供给输入策略依赖于每一个救援活动。第四，每个活动的紧迫性与需求相结合。媒体报道被分为三种类型：悲伤的故事、全面客观的报告和战略报告。制定这些策略之后，我们邀请了专家对各种活动的紧迫程度进行评分，从中我们得到数据如表8-2所示。不同的策略有不同的价值观，总共有 12 个组合（四种救援策略与三种媒体报道）。

表8-2　各项救援活动紧迫程度评估

紧迫程度	1	2	3	4	5	6	7	8	9	10	11	12	13	14
搜救	0.2	0.2	0.2	0.2	0.2	0.2	0.2	0.2	0.2	0.2	0.2	0.2	0.2	0.2
医疗	0.2	0.2	0.2	0.2	0.2	0.2	0.2	0.2	0.2	0.2	0.2	0.2	0.2	0.2
安置	0.1	0.1	0.1	0.1	0.1	0.1	0.1	0.2	0.2	0.2	0.2	0.2	0.2	0.2
清理	0.2	0.2	0.2	0.2	0.2	0.2	0.1	0.1	0.1	0.1	0.1	0.1	0.1	0.1
防疫	0.1	0.1	0.1	0.1	0.1	0.1	0.2	0.2	0.2	0.2	0.2	0.2	0.2	0.2
交通	0.2	0.2	0.2	0.2	0.2	0.2	0.2	0.1	0.1	0.1	0.1	0.1	0.1	0.1

我们模拟这些救援策略并观察不同的救援效果，然后通过比较找到最好的策略。由模拟结果可知，需求和紧迫性集中可以实现最好的结果。在同样的救援策略中，与战略重点新闻报道结合被证明比其他两种类型有更好的结果。因此，优

化策略是活动的紧迫性与需求相结合的救援策略和战略重点新闻报道的组合。

(五) 应对措施

从这些仿真结果，我们提出一些关于芦山震后救援的建议：①客观需求和当前环境下应该确定对灾区救援队伍和物资的供应。②确保有效安排救援队伍和物资，尽快搜寻和修复被毁道路，恢复医疗队伍是第一要务。各级政府要全力以赴，解决灾区人民恢复重建的实际问题。各级党委政府及其工作人员，必须把实现和保护受灾地区人民的利益作为一切工作的立足点和根本出发点。要始终关心灾区人民群众的切身利益，特别是努力解决房屋重建、基础设施恢复重建和产业结构调整问题，促进灾区增收，解决灾区人民恢复重建过程中的实际问题，把工作重点放在受灾严重的乡村，尤其是在经济发展过程中先天不足的高半山区。有效解决灾区恢复重建过程中，受灾群众基本生存保障等实际问题，维护社会稳定。③应制定缓解项目，以确保幸存者能够处理自己及社区的持续生存问题，并为地震事件发生后可能出现的抢险救援等做好准备。④媒体应客观地报道灾区的情况，包括任何次生灾害、居住环境的问题和任何可能的传染病疫情风险，媒体还应担负加强法制宣传教育、提高群众法律素质的任务。群众的法律意识和法律素质虽然不断提高，依法办事、依法保护自身合法权益的能力在增强，但是在遇到具体问题，尤其是涉及利益问题时，只讲权利不尽义务等不正常现象依然没有得到根本解决。"5·12"汶川地震和恢复重建过程中涉及建筑质量责任、灾后输出劳动关系、未结债权债务、房屋因地震受损等大量法律问题，牵涉土地、建设、物权、民事及行政等诸多法律事务，有针对性地加强法制宣传教育尤为重要。灾区各级行政部门应发挥好主观能动性，制订多重计划，各部门协调合作，利用多种媒体平台，形成有效的宣传教育的格局。要努力探索有效途径，进行法制宣传教育，切实开展工作，不断提高灾区人民的法律素质，为灾后恢复重建创造良好的社会环境。此外，媒体有责任减轻灾区的压力，以确保公众了解交通拥堵等情况，并呼吁公众避免造成灾害管理的混乱。报纸、杂志、电视、广播、互联网等各类宣传媒体应从政治角度大力弘扬中华民族自立自强的优良传统和作风。新闻工作者应像抗震救灾难点应急抢险阶段那样不畏艰险，真正深入灾区一线去发掘先进典型，形成强势的宣传报道氛围。宣传那些不等不靠、自立自强的先进人物；宣传那些因地制宜，在灾后恢复重建工作中，思路清晰，狠抓落实各项政策措施的先进做法。⑤妥善处理人民内部矛盾，特别是涉及受灾群众切身利益的矛盾，保持稳定、统一和团结的局面。地震灾区的各级组织要进行深入的调查研究，将预防和解决矛盾纠纷作为日常工作。必须关注不断变化的局面，深入分析其根本原因和发展趋势，全面运用经济、行政和法律等手段，及时解决影响受灾群众工作、生活和灾区的重建等实际问题。为妥善处理群众之间的矛盾，特别是涉及灾区群众切身利益的矛盾，必须切实做到：第一，保持工作的前瞻性，增强工作的针对性，妥善处理突发性、群体性事件，努力把矛盾纠纷解决在基层，清除在萌芽状态；第二，必须以已建立的人民调解的"县、乡、村"三级网络体系为基础，依托乡镇司法机关和综合治理机构，努力实现"小事不出村，大事不出乡，难事不出县"，确保灾后恢复与社会稳定。⑥坚持预防为主，落实社会治安综合治理的各项措施，改善社会管理，落实社会治安的各项措施。在各级党委政府的统一领导下进行社会治安综合治理，各部门协调一致，齐抓共管，依靠人民群众，综合运用政治的、经济的、行政的、法律的、文化的、教育的等多种手段，解决社会治安问题，最大限度地减少和预防违法犯罪的发生。实践证明，由于社会治安管理的综合性，有必要采取多管齐下的方式以取得显著成效。在灾区恢复重建中，要在基层实施社会治安综合保障措施，充分发挥各级综合治理机构、两所一庭、调委会和治安保卫委员会等的组织职能。层层真抓实干。要抓紧、抓好平安乡镇、平安村组、平安小区及平安户等平安创建活动。完善综合管理，积极预防和减少违法犯罪，消除不稳定因素。对各类违法犯罪分子依法予以惩处，以确保灾区恢复重建中社会秩序的稳定与社会秩序的长期稳定。

这些建议，以政策建议和研究报告的形式，提交给政府决策者和其他部门开展救援活动。从芦山地震救济结果看，与"5·12"汶川地震相比有很大的进步，有更快的反应和更有效的管理。媒体报道也更客观，很多媒体呼吁热心的公民理性地使用灾区的通道。这些现象证实了我们的建议的有效性。

二、日本大地震

21世纪以来，全球8.0级以上强震的次数较此前明显增多，与20世纪上半叶的强震活动特征类似，有一些人称这种现象为全球强震活动的"百年周期"①。随着社会的发展，发生在人口稠密地区的地震造成的经济破坏和影响更是难以估计（表8-3）。关于灾害引起的救援物资分配冲突给社会带来的后果，目前还没有相关实证研究[406~408]。自然灾害会给国家带来严重的影响，同时也可能削弱其控制社会暴力发生和升级的能力。平时看来微不足道的事件，在灾害发生时可能演变为重大事件。因此，处理自然灾害和社会失序两者复杂关系的最佳方法便是

---

① 光明日报. 近年来全球为何地震频发. http://topics.gmw.cn/2010-04/16/content_1095816.htm，2010-04-16.

将失序控制在尽可能小的范围，规避社会失序的升级演化。

表 8-3 世界百年著名大地震

时间	地区	震级	造成伤亡数
1905.4.4	克什米尔	8.0	1.88 万人死亡
1906.8.17	智利瓦尔帕莱索港	8.4	2 万人死亡
1920.12.16	中国甘肃	8.6	10 万人死亡
1923.9.1	日本关东地区	7.9	14.2 万人死亡
1927.1.20	印度尼西亚巴厘岛	—	1.5 万人死亡
1935.5.30	巴基斯坦基达	7.5	5 万人死亡
1948.6.28	日本福井	7.3	5 131 万人死亡
1970.1.5	中国云南	7.7	1 万人死亡
1976.7.28	中国河北唐山	7.8	24.2 万人死亡，16.4 万人受伤
1978.9.16	伊朗塔巴斯	7.7	1.5 万人死亡
1995.1.17	日本阪神	7.2	6 000 余人死亡
1999.8.17	土耳其伊兹米特	7.4	1.7 万人死亡，4.2 万人受伤
2003.12.26	伊朗科尔曼	6.3	3 万人死亡
2008.5.12	中国四川汶川	8.0	69 227 人死亡，374 643 人受伤
2011.3.11	日本福岛	9.0	1.5 万人死亡，3 600 余人失踪

日本地形复杂、气候多变，自然灾害频发。自然灾害主要是指对人类正常的社会行为产生巨大影响的一类由自然引发的规模较大的灾害，这些灾害往往具有灾害性、突发性、不可抗拒性等特点，典型的如海啸、地震、洪水、台风等。在世界范围内，地震是常见的突发自然灾害之一。地震的发生是由地球中一系列能量的释放而产生的，因此大量的人员伤亡和经济损失伴随着地震的发生而出现。

由于地震带来严重的伤亡和损失，因此在地震早期医疗救援时，是否有充足的医疗条件和医疗人员对整个地震灾区的救援显得格外重要。地震发生后，所造成的巨大物资需求往往大大超出了可以供应的数量。因此，灾后医疗救援管理和资源分配是对政府协调社会失序的能力的严峻考验。

（一）救援背景

2011 年 3 月 11 日，日本东部海域发生 9.0 级大地震，引发海啸并导致福岛核电站爆炸事故，影响最严重的地方是福岛县、宫城县和岩手县等沿海地区。受日本大地震影响，日本福岛第一核电站发生放射性物质泄漏。3 月 12 日，1 号机组发生爆炸，释放出大量核辐射，1 号机组周边检测出堆芯的燃料铀核分裂的产物——放射性物质铯和碘。随后，2号、3号、4号机组均发生了爆炸，这直接提升了这次核泄漏事故的等级。

地震导致日本东部沿海地区发生地面下沉，约有443平方千米领土被海水淹没。海啸导致的漫水面积达到500多万平方千米，无数房屋被海水冲击，基础设施遭到了毁灭。许多地方煤气泄漏，并酿成火灾，千叶县一处储存油罐的仓库遭受火灾，宫城县仙台市发生大规模停电，一座炼钢厂发生爆炸并起火。福岛核电站爆炸后，方圆10 000米被定为撤离区，54 000余人被迫撤离，并且至今未能返回家园。地震、海啸、爆炸、火灾、核泄漏形成了复合型灾害，共造成了15 824人死亡，3 824人失踪，总共约有18 800栋建筑物完全毁灭，另有119 300栋建筑物半毁灭或者部分遭受损害。灾情尤以东北地方岩手县陆前高田市，宫城县气仙沼市、南三陆町和福岛县南相马市最为严重，东北、关东等地有超过100万户没有饮水供应，日本放送协会（Nippon Hoso Kyokai，NHK）的新闻形容这次灾难是对东北三县的"毁灭性打击"。

能源问题目前受到世界各国家和地区的普遍重视，因为在一次能源消费中，化石燃料仍然是主要的能量来源，化石燃料在燃烧的过程中不可避免地造成的环境污染及排放的温室气体，对人类社会的可持续发展带来了挑战，而煤、石油、天然气可供人类使用的年限随着开采量的增加不断地减少，可能造成严重的能源危机。因此，世界各国家和地区都在尽量提高能源利用率，减少对不可再生化石燃料的消耗，同时积极地寻求可以替代化石燃料的清洁、可再生能源，如太阳能、风能、水能、生物能、潮汐能等[249]。

在寻找替代能源的过程中，人们越来越重视核能的应用，而核能最主要的应用就是发电。铀是核能发电中最主要的原料，统计显示，目前全球铀储量总计约417万吨，而相同质量的核燃料所能释放的能量可达传统化石燃料的几百万倍，从整体上来看，核燃料的原料储备比较丰富。随着核能发电技术的不断进步与发展，核能发电也逐渐成为世界各国家和地区应对能源危机的一种重要措施，它的主要应用优点如下：核能发电过程中产生的污染较少。传统的火力发电的原料主要是煤炭，而煤炭在燃烧的过程中会产生大量的二氧化硫及氮氧化物，这也是造成空气污染的主要原因。相比之下，核能发电产生的污染要小得多。核能发电产生的主要污染是放射污染，因放射污染的严重性，核电站在设计时会采取多重保护措施，因此基本上放射性物质受到了严格的控制，不会排放到外界环境中。核能发电产生的能量高，且成本低。在释放相同能量的前提下，传统的火力发电需要消耗2 000多吨标准煤，而核能发电仅需要1千克的铀。原料所能释放能量的差异也十分巨大，一座年发电量100万千瓦的火力发电站，每年需要消耗的标准煤都在500万吨左右，且要支付高昂的运输成本和人工成本，而产生相同的电量，核电站所需要的铀的成本仅为150元[250]，虽然核电站在前期建设时需要较高的资金和技术投入,但一旦建成且投入使用后,其在保障低原料成本的同时可以产出高能量,可持续利用性较强。

然而,核电利用以来,核泄漏事故的重大影响就不容忽视。1977 年,捷克斯洛伐克核电站发生事故,排除污染的工作要到 2033 年才能彻底完成。1979 年美国三哩岛核电站发生核泄漏事故,1986 年苏联切尔诺贝利核电站发生爆炸事故,事故的发生只在一时,而为消除事故的影响需要投入的时间和努力则是难以计量的,单切尔诺贝利核电站事故就需要至少 800 年才能消除其影响。因此,核电站的安全性重于泰山,虽然为从根本上保证核电站的安全性,科学家们不断地更新完善核技术,不可否认的是,即便从技术、设备上设置多层次的安全保障来保证核电站的安全性,还是远远不够的[248]。福岛核电站泄漏事故就是一个证明。

目前世界上的核电站大多数采用轻水堆型。轻水堆又分为压水堆和沸水堆。据统计,目前已建的核电站中,轻水堆大约占 88%,其中,轻水压水堆占 65% 以上,而轻水沸水堆仅占 23%左右。

在沸水堆型核能发电系统中,水直接被加热至沸腾而变成蒸汽,然后引入汽轮发动机做功,带动发电机发电。沸水堆型的系统结构比较简单,但由于水是在沸水堆内被加热,其堆芯体积较大,并有可能使放射性物质随蒸汽进入汽轮发动机,对设备造成放射性污染,使其运行、维护和检修变得复杂和困难。为了避免这个缺点,目前世界上 60%以上的核电站采用压水堆型核能发电系统。与沸水堆系统不同,在压水堆系统中增设了一个蒸汽发生器,从核反应堆中引出的高温水进入蒸汽发生器内,将热量传给另一个独立系统,使之加热成高温蒸汽推动汽轮发电机组发电。由于在蒸汽发生器内两个水系统是完全隔离的,所以就不会对汽轮发动机等设备造成放射性污染[249]。

沸水堆控制棒从堆芯底部引入,因此发生"在某些事故时控制棒应插入堆芯而因机构故障未能插入"的可能性比压水堆大,即在停堆过程中一旦丧失动力,就会停在中间某处,最终可能导致临界事故发生;而压水堆的控制棒组件安装在堆芯上部,如果出现机械或者电气故障,控制棒可以依靠重力落下,一插到底,阻断链式反应。另外,对于控制棒向上引入的反应堆,其堆芯上部的功率高于底部,当反应堆失去冷却后,会导致产生热量大的地方带走热量少,堆芯上部的燃料发生熔毁的概率增加。福岛核电站是世界上最大的核电站之一,由福岛一站、福岛二站组成,共 10 台机组(一站 6 台,二站 4 台),而这些机组均为沸水堆。

(二)问题分析

此次地震及其引发的海啸特别是核事故,不仅给日本造成了巨大的损失,还引发了其他多国的社会波动[409]。此次灾难具有突发性、严重性、复合性、扩散性，影响将是持久的，核污染的后果短时期内不会完全显现，但无疑给全日本乃至全球埋下了社会风险的种子。

1. 生命健康难保

清理工作十分艰巨，特别是核电站的处理需要更长时间的努力。福岛第一核电站已经全面报废，永久不再启用，但是后续处理过程仍然是一个复杂而又充满风险的过程。处理过程已经发生多次事故，剥夺了工作人员的生命和健康。例如，2013年10月9日，由于作业人员操作失误，在处理污染水时配管线被拔出，以致大量高浓度的污染水泄漏，现场工作人员当中有9人被污水淋洒。参照切尔诺贝利核事故，福岛核泄漏也极有可能导致民众罹患癌症或者导致后代畸形，日本甚至有民众因担心后代的健康而不愿生育。放射性物质通过水、大气、食品传播，有可能使更广地域的人遭受健康威胁。

2. 环境风险凸显

此次地震震级高，引发了地壳结构的巨大变化，日本气象厅监测结果显示，至少有20座火山有活跃迹象。海啸冲击了日本沿海区域，宫城县、福岛县、岩手县许多地区完全被摧毁，大量放射性物质泄漏，放射性蒸汽随空气流动向周边扩散，大气层遭受大面积污染。遭受核污染的区域长时间不再适合居住和生产作物，从污染区域撤离出来的民众至今无法返回家园。大量污水直接排入海洋，造成了海洋环境的破坏，从事故发生至今，日本海产品如鱼类体内陆续检测出放射性物质。2013年8月，日本政府宣布，福岛第一核电站仍在向海洋排放污水，并且每天都不低于300吨。

放射性污染的大范围扩散造成日本福岛附近地区严重的空气污染。由于核电站反应堆核燃料部分熔化，放射性物质大量扩散，这些泄漏的放射性物质随大气环流在北半球地区广泛扩散，对周边国家造成影响。尽管降水会对核辐射物有一定的沉降作用，但是环流风向的不稳定性同样会对环境造成影响。

核泄漏对水资源造成了严重污染，并引发了来自各界的谴责。在事故发生后，大量含有放射性物质的污水排放成了问题，只能直接排入海中。东京电力公司曾把福岛第一核电站厂区内1.15万吨含低浓度放射性物质的污水排入海中，为储存高辐射性污水腾出空间。这一举措引起了国际社会与当地民众的强烈抗议。受污染的地下水与放射性物质经过沉降会造成土壤污染。由于土壤被侵蚀，植物也深受其害。核泄漏灾害的恢复期被无限拉长，这无疑是一场没有终点的灾难。除此之外，核废料的处理问题也不容忽视。由于这些废料具有强烈的放射性，并且对这些废料的处理是一项极其复杂的工程，因此，在处理时会面临付出更大的生态环境代价的危险。

3. 社会秩序动荡

地震和海啸导致日本大规模的停电及多处燃气泄漏并引发84处火灾,仙台机场全部航班停止降落,民众生活遭受了巨大冲击。福岛核事故导致全世界的核排斥运动,直接或间接引发了反核游行示威活动,并且这些示威活动对其他国家和地区产生了示范效应。2011年3月20日东京涩谷千人反核游行,5月德国柏林反核游行,游行主体既有普通民众,也有演员、宗教团体等,形成了强烈的社会反响。而日本自福岛事件以后,只要政府提出有关核计划,几乎都会引发大规模的游行。2012年7月,日本东京爆发了17万~20万人参加的反核示威游行,持续六周后,在29日的"赤裸反核游行"中全国各地民众涌向东京,14 000余人包围了国会,反对重启核电站[29, 248]。

4. 社会恐惧剧增

在东京电力公司进行注水降温的过程中,大量的放射性污染物质扩散到周围的环境中,反应堆建筑物中积水的放射性物质浓度达到了正常水平的约1万倍,核电站附近海域中的放射性碘含量超标1.2万多倍。2号机组竖井内积水中检测到每小时超过1 000毫希沃特的放射线剂量,地下室积水每毫升的放射性浓度达1 900万贝可勒尔[248]。在日本的蔬菜和水中甚至检测到了微量的放射性物质,美国、中国、新加坡等25个国家和地区都限制对日本农产品和加工食品的进口。尽管专家声明食物中微量的放射性物质不会损害人体的健康,但是人们并不能被专家说服。由福岛核泄漏事故引发的核恐慌情绪在全世界蔓延。日本大地震发生后的第二天,美国民众抢购含碘食物;德国辐射测量仪、碘片、口罩等一度脱销;韩国民众疯狂抢购海带;中国民众听信谣言大量抢购食盐来防辐射;中国香港地区民众担心日货货源断裂,大量抢购日产奶粉、相机、电脑等产品;美国、马来西亚、菲律宾等国家出现碘片滥用和脱销状况并导致价格暴涨;加拿大手机用户间疯狂传播如"雨天务必打伞"的短信。

虽然在福岛核电站内有数百位坚守在岗位上的勇士为阻断核泄漏以命相拼,但是仍然无法改变灾难的整体发展趋势。2011年4月4日,日本在未向国际社会通报的情况下,向太平洋海域排放约1.15万吨的低浓度放射物污水,遭到了国际社会的谴责。日本政府发表道歉声明,声称这实在是无奈之举。4月12日,福岛第一核电站核泄漏事故最终被定为7.0级,与切尔诺贝利核电站爆炸事故为同级事故[248]。

"核能是否安全""核电发展是否应该继续""关闭核电站"等问题引发了人们的广泛关注和讨论,有些国家甚至爆发了大规模的示威游行,2011年3月26

日，德国爆发了全国反核游行示威，4大城市有20余万人参加[①]，要求政府停止使用核电站。德国取消延长核电站使用期限的计划，并且暂停或者停止使用其1/3的核电站。奥巴马政府建造核电站的计划面临新的不确定性。时任俄罗斯总理普京要求对核工业进行检查。意大利通过全民公决放弃使用核能。英国重新启用及建造新核电站的计划受阻。印度和澳大利亚宣布要对核电站的安全性进行审视。中国政府召开国务院常务会议，要求对核设施所在单位进行全面的检查，排查安全隐患，并要求有关部门编制核安全规划，在此规划获批准前，暂停审批核电项目[248]。

灾后有关机构对受灾民众开展调查，结果显示大约四成民众有睡眠障碍，其中一部分人明显表现出焦虑和抑郁症状。

5. 经济遭受重创

核泄漏对核电站产生了巨大的影响，地震给核电站造成了巨大的经济损失。事故期间，向反应堆中注入海水进行冷却，尽管此措施在一定程度上阻止了事故进一步恶化，但也腐蚀了电站内的主要部件。重新启用受损机组的可能性很小，事故反应堆和乏燃料池需要很长时间才能完全冷却，而其他部分的相关后续处理也花费巨大。

核泄漏的程度不断加大，对日本的出口产业造成了严重的经济损失。虽然日本政府采取了应对粮食危机的措施，但当时有25个国家和地区对日本农产品和加工食品实施进口限制，这使已遭受严重灾害的日本又遭一击。日本2011年水产品、农产品、部分加工食品的出口额相对于前一年度降幅超过8%，部分水产品降幅甚至超过35%。仅在2011年，日本就有1.2734万家企业被迫倒闭。多国对日本农产品实施进口限制，日本食品经销商关门停业。新闻报道，中国大连市的日本进口食品行业被洗牌，半数小分销商遭淘汰。2012年韩国多次从日本的海产品中检测出放射性物质，令消费者忧心忡忡。核事故还造成了股市的动荡和对核电行业的冲击，民众反核增加了核电行业的压力，日本陷入电力不足和核电发展低谷的两难境地。日本东部地区经济的重创导致了大量失业，劳动力过剩加剧了社会的不稳定，成为社会风险的重要源点。

震后应急救援的问题极其复杂、涉及面广，包括对地震的预见、预防和预报，地震现场伤员的解救和急救，卫生防疫如饮水卫生、营养及适时的心理危机干预等。简言之，地震应急救援涉及灾害预防、救援和管理三个方面。基于政府社会冲突视角，怎样合理协调灾后救援管理和资源分配、避免社会冲突是关

[①] 德国爆发全国反核游行示威4大城市20余万人参加. http://www.chinadaily.com.cn/hqgj/2011-03/28/content_12234580.htm，2011-03-28.

键研究点。加之，日本大地震造成了震惊世界的"福岛核泄漏事故"，这是在人类和平利用核能发展的历史上，在美国"三哩岛核事故"、苏联"切尔诺贝利核事故"之后的又一次重大核事故。它不仅引发了各国核电发展政策的调整[410]，也引起了普通民众的持续性担忧。

这次灾害导致当地社会失去稳定，如果不能合理协调来自外部的政府部门、社会机构组织应急救援，减少来自不同外部领导指挥下的冲突，很大程度上会出现灾区社会的失序，产生新的社会问题，如图8-6所示。

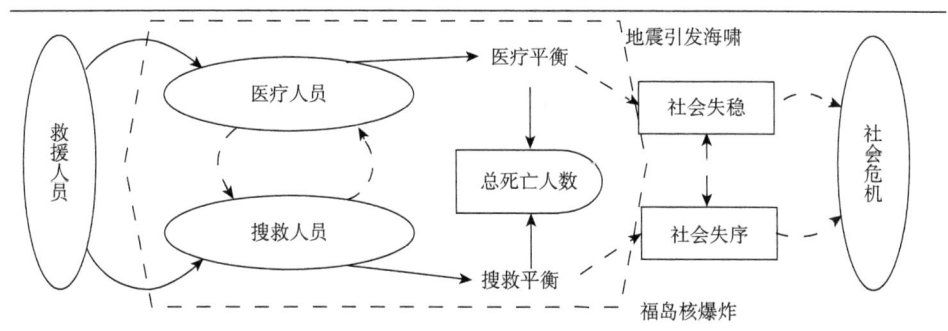

图8-6　日本福岛地震主要问题

（三）过程分析

特大型复合灾难下的日本面临着重重挑战，急需重建基础设施、应对核事故、处理废弃物、建设临时板房等，其引发的社会风险涵盖了生命安全、财产损失、环境破坏、社会失序、心理失衡等各方面。其演化的过程错综复杂、核事故的特殊性所造成的社会风险在相当长的时间里还将继续。在特大型复合灾难的重创下，如何保障灾区民众的基础生活，如何使社会经济复苏、稳定核事故后的电力供给，日本政府和社会必须通过智慧和努力积极寻求答案。

从社会冲突诱因来看，大地震及随之而来的海啸是最初的诱发源，核爆炸事故成为社会风险的助推器，谣言和负面新闻报道加快了社会风险的蔓延和升级，政府效率低下、危机公关不力是催化剂，主观因素（主体的心理和行为变化等）和客观因素（环境的压力、灾损的增加和谣言的传播等）的共同作用下，社会冲突最终转化为民众的冲击行为，局部的社会冲突由于社会危机的爆发而转向消亡。日本大地震造成国内各种社会风险，以这些风险为起点，周边国家的谣言、聚集游行是对其的一种回应，也是新的风险点，继而以新的风险点影响周边，层层传播扩大影响，这正是社会风险演化的涟漪效应[17]。

但总体上，此次灾害所产生的社会冲突仍然处于演化过程之中，许多风险仍然隐藏于社会，尚未爆发出来。换句话说，社会冲突衍生出新的风险，并重新进入蔓延与升级的循环之中。日本大地震社会风险演化过程如图8-7所示。

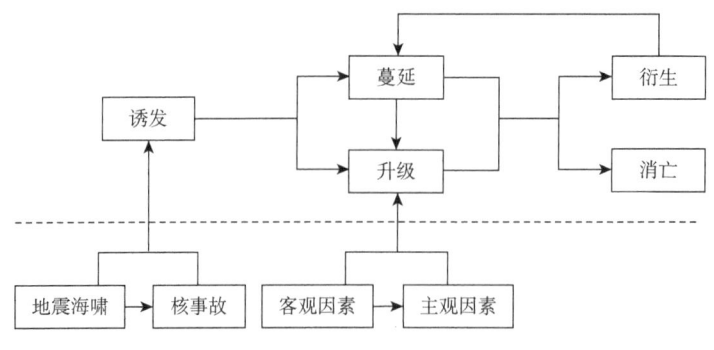

图 8-7　日本大地震社会风险演化过程

1. 灾害应急救援主体

日本大地震让人类意识到灾害是不可完全规避的，也是不能做到完全防御的，针对该类特大型灾害的应对思路应转变到"减灾"的思路上。日本大地震后，日本政府当即便成立了官邸对策室，针对灾情做出了应急响应布置，对抗震救灾做出了整体部署，日本政府派遣了自卫队前往灾区实施应急救援。日本政府为了掌握震后最新灾情还建立了地震灾害对策本部，负责联络灾区各地情况，并命令地震灾区的自卫队施行应急救援。

在事故发生后的最初的几天时间中，一直都是东京电力公司在进行处置，然而，东京电力公司对事态严重性的估计十分不足，且应对不专业，运到核电站供冷却系统使用的备用电源与冷却系统不匹配。此外，东京电力公司在向日本政府汇报信息时极其保守，以至于在事故发生后的前四天，没有动员有效救援力量——国家力量，也没有向地方政府请求救灾力量，消防队、自卫队也都没有参与到救灾中。直到灾害发生一周后的17日，自卫队和消防队才相继加入救援中，分别调用直升机和洒水车等从空中和地面向反应堆厂房喷水降温。在福岛核电站发生爆炸之后，日本政府在14日才向国际原子能机构请求救助，但是东京电力公司向日本政府提供的信息不准确，导致原子能机构无法提供及时高效的帮助。在事故发生之前的数据造假，为此次核电站事故埋下了伏笔，而在事故发生后，不及时上报事故状况，隐瞒隐患，贻误抢险[411]。在9月11日，日本共同通信社发表的问卷调查结果显示，66%的日本受访者反对新建或增建核电站，88%的日本受访者对中央政府对东京电力福岛第一核电站核泄漏事故的处理方式很不满意[412]。

1）日本政府现场应对迟疑

从长远来讲，核事业的发展有助于日本经济的发展，但此次核事故处置引起了群众对日本核事业的抵触情绪。福岛核电站在强地震来袭时按设计实现了紧急停堆，海啸来袭之前的应急电力供应系统也工作正常，但东京电力公司未充分考虑核电站应对海啸的能力。福岛核电站设计时只设想了地震断层几十公里、海啸数米左右的情况，而此次地震的断层达到 400 公里，并且产生了大海啸。酿成福岛核事故的重要因素，除选址地势过低、灾害设防不够等技术层面因素外，还有其核应急处置决策的体系和权限方面的问题。隐蔽和撤离作为应急辐射防护行之有效的措施，具有影响因素多、实施困难大、风险高和代价大的特点[413, 414]，因此在实际确定实施时需要权衡的利益颇多。

在福岛核事故隐蔽撤离行动的具体实施中，充分暴露了日本政府对事态把握不准确，造成现场应对迟缓、采取措施滞后的现象。一方面，由于事态的急速变化与预测不足，政府有关隐蔽和撤离的指令在短时间内变化极快，不仅加剧了民众的恐慌程度，也不利于这些应急措施对保障民众的生命安全发挥有效作用。另一方面，在核泄漏事故明显呈现影响扩大的趋势下，日本政府仍然试图采取室内隐蔽这一短期措施，这一不当举措给当地民众的生活带来了一系列的问题。

事实证明，上述临时措施行之不通，日本政府才不得不引入和使用"计划撤离区"、"应急撤离准备区"和"建议撤离特定地点"等概念，以使这部分人群能够得到长期和切实的保护。实践证明，在核事故应急行动中只有正确理解及合理采用国际放射防护委员会（International Commission on Radiological Protection，ICRP）辐射安全的有关要求和行动导则，才能确保特殊情况下的场外应急准备和响应更加有效[415, 416]。

2）日本政府公众信息交流不足

在事故初期，日本政府和东京电力公司在信息发布方面出现一些明显的问题。例如，在 3 月 11~15 日的核事故最严重阶段，日本政府并没有重视信息发布及与公众的交流，有关当局甚至一度隐瞒事实，公布虚假信息，频繁更改数据，企图欺骗公众[217]。

然而，随着事件进一步扩大，大规模隐蔽撤离行动的实施，国际媒体和地方媒体开始竞相报道事故真相，公众在得知真实情况远远比政府描述的要严重得多时，恐慌和猜疑心理开始加重，陆续出现了南相马市市民大逃亡和东京抢购瓶装水等一系列事件。此次福岛核事故救援行动中，政府同公众信息互动交流的严重不足遭到了国内和国际舆论的批评和谴责[417]。

重大的核事故同其他事故的显著区别，就是容易造成民众恐慌，甚至引发社会动荡。民众的群体性恐慌引起的对政治经济和社会的影响和后果，往往远大于核辐射直接导致的对人员健康的影响和伤亡，因此核危机时与公众的沟通和信息传播比往常任何时候都显得重要[219, 418]。此次事故不但使日本民众惶恐不安，而且波及多个国家，在信息发布与民众沟通方面，各国都暴露出核应急专家严重缺乏的现状[419]。事故应急过程再一次证明，政府应及时公开发布真实信息，寻找合适的专家以通俗易懂的语言，将正确的核辐射及其防护知识传递给民众，充分利用媒体，积极引导舆论导向，对公众进行及时有效的心理干预，排解普遍的心理恐慌。只有这样才能加快事故救援进程，并有效维护社会稳定[419, 420]。

由于放射性物质泄漏事故的广域性和灾难性，对其的应急处置决策权应由国家把控，而非运营核电站的企业。如果在福岛核泄漏事故初期，果断选择放弃保全反应堆的利益考量，及时进行海水灌注，核事故是有可能避免的。另外，在应急救援过程中，指挥混乱、反应迟钝、信息不畅等问题，是造成事故初期持续恶化的重要因素之一。

3）应急处置不当

福岛第一核电站中的工作人员对突发状况的准备明显不足，管理人员处置方式不恰当，且不能做出果断的决定，延误了最佳的处理时间。在福岛第一核电站的应急冷却系统失灵后，1号机组中的堆芯温度不断升高，安全壳内压力不断增大，而此时东京电力公司未能做出准确判断，在19小时后才对安全壳进行排气降压，因为不想损坏设备，直至28小时后才将硼酸（可以减慢裂解反应的速度）和海水注入堆芯中。但在3月12日下午，1号机组最终因产生氢气过多、安全壳内压力过大而发生爆炸。东京电力公司没能吸取此次爆炸的教训，没有对其他机组采取相应的有效措施，继而导致了其他机组也发生类似的爆炸事故，在3月14日时，3号机组发生爆炸，15号时4号机组发生爆炸[248]。这一系列的爆炸都暴露出东京电力公司的准备不充分、应急处置不恰当。

4）管理不当

一直以来，福岛核电站发生过数次管理问题，而这些问题并没有得到应有的重视。2002年，在日本通产省调查后，东京电力公司承认发生过多起虚假检查报告的事件；2007年东京电力公司承认在对其下属的13座反应堆的199次定期检查中，存在着隐瞒安全隐患的行为，其中就包括造成此次福岛核电站事故中的紧急堆芯冷却系统失灵问题。这些事件反映出东京电力公司在核安全管理方面的不专业、不负责，缺乏相关的理论知识与责任心。日本学者山口荣一认为，在事故发生初期，反应堆的温度是"可以控制"的，他指出，3月12日，2、3号机组虽失去电源供给，但它们的隔离冷却（reactor core isolation cooling，RCIC）系统仍在运作，此时事故处于可控状态，即反应堆中的燃料棒处于全部浸在水中的状态。此时如果东京电力公司果断地做出决定，"向2、3号机组注入海水"，那么这两个反应堆就可以持续保持可控的状态。如果在第二天继续向2、3号机组注入海水，2号机组仍处于可控状态。然而，东京电力公司可能出于保护设施的目的，迟迟没有做出向机组中"注入海水"的决定[253]，以至于发生了后面的事故。

5）体制问题

东京电力公司将自身的经济利益放在首位，未及时采取有效措施，错过了最佳的控制事故恶化的时机。福岛第一核电站从 1971 年投入商业运行，已运行 40 年，核电站中的设备及管道已老化，然而东京电力公司没有将其退役，而是延长核电站的使用期限；据报道，在本次事故应急处理的过程中，就出现了阀门无法打开的现象。在处理过程中，东京电力公司一直都采取较为保守的方式，直到机组发生爆炸，也未向堆芯内引入硼水、用海水冷却，它对反应堆的承受能力心存侥幸，同时不希望反应堆就此报废，仍希望可以继续使用反应堆[253]。

6）监管不力

上级监管机构与营运公司有着千丝万缕的关系，福岛事故暴露出日本在核电的监管上存在问题。应建立一个成员涵盖面广、专业性强，同时又具有较大独立性的机构，才能行之有效地开展监管工作。

2. 灾害应急救援客体

从震后日本媒体的新闻报道中，很难找到哭泣的受灾群众，也很难找到记者充满哀伤的煽情报道。不流泪不哭泣，是日本震后留给外界的印象，让世界看到了日本民族的坚强。只有地震核事故发生初期，新闻记者们的音调有一些颤抖，但并没有表现出面对死亡和灾害的恐惧或绝望。这种媒体表达方式有益于安抚灾民的情绪，鼓励暗示灾民希望常在，不容易让灾民感到恐惧。再加上记者在第一线获取的信息十分及时和透明，更加能够快速安定民众情绪。

日本大地震后许多受访儿童只是露出了背影或鞋子，如今的媒体报道，应该更加注意维护受访者的人权，当受灾群众接受采访时，应当尽量避免拍摄面孔。如频繁采访灾民，不断将麦克风递到他们面前，可能对灾民有受害的心理暗示，这便是一种伤害。面对严重的灾害，日本媒体处理得相对平静，没有眼泪，没有生离死别，也没有背景音乐。"国民需要的信息才报道是日本媒体报道的基本原则，理性、冷静、不煽情是日本媒体面对重大灾害事件时所表现出的态度和立场。"[421]

3. 第三方损失补偿机制

日本在经历了历史上最强烈的大地震和最大海啸后，福岛核电站更是险情不断，民众被转移至其他地区，核辐射向周边国家和地区不同程度地扩散蔓延着，此外，地震导致日本炼油厂发生火灾，燃料供应紧缺，支柱工业和货运物流陷入瘫痪。此次地震在重创日本经济的同时，也给全球依赖日本供应链的企业造成了不同程度的冲击，保险业和再保险业蒙受了巨大的损失。此次地震给日本造成直接经济损失 16 万亿~25 万亿日元，保险行业的损失为 200 亿~300 亿美元。国际再保险人损失数据见表 8-4。

表 8-4 国际再保险人损失数据

（再）保险公司名称	预计保险损失
瑞士再保险公司	12 亿美元
法国再保险公司	1.85 亿欧元
美国再保险集团	7 亿美元
慕尼黑再保险公司	15 亿欧元
昆士兰保险集团	1.25 亿美元
安达保险集团	2 亿~2.5 亿美元
汉诺威再保险公司	2.5 亿欧元
伯克希尔·哈撒韦公司	10 亿~20 亿美元
太平再保险（中国）有限公司	7 500 万~1 亿港元

日本处于环太平洋地震带，是地震多发区域，地震保险在日本十分发达，主要分为家庭财产地震保险和企业财产地震保险。其中，日本地震再保险株式会社（Japan Earthquake Reinsurance，JER）、商业保险公司和政府共同承担家庭财产地震保险损失；而企业财产地震保险则完全由商业保险承保，政府不管辖。相比之下，智利地震及新西兰地震，带来的损失主要是由再保险人承担。而这次日本大地震带来的财产损失主要由日本政府及 JER 留存的准备金赔付。JER 自留一部分风险，超出的损失再转嫁给政府和再保险人。因此，预估日本的保险公司通过 JER 的准备金赔付 75 亿美元，日本政府承担损失为 120 亿~160 亿美元[422]。

（四）对策建议

核事故后的恢复面临一系列的考验，包括建冰墙堵核泄漏污水；清理、净化大片遭核辐射污染的土地；如何安置大批受灾民众；等等。福岛核泄漏事故引发了世界的广泛关注，如何安全地利用核电、是否继续使用核电值得人们深入思考。此外，核电产业必须提高预警、加强演习、强化监督管理。

在今后的几十年中，日本此次复合型灾害所造成的社会风险将会持续存在。地质结构的变化为地震、火山喷发、山体滑坡等自然环境风险埋下了隐患；核辐射可能对人体和动物带来不可估量的影响，威胁人体和动物的生命健康安全。据研究，从核电站附近取回的蝴蝶幼虫放在污染区以外的实验室培养，有 12% 的成虫发生了基因突变，其第二代、第三代同样出现了翅膀变小、眼睛受损等畸形。海洋环境的变化引发了人们的担忧;从污染区撤离出的大量民众在新居住区域的生存、就业也将面临各种困难,并存在与当地民众发生矛盾冲突的可能性;善后仍在进行之中,灾害保险体系及其他赔偿的覆盖面有待拓宽。

历史上发生的核事故带来的教训是深刻而沉重的,与此同时,这些核事故不断警醒着人类,谨慎地利用核能,不断地推动核能利用技术的进步,同时加强核能利用的监管,使核事业得到进一步的发展。日本福岛核事故对全球的核能利用敲响了警钟,引发了人们的关注和探讨,以及对核能利用的反思,对中国的核电事业安全与发展有深刻的启示。

1. 提高对核安全重要性的认识

安全重于泰山,核电利用的基础及良好发展的前提是要保障其使用的安全。核安全是国家安全的重要组成部分,一旦发生核事故,其后果非常严重,因此,必须进一步提高核电站的安全防范标准,不同的国家和地区应就其自身地理条件等因素综合考量,预防可能出现的极端自然灾害,针对可能发生的紧急情况制定详细的风险预案,并定期进行演练,提高核电站工作人员的安全防范意识和责任意识。同时,应利用现代的信息技术和模拟技术,定期请核安全专家对可能出现的突发状况进行模拟,并指导管理人员、工作人员进行应急演习,只有在平常就高度重视核安全、熟悉应急处理的流程,才能在遇到紧急情况时,沉着冷静地进行处理,以免造成不必要的事故。

2. 提高核安全标准要求并监督其落实

提高核安全标准十分必要,我们从福岛核电站事故汲取了深刻的教训。核电站在选址时要充分考虑地理位置、地形要素、气候因素等,同时,根据以往发生的灾害进行模拟推衍,充分考虑各种极端事故相继发生或同时发生的突发状况,根据模拟结果进一步判断选址是否合理;此外,定期检查核电站中的机组设备,严格控制核电站的服役期限,全面检查且检查通过、定期维护的核电站才能考虑是否可以延长其服役期限。重新审定核安全标准,制定符合中国国情、保证国家安全的新的核安全标准,并且设立专门的监督部门,督促安全标准得到切实的落实,从整体的角度全面提升核电利用的安全性。

3. 制定核事故应急预案并进行演习

核电站要建立系统的、具体的应急预案,不仅要有对一般情况下的危险事故的处理方案,还要制定极端事故突然发生或同时发生的最危险、最紧急情况下的应急方案,做到在事故发生的初始阶段就将危害控制在最低范围内。核电站需要应用最新、最有效的安全检测技术及安全检测设备,除了有应急方案外,还要提前准备好多种策略,在遇到突发状况时,如果其中一种方法失效,那么还有其他的方法作为备选方案。在普及安全教育、提升安全防范意识的同时,要加强建设反应敏捷、技术过硬的核安全应急救援队伍,培养一支训练有素、业务熟练的应急抢险队伍,定期开展演习,提高危机应对能力。

4. 加强核事故医学应急体系建设

核事故一旦发生,将对环境造成污染,对人体造成损伤。核事故医学应急是国家核应急的重要组成部分,在核事故发生后,应立即抢救受伤或辐射损伤的人员,及时公布有效信息,避免造成群众恐慌,保护广大群众的健康。核事故医学应急是核辐射纵深防御系统的最后一道屏障,对于核事故医学应急而言,应当在发生核事故前已有良好的组织、充分的准备,制定好详细的应急预案,且在平时进行定期的演习,以此保障在发生核事故后,有条不紊地开展医学救援,同时,还应注重对因核事故而受伤的人员的心理疏导,帮助其重新建立对生活的希望,重新建立积极的心态。

5. 加强监管部门与核电企业、核电站之间的信息共享程度

地震发生时,日本政府应对及时且十分有效,日本群众也表现出了勇敢和遵守秩序的品质,然而,核泄漏事故后却暴露出政府的应对不力。其主要原因是,政府、核电企业、核电站之间缺少及时有效的信息沟通,东京电力公司对事故程度的估计严重不足,且故意隐瞒信息,导致日本政府及地方政府对事态不了解,没有及时地派出救援力量。因此,必须明确三者之间的定位和权限职责,完善应急救援协调机制。事故发生时,核电站管理人员必须立刻向核电企业、政府、应急组织汇报事故情况,并在事故过程中保持及时的联系。必须加强监管部门与核电企业、核电站之间的信息公开、共享程度,以及时地获悉核电站的状况,将核事故在发生的初期就控制在一定的范围内。

6. 加强信息公开,做好舆情应对

日本福岛核电站核泄漏事故引发了公众对核电安全性的广泛关注和探讨。部分反核国家更加坚定了反核主张,如奥地利;部分拥有核电的国家宣布了弃核计划,如德国和瑞士;意大利关于重启核电的方案被全民公投否决。因此,现在需要加大对核电科普的宣传力度,帮助公众客观、全面地了解核电。核电站、政府有关部门应定期公开关于核电站安全的数据,既可以让公众放心,又可以让公众起到监督的作用,提高公众对核安全的理解与认识。

7. 加强国际核安全合作，共同促进安全

核电安全关乎全世界的安全，核安全无国界。一旦发生核安全事故，它的影响是世界性的，没有一个人或者一个单位可以独善其身。因此，应进一步加强国际核安全合作，共同促进安全[252]。

8. 地震灾害损失模拟评估势在必得

先前的地震损失评估较多侧重于地震的自身危害，即以地震工程学为主要方向探究建筑物坍塌的工程措施减灾途径。很多国家的地震灾害损失记录持续更新着世界灾害史，社会面对地震灾害易损性变得十分脆弱。例如，1994 年美国北岭地震、1999 年中国台湾地震、2001 年印度古吉拉特邦 7.7 级地震等，都导致了巨大的生命和财产损失[422]。因此，目前对地震危险性的探究逐渐地转移为对地震危害性的探究。此外，世界各地的地震引发的次生灾害带来的损失、全球性影响持续扩大，人们由对旧的工程灾害的关注转移为对地震引起的社会灾害损失的关注。以日本大地震为例，其中 90%的人员伤亡和财产损失是由海啸和火灾等次生灾害引起的。商业活动被迫暂停、社会基础设施遭破坏，由此引起的非工程损失在总损失中所占的比例越来越大，尤其在经济发达、城市化水平高的地区，但凡出现毁灭性地震将会造成巨大的社会综合损失，危害程度也越来越严重。

随着财产保险行业的发展和保险行业对灾害风险损失的补偿能力逐步提高，政府应该充分发挥引导作用，利用保险的商业运作能力和风险管理技术的优势，促进商业保险在国家层面中的地震风险管理。同时，立法保障是必要的前提。如果在城市规划与建设进程中考虑对重点区域和设施的建造标准及建造方式进行立法规范，则会对防止地震灾害损失方面起到很好的作用。在屡次遭受地震等灾害打击之后，日本在历次的复兴计划和城市建设中，一方面，根据历史上最严重地震损失经历制定地震设防标准。例如，1923 年 9 月 1 日的关东大地震后，包括东京等地的地震灾害预测和建筑地震设防标准，都是以类似关东大地震同等强度的地震为条件进行设防的。另一方面，特别注意城市避难场所的设置、河川和公园防火带的建设、各社区防灾据点的规划等，并且逐步形成了比较健全和完善的法制体系。这也是使日本地震风险成为全球公认的可保风险的重要前提[422]。

9. 完善地震风险管理制度保证

这里提到的制度保证包括三方面内容。

（1）保证"强制投保地震保险"的有效性。在政府立法或管理的"强制投保"的模式下，再保险公司需要最大数量的个体投保者的参与和保费贡献，以创

造更高程度的"地震等灾害风险分散系统",从而支持整个系统长期有效运作,提升社会经济的整体稳定性。

(2)合理定价。合理定价包括对地震风险的测度和对地震风险累积的测度两部分。对风险的测度是指,对标的物的地理分布、财产价值的分布和标的物抗震性能的评估,是用以年为单位的长期损失率加上年的平均损失发生率测算出长期的费率。对风险累积的测度则需要借助专门用于计算地震风险损失超赔概率的精算模型工具并依赖于比较详细的风险分布数据。

(3)完善流程管理。在确定保险标的、改进产品设计、促进数据归集等方面创造一个良好的流程和环境,从而扩大地震保险的覆盖面。

10. 地震损害的多渠道补偿制度

承担风险的能力取决于国家或地区的经济情况。日本是一个地理面积狭小、地震风险频繁的地区,一个仅仅是 500 年重现的地震灾害(相当于年发生概率只有 2%的地震灾害)所造成的损失,就足以超过这个国家全年所有的非寿险保费收入。为了更好地分散地震风险,通过商业保险、政府和个体投保者参与的方式,建立广泛的地震风险保障基金制度是必要的前提。

此外,从风险分散工具和资本管理手段方面考虑,加强对地震保险基金、地震灾害保险证券化等领域的研究和规划很有必要。随着非寿险风险转移渠道和资本管理手段的日益多样化,一些创新型的风险转移和资本管理机制应运而生。学习和借鉴国际市场的灾害风险非传统转移方式,结合如灾害债券、灾害互换、行业损失担保、应急资本和交易所买卖期权等非传统的财务手段进行风险分散,将保险风险向资本市场转移,丰富中国资本市场的交易品种,也是解决地震保险风险管理的一个重要途径。

灾害对社会、经济的影响加剧,相应地,经济对自然灾害的影响也在加强。一方面,经济发展需要遵循自然规律,坚持长期的可持续发展道路;另一方面,社会需要政府加强灾害管理能力、灾害应急处理能力,灾后人们的情绪和心理都不稳定,良好的灾后管理能够在维持社会秩序的同时应对各种突发事件,将灾害带来的社会冲击、经济影响降到最低[422]。

我们每走一步都要记住:我们决不像征服者统治异族人那样支配自然界——相反,我们连同我们的肉、血和头脑都是属于自然界和存在于自然界之中的。

——〔德〕恩格斯

第九章 风险应对政策分析

灾害风险应对是指对灾害所造成的威胁和破坏的反应，包括对灾害风险的识别、分析、评估、防范和预警，灾后的救援、恢复、重建，以及对灾害可能造成的衍生破坏和次生危害的防御等活动，也涵盖了政府及整个社会从系统的角度在政治、经济、社会、文化、心理等多个方面积极准备缓解灾害造成的影响，并致力于使灾后社会系统恢复正常。在整个过程中，可能暴露出社会的脆弱性及灾害相关的制度和政策缺陷，应在工作完成后对这些问题进行弥补和改进。在社会风险演化机理理论研究基础上，围绕灾害社会风险"一生成、三状态、一演化"系统特征，对其应对政策及管理进行了系统性的梳理和分析。根据灾害社会风险应对的指导思想，制定应对决策的实践理念和原则，提出增强灾害社会风险应对效力的基本思路，构建灾害社会风险应对体系。通过应对与政策的互动分析，寻找政策及管理发展规律，结合"冲突激化、秩序破坏、稳定失衡"的风险演化机理研究，运用综合集成理论与系统工程方法，以及基于CGE模型的灾害社会风险评估方法，提出富有针对性、时效性、操作性的综合应对政策。

一、应对政策及其管理综述

在人类历史上，各种灾害的频繁发生不仅给人类的生活造成了深重的灾难，还深刻地影响了人类社会的经济、社会、政治及文化宗教等方方面面。灾害对人类社会在物质层面、精神层面和制度层面构成了巨大的威胁，也对人类社会的治理和价值准则构成了极大的挑战。灾害的应对和管理也是人类在利用已有的文明成果去抵御威胁自身生存和发展危机的过程。灾害的应对和管理依赖于人类社会的物质文明、精神文明和制度文明，其发展水平在一定程度上决定了人类对灾害的应对水平，而这种应对水平和管理水平也反过来印证了人类文明的进程。某种意义上讲，国家的产生和灾害的治理有着不可分割的关系。在历史上，抵御洪水侵袭使得中华民族在古代形成了统一的国家形式。同时，灾害导致的饥荒，继而引发的救灾活动成功与否，也成为一些王朝会否灭亡的重要因素。一次成功的灾害应对和管理是对人类社会现有的物质、精神、制度文明及价值观念的考验和历练，也是人类体能和智慧的展现。反之，失败的灾害应对及管理是对人类社会在物质资源、社会运行状况、制度等方面问题的完全暴露，使人类在遭受灾难的同时，也对自身的缺陷有所认识，并寻求新的出路。当人类社会面对灾害侵袭的时候，作为政府，必须要在第一时间做出响应。在灾害响应中，政府自身也将受到灾害事件的影响。灾害救助中，灾民对政府的期望、监督等因素，形成了对政府的压力。政府在这种压力的作用下，根据救灾情况，组织各类人力、物力、智力资源做出相应的政策保障措施，最终形成一个整体的救援力量去面对灾害。在人们与灾害、政府与灾害、政府与灾民的互动中，形成了政府治理灾害的逻辑、理念、政策和措施，也构成了灾害应对政策分析的基本内容和框架。在中国历史上，为抵御灾害形成了很多组织机构，为治理灾害也修造了大量的工程设施。一个国家、社会的政策行为、治理行为和社会行为都与灾害存在着紧密的联系。

（一）灾害风险管理

灾害不可能完全避免，只能以特殊的手段和措施来减少灾害带来的影响。因此，危机管理、风险管理作为灾害管理的主要内容，旨在利用人类对抗灾害的经验、科学技术手段及各种防范措施来降低灾害带来的不确定性和损失。人类为了抵御灾害侵袭，建造了各种工程设施，制定了众多的防灾减灾的法律法规政策措施。同时，人类在组织活动形式上，也形成了面对灾害时更有抵抗力的群体组织。人类历史在某种程度上，就是与灾害不断抗争的历史，在这个过程中人类也积累了大量的宝贵经验。灾害管理需要组织全社会的力量，进行灾害风险监测，开展预警、预报和预防工作，做好防灾减灾的研究，制定科学合理的制度、法律法规、政策措施及标准流程。当灾害发生时，要高效地管理各种应对资源，做出科学、高效的决策，进行及时、有效的救助，这些要素构成了灾害管理的主要内容，也决定了灾害管理属于跨学科领域的重要课题。

灾害管理是一项系统工程[423]，从灾害管理的时空维度来看，灾害管理涉及灾前、灾中、灾后的每个方面，包括灾害管理的对象、灾害管理过程、灾害管理制度法规等基本组成部分。从过程维度来看，灾害管理就是各种基本要素相互作用和相互制约的动态过程，包括预警、准备、减轻、防御、应急、恢复、重建各阶段。灾害管理周期可以用来对灾害管理的时空特性和过程特征进行总体性概括，如图 9-1 所示。

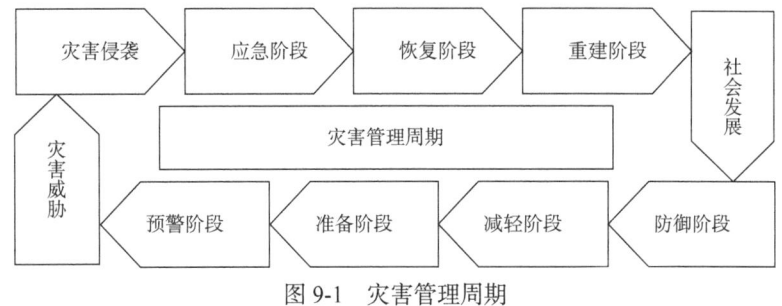

图 9-1 灾害管理周期

1. 灾害管理的要素

灾害管理的基本要素是灾害管理的主体、客体、过程和法律法规。灾害管理的这四类要素涵盖了整个灾害管理体系的内容，对其进行梳理有助于加深对灾害管理体系的系统性理解，也有利于对灾害管理模式的把握。

1）灾害管理主体

管理主体是进行灾害管理实践，实现灾害管理功能，体现管理本质内涵，最终构成全部灾害管理自身能动性的主导因素。根据不同的管理组织层次，灾害管理主体起着规划、指挥、协同、管控等作用。通常地，管理的主体包含灾害管理组织的体系构架及每个管理层次中的具体管理人员。全世界的灾害管理实践经验表明，通过政府设立的专业从事灾害管理的组织、机构，能够更加有效地组织、协调和指挥减灾活动，并且能够有效提升灾害的响应能力，最终保证了救灾指挥决策的高效性和合理性。

在某种意义上，由于灾害管理的工作是一个牵涉整个社会的事业，因此灾害管理主体除了应当包含灾害管理组织机构的管理工作人员，也应当包含每一个社会成员。社会成员也是灾害管理主体的重要一员，他们不仅有监督组织管理机构的防灾减灾履行的职责，还要不断提升自己防灾减灾意识、加强防灾减灾知识学习和演练，以及强化灾害管理实践活动的能动性。

2）灾害管理客体

与灾害管理主体相对应的是灾害管理客体，它是管理主体认知和实践的重要对象和主要载体。具体地，灾害管理的客体是组成灾害管理实践对象、承担灾害管理职责、构成全部管理体系的、具有真实存在性的标的和载体。也可以说，灾害管理的客体是管理实践活动的接受方。作为灾害管理主体进行管理活动的对象，管理客体具有很大的范围，包含防灾减灾实践中的各种资源要素，这些要素在管理实践的开展下，经由一系列管理技术，最终形成灾害管理的成果。一般来讲，管理客体分为人员、物资、资金和信息几个方面。

管理的核心要素是人，不仅包括各个领域的专业人士，也涵盖全社会的所有民众。人作为灾害管理最为关键的实践对象，同时也是每个人进行自身管理的主体。灾害管理实践中，人员的配置是否合理、职能的安排是否得当、队伍的调度是否协调，以及人员能否在防灾减灾实践中充分发挥工作积极性，决定了防灾减灾的工作能否取得成功。

管理的基本对象是物。物的范围可以是所有与人类相关的物质世界的内容，包括江河湖泊、生态环境、人工环境、城市设施等；也可以是专门用于防灾减灾的各种物资资源，包括各种防护设施、物资储备、救援设施等。对物的管理，既要从广义的所有与人相关的物质环境进行考虑，也要从与灾害直接相关的物资资源角度考虑，只有这样，才能对灾害管理体系进行全面系统的理解和深度的把握。

管理的重要对象是资金。资金在整个灾害管理过程的流动反映了灾害管理体系的运作特征。资金的来源、投向、运用不仅反映了灾害管理资金的运作水平，也反映了灾害管理的力量汇聚、资源配置、组织协调等职能的运作效率。同时，资金也是定量刻画灾害管理绩效的一个重要参考指标。目前，中国的灾害管理资金主要是由政府主导，资金来源包含国家预算的基本建设拨款、银行贷款，以及社会募集的慈善基金及其他资金。

管理的关键环节是信息。灾害管理的全过程都有各种信息的产生、传递、接受和处理。管理实践活动离不开信息的支撑，灾害信息被灾害管理人员接受，进而进行处理，并结合自身知识及其他来源信息，产生对解决管理问题有用的信息。灾害管理的实践正式起始于最初信息的发出，经过各个环节不断的信息加工和处理，再以各种管理指令的方式，实现信息的反馈，不断循环往复，构成了灾害管理的信息系统，灾害信息的管理也成为灾害管理的关键环节。

3）灾害管理过程

灾害管理主体以灾害管理客体为对象，通过一系列的管理活动，如计划、组织、实施、领导、协调、管控、监督等的相互配合，最终实现防灾减灾、降低风险的目标的全过程就是灾害管理过程。各项灾害管理实践的过程都有独特的作用、特性和职能。在进行灾害管理实践时，对灾害管理的各种要素构成的各类系统进行高效的调控，显示出了灾害管理的宗旨，如果脱离了灾害管理的过程及与之对应的协调控制，那么各种灾害管理的要素相互之间就处于孤立的状态，进而会对管理体系的结构功能造成影响。只有在各类管理要素相互密切联系和协调配合的情况下，管理的各项职能才能实现。

4）灾害管理法律法规

灾害管理相关的法律法规是一种强有力的工具，在管理实践活动中，法律法规及制度规范能够起到调节、保证、规范及监管的作用。与灾害有关的法律及规章用于规范人们的行为，使得各种组织活动都满足灾害管理的优化目标的强制性措施。在制定灾害相关的法律法规的同时，也要设立灾害管理法律制定、执行和监管机构，从而保障各项灾害管理措施的有效执行，尽可能避免人们进行盲目的和非科学的互动，并且有效地惩戒灾害管理中不规范的行为。灾害管理的法律法规还能对整个社会的普法教育产生一定的影响，从防灾减灾意识及知识的角度保证灾害管理活动的有效实施。

2. 灾害管理的原则

通常来说，灾害管理有准备原则、综合减灾原则、正确处理多方利益原则、软硬兼施原则、就近调度原则和动态调控原则。

准备原则是因为任何灾害管理的效果都具有"延迟效应"，很少有立竿见影的政策措施或管理活动。然而，灾害管理工作又不同于常规的社会管理，灾害一旦发生，这种管理工作就要进入应急状态。因此，灾害管理需要有所准备，以备不时之需。一般来讲，因为防灾减灾活动的投入巨大，而灾害管理绩效并非及时体现，极易被忽略。所以，在实践中，需要对管理活动进行决策时，就要有一定的预见性，要合理地计划和协调管理实践活动，防患于未然。

综合减灾原则是因为灾害系统是一个复杂的系统，灾害管理也是一项复杂的系统工程。管理实践过程是一项多部门合作、多学科协同的复杂动态过程，牵涉自然科学和社会科学中的方方面面。综合减灾要求，在灾害管理实践活动中综合指挥，利用系统科学、灾害学、管理学、传播学、社会学、心理学、环境科学等相关学科的理论方法，加强各个防灾减灾部门沟通合作，实现综合管理的目标。

正确处理多方利益原则是因为在灾害管理实践活动中，难免会影响到多个利益相关者及其利益。在实践中，需要权衡各方，着眼全局，协调局部利益与整体利益的矛盾关系、眼前利益与长远利益的矛盾关系，以及个人利益与公众利益的各种关系。通过科学合理的规划，统筹兼顾，致力于构建对社会经济发展具有重要意义的工程设施，着力防范对民众生命财产构成重大威胁的各类灾害。

软硬兼施原则是因为灾害管理实践是一项系统工程实践，要利用各种方法去解决管理活动中出现的各类问题。硬方法是指用法律法规的措施，以军队和警察为主要力量的强制手段，还包含各类防灾减灾的工程设施的建造。软方法是指防灾减灾意识的培育、锻炼与引导，以及其他在管理实践中的非工程手段的使用和管理技术本身的研究。目前，科学技术已经在灾害管理的查勘、检测、预测、预警、防范及救援方面凸显成就，如地理信息系统（geographic information system，GIS）、全球定位系统（global positioning system，GPS）等高新技术在灾害管理领域已得到广泛的应用。

就近调度原则是因为灾害管理中各个环节的运转都需要大量的人员、物资、资金、信息等要素，有各种要素的投入和运作，就有其成本的考虑。在其余条件都同等的状况下，若能减少各类物资、人员等调配的时空距离，不仅能节省一大笔成本开支，还能更加及时有效地开展灾害管理实践活动，既具有经济效益，也具有社会效益。因而，在管理实践中，各类资源的就近调度也是需要遵守的一个基本原则。在特别重大的灾害中，很难在最近的时空距离中获得有效的防灾减灾资源的情况下，管理主体从相对较近的地方调配资源，这同样符合就近调度的原则。

动态调控原则是因为灾害管理的过程本身就是一个动态过程。随着防灾减灾的过程发展，各种灾害管理实践在人员、物资、资金上的投入份额和灾害实践中每个组成部分之间的联系都将出现对应的变化，若政府可以及时高效地协调和控制各种社会要素及社会实践，那么就能使灾害管理实践工作顺应这种趋势，进而实现对灾害管理体系甚至是全社会的整体效益的优化。

3. 灾害管理模式

灾害风险的管理模式不仅包括灾后的救援、恢复重建，更注重灾前的防范和准备工作。在灾前对可能的社会风险进行识别、度量、监控和减低；在灾中对灾害造成的直接影响进行弥补和恢复，对可能产生的次生风险、衍生风险进行防范；在灾后进行重建和评估等。灾害管理的模式如图9-2所示。

灾害日趋频繁地发生，造成的社会影响也逐渐加重，然而人类在经过大量的灾害过后，却没能有效地减少灾害带来的巨大风险，社会脆弱性反而由于过于依靠政府的灾害应对计划和救援组织的救济物资及救济体系而有所增加。由于各个领域、行业、部门的组织机构容易陷入孤立的治理灾害风险，其在应急指挥协同、应对政策制定、风险防范实施等都具有显著的孤立特征，彼此之间缺乏有效的沟通，整体上缺少有效的指挥、统一的规章制度和畅通的信息支撑及沟通机制。除此之外，灾害情境下的政府当局，常常采用临时的、被动的应急救助活动，缺少对灾害风险的防范和预警，没有开展灾害风险防范的宣传、培训和演练，而是聚焦于灾害发生时的危机应对及处理。重救轻防，灾后的应急救援活动就会显得仓促而被动，造成综合管理失效。因此，如果灾害风险管理脱离了灾前的充分准备，缺少了具有前瞻性的、长期性的、全局性的战略规划，就会走向灾害风险"连锁反应"，形成"级联灾害"的低效管理陷阱。联合国国际减灾战略（United Nations International Strategy for Disaster Reduction，UNISDR）[①]评价此类灾害管理使得社会在灾害面前变得十分脆弱。因此，伴随着灾害在世界

---

① 联合国国际减灾战略是联合国系统中唯一完全专注于减灾相关事务的实体，总部设在日内瓦，由联合国秘书长减灾事务特别代表领导，确保减灾战略行动计划的执行，承担协调联合国系统、区域组织及有关国家在减轻灾害风险、社会经济与人道主义事务等领域的活动。

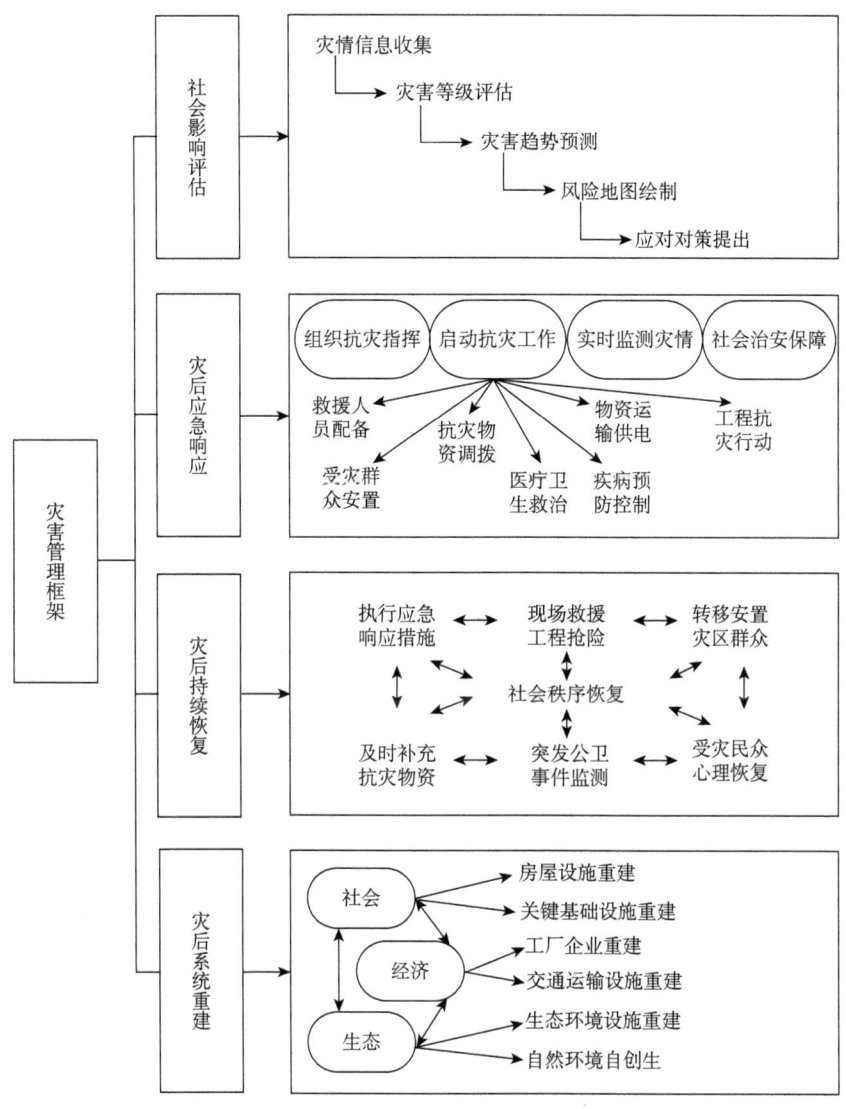

图 9-2　灾害管理模式

范围内造成的灾难日趋深重，灾害管理的焦点也逐渐转向降低社会脆弱性、减少灾害风险等方面，即通过开展各类防灾减灾行动和运作能力的持续改进的计划，减小灾害对社会造成的风险，对灾害进行有效的风险管理。

灾害风险管理模式是指利用科学的、系统的、标准化的、规范化的手段，对风险进行识别、度量、评估及分析，用最小的成本，实现最可靠的安全保证及尽可能地降低灾害带来的损失的一类科学管理，灾害风险管理模式如图 9-3 所示。灾害管理中，预防和控制是成本最低、最简单的方法，灾害风险管理基于这个事实,灾害风险管理着眼于灾前,关注灾前充分准备防灾减灾系统,开发适当及时的减灾措施和程序(包括灾害监测、预警和灾害风险分析和评估),做出充足的防备,确定适当的措施,在灾害风险转变为现实的损失之前将其消灭,或者降低其影响程度。

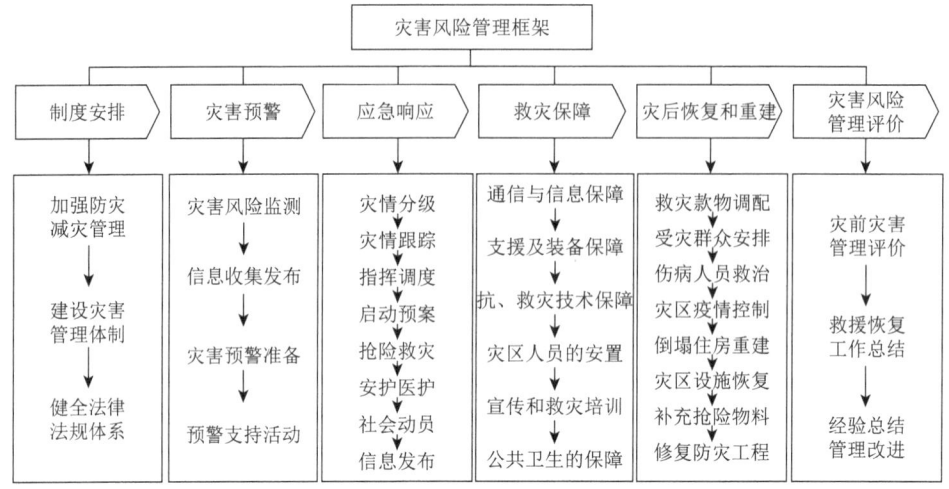

图 9-3 灾害风险管理模式

灾前准备及缓解作为灾害风险管理的重要环节,在降低风险和风险防范方面,比起灾害管理模式在灾后所进行的应急和救助更具有前瞻性,并且更加有效和可持续。采用灾害风险管理模式的社会及政府在灾害真正来临之时也更加具有良好的恢复力和抵抗力。灾害风险的管理模式主张对风险进行长远的规划和治理,从系统的层次进行主动的预防。与致力于灾后应急的灾害管理模式不同,风险管理更加关注灾害情境下社会的脆弱性和风险管理主体的治理能力。通过灾前的防范和早期的预警,实现灾害的主动应对,多领域的协同攻关,多部门的联动合作,全社会的共同参与,最终以最低的消耗和损伤保障社会安全。

(二)灾害管理现状

虽然中国在灾害应对上有着与民族自身同样的悠久历史,但是现代化的灾害管理及灾害风险管理概念起步较晚,灾害管理的概念在 20 世纪 80 年代才在中国兴起,而灾害风险管理的理念则更晚出现。在当前灾害频发、社会风险凸显的情境下,政府在应对重特大灾害时所采取的各项举措都会完全呈现在人们面前,这将会给政府的风险管理能力提出巨大的挑战。因此,探寻中国当前在灾害管理方面所存在的问题,有利于提出今后的发展方向和改进措施,增强政府的灾害风险治理能力[424]。

　　灾害管理现状之一是对民众防灾减灾意识的培育不足。在中华人民共和国成立以后，在成立之初特殊的现实环境下，国家逐渐建立了城乡二元管理体制。这种二元制成为后来很长一段时间的最基本的社会治理形式，许多工作，如民政事业、社会保障等都表现出了比较显著的城乡二元特征。一方面，城镇居民主要是以工商业就业为基本单位的承包式的社会保障，工商业单位就成了城镇居民在全部生命过程中的群体归属。自然地，对灾害风险的应对也不例外，保障城镇居民生命财产安全的责任也存在于居民所在的工商业单位负责范围内，这些单位既作为灾害管理活动责任的主体，也实际作为灾后应急救援的实践主体。另一方面，城镇在防灾减灾的基础设施建设方面比农村地区更加全面和完善，城镇居民应对常规性的灾害的抵抗能力较好，所以，在城镇中的灾害管理工作很少引起政府当局及城镇居民的足够重视，在灾害管理和风险应对的社会政策措施等方面也表现出显著的不足。大量的防灾减灾的通告、指令和规范都是面对农村地区的灾害管理工作而制定的，并没有专门为城市防灾减灾的工作做出较为细致的规定；在灾害管理的机构设立方面，民政部救灾救济司是那一时期的主要防灾减灾责任机关，然而，这种设立在极大程度上轻视了城镇防灾减灾的责任机构的建立和体系的完善。随着中国特色社会主义市场经济的不断发展和日趋完善，城镇也面临着频发灾害和相应的高损失，政府和相关部门都对此高度重视和密切关注。然而，相比农村灾害管理工作，城镇的防灾减灾工作在中国的历史更短，缺少完善的相关政策，缺乏系统的防灾减灾机构，难以快速响应城镇对防灾减灾资源的需要。

　　灾害管理现状之二是防灾减灾工作的宣传不足。灾害是人类社会共同面临的重大问题，人类社会的所有群体都是防灾减灾事业的目标对象和关键所在。对中国来讲，在防灾减灾工作上，如果仅依赖于政府当局的指挥和救济是不够的，有效的、科学的灾害管理工作应当需要全民参与及全民的自我保护意识，最终实现这项全民性的带有强烈自我救济色彩的工作。所以，宣传也成了防灾减灾的重要工作。然而，在中华人民共和国成立之初，结合国内外的社会形式及现实状况，国家在灾害管理信息管理方面不够开放，灾害的国内报道详细程度低，稀少的灾害信息使得民众的灾害防范意识自主性差，导致民众只能被动接受政府救灾而缺少日常防灾意识和自我救助能力。如今，这样的局面被打开，最近的几次灾害，政府当局接受了国际援助[425, 426]，加入了国际减灾计划，并且政府更加重视宣传工作，不断加大防灾减灾宣传力度，将防灾减灾信息详细透明地呈现给民众。不过，对于灾害的宣传力度受到国家当年遭遇灾害严重程度的正向影响。如果时逢重灾年，防灾减灾的相关知识就会得到政府当局的大力宣传，努力引发人们的关注，使得防灾救灾方面的信息受到人们的重视；如果遇到轻灾年，宣传力度则会降到很小。这种相关影响持续到 2008 年"5·12"汶川地震,地震发生后不久,国务院确认每年的 5 月 12 日为中国的"防灾减灾日",旨在提高全民的防灾减灾能力,在每年的这一天全社会宣传防灾减灾知识、提高防灾技能等活动。然而中国的防灾减灾日比联合国经济及社会理事会 1989 年设立在每年 10 月的第二个星期三的"国际减轻自然灾害日"[①]晚了近 20 年。

  灾害管理现状之三是灾后救助中对受灾人群的心理干预不足[427]。很长一段时期,中国在灾后救援工作方面都只注意到了灾害对物质层面造成的严重影响,而忽略了受灾民众在精神层面所受的影响,缺少了在心理上对灾民的干预和疏导[428, 429]。在防灾减灾战略上,无论是灾中自救和互助还是灾后救济和扶持都主要集中在物质层面,并且,在灾害管理的社会政策措施方面,也几乎没有涉及对灾民在心理方面的干预和辅导。这种情况的出现是因为国家在中华人民共和国成立初期建立的救灾体制。在中华人民共和国成立初期,在处理有关经济、政治、文化等各方面的各项工作上,都要求走集中的道路,政府当局则是集中化政权的核心,在重大事务中起关键性的决策和执行作用。当然,政府当局也同样视灾后的救济事务工作为己任,负责了灾后救济工作的各个方面,故而中国最初的灾后救济模式是一种政府全盘负责的形式。然而,政府当局的主要职责在于对社会进行宏观的治理,在心理干预及辅导等高专业性的灾后工作方面并不具备开展有效工作的能力。这种状况也是因为政府当局缺乏细致化的人性化的救灾减灾工作方案。政府在中华人民共和国成立初期的主要职责是恢复和发展生产,在灾后救灾的工作中主要是以保证民众的生命财产安全和基本生存为目标的。经过了 70 多年的快速发展,中国的生产力水平显著提高,物质生活水平也有极大的提升,社会财富的积累也有大幅的增加,因此在灾后救援中保证民众基本生活条件已不再难以解决,但是政府仍然关注灾后物资调配、灾后重建等物质救灾层面,却忽视了民众由灾害带来的严重精神创伤[430],相比物质重建恢复,精神创伤的恢复和重建有着更高的难度和更大的挑战[431]。

---

  ① 国际减灾十年是由美国国家科学院原院长弗兰克·普雷斯博士于 1984 年 7 月在第八届世界地震工程会议上提出的。此后这一计划也受到联合国和国际社会的广泛关注。联合国分别在 1987 年 12 月 11 日通过的第 42 届联合国大会 169 号决议、1988 年 12 月 20 日通过的第 43 届联合国大会 203 号决议,以及联合国经济及社会理事会 1989 年的 99 号决议中,都对开展国际减灾十年的活动做了具体安排。1989 年 12 月,第 44 届联合国大会通过了经济及社会理事会关于国际减轻自然灾害十年的报告,决定 1990~1999 年开展"国际减轻自然灾害十年"活动,规定每年 10 月的第二个星期三为"国际减轻自然灾害日"(International Day for Natural Disaster Reduction)。1990 年 10 月 10 日是第一个"国际减灾十年"日,联合国大会还确认了《国际减轻自然灾害十年》的国际行动纲领。2001 年联合国大会决定继续在每年 10 月的第二个星期三纪念国际减灾日,并借此在全球倡导减少自然灾害的文化,包括灾害防止、减轻和备战。

（三）政策发展方向

灾害风险应对政策是社会保障体制的重要组成部分，它关系到国家的安定和团结及社会的稳定与和谐发展，也是现阶段防灾减灾的基本内容。对于中国的灾害风险应对政策而言，防灾减灾政策的发展既要借鉴国际的先进经验、理念和方法，也要从中国的实际出发，寻找科学、合理的政策发展方向，构建符合中国国情的灾害风险管理和救助体系[432]。

1. 整合救灾力量

从中国的防灾救灾工作的现状来看，因为在计划经济体制下的灾害管理政策的观念还存在于人们的思想中，政府当局仍然承担着过多的防灾减灾工作，由非政府主体参与的社会化的灾后救济力量并没有完全显现出来。伴随着市场经济的不断发展，政府在防灾减灾等社会公共管理中也暴露出缺少防灾减灾管理创新方法等弊端。因此，中国新时期的灾害管理也需要发挥 NGO 的作用。

总之，在未来防灾救援事业中，一方面，我们需要不断提高分层治理的灾难预防和救济制度，细致划分各部门责任及工作，做到各司其职，更强调基层政府在工作中的重要性，更强调政府组织在防灾减灾工作中的指导决策作用；另一方面，注重防灾减灾的多主体系统规划，通过制定相关法律法规政策、调整工作机制等措施为 NGO 参与帮助实施防灾减灾提供有效途径。在防灾减灾政策方面，应当强调政府的指导决策作用，充分调动多方组织，形成社会提供财力支持、军队及民众帮助救援、NGO 提供主要救援的多方系统，在政府的积极倡导和配置下，实现防灾减灾力量的充分整合，以发挥国家及国际社会齐心协力防灾减灾的作用，建立起主体多元化的防灾减灾工作体系。

2. 坚持以人为本

在灾害风险管理中，要坚持"以人为本"的基本理念，要从人本的角度看待社会所面临的灾害风险，将人们的防灾减灾需求当作灾害风险管理的重点。以人本理念为主的灾害风险管理实践重点是要推进灾民民生建设及灾区建设。伴随着中国社会和经济的发展，防灾减灾在物质层面的工作已经不能满足民众的需求，在灾区建设过程中也产生了新的挑战。社会政策应当作为灾区建设的基础保证，从可持续发展的眼光去解决问题，灾区重建应当以长远发展的视角展开工作，避免灾区在短期重建后再次进入贫困状态。并且，在灾区基础民生建设得到保障的同时，应当重视民众的精神重建工作，提升灾民在社区的归属感，从物质层面和精神层面共同重建灾民生活。社区是居民的生活家园，面对灾害的破坏，家园的损毁带给居民的情感伤害也是最大的，通过完善社区基础设施、拓展社区居民的互动、组织各种社区文化活动、加强防灾减灾的社区宣传教育，可以有效地提升社区居民的归属感，从而不断增强社区抵抗力和降低社区脆弱性。

3. 注重灾害宣传

伴随着中国经济社会的不断开放，以及互联网等传媒技术的不断发展，信息已成为人们在生活和工作中的重要组成部分，在某种程度上，人们的生活充满了交错往复的信息流。同样，大众传媒也在灾害管理中创造并承载着大量的信息流，成为灾害管理工作重要的途径之一。当灾害发生时，媒体对灾情的科学描述有效避免了灾害谣言的产生，有助于控制民众恐慌；并且，适时适当的宣传可以动员全社会的力量，扩充救援所需的人员、物资和资金。同时，大众媒体能够有效监督灾害救援灾后重建等工作的实施。更重要的是，媒体传播的科学自救等知识能够帮助防灾减灾工作的进行，也能减少灾害中不必要的伤亡和损失。

此外，充分利用资本手段在灾害风险管理中对资源配置进行优化是防灾减灾事业的主要趋势之一。市场作为利益导向系统在风险控制的方法可以运用于灾害管理工作中。政策引导防灾减灾资源的合理调配及充分利用的方法是灾害管理中需要解决的重要问题之一。例如，巨灾保险就是一类有效的灾害风险分担的机制，它不仅有效地减轻了政府的财政压力，也从侧面使得民众认识到单纯依靠政府救济的局限性，以此调动起民众自主增强应对灾害能力的积极性，同时降低民众受突发灾害影响的脆弱性。除此之外，包括福利彩票等具有市场性、娱乐性等特征的方式是灾害宣传应当考虑的实施途径。结合多种方法，从民众自身的角度出发，增加市场中民众易主动接受的宣传方法，最终提高民众自身的抗灾能力。

4. 加强系统减灾

如今，很多灾害不再是由单纯的自然因素或者社会因素引发的，在很大程度上，灾害的产生是自然要素与社会要素共同作用而产生的。并且，社会和经济的快速发展促使社会分工更具体细致，伴随着社会关系更加紧密，相互之间的联系愈发复杂，向着更系统化、整体化的方向发展，所以，灾害一旦发生，就不可能仅仅造成局部的破坏，而是对整个受灾的社会系统及与之关联的更广泛的社会造成系统性的伤害。因而，防灾减灾工作应当重视系统性和全局性，从系统角度提高工作效果。在生态环境保护的政策方面，向社会大众宣传环保在防灾减灾方面的重要性，让全社会都意识到以牺牲生态环境为代价的生产生活只能获得短期效益。长远来看，由此引起的自然灾害等将造成远超短期效益的巨大损失；相应地，退耕还林等环保措施必须有完善的监管体系，确保政策的有效落地。经济增长不应当作为唯一衡量地区状况、地区管理者的标准,科学稳定的经济增长、可持续发展的社会与自然环境都应当是经济政策的考虑范畴[397, 433]。城乡二元户籍管理应当逐渐被替代,努力保证城乡居民在社会福利和社会基础保障方面的平衡[434, 435]。

5. 注重灾害研究

受制于中国改革开放之初的经济技术条件发展水平,中国在灾害管理相关理论方法等方面研究时间短、研究成果少,因而需要更多的精力投入灾害研究方面。中国目前在灾害防治方面的工作关注在硬件设施方面,如防灾减灾工程选址布局、成本管理、运行优化和建设管理、灾害预警技术开发升级、监测点的布局规划、信息管理平台搭建等领域。然而,社会脆弱性、社会恢复力、灾害预警机制、防灾减灾宣传教育路径、多部门多层次联动救灾机制、救灾人员配置协同及社会参与等方面的研究仍很落后。灾害管理具有系统性的重要特点,措施切实落地是关键,硬件设备帮助快速准确监测、记录、预警等灾前工作及减灾的灾中工作,软件资源负责优化统筹救灾资源的调配、物流路线的优化、人员部门的合理安排等。中国在硬件设备方面已经积累多年的经验,在软件资源方面的研究短板成为我们目前防灾减灾工作的重点,利用运筹、优化、系统工程等方法去合理调配资源,尤其要充分发挥 NGO 的力量,最大化地利用所有可支配资源,与硬件设备实现高效配合。

(四)应对管理趋势

灾难管理理念经历了从保守到开放、从分散到系统的演变过程;以人为本是灾害管理理念的核心。社会主义制度的不断进步和发展,综合国力的稳步提升,这些都为灾害管理工作提供了坚实的物质基础,拓展了灾害管理的发展空间。管理理念实践、科学技术应用、法律法规政策制定实施等将成为灾害管理的重要发展方向,同时我们也应当加强国际交流,互相学习以进一步提高防灾减灾管理的综合实力,切实减少灾害损失。

1. 科学管理理念的运用

作为一项复杂系统工程,传统的救灾管理理念及方法难以满足灾害管理在范围广、内容繁多等特点下的需求。目前中国在灾害应急管理指挥系统方面,已从传统的命令式传达方式为主,升级转化为以信息管理系统等先进技术的实际应用为主,应用场景增多,大大解决了中国灾害指挥方面的迟缓性和灾害管理技术方面的落后性问题。进一步实际应用包括现代计算机、通信、网络、卫星、遥感和地理信息系统等先进技术，落实中国灾害管理方面科学技术、先进管理方法的应用仍然是未来关键性的举措。因此，科学的管理思想和先进高科技手段，是灾害管理未来的重要发展方向之一。

随着中国对科学技术的日益重视及研究的进步发展，系统理论、信息论、控制论等现代科学理论和技术已经对中国社会产生一定影响，不仅机构部门开始重视起科学技术的引入和学习，民众自身认识科学学习科学的积极性也显著提高。在此社会环境下，灾害管理过程中从管理理念到实施方法都应当落实现代化、科学化、规范化。我们必须加快落实科技管理技术在灾害管理实际场景中的应用，有计划地展开相关的学习培训工作，树立起科学管理有据决策的理念，并且要积极与国际上灾害管理的典范机构交流学习，真正地实现科学管理、技术指导、科学决策、规范实施等一系列新目标。

2. 法律法规体系的建设

灾害管理涉及灾前预防及预测、灾中应急救灾、灾后恢复重建等方面，包括物资调配、信息传送、数据记录、人员安排等具体事项，是一项复杂系统工程。故而灾害管理除了科学管理理念、先进技术等帮助合理实施高效运作外，同时也需要法律法规政策的规范和协调。从某种程度上而言，灾害管理实施效果的关键是法律制度在整个过程中的有效实施，保证所有其他工作的有序进行。中国灾害管理方面的法律法规政策完成程度明显落后于发达国家，导致中国灾害管理发展迟缓，许多不规范的现象出现。因此，灾害管理将更加关注在法律制度上的建设。

结合中国实际情况，灾害管理领域的法治建设刻不容缓，未来中国灾害管理法治建设将从四个方面开展：一是加强灾害管理领域的立法体系的理论研究，规范灾害管理内部和外部的关系，从而形成一个合理的、适合可持续经济发展的全面安全规范机制。二是迫切需要开发一个全面的救灾基本法律体系。三是制定针对灾害防范等特定情况的法律法规。例如，制定提高社会民众的防灾意识、相关部门防灾工作效率的法律，制定不同灾难情况下的紧急状态法规等。四是加强灾害方面的执法效率，完善法律监督机制。

3. 社会化全方位的救助

人是社会灾害管理的主体力量，国防和救灾必须依靠公众和社会群体的力量。在重大灾害发生时，只有当全体社会成员和灾区民众自身的防灾意识与能力都被调动起来，政府部门等积极有序展开救援工作时，才能最大限度地减少灾害损失和人员伤亡。许多其他国家的宝贵经验指出，在救灾过程中，政府部门和其他专业救援人员需要社会民众的积极参与和配合,只有通过施救者和被救助者双向的努力,才能最大化地提高救援效率,减少损伤及伤亡。由此,专业救援人员及政府部门与社会之间的配合和协助是救灾工作的重要发展趋势之一。

救灾社会化旨在提高社会全体民众及社会组织等的救灾意识与能力,在面对突发灾害时,通过社会民众和组织的力量帮助救援,并在救援物资及人力方面提供有力的支持,最终提高救援的效率。实现灾害管理社会化,需要充分调动社会群众和各界组织,努力达到多方救援人员、物资、组织的协调化系统化,最终达到救援的及时高效,最小化灾害损失。相应地,制度和法律法规也应当完善,实现社会力量与政府工作的相互配合,有序地开展社会化救援行动。

4. 国际领域的开放合作

全球化推动了各国之间在多个领域的交流合作。当前已经有部分国家达成合作,共同应对处理突发灾害,互相借鉴学习应用灾害管理经验与先进技术,开展灾害救援等工作。中国在未来将进行更多的跨国合作,分享中国丰富的救灾减灾经验,学习他国的灾害管理理念方法,并且会与周边国家开展更加深入的合作,帮助提供救援力量,共同面对突发灾害。除此之外,中国将完善灾害预警、应急救援等方面的技术及法律法规,逐步开展与各国合作的研究项目,共同面对突发灾害,提高自身应急水平。

二、社会风险应对体系构建

在社会风险应对体系的建立过程中,应以"体系完整、突出重点;软硬并重、应对规范;注重外脑、防控结合;循序渐进、先易后难"等思想为指导,建立上下级政府机构纵向、同级政府机构横向的合作和信息共享机制。政府需要使各级部门之间紧密合作,形成能够快速响应、有序应对灾害的体系,实现及时响应、合理规划、科学处理灾后工作,切实保证灾后秩序的稳定。

(一)国外经验[436, 437]

中国目前在灾害管理方面的研究主要关注于应急层面,从灾害发生的原因出发减少突发灾害、准确预警灾害的研究较少,同时也缺乏深入的实证研究,缺少规范化深入分析社会风险方面的研究,在灾害预警控制方面的研究可行性和科学性需要进一步提高。从研究的范围分析,中国目前灾害管理方面的研究"治标多、治本少"，多数聚焦于灾害应急管理，而预警防范提前控制方面的研究不够深入，并且在当前中国实际情况下突发事件可能造成的社会风险起因及控制管理的研究还很匮乏。

在灾害风险管理的法律法规体系方面，主要的发达国家和灾害频发国家已经建立较为完善的法律体系，细致区分灾害类别及执行系统，将防灾减灾救灾重建的法律法规进行国家赋权，上升为国家战略。中国目前已经制定《中华人民共和国防洪法》等数十种灾害风险管理类的法律、法规，但是这些法律、法规没有体现灾害管理全过程存在的共性问题，法律体系仍然以分灾类、分部门、分地区的部门法为主。这种灾害管理模式较为单一，部门间缺乏协调，缺乏系统性。除此之外，灾害种类涵盖不全面、灾害管理各部门法规体系不完善等问题也是中国灾害管理法律体系滞后的表现。

从第八章介绍的应对汶川、芦山地震实例来看，中国在处理灾害时也展现了中国风险应对体系的优势，但同时也暴露出其弊端所在。与此同时，可以从国外的实践中汲取一些经验。

1. 健全灾害保险体系

1）日本

日本是一个灾害频发的国家，而且人多地少，日本的巨灾保险研究主要集中在地震和农业巨灾损失分担方面，并且形成了独特的巨灾保险发展模式。日本地震保险体制源自1966年通过的《地震保险法》，该法律规定商业保险公司和政府共同建立地震保险体系。日本地震保险将企业财产与家庭财产分开，对前者因地震而发生的损失，在承保限额内由商业保险公司单独承担赔偿责任；对后者因地震而发生的损失，在规定限额内由商业保险公司和政府共同承担赔偿责任[438]。

2）欧洲

第一，强制性灾害保险体系。以法律的形式明确灾害保险的强制性；对巨灾保险责任进行严格界定；通过扩展基本险保险责任的方式销售；通过建立巨灾保险基金进行多渠道风险分散。第二，非强制性灾害保险体系。市场上销售的商业保险的保险责任中已经涵盖灾害风险责任，投保人可自行选择时机购买。英国具备发达的保险市场，以洪水保险为例来看其如何通过保险有效地分担巨灾损失[438]。

3）美国

第一，政府主导推出灾害保险计划，如美国"国家洪水保险计划"。美国具有和中国类似的自然环境状况，而且作为世界上最发达的资本主义国家，时常遭受着人为巨灾方面的威胁，因此，对于巨灾损失的分担，政府往往采取积极的态度，就主要自然灾害和人为巨灾推出各种保险计划，主要包括国家洪水保险计划和联邦农业保险计划。第二，灾害风险与资本市场相结合。灾害保险比普通保险的风险大得多，一般通过再保险把灾害保险风险分散出去。然而，美国灾害再保险供给不足，而市场需求不断提高，导致价格急剧上升，于是保险公司开始借助美国强大的资本市场分散灾害（特别是巨灾）风险[438]。

通过几种模式的比较分析，可以看出由于巨灾风险的特殊性，这些国家的政府都有直接介入或间接支持，积极发挥国家的信用作用，制定有效的公共政策，重视工程性防损减灾措施的实施；各国都立足本国国情，针对主要的巨灾风险进行单独的有效经营管理，注重传统和新型的巨灾风险控制手段的运用，构建全国性或区域性的保障体系[438]。

2. 健全灾害信息系统

欧洲国家经济实力雄厚，科学技术发展成熟，自然灾害救济的先进性主要反映在其应急管理信息系统方面，主要包括灾前技术监测和灾后信息发布。由于各国的实际情况不同，面对的灾害类型和灾害问题有差异，因而各个国家的灾害救济信息管理也各有所长。

法国历来重视社会状态的预测，随着各种灾害的频繁发生，法国有计划地定期运用数学模型、统计资源等对灾害进行预测，根据分析结果有针对性地实施控制手段。早在1982年，法国就提出了灾害暴露规划，对不同灾害进行风险划分，制定了《土地利用规划条例》。20世纪90年代法国又提出了"灾害防治规划"，从国家战略发展角度，将防灾规划纳入城市开发规划中，从真正意义上实现了自然灾害管理从工程性措施向预防性非工程性措施的转变。

此外，法国适时调整国家警戒级别，及时提醒公众存在的自然灾害。法国的安全警戒用 4 种颜色代表不同的警戒级别，政府首脑可随时调整国家的警戒级别。当警戒级别提升时，军队会出动和警察一同保卫机场、火车站等地的安全。法国对灾害因素的科学预测分析，为其灾害救助工作的及时开展提供了必要的前期准备，积极的防御态度为公众提供了一定的心理准备，在一定程度上减少了灾害导致的人员伤亡[439]。

德国有一个专门负责重大自然灾害救援的指挥中枢——联邦民众保护与灾害救助局。为了更好地协调现有的救援力量，加强信息系统的协调，联邦民众保护与灾害救助局设计了"共同报告和形势中心"及"德国紧急预防信息系统"，前者成立于2002年，负责跨州和跨组织的信息与资源管理，加强联邦各部门、联邦与各州及德国与国际组织的联系，负责它们之间的协调与合作。"德国紧急预防信息系统"则向公众提供了一个开放的互联网平台，向人们提供各种危害情况下应采取的措施的信息。该系统有 2 000 多个相关链接，人们可以从中获取各种灾害预防措施及行为规则。另外，该系统有一个供内部使用的信息平台，为决策者提供信息。当危机出现时,这一内部信息平台帮助决策者进行危机管理。在健全的网络组织结构下,一旦发生灾害,"共同报告和形势中心"能为德国政府、管理阶层提供最准确及时的灾害信息,联邦各部门协调一致,便于开展灾害救援,协力组织消防救护、物资发派、心理辅导等一系列救援活动。"德国紧急预防信息系统"则让德国群众能在灾害发生的第一时间进行自救,稳定群众情绪,把灾害损失降到最低[①]。

3. 专项救援资金管理

在救灾资金管理上,韩国将减灾工程建设、救灾资金纳入中央财政预算和地方政府预算,对灾情补助标准等费用,中央和地方各自承担的比例都有明确规定,中央灾害安全对策本部每年修订颁布。灾难发生时,韩国在中央政府的领导下统一拨付救灾资金,救灾资金由中央灾害对策本部下拨到各地方政府,中央领导、逐级运行的救灾资金管理模式给灾区提供了强有力的财政支撑[439]。

1999年在哥伦比亚西部考卡山谷发生强烈地震,至少造成了1 500人死亡和3 700人受伤,20万人无家可归,国民经济也遭到重创。哥伦比亚是以生产咖啡为主的农业国,咖啡输出是国家的重要外汇来源。地震使咖啡种植园地区的生产受到严重影响,为了减轻国家重点产业遭受的灾害打击,尽快恢复咖啡的正常生产,1999年,哥伦比亚成立了咖啡地区的重建基金组织(专门用来协调重建咖啡区域的资金)。咖啡地区的重建基金组织是一个非集权的管理结构,中央和地方的职能相区别。它主要用于集中协调和监督总体资金的运行。这种独创的重建资金管理模式,使哥伦比亚灾后几年的咖啡生产和出口很快恢复到了地震前的水平[439]。

尽管如此,咖啡地区的重建基金组织也面临着一些体制上的不足和需要思考改进的地方。地区间的充分合作要求非集权的救灾资金管理模式,而在中央不干涉参与的前提下,如何协调32个区的区域合作、化解区域矛盾、顺利实现区域合作是咖啡地区的重建基金组织面临的现实问题。

4. 国外实际案例

北京时间2004年12月26日8时58分,印度尼西亚苏门答腊岛西北近海发生面波震级8.9级地震。这次地震震中位于印度洋海床下30千米处(北纬3.9°,东经95.19°),距印度尼西亚首都雅加达西北1 620千米,震源深度为30千米。

---

① 国外应急管理注重完善机制健全法律. http://www.21csp.com.cn/zhanti/nanjinggongchan/article.asp-ID=5774.htm,2010-08-23.

1）灾情介绍

这次地震是印度尼西亚 104 年来最严重的一次。地震引起的巨大海啸，波及东南亚、南亚和东非多国和地区，造成了重大人员伤亡。海啸共造成近 30 万人死亡、7 966 人失踪、超过 100 万人无家可归。其中印度尼西亚死亡 242 347 人；斯里兰卡死亡 30 974 人、失踪 4 698 人；印度死亡 16 389 人；马尔代夫死亡 82 人、失踪 26 人；泰国死亡 5 393 人、失踪 3 062 人；缅甸死亡 61 人、失踪 10 人；马来西亚死亡 68 人、失踪 12 人；东非地区死亡 394 人、失踪 158 人。非受灾国家在这次灾难中也有惨重的人员伤亡：瑞典死亡 59 人，失踪 3 559 人；挪威失踪 462 人，大部分可能已遇难；芬兰有 14 名游客遇难，263 人下落不明，这是截至 2005 年 2 月 11 日，根据联合国人道主义事务协调办公室报告的统计结果[377]。

2）受灾各国的本国救援

印度尼西亚。卫生部开展大量救援行动：疏散难民，建立 24 小时卫生监视中心，为当地医院提供医疗卫生设施，向灾区运送了大量的药品、尸体袋、食品、衣物、发电机等物品。数千名士兵、警察、救援人员和志愿者被派往亚齐省北部开展搜索与救援工作。总统宣布地震当天为印度尼西亚的国难日，全国哀悼 3 天，并降半旗[440]。

斯里兰卡。斯里兰卡政府宣布此次灾害为国难，要求全国所有的政府部门和其他机构都要投入对灾区的救助和医疗救护等救援工作中。地震发生后，斯里兰卡政府马上派遣 700 名医生赶到灾区，同时呼吁国际援助，求助国际社会给斯里兰卡的灾民提供紧急援助和长期的救助。

马来西亚。向灾区提供了财力和物资援助。政府各部门之间、政府和民间志愿者之间协调有序配合展开救助行动，消防和救援部派出队伍协助救援。

马尔代夫。马尔代夫总统宣布全国进入紧急状态，并呼吁国际援助，同时还建立了一支特遣部队来应对国家紧急状态；召开紧急会议并成立了灾害响应与减灾委员会；初步对灾害进行评估，确定救灾急需物资。

印度。国家相关负责人迅速对灾区情况进行初步评估，提出灾区救援方案，派遣医疗队到灾区开展医疗救护工作，派遣搜救队前往灾区搜救幸存者。灾区地方政府的相关负责人直接指导搜救工作。

泰国。政府和军队快速搜索幸存者，特别是海滩上的游客。在普吉岛等几个灾区建立了危机管理中心来遣返和撤离外国人。政府呼吁联合国协调国际救援行动。外交部成立了一个特别行动小组来协调国际救援行动，协调外国医疗队的搜救工作和援助医疗物资的分发。

3）国际救援

全球 60 个国家和地区在地震后掀起了国际大救援，据世界银行的统计，这些国家和地区向受灾地区提供超过 50 亿美元的援助，私人捐助金额也高达数 10

亿美元。联合国人道主义事务协调办公室先后派遣了 4 支联合国灾害评估与协调队（United National Disaster Assesment & Coordination，UNDAC）分别赴印度尼西亚、马尔代夫、斯里兰卡和泰国执行灾害评估和协调任务。联合国安全理事会、国际移民组织、联合国开发计划署、联合国粮食及农业组织、联合国儿童基金会、联合国粮食及农业组织、联合国人口活动基金会等联合国各类组织纷纷派出人员并提供资金前往灾区开展救援行动。各国政府和 NGO 也派出救援队前往灾区开展救援行动[440]。

截至 2005 年 1 月 25 日，在联合国驻印度尼西亚班达亚齐协调中心登记的各类救援队伍就达 170 余支，其中，中国、美国、法国、德国、日本、俄罗斯、新加坡、澳大利亚、马来西亚、挪威、英国、西班牙、奥地利、丹麦、印度、爱沙尼亚、瑞士、葡萄牙、南非等国家都派出了自己的救援力量，在受灾地区展开救援行动。

学界对于其他领域中风险或社会风险的防御、应急应对的研究较多，这些研究提出了大量的针对各领域社会风险的有效措施和方法，制定了诸多应急预案和系统应对模型，这些都是可资借鉴的前人成果。但在灾害社会风险演化的特殊情境下，应当如何进行应对决策的制定，这方面的文献比较缺乏。因此，如何通过社会风险决策的国际比较研究，根据社会风险"一生成、三状态、一演化"的演化系统特征，运用系统政策模拟实现优化决策，并将其应用到中国灾害社会风险的防控之中，这些都是需要迫切研究的课题。

（二）系统应对理念

灾害应对系统是一个开放的复杂巨系统。在信息不确定的情况下，系统整体体现出高度不确定性；它是一个需要多方协作、精密配合的系统工程，体现出其联动性；救援的对象是人，而且往往是生命垂危的伤者，因此其紧迫性不言而喻；灾害的破坏力往往不局限于一地一国，而是会影响到全球经济、政治格局。此外，应对救援体系往往将全世界人民的注意力吸引到灾区，体现出其开放性。

灾害应对系统是由社会生活、区域经济、行政管理、生态环境、法律政策等一系列相互交融、相互关联、相互作用的开放的复杂子系统集成的有机整体，本质是一种社会系统。而社会系统又是一种特殊的复杂巨系统。系统需要由系统工程来组织和管理。

灾害应对系统工程是通过对复杂巨系统的子系统进行规划安排实现对灾害整体系统的有效控制的一种理论方法。而综合集成体系是解决灾害应对系统工程问题的一种有效的系统科学体系，包括综合集成思想、理论、方法、技术与工程。以系统科学为理论基础，在解决灾害应对系统的具体问题的过程中形成其综合集成思想；在综合集成思想指导下全面深刻地认识灾害应对系统、处理灾害应对系统工程系列问题的原理是综合集成理论；灾害应对这类复杂系统问题的处理方法包括还原论和整体论的辩证统一、微观研究与宏观研究充分结合-综合集成方法；灾害应对系统在技术层面上要充分用到研讨厅体系和人-机结合的智能系统的综合集成技术；灾后重建的综合集成工程则是综合集成思想、理论、方法与技术服务于灾害应对的具体社会实践形式。

灾害应对系统是涉及领导决策、救灾行动、救援保障、高技术应用、心理引导等方面的一项综合性系统工程。应对系统需要完成指挥调度、应急处置等职能，这依赖于决策系统、资源保障、技术支撑和心理引导的配合。因此，作为一个完整的大系统，灾害应对系统由五大系统集成，分别为应急决策系统、应急处置系统、资源保障系统、技术支撑系统和心理引导系统。其中应急决策系统是整体系统的"大脑"，是系统中的最高决策机构；应急处置系统是整体系统的"四肢"，是系统的组织实施机构；其他三个为支持系统，为决策系统和处置系统提供不同功能的支持，以保证应急决策系统做出及时有效的决策，应急处置系统能迅速完成救援任务。同时，它们之间也存在着相互协作、相互支撑的关系。

灾后救援、恢复、重建是开放的复杂巨系统，活跃在灾区的巨量的、非线性的人员流、物质流和信息流，需要用系统工程这一系统组织管理技术来指导其工作的开展。灾后救援、恢复、重建系统工程由救援、恢复和重建三个子系统工程构成。灾后救援系统工程以政府、专业搜救队伍与医护工作者、灾区民众、志愿者等各方力量为主体构成，作用于应急决策、应急处置、救援保障、技术支撑、心理应对等多个系统。灾后恢复系统工程推动基本生活恢复、生活安全保障、生命线工程恢复、救灾财物管理、重点生产恢复和次生灾害预防等众多系统的有序运行。灾后重建系统工程则由灾害分析评估，重建力量统筹，生态、经济和社会系统重建等一系列工作组成。以下用三维结构体系（three-dimensional morphology）来分析灾后救援、恢复、重建系统工程的进度维、逻辑维与专业维，以确定基本结构及逻辑关联；用综合集成方法统筹规划其微观组织和宏观运行。

作为一项规模巨大、结构复杂、因素众多的系统工程，在对灾害救援、恢复、重建进行组织管理之前，必须对其结构和关联进行仔细分析。运用 Hall 的三维结构体系，从进度、逻辑与专业三个维度对灾害救援、恢复、重建系统工程进行结构分析。

1. 进度维

进度是解析灾后救援、恢复、重建系统工程最直观的一个维度。灾后救援是从危险处境中抢救生命、救治伤员，时间非常紧迫。灾后救援工程的启动应从灾后受灾民众之间开展的自救和互救开始算起，直至基本确认死亡和失踪人数，政府组织的大规模救援结束。世界各地历次灾害经验表明,震后72小时是黄金救援期,而总救援周期可能持续到一至两周。

灾后恢复是对遭受灾害的社会系统的修复,通常在灾后救援工作结束后的一周开始,从受灾民众入住保障住房起持续3个月左右。在灾后恢复阶段,灾区与外界进行物质、能量与信息交换,灾区的生态-经济-社会系统重新自我生长自我适应,是灾区由无序状态过渡到有序状态的关键时期。这一时期,灾区将逐渐从无序走向有序,同时为灾区未来的发展进行新的布局和规划。

灾后重建建立在灾区整体系统综合评估基础上,合理规划和开展一系列灾后恢复的工作,从经济、社会和生态系统方面全面地恢复灾区建设。由于地震强度、灾区灾前经济发达程度及政府统筹重建能力的不同,重建系统工程一般持续数年乃至十数年不等。

2. 逻辑维

逻辑是指导灾害救援、恢复、重建工作顺利实施、确定处理问题的步骤和程序的最佳维度。通过对灾害救援、恢复、重建统筹问题的系统结构分析,可发现其中隐含的灾区应急—常态—提升的持续发展逻辑脉络和极重区—较重区—非重区的空间逻辑关系。灾害救援、恢复、重建三个系统的工作开展是递阶优化、不断减少灾害负效应、增加发展正效应的动态进程。救援阶段的任务是采取一切可能的应急措施,将灾害削减至最小;恢复阶段是应急救援完成之后,灾区从无序状态转变到有序状态的必经过程,灾区人民恢复正常生活和生产状态的必然步骤,重点在于从应急转向常态;重建是在救援和恢复工作的基础上,统筹社会各方力量实施灾区"生态-经济-社会"系统的全面发展工程。

灾区重建恢复工作在时间上的进程推动了空间上的演化。灾害救援的主要力量首先集中在极重灾区,全力开展营救等工作最大限度地减少受灾的人员和灾害损失。灾后恢复则须将范围从极重灾区扩大至较重灾区,这些地区的基础设施和其他建筑物遭到较大的损毁,社会秩序被打乱。从空间维度来看,灾后重建的资源在极重灾区和较重灾区分配最多,在非重灾区也有政策优惠和一定资源,以保证灾区恢复工作整体的协调发展。

3. 专业维

从专业维度出发,灾区救援、灾后恢复、灾后重建作为三个系统工程具有不同的目标和功能,过程中需要不同的专业知识作为辅助,一些环节还需要自然、工程、社会和人文等交叉学科的理论方法支持。灾后救援系统工程可分解为应急决策、应急处置、救援保障、技术支撑、心理应对等多个分部工程,需要用到各种自然科学、工程科学和人文社会科学知识。其中,应急决策需要地质学专业知识，帮助灾害预警和分析灾害发展；应急处置需要管理学和工程学的专业知识，系统性地科学优化救灾物资、救灾通道等资源的分配；救援保障和技术支撑则需要医学和搜救等方面的专业知识；心理应对则必须基于专业的心理学知识。

（三）应对体系结构

灾后救援、恢复、重建开放的复杂巨系统由灾后救援、灾后恢复和灾后重建三个子系统集成。灾后救援的主要任务是采取各种应急措施，最大限度地减少灾害对人及其生存环境的影响。它有广义和狭义之分。广义的灾害救援包含灾前的预案编制、灾害演练、灾害观测预报和临灾预警，以及灾后紧急救援工作。狭义的灾害救援主要是指灾后第一时间的搜救工作、医疗救助支持和受灾群众心理救助，目的是最大限度地减少人员伤亡。灾后恢复则是指为尽快恢复受灾居民的基本生活而采取的各种临时手段，主要包括对基础设施的修复和基本需求的保障，如抢修灾区的水电、油气、交通、通信设施，最大限度地稳定灾区的社会秩序；对社会组织的修复，如调配人员参与组织灾区恢复重建；对社会功能的修复，如恢复工农业生产、学校教学、商业业经营等。灾后重建是在科学规划基础上，以可持续发展为最终目的，统筹协调社会经济恢复与生态环境修复，进行长达数年的灾区各类产业、基础设施、生态环境等的全面建设。三个子系统相互之间在时间、空间和运行方面存在密切的关联。以地震灾害为例，其震后救援恢复重建系统结构如图9-4所示。

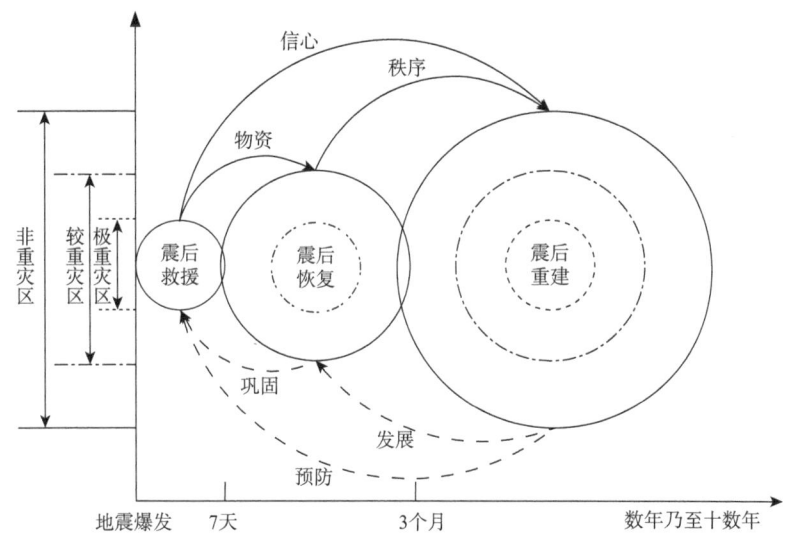

图 9-4 震后救援恢复重建系统结构

作为一个开放系统，灾区各项工作的开展都会与外界产生大量的物质、能量等方面的交换传输，其中与之关联最为密切的是地震灾害系统、灾区外界系统及灾区"生态-经济-社会"系统。地震灾害系统是由孕灾环境、致灾因子、承灾体和灾害灾情集成的复杂系统。孕灾环境即孕育灾害的自然和人为环境；致灾因子产生于特有的孕灾环境，可从地球系统的不同圈层变化及人为自然改造活动等方面归纳；承灾体是灾害作用的对象，主要指人类及其活动所在的社会与各种资源的集合；灾情即灾害给人类社会造成的损害情况。灾区外界系统主要指灾害影响区域以外的社会经济环境，以及对灾害救援、恢复、重建产生积极作用的各类主体，如政府、NGO、媒体及公众等。灾区"生态-经济-社会"系统则指遭受灾害系统性破坏的灾区产业经济、社会组织、体育文化、教育卫生、生态环境、自然资源等各类系统，同时也是灾害救援、恢复、重建的对象系统[45, 46, 357]。同样地，以地震灾害为例，其救援、恢复、重建系统与外界环境的交互如图 9-5 所示。

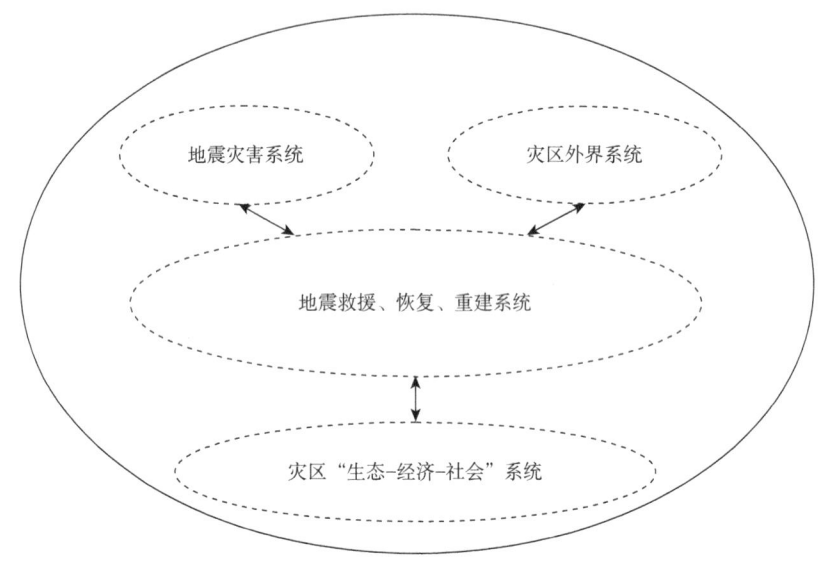

图 9-5　灾后救援、恢复、重建系统环境

地震灾害系统。地震灾害具有难以预测、高突发性、重演率低、破坏面广、诱发巨灾及影响深远等特点。在救援、恢复、重建进程中，地震灾害会不断以余震、次生灾害等形式破坏已取得的成果。为保护受灾群众和灾后工作的成果，地震灾害系统的信息还需要进一步地深入研究，在防范地震带来的次生灾害继续破坏灾区系统的同时，应当合理安排有序进行灾后救援、恢复及重建等工作。

灾区外界系统。地震受灾国或地区最高行政机关、援建地方政府、国际社会、NGO、热心公众、援救队伍等外界力量及政策、资金、物资、工具等资源纷纷投入灾区，推进灾区救援、恢复、重建工程。灾区则一方面组织自身力量，积极投入生产自救中；另一方面不断与外界交换信息，寻求最需要的帮助。作为第一责任主体，最高行政机关和灾区政府协同推动地震救援、恢复、重建，前者从全区、全国乃至国际层面统筹社会各方力量广泛参与震后救灾，后者的主要任务是具体协调灾区内外救灾主体有序开展工作。

灾区"生态-经济-社会"系统。被地震破坏的灾区"生态-经济-社会"系统是救援、恢复、重建系统的行为对象，各参与方聚集人力、物力和财力，从极重灾区、较重灾区到非重灾区，递进式、全方位修复遭受重创的灾区"生态-经济-社会"系统。功能逐渐恢复的灾区"生态-经济-社会"系统又将为救援、恢复、重建工作的有序开展提供物质与精神的支撑。此外，灾害应对系统应当包含以下几个子系统。

1. 应急决策系统

应急救援的最高决策者，负责应急救援的统一指挥，给应急处置系统及各支持系统下达指令，提出要求。这一决策指挥系统内部也由不同单位联合构成，各成员单位在应急救援中承担特定的职责和任务，各司其职、各负其责，同时又密切配合，在协调运作的基础上形成统一的命令，形成决策迅速、指令及时的应急指挥系统。

2. 应急处置系统

应急处置系统负责对应急决策系统形成的指令进行具体实施，完成各种应急救援任务，通常还须肩负起辅助应急决策系统做应急决策的重任。基于"平震结合"的设计理念，平时按应急管理的要求做好防震减灾工作，震时迅速开展灾情监测，并按指令及时而有效地对不同类型的地震开展科学救援。

3. 救援保障系统

救援保障系统负责应急处置过程中的资源保障，主要任务是应急资源的存储、日常养护，救援资源评估和应急资源调度等。地震应急资源包括应急救援中所有可能涉及的应急队伍、救援设备、医疗物资、药品及其他资源。救援保障系统不仅须提供救援所需物资，还将根据救援进度合理分配资源，特别是参与地震伤员的救治、护理和后期恢复。

4. 技术支撑系统

技术支撑系统负责在应急处置过程中提供技术支撑，包括各类人员救援技术、伤员救治技术和各类先进的救援工具等。救灾技术的先进性及人性化程度决定了受灾人员的救出时间和应急救援的效果，政府须加大相关技术的研发力度，为灾害应对事业的发展奠定基础。

5. 心理应对系统

负责应急处置过程中提供心理支撑，包括对受灾群众的心理援助和对救援人员的压力疏导。在灾后救援的紧急状态下，决策者、执行者和受灾者的心理和情绪都影响着救援行动的顺利开展。

灾害应对系统的总体目标如下：统一指挥、分工协作、及时有效、科学救援。为了实现该目标，各子系统应明确分工、密切合作、共同应对，直至最终圆满完成救援任务。

三、社会风险防范路径优化

灾害社会风险应对存在着重处置、轻规避、预警欠佳、决策盲目、力量分散、忽视监督、执行不力等误区，成因在于意识落后、流程不规范、联动机制不健全、监督体系不完善；自然灾害社会风险防范应当从政策环境及社会风险预警、规避、化解等方面加强。

（一）政策环境优化

为了有效地整合灾害管理资源，提高行政效率，维护受灾群众的基本生活权益，实现经济社会的可持续发展，很有必要对中国现行的灾害管理体制进行改革。整合资源、建立统一的灾害管理机构是踏出灾害管理的第一步。

1. 相关资源管理政策

应对灾害社会风险应当未雨绸缪，加强资源管理方能临危不乱。资源管理工作要落实到人，明确责任、强化管理、严格问责，防止灾害发生时因缺少相关物资、延误救援而引发的损失扩大和社会动乱。救援设备和器材、应急饮用水、粮食、交通工具要备足，信息采集设备、通信设备要定期试用，加强日常检修和更新补充。

2. 预警智力开发政策

灾害社会风险防范重在风险预警，而风险预警离不开人才，特别是具有情报搜集、信息整理、风险分析能力的专业人员。要加强选拔、培养此方面的专业人才，鼓励他们不断积累综合性知识，建立相对独立的专业培训体系，定期开展专题培训，加强队伍建设。建立专家库，对职能部门经验丰富的人才和高校相关领域学者的专长、联系方式等信息进行整理归档，确保紧急情况下可以迅速找到合适人选开展工作。创造条件，将高校人才输出同社会风险防范人才需求对应起来，以需求为导向培养具有综合能力和知识的人才及相关领域的精专人才。

3. 社会参与激励政策

灾害社会风险涉及人群广泛，与每一个人的利益都有着直接或者间接的关系。社会风险的防范也就需要更多社会力量的参与。政府作为指挥者和引导者，应该鼓励社会团体、企业、民众参与到灾害社会风险防范中。值得注意的是，要协调好它们之间的关系，避免参与者的混乱，造成负面影响。不同的社会主体可能代表着不同的利益，因此需要政府的协调与引导。

4. 避险宣传教育政策

及早掌握社会风险防范知识，方能在遇到灾害社会风险之时沉着应对。要统筹利用各类媒体资源，拓宽传播渠道，围绕自然灾害、事故灾难和应急救援开展科普宣传；努力扩大覆盖面，推动应急科普宣传进企业、进学校、进机关、进社区、进农村、进家庭、进公共场所；鼓励和引导社会力量参与避险宣传教育工作；坚持正确的政治方向、舆论导向、价值取向，贴近生产生活实际，开展人民群众喜闻乐见的宣传，提高避险宣传教育的传播力、引导力和影响力。

（二）风险预警强化

社会风险监测预警，就是搜集可能引发社会风险的隐患性和苗头性信息、情报和资料，运用科学的预测方法和技术估计社会风险出现的约束性条件，推断相关要素的演变趋势，并且向决策者和相关方面发出警示信号，以便采取有效的防范措施，防止社会危机、动乱等不利后果。社会风险预警涉及指标构建、信息管理、技术改进、流程优化等方面。

1. 建立社会风险预警指标

灾害社会风险的源头是灾害事件，因此预警首先要做的就是自然灾害预警。2011年，中国发布了《中国自然灾害风险地图集》，展示了中国各类自然灾害风险的区域分布规律、分布特征及综合灾害风险的区域差异，这是中国发布的首部综合灾害风险"警示图"。具体到各个地区、各个部门，灾害预警需要进一步细化。灾害社会风险生成的一个重要根源是主体的诉求得不到及时满足，灾害社会风险预警指标应该将主体的情况及其需求情况纳入体系，以便及时满足主体需求。例如，主体生存保障方面的保险覆盖率、人均收入增长率、失业率等，主体心理方面的灾后心理障碍人数、权益保护满意度、物价上涨可容忍度等，主体受损方面的生命损失率、受灾财产比重、成灾面积比重等，主体行为方面的犯罪率、信访量等。灾害社会风险演化的重要推动力量是社会舆情，控制舆情是控制风险最重要的手段。社会风险预警指标体系中应当有社会舆情类指标，为舆情监控提供重要信号，主要包括舆情分布情况类的聚焦热度、网络分布度、地理分布度，舆情发展状态类的时间分布度、传播速度、扩散增长面、信息拐点，舆情受众类的受众倾向、敏感度、集中度等。

2. 管理社会风险预警信息

风险预警信息是决策者制定决策方案的重要依据，也为群众做好防范准备提供了警示。2012年6月28日，四川省凉山彝族自治州宁南县白鹤滩镇矮子沟发生特大泥石流灾害，导致中国长江三峡集团有限公司白鹤滩水电站前期工程施工人员及家属14人遇难，26人失踪。原因是同政府接洽的白鹤滩工程建设筹备组工作人员随意删除了政府发给其的预警信息，施工人员未及时转移。信息采集、处理、分析、发布环环相扣，影响着灾害社会风险防范的决策效果。在信息采集阶段，要全方位地从自然环境、社会环境、媒体文献、人际网络等多种渠道搜集信息，将传统的方法同现代科技结合起来，提高采集效率，确保信息的真实性、可靠性、及时性，加强险情监测，及时发布预警信号。在信息处理阶段，要将收集的信息过滤、汇总、分类，提高信息的针对性、有用性，便于决策者进行征兆识别。在分析阶段，要对信息进行全面深入的整理归纳，提炼出信息中反映出的问题本质，并做出险源分析与风险级评估。在信息发布阶段，更加强调信息披露和风险预报的及时性，动态报道实情才能让公众及时掌握险情，及时发布警报才能防止流言散播，公众才能更理性地面对灾难和风险。

3. 改进社会风险预警技术

社会风险防范离不开技术库的支持，预警技术的采用可以将风险管理关口前移,是预防为主的风险管理模式的关键。2007年1月19日,由于技术故障马来西亚科技部所属气象部门将一条旧的海啸警报误发给民众和媒体,政府陷入尴尬[①]。从整体上看,地理信息技术、遥感监测技术、警报发布技术、通信技术、信息传递与接收技术等是社会风险预警的主要突破点。灾害种类繁多,其导致的社会风险更是数不胜数,每一种灾害都涉及专门的预警技术,如赤潮涉及赤潮毒素的检测技术。近些年,中国的灾害技术取得了较大的进步。例如,洪水预报的整体技术位居世界较先进行列,但是在预报冰雹、强降水、雷雨、龙卷风等突发性天气时,一般情况下准确性只有30%~40%,并且在时效方面很有限,可预报性时效很短。预警技术的提高需要政府部门投入大量的资金、人力,创造研究条件,同时要鼓励民间研究机构的参与。成都高新减灾研究所[②]是一家民间机构,该所开发出一套地震预警技术系统,暴发于2013年4月的芦山地震震级达到了里氏7.0级,该所提前发布预警信息,为雅安主城区留出了5秒的预警时间,为成都市主城区留出了28秒的预警时间。

4. 优化社会风险预警流程

灾害社会风险重在预防,科学合理的社会风险预警流程是化解风险、防范危机的基础。社会风险预警包含社会风险的识别、指标体系的构建、预警模型的创立、社会风险的度量,在确定社会风险级别以后,再结合具体的实际风险情况和具备的资源条件,最后做出社会风险的防范对策。贯穿社会风险应对全过程的是信息搜集、整理和传递等各环节,而社会风险警报的发布则是告知民众做好预防准备的最关键的一步。

(三)风险规避细化

社会风险管理的效果难以计量,所以难以成为政府绩效评估的项目,而后果的处置却是看得见摸得着的。例如,成功处置突发事件可以成为典范,而及时做好防范工作,将风险扼杀在源头则看不到明显的成就,政绩利益不迫切,缺乏驱动力。在应对自然灾害社会风险时,往往更加重视的是风险转成现实危机后的应对处置,如果轻视社会风险的规避,就不能调动主体的积极性。

---

① 学者:马政府表现混乱因其像处理本国政治问题。http://news.sohu.com/20140327/n397305426.shtml.2014-03-27.
② 成都高新减灾研究所(简称"减灾所")成立于2008年"5·12"汶川地震后,由王暾博士(双博士学位)创建,并牵头成立由四川省政府授牌的地震预警四川省重点实验室(简称"重点实验室")。减灾所和重点实验室致力于地震预警技术研发、成果转化及应用。

1. 加强应对预案演练

灾害社会风险应对预案不能停留在纸上，必须加强演练，在演练中熟悉应对流程，理顺工作程序，并从中寻找薄弱环节进行强化训练，及时总结，根据实际情况修改预案，提高预案的可操作性，从而提升预防能力。首先，要制定详细的演练方案，全面详尽地预测可能出现的情况，设计出与现实相符的模拟场景。其次，要宣传动员，将各个相关部门的积极性调动起来，明确各自的工作职责，理顺关系，加强部门联动演练。最后，及时总结演练中的问题和经验，完善自然灾害社会风险应对预案。

2. 提升灾害应对水平

灾害的社会风险诱发源头是灾害，提升灾害应对水平即从源头控制社会风险。首先，加强灾害的预报。中国已经在探索建立系统的灾害预报体系，预警设施建设深入基层，给各地建立了水位、雨量观测站，语音报汛点等，这些设施设备要有效运用起来，及时通知有关方面做好抗灾准备。其次，提升灾害响应与救援水平。灾害响应与救援是救灾工作最关键的环节，是挽救生命财产的最紧迫、最直接、最见效的环节，这一环节更加注重时效性，快速调动资源，有序联动各部门，将损失降至最低。最后，做好灾后恢复与重建工作。灾后重建期间是社会风险潜伏与易发期，伤残救治、卫生防疫、人员安置、心理安抚、治安维持、灾区重建等，任何一个方面工作不到位，都有可能引发社会动乱。

3. 切断风险扩散渠道

社会风险主要是通过人与人之间的互动扩散的，面对面的直接谈论、电视新闻报道、报纸信息发布、电子邮件传送、互联网消息发布、发微博和微信、QQ互动、打电话、发送短信等方式，将信息成网状散播出去，在传播的过程中信息被过滤、加工，逐渐偏离，从而影响人们的情绪和行为。一旦发现社会风险源，政府部门应当关注舆情，特别是有可能引发危机的热点问题，制定相应的预案。"媒介化"是风险社会的重要特征，政府可以通过大众传播这一工具来控制社会风险的扩散。社会风险的放大往往源于信息的传播，特别是在传播过程中出现了扭曲，如果能够找到风险放大的节点，用真实、准确而详细的信息填充信息空间，防止虚假信息滋生，可有效地预警和化解风险。真实信息匮乏催生无端的焦虑，政府部门应当注重社会舆论引导，及时地开展媒体公关，借助媒体的力量向公众传达准确、真实的信息，告知其可能出现的后果及应当做出的准备，强化媒体与公众的风险沟通。民众带着失控的情绪，如果信息不对称，他们容易被不法分子误导与挑拨。如果真实信息不能及时传递给受众，谣言就有机会充斥民众的耳朵，误导人们的信念和行为。因此，政府要主导信息，媒体要负责传达真实信息，个人要坚持不造谣、不信谣、不传谣。

4. 重视风险监督反馈

灾害社会风险有其生成、蔓延、升级与消亡的过程，相应的，社会风险管理是一个系统的过程，因此需要进行动态跟踪，掌握实时情况，根据实际情况及时纠正偏差。

1）灾害演变跟踪

灾害不因其爆发而结束，极有可能衍生出其他灾害。例如，房屋、桥梁、山体可能在洪水经过时并没有被冲垮，但是由于经过长时间的浸泡，其内部构造遭受了严重损害，洪水退去以后可能发生房屋倒塌、桥梁坍塌、山体滑坡、泥石流等次生灾害。为避免风险扩大，必须跟踪监测灾害的演变状况。

2）灾民需求跟访

政府应当积极调动资源帮助灾民渡过难关。对失去依靠的老人、儿童、伤残者要有妥善的安置，老人可以安排在养老机构；灾害过后的儿童在心理上往往留下了阴影或者身体上有残缺，获得领养比较困难，政府要积极动员领养者；伤残人士就业困难，政府可以给予政策倾斜，开展培训，帮助他们从事能力范围内的工作，激励他们寻找生活的希望。

3）主体行为监测

灾民在遭受打击之后，情绪处在敏感状态，极易失去控制力，在需求得不到满足时，可能通过过激的行为来获得需求或者发泄不满。不法分子极有可能乘虚而入，制造社会混乱，甚至利用灾民易于感染的情绪，动员他们破坏社会。要加强主体行为的监测，正面引导民众的行为，及时化解矛盾，控制可能激化矛盾、引发动乱的行为。

4）决策执行督促

决策的落实是最终控制风险的，要严格督促决策措施的贯彻执行，将决策理念转化为现实成果。定期检查决策执行效果，将社会风险防范作为绩效考核的重要内容。建立问责制度，严厉惩处执行不力的行为。

（四）风险化解深化

当发生灾害时，政府能够迅速调动人员、调配资源、组织救援，但是灾害社会风险决策一般是非常规、非程序化的快速决策，以风险预警为前提条件，以风险决策技术为保障，决策者必须快速识别风险源，对社会风险状况及其发展趋势做出科学分析，及时做出安排，有效化解风险。

1. 风险为导向的全方位控制

化解灾害社会风险要着眼于风险本身，以风险为导向采取措施。社会风险的诱发、蔓延、升级、消亡的生命周期过程具有不同的特点，关注各阶段的相关要素，特别是对风险主体行为、风险环境条件、风险传播渠道予以高度关注，尽量在早期阶段化解社会风险，避免风险的扩大和损失的增加。

化解灾害社会风险要区分社会风险的类别，对其开展科学评估，确定社会风险级别，这样才能有针对性地采取相应的方法。多数情况下，自然灾害所引发的社会风险同时涵盖生命安全风险、财产损失风险、环境破坏风险、社会失序风险、心理失衡风险的全部或者多数，在做出决策时就必须综合考虑，针对不同的风险采取多元化的措施，全方位彻底予以化解。

2. 政府为核心的多主体参与

政府是应急管理的决策者、指挥者和主要执行者，也是灾害社会风险应对最重要的力量，起着中流砥柱的作用。化解灾害社会风险，政府也发挥着核心的作用。政府必须对社会风险具有高度的敏感性，一旦产生灾害社会风险，应高度关注其演变全过程，捕捉相关信息，加以分析整理，第一时间做出部署，调动有关部门力量，及时控制并化解社会风险。政府还应整合媒体、社区、学校、企业等主体的力量，共同参与灾害社会风险的化解。

媒体是最理想的信息传递中介和风险监督主体，对公众的情绪、行为有着重要的引导作用，在化解灾害社会风险中的作用举足轻重。政府应当做好媒体公关，为媒体参与灾害社会风险的化解开辟渠道、创造条件，积极发挥媒体的作用，运用媒体的力量展开宣传，及时发布风险信息，及时辟谣，向公众传播正确的社会风险化解知识和方法。

高校、社会团体中聚集了众多专家，掌握着精专的社会风险相关理论知识和风险化解方法、技术，拥有专业化的灾害社会风险化解力量。他们具有较高的权威和社会信任度，很多时候专家的声音能够为公众所信服，他们的建议也更容易被公众接受。同时，他们专注于相关领域的研究，掌握最前沿知识并具备创新力量，在灾害社会风险化解中发挥了重要作用。

3. 疏通为主渠道的多元化路径攻克

灾害社会风险的化解以疏通为主渠道，采取多元化路径予以攻克。化解社会风险，避免其爆发为社会危机，造成巨大的现实损失，需要采取多种措施通过多渠道方能实现。灾害社会风险源于灾害损失，产生在灾后灾民利益诉求得不到满足的背景中，隐瞒灾情、压制舆论、对风险视而不见的做法都是不可取的。真正能够化解风险的是了解需求，疏通渠道、正确引导才能降低社会风险的消极作用。

以疏通为主渠道，多元化路径攻克包括以下方面：做好应灾救援、废墟清理、灾后重建，是化解灾后生命安全风险、财产损失风险的重要途径；畅通利益诉求渠道，满足受灾群众需求，是化解社会失序风险的必要方面；疏通社会郁积情绪，正确引导社会舆情，激发社会正能量，是化解心理失衡风险的必选方法；实施环境隐患排查，对隐患点进行整改加固，是化解环境破坏风险的重要措施。

四、CGE 模型的评估及政策启示

在社会风险应对体系的建立过程中，应大力倡导各相关职能部门的密切合作，共同致力于建立科学完整的灾害社会风险应对体系，并为其持续高效运行创造保障条件，以全面提高灾害社会风险的应对能力，从而对各类社会风险事件加以有效预防和科学应对，坚决保证灾后社会的稳定有序运行。

（一）基础 CGE 模型

CGE 模型是一种模拟经济主体的优化行为的区域经济模型，它可应用于许多研究领域，并能给出实际的政策建议。与其他早期的实证模型不同，CGE 模型是一个基于新古典主义微观经济理论且内在一致的宏观经济模型，其理论基础与框架是瓦尔拉斯一般均衡理论。CGE 模型包括三个显著特征。首先，它是"一般的"，即对经济主体行为进行了外在设定。在这个模型中，消费者的特征是追求效用最大化，厂商遵循成本最小化的决策原则，还包括政府、贸易组织、进出口商等经济主体，这些主体对价格变动做出反应。因此价格在 CGE 模型中扮演着极为重要的角色。其次，它是"均衡的"，意指它包括需求和供给两个方面，模型中的许多价格是由供求双方所决定的，价格变动最终使市场实现均衡。最后，它是"可计算的"，因为该模型反映实际数据和实际经济问题，更接近现实，涉及产业政策、收入分配、环境政策、就业等，它在很大程度上说明分析的可量化性[436]。

1. CGE 模型评价思路

政策评价是指从许多不同的政策中选择较好的政策予以实行，或者研究不同的政策对经济目标所产生影响的差异。从宏观经济领域到微观经济领域，每时每刻都存在政策评价的问题。经济政策具有不可试验性，当然，有时在采取某项政策前在局部范围内先进行试验然后推行，但即使如此，在局部可行的在全局并不一定可行，这就使得政策评价显得尤其重要。政策评价的一种主要方法是政策模拟，即将各种不同的政策代入模型，计算各自的目标值，然后比较其优劣，决定政策的取舍。

政策评价是对政策效果所做的判断。从目前中国的政策实践来看，政策评价恰恰是政策实践过程的一个薄弱环节。不能不说在理论上将政策评估和政策评价混为一谈，没有将政策评价作为一个独立环节进行深入细致的研究，是造成这种结果的一个重要原因。

政策评价的主要内容是对政策执行后的政策效果、政策效益和政策效力进行评价。政策效果评价就是对政策执行结果实现政策目标的程度所做的评价，也就是通过政策的实际结果和理想结果的比较，对政策是否实现了预期的目标所进行的分析。政策效益评价就是对政策效果和政策投入的关系所做的评价，以确定政策效果和政策投入之间的比例关系。政策效力评价就是对一项政策在整个社会系统中所起的作用和产生的影响的综合评价，其中包括对政策的正效应和负效应、政策的短期效应和长期效应、政策的直接效应和间接效应所做的分析。

政策评价的作用在于，在政策执行过程中为政策的有效贯彻和调整提供依据。在政策评价的过程中，通过对政策执行结果的全面分析，对政策做出准确的、恰如其分的评价，为下一步政策调整提供充足的依据，通过政策评价还可以统一人们的认识，扫除贯彻执行政策的障碍，使正确的政策得到有效的贯彻落实。

由于 CGE 模型具有清晰的微观经济结构和宏观与微观变量之间的连接关系，所以，它能描述多个市场和结构的相互作用，可以估计某一特殊政策变化所带来的直接和间接的影响，以及对经济整体的全局性影响，并通过对宏观经济结构和微观经济主体进行细致描述，对政策变动的效应进行细致评价，全面评估政策的实施效果。

2. CGE 模型体系构建

CGE 模型起源于西方经济学中的瓦尔拉斯一般均衡理论，是由抽象的瓦尔拉斯一般均衡理论演变而成的关于实际经济的数学模型。CGE 模型经过几十年的发展，已经成为一种非常规范的模型。作为政策分析的有力工具，CGE 模型得到了越来越广泛的应用，并已成为应用经济学的重要分支。

1）模型思想

CGE 模型最主要的特征就是将经济系统的整体作为分析对象。不论 CGE 模型有多少变量，它所涵盖的范围都是经济系统的全部，包括经济系统内的所有市场、所有价格，以及各种商品和要素的供需关系。CGE 模型建立的前提是要求所有的市场都出清。

CGE 模型的基本思想如下：生产者根据利润最大化原则，在资源约束条件下，确定各种商品的最优供给量和对生产要素的需求；消费者根据效用最大化原则，在预算约束的条件下，确定对各种商品的需求量；当最优供给量与最优需求量相等时，经济达到最稳定的均衡状态，同时由均衡的供应量和需求量求出一组商品的均衡价格。广义地讲，工资、汇率等都可称为价格。从全面均衡的角度讲，CGE 模型是在一定的资源约束和行为准则下，遵循瓦尔拉斯定律，在组成经济系统的各个市场建立一般均衡系统，求解出均衡价格。

CGE 模型实际上是一组描述经济系统供求平衡关系的方程。CGE 模型经常被用来分析税收、公共消费变动和其他外贸政策、技术变动、环境政策、工资调整，探明新的矿产资源储量和开采能力的变动对国家或地区（国内或跨国）的福利、产业结构、劳动市场、环境状况、收入分配等的影响[436]。大多数问题的分析使用了一个国家、一个时期的 CGE 模型，也有不少问题使用多地区或多时期或同时是多地区和多时期的 CGE 模型。

2）模型构成

一个 CGE 模型的原型模型有以下三个基本部分。一是一个详尽且一致的数据库。这个数据库为模型提供一些基本结构信息，主要包括一个国家或区域的国民收入和生产数据、投入产出核算数据及关于模型中经济结构参数的计量估计数据，另外可能包括其他数据，如部门的就业、资本存量等[436]。

二是 CGE 模型本身。其核心模型应该是一个通用的原型模型，研究者可以方便地根据自己的研究需要对其加以扩展。原型模型采用集合的方式进行部门设定，这样就可以根据研究的需要对这些部门进行集结、细化或替代。由于经济政策的不确定性及 CGE 模型自身的快速发展，因此需要模型提供最大限度的灵活性，原型模型需要方便地被修改及重新设定。

三是部门集结准则。原型模型不但要非常灵活，还要具有较为详细的生产部门划分。由于各个研究所关注的部门不同，侧重点也不一样，原型模型中必须包含所有部门，所以原型模型的数据库必须足够详细，能够对各个特定部门进行细致的分析。不过，要运行一个完全细化的 CGE 模型比较困难，因此 CGE 模型还需要对部门进行方便的集结工作，这样就可以根据研究的需要重点考虑那些关键性部门。这意味着一般只需要 5~10 个特别关注的部门，而将其他部门集结成 5~10 个更大的部门。研究表明，在这种处理方式下，那些详细划分的部门之间的相互影响或效果与没有集结的情况相比没有大的变化。采用这种技术，研究人员如同拥有了一个"变焦透镜"，既可以总体掌握宏观的经济影响，又可以对具体关注的部门进行近距离分析。无论从研究成本，还是从保证这种分析方法的精确性来说，灵活的集结技术是一个非常有用的工具。

（二）CGE 模型建模过程

建立CGE模型的目的就是将瓦尔拉斯的一般均衡理论由一个抽象的形式变为关于现实经济的实际模型，并使之成为数值可计算的模型。它实际是用一组方程来描述市场间的供给、需求关系。在这组方程中，不仅商品和生产要素的数量均是变量，所有的价格（包括商品价格、要素资本回报）也都是变量。模型通过求解这一方程组，得到在各个市场供给与需求都达到数量均衡时的一组价格。CGE模型建模一般包括以下内容：①确定要分析的经济主体，简单的CGE模型只包括生产者和居民，而实用的 CGE 模型还要加上重要主体，如政府和国外机构；②设定主体的行为规则，如消费者的效用最大化原则、生产者的最大化利润或最小化成本的行为规则；③确定主体的决策信号，如模型中行为主体大多以价格作为决策的信号；按照经济制度的结构设定主体相互作用的规则，如在完全竞争中参与主体的零利润假设，如果存在垄断，则须知道垄断的产生和效果；④定义系统均衡条件[437]。下面以一个标准的单国开放型四部门经济循环运行说明如何将一般均衡理论应用于宏观经济并将其转化为 CGE 模型的建模过程。在四部门的经济循环中，经济主体包含居民、政府、企业和国外四个部门，所使用的要素仅包括资本和劳动力。假设居民为要素的禀赋者和商品的需求者，从要素供给中得到收入，并在收入的约束下，产生对商品的需求；企业则是生产要素的需求者和商品的供给者，在完全竞争市场上，企业的利润率为零，意味着企业将全部收入用于支付要素费用；政府作为经济调控者，通过税收形成收入来源，同时支付部分政府消费；国外通过净出口与企业发生往来，贸易顺差或赤字作为当地的外汇收入进行储蓄，居民储蓄、政府储蓄与外汇盈余（或逆差）形成总储蓄，最终转化为总投资。

在许多CGE模型中，企业生产一般都使用新古典生产函数，被表达为所使用要素的产出函数，即

$$X_i = f_i(A_i K_i^d L_i^d)$$

其中，X_i代表部门总产出；A_i为代表生产技术水平的参数；K_i，L_i分别代表企业

生产中所使用的资本和劳动力数量。

在 CGE 模型中，假设企业追求生产成本最小化（或对偶的利润最大化），这意味着企业将通过调整生产要素的组合，使其边际成本达到商品价格水平，即各种要素的边际替代率（marginal rate of substitution，MRS）等于各种要素的价格相对比。

$$\mathrm{MRS}_{KL} = \frac{R}{W}$$

由此可以得到劳动力和资本的最优生产条件下的最优使用量 L_i^d 和 K_i^d，分别为

$$L_i^d = f_i^l(RW), K_i^d = f_i^k(RW)$$

意味着企业的最优化生产中，对劳动力和资本的需求分别为各要素相对价格（W_i 为劳动力工资，R_i 为资本回报）的函数。

CGE 模型中的需求包括居民需求、政府需求和投资需求三个部分，它们分别是各自收入的支出函数。其中各自的收入分别为在生产过程中依据各自要素禀赋所获。居民收入为

$$Y^h = \sum_i \left[W_i L_i^d (1-t^h) + R_i K_i^d (1-t^k) \right]$$

其中，t^h 为居民所得的税率；t^k 为资本所得税率。同时政府收入为

$$\mathrm{GR} = \sum_i W_i L_i^d t^h + R_i K_i^d t^k$$

同时假设政府收入和居民收入中的一定份额比例用于储蓄，除去储蓄后，居民收入和政府收入分别用于支付消费。居民储蓄、政府储蓄再加上贸易盈余（或逆差）构成总储蓄。在新古典经济学中，总储蓄全部转化为投资，构成对商品的投资需求。因此各部分商品需求分别为

$$C_i^h = f_i^h P_1 \cdots \boldsymbol{P}_n (1-\mu_h^s Y_h)$$
$$C_i^g = f_i^g P_1 \cdots \boldsymbol{P}_n (1-\mu_h^g \mathrm{GR})$$
$$C_i^I = f_i^I P_1 \cdots \boldsymbol{P}_n I$$

其中，C_i^h, C_i^g, C_i^I 分别为居民消费、政府消费和投资需求，它们分别是各自收入与全部商品消费价格向量 $\boldsymbol{P}_n$ 的函数。

于是总的商品需求函数为

$$C_i^D = f_i^h \left(P_1 \cdots \boldsymbol{P}_n (1-\mu_h^s) Y_h \right) + f_i^g \left(P_1 \cdots \boldsymbol{P}_n (1-\mu_h^g) \mathrm{GR} \right) + f_i^I \left(P_1 \cdots \boldsymbol{P}_n I \right)$$

其中，C_i^D 为总商品需求。

在现实经济中，几乎不存在完全封闭的经济，所有的国家和地区都参与区外的经济活动。在开放型的 CGE 模型中，对外贸易需要确定包括进、出口商品的

供给与需求。CGE 模型中一般采用小国假设来刻画对国际的贸易，因此国际市场价格为外生设定。国际贸易理论中的小国假设是指：一国占世界市场的份额非常小，且该国的消费者并不因来源地不同而区分商品，只能是价格接受者，而不能影响贸易条件。小国假设隐含着国际贸易条件固定和国内可贸易品的价格刚性地与进口价格相联系。若将小国假设理解为需要使经关税调整后的可贸易品的国内价格和世界价格相等，那么小国假设就与阿明顿假设不相容。若将小国假理解为一国的进口品和出口品的世界价格固定而引致该国的贸易条件固定，那么这种弱式小国假设就与阿明顿假设相容。若进口的世界价格外生且固定，且出口的世界价格外生，则小国假设在贸易条件固定的意义上成立。

国外对出口商品的需求，以及居民对进口商品的需求是依据商品的国内价格与国际市场价格进行确定，即出口商品及进口商品需求均为商品的国内价格与国际价格的函数：

$$E_i^{d*} = f_i^{ed}\left(P_i^d \overline{P}_i^w\right), M_i^* = f_i^m\left(P_i^d \overline{P}_i^w\right)$$

其中，E_i^d 和 M_i 分别为商品出口需求和进口需求；P_i^d 和 P_i^w 分别为商品的国内市场价格和外生的国际市场价格。

CGE 模型中一般假设出口供给商品均为国内产出，它实际也是商品的国内市场价格与国际市场价格之间的函数，即

$$E_i^S = f_i^{es}\left(P_i^d \overline{P}_i^w X_i\right)$$

国内产出除去对外出口外，剩余的为对国内供给部分，它实际也是商品的国内价格、国际市场价格与总产出之间的函数，即

$$X_i^d = X_i - E_i^S = f_i^{es}\left(P_i^d \overline{P}_i^w X_i\right)$$

于是国内商品的总供给 C_i^S 为进口商品及产出国内供给之和，即

$$C_i^S = X_i^d + M_i$$

市场均衡包括商品市场均衡、要素市场均衡及贸易均衡。下述四个均衡方程分别决定模型中商品和要素市场均衡价格，P_i，P_i^d，R_i，W_i：

$$C_i^D = C_i^S, E_i^S = E_i^d, \sum_i L_i^d = \overline{L}^S, \sum_i K_i^d = \overline{K}^S$$

其中，$\overline{L}^S$ 和 $\overline{K}^S$ 分别为社会总劳动力供给和总资本存量。

除了均衡方程之外，四部门模型中的贸易平衡和储蓄投资均衡还意味着以下闭合方程，即

$$S = \left(1 - \mu_h^S Y_h + 1 - \mu_g^S\right)\mathrm{GR} + S^f$$
$$I = S$$
$$S^f = \sum_i \left(\overline{P}_i^w M_i^d - \overline{P}_i^w E_i^d\right)$$

其中，S 和 I 分别为总储蓄和总投资；S^f 为外汇结余。

CGE 模型主要运用于贸易政策、财政政策、收入分配、环境保护、能源问题和金融危机的影响分析，CGE 模型保留了 I-O（input-output）模型监测系统扰动在经济中引发的变化和反应产业部门之间的关联性等优势，但是不存在 I-O 模型在间接经济损失评估中的诸多局限性，如 CGE 模型允许价格响应、消费者偏好的变化、投入替代和进口替代，以及分解的机构账户等。CGE 模型从瓦尔拉斯一般均衡理论出发，用于模拟现实的经济结构和经济运行，即市场经济中生产者、消费者、政府和世界其他地区（rest of the world，ROW）等行为主体在满足各自约束条件的情况下，同时达到最优化行为，并使得各个市场同时达到均衡状态。相对于传统 I-O 模型和计量经济模型，CGE 模型更适合用于检验当经济受到外部冲击而偏离其历史情境时的响应行为，因此，CGE 模型非常适合分析自然灾害经济影响和损失评估问题，一样可以应用于灾害后应对政策模拟分析，将在下一节进行详细介绍。

（三）DR-CGE 模型

DR-CGE 模型，是一般均衡理论在灾害社会风险应对发展中的具体应用。它的基本思想、基本结构等都与一般的 CGE 模型类似。但实际分析具体应对政策时，会对前面标准 CGE 模型做一些变化：①将上述抽象的函数形式采用更为具体的函数形式，以表达满足不同经济主体在经济生产、消费和投资等微观假设中的行为，从而为自然灾害影响和政策响应分析提供一个很好的框架。②灾害的间接经济损失可以通过诊断灾害发生前后两个均衡状态下经济变量的变化来估算损失，经济变量包括就业、生产力水平、福利和相对价格等。

1. 政策评价思路

进行灾害社会风险应对，必须尽快构建完善的灾害社会风险应对政策支持体系，政策支持体系是直接引导企业、调控市场的重要手段。综合运用财政税收、信贷投资、价格等政策，可以有效调节和影响市场主体的行为，形成包括企业在内的全体社会成员自觉节约资源和保护环境的机制和氛围。发展灾害社会风险应对需要有力的政策支持，灾害社会风险应对在相当一个时期都将是政策性产业，需要适宜的政策培育环境，才能吸引社会资金，形成良性循环。因此，目前迫切需要政府完善各项政策机制，通过财政、税收、价格、金融等方面的优惠政策，形成有效的激励机制，从税收、投资政策等方面加大对发展灾害社会风险应对的支持力度，促进灾害社会风险应对发展。

借助数学模型等工具可以对灾害社会风险应对政策进行模拟分析，从而实现对其实施效果的综合评价。政策模拟包括确定问题、设计实验、收集数据、整理模型、求解计算、分析结果等步骤，其流程如图9-6所示。

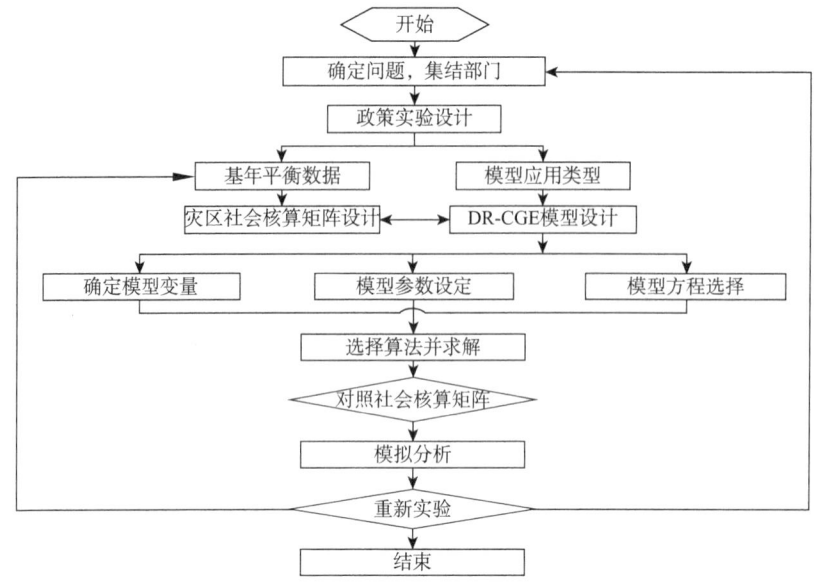

图 9-6　灾后政策应对模拟流程图

2. 灾区经济结构分析

在经济全球化的推动下，世界上多数地区的经济是开放和相互联系的，本书将所研究的受地震灾害破坏的区域定义为灾区，灾区范围之外的非灾区为 ROW，并且假设灾区为开放的小型经济，即满足国际贸易理论中的"小国假设"，则灾区的产品在国际市场上所占的份额相当小，从而不对国际市场的产品价格产生影响，仅为价格的接受者，不影响贸易条件，该区域的进口（调入）和出口（调出）都不受限制。此外，假设无论是商品市场还是要素市场都是完全竞争的，则所有商品和要素的价格，都能够充分灵活地加以调整，从而使供给和需求在任何时点都可以达到均衡。

在开放经济中，生产者的产出决策还要受到进出口贸易的影响。生产者需要根据所生产商品的国内价格和国际价格的相对水平，决定国内生产活动的总产出在国内销售和出口之间的分配比例，从而实现利润最大化。而在完全竞争市场和规模报酬不变的假设条件下，生产者的总产出不能由其自身决定，而是由均衡条件决定。在均衡条件下，商品的供给等于需求，即商品市场出清。

灾区经济包含企业、居民、政府和 ROW 四个经济主体，各主体通过商品市场和要素市场相关联，作为中间投入的生产要素仅包括劳动力和资本，市场是完全竞争的，各主体在经济系统中的行为描述如下。

企业具有商品生产者和商品贸易者的双重身份，即将生产活动和商品贸易分离，这种设置便于分别对要素市场和商品市场进行描述。企业的总产出一部分用于出口，另一部分销售到国内商品市场的产品与进口的商品共同构成国内商品市场的总商品；总商品一部分用于满足中间需求投入企业的生产活动中，另一部分为满足最终需求用于居民消费、政府消费和投资。从供需的角度来看，企业一方面作为供给方，为国内商品市场供应商品和向区外输出商品，另一方面作为需求方，通过要素市场购买劳动和资本要素，企业作为生产者是追求利润最大化或成本最小化的。此外，在完全竞争市场中，零利润假设意味着企业销售商品的全部收入都用于支付要素报酬。

居民既是生产要素的供给方又是商品消费的需求方，通过劳动力和资本要素的禀赋及政府的转移支付获得收入，并在预算约束下，对商品进行消费，追求效用最大化。

政府作为市场的管理者和经济的调控者，通过对居民和企业征收所得税和要素增值税、对生产活动征收生产税而获得收入。本书假设进出口贸易在灾区和非灾区之间进行，进出口关税的含义发生改变，为了研究的简化可行，本书假设不存在进出口关税，同时政府在商品市场进行商品消费和对居民进行转移支付。

假定所研究的受灾区域并非一个国家，因而 ROW 所包含的地区为从受灾区域之外中国范围内和中国之外世界范围内的所有区域，ROW 通过进出口贸易参与到灾区企业的生产活动和灾区的商品贸易。进口和出口具体是指商品的调入与调出，贸易顺差或赤字形成的收入构成灾区外储蓄。在以上经济主体行为的基础上，政府的税收收入和居民的要素收入中的一部分作为公共储蓄和私人储蓄，连同灾区外储蓄一起形成总储蓄，最后转化为投资。最终，各经济主体和整个经济系统的供给和需求分别达到均衡。

3. 灾情下的宏观闭合规则选择

闭合的基本含义是指，求解一个模型所需要确定的外生变量及其赋值，选择不同的外生变量或者闭合规则将反映不同的要素市场和宏观行为假设。CGE 模型的宏观闭合规则大体分为四种：新古典主义闭合、凯恩斯闭合、约翰森闭合和卡尔多闭合（或称新凯恩斯闭合）。不同的宏观闭合规则是经济系统中不同的内生变量和外生变量选择的组合，在开放经济中的 CGE 模型宏观闭合，主要围绕政府收支平衡、国际收支平衡和储蓄投资平衡三方面，根据不同的经济理论对内生变量和外生变量进行设置，通过增加变量或删减若干方程来闭合模型。

就政府收支平衡而言，四种闭合规则中政府收支平衡均存在两种可选择的闭合，政府的储蓄等于政府收入和支出之差，当政府的储蓄为可变的内生变量时，其税率要外生给定；当政府的储蓄为外生给定时，其税率要设置为内生变量。无论何种情况，政府的支出都是外生给定的，由储蓄投资平衡决定。

关于国际收支平衡，可以在浮动汇率和固定汇率两种汇率体制中选择闭合规则，当采用浮动汇率制闭合时，国际收支保持平衡，并且由汇率的调节来实现，此时，国外净储蓄为零；当采用固定汇率制闭合时，汇率是固定的，外汇收支一般不平衡，表现为赤字或者盈余，要通过国外净储蓄的调节来达到平衡。

从储蓄投资平衡来看，新古典主义闭合假设投资是内生的，储蓄是外生的，投资与储蓄的均衡是由模型外储蓄率的调节来实现平衡的。在新古典主义闭合中，要素禀赋是充分就业的，要素价格为内生变化的，此时，投资由私人储蓄决定，因而经济是靠储蓄来推动的，故称为储蓄驱动（savings-driven）型。相反，约翰森闭合假设储蓄是内生的，投资是外生的，由储蓄率的调整来达到储蓄和投资的平衡，政府支出为内生变量，从而有政府收支平衡。储蓄是由投资决定的，投资推动经济，故称为投资驱动（investment-driven）型；卡尔多闭合假设投资是外生的，同时政府支出也是外生给定的，因而就只能牺牲生产要素的优化条件。卡尔多闭合否认实际工资是由劳动的边际生产率决定的，而是通过名义工资的调整实现储蓄和投资平衡的。

上述三种闭合规则都假设要素是充分就业的，而与之不同的是凯恩斯闭合。按照凯恩斯理论，在宏观经济萧条的情况下，存在劳动力失业和资本闲置，导致生产要素的供应量不受限制，要素的供应是由需求来决定的内生变量，而要素的价格是固定的，假设投资是外生给定的，则就业的变化使得储蓄和投资达到平衡。以凯恩斯理论为基础的系统闭合称为凯恩斯闭合。

在灾害发生后不久，就劳动力市场而言，现实的情况是尽管由于灾害破坏的影响，生产中使用的劳动力数量急剧下降，但是劳动力不会被解雇，并且工资水平不会发生变化。由此看来，灾害情境下闭合规则的选择着重考虑要素市场的闭合条件。而上述四种闭合规则都不能完全模拟灾害情境下劳动力市场的现实情况，其中新古典主义闭合和约翰森闭合均假设劳动力充分就业，工资为内生变化的，而卡尔多闭合则放弃了生产要素的优化条件。凯恩斯闭合假设劳动力非充分就业但要素价格是固定的，综合比较而言，凯恩斯闭合更加接近灾害情境下的现实经济情况，因而这里选择凯恩斯闭合作为要素市场的闭合规则。

4. DR-CGE 模型的特点

与一般的 CGE 模型相比，DR-CGE 模型有以下特点：①应用问题具体。DR-CGE 模型主要用于研究灾害社会风险应对。它对一个国家或地区发展灾害社会风险应对的政策进行模拟，从而提出更有利于该国家或地区发展灾害社会风险应对的措施，因此其目标更明确、部门集结更具体。②模型规模较小。DR-CGE模型由于其研究问题更具体，涉及范围一般较小，因此模型中描述具体经济和社会活动的原始方程数量减少、规模变小。③参数设置灵活。DR-CGE模型研究具体的灾害社会风险应对问题，针对相关的其他问题变量引入相应的外生变量来刻画，从而使模型中的参数设置相对灵活。④数据数量较少。DR-CGE模型更多研究的是一个地区的灾害社会风险应对问题，相比较一般的CGE模型而言，它涉及的行业、部门较少，且各行业、部门的相关活动设计较少，因此它所需数据数量比一般的CGE模型更少。

5. DR-CGE模型的基本结构

CGE模型通过方程组描述在约束条件的限制下，参与市场活动的经济主体追求行为最优化选择，并求解各个市场同时达到均衡状态时的价格和数量的均衡解。因此，不同的CGE模型之间重要区别就在于，根据不同的研究目的和内容，基于不同的经济理论基础，构建模型结构，选取方程和数据基础，对经济系统内部各经济主体的行为进行描述。本节将参照标准CGE模型的结构框架，重新设置能够反映灾害紧急情境下的宏观闭合，并且添加参数、变量以与直接损失连接，构建适用于灾害间接经济损失评估的DR-CGE模型。

1）DR-CGE模型尺度

自然灾害通常发生在一个省或者一个区域，全国性的自然灾害几乎没有，因此在构建评估灾害经济冲击的DR-CGE模型时，需要将全国CGE模型降尺度为省级CGE模型。此时，需要做两方面的改进：第一，区分中央政府和省级政府。中央政府收入包括关税、直接税和间接税。省级政府收入包括直接税和间接税。在支出方面，中央政府和省级政府之间存在着转移支付。地方政府还存在对居民的转移支付。第二，区分国际贸易和省际贸易。国际贸易和省际贸易都是扩大一省市场规模和深化分工的重要源泉，国际贸易有较好的统计数据及相关的研究经验，但省际贸易缺乏直接的数据支持。因此，它们的CGE模型贸易结构是有区别的。

2）灾后经济评估模块

用DR-CGE模型评估环境灾害的经济影响，需要刻画环境灾害对经济系统的触发与冲击机制。不同的机构，对环境灾害直接损失的定义、指标、评估方法有所差别，并且CGE模型是专门的宏观经济模型，不一定包含与环境灾害直接损失一一对应的参数或者变量，因此需要在自然灾害的直接经济损失与模型的参数和变量之间构建一个桥梁，使得DR-CGE模型能够评估环境灾害冲击经济系统后造成的产业关联损失，以及GDP、就业、税收、消费者物价指数（consumer price index，CPI）等宏观经济指标如何变化。例如，地震之后，民政部门、保险公司评估的交通业的直接损失指道路、桥梁等破坏之后的重置成本。针对这类情况，在模型中的宏观闭合模块，灾前情境设定每个产业部门的资本存量都固定不变，灾后情境设定道路、桥梁等的重置成本通过交通行业资本存量发生变化刻画。图 9-7 说明了如何将一般均衡理论应用于灾后风险应对并将其转化为 DR-CGE 模型的建模过程。

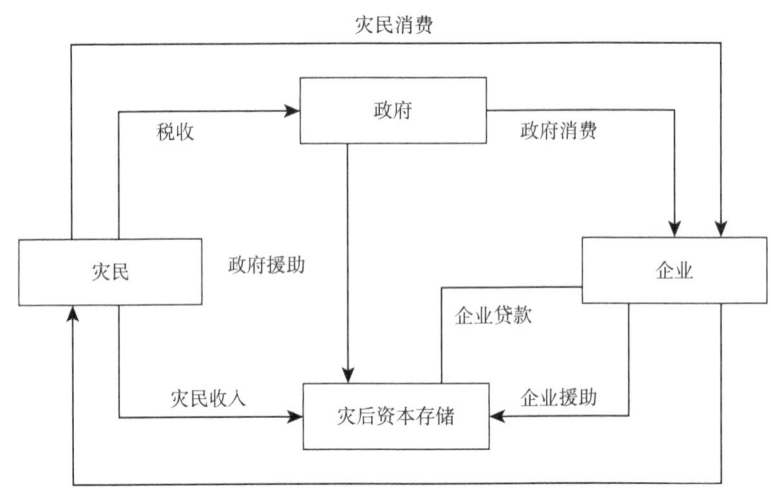

图 9-7　DR-CGE 模型四部门灾害风险应对

3）灾区生产活动模块

在生产活动模块中，对灾区的生产活动和商品加以区分，这种设置便于描述多重生产活动到多重商品的交叉状况，如一种生产活动可以生产一种或多种商品。由于假设灾区以外的地区为 ROW，进出口具体指非灾区向灾区的商品调入和灾区向非灾区的商品调出。在生产活动层面，选用了两层嵌套生产函数，第一层使用常替代弹性（constant elasticity of substitution，CES）生产函数，描述中间投入和价值增值的不完全替代关系；第二层分别选用了 CES 生产函数来描述劳动要素与资本要素作为价值增值投入的不完全替代关系和传统的里昂惕夫（Leontief）生产函数（又称固定投入比例生产函数）来描述生产某种产品的总中间投入需要其他产品作为中间投入的固定投入比例关系。

4）DR-CGE 模型主体机构模块

模型中的主体机构包括企业、居民、政府和 ROW，方程主要是描述各主体机构的收入来源和支出去向，描述企业、居民、政府和 ROW 等主体机构对商品的需求，即各主体机构的收入、支出、储蓄/投资和相互间的转移支付。企业具有商品供应方和需求方的双重身份，ROW 的行为只包括通过调入和调出与灾区发生贸易往来，而没有区外机构对企业、居民和政府的转移支付等，因而仅在生产和贸易模块及系统约束模块中体现其作用，主体机构模块仅包括对企业、居民和政府行为的描述。

5）DR-CGE 模型约束模块

系统约束模块包含各种模型均衡的条件，市场出清包括商品市场出清和要素市场出清，收支平衡包括政府收支平衡、国际收支平衡和储蓄投资平衡。

商品市场出清是指各产业部门的总供给等于总需求，即灾区商品市场上供应的商品数量等于中间使用、居民消费、投资和政府消费的商品数量的总和。要素市场的出清指劳动力和资本的总供给等于总需求。如果在要素市场上，要素供给大于需求，则必然会出现失业或者资本闲置。而 DR-CGE 模型中的要素市场出清是指包含失业和资本闲置在内的广义均衡。根据凯恩斯闭合规则更加贴近灾害情境下的灾区经济情况，凯恩斯闭合假设要素价格可变，允许劳动力失业和资本闲置，劳动和资本要素的供给具有弹性，要素实际供应量为由要素需求量决定的内生变量。

6. 灾区社会核算矩阵的基本结构

为评估灾后经济，还必须构建与 DR-CGE 模型结构相符的一致性基准数据集——社会核算矩阵（social accounting matrix，SAM）。社会核算矩阵可用于当一个项目或一些项目发生外生变动时，导致的经济系统变化的连锁反应，因此可以用来研究自然灾害发生后对经济系统各活动主体的影响。灾区描述性社会核算矩阵的基本结构共划分了 8 个主要的账户，包括活动、商品、要素（劳动和资本）、企业、居民、政府、储蓄-投资和 ROW。

活动和商品账户。社会核算矩阵中的"活动"是指产业部门的生产活动，其数值是按出厂价格计算的，而"商品"是指在市场上销售的商品，是按市场价格计算的。活动和商品账户分别反映灾区生产活动的投入与产出和灾区商品市场的供给与需求。

要素账户包括劳动和资本两种生产要素，反映了生产要素的投入和收益分配。

机构部门账户包含四个经济主体，企业、居民、政府和 ROW，企业、居民和政府账户分别反映了各经济主体的收入来源和支出情况，ROW 账户反映了灾区对外的经济贸易联系，区外净储蓄为国际收支平衡的余数。

储蓄-投资账户反映了固定资本的形成和储蓄来源。在震前灾区经济的均衡状态下，社会核算矩阵中账户的平衡意味着：总投入等于总产出，总供给等于总需求和各经济主体的收入等于支出（包括转移支付、税和储蓄）。不难看出，社会核算矩阵的账户平衡还包含政府收支平衡、国际收支平衡和储蓄投资平衡三个重要的宏观经济平衡关系。这些平衡关系与 DR-CGE 模型所描述的宏观经济结构和运行相一致,因而,社会核算矩阵的数据特性恰好满足 DR-CGE 模型对数据的要求。

7. 灾区社会核算矩阵平衡技术的选择

社会核算矩阵也要遵循国民经济核算的借贷平衡原则,而在构建灾区社会核算矩阵的过程中,数据来源的不同造成账户之间的不平衡,需要采用必要的数值计算方法使得社会核算矩阵平衡。在社会核算矩阵调平的过程中,根据经济理论和对经济实际情况的了解等经验判断来确定数据是必不可少的,在此基础上,依靠数值计算方法来消除剩余的误差。平衡社会核算矩阵最常用的方法包括双比例尺度方法(又称 RAS 方法)和交叉熵(cross entropy,CE)方法。RAS 方法是由英国著名经济学家 Stone 及其助手在 20 世纪 60 年代提出的,逐渐被广泛应用于其他的矩阵平衡处理之中。RAS 方法的基本原理是在已知行列目标总值的情况下,根据现有总值和目标总值的比例关系,反复迭代使得矩阵行列总值不断逼近直至达到目标总值。

RAS 方法的优点在于仅应用简单的迭代过程即可求解,且在交易矩阵或列系数矩阵的初始估计数据不太缺乏的情况下,必有唯一解。但是 RAS 方法要求社会核算矩阵的行和列目标总值必须固定,不能根据已知信息对社会核算矩阵中的部门数据做更新和调整的处理。此外,RAS 方法是单纯运用数学技术对社会核算矩阵调平,其假设逻辑缺乏经济学理论基础,因而会影响社会核算矩阵数据信息的准确性。

CE 方法最早是基于 Shannon 的信息论而提出的,Robinson 等将 CE 方法应用于社会核算矩阵的平衡,随后 CE 方法在实现社会核算矩阵的更新与平衡中得到广泛应用。CE 方法的核心思想是将新增数据信息嵌入社会核算矩阵中,并通过最小化 Kullback 和 Leibler 提出的交叉熵测度值,找到一个与初始的非平衡社会核算矩阵尽可能接近的新的平衡的社会核算矩阵。McDougall 的研究表明,列系数交叉熵的加权和最大化同 RAS 方法本质上是一样的,其权重就是行(列)的合计值,RAS 方法可以看作 CE 方法的一个特例,两种方法只不过是对行系数和列系数做了对称处理而已。RAS 方法侧重于保持社会核算矩阵系数本身价值流结构的一致性,即基于社会核算矩阵中的交易量进行调平,而 CE 方法更侧重于保持社会核算矩阵系数结构的一致性,即基于社会核算矩阵标准化后的列系数矩阵进行调平。两种方法相比较而言,虽然 RAS 方法操作简单,但从适用范围来看,CE 方法还可以根据先验信息对个别数据或者总值灵活处理,即除了能固定可靠的行列总值信息外,还能固定社会核算矩阵中任一可靠的元素值。

（四）治理政策启示

这一小节将总结 DR-CGE 模型对灾害社会风险治理的政策启示。

1. 社会冲突风险应对

灾害所造成的多重破坏，打乱了人们日常的社会生活和社会交往，也给灾区的广大居民造成了不同程度的精神和心理伤害，其中最重要的社会影响如下：以往的社会关系、社会秩序及社会认知等结构，因灾害及其次生灾害造成的影响而出现结构性改变，乃至部分解构，极容易引发社会冲突。

辩证地看待社会冲突，理智地谋求冲突问题的解决，努力将冲突的正功能发挥出来，尽最大可能抑制其负功能，进而将冲突变为促进社会合作、推动社会和谐的动力，对维护礼会稳定、促进社会和谐发展意义深远。针对中国经济、政治和文化领域的各种冲突，结合西方现代社会冲突理论的优点，本节提出如下解决对策。

1）原有资源分配冲突应对

灾害的发生会导致供给下降、需求增加和资源分配不均等现象，资源稀缺并不直接导致冲突，但是容易引发社会冲突的一些政治和社会因素与资源稀缺相关，这也是灾害引发社会冲突的理论条件。

灾害发生后原有资源常常是导致整个灾区及个人之间发生冲突矛盾的直接起因。灾区内原有资源在不同使用团体之间进行分配时引起的矛盾就构成了前面所述的利益冲突。团体和团体之间、团体和个人之间、个人和个人之间的原有资源冲突往往逐步升级为暴力，甚至发生大规模争斗。在中国，一些灾害事件的实际状况正好体现了灾后原有资源逐渐稀缺趋势和在不同团体间、个体间不合理分配必然导致的冲突矛盾。

从前面的分析可知，目前灾害发生后原有资源分配实际上是一个利益分配问题。由于不管是从受灾程度还是从行政区划来对原有资源进行分配，原有资源分配都必然是在多个参与人之间进行的，因此具有典型的多人对策的特征。

由于灾害发生后，原有资源管理机构往往更关心全灾区利益最优和生态环境保护问题，而各片区往往只追求该片区效益的最大化，因此需要考虑如何才能有效地使各片区管理部门在追求自身利益的同时也达到全灾区原有资源有效配置的目标。经过分析，得到如下结论：在目前的灾害发生后，原有资源分配使用过程中还没有建立起一种全灾区的利益分配机制；它可以通过市场宏观调控和微观调节两种方式来对全灾区的利益进行分配调节，最终使得全灾区的原有资源得到有效配置。

2）灾后卫生资源分配冲突应对

灾害的发生，各族人民都深受其害，给人民群众带来了巨大的经济和生命健康损失。随着各种突发灾害事件的频发，各国学者对突发灾害事件应急医学救援、卫生应急等研究不断深入，灾害包括突发灾害，其卫生应急管理工作也日益受到各级政府、卫生部门、应急专家和学者的重视。中国突发灾害事件卫生应急管理方面的研究起步较晚，对灾害的卫生应急更是缺乏系统性研究。近年来，各种突发灾害事件频发，灾后卫生资源的分配不当导致了很多不必要的损失。

灾害发生后，充分利用有限的卫生资源，合理有效地配置卫生资源，是对灾区人民的生命健康安全的切实保障，是加强卫生监督体系建设的重要内容。为此提出以下应对建议：强化政府职能，制定完善卫生监督资源配置标准；深化卫生监督体制改革，建立健全卫生监督体系；加强卫生监督队伍建设，不断提高卫生监督队伍素质；优化资源配置，加大卫生监督投入；加强卫生监督机构技术支持能力和基础设施建设，不断提高卫生执法水平和技术含量；依法履行卫生监督职能，把卫生监督事业做大做强。

3）灾后救助物资分配冲突应对

自然灾害的发生，往往会造成重大的人员伤亡和财产损失，根据国家和各省（区、市）《自然灾害救助应急预案》，灾害发生后各级政府须在第一时间成立救灾应急指挥部门，负责整个救灾工作的组织、领导、协调和沟通，了解灾情信息，展开灾后应急救助工作，尤其是应急物资的分配发放。

灾害发生后，大量灾民无家可归，急需食物、饮用水和临时住所等救灾物资，而灾害发生初期又往往面临应急救灾物资不足、灾区真实需求信息难以掌握等状况，所以在地震发生后如何及时、有效、合理地把有限的救灾物资分配到各个灾区，成为应急救灾管理部门非常关心的问题。救助物质的有限性，必然导致救助物资分配的冲突发生。

针对救灾物资不足以满足灾区需求的情况，政府部门应以公平的原则来对救助物资进行合理有效的分配，尽可能最大化配置救助物资。另外，任何国家或地区在面临灾害时，政府一般都在救灾工作中起主导作用，但政府并非万能，尤其在各种自然灾害面前，仅仅依靠政府的力量是远远不够的，而NGO由于其公益性、非营利性的特点，可以利用自身独特的优势和资源成为救灾工作中一支不可或缺的力量。通过政府与NGO的有效合作，统筹双方物资，统一科学、合理地分配。

4）政府与社会组织合作治理社会冲突应对

社会组织的非官方性较之公共部门更具亲和力，更能深入基层了解民意，为不同的利益群体架设沟通的桥梁。随着社会组织介入社会冲突的治理过程，各个利益群体之间所掌握的信息更加对称。社会组织需要客观、及时地向冲突双方反馈信息，使不同群体之间能够了解到彼此的诉求和困难，相应地提升冲突双方彼此的关注程度，从而使得冲突双方在策略的选择上由"对抗策略"或"漠视策略"转变为"问题解决策略"或"让步策略"。冲突的双方选择"问题解决策略"是社会福利最大化的选项，但往往也是最困难的选项，很多冲突是无法寻找到一个使冲突双方都满意的解决办法的。如果在社会组织的斡旋下能够找到双赢的解决办法，那么冲突自然会得到消解；如果不能实现双赢，则退而求其次选择"让步策略"，即冲突双方各自让渡出一部分利益从而达到一种相互的妥协，这是冲突消解的次优解，相对实施起来的可行性较高。

当大型自然灾害发生后冲突爆发时，尽管政府是治理的绝对主力，但由于事发突然，时间紧、任务重，也需要与民间力量尤其是社会组织合作。因此，政府与社会组织合作治理冲突成为必然。信任是合作的基础，应该加强各级政府与社会组织之间的合作关系，增进彼此的合作能力和相互信任。政府部门应该加强与社会组织在日常的工作中的联系与合作，增进双方的默契，提高双方的合作能力。在灾后冲突治理中做到互相信任、互相支持，形成灾后冲突治理中的多元管理模式。

2. 社会失序风险应对

社会秩序的恢复与重建是危机管理的头等要务，必须加强突发危机中的社会秩序管理，采用多种方式有效地监测与预警、临时应急、恢复与重建社会秩序，最终达到成功应对危机的目标。

政府及时、有效、全程干预社会秩序，有效化解社会失序造成的合法性危机，维持了社会秩序现有的权力结构，并保障了权力的运行。在这个意义上，社会秩序本质上是社会所有成员对政府控制下的秩序的承认。这种承认可以是强制实现的，也可以是自愿实现的；可以是通过服从规则或法律实现的，也可以是通过认同理念或价值完成的。而政府也积极主动地维持现有秩序，通过不同方式来证明自己主导地位的合法性。失去了秩序也意味着主导地位的丧失，所以政府的权威和信任度是社会秩序的核心。一旦政府没有采取有效方式维持社会秩序，那么政府的合法性就会产生危机，进而引起人们对现有抵御危机的政府的不信任、不服从，最终导致人类再次陷入依靠个体自存力量来抵抗自然危机和人为危机的绝境。因此，在任何性质的危机中，在危机演化的任何阶段，作为社会秩序核心的政府都必须及时、有效地干预、维护社会秩序。

加强危机潜伏、引发阶段的社会秩序监测和预警，及时修补现有秩序的防御功能在危机潜伏和引发阶段社会出现的局部性失序现象，如部分社会成员的生命受到威胁，部分社会成员的工作秩序打乱，维系生存的生命线工程水、电、气等局部受到破坏，交通发生局部堵塞等，这些都是危机即将爆发的前奏。此时危机已经开始对原本建立在稳定的基础上的社会秩序防御系统进行破坏，但尚未达到使其彻底失灵的境地，必须加强对危机潜伏阶段、引发阶段的社会秩序的监测和预警，及时采取措施修补，尽量将危机化解在原有的社会秩序防御范围内。应对高危突发事件最有效的路径应该如下：以制度推进预防，以预防化解高危。因此，应当将危机潜伏、引发阶段的社会秩序监测和预警制度化，将其纳入正常的反映和指导渠道，使各种秩序监测、应对能够在第一时间内随危机的变化而启动，并能常规化和制度化的运转，缩短主生危机作用于社会的时间，防止主生危机衍生出社会危机。

提高危机爆发、持续阶段的新秩序建构能力，发挥新秩序的应急功能。当危机进入全面爆发、持续阶段时，维系社会结构、调整人与人之间关系的部分规范、规则、制度已经无法得到正常的遵守和维护，这就意味着现存的社会秩序已经无法抵御日益增强的危机因素，人类必须重新估量生存危机，重新确立一种秩序来抵御仍在动态运转的生存危机。新秩序的临时建构必须以秩序为核心，政府的权威和公信作保证。这些临时措施、临时政策、临时规范的出台，实际上就是在建构一种临时应对这些危机的新秩序，重新把人类的力量集合在一起，共同对付日益增强的自然危机或人为危机，从而免除人类由于现有秩序失灵而被迫以单个个体的自存力量来应对危机的状态。

加强危机善后阶段社会秩序的恢复和重构，重新发挥社会秩序的长久保障功能，突发性破坏人类现存社会秩序的自然危机或人为危机最终会消失或走向平稳，人类也终将回到正常的秩序轨道上，这个时候所面临的重大问题是应该恢复原来的社会秩序，还是应该重新建构一种新秩序。如果秩序存在的条件没有发生根本变化，那么能够恢复的秩序就尽量考虑到人类的惯性将其恢复；如果秩序存在的条件已经发生根本变化，那么就应该尽快重新建构一种新秩序。危机善后阶段的社会秩序重构不同于危机全面爆发、持续阶段的重新建构，它必须建立在社会惯性价值观基础之上，必须与原有的社会文化相契合。也就是说，危机善后阶段的秩序重构必须以社会成员的自愿认可、服从为基础，而不是依靠国家权力、暴力来强制实行，这一点是区别于危机潜伏期、爆发期和发展期的临时秩序的。

3. 社会失稳风险应对

灾后社会稳定风险源于自然环境的不确定性，主要表现为自然灾害，如旱灾、洪灾、冰灾、地震、海啸、环境污染、生物灾害和森林草原灾害等引发的社会风险。历史上不乏这样的先例：巨灾之下，生命财产损失惨痛，受灾人群心理重创，而应灾不力、处置不当，进一步使灾难衍生扩散，甚至导致社会失稳，酿成更大的灾难。这些问题不断累积导致社会矛盾骤增，犹如在社会中积累过多的"燃烧物质"，一旦有导火索，社会稳定风险就很容易以社会冲突的形式表现出来。

社会稳定风险也意味着社会不稳定的可能性但不是现实性,在爆发之前社会稳定风险以隐蔽的方式酝酿、累积和扩散,人们很难正面识别,往往累积到快要爆发时才被发现,如分配两极分化所引发的公共风险是在人类历史上各种破坏后果反复出现之后才被社会所认识。由于人们对社会稳定风险知之甚少甚至全然无知,而且无法通过现有的保险手段来规避它,社会稳定风险就在不知不觉中酝酿成灾,往往以突发事件的方式表现出来,一旦爆发则可能引起严重的后果,完全超乎预期。

在风险社会中,由于全球化和信息化的作用,社会稳定风险的扩散性或传染性日益增强。首先,社会稳定风险逐渐脱离了地域和国界的限制,向全球范围扩散;其次,网络技术的发展使社会动员效应大大增强;最后,社会稳定风险不仅在利益相关者间扩散,而且由于仇官、仇警、仇富等负面社会情绪的作用,还会扩散到非利益关联者,爆发泄愤群体性事件。这说明必须对社会稳定风险进行防控,否则极易扩散而引致更严重的社会冲突,甚至爆发社会危机和社会动乱。

社会稳定,是和谐社会构建的逻辑内容,也是和谐社会建设的基本要求和价值追求的目标之一,同时也是其存在和表现的一种普遍状态。灾害破坏了和谐,打破原来的均衡状态,使灾区系统失衡,包括社会生活、区域经济、行政管理、生态环境、法律政策等系统的失衡。因此,控制灾区的不稳因素、实现灾区社会稳定团结是构建和谐社会的必然要求。

1)重视灾后舆情的监控与疏导

灾害事故在牵动亿万人心的同时,更是将媒体及人们的目光聚焦在由灾害事故引发的一系列问题上,其中政府在救灾中及灾害后的作为情况更是成为民众和舆论关注的焦点,以网络媒体为代表的新媒体上形成了颇具规模的舆情。但是这种舆情往往是一把双刃剑,利用得当,凝聚民心,若引导不利,小则会影响公众情绪,大则引发混乱甚至动荡。如果对网络舆情进行有效的感知和察觉,并在此基础上积极有效地进行引导,对于争取应对事故灾难、提升政府部门公信力、维护公众利益和社会稳定等方面都具有重大意义。

2)强化公众参与灾后重建的积极性

公众参与是社会主义民主政治建设的重要内容,让公众成为灾区社会建设和管理的主体是化解社会矛盾、构建和谐社会的内在要求。公众参与水平的高低直接反映了灾区政府对"以人为本"执政理念的贯彻深度。公众既是抗震救灾的主体,更是灾后重建的主体。灾后重建中只有充分发挥灾区群众的主体作用,才能释放出巨大的重建激情,缓解社会矛盾。

在恢复重建过程中,灾区政府应动员广大社会公众积极参与,做到群智、群策、群力。正是灾区城乡群众积极参与重建的主人翁精神和实际行动,才有了灾区重建实效和良好局面。在政策制定、规划编制、建设管理等方面，政府应依法保障公众知情权、参与权、表达权、监督权。完善公众参与机制，使公民有更多的参与机会、参与渠道，将极大地激发公众参与的政治热情，增强公众的民主意识、参政议政能力，还可以促进政府与公众之间的沟通，制定的公共政策更有利于社会公众的利益，更有利于维护社会的稳定。

3）完善公众参与灾后重建的相关政策

受灾民众要参与到灾后重建中，首要是从制度上给予保障。中国目前对于公众如何参与灾后重建尚未纳入法律和制度化轨道，对于公民参与的权利和责任也没有比较清晰和明确的法律规定和保障。面对目前灾后重建公众参与缺位的现状，建立制度化的公民参与机制迫在眉睫。因此，要对是否需要公民参与灾后重建，参与的主体范围、程序、方式及对参与权的监督和制约等做出具体而细致的规定，使公众的参与权落到实处。政府应建立健全公众参与的具体制度，明确规定公众参与社会建设和管理事务的范围、参与途径和参与方式；同时，明确规定不同类型、不同形式公众参与的程序和方法，保障公众参与的有效性和公正性；此外，要建立一套适当的激励机制，使公民的参与制度化、规范化和程序化，鼓励公民通过参与重建做出自己的贡献。

4）开拓公众参与灾后重建的多元渠道

灾后重建中许多公民都希望能通过各种方式参与到决策的制定、实施和评估之中，政府要为公民提供足够的利益诉求渠道，以维护社会稳定：①拓宽渠道。政府要保证公民行政决策过程、行政政策实施过程及行政政策评价的参与权，可以通过投票、参与听证、陈述、申辩、表明意见等方式实现。②创新制度。政府应不断进行参与范围、参与方式、参与机制、保障机制等方面的创新，结合灾区区情，积极探索听证制度，政府情况公开、公告等公众参与的新制度形式。③加强对话。政府应积极引导公众参与民主政治生活，选举抗震救灾和灾后重建中的先进代表参加各级中国共产党代表大会、人民代表大会、政治协商会议，成为党委、政府与公众沟通联系的纽带，加强和健全灾区政府与公众之间的对话机制。此外，政府可以引导公众借助 NGO 等各种社会组织，通过舆论支持、信息沟通、利益聚合等方式参与政府公共管理[390]。

参 考 文 献

[1] 杨山. 灾害哲学[D]. 西南大学硕士学位论文，2010.

[2] 蔡畅宇. 关于灾害的哲学反思[D]. 吉林大学博士学位论文，2008.

[3] 福斯特 J B. 生态危机与资本主义[M]. 耿建新，宋兴无译. 上海：上海译文出版社，2006.

[4] 王玉仓. 科学技术史[M]. 北京：中国人民大学出版社，2004.

[5] 马宗晋，康平，高庆华，等. 面对大自然的报复：防灾与减灾[M]. 北京：清华大学出版社，暨南大学出版社，2000.

[6] 解保军. 马克思自然观的生态哲学意蕴："红"与"绿"结合的理论先声[M]. 哈尔滨：黑龙江人民出版社，2002.

[7] 刘世荣，温远光，王兵，等. 中国森林生态系统水文生态功能规律[M]. 北京：中国林业出版社，1996.

[8] 弗洛姆 E. 寻找自我[M]. 陈学明译. 北京：工人出版社，1988.

[9] 任振球. 全球变化：地球四大圈异常变化及其天文成因[M]. 北京：科学出版社，1990.

[10] 马瑞. "2·14"特别重大瓦斯爆炸事故调查处理情况[J]. 劳动保护，2005，（6）：64-65.

[11] 姜春云. 中国生态演变与治理方略[M]. 北京：中国农业出版社，2004.

[12] 张进军，郭天伟，廉惠欣，等. 北京市"7·21"暴雨灾害伤亡分析[J]. 中华急诊医学杂志，2013，22（5）：545-547.

[13] 余谋昌. 生态哲学[M]. 西安：陕西人民教育出版社，2000.

[14] 徐保风. 论灾害的伦理二重性[J]. 重庆社会科学，2005，（2）：55-58.

[15] 戚建刚. 突发事件管理中的"分类"、"分级"与"分期"原则——《中华人民共和国突发事件应对法（草案）》的管理学基础[J]. 江海学刊，2006，（6）：133-137.

[16] 联合国新闻. 联合国最新灾害数据凸现全球自然灾害新动向[EB/OL]. https://news.un.org/zh/audio/2010/02/296062，2010-02-19.

[17] 宋娟. 重特大自然灾害社会风险的演化及防范对策研究[D]. 湘潭大学硕士学位论文，2014.

[18] 尹建军. 社会风险及其治理研究[D]. 中共中央党校博士学位论文，2008.
[19] 朱力. 中国社会风险解析——群体性事件的社会冲突性质[J]. 学海，2009，（1）：69-78.
[20] 孙文. 社会风险的形成与规避[D]. 吉林大学硕士学位论文，2013.
[21] 尹占娥，殷杰，许世远. 城市自然灾害风险评估与实证研究[C]//中国地理学会2009百年庆典学术大会论文集：8.
[22] 陈帅. 商业银行风险预警系统的研究[D]. 青岛科技大学硕士学位论文，2012.
[23] 潘斌. 社会风险论[D]. 华中科技大学博士学位论文，2007.
[24] 张乃仁. 转型时期社会风险的形成机理[J]. 南都学坛（人文社会科学学报），2013，33（1）：119-121.
[25] 史培军，袁艺. 重特大自然灾害综合评估[J]. 地理科学进展，2014，33（9）：1145-1151.
[26] 邹铭，范一大，杨思全，等. 自然灾害风险管理与预警体系[M]. 北京：科学出版社，2010.
[27] 张成福，唐钧，谢一帆. 公共危机管理：理论与实务[M]. 北京：中国人民大学出版社，2009.
[28] 范珉，苏巨诗，王建军. 我国公共场所突发事件演化机理实证分析[J]. 中国安全生产科学技术，2009，5（4）：85-90.
[29] 滕五晓，夏剑霓. 基于危机管理模式的政府应急管理体制研究[J]. 北京行政学院学报，2010，（2）：22-26.
[30] 向良云. 非常规群体性突发事件演化机理研究[D]. 上海交通大学博士学位论文，2012.
[31] 徐文涛. 风险社会理论视角下福岛核事件分析[D]. 中国海洋大学硕士学位论文，2012.
[32] Luhmann N. Risk：A Sociological Theory[M]. New Brunswick：Aldine Transaction，2005.
[33] 贝克 U. 风险社会[M]. 何博闻译. 南京：译林出版社，2004.
[34] 倪长健，王杰. 再论自然灾害风险的定义[J]. 灾害学，2012，27（3）：1-5.
[35] Guha-Sapir D，Philippe H，Below R. Annual disaster statistical review 2013：The numbers and trends[R]. Centre for Research on the Epidemiology of Disasters，2013.
[36] 陈云. 突发群体性事件冲突源头阻断机制研究[D]. 西南政法大学硕士学位论文，2010.
[37] 徐纪人，赵志新. 汶川8.0级大地震震源机制与构造运动特征[J]. 中国地质，2010，37（4）：967-977.
[38] 陈光，朱诚. 自然灾害对人们行为的影响——中国历史上农民战争与中国自然灾害的关系[J]. 灾害学，2003，18（4）：90-95.
[39] 闵慧男，李庆东. 灾害心理研究对渔业生产的启示[J]. 中国渔业经济研究，1999，（4）：3-5.
[40] 段华明. 灾难心理危机干预[J]. 中国减灾，2007，（5）：51.
[41] 童星，陶鹏. 灾害危机的组织适应：规范、自发及其平衡[J]. 四川大学学报（哲学社会科学版），2012，（5）：129-137.

[42] 陶鹏, 童星. 分布与消减: 灾害的群体脆弱性探析——兼论我国灾害社会管理的构建[J]. 苏州大学学报（哲学社会科学版）, 2012, 33（4）: 35-41, 191.

[43] 刘铁民. 重大事故动力学演化[J]. 中国安全生产科学技术, 2006, 2（6）: 3-6.

[44] 徐玖平, 段雪玲. 汶川特大地震灾后民营企业重建资金的统筹分配模式[J]. 系统管理学报, 2010, 19（1）: 108-120.

[45] 徐玖平, 朱洪军. 汶川地震后民营企业重建的政策现状及解决思路[J]. 四川大学学报（哲学社会科学版）, 2009,（1）: 136-144.

[46] 徐玖平, 王鹤. 汶川特大地震灾后基础教育重建的系统分析[J]. 世界科技研究与发展, 2008, 30（6）: 831-837.

[47] 徐玖平, 孟李娜. 灾后重建国内 NGO 与政府合作的综合集成模式[J]. 系统工程学报, 2011, 26（6）: 725-737.

[48] 徐玖平（课题组）. 汶川灾后"经济-社会-生态"统筹恢复重建[N]. 4 版. 中国社会科学报, 2011-03-23.

[49] 郭跃. 自然灾害的社会学分析[J]. 灾害学, 2008, 23（2）: 87-91.

[50] 史培军. 从南方冰雪灾害成因看巨灾防范对策[J]. 中国减灾, 2008,（2）: 12-15.

[51] 缪世岭. 基于群际情绪的群体事件羊群行为研究[J]. 中共南京市委党校学报, 2011,（6）: 77-80.

[52] 樊建锋, 田志龙. 突发灾害背景下的企业社会反应行为研究[J]. 安徽农业大学学报（社会科学版）, 2010, 19（4）: 42-46.

[53] 李虹. 地震灾害救助中政府行为分析[J]. 现代商贸工业, 2011, 23（7）: 231-232.

[54] 王晓红, 张进. 试论灾害新闻报道中媒体链的"功能补偿"——从日本大地震媒体报道中寻找启示[J]. 人民论坛, 2012,（14）: 90-91.

[55] 刘铁民. 1949-2009 中国安全生产 60 年[M]. 北京: 中国劳动社会保障出版社, 2009.

[56] 祝江斌, 王超, 冯斌. 城市重大突发事件扩散的微观机理研究[J]. 武汉理工大学学报（社会科学版）, 2006, 19（5）: 710-713.

[57] 童星, 张海波, 等. 中国转型期的社会风险及识别——理论探讨与经验研究[M]. 南京: 南京大学出版社, 2007.

[58] 陈安, 陈宁. 现代应急管理中的九个问题[J]. 科技促进发展, 2010,（1）: 33-38.

[59] 宋林飞. 中国社会转型的趋势、代价及其度量[J]. 江苏社会科学, 2002,（6）: 30-36.

[60] 张乐. 风险的社会动力机制——基于中国经验的实证研究[M]. 北京: 社会科学文献出版社, 2012.

[61] 智强, 李西新, 谢祥. 系统性风险的演化及启示[J]. 财会研究, 2011,（1）: 77-80.

[62] 孙云凤. 南方冰雪灾害危机演化及风险控制研究[D]. 中南大学硕士学位论文, 2010.

[63] 谢自莉, 马祖军. 城市地震次生灾害演化机理分析及仿真研究[J]. 自然灾害学报, 2012, 21（3）: 155-163.

[64] 容志，李丁. 基于风险演化的公共危机分析框架：方法及其运用[J]. 中国行政管理，2012，（6）：82-86.

[65] 王敏. 网络舆论风险的特征、诱因及演化机理[D]. 华中师范大学硕士学位论文，2011.

[66] 姚瑶. 当前中国社会内部风险及其治理研究[D]. 华东师范大学硕士学位论文，2007.

[67] 林小平. 完善税收制度应对社会风险[J]. 当代经济（下半月），2007，（8）：86-87.

[68] 刘晶晶. 当前中国社会风险应对机制研究[D]. 中共中央党校硕士学位论文，2010.

[69] 张丽，刘海潮，蔡丙丙. 当前城市社会风险认知状况及其应对之策——以宁波市为例[J]. 宁波经济（三江论坛），2011，（3）：35-37，41.

[70] 王均，史云贵，吴庆悦. 合作治理视域中的我国有效应对"风险社会"的理性路径论析[J]. 天府新论，2011，（4）：6-11.

[71] 张劲松. 论我国政府应对风险社会的全球治理策略[J]. 社会科学战线，2007，（1）：207-212.

[72] 沈荣华. 城市应急管理模式创新：中国面临的挑战、现状和选择[J]. 学习论坛，2006，22（1）：48-51.

[73] 佘伯明. 我国巨灾风险管理的现状及体系构建[J]. 学术论坛，2009，32（8）：104-107，139.

[74] 陈柳钦. 我国城市危机管理机制创新研究[J]. 延边大学学报（社会科学版），2010，43（5）：5-12.

[75] 廖业扬. 论政府主导的公共危机复合共治之逻辑[J]. 中共福建省委党校学报，2010，（7）：10-15.

[76] 马体国，栾一兰，买佳. 政府公共危机管理能力的建构——基于风险社会的视角[J]. 法制与社会，2011，（27）：133-134.

[77] Cutter S. Interpretations of calamity from the viewpoint of human ecology by K. Hewitt[J]. Geographical Review，1984，74（2）：226-228.

[78] Wisner B，Blaikie P，Cannon T，et al. At Risk：Natural Hazards，People's Vulnerability and Disasters[M]. New York：Routledge，2003.

[79] 马宗晋. 世界环境问题和中国减灾工作研究进展[J]. 地学前缘，2007，14（6）：1-5.

[80] Linnerooth-Bayer J，Mechler R，Pflug G. Refocusing disaster aid[J]. Science，2005，309（5737）：1044-1046.

[81] 尹占娥. 自然灾害风险理论与方法研究[J]. 上海师范大学学报（自然科学版），2012，41（1）：99-103，111.

[82] Gould S J. Introduction to quantitative paleocology[J]. Earth Science Reviews，1972，8（1）：75-76.

[83] Mitroff I I，Pauchant T C，Shrivastava P. The structure of man-made organizational crises：conceptual and empirical issues in the development of a general theory of crisis management[J].

Technological Forecasting and Social Change, 1988, 33（2）：83-107.

[84] Dombrowsky W R. Again and again: is a disaster what we call a "disaster"? [J]. International Journal of Mass Emergencies and Disasters, 1995, 13（3）：241-254.

[85] Henderson L. Emergency and disaster: pervasive risk and public bureaucracy in developing nations[J]. Public Organization Review, 2004, 4（2）：103-119.

[86] Dilley M, Mundial B. Natural disaster hotspots: a global risk analysis[M]. Washington: World Bank Publications, 2005.

[87] Masten A S, Narayan A J. Child development in the context of disaster, war, and terrorism: pathways of risk and resilience[J]. Annual Review of Psychology, 2012, 63（1）：227-257.

[88] Williams C A, Jr., Heins R M. Risk Management and Insurance[M]. New York: McGraw-Hill Companies, 1985.

[89] Burnecki K, Kukla G, Weron R. Property insurance loss distributions[J]. Physica A: Statistical Mechanics and Its Applications, 2000, 287（1/2）：269-278.

[90] Ermoliev Y, Ermolieva T, MacDonald G J, et al. A system approach to management of catastrophic risks[J]. European Journal of Operational Research, 2000, 122（2）：452-460.

[91] 马德富, 刘秀清. 论自然灾害的社会属性及防灾减灾对策——兼论发展防灾减灾农业[J]. 农业现代化研究, 2007, 28（5）：597-600.

[92] Matei S A. Analyzing social media networks with NodeXL: insights from a connected world by Derek Hansen, Ben Shneiderman, and Marc A. Smith[J]. International Journal of Human-Computer Interaction, 2011, 27（4）：405-408.

[93] Smith M A, Shneiderman B, Milic-Frayling N, et al. Analyzing (social media) networks with NodeXL[C]//Coelho M, Zigebaum J. Proceedings of the Fourth International Conference on Communities and Technologies, 2011：255-263.

[94] 辛伟, 雷二庆, 常晓, 等. 知识图谱在军事心理学研究中的应用——基于ISI Web of Science数据库的Citespace分析[J]. 心理科学进展, 2014, 22（2）：334-347.

[95] 周静. NoteExpress和EndNote文献管理功能的比较[J]. 中国校外教育（下旬刊）, 2009, （10）：64, 101.

[96] de Bruijn B, Martin J. Getting to the (c)ore of knowledge: mining biomedical literature[J]. International Journal of Medical Informatics, 2002, 67：7-18.

[97] Webster J, Watson R T. Analyzing the past to prepare for the future: writing a literature review[J]. MIS Quarterly, 2002, 26（2）：13-23.

[98] 赖茂生. 科技文献检索指导[M]. 北京：北京大学出版社, 1992.

[99] 余锦华, 杨维权. 多元统计分析与应用[M]. 广州：中山大学出版社, 2005.

[100] 平亮, 宗利永. 基于社会网络中心性分析的微博信息传播研究——以Sina微博为例[J]. 图书情报知识, 2010, （6）：92-97.

[101] 赵宇翔，彭希羡. 媒体即社区？信息系统领域基于文献的研究主题分析[J]. 现代图书情报技术，2014，（1）：56-65.

[102] 陈悦，陈超美，刘则渊，等. CiteSpace知识图谱的方法论功能[J]. 科学学研究，2015，33（2）：242-253.

[103] 李美慧，罗娜，卢毅. 山区绿色发展研究热点与前沿探讨——基于CiteSpace可视化分析[J]. 国土资源科技管理，2016，33（6）：14-21.

[104] 皮曙初. 风险社会视角下的灾害损失补偿体系研究[D]. 武汉大学博士学位论文，2013.

[105] 代波. 系统工程理论与方法技术及其在管理实践中的应用研究[D]. 东北财经大学硕士学位论文，2011.

[106] 刘春梅. 冲突理论研究综述[J]. 现代交际，2011，（10）：12，13.

[107] 王庆功，张宗亮，王林松. 社会心理冲突：群体性事件形成的社会心理根源[J]. 山东社会科学，2012，（9）：54-59.

[108] 卜长莉. 当前中国城市社区矛盾冲突的新特点[J]. 河北学刊，2009，29（1）：128-131，144.

[109] 李琼. 转型期我国社会冲突研究综述[J]. 学术探索，2003，（10）：52-55.

[110] 李超. 当代中国社会秩序研究[D]. 中共中央党校博士学位论文，2011.

[111] 万福临，杨家坤. 社会公共安全要成为国家安全的战略[J]. 中国减灾，2004，（5）：46.

[112] 张国庆. 灾害管理理论研究[J]. 现代农业科技，2012，（10）：22-23.

[113] 廖福霖. 生态文明建设与构建和谐社会[J]. 福建师范大学学报（哲学社会科学版），2006，（2）：1-9.

[114] 王晗，王相楠. "行为艺术"的哲学意蕴与道德规范[J]. 辽宁工业大学学报（社会科学版），2013，15（1）：52-54.

[115] 史占彪，张建新. 心理咨询师在危机干预中的作用[J]. 心理科学进展，2003，11（4）：393-399.

[116] 潘岳. 论社会主义生态文明[J]. 绿叶，2006，（10）：10-18.

[117] 郭淑新. 论理性之两翼内在张力的合理调适[J]. 理论与现代化，2007，（1）：37-41.

[118] 金磊. 试论灾害哲学问题[J]. 自然辩证法研究，1991，（12）：48-52.

[119] 阎守诚. 自然灾害与中国古代社会的治乱[J]. 中国减灾，2012，（9）：55.

[120] 曾珠. 中国生态文明建设的现状与未来[J]. 现代经济探讨，2008，（5）：81-84.

[121] 宋锡辉. 关于我国生态文明建设问题的思考[J]. 东北师大学报（哲学社会科学版），2010，（3）：184-186.

[122] 刘春英. 地震的人为灾害及预防对策[J]. 现代农业科技，2009，（2）：300-301.

[123] 张冉. 浅谈日本"一过性"地震灾难观形成背景及其抗灾体系与启示[J]. 青年与社会，2014，（12）：345-346.

[124] 胡学亮，张梅. "地震大国"日本的中小学防震措施[J]. 新教育，2010，（8）：23.

[125] 江风. 独具特色的印度灾害管理体制[J]. 中国减灾, 2003, (4): 53-55.

[126] 李永祥. 什么是灾害？——灾害的人类学研究核心概念辨析[J]. 西南民族大学学报（人文社会科学版）, 2011, 32 (11): 12-20.

[127] 李秀艳. 中国生态文明建设的问题与出路[J]. 西北民族大学学报（哲学社会科学版）, 2008, (4): 107-110.

[128] 黄鸿劼. 论我国政府环境信息公开制度的完善[J]. 湖北警官学院学报, 2011, 24 (4): 23-25.

[129] 陈食霖. 人与自然的矛盾及其化解——评福斯特的生态危机论[J]. 国外社会科学, 2007, (2): 15-20.

[130] 郭剑仁. 马克思的物质变换概念及其当代意义[J]. 武汉大学学报（哲学社会科学版）, 2004, 57 (2): 200-205.

[131] 王宏斌. 当代中国建设生态文明的途径选择及其历史局限性与超越性[J]. 马克思主义与现实（双月刊）, 2010, (1): 187-190.

[132] 黄雯. 人和自然关系的探讨：从马克思到当代[D]. 福建师范大学博士学位论文, 2011.

[133] 历佳, 赵宁泊. 浅析唯物史观的创立过程及其启示[J]. 今日科苑, 2009, (2): 11.

[134] 许慎. 图解说文解字[M]. 北京：北京联合出版公司, 2014.

[135] 黄勤, 曾元, 江琴. 中国推进生态文明建设的研究进展[J]. 中国人口·资源与环境, 2015, 25 (2): 111-120.

[136] 刘建新. 马克思自然观的价值向度及其当代意义[J]. 广西师范大学学报（哲学社会科学版）, 2011, 47 (1): 9-13.

[137] 王俊涛. 马克思自然观的生态意蕴及其当代诉求[J]. 广西社会科学, 2009, (7): 23-26.

[138] 宋冬林. 马克思主义生态自然观探析[J]. 科学社会主义, 2007, (5): 89-92.

[139] 陈晓晖. "美丽中国"生态文明观培育探析[J]. 生态经济, 2013, (8): 183-186.

[140] 周魁一. 防洪减灾观念的理论进展——灾害双重属性概念及其科学哲学基础[J]. 自然灾害学报, 2004, 13 (1): 1-8.

[141] 杜一. 灾害与灾害经济[M]. 北京：中国城市经济社会出版社, 1988.

[142] 巨乃岐. 生态文明建设的哲学思考——兼论自然生产力是后现代生产力的核心范畴[J]. 中国石油大学学报（社会科学版）, 2010, 26 (1): 66-72.

[143] 曾建平. 中国梦与美丽中国[J]. 井冈山大学学报（社会科学版）, 2014, 35 (3): 58-63.

[144] 刘晓宇. 基于环保视域下的马克思主义自然观解读[J]. 兰州学刊, 2012, (10): 206-207.

[145] 孙金波. 美丽中国——中国传统生态哲学发展的逻辑必然[J]. 山东科技大学学报（社会科学版）, 2013, 15 (3): 23-28.

[146] 范雯绮. 马克思、恩格斯生态哲学思想与"美丽中国"的建设[J]. 北京青年政治学院学报, 2013, 22（3）: 85-89.

[147] 张明国. 马克思主义自然观概述[J]. 北京化工大学学报（社会科学版）, 2012,（4）: 1-6.

[148] 李怀涛. 马克思自然观的生态意蕴[J]. 马克思主义研究, 2010,（12）: 91-97.

[149] 恩格斯 F. 自然辩证法[M]. 莫斯科: 苏联国家出版社, 1925.

[150] 黄礼安. 辩证看待自然灾害[J]. 地理教育, 2009,（6）: 12.

[151] 李培林, 苏国勋, 张旅平, 等. 和谐社会构建与西方社会学社会建设理论[J]. 社会, 2005,（6）: 6-27.

[152] Douglas M, Wildavsky A. Risk and Culture: An Essay on the Selection of Technical and Environmental Dangers[M]. Berkeley and Los Angeles: University of California Press, 1982.

[153] 刘远传. 论人与社会的关系的双重理解[J]. 天津社会科学, 2003,（1）: 24-27.

[154] 贝尔纳 J D. 科学的社会功能[M]. 陈体芳译. 桂林: 广西师范大学出版社, 2003.

[155] 赵亚辉. 风险社会视角下的中国科技传播研究[D]. 武汉大学博士学位论文, 2013.

[156] 卜玉梅. 风险的社会放大: 框架与经验研究及启示[J]. 学习与实践, 2009,（2）: 120-125.

[157] 王郅强, 彭睿. 西方风险文化理论: 脉络、范式与评述[J]. 北京行政学院学报, 2017,（5）: 1-9.

[158] 曲格平. 关注生态安全之一: 生态环境问题已经成为国家安全的热门话题[J]. 环境保护, 2002,（5）: 3-5.

[159] 程诗敏. 风险社会视域下大学生安全素质提升研究[D]. 首都师范大学博士学位论文, 2014.

[160] 郭振芳. 减灾型社区脆弱性研究[D]. 兰州大学硕士学位论文, 2013.

[161] 李建华, 蔡尚伟. "美丽中国"的科学内涵及其战略意义[J]. 四川大学学报（哲学社会科学版）, 2013,（5）: 135-140.

[162] 关春玲, 张传辉. 论马克思哲学的生态伦理向度[J]. 南京林业大学学报（人文社会科学版）, 2003, 3（2）: 35-39.

[163] 李新市. 关于"美丽中国"建设若干问题的初步探索[J]. 江西教育学院学报（社会科学版）, 2013, 34（1）: 1-4, 16.

[164] 覃庆梅. 涪陵区公路洪灾孕灾环境分区[D]. 重庆交通大学硕士学位论文, 2011.

[165] 史培军. 再论灾害研究的理论与实践[J]. 自然灾害学报, 1996, 5（4）: 8-19.

[166] 王秉德. 处理冲突的"演练"[J]. 家教指南, 2007,（11）: 8-10.

[167] 郭相鹏. 论我国中学地理灾害教育的现状及发展策略[D]. 广西师范大学硕士学位论文, 2012.

[168] 马克思 K, 恩格斯 F. 马克思恩格斯选集（第二卷）[M]. 中共中央马克思恩格斯列宁斯

大林著作编译局译. 北京：人民出版社，2012.

[169] 莱斯 W. 自然的控制[M]. 岳长岭，李建华译. 重庆：重庆出版社，1993.

[170] 王松霈，迟维韵. 自然资源利用与生态经济系统[M]. 北京：中国环境科学出版社，1992.

[171] 田文富. 环境伦理与和谐生态[M]. 郑州：郑州大学出版社，2010.

[172] 胡大平. 西方马克思主义哲学概论[M]. 北京：北京师范大学出版社，2010.

[173] 赵建军. 如何实现美丽中国梦：生态文明开启新时代[M]. 北京：知识产权出版社，2013.

[174] 刘镇江. 江泽民伦理思想研究[D]. 华中师范大学硕士学位论文，2004.

[175] 贾丁斯 D. 环境伦理学：环境哲学导论[M]. 林官明，杨爱民译. 北京：北京大学出版社，2002.

[176] 张坤民. 可持续发展论[M]. 北京：中国环境科学出版社，1997.

[177] 施密特 A. 马克思的自然概念[M]. 欧力同，吴仲昉译. 北京：商务印书馆，1988.

[178] 赵卯生. 生态学马克思主义主旨研究[M]. 北京：中国政法大学出版社，2011.

[179] 张华. 生态美学及其在当代中国的建构[M]. 北京：中华书局，2006.

[180] 曾文婷. "生态学马克思主义"研究[M]. 重庆：重庆出版社，2008.

[181] 吴怀友，戴开尧. "当代生态文明研究与两型社会建设"理论研讨会综述[J]. 马克思主义研究，2010，（12）：2，143-147.

[182] 李学林，郑亚娅. 生态文明建设与循环经济研究[M]. 北京：光明日报出版社，2011.

[183] 曹孟勤，卢风. 经济环境与文化[M]. 南京：南京师范大学出版社，2013.

[184] 杜明娥，杨英姿. 生态文明与生态现代化建设模式研究[M]. 北京：人民出版社，2013.

[185] 范恒山，陶良虎. 美丽城市——生态城市建设的理论实践与案例[M]. 北京：人民出版社，2014.

[186] 沈满洪. 生态文明建设——思路与出路[M]. 北京：中国环境出版社，2014.

[187] 赵云亭. 中国社会风险的运行机制：生产、转移与承担[J]. 安徽行政学院学校，2015，6（4）：94-100，106.

[188] 闻珺. 洪水灾害风险分析与评价研究[D]. 河海大学硕士学位论文，2007.

[189] 田艳芳. 自然灾害与社会冲突——基于中国省际面板数据的分析[J]. 科学决策，2014，（4）：29-40.

[190] 申霞. 从对抗到合作：冲突社会下的风险治理[D]. 中央民族大学博士学位论文，2013.

[191] 沈承诚. 论社会冲突的演化及消解[J]. 福州大学学报（哲学社会科学版），2013，27（5）：18-21.

[192] 孙超南. 由"蝴蝶效应"看群体性事件的产生与防范[J]. 群文天地，2012，（3）：139.

[193] 姚亮. 现阶段中国社会风险的形成机理探析[J]. 学习与实践，2011，（8）：117-124.

[194] 徐娟. 物流外包风险分析与控制策略研究[D]. 华中科技大学博士学位论文，2007.

[195] 张毅强. 风险感知、社会学习与范式转移：突发性公共卫生事件引发的政策变迁[M]. 上海：复旦大学出版社，2011.

[196] 桂维民. 应急决策论[M]. 北京：中共中央党校出版社，2007.

[197] 张岩. 非常规突发事件态势演化和调控机制研究[D]. 中国科学技术大学博士学位论文，2011.

[198] 章霓. 地方政府行为失范与社会冲突演化的相关性研究[D]. 湖北工业大学硕士学位论文，2013.

[199] 丁烈云. 危机管理中的社会秩序恢复与重建[J]. 华中师范大学学报（人文社会科学版），2008，47（5）：2-8.

[200] 殷杰. 城市灾害综合风险评估[D]. 上海师范大学硕士学位论文，2008.

[201] 向喜琼. 区域滑坡地质灾害危险性评价与风险管理[J]. 地球与环境，2005，（S1）：136-138.

[202] 王国敏. 农业自然灾害的风险管理与防范体系建设[J]. 社会科学研究，2007，（4）：27-31.

[203] 秀英. 草原畜牧业风险管理浅析[J]. 经济论坛，2012，（3）：104-108.

[204] 陈婧，刘婧，王志强，等. 中国城市综合灾害风险管理现状与对策[J]. 自然灾害学报，2006，15（6）：17-22.

[205] 董海军，赵新方. 震灾中的外国青年及其组织：援助与启示[J]. 中国青年研究，2008，（10）：17-19，30.

[206] 科塞 L. 社会冲突的功能[M]. 孙立平，等译. 北京：华夏出版社，1989.

[207] 巴伦金 B M. 军事冲突学[M]. 杨晖译. 北京：军事译文出版社，2002.

[208] 特纳 J H. 社会学理论的结构[M]. 吴曲辉，等译. 杭州：浙江人民出版社，1987.

[209] 西美尔 G. 社会学：关于社会化形式的研究[M]. 林荣运译. 北京：华夏出版社，2002.

[210] 王彬彬. 浅析科塞的社会冲突理论[J]. 辽宁行政学院学报，2006，8（8）：46-47.

[211] 达仁道夫 R. 现代社会冲突[M]. 林荣运译. 北京：中国社会科学出版社，2000.

[212] 马克思 K，恩格斯 F. 马克思恩格斯选集（第一卷）[M]. 中共中央马克思、恩格斯、列宁、斯大林著作编译局译. 北京：人民出版社，1972.

[213] 于建嵘. 利益博弈与抗争性政治——当代中国社会冲突的政治社会学理解[J]. 中国农业大学学报（社会科学版），2009，26（1）：16-21.

[214] 张玉堂. 利益论：关于利益冲突与协调问题的研究[M]. 武汉：武汉大学出版社，2001.

[215] 项继权. 参与式治理：臣民政治的终结——《参与式治理：中国社区建设的实践研究》诞生背景[J]. 社区，2007，（9）：62.

[216] 韦伯 M. 经济与社会[M]. 林荣远译. 北京：商务印书馆，1997.

[217] Collins R. Violence：a micro-sociological theory[J]. Contemporary Sociology，2009，38（2）：191-192.

[218] 科塞 L A. 社会学思想名家——历史背景和社会背景下的思想[M]. 石人译. 北京：中国社会科学出版社，1990.

[219] 马丽，雷呈祥. 核辐射事故分析及其应对策略[J]. 海军医学杂志，2007，28（2）：170-172.

[220] Stallings R A. Weberian political sociology and sociological disaster studies[J]. Sociological Forum, 2002, 17（2）: 281-305.

[221] 杨淑琴. 转型时期中国社会冲突问题研究[J]. 理论探讨，2010，（4）：164-166.

[222] 托姆 R. 结构稳定性与形态发生学[M]. 赵松年，熊小芸，刘子立，等译. 成都：四川教育出版社，1992.

[223] Lewin K. Frontiers in group dynamics: concept, method and reality in social science; social equilibria and social change[J]. Human Relations, 1947, （1）: 5-41.

[224] 李明辉，郑万模，陈启国. 丹巴县地质灾害发育特征及成因探讨[J]. 自然灾害学报，2008，17（1）：49-53.

[225] 陈志芬，陈晋，黄崇福，等. 大型公共场所火灾风险评价指标体系（Ⅰ）——火灾事故因果分析[J]. 自然灾害学报，2006，15（1）：79-85.

[226] Blunden J, Aneja V P, Overton J H. Modeling hydrogen sulfide emissions across the gas-liquid interface of an anaerobic swine waste treatment storage system[J]. Atmospheric Environment, 2008, 42（22）: 5602-5611.

[227] Fauske H K. Emergency relief system design for runaway chemical reaction: extension of the DIERS methodology[J]. Chemical Engineering Research & Design, 1989, 67（2）: 199-202.

[228] 孟凯中，王斌. "吉化爆炸"事件对编制污染事故应急预案的启示[J]. 能源研究与信息，2006，22（4）：198-203.

[229] 杨津广. 抉择与心理冲突[J]. 心理与健康，1999，（1）：37.

[230] 周晓虹. 现代社会心理学史[M]. 北京：中国人民大学出版社，1993.

[231] 陈桂香，陈晓辉. 废墟中抢回生命的应急救援装备与技术[J]. 中国安防，2008，（6）：104-108.

[232] 刘贵萍. 论城市贫困群体社会心理冲突与社会支持[J]. 工会理论与实践，2004，18（5）：50-53.

[233] 倪荣鸣. 完善适合国情的巨灾保险制度[J]. 中国金融，2011，（9）：56-58.

[234] 姚庆海. 沉重叩问：巨灾肆虐，我们将何为？——巨灾风险研究及政府与市场在巨灾风险管理中的作用[J]. 交通企业管理，2006，（9）：46-48.

[235] Covello V T, Peters R G, Wojtecki J G, et al. Risk communication, the west Nile virus epidemic, and bioterrorism: responding to the communication challenges posed by the intentional or unintentional release of a pathogen in an urban setting[J]. Journal of Urban Health, 2001, 78（2）: 382-391.

[236] 韩鹏宇，毕秀欣，陈津津. WHO 风险沟通案例对我国境外传染病监测哨点建设的启示[J]. 口岸卫生控制，2019，24（4）：53-55，59.

[237] 熊华，罗奇峰. 国内外地震保险概况[J]. 灾害学，2003，18（3）：63-67.

[238] 王国敏. 农业自然灾害与农村贫困问题研究[J]. 经济学家，2005，(3)：55-61.

[239] 新华社. 天津港"8·12"瑞海公司危险品仓库特别重大火灾爆炸事故调查报告公布. http://www.xinhuanet.com/politics/2016-02/05/c_1118005206.htm，2016-02-05.

[240] 佚名. 天津港爆炸事故的经济余波[J]. 中国总会计师，2015，(8)：13.

[241] 徐亦凡. 中英两国媒体对天津港爆炸事故的报道框架分析——以新华社和路透社的报道为例[J]. 新闻研究导刊，2016，7（17）：33-36.

[242] 刘勇，王雅琪. 公共危机中"次生舆情"的生成与演化——基于对"8·12 天津港爆炸事故"的考察[J]. 国际新闻界，2017，39（9）：116-133.

[243] 孔月明，耿向亮. 透析当前形势下的城市安全隐患及发展路径——以"天津港爆炸"事故为例[J]. 美与时代（城市版），2016，(3)：117-118.

[244] 李永忠. 从天津港"8·12"爆炸事故看地方政府治理中亟待解决的三个明显缺陷[J]. 人民论坛，2015，(25)：65.

[245] 张绵. 起底天津港爆炸案始末：首次爆炸后不少人围观救火[N]. 财新周刊，http://paper.chinaso.com/detail/20150824/1000200032862461440403406526343653_4.html，2015-08-24.

[246] 崔薏薏，范达，张进军. 天津港"8·12"爆炸事故的教训与启示[J]. 中华急诊医学杂志，2015，24（10）：1078-1081.

[247] 顾林生. 日本大城市防灾应急管理体系及其政府能力建设——以东京的城市危机管理体系为例[J]. 城市与减灾，2004，(6)：4-9.

[248] 杨晖玲. 日本福岛核泄漏事件的案例分析[D]. 郑州大学硕士学位论文，2012.

[249] 关根志，左小琼，贾建平. 核能发电技术[J]. 水电与新能源，2012，(1)：7-9.

[250] 苏海洪. 试论核能发电的特点及前景预测[J]. 建筑·建材·装饰，2017，(9)：158.

[251] Moret L. Japan's deadly game of nuclear roulette[J]. Asia-Pacific：Japan Focus，2011，14：5.

[252] 王川，马志刚，袁添鸿. 福岛核电站事故对我国核电发展的启示[J]. 工业安全与环保，2014，40（2）：83-85.

[253] 张之华，叶茂，罗昕，等. 日本福岛核事故的思考与警示[J]. 原子能科学技术，2012，46（S2）：904-907.

[254] 杜兰特 W. 世界文明史[M]. 台湾幼狮文化译. 北京：华夏出版社，2010.

[255] 休谟 D. 人性论（下）[M]. 关文运译. 北京：商务印书馆，2013.

[256] 卢梭 J. 社会契约论[M]. 何兆武译. 北京：商务印书馆，2011.

[257] 罗尔斯 J B. 政治哲学史讲义[M]. 杨通进，李丽丽，林航译. 北京：中国社会科学出版社，2011.

[258] 李秋零. 康德与启蒙运动[J]. 中国人民大学学报，2010，24（6）：65-70.

[259] 中国大百科全书总编辑委员会. 中国大百科全书·社会学卷. 北京：中国大百科全书出版社，1991.

[260] 吉登斯 A. 社会的构成[M]. 李康，李猛译. 北京：生活·读书·新知三联书店，1998.

[261] 哈耶克 F A. 法律、立法与自由[M]. 邓正来，张守东，李静冰译. 北京：中国大百科全书出版社，2000.

[262] 哈耶克 F A. 自由秩序原理（上册）[M]. 邓正来译. 北京：生活·读书·新知三联书店，1997.

[263] 孙学致. 契约的正义——读《法律、立法与自由》札记[J]. 法制与社会发展（双月刊），2006，（4）：137-143.

[264] Hayek F A. The Constitution of Liberty[M]. Chicago：University of Chicago Press，1960.

[265] Hayek F A. Studies in Philosophy, Politics and Economics[M]. Chicago：Routledge and Kegan Paul，1967.

[266] 高峰. 社会秩序论[D]. 中共中央党校博士学位论文，2007.

[267] 北京大学哲学系外国哲学史教研室. 古希腊罗马哲学[M]. 北京：生活·读书·新知三联书店，1957.

[268] 列宁. 列宁全集（第一卷）[M]. 2 版. 北京：人民出版社，1984.

[269] 涂尔干 E. 社会分工论[M]. 渠东译. 北京：生活·读书·新知三联书店，2000.

[270] 帕里罗 V. 当代社会问题[M]. 周兵，单弘，蔡翔译. 北京：华夏出版社，2002.

[271] 涂尔干 E. 社会学与哲学[M]. 梁栋译. 上海：上海人民出版社，2002.

[272] 科塞 L. 社会学导论[M]. 安美华译. 天津：南开大学出版社，1990.

[273] 毕天云. 社会冲突的双重功能[J]. 思想战线，2001，27（2）：110-113.

[274] 常静. 浅析冲突的价值——读达伦多夫《现代社会冲突》有感[J]. 法制与社会，2008，（28）：380.

[275] 杨小娟. 浅谈冲突使对抗者结合——基于《社会冲突的功能》一书[J]. 时代报告，2015，（6）：317.

[276] 曹芝维. 社会冲突：群体凝聚与团结的整合器——评科塞《社会冲突的功能》[J]. 商业文化，2011，（6）：266-267.

[277] 安治国. 论地震灾害中的越轨行为及社会控制[J]. 武汉公安干部学院学报，2008，（3）：33-36.

[278] 高峰. 社会秩序何以可能？——基于存在论的研究视角[C]//中国社会学会 2010 年年会——"社会稳定与社会管理机制研究"论坛论文集，2010：14.

[279] 崔云，孔纪名，田述军，等. 强降雨在山地灾害链成灾演化中的关键控制作用[J]. 山地学报，2011，29（1）：87-94.

[280] 董璐. PMC 模式下工程总承包商风险管理研究[D]. 天津大学硕士学位论文，2018.

[281] 吴洪彪. 公共危机状态下的政府公信力研究[D]. 河海大学硕士学位论文，2007.

[282] 王辉. 社区老年人社会资本测量指标的研究[D]. 安徽医科大学硕士学位论文，2013.

[283] 杨月如. 社会哲学视野中的中国社会资本研究[D]. 中共中央党校博士学位论文，2006.

[284] 杨东柱. 论社会资本的评价尺度和评价方式[J]. 社科纵横, 2013, 28 (3): 93-96.

[285] 孔健. 公共事件中政府公信力的影响因素研究[D]. 重庆大学硕士学位论文, 2013.

[286] 李玉文, 吴颖捷, 徐萌. 社会资本在经济增长中的贡献——以黑河流域张掖市为例[J]. 生态经济（学术版）, 2011, (2): 2-5, 15.

[287] Grootaert C, van Bastelaer T. The Role of Social Captital in Development[M]. Cambridge: Cambridge University Press, 2002.

[288] Knack S, Keefer P. Does social capital have an economic payoff? A cross-Country investigation[J]. The Quarterly Journal of Economics, 1997, 112 (4): 1251-1288.

[289] 陈荟如. 我国地方政府公信力评价指标体系的构建及应用研究[D]. 苏州大学硕士学位论文, 2010.

[290] 李援. 中华人民共和国食品安全法解读与适用[M]. 北京: 人民出版社, 2009.

[291] 王福. 三鹿集团: 品质赢得市场[J]. 中国质量与品牌, 2005, (12): 96-97.

[292] 戴佳娴, 陈梦瑶, 方振, 等. 奶粉行业深度报告: 供需双振, 拐点曙熹——国内奶粉的三年窗口期[N]. 2017-06-27.

[293] 韩倩. 应对突发性食品安全危机管理研究——以三鹿奶粉事件为例[D]. 广东海洋大学硕士学位论文, 2011.

[294] 孙岑. 对食品安全的经济学思考——基于三鹿奶粉事件的案例分析[J]. 中国集体经济, 2013, (9): 20-21.

[295] 周茉, 潘文军. 电商平台海外奶粉代购的现状、机遇与挑战[J]. 电子商务, 2016, (1): 18-20.

[296] 陈柯宇. 网络海外代购对我国国际贸易的影响分析[J]. 科教导刊（电子版）, 2015, (8): 130.

[297] 佚名. 新西兰打击非法输出婴儿奶粉波及中国代购市场[J]. 中国对外贸易, 2012, (11): 92.

[298] 田小东. 澳大利亚: 非法代购奶粉最高面临5年监禁[J]. 中国食品, 2016, (9): 35.

[299] 祝捷, 谢源澔. 奶粉网络跨境代购行政规制博弈分析及规制建议[J]. 宏观质量研究, 2014, 2 (3): 11-19.

[300] 张丽娜, 申晓龙. 跨区域公共危机应对中的国际合作问题研究——以埃博拉危机应对为例[J]. 行政论坛, 2015, 22 (6): 89-93.

[301] Farmer P E. The prescription to stop Ebola[R]. The Washington Post, 2015.

[302] 徐彤武. 埃博拉战争: 危机、挑战与启示[J]. 国际政治研究（双月刊）, 2015, 36 (2): 5, 6, 33-60.

[303] World Health Organization. World health statistics 2014[R]. 2014.

[304] World Health Organization. Ebola situation report [R]. 2015.

[305] World Bank Group. Update on the economic impact of the 2014 Ebola epidemic on Liberia,

Sierra Leone, and Guinea[R]. 2014-04-15.

[306] World Bank Group. Update on the economic impact of the 2014 Ebola epidemic on Liberia, Sierra Leone, and Guinea[R]. 2014-12-02.

[307] Waddington C. Ebola in West Africa: the long term impact of the 2014 outbreak-economic, social and political repercussions are likely long after the disease is controlled: West Africa-issue in focus[J]. Africa Conflict Monitor, 2014, 5（10）: 54-58.

[308] African Development Bank Group. African economic outlook 2015[R]. 2015.

[309] 唐溪源, 唐晓阳. 瘟疫的创痛: 评析埃博拉对西非三国经济社会的影响[J]. 非洲研究, 2015, （2）: 113-128, 268.

[310] 高云微. 埃博拉危机中的话语权生产机制[D]. 华东师范大学博士学位论文, 2016.

[311] United Nations Development Programme. Recovering from the Ebola crisis—a summary report[R]. 2015.

[312] Evans D, Popova A. Orphans and Ebola: estimating the secondary impact of a public health crisis[Z]. Policy Research Working Paper, 2015.

[313] World Health Organization.Ebola response funding[R]. 2015.

[314] 世界卫生组织. 世卫组织 2014-2015 年埃博拉应对活动[R]. 2015.

[315] 世界卫生组织. 世卫组织对决定建立联合国埃博拉应急特派团表示欢迎[R]. 2014.

[316] 张威伟. 尼日利亚加紧抗击埃博拉疫情 防控工作仍面临诸多困难[R]. 2014.

[317] 陈君. 埃博拉病毒真相[J]. 学习之友, 2015, （1）: 36-37.

[318] 庞明礼. 公共政策社会稳定风险的积聚与演变——一个政策过程分析视角[J]. 南京社会科学, 2012, （12）: 65-71.

[319] 高和荣. 论中国社会稳定的内涵及其当代意义[J]. 学术探索, 2003, （3）: 94-96.

[320] 张恒山. "社会稳定"概念释义[J]. 中共中央党校学报, 2013, 17（2）: 33-38.

[321] 岳江勇. 社会哲学视野下的社会稳定问题研究[D]. 西北大学硕士学位论文, 2011.

[322] 高长文. 中国特色社会主义收入分配理论研究[D]. 中央民族大学硕士学位论文, 2011.

[323] 王郅强. 和谐秩序与利益协调——转型期中国社会矛盾治理研究[D]. 吉林大学博士学位论文, 2006.

[324] 孟晓青. 西方的自由与孔子的随心所欲不逾矩[J]. 山西青年, 2003, （13）: 16-19.

[325] 白国儒. 经济基础与上层建筑的矛盾运动规律再探[J]. 兰州财经大学学报, 2015, 31（6）: 19-25.

[326] 肖年华. 论法律与道德的互补性[J]. 考试周刊, 2010, （18）: 234-235.

[327] 田烨晗. 国际私法中公共秩序的尝试性界定[D]. 中国政法大学硕士学位论文, 2006.

[328] 童星. 公共政策的社会稳定风险评估[J]. 学习与实践, 2010, （9）: 114-119.

[329] 陈宇宙, 刘爱芳. 基于制度的社会亚稳定根源探索[J]. 探索, 2010, （4）: 142-147.

[330] 邓伟志, 徐觉哉, 沈永林. 变革社会中的政治稳定[M]. 上海: 上海人民出版社, 1997.

[331] 富永健一. 社会结构与社会变迁现代化理论[M]. 董兴华译. 昆明:云南人民出版社,1988.

[332] 郑杭生. 社会学概论新修[M]. 北京:中国人民大学出版社,1994.

[333] 龚维斌. 中国社会结构变迁及其社会风险[J]. 理论文萃,2011,(1):11-20.

[334] 田中重好,朱安新. 中国社会结构变动和社会性调节机制的弱化[J]. 学习与探索,2010,(4):35-40.

[335] 李开文. 人的工作同人的需要相统一——略论干部工作中的目标管理[J]. 鄂西大学学报,1986,(1):48-54.

[336] 张朝龙. 论改革在"还人利益"基础上的唯物递进[J]. 特区经济,2008,(12):25-27.

[337] 阮雪梅. 社会转型期亚文化因素对青少年犯罪的影响[J]. 世纪桥,2008,(12):75-76.

[338] 王茂涛. 环境问题与国际冲突浅探[J]. 滁州师专学报,2000,2(4):31-33.

[339] 陆学艺. 当代中国社会阶层研究报告[M]. 北京:社会科学文献出版社,2002.

[340] 胡联合. 科学稳定观及其实现机制[J]. 社会科学,2005,(3):46-51.

[341] 凯尔纳 D. 从意识形态与文化批判到社会批判理论——早期西方马克思主义的历史传统及其演变[J]. 赵士发译. 马克思主义哲学研究,2010,(1):183-187,189,190,192-197.

[342] 黄晓兴. 评诺斯的制度变迁理论[J]. 青海师专学报(社会科学),2002,(1):33-36.

[343] 胡鞍钢,王磊. 中国转型期的社会不稳定与社会治理[A]. 国情报告(第八卷·2005年(下)),2012:160.

[344] 胡联合,胡鞍钢,王磊. 影响社会稳定的社会矛盾变化态势的实证分析[J]. 社会科学战线,2006,(4):175-185.

[345] 鲍宗豪,李振. 社会预警与社会稳定关系的深化——对国内外社会预警理论的讨论[J]. 浙江社会科学,2001,(4):110-114.

[346] 乐国安,刘春雪. 对当前社会稳定有负面影响的社会心理分析[J]. 天津社会科学,1997,(2):108-112.

[347] 胡壮麟. 功能主义纵横谈[J]. 外国语(上海外国语学院学报),1991,(3):4,5-12.

[348] Nuesse C J, Parsons T. Structure and process in modern societies[J]. The American Catholic Sociological Review,1961,21(3):269.

[349] 何瑶. 中国经济改革中的社会稳定机制研究[D]. 湖北工业大学硕士学位论文,2010.

[350] 王谦. 科塞——功能论与冲突论的调和者[J]. 牡丹江大学学报,2011,20(7):29-30.

[351] 孔德元,孟军,韩升,等. 政治社会学[M]. 北京:高等教育出版社,2011.

[352] 孟军. 亨廷顿的政治稳定理论及其当代启示[J]. 社会科学战线,2008,(3):255-257.

[353] 宏蕊. 发展中国家政治稳定研究——基于政治参与的视角[J]. 西安政治学院学报,2010,23(5):22-25.

[354] 亨廷顿 S P. 变化社会中的政治秩序[M]. 王冠华,刘为,等译. 北京:生活·读书·新知

三联书店，1989.

[355] 李斌. 震区生态经济次协调的低碳控制研究[J]. 四川大学学报（哲学社会科学版），2012，（2）：154-159.

[356] 徐玖平，刘雪梅. 汶川特大地震灾后社区心理援助的统筹优选模式[J]. 管理学报，2009，6（12）：1622-1630.

[357] Xu D, Hazeltine B, Xu J, et al. Public participation in NGO-oriented communities for disaster prevention and mitigation（N-CDPM）in the Longmen Shan fault area during the Wenchuan and Lushan earthquake periods[J]. Environmental Hazards，2018，17（4）：371-395.

[358] 杨新红. 美国减灾的应急及社会联动机制研究——以卡特里娜飓风为例[J]. 中国安全生产科学技术，2012，8（1）：118-122.

[359] 陈兴民. 自然灾害链式特征探论[J]. 西南师范大学学报（人文社会科学版），1998，（2）：3-5.

[360] 王晓东，王冠军，姜付仁. 卡特里娜飓风的影响及启示[J]. 水利发展研究，2005，（12）：8-13.

[361] 郝友亮. 海洋溢油化学指纹分析鉴定方法研究[D]. 中国海洋大学硕士学位论文，2011.

[362] 刘东刚. 中国能源监管体制改革研究[D]. 中国政法大学博士学位论文，2011.

[363] 赵静. 墨西哥湾漏油事件引发的法律思考[J]. 商品与质量，2010，（S6）：109.

[364] 颜烨. 当代中国公共安全问题的社会结构分析[J]. 华北科技学院学报，2008，（4）：1-12.

[365] 刘刚. 近二十年来中国社会稳定研究述评[J]. 攀登，2011，30（5）：30-35.

[366] Xu J, Zhang Y. Event ambiguity fuels the effective spread of rumors[J]. International Journal of Modern Physics C，2015，26（3）：1550033.

[367] Zhang Y, Xu J. A rumor spreading model considering the cumulative effects of memory[J]. Discrete Dynamics in Nature and Society，2015：1-11.

[368] Zhang Y, Xu J, Wu Y. A fuzzy rumor spreading model based on transmission capacity[J]. International Journal of Modern Physics C，2018，29（2）：1850012-1-21.

[369] 黄正元. 社会亚稳定制度学成因探析[J]. 昆明理工大学学报（社会科学版），2009，9（4）：18-22.

[370] 朱德米. 政策缝隙、风险源与社会稳定风险评估[J]. 经济社会体制比较，2012，（2）：170-177.

[371] 吕鹏. 社会学视域下的中国群体性事件研究[D]. 中共中央党校硕士学位论文，2011.

[372] 徐亚文，伍德志. 论社会稳定风险评估机制的局限性及其建构[J]. 政治与法律，2012，（1）：71-79.

[373] 杨雪冬. 走向社会权利导向的社会管理体制[J]. 华中师范大学学报（人文社会科学版），

2010, 49（1）：1-10.

[374] 陈静. 建立社会稳定风险评估机制探析[J]. 社会保障研究, 2010, (3)：97-102.

[375] 彭宗超, 曹峰, 李贺楼, 等. 社会生态系统治理视角下的中国社会稳定风险评估的理论框架与指标体系新探[J]. 公共管理评论, 2013, 15（2）：43-60.

[376] 汪大海, 张玉磊. 重大事项社会稳定风险评估制度的运行框架与政策建议[J]. 中国行政管理, 2012, (12)：35-39.

[377] 陈虹, 王志秋, 李成日. 海地地震灾害及其经验教训[J]. 国际地震动态, 2011, (9)：36-41.

[378] 梁凯利, 王峰. 中外地震专家对海地地震的综合分析[J]. 国际地震动态, 2010, (1)：3-5.

[379] Xu J, Wang Z, Shen F, et al. Natural disasters and social conflict: a systematic literature review[J]. International Journal of Disaster Risk Reduction, 2016, (17)：38-48.

[380] 王超. 上帝的"弃儿"——海地苦难史[J]. 文史参考, 2010, (3)：72-76.

[381] 张雪娇. 面对同一灾难的不同考验——汶川地震与海地地震国家形象之比较[J]. 中外文化与文论, 2010, (1)：58-65.

[382] 王刚, 周华蕾, 李邑兰, 等. 海地, 呼唤方舟[J]. 中国新闻周刊, 2010, (4)：26-33.

[383] 野草, 王超. 地震灾难与国家形象的呈现、变异和塑造——以汶川大地震与海地大地震的比较分析为例[J]. 中外文化与文论, 2010, (1)：31-49.

[384] 非典突袭全球, 导致九百一十九人死亡[J]. 瞭望新闻周刊, 2003, (52)：19.

[385] 杨龙. "非典"对我国社会稳定的影响[J]. 理论与现代化, 2003, (4)：15-17.

[386] 石晶. 反思非典对中国经济的影响[J]. 管理科学文摘, 2004, (4)：22.

[387] 史月英. SARS对经济的影响综述[J]. 中国国情国力, 2003, (8)：24-26.

[388] 宋燕, 任朝江, 牛冲槐. 从"非典"影响透析我国产业应急能力的建设[J]. 太原理工大学学报（社会科学版）, 2004, (2)：52-54.

[389] Lu Y, Xu D, Wang Q, et al. Multi-stakeholder collaboration in community post-disaster reconstruction: case study from the Longmen Shan fault area in China[J]. Environmental Hazards, 2018, 17（2）：85-106.

[390] He L, Xu J, Wu Z. Coping strategies as a mediator of posttraumatic growth among adult survivors of the Wenchuan earthquake[J]. PLOS ONE, 2013, 8（12）：e84164.

[391] Werner B T, Mcnamara D E. Dynamics of coupled human-landscape systems[J]. Geomorphology, 2007, 91（3）：393-407.

[392] Helbing D. Globally networked risks and how to respond[J]. Nature, 2013, 497（7447）：51-59.

[393] Gillespie D F, Robards K J, Cho S. Designing safe systems: using system dynamics to understand complexity[J]. Natural Hazards Review, 2004, 5（2）：82-88.

[394] 胡菡菡. 汶川地震报道中若干冲突浅析[J]. 新闻大学, 2008, （3）: 48-52.

[395] 青理东. 思想政治教育与灾区社会稳定研究[D]. 中国矿业大学博士学位论文, 2012.

[396] Xu J, Lu Y. Meta-synthesis pattern of post-disaster recovery and reconstruction: based on actual investigation on 2008 Wenchuan earthquake[J]. Natural Hazards, 2012, 60（2）: 199-222.

[397] Xu J, Lu Y. Towards an earthquake-resilient world: from post-disaster reconstruction to pre-disaster prevention[J]. Environmental Hazards, 2018, 17（4）: 269-275.

[398] 张建新, 黄晓林. 四川两次特大地震紧急医学救援效果比较及建议[J]. 中国急救复苏与灾害医学杂志, 2013, （6）: 501-502.

[399] Wu Z, Xu J, He L. Psychological consequences and associated risk factors among adult survivors of the 2008 Wenchuan earthquake[J]. BMC Psychiatry, 2014, 14（1）: 126.

[400] Graham G A. The systems approach and its enemies. By C. West Churchman[J]. Business Horizons, 1980, 57（4）: 365-367.

[401] Ramirez M, Peek-Asa C. Epidemiology of traumatic injuries from earthquakes[J]. Epidemiologic Reviews, 2005, 27（1）: 47-55.

[402] Versluis A. Formal and informal material aid following the 2010 Haiti earthquake as reported by camp dwellers[J]. Disasters, 2014, 38（S1）: S94-S109.

[403] Altay N, Labonte M. Challenges in humanitarian information management and exchange: evidence from Haiti[J]. Disasters, 2014, 38（S1）: S50-S72.

[404] Uddin N, Engi D. Disaster management system for South-Western Indiana[J]. Natural Hazards Review, 2002, 3（1）: 19-30.

[405] Wong H J, Morra D, Wu R C, et al. Using system dynamics principles for conceptual modelling of publicly funded hospitals[J]. Journal of the Operational Research Society, 2012, 63（1）: 79-88.

[406] 希斯 R. 危机管理[M]. 王成, 宋炳辉, 金瑛译. 北京: 中信出版社, 2004.

[407] 任炽越. 应急救助的一般概念, 现状和发展思考[J]. 社会福利, 2008, （10）: 15-17.

[408] 王振耀, 田小红. 中国自然灾害应急救助管理的基本体系[J]. 经济社会体制比较, 2006, （5）: 28-34.

[409] 闵综. 日本9.0级地震引发的思考[J]. 中国减灾, 2011, （7）: 16-17.

[410] 彭忠伟. 日本海域9.0级地震的深刻启示与防灾减灾对策[J]. 高原地震, 2011, 23（3）: 63-66.

[411] 吴云清, 翟国方, 李莎莎. 3.11东日本大地震对我国城市防灾规划管理的启示[J]. 国际城市规划, 2011, 26（4）: 22-27.

[412] 陈静, 翟国方, 李莎莎. "311"东日本大地震灾后重建思路、措施与进展[J]. 国际城市规划, 2012, 27（1）: 123-127.

[413] 刘长安，刘英，耿秀生. 核与放射突发事件医学救援小分队行动导则研究[J]. 中国辐射卫生，2006，15（2）：135-137.

[414] 刘素刚，艾辉胜. 核与辐射医学防治手册[M]. 北京：人民军医出版社，2011.

[415] Clarke R，Valentin J. Application of the commission's recommendations for the protection of people in emergency exposure situations[J]. Annals of the ICRP, 2008, 39（1）: 1-110.

[416] McEwan A C, Hedemann-Jensen P. Application of the commission's recommendations to the protection of people living in long-term contaminated areas after a nuclear accident or a radiation emergency[J]. Annals of the ICRP, 2013, 42（4）: 343.

[417] Ng K-H, Lean M L. The Fukushima nuclear crisis reemphasizes the need for improved risk communication and better use of social media[J]. Health Physics, 2012, 103（3）: 307-310.

[418] 叶常青，徐卸古. 核生化突发事件心理效应及其应对[M]. 北京：科学出版社，2012.

[419] Miller C W. The Fukushima radio logical emergency and challenges identified for future public health responses[J]. Health Physics, 2012, 102（5）: 584.

[420] 苏旭，秦斌，张伟，等. 核与辐射突发事件公众沟通、媒体交流与信息发布[J]. 中华放射医学与防护杂志，2012，32（2）：118-119.

[421] 张多. 中日地震灾害信息传播机制比较研究[D]. 华中师范大学硕士学位论文，2011.

[422] 刘亚娜，罗希. 日本应急管理机制及对中国的启示——以"3·11"地震为例[J]. 北京航空航天大学学报（社会科学版），2011，24（5）：16-20.

[423] 徐玖平，卢毅. 地震灾害系统分析与评估的综合集成模式[J]. 系统工程理论与实践，2009，29（11）：1-18.

[424] Xu J, Dai J, Rao R, et al. Critical systems thinking on the inefficiency in post-earthquake relief: a practice in Longmen Shan fault area[J]. Systemic Practice and Action Research, 2016, 29（5）: 425-448.

[425] 徐玖平，卓安妮. NGO 与地方政府合作参与灾后重建的综合集成模式——以汶川大地震为例[J]. 灾害学，2011，26（4）：127-133.

[426] 徐玖平，崔静. 非政府组织（NGO）灾后援助联动的综合集成模式[J]. 灾害学，2011，26（2）：138-144.

[427] 靳宇昌，徐玖平. 震后心理恢复的生态模式[J]. 西南民族大学学报（人文社会科学版），2013，34（10）：87-91.

[428] Xu J, Song X. Posttraumatic stress disorder among survivors of the Wenchuan earthquake 1 year after: prevalence and risk factors[J]. Comprehensive Psychiatry, 2011, 52（4）: 431-437.

[429] Xu J, Wu Z. One-year follow-up analysis of cognitive and psychological consequences among survivors of the Wenchuan earthquake[J]. International Journal of Psychology, 2011, 46（2）: 144-152.

[430] Xu J, Wang P. Social support and level of survivors' psychological stress after the Wenchuan earthquake[J]. Social Behavior & Personality an International Journal, 2012, 40（10）: 1625-1631.

[431] 刘正奎, 吴坎坎, 张侃. 我国重大自然灾害后心理援助的探索与挑战[J]. 中国软科学, 2011, （5）: 56-64.

[432] 徐玖平. 社科研究者应分担灾害研究的责任[N]. 中国社会科学报, 2011-03-22.

[433] 徐玖平, 何源. 四川地震灾后生态低碳均衡的统筹重建模式[J]. 中国人口·资源与环境, 2010, 20（7）: 12-19.

[434] Lu Y, Xu J. Low-carbon reconstruction: a meta-synthesis approach for the sustainable development of a post-disaster community[J]. Systems Research and Behavioral Science, 2016, 33（1）: 173-187.

[435] 徐玖平, 李姣. 汶川地震灾区和谐社会建设的低碳模式[J]. 中国人口·资源与环境, 2011, 21（4）: 1-9.

[436] 李善同. 中国可计算一般均衡模型及其应用[M]. 北京: 经济科学出版社, 2010.

[437] 段志刚. 中国省级区域可计算一般均衡建模与应用研究[D]. 华中科技大学博士学位论文, 2004.

[438] 米建华, 龙艳. 发达国家巨灾保险研究——基于英、美、日三国的经验[J]. 安徽农业科学, 2007, （21）: 6609-6610.

[439] 文天甲. 国外重大自然灾害应急救助经验及其对我国的借鉴[D]. 湘潭大学硕士学位论文, 2012.

[440] 陈虹, 李成日. 印尼 8.7 级地震海啸灾害及应急救援[J]. 国际地震动态, 2005, （4）: 22-26.

跋

本书为国家社会科学基金重大招标项目"重特大灾害社会风险演化机理及应对决策研究"（12&ZD217）、教育部哲学社会科学研究后期资助重大项目"重特大灾害社会风险演化机理与应对控制"（17JHQ005）的最终成果。成果针对我国各类灾害频发突发、灾害社会风险凸显的重大现实问题，发掘了灾害社会风险"一生成、三状态、一演化"系统特征，探明了灾害社会风险的演化机理，创建了灾害社会风险演化机理的基础理论与应对方法；从社会冲突、社会失序、社会失稳三状态，深入探析灾害风险的生成、传导、激化和危机转化机理与传播路径，创建了灾害社会风险演化机理的系统理论及应对决策体系，开辟了灾害管理研究新领域，对灾害管理相关学科建设和转型期社会管理具有现实而长远的重大意义。

一、理论创新

在深入剖析灾害社会属性的基础上，构建了灾害社会风险演化机理的系统理论及应对决策体系。研究内容丰富，知识体系严整，在灾害社会属性分析上具有原创性、灾害社会风险探究上具有开拓性、风险应对政策模拟上具有前沿性，有重大的理论意义和广泛的应用价值。

（1）探明社会冲突风险演化机制。分析灾害社会冲突的触发机理、社会冲突激化的交互机理，探究灾害引发社会冲突到冲突激化的演绎过程；探析社会冲突激化的动因根源、传导路径和表现形式，研究冲突激化导致风险突变的基本特征、触发模式和作用机理。归纳灾害导致社会冲突，冲突激化导致社会危机全过程的发生机制、内在规律和影响因素，探明"社会冲突—社会突变—社会危机"的演化机理，进而开展社会冲突的风险分析、风险测度和风险防控。

（2）探明社会秩序破坏演化机理。识别社会失序因子、分析群体脆弱性，辨析灾害对社会秩序冲击的致灾因子和孕灾环境；研究社会秩序破坏的复杂反馈关系，探析社会秩序破坏的网络结构演变机理；分析失序行动者的利益目标和行为导向，研究由其引发的社会秩序破坏反馈演化叠加效应。将社会失序的演变过程归纳为潜伏、诱发、爆发、连续和重建五个阶段，探明了社会秩序从失范到失序，直至无序的社会危机状态全过程的演化机理，进而开展社会失序的风险清单、风险量度和风险管理。

（3）探明社会稳定失衡演化机理。研究灾害对社会稳定的冲击形式、作用特征和破坏规律，探究灾害对社会结构动态平衡状态产生冲击的特征机理；探析灾害影响下维持动态稳定的作用机理、社会结构和功能的自我调节规律及演化路径；分析灾害强度逾越社会稳态阈值情境下，社会结构失衡及其功能失调的耦合激化机理和社会稳定背离动态平衡直至危机的转化机理。探明社会失稳由"受到冲击—逐步失调—彻底动摇—彻底失衡"全过程的演化机理，针对性开展风险识别、风险评估和风险管控。

突破传统的研究社会风险的方法，强有力地整合系统科学、管理学、社会学、灾害科学、传播学等学科知识，率先从三个维度深入透析灾害社会风险，最终将研究方法应用于实践。在整个研究过程中形成了如下主要理论观点。

第一，灾害是诱因。灾害本身不是社会风险，它只是一个诱因。一方面可以导致新的社会矛盾和不和谐因素的产生，另一方面极易激起各个领域积压的社会矛盾，从而引发社会风险。

第二，风险是必然。灾害社会风险是必然存在的，害怕风险，不如面对风险，风险有大有小且可防可控。

第三，风险藏机遇。冲突激化不可怕，激化暴露问题，可构筑新和谐；秩序破坏不可怕，打破旧规则，可达到新秩序；稳定失衡不可怕，失衡到非均衡，可重塑新均衡。

第四，演化有规律。灾害社会风险具有"一生成，三状态，一演化"的系统特征，呈现"生成—传导—激化—转化"的演化规律，符合"纵向伸展、横向扩展、纵横起伏"的演化路径。

第五，路径是关键。应对社会风险的关键是准确判断风险类别，把握发展规律，切断关键路径。

第六，应对须系统。灾害不可怕，可怕的是不知道风险演化的机理。不知道演化机理虽然可怕，更可怕的是没有应对策略。灾害社会风险的应对决策是一项复杂的系统工程，需要实施全过程"趋势研判、风险控制、评估优化"。

在成果研究过程中，在 *Disasters*，*Environmental Hazards*，*Natural Hazards*，*Natural Hazards Review*，*International Journal of Disaster Risk Reduction*，*Geomatics Natural Hazards and Risk*，*Systemic Practice and Action Research*，

Systems Research and Behavioral Science 等灾害学系统科学领域，以及 Quality of Life Research, Public Health, Psychiatry Research, Journal of Affective Disorders 等社会学心理学领域国际权威期刊发表了 50 余篇 SSCI、SCI 论文。在灾害后生活质量、心理健康、企业经济、应急响应等各类风险可能引发的社会冲突、失序、失稳及其灾害社会风险的生成、传导、激化和危机转化机理等方面，做出许多引领性工作，在一定程度上推动了国际学术界对灾害社会风险演化机理的理论研究工作。

二、应用创新

2013 年 4 月 20 日，芦山地震暴发，我立即召集课题组开会，一致同意以芦山地震为课题理论研究的应用对象，深入灾区进行调研，围绕灾害社会风险潜伏、触发、发展全过程，在震后短时间内向政府部门提交了一系列旨在应对社会风险、推动灾区科学重建的政策建议。在《成果要报》《政协信息专报》《重要成果专报》刊发 7 份政策建议，得到中央领导同志及省委主要领导的特别重视和肯定批示，在芦山震后的实践应用中效果显著，为控制社会风险、推动震后社会秩序恢复做出了积极贡献。

灾前风险潜伏阶段，为减少灾害带来直接损失的风险，降低承灾体的脆弱性，课题组展开了针对灾区农村住房问题的深入研究。刊发在《成果要报》的政策建议"关于提高农村住房抗震能力减少震灾重大人员伤亡的建议"（2014.8），指出汶川、玉树、芦山地震造成农村大面积房屋倒塌，导致大量人员伤亡，凸显了我国地震带上农村住房抗震能力弱的问题。为此，提出：为提高我国地震带上农村住房抗震能力，应完善农房抗震法律体系、健全住房抗震标准体系、加大房屋建造监管力度、提升农房抗震技术水平以减少震时人员伤亡。刊发在《九三信息专报》的政策建议"关于提高农村住房抗震能力的建议"（2013.5），得到张高丽同志的肯定性批示。

灾后风险触发阶段，为提高救援效率，避免陷入混乱，降低失序风险，课题组针对救援阶段的社会秩序问题开展了深入研究。刊登在《政协信息专报》的政策建议"提高地震应急通信能力减少人员伤亡"（2013.5），指出汶川、玉树地震，通信不畅延误救援，导致遇难人数大幅增加。为此，建议：提高地震活动带地区光缆、通信基站抗震设防标准，为通信基站、机房备份大容量、新材料电池；研发多发故障定位、分析与修复组网技术，确保信息畅通；优化通信基站选址和频道分配，设计链状排放高空平台；建设覆盖全国的多层次、多功能应急通信网络；在地震多发区乡镇配备卫星电话、短波电台通信设备。该建议被中国人民政治协商会议全国委员会办公厅采纳，并报送汪洋同志。

为实现又好又快恢复重建，增强灾区恢复力，降低灾害带来的衍生性社会风险，课题组针对龙门山地震断裂带区域震后恢复重建问题开展了深入研究。刊登在《重要成果专报》的政策建议"关于芦山地震灾后恢复重建的几点建议"（2013.4）及以专题直报形式提交的政策建议"关于芦山地震灾区'新四化'建设的建议"（2013.8），指出芦山地震与"5·12"汶川地震相比，在组织救援、医疗救治、交通、通信、居民安置、新闻媒体等方面取得了明显进步，但还存在改进空间。芦山地震后恢复重建，应借鉴"5·12"汶川地震经验，统筹安排做好过渡安置，政策引导推动快速发展，采取"中央知道、有限帮扶、地方自主"的重建模式，强化农房防震能力，推动新型城镇化建设，避免过度重建。其中，关于芦山地震灾区"新四化"建设的建议得到时任四川省委书记王东明同志的肯定性批示。

震后发展阶段，为使灾区走出灾害阴影，在地震频发地区实施新型城镇化道路，提高社会适应力，降低灾害社会风险，课题组针对龙门山地区灾后社会发展问题开展了一系列深入的研究。刊登在《重要成果专报》的政策建议"深入实施多点多极支撑发展战略强力推进芦山地震灾区新型城镇化建设"（2013.5），指出为尽快实现灾区理性、科学重建及跨越发展，应全面融入生态文明理念和原则，规划灾后"生态-社会-经济"发展极，制定"关键元—支撑核—中心点—发展极"路线图；通过推行新型的农村城镇化、集镇城镇化和城镇体系化，重塑芦山地震灾区"生态-社会-经济"发展版图。该建议得到王东明同志的肯定性批示。

除关注以地震为代表的重大自然灾害带来的社会风险，课题组还对以恐怖暴力事件、群体性事件为代表的人为灾害社会风险问题进行了深入研究，并向党和政府提交系列对策建议。针对四川藏区多重矛盾交织、各种冲突交叉的现实情况，以专题直报形式提交的政策建议"加强法治工程建设 促进藏区和谐稳定"（2014.7），提出要以尊重宗教信仰、促进民族融合为导向，加强法治工程建设，阻断冲突源头、巩固藏区和谐，抑制风险演变、确保藏区稳定。该建议得到王东明同志的肯定性批示。

三、实 践 创 新

书稿的研究、撰著、修订等全过程，从 2012 年 12 月到 2019 年 10 月，是一项久久为功的系统工程，主要经历了三个阶段。

第一阶段：课题研究过程——2012年12月到2015年2月。

2012年12月，全国哲学社会科学工作办公室批准了"重特大灾害社会风险演化机理及应对决策研究"的国家社会科学重大招标项目。自此，由高校、科研院所、政府应急管理部门组成的多学科协同攻关课题组全面开展研究工作，完成了课题设计、细化了研究方案。2013年3月，在四川省社会科学界联合会的主持下召开了"开题报告会"。评议专家对项目的意义及工作方案给予肯定，并提出建设性意见，指出：该项目要从科学机理和综合应对的角度，找到灾害社会风险的新理论和新方法，在综合决策上要走出一条新道路。

芦山地震后，我率领团队奔赴灾区调研，迅速成立了芦山地震灾后社会风险研究小组，召开了多次研讨会，就芦山震后社会风险防控和科学恢复重建等问题进行了深入探讨和研究，先后提交多份政策建议，受到四川省委主要领导的高度肯定，为芦山震后社会有序恢复做出了贡献。针对灾区社会亚稳定的特征及可能出现的风险状况，提出"从社会亚稳定状态控制入手防范灾区社会风险"的观点，刊登于2013年5月10日的《中国社会科学报》。有关灾害社会风险的研究成果受到社会的广泛关注，先后接受了《光明日报》《中国企业报》《四川日报》《天府早报》等媒体的采访，相关报道被新浪、腾讯等多家媒体转载。此外，2014年1月初至2月底，研究小组对汶川和芦山地震灾区共计23个市县开展了广泛调研。基于SPSS、Oracle等统计分析软件，采用描述统计、参数统计和非参数统计三大类统计方法，处理问卷数据，完成了一系列研究任务。

课题组根据项目进展定期召开研讨会，先后邀请中国科学院系统科学研究所唐锡晋研究员、中国科学院心理研究所王二平教授、中国科学院数学与系统科学研究院陈光亚研究员、日本东京理科大学 Mitsuo Gen 教授、日本神户商科大学 Naoki Katoh 教授等学者到四川大学，就综合集成系统方法、风险社会困境问题、群体偏好的集总和多目标支付、风险背景下的大数据决策等问题进行了学术交流。在由我组办的系列管理科学与工程管理国际会议上，课题组成员还与国内外学者就灾害社会风险问题进行了广泛的交流，推动我们的研究产生了一定的国际影响。

在国家社会科学基金资助下，经过两年多的不懈努力，课题组超预期完成既定研究目标：刊发1份成果要报、1份政协信息专报、两份重要成果专报及多份政策建议，获得中央和四川省委主要领导的特别批示；发表30余篇高质量学术论文。这些研究成果在一定程度上推动了灾害社会风险演化机理及应对决策的实践工作和理论研究。由于超预期完成既定研究目标，提出的建议和观点，受到中央和省委主要领导同志的高度肯定和特别批示，在芦山地震等重大灾害之后社会风险应对方面做出突出贡献，于2015年2月免于鉴定结题。

第二阶段：初稿撰写过程——2015年3月到2017年9月。

在课题研究基础上，我确定主题、设定思路、拟定框架，组织课题组青年教师和博硕士研究生，搜集整理素材，起草撰写初稿。

根据国家社会科学重大招标项目的研究内容，依据"重特大灾害社会风险演化机理及应对决策研究"的逻辑线索，将初稿分为八章。第一章"引言"，由李美慧整理草稿；第二章"马克思主义灾害观"，由王子旗整理草稿；第三章"社会属性分析"，由孙洋整理草稿；第四章"社会风险生成机理"，由徐吨、王倩整理草稿；第五章"社会冲突演化机理"，由罗娜整理草稿；第六章"社会失序演化机理"，由戴九洲整理草稿；第七章"社会失稳演化机理"，由周翊君整理草稿；第八章"应对决策"，由代靖琦、冯青整理草稿。其中，前四章由王子旗统筹；后四章由戴九洲统筹；全部初稿整理工作由卢毅统筹协调。

初稿撰写过程，也是课题的延伸拓展研究过程。结合灾害引发社会风险，做案例实证研究。第四章"社会风险生成机理"，以2013年芦山震后住房重建为案例，分析住房重建中社会风险的生成及防范；第五章"社会冲突演化机理"，以2011年日本大地震救灾为案例，分析震后救灾可能引发的各种社会冲突及冲突演化规律；第六章"社会失序演化机理"，以四川龙门山地震带震后救援为案例，分析震后社会失序状态及恢复有序的过程；第七章"社会失稳演化机理"，以2010年海地地震震后灾害管理为案例，分析重大灾害导致重大人员伤亡后政府停摆、社会失稳的严重后果。

第三阶段：修订出版过程——2017年10月到2019年10月。

2017年9月，我将完成的书稿初稿，按要求修改后，申请2017年度教育部哲学社会科学研究后期资助项目，获批管理学类唯一的"重大项目"。评审专家对书稿给予积极评价，并提出了中肯的意见和建议。

根据教育部社会科学司的规定要求，"重大项目是指对学术发展具有重要推动作用、可望取得重大学术价值的标志性成果"。为此，我找来学术能力强、书稿撰写经验丰富的鲁力、李宗敏、徐吨、卢毅，以每周一次研讨会、每月一版修订稿的方式，对书稿做全面深入修订。这是一次再创作过程，我们秉着"不破不立、破而后立"的想法，对书稿做解构重组，将全书的章节调整为第一章"引论"，第二章"灾害理论基础"，第三章"灾害社会属性"，第四章"灾害风险生成及防范"，第五章"社会冲突的风险及化解"，第六章"社会失序的风险及管理"，第七章"社会失稳的风险及治理"，第八章"经典案例"，第九章"风险应对政策分析"。这样，就更加提升了灾害社会风险理论的一般性，凸显了社会风险治理的系统性，增加了案例研究样本的代表性。在此基础上，我们将书名改为《灾害社会风险治理系统工程》。

特别是，结合专家意见，将案例做了全面调整和提炼梳理，不再局限于地震灾害和重大灾害，而广泛选择各类自然、社会和技术灾害，以尽可能多的案例和事实来支撑和检验我们提出的社会风险演化机理。第四章，通过 2013 年芦山地震灾后应急救援中的冲突和失序，分析灾害社会风险生成过程，通过住房重建中公众参与的多阶段田野调查，研究灾害社会风险的防范与化解。第五章，通过分析 2015 年天津港爆炸、2015 年尼泊尔地震两次重大灾难事件中的社会冲突状态和演化路径，给出灾害社会冲突风险控制的对策建议。第六章，通过 2008 年 SL 奶粉事件、2014 年的埃博拉疫情，分析突发公共卫生事件造成的社会失序状态，探讨灾害造成的社会失序风险演化机理及应对决策实践。第七章，通过 2010 年海地地震、2003 年 SARS 事件，分析重大自然灾害和社会灾害冲击社会造成的失稳状态，探讨社会失稳风险治理的手段和方法。第八章，对中国 2008 年"5·12"汶川地震、2013 年芦山地震，2011 年日本大地震做了综合案例分析。灾害事件导致的社会风险，往往是冲突、失序、失稳的综合集成；重大自然灾害则是能突出表征灾害引发社会冲突、失序和失稳的最佳综合案例。

针对审稿专家提出的建设性意见，结合理论研究来梳理和复盘案例过程，根据案例分析来检验和完善理论表达，反复交互、迭代更新，不断提高书稿的系统性和完整性，力求通过"超预期修改"，努力达成"标志性成果"，终于在 2018 年年末完成书稿修订工作，随后提交教育部，申请结题，顺利通过验收结题。

作为我国最具权威性的中央级出版社之一，科学出版社学术出版品质有保障，也承接过国家和教育部大量科研项目的出版任务，我于是联系了科学出版社。此外，我与科学出版社有多年良好的合作关系，近些年在此出版了《循环经济系统规划理论与方法及实践》（2008 年）、《地震救援·恢复·重建系统工程》（2011 年）、《大型水利水电工程建设项目集成管理》（2012 年）、《低碳能源技术范式管理》（2017 年）等。

灾害社会风险呈现"一生成、三状态、一演化"的系统特征，是一个集冲突、失序、失稳于一体的开放复杂系统，其治理是一项集应对、处置、管控于一体的复杂系统工程。在自然灾害高发期、社会矛盾凸显期的当下，其理论研究和实践探索显得尤为重要。我们长期在此领域开展理论和实践工作，有责任、有义务把研究所思、所想、所感、所悟书写下来，供有志于此道的研究者、有需于此法的实践者参研、参读、参阅、参考。然而，这项工作涉及众多学科领域，理论实践联系紧密，不足之处在所难免，敬请批评指正。

本书研究工作得到了国家社会科学基金重大招标项目（12&ZD217）、教育部哲学社会科学研究后期资助重大项目（17JHQ005）等重大项目的资助，在此对全国哲学社会科学工作办公室、教育部社会科学司、教育部高校社会科学发展研究中心表示感谢！在审稿人、出版社与课题组的共同努力下，书稿得以如期出版。在此，特别感谢后期资助匿名审稿人的精准意见，感谢科学出版社编辑的精心组织，感谢所有课题研究和书稿撰写参与者的精益工作！

徐玖平
2019 年 10 月于诚懿楼